Una Teoría Dinámica del Espacio-Tiempo

Un Asunto de Ondas

Primera Edición

Dr. Robert Nieves

Número de Control de la Biblioteca del Congreso
de Los Estados Unidos de América: 2020914889

ISBN 9798553269074

Una Teoría Dinámica del Espacio-Tiempo: Un Asunto de Ondas

Este libro abarca nuevas ideas teóricas en un estilo de investigación contemporáneo, que es ideal para los estudiantes, los investigadores y los lectores entusiastas en todas las áreas de la cosmología y la física teórica. Hay cuatro partes principales del libro que se centran en las ondas del espacio, la cinemática, el espacio-tiempo y la gravedad, y las ondas de los campos de fuerza, para discutir las mayores preguntas y desafíos a la física moderna. Se propone una teoría dinámica del espacio-tiempo basada en los conceptos bien aceptados de la física y como base a la Teoría General de la Relatividad.

La estructura del libro sigue un camino gradual en la investigación de nuestra realidad física que culmina en el desarrollo de las nociones, las ideas y las realizaciones de vanguardia que se describen y presentan matemáticamente como las expansiones a los conceptos actuales de la física moderna. Los últimos cuatro capítulos del libro describen la multidimensionalidad del espacio-tiempo, las naturalezas de la gravedad y la luz, los agujeros negros y un análisis de la teoría gravitacional actual, entre otros temas avanzados, algunos de los cuales se tratan en profundidad y en un estilo sencillo, para el avance general de la ciencia y la tecnología.

Robert Nieves tiene una experiencia profesional diversificada en la ingeniería, la enseñanza, la administración de empresas internacionales y en la investigación de la física y la cosmología. El Dr. Nieves tiene una Licenciatura en Ingeniería Eléctrica del Instituto de Tecnología de Illinois y un MBA y un DIBA de la Universidad Nova Southeastern en la Florida, EUA.

Dedicado a mi familia y amigos

ÎNDICE

PARTE I

LAS ONDAS DEL ESPACIO-TIEMPO

PARTE II

LA CINEMATICA

PARTE I

LAS ONDAS DEL ESPACIO-TIEMPO

Capítulo 1

La Teoría Dinámica del Espacio-Tiempo

§ 1. *Sobre la teoría dinámica del espacio-tiempo.*

Cuando un fotón navega en el frente de la onda de su campo de tiempo, se propaga a la velocidad de la luz. El fotón, sin masa y con su energía asociada e impulso, se expande radialmente si no se obstruye su espacio-tiempo isótropo y homogéneo, en una escala de expansión a la velocidad de luz c, manifestando una onda probabilística en su tiempo futuro. El movimiento emergente del fotón que navega en el frente de su onda de tiempo es concerniente a las tres dimensiones espaciales, porque el fotón es inmóvil con respecto a su posición en su localización temporal. Así, tal fotón existe en ese instante del tiempo, sin moverse a través de su dimensión temporal, a pesar de que el reloj imaginario del fotón no hace su tic tac, el fotón tiene una aparente velocidad mensurable con respecto al espacio. (Born, 1999)

Un objeto que se mueve a través del tiempo tendría que viajar a una velocidad menor o mayor que la velocidad de la luz, c , a través del espacio-tiempo. Si el objeto pudiera viajar con una velocidad más rápida que c a través del espacio-tiempo, revertiría su dirección en el espacio-tiempo y viajaría hacia atrás en el tiempo, porque no habría ningún espacio-tiempo para viajar de manera superlumínica excepto en el espacio-tiempo que existía en su pasado. Así, a medida que el objeto viaja hacia atrás a través del tiempo compensando la divergencia espacial, el objeto viaja a través del espacio. Si las partículas fueran a viajar más rápido que c como taquiones, o antimateria, el impulso de estas partículas sería transferido al movimiento en la dirección temporal adelantada o hacia el anti-tiempo. Si el objeto viaja a una velocidad menor que c a través del espacio-tiempo, viajará de manera relativista a través del espacio-tiempo o con una velocidad más lenta. Si el objeto viaja a una velocidad igual a c a través del espacio-tiempo, no se movería en su campo de tiempo, sólo en relación con el espacio; tal objeto puede ser referido como indefinido o existente en el tic-tac-cero. Existe perpetuamente en un solo ciclo de tiempo.

El tiempo se expande en todas las direcciones y aumenta la entropía, ya que cada partícula en el espacio-tiempo tiene una distribución de probabilidad mayor que se encuentra en otro lugar que su ubicación actual en el espacio-tiempo. La expansión del tiempo es el marco de la Segunda Ley de la Termodinámica. El tiempo puede ser visto como un movimiento relativo intrínseco y una propiedad emergente de las dimensiones subyacentes del espacio. El tiempo puede ser visto como que tuviera magnitud y dirección. Por lo tanto, el tiempo puede ser un vector en cualquiera de sus direcciones, o un campo vectorial, o simplemente una magnitud, un tensor de orden cero (escalar) de un intervalo medido.

La expansión del tiempo es fundamental en la naturaleza; dota una partícula o un fotón en un punto local en la presente región temporal con una función general avanzada de la distribución de la probabilidad en la que puede viajar en una velocidad luminal a través de su dimensión temporal en la dirección opuesta a la flecha del tiempo. Si está obstruido por un objeto físico o un fotón durante la observación, la función general de la probabilidad colapsaría la localización de la partícula o del fotón en su punto local actual en el espacio-tiempo. Por lo tanto, la extensión del tiempo es el marco subyacente a la ubicación general de las partículas físicas y a la cualidad de la onda de la luz (o del fotón). Toda la materia que observamos existe en el espacio-tiempo. (Taylor, 1966)

La ecuación $\delta x_4 / \delta t = ic$ es la ecuación de la velocidad espaciotemporal para una distancia espaciotemporal X_4 relativa al tiempo coordenado a lo largo del eje temporal "*i*" donde "*t*" es un tiempo coordenado resultante, X_4 es una distancia espaciotemporal igual a "*ict*", y "*r*" es la distancia de un espacio coordenado resultante. La velocidad espaciotemporal con respecto al espacio coordenado puede ser menor, igual, o mayor que *c*. La distancia espaciotemporal X_4 con respecto a las coordenadas espaciales puede expandirse más rápido que la velocidad de la luz. El espacio se expande más rápido en el límite exterior de nuestro universo. Por lo tanto, el campo temporal en el límite exterior de nuestro universo está creando nuevos instantes espaciales a una velocidad espaciotemporal más rápida que la luz. La velocidad espaciotemporal con respecto a las coordenadas temporales es igual a "*ic*". Sin embargo, la velocidad espaciotemporal con respecto a las coordenadas espaciales *"r"* es igual a $\delta x_4 / \delta r = icv_t$. Si $\delta x_4 / \delta r$ es mayor que *c*, entonces v_t es mayor que una unidad. Por lo tanto, el tiempo coordenado se expande más rápido que el espacio coordenado en $\delta t / \delta r$. Así, el tiempo se acelera con respecto al espacio. ¡La inflación acelerada ocurre!

La región temporal es conjugada a la espacial y se expande a una velocidad relativa a las tres dimensiones espaciales. La región temporal es tridimensional con tres ejes temporales. Dado que el tiempo puede expandirse de manera diferente con relación al espacio, y el espacio puede expandirse o contraerse de manera diferente con respecto al tiempo, la velocidad de la luz depende de la relación recíproca y relativa entre el espacio y el tiempo en la localidad de la observación. Esto asegura a todos los observadores en todos los marcos inerciales en la localidad de observación que las leyes de la física se comportan igual. La ecuación $E = m_0 v^2$ ejemplifica e implica el efecto de la velocidad del tiempo sobre la masa de descanso, o masa intrínseca o invariable, puesto que *v* es igual a la velocidad de la luz *c* en la ecuación bien conocida, dando una partícula de descanso en el espacio, pero todavía moviéndose en el tiempo, un ímpetu temporal. (Einstein, 1952)

§ 2. *Sobre el postulado de Eddington.*

Si consideramos el postulado siguiente (el postulado de Eddington):

"cada punto del espacio-tiempo se expande libremente en todas sus direcciones a menos que se obstruyan."

Pudiéramos hipotetizar que este postulado está apoyado por el Principio de Huygens. Cada punto en el frente de una onda espaciotemporal en el espacio-tiempo homogéneo e isótropo se puede considerar una fuente de ondas espaciotemporales esféricas y secundarias que se esparcieron en todas las direcciones a la velocidad de la luz (o del tiempo). El nuevo frente de la onda espaciotemporal es la superficie tangencial de todas, o a todas de, estas ondas espaciotemporales secundarias.

El principio que cualquier punto en el frente de una onda espaciotemporal se puede considerar como la fuente de las ondas espaciotemporales secundarias, y que la superficie, o el envoltorio del paquete de esas ondas, que es tangente a las ondas espaciotemporales secundarias, se puede utilizar para determinar, o proyectar, la posición futura del frente de las ondas espaciotemporales que apoya el Postulado de Eddington.

Si consideramos una línea extendida de puntos en el espacio-tiempo, la onda espaciotemporal resultante consistirá en un número infinito de puntos del espacio-tiempo que puede ser pensado como la generación de un plano espaciotemporal de la onda delantera. Si una localidad espaciotemporal es isótropa y homogénea, permitiendo que el tiempo se amplíe con la misma velocidad independiente en su dirección de propagación, la envoltura espaciotemporal tridimensional de tal punto en el espacio-tiempo será esférica.

Cuando una onda espaciotemporal se expande en un solo punto del espacio-tiempo a una velocidad constante, la construcción de la onda de Huygens preserva la forma general del frente de la onda. O sea, las esferas se propagan y se convierten en esferas mayores como se muestra consecutivamente. (Baker, 1987)

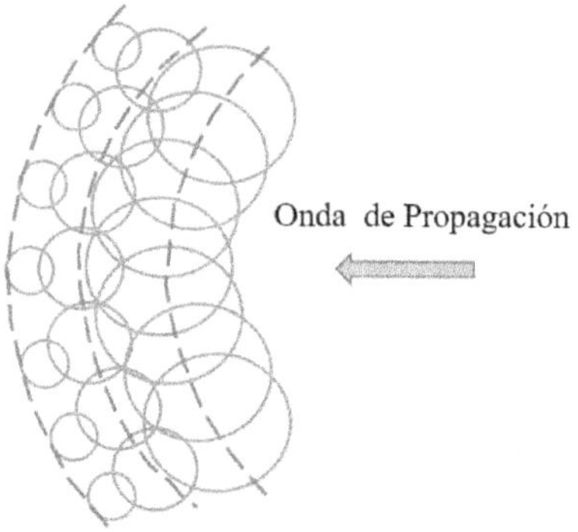

Figura 1.

La distancia que la onda temporal viaja es *"ict"*. Llamamos a esta distancia X_4.

Una onda temporal en el espacio-tiempo homogéneo e isótropo y centrada en (*x, y, z, ict*) con velocidad constante tiene un futuro frente de onda en la distancia *ic(t – ΔT)*, opuesto a la dirección de la flecha del tiempo. Su pasado frente de onda está en la distancia *ic(t + ΔT)* como se muestra consecutivamente. El futuro frente de onda se contiene dentro del presente frente de onda, y el presente frente de onda se contiene dentro del pasado frente de onda. Este comportamiento temporal de la onda ejemplifica por qué el tiempo viaja a través de un objeto físico en su tubo mundial en un marco inercial, el presente abarca la distribución futura de la probabilidad de su existencia, y su existencia pasada abarcará su presente y distribuciones futuras de probabilidad.

El tiempo emerge de manera contraintuitiva a nuestra percepción actual del pasado, presente, y futuro del tiempo lineal. La flecha del tiempo del espacio-tiempo que se expande apunta del futuro al pasado. El espacio-tiempo se expande, aumentando la entropía, desde el futuro, pasando por el presente, hacia el pasado.

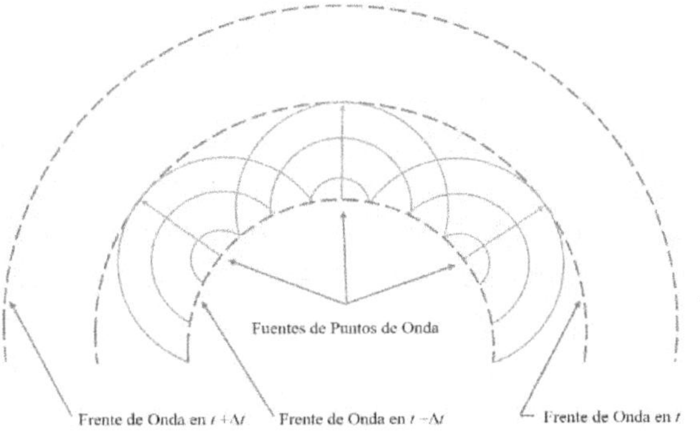

Figura 2.

Cada punto en el espacio-tiempo se expande en todas las direcciones a menos que se obstruya. Por lo tanto, hay interferencia espaciotemporal entre ondas cuando dos ondas espaciotemporales se encuentran mientras que viajan a lo largo del mismo espacio-tiempo isótropo y homogéneo. La interferencia de las ondas espaciotemporales causa que el espacio-tiempo tome una forma que resulta del efecto neto de las dos ondas espaciotemporal individuales entre los dos puntos centrales de las ondas.

§ 3. Sobre el principio de la superposición de las ondas espaciotemporales.

El principio de superposición de las ondas espaciotemporales se puede afirmar de la siguiente manera: "cuando dos ondas espaciotemporales interfieren, el desplazamiento resultante del espacio-tiempo en cualquier localidad es la suma algebraica del desplazamiento de las ondas espaciotemporales individuales en la misma localidad espaciotemporal".

Por ejemplo, si dos ondas espaciotemporales tienen un desplazamiento en la misma dirección en cualquier localidad a lo largo del espacio-tiempo, la interferencia constructiva ocurrirá entre las ondas espaciotemporales. Si dos ondas espaciotemporales tienen un desplazamiento en dirección opuesta en cualquier localidad a lo largo del espacio-tiempo, la interferencia destructiva ocurrirá entre las ondas espaciotemporales. El principio de superposición impide que los objetos de masa incrustados en el espacio-tiempo homogéneo e isótropo se alejen unos de otros debido a la expansión de cada punto espaciotemporal si hay interferencia destructiva entre ondas espaciotemporales adyacentes.

Consecuentemente, los objetos conservan su escala proporcional y las distancias entre sí, en un espacio-tiempo homogéneo e isótropo, mientras que el tiempo pasa y cada punto espaciotemporal se expande en todas sus direcciones a menos que esté obstruido. Un fotón que navega, o surfea, en el frente de una onda espaciotemporal todavía puede transferir su ímpetu y energía (momenergia) al frente de la onda adyacente, continuando su navegación en la onda adyacente en la dirección de la flecha del tiempo que señala su dirección de movimiento. Por lo tanto, la luz lleva la velocidad del tiempo en la localidad de la medida, y un fotón es indefinido. (Born, 1999)

3.1. El principio de la equivalencia de las ondas espaciotemporales.

Como una idea clave de la Teoría General de la Relatividad, el principio de equivalencia espaciotemporal refuerza que, si un campo gravitacional de un cuerpo de masa tira en una dirección, entonces ese efecto es completamente equivalente a una aceleración en la dirección opuesta debido a la extensión de la onda espaciotemporal. Durante un lanzamiento desde la tierra, una nave cohete generalmente acelera verticalmente empujando cualquier objeto de masa hacia el piso de la cubierta de control. Similarmente, en una nave espacial que se acelera en una dirección del espacio-tiempo se siente un campo gravitacional empujando al astronauta contra su asiento. Por lo tanto, un campo gravitacional es equivalente a la aceleración de la onda espaciotemporal, ambos afectan a las dimensiones, espacial y temporal, en la dirección del movimiento, durante la interferencia de las ondas espaciotemporales mientras que se expanden o se contraen. Según la Teoría General de la

Relatividad, las ecuaciones covariantes siempre satisfacen el principio de la equivalencia de las ondas espaciotemporales.

La métrica del espacio-tiempo casi plano puede ser considerada como que todavía tiene una curvatura cosmológica. Por lo tanto, la métrica casi plana puede ser considerada como un caso especial del campo espaciotemporal, no la ausencia del campo. Nuestro universo es inherentemente curvo por la naturaleza de su divergencia espaciotemporal. La idea tradicional del espacio-tiempo plano sirve como un contraste útil al concepto natural y universal de la curvatura.

El campo gravitacional emerge dentro del espacio-tiempo mientras que las ondas espaciotemporales interactúan, no como un atributo extrínseco del espacio-tiempo. La gravedad es una cualidad mensurable de la geometría del espacio-tiempo. La geometría del espacio-tiempo emerge del medio de la onda espaciotemporal. La geometría Riemann multidimensional ha proporcionado un marco espaciotemporal natural donde se pueden formular las leyes elementales de la física.

En cierto sentido, la geometría espaciotemporal indica a dónde ir; el campo espaciotemporal le dice al potencial del campo de cargas cómo cambiar; mientras que el gradiente de un potencial del campo espaciotemporal es la trayectoria de mayor cambio.

3.2. La analogía del vacío polarizable

El exponente del factor de crecimiento espaciotemporal se puede expresar como el cuadrado de la relación de una velocidad, v_r, a la velocidad de la luz en el espacio-tiempo libre, c_0, La expansión o la contracción espaciotemporal es equivalente al concepto del vacío polarizable, ya que las propiedades espaciotemporales son funciones de la posición y las dimensiones espaciotemporales. Según las longitudes de las ondas espaciotemporales se expanden o se contraen en una región del espacio-tiempo, las propiedades espaciotemporales pueden aumentarse, disminuirse, o quedarse igual. (Wilson, 1921), (Dicke, 1957)

$$\ln e^{\frac{gr}{c^2}} = \left(\frac{v_r}{c_0}\right)^2 \qquad (3.1)$$

$$e^{\left(\frac{v_r}{c_0}\right)^2} \equiv \frac{\mu'}{\mu_0} \equiv \frac{\varepsilon'}{\varepsilon_0} \equiv \sqrt[3]{\frac{m'}{m_0}} \equiv \frac{E_0}{E'} \equiv \frac{\partial t'}{\partial t_0} \equiv \frac{\partial x_0}{\partial x'} \qquad (3.2)$$

donde $\sqrt[3]{m'/m_0}$ es un cambio corolario en masa como consecuencia de un cambio de energía. Este cambio en la masa corresponde a los cambios de la masa en las seis direcciones del espacio-tiempo.
La constancia de la velocidad de la luz puede ser expuesta a través de la aplicación de las propiedades espaciotemporales de la permeabilidad, la permitividad, y los efectos relativistas sobre la masa y la energía en función de la velocidad según la Teoría General de la Relatividad. (Puthoff, 2002)

Las proporciones relativistas de las propiedades espaciotemporales cambian junto con el factor de crecimiento espaciotemporal, para preservar la proporción de la impedancia del espacio-tiempo libre, $\sqrt{\mu'/\varepsilon'} = \sqrt{\mu_0/\varepsilon_0}$, y mantener estable la proporción de la energía del campo magnético al campo eléctrico durante la translación adiabática de una estructura atómica y sus partículas desde una región espaciotemporal a otra región de crecimiento espaciotemporal diferente. El estado energético, o los estados energéticos, de un sistema físico, E_0/E', pueden variar a medida que el sistema se traslada a una región de diferente crecimiento espaciotemporal. Además, el principio de la conservación de la carga, $\partial q \equiv \partial x' \cdot \partial t' \equiv \partial x_0 \cdot \partial t_0$, es un resultado de los cambios relativistas de las propiedades espaciotemporales.

El factor de Lorentz (gamma) es el factor en la Relatividad General por el cual la longitud, el tiempo, la masa, y la energía de un objeto, cambian mientras que ese objeto se mueve de manera relativista en el espacio-tiempo libre. Expresemos el factor de Lorentz en términos del factor del crecimiento exponencial y las propiedades electromagnéticas de la permeabilidad o la permitividad.

$$\gamma = \frac{1}{\sqrt[2]{1-\left(\frac{v_r}{c_0}\right)^2}} = \frac{1}{\left(\frac{e^{\frac{0}{c^2}} - e^{\frac{gr}{c^2}}}{e^{\frac{0}{c^2}}}\right)^{\frac{1}{2}}} = \frac{1}{\sqrt[2]{\ln e^{\frac{c^2}{c^2}} - \ln e^{\frac{gr}{c^2}}}} \qquad (3.3)$$

$$\gamma = \frac{1}{\sqrt[2]{\ln \frac{e^{\frac{c^2}{c^2}}}{e^{\frac{gr}{c^2}}}}} = \frac{1}{\sqrt[2]{\ln e^{\frac{c^2-gr}{c^2}}}} \equiv \frac{1}{\sqrt[2]{\ln \frac{e\mu_0}{\mu'}}} \equiv \frac{1}{\sqrt[2]{\ln \frac{e\varepsilon_0}{\varepsilon'}}} \qquad (3.4)$$

Por consiguiente, los resultados anteriores del factor de Lorentz nos permiten contemplar los efectos relativistas desde un punto de vista electromagnético.

3.3. La divergencia espacial sobre un cuerpo de masa cargado y sus implicaciones.

La divergencia espacial sobre un cuerpo de masa cargado se da por el factor del crecimiento espaciotemporal de su entorno que se eleva al doble de la potencia exponencial de dos proporciones de las aceleraciones espaciotemporales. El factor del crecimiento es una serie de Taylor.

$$e^{2\frac{gr^2}{rc^2}} \approx 1 + 2\frac{gr^2}{rc^2} + \ldots \qquad (3,5)$$

El factor de crecimiento exponencial del espacio-tiempo sobre un cuerpo de masa cargado es el cociente de la aceleración espaciotemporal $\ddot{a}_m$ sobre la masa a la aceleración espaciotemporal $\ddot{a}_{st}$ del espacio-tiempo libre.

$$\frac{gr^2}{rc^2} \equiv \frac{\ddot{a}_m}{\ddot{a}_{st}} \qquad (3,6)$$

El factor de crecimiento exponencial representa los factores del crecimiento de dos ondas espaciotemporales entre dos puntos en el espacio-tiempo cerca del cuerpo de masa cargado. La raíz cuadrada del factor de crecimiento representa la divergencia espacial de una sola onda.

$$\sqrt[2]{e^{2\frac{gr^2}{rc^2}}} = e^{\frac{gr^2}{rc^2}} = e^{\frac{gr}{c^2}} = \sigma \qquad (3,7)$$

La proporción del campo eléctrico de la carga electrostática E_Q de un cuerpo de masa al campo eléctrico alterno E tiene el efecto de modular la curvatura y la divergencia espacial sobre el cuerpo. Si $E_Q > E$, la amplitud de la divergencia espacial disminuye, si $E_Q < E$, la amplitud de la divergencia espacial aumenta. Ni la expansión o la contracción espaciotemporal en un campo gravitacional, ni un campo eléctrico alternante o uno dinámico, es estático, pero es posible considerar un instante temporal como si fuese estático con fines analíticos. (Puthoff, 2002)

$$\frac{d^2 e^{\frac{gr}{c^2}}}{dr^2} + \frac{2}{r}\frac{de^{\frac{gr}{c^2}}}{dr} = \frac{1}{e^{\frac{gr}{c^2}}}\left[\left(\frac{de^{\frac{gr}{c^2}}}{dr}\right)^2 - \frac{E_Q}{E}\frac{g^2}{c^4}\right] \qquad (3,8)$$

El factor del crecimiento exponencial es una solución a la ecuación anterior que satisface el límite newtoniano. Si la curvatura $\left(g^2/c^4\right)$ aumenta, en el lado derecho de la ecuación anterior, la amplitud de la divergencia espacial disminuirá. Inversamente, si la curvatura disminuye, la amplitud de la divergencia espacial aumentaría.

Si la curvatura disminuye hacia el infinito, o $E >> E_Q$, tenemos

$$\frac{d^2 e^{\frac{gr}{c^2}}}{dr^2} + \frac{2}{r}\frac{de^{\frac{gr}{c^2}}}{dr} \approx \frac{1}{e^{\frac{gr}{c^2}}}\left(\frac{de^{\frac{gr}{c^2}}}{dr}\right)^2 \qquad (3,9)$$

Pensemos en un cuerpo de masa electrostáticamente cargado sumergido en un campo eléctrico alterno *E*, de modo que el cuerpo de masa cargado esta incrustado en un medio variable de permitividad relativa. Podemos expresar la carga electrostática como *Q*.

$$Q = 4\pi\varepsilon_0 r^2 E\sigma^2 \qquad (3,10)$$

Donde el exponente del factor espaciotemporal del crecimiento es la proporción de un campo electrostático a un campo eléctrico alterno.

$$\frac{\frac{Q}{4\pi\varepsilon_0 r^2}}{E} = \frac{E_Q}{E} \tag{3.11}$$

$$\frac{E_Q}{E} = \frac{1}{2}\ln\sigma^2 = \frac{1}{2}\ln e^{2\frac{E_Q}{E}} \tag{3.12}$$

$$e^{\frac{gr}{c^2}} = \operatorname{Cosh}\sqrt[2]{\frac{g^2r^4}{c^4r^2} - \frac{E_Q}{E}} + \sqrt[2]{\frac{\frac{g^2r^4}{c^4}}{\frac{g^2r^4}{c^4} - \frac{E_Q r^2}{E}}}\operatorname{Sinh}\sqrt[2]{\frac{g^2r^4}{c^4r^2} - \frac{E_Q}{E}} \tag{3.13}$$

Simplificando la ecuación anterior, obtenemos

$$e^{\frac{gr}{c^2}} = \operatorname{Cosh}\sqrt[2]{\frac{g^2r^2}{c^4} - \frac{E_Q}{E}} + \sqrt[2]{\frac{\frac{g^2r^4}{c^4}}{\frac{g^2r^4}{c^4} - \frac{E_Q r^2}{E}}}\operatorname{Sinh}\sqrt[2]{\frac{g^2r^2}{c^4} - \frac{E_Q}{E}} \qquad (3,14)$$

para $g^2r^4 / c^4 - E_Q r^2 / E \neq 0$.

A medida que el campo gravitacional del cuerpo de masa cargado se aproxima a cero a una distancia r del cuerpo, entonces el factor del crecimiento espaciotemporal se aproxima a uno, es decir, el espacio-tiempo es casi plano, en ausencia de otros campos gravitacionales. A medida que el factor del crecimiento espaciotemporal difiere de uno, la curvatura del espacio cambiaría, y la métrica espaciotemporal, $ds^2e^{\pm\sigma}$, también se vería afectada. El factor exponencial de la expansión espaciotemporal modula la métrica espaciotemporal mensurable, $g_{\mu\nu}$. Sin embargo, si se mide la velocidad de la luz sería la misma. Las reglas y los relojes medirían la métrica espaciotemporal.

Por lo tanto, es posible sugerir que el electromagnetismo puede tener una naturaleza gravitacional inherente, y viceversa. Tal naturaleza gravitacional proporciona un acercamiento alternativo para la posible manipulación teórica del electromagnetismo para afectar a la métrica del medio espaciotemporal sobre un cuerpo de masa cargado.

El movimiento del cuerpo de masa en cuatro dimensiones espaciotemporales procede contra el gradiente del campo escalar ϕ dado por

$$\Box\phi = \sum_{0}^{3} \frac{\partial \phi}{\partial x_n} = -\frac{i}{c}\frac{\partial \phi}{\partial x_0} + \frac{\partial \phi}{\partial x_1} + \frac{\partial \phi}{\partial x_2} + \frac{\partial \phi}{\partial x_3} \qquad (3,15)$$

y el campo potencial es descrito por el d'Alembertian como sigue:

$$\Box^2\phi = -\frac{\partial^2 \phi}{\partial {x_0}^2} + \frac{\partial^2 \phi}{\partial {x_1}^2} + \frac{\partial^2 \phi}{\partial {x_2}^2} + \frac{\partial^2 \phi}{\partial {x_3}^2} = \nabla^2\phi - \frac{1}{c^2}\frac{\partial^2 \phi}{\partial t^2} = \nabla^2\phi - \frac{\partial^2 \phi}{\partial r^2} \qquad (3,16)$$

Imaginemos un experimento teórico sobre un cuerpo de masa cargado que está en movimiento con un fuerte campo electromagnético que modula la curvatura espaciotemporal del entorno proporcionando un puente espaciotemporal contráctil entre dos puntos espaciotemporales, que puede ser dirigido y atravesado en la dirección de la onda avanzada.

La región espaciotemporal alrededor del cuerpo de masa móvil se contractaría mientras que el espacio-tiempo externo e inafectado sigue expandiéndose si no se obstruye. El objeto se movería a través de estructuras espaciotemporales anteriores hacia su destino.

Ciertamente, una ecuación que representa un escenario tan fantástico incluiría términos de la curvatura, la energía cinética, y la energía electromagnética.

Examinemos una ecuación para la energía electromagnética, la energía cinética, y la curvatura espaciotemporal del entorno, para el experimento teórico. (Puthoff, 2002)

$$\nabla^2 e^{\frac{gr}{c^2}} - e^{4\frac{gr}{c^2}} \frac{d^2 e^{\frac{gr}{c^2}}}{dr^2} = -\frac{e^{\frac{gr}{c^2}}}{\frac{c^4}{8\pi G}} \left\{ \left[\frac{m_0 c^2}{2e^{\frac{gr}{c^2}}} \left(\frac{1+\frac{v^2}{c^2} e^{2\frac{gr}{c^2}}}{\sqrt[2]{1-\frac{v^2}{c^2} e^{2\frac{gr}{c^2}}}} \right) \delta^3(r) \right] + \right. \tag{3.17}$$

$$\left. \frac{1}{2}\left(\frac{\frac{B^2}{\mu_0}}{e^{2\frac{gr}{c^2}}} + \varepsilon_0 E^2 e^{2\frac{gr}{c^2}} \right) - \frac{\frac{c^4}{32\pi G}}{e^{4\frac{gr}{c^2}}} \left[\left(\nabla e^{2\frac{gr}{c^2}} \right)^2 + e^{4\frac{gr}{c^2}} \left(\frac{de^{2\frac{gr}{c^2}}}{dr} \right)^2 \right] \right\} \tag{3.18}$$

$$-\frac{\nabla^2 e^{\frac{gr}{c^2}}}{e^{\frac{gr}{c^2}}} + e^{3\frac{gr}{c^2}} \frac{d^2 e^{\frac{gr}{c^2}}}{dr^2} = \frac{8\pi G}{c^4} \left\{ \left[\frac{1}{e^{\frac{gr}{c^2}}} \frac{1}{2} m_0 c^2 \left(\frac{1+\frac{v^2}{c^2} e^{2\frac{gr}{c^2}}}{\sqrt[2]{1-\frac{v^2}{c^2} e^{2\frac{gr}{c^2}}}} \right) \delta^3(r) \right] + \right. \tag{3.19}$$

$$\left. \left(\frac{1}{2}\frac{B^2}{\mu_0} e^{-2\frac{gr}{c^2}} + \frac{1}{2}\varepsilon_0 E^2 e^{2\frac{gr}{c^2}} \right) - \frac{1}{4}\left(\frac{c^4}{8\pi G} \right) \left[\left(\frac{\nabla e^{2\frac{gr}{c^2}}}{e^{2\frac{gr}{c^2}}} \right)^2 + \left(\frac{de^{2\frac{gr}{c^2}}}{dr} \right)^2 \right] \right\} \tag{3.20}$$

Simplificando todos los términos de la curvatura en el lado izquierdo de la ecuación, conseguimos

$$\left(\frac{c^4}{8\pi G} \right) \left\{ -\frac{\nabla^2 e^{\frac{gr}{c^2}}}{e^{\frac{gr}{c^2}}} + e^{3\frac{gr}{c^2}} \frac{d^2 e^{\frac{gr}{c^2}}}{dr^2} + \frac{1}{4}\left(\frac{\nabla e^{2\frac{gr}{c^2}}}{e^{2\frac{gr}{c^2}}} \right)^2 + \frac{1}{4}\left(\frac{de^{2\frac{gr}{c^2}}}{dr} \right)^2 \right\} = \tag{3.21}$$

$$=\frac{1}{2}m_0c^2e^{-\frac{gr}{c^2}}\left(\frac{1+\frac{v^2}{c^2}e^{2\frac{gr}{c^2}}}{\sqrt[2]{1-\frac{v^2}{c^2}e^{2\frac{gr}{c^2}}}}\right)\delta^3(r)+\frac{1}{2}\frac{B^2}{\mu_0}e^{-2\frac{gr}{c^2}}+\frac{1}{2}\varepsilon_0E^2e^{2\frac{gr}{c^2}} \qquad (3.22)$$

Después de diferenciar los términos de la curvatura, obtenemos

$$\left(\frac{c^4}{8\pi G}\right)\left\{-\frac{g^2}{c^4}\frac{e^{\frac{gr}{c^2}}}{e^{\frac{gr}{c^2}}}+\frac{g^2}{c^4}e^{3\frac{gr}{c^2}}e^{\frac{gr}{c^2}}+\frac{1}{4}\left(\frac{4g^2}{c^4}\frac{e^{4\frac{gr}{c^2}}}{e^{4\frac{gr}{c^2}}}\right)+\frac{1}{4}\left(\frac{4g^2}{c^4}e^{4\frac{gr}{c^2}}\right)\right\}=\left(\frac{c^4}{8\pi G}\right)\frac{\nabla e^{2\frac{g^2r}{c^4}}}{2e^{-2\frac{g^2r}{c^4}}}= \qquad (3.23)$$

$$=\frac{1}{2}m_0c^2\left(\frac{e^{-\frac{gr}{c^2}}+\frac{v^2}{c^2}e^{\frac{gr}{c^2}}}{\sqrt[2]{1-\frac{v^2}{c^2}e^{2\frac{gr}{c^2}}}}\right)\delta^3(r)+\frac{1}{2}\frac{B^2}{\mu_0}e^{-2\frac{gr}{c^2}}+\frac{1}{2}\varepsilon_0E^2e^{2\frac{gr}{c^2}} \qquad (3.24)$$

$$\left(\frac{c^4}{8\pi G}\right)2\frac{g^2}{c^4}e^{4\frac{gr}{c^2}}=\left(\frac{g^2}{4\pi G}\right)e^{4\frac{gr}{c^2}}=\frac{1}{2}m_0c^2\left(\frac{e^{-\frac{gr}{c^2}}+\frac{v^2}{c^2}e^{\frac{gr}{c^2}}}{\sqrt[2]{1-\frac{v^2}{c^2}e^{2\frac{gr}{c^2}}}}\right)\delta^3(r)+\frac{1}{2}\frac{B^2}{\mu_0}e^{-2\frac{gr}{c^2}}+\frac{1}{2}\varepsilon_0E^2e^{2\frac{gr}{c^2}} \qquad (3.25)$$

Expresemos el factor de la expansión espaciotemporal $\sigma = e^{gr/c^2}$ para simplificar la ecuación anterior. La función espacial Delta $\delta^3(r)$ tiene unidades de $1/m^3$.

Es interesante notar cómo el campo electromagnético en esta ecuación se vuelve menos magnético y más eléctrico con la divergencia espaciotemporal. Durante la expansión espaciotemporal universal se prevé el efecto contrario. Así, la ecuación para el campo escalar ϕ resultante de cuatro dimensiones es dada por

$$\Box\phi=\frac{g^2}{4\pi G}\sigma^4=\frac{1}{2}m_0c^2\left(\frac{\frac{1}{\sigma}+\frac{v^2}{c^2}\sigma}{\sqrt[2]{1-\frac{v^2}{c^2}\sigma^2}}\right)\delta^3(r)+\frac{1}{2}\frac{B^2}{\mu_0}\frac{1}{\sigma^2}+\frac{1}{2}\varepsilon_0E^2\sigma^2 \qquad (3.26)$$

$$\Box\phi=4\lambda G_{\mu\nu}=\left(\frac{c^4}{8\pi G}\right)\frac{\nabla e^{2\frac{g^2r}{c^4}}}{2e^{-2\frac{g^2r}{c^4}}} \qquad (3.27)$$

Donde la constante 4λ es igual al recíproco de la constante de Einstein para la densidad de la energía, $c^4/8\pi G$.

Multiplicando la parte superior e inferior de la fracción por el factor de la expansión espaciotemporal, obtenemos

$$\frac{\left(\sqrt[2]{1+\frac{v^2}{c^2}\sigma^2}\right)^2}{\left(\sqrt[2]{(1)\sigma^2-\frac{v^2}{c^2}\sigma^4}\right)}=\frac{\left(\sqrt[2]{\left(\frac{e^{\frac{gr}{c^2}}+e^{-\frac{gr}{c^2}}}{e^{\frac{gr}{c^2}}+e^{-\frac{gr}{c^2}}}\right)^2+\left(\frac{e^{\frac{gr}{c^2}}-e^{-\frac{gr}{c^2}}}{e^{\frac{gr}{c^2}}+e^{-\frac{gr}{c^2}}}\right)^2e^{2\frac{gr}{c^2}}}\right)^2}{\sqrt[2]{\left(\frac{e^{\frac{gr}{c^2}}+e^{-\frac{gr}{c^2}}}{e^{\frac{gr}{c^2}}+e^{-\frac{gr}{c^2}}}\right)^2e^{2\frac{gr}{c^2}}-\left(\frac{e^{\frac{gr}{c^2}}-e^{-\frac{gr}{c^2}}}{e^{\frac{gr}{c^2}}+e^{-\frac{gr}{c^2}}}\right)^2e^{4\frac{gr}{c^2}}}} \qquad (3,28)$$

Si examinamos el contenido de la fracción, el numerador ilustra el efecto aditivo de las ondas retardadas y las avanzadas que se aumenta a una tasa mayor que el denominador. El denominador ilustra el efecto sustractivo de las ondas retardadas y las avanzadas. Así, el efecto resultante es un aumento de la energía cinética a una velocidad que es más rápida que la velocidad de la luz.

La ecuación simplificada anterior se refiere a la Teoría General de la Relatividad para los cuerpos de masa, o los cuerpos celestes, pero representa la distorsión del espacio-tiempo en la dirección de la propagación de un cuerpo cargado de masa dilatada que se mueve más rápidamente que la velocidad de la luz. La energía electromagnética distorsiona la curvatura espaciotemporal para decirle al cuerpo de la masa cómo moverse más rápido que la velocidad de la luz en relación con la dirección de la onda espaciotemporal retardada. Sin embargo, el cuerpo de masa se mueve de manera relativista a menos de la velocidad de la luz en la dirección de la onda espaciotemporal avanzada.

Simplificando más la fracción para volver a introducirla en la ecuación,

$$\frac{g^2}{4\pi G}\sigma^4 = \frac{1}{2}m_0c^2\left(\frac{2}{\sqrt[2]{1-\frac{v^2}{c^2}\sigma^2}} - \sqrt[2]{1-\frac{v^2}{c^2}\sigma^2}\right)\frac{\delta^3(r)}{\sigma} + \frac{1}{2}\frac{B^2}{\mu_0}\frac{1}{\sigma^2} + \frac{1}{2}\varepsilon_0E^2\sigma^2 \quad (3.29)$$

$$\frac{g^2}{4\pi G}\sigma^4 = \left(\frac{m_0c^2}{\sqrt[2]{1-\frac{v^2}{c^2}\sigma^2}} - \frac{1}{2}\left(m_0\sqrt[2]{1-\frac{v^2}{c^2}\sigma^2}\right)c^2\right)\frac{\delta^3(r)}{\sigma} + \frac{1}{2}\frac{B^2}{\mu_0}\frac{1}{\sigma^2} + \frac{1}{2}\varepsilon_0E^2\sigma^2 \quad (3.30)$$

$$\frac{g^2}{4\pi G}\sigma^4 = \left(\frac{1}{2}\frac{m_0c^2}{\sqrt[2]{1-\frac{v^2}{c^2}\sigma^2}} + \frac{1}{2}\frac{m_0v^2\sigma^2}{\sqrt[2]{1-\frac{v^2}{c^2}\sigma^2}}\right)\frac{\delta^3(r)}{\sigma} + \frac{1}{2}\frac{B^2}{\mu_0}\frac{1}{\sigma^2} + \frac{1}{2}\varepsilon_0E^2\sigma^2 \quad (3.31)$$

$$\frac{g^2}{4\pi G}\sigma^4 = \left(\frac{1}{2}\frac{m_0\left(c^2+v^2\sigma^2\right)}{\sqrt[2]{1-\frac{v^2}{c^2}\sigma^2}}\right)\frac{\delta^3(r)}{\sigma} + \frac{1}{2}\frac{B^2}{\mu_0}\frac{1}{\sigma^2} + \frac{1}{2}\varepsilon_0E^2\sigma^2 \quad (3.32)$$

Es interesante notar que la masa de descanso se dilata, pero la masa de la energía cinética se contrae mientras que se resta de la masa de descanso, según el cuerpo de masa cargado atraviesa el vórtice espaciotemporal, el cual no es una topología trivial. Por lo tanto, es posible sugerir que la masa de descanso se dilata según el cuerpo de masa se mueve más lento que la velocidad de la luz tal como se esperaría, mientras que la masa cinética se contrae según el cuerpo de masa cargado se mueve a mayor velocidad que la velocidad de la luz en la dirección de la onda espaciotemporal avanzada. Por consiguiente, durante el movimiento relativista en el espacio-tiempo homogéneo e isótropo en la dirección retrasada o avanzada, la masa y el tiempo se dilatan y el espacio se contrae para obedecer las leyes de la conservación del momento espacial.

Por otra parte, la masa de descanso se dilata como resultado de la velocidad del tiempo que disminuye mientras que el objeto acelera a través del espacio, y este efecto aumenta el ímpetu del objeto y de su energía cinética, mientras que el objeto viaja contra el campo gravitacional, cada vez mayor, sobre la masa, opuesto a la dirección del movimiento, en la dirección de la onda espaciotemporal avanzada.

El escenario hipotético anterior se asemeja a un cuerpo de masa cargado atravesando una grieta espaciotemporal, o un puente Ellis-Bronnikov.

$$\Box\phi = 4\lambda G_{\mu\nu} = \frac{1}{\sigma}\nabla_{\mu}\phi_{a}\nabla_{\nu}\phi_{a}g_{\mu\nu} - \frac{1}{2\sigma}\nabla_{\mu}\phi_{b}\nabla_{\nu}\phi_{b}g_{\mu\nu} + \frac{1}{2\sigma^{2}}\nabla_{\mu}\phi_{\beta}\nabla_{\nu}\phi_{\beta}g_{\mu\nu} + \frac{\sigma^{2}}{2}\nabla_{\mu}\phi_{\varepsilon}\nabla_{\nu}\phi_{\varepsilon}g_{\mu\nu} \quad (3.33)$$

La ecuación anterior de un campo tensorial corresponde a dos regiones espaciotemporales planas asintóticamente unidas en una esfera-dos libre de singularidad, geodésicamente completa, sin horizontes unidireccionales de sucesos. El puente conecta las regiones espaciotemporales que son asintóticamente planas en cada dirección de la recesión del túnel en el medio. El puente es gravitacionalmente atractivo en un extremo y fuertemente repulsivo en el otro. El campo vectorial espaciotemporal es el campo de la velocidad del flujo espaciotemporal desde el extremo atractivo hasta el extremo repulsivo del puente, con un campo gravitacional acelerado a través del puente hasta el final. El puente es transitable en cualquier dirección por los fotones, las partículas, o las señales.

¿Cómo sería afectada la curvatura resultante de un campo escalar por la masa de un cuerpo, la materia cosmológica, y el campo electromagnético que modifica la presión espaciotemporal?

Según investigaciones anteriores

$$G_{\mu\nu} + \bar{G}_{\varepsilon\beta} = \frac{8\pi G}{c^{4}}\left(T_{\mu\nu} - \Lambda_{\mu\nu} + \Phi_{\varepsilon\beta}\right) \quad (3.34)$$

$$G_{\mu\nu} + \bar{G}_{\varepsilon\beta} = \kappa\left(T_{\mu\nu} - \Lambda_{\mu\nu} + \Phi_{\varepsilon\beta}\right) \quad (3.35)$$

$$\hat{R}_{\mu\nu} - \frac{1}{(n-1)} g_{\mu\nu}\hat{R} = \kappa\left(T_{\mu\nu} - \Lambda_{\mu\nu} + \hat{\Phi}_{\mu\nu}\right) \quad (3.36)$$

Denotando los tensores de tensión-energía-impulso, tenemos

$$T_{\mu\nu} = -\frac{2\rho\phi}{m}\left(\nabla_\mu\phi\nabla_\nu\phi - \frac{1}{2}g_{\mu\nu}\nabla^\alpha\phi\nabla_\alpha\phi\right) = -\frac{2\rho\phi}{m}\left(\nabla_\mu\phi\nabla^\mu\phi - 2\rho^2\phi^2\right)g_{\mu\nu} \quad (3.37)$$

$$\Lambda_{\mu\nu} = 2\lambda\phi g_{\mu\nu} \quad (3.38)$$

$$\hat{\Phi}_{\mu\nu} = -\frac{\rho}{\kappa}\left(\nabla_\mu\phi\nabla_\nu\phi - \frac{1}{2}g_{\mu\nu}\nabla_\mu\phi\nabla^\mu\phi\right) - \frac{g_{\mu\nu}}{\kappa}\square\phi = \frac{1}{\kappa}\left(\rho\phi\nabla_\mu\nabla^\mu\phi - n\delta_{\mu\nu}\square\phi\right) \quad (3.39)$$

El rastro (o vestigio) de la curvatura resultante de las densidades de las energías locales, cosmológicas, y del campo electromagnético es $\hat{R}$, la κ es la constante de Einstein para la densidad de la energía, λ es un término cosmológico para la presión, y la n es el número de las dimensiones espaciotemporales.

$$\hat{R}\phi = -\frac{2\kappa\rho\phi}{m}\left[\nabla_\mu\phi\nabla^\mu\phi - 2\rho^2\phi^2\right] + \rho\phi\nabla_\mu\nabla^\mu\phi - 2\kappa\lambda\phi - n\delta_{\mu\nu}\square\phi \quad (3.40)$$

Multiplicando la ecuación completa por el campo para simplificar los términos,

$$\hat{R}\phi^2 = -\frac{2\kappa\rho\phi^2}{m}\left[\nabla_\mu\phi\nabla^\mu\phi - 2\rho^2\phi^2\right] + \rho\phi^2\nabla_\mu\nabla^\mu\phi - 2\kappa\lambda\phi^2 - n\delta_{\mu\nu}\square\phi^2 \quad (3.41)$$

$$\hat{R}\phi^2 = -\frac{2\kappa\rho\phi^2}{m}\left[\nabla_\mu\phi\nabla^\mu\phi - 2\nabla^\alpha\phi\nabla_\alpha\phi + \frac{m}{2\kappa}\nabla_\mu\nabla^\mu\phi\right] - 2\kappa\lambda\phi^2 - n\delta_{\mu\nu}\square\phi^2 \quad (3.42)$$

$$\hat{R}\phi^2 = -\frac{2\kappa\rho\phi^2}{m}\left[\nabla_\mu\phi\nabla^\mu\phi + \frac{m}{2\kappa\phi}\nabla_\mu\phi\nabla^\mu\phi - 2\nabla^\alpha\phi\nabla_\alpha\phi\right] - 2\kappa\lambda\phi^2 - n\delta_{\mu\nu}\square\phi^2 \quad (3.43)$$

Sustituyendo el campo escalar $\phi = m/\rho$ para la presión para restar términos,

$$\hat{R}\phi^2 = -\frac{2\kappa\rho\phi^2}{m}\left[\nabla_\mu\phi\nabla^\mu\phi + \frac{\rho}{2\kappa}\nabla_\mu\phi\nabla^\mu\phi - 2\nabla^\alpha\phi\nabla_\alpha\phi\right] - 2\kappa\lambda\phi^2 - n\delta_{\mu\nu}\Box\phi^2 \quad (3.44)$$

Sustituyendo los términos y simplificando,

$$\hat{R}\phi^2 = -\frac{2\kappa\rho\phi^2}{m}\left[\left(1+\frac{\rho}{2\kappa}\right)\nabla^\alpha\phi\nabla_\alpha\phi - 2\nabla^\alpha\phi\nabla_\alpha\phi\right] - 2\kappa\lambda\phi^2 - n\delta_{\mu\nu}\Box\phi^2 \quad (3.45)$$

Ya que $|\rho| << |\kappa|$, donde $|\kappa| = 8\pi G/c^4 \approx 10^{-43}$, obtenemos

$$\left|1+\frac{\rho}{2\kappa}\right| = \left|\frac{2\kappa+\rho}{2\kappa}\right| \approx 1 \quad (3.46)$$

$$\hat{R}\phi^2 = -\frac{2\kappa\rho\phi^2}{m}\left[\nabla^\alpha\phi\nabla_\alpha\phi - 2\nabla^\alpha\phi\nabla_\alpha\phi\right] - 2\kappa\lambda\phi^2 - n\delta_{\mu\nu}\Box\phi^2 \quad (3.47)$$

El factor exponencial de la expansión espaciotemporal modula la métrica espaciotemporal mensurable $g_{\mu\nu}$, por lo que la velocidad de la luz si se mide sería la misma, y n es el número de las dimensiones espaciotemporales. En ese sentido, un campo electromagnético en el espacio-tiempo libre es un campo de calibre. La luz se puede considerar un campo de calibre universal.

$$\hat{R}\phi^2 = -\frac{2\kappa\rho\phi^2}{m}\left[-\nabla^\alpha\phi\nabla_\alpha\phi\right] - 2\kappa\lambda\phi^2 - g_{\mu\nu}\Box\phi^2 \quad (3.48)$$

$$2\kappa\lambda\phi^2 = 2\kappa\lambda\left(\frac{m}{\rho}\right)\phi = 2\kappa\left[\phi^3\left(\sqrt[3]{\rho}\right)\right]\left(\frac{\lambda}{\sqrt[3]{\rho}}\right)\left(\frac{1}{\phi}\right) = 2\kappa\phi\left(\frac{\phi m}{\sqrt[3]{\rho}}\right)\left(\frac{\lambda}{\sqrt[3]{\rho}}\right)\left(\frac{1}{\phi}\right) \quad (3.49)$$

Substituyendo con la ecuación de onda mecánica cuántica que describe los cambios físicos para el campo ϕ sobre el espacio-tiempo, tenemos

$$2\kappa\lambda\phi^2 = 2\kappa\phi\left(\frac{\phi m}{\sqrt[2]{\rho}}\right)\left(\frac{\lambda}{\sqrt[2]{\rho}}\right)\left(\frac{1}{\phi}\right) = 2\left(\frac{\phi\kappa m}{\sqrt[2]{\rho}}\right)\left\{-\frac{1}{2}\frac{\hbar^2}{m}\left[\square\left(\frac{\lambda}{\sqrt[2]{\rho}}\right) + \left(\frac{\lambda\square\sqrt[2]{\rho}}{\rho}\right)\right]\right\} \quad (3.50)$$

Ya que $\square \equiv \kappa/\phi = \kappa\rho/m$, obtenemos

$$\frac{2\kappa\lambda\phi^2}{\phi^2} = 2\left(-\frac{1}{2}\right)\left(\frac{\nabla_\mu\phi\nabla_\nu\phi}{\phi^2}\right) = -\left(\frac{\nabla_\mu\phi\nabla_\nu\phi}{\phi^2}\right) \quad (3.51)$$

Denotando la curvatura resultante usando los términos anteriores, conseguimos

$$\hat{R}\phi^2 = \frac{2\kappa\rho\phi^2}{m}\left[\nabla^a\phi\nabla_a\phi\right] - \frac{2\phi\kappa m}{\sqrt[2]{\rho}}\left\{-\frac{1}{2}\frac{\hbar^2}{m}\left[\square\left(\frac{\lambda}{\sqrt[2]{\rho}}\right) + \left(\frac{\lambda\square\sqrt[2]{\rho}}{\rho}\right)\right]\right\} - \frac{\kappa\rho}{m}g_{\mu\nu}\phi^2 \quad (3.52)$$

$$\hat{R} = \frac{2\kappa\rho\phi^2}{m\phi^2}\left(\nabla^\mu\phi\nabla_\nu\phi\right) - \left(-\frac{\nabla_\mu\phi\nabla_\nu\phi}{\phi^2}\right) - \frac{\kappa\rho}{m}g_{\mu\nu} \quad (3.53)$$

Por lo tanto, la curvatura resultante se da por

$$\hat{R} = \frac{2\kappa\rho}{m}\left(\nabla^\mu\phi\nabla_\nu\phi\right) + \left(\frac{\nabla_\mu\phi\nabla_\nu\phi}{\phi^2}\right) - \frac{\kappa\rho}{m}g_{\mu\nu} \quad (3.54)$$

Del mismo modo, en términos de la acción Lagrange S, y el Hamiltoniano $\hat{H}$, para el movimiento relativista de la masa que viaja a través de un puente Ellis-Bronnikov, encontramos

$$S = \int_{t_1}^{t_2} L dt = \int_{t_1}^{t_2} -mc^2\left(\frac{d\tau}{dt}\right)dt = \int_{t_1}^{t_2} -mc^2\left(\sqrt[2]{1-\frac{v_r^2}{c^2}}\right)dt \quad (3.55)$$

$$p = \frac{\partial L}{\partial v_r} = -\frac{1}{2}\left[\frac{mc^2(-2v_r)}{c^2\sqrt[2]{1-\frac{v_r^{\ 2}}{c^2}}}\right] = \frac{mv_r}{\sqrt[2]{1-\frac{v_r^{\ 2}}{c^2}}} = \frac{mv_r}{v_\tau} \tag{3.56}$$

A través de la producción de pares obtenemos

$$\hat{H} = v_r p_r - L = \frac{m_0 v_r^{\ 2}}{\sqrt[2]{1-\frac{v_r^{\ 2}}{c^2}}} - \left[-m_0 c^2 \sqrt[2]{1-\frac{v_r^{\ 2}}{c^2}}\right] = \frac{m_0 c^2}{\sqrt[2]{1-\frac{v_r^{\ 2}}{c^2}}} = \frac{m_0 c^2}{v_\tau} \tag{3.57}$$

Es posible considerar el caso del Hamiltoniano del sistema como un problema de dos cuerpos, o la producción de un par por el cuerpo de masa, donde el Hamiltoniano se puede expresar como la suma del Hamiltoniano de la dilatación y la del Hamiltoniano de la contracción, en la dirección de la onda espaciotemporal retardada y la avanzada. Es posible hipotetizar que el cuerpo de masa se proyecta sobre la onda espaciotemporal retardada sobre las dimensiones espaciotemporales del futuro mientras que se dilata, mientras que el cuerpo de masa se proyecta en la onda avanzada sobre las dimensiones espaciotemporales del pasado mientras que se contracta. Por lo tanto, es posible considerar las proyecciones sólo como proyecciones sobre dimensiones espaciales, o capas espaciales, al factorizar las derivadas temporales implicadas. Se ha observado que la energía hamiltoniana de un sistema permite la producción de pares por una partícula de masa. ¿sería observable un par producido por una partícula o su aniquilación?

El acercamiento del problema de dos-cuerpos predice los movimientos individuales de cada objeto de masa que interactúa con otro gravitacionalmente y que regula la presión espaciotemporal.

$$\hat{H}_d = \hat{T}_r + \hat{U} \tag{3.58}$$

$$\hat{H}_c = -\hat{L} - \hat{U} \tag{3.59}$$

$$\hat{H} = \hat{H}_d + \hat{H}_c \tag{3.60}$$

Donde $T_r = v_r p_r$ es la energía cinética, $-L$ es la energía potencial, y $(\pm U)$ es la energía potencial autónoma o la energía potencial de un cuerpo.

Denotemos el Hamiltoniano como una integral tridimensional espacial del Hamiltoniano de la dilatación y del Hamiltoniano de la contracción como una formulación de la Teoría General de la Relatividad. El espectro de la formulación es el conjunto de los posibles resultados cuando se mide la energía total de un sistema.

$$\hat{H} = \int d^4x \left(\frac{mc^2}{v_\tau} \right) = \hat{H}_D + \hat{H}_C = \int d^3r \left(W^\perp \hat{H}^\perp + Wi\hat{H} \right) \quad (3.61)$$

$$d^4x = d^3r \cdot dt \quad (3.62)$$

$$W = \left(-g^{00}\right)^{-\frac{1}{2}} = -\frac{i}{\sqrt[2]{g^{00}}} \quad (3.63)$$

$$Wi = \left(g^{00}\right)^{-\frac{1}{2}} = \frac{1}{\sqrt[2]{g^{00}}} \quad (3.64)$$

El denominador $-W$ quita todas las derivadas temporales para rendir solamente las derivadas espaciales. El símbolo $"i"$ representa las tres direcciones imaginarias sobre de una superficie. El operador de proyección en el operador Hamiltoniano, $\hat{H}^\perp$, o sobre $W^\perp$, denota la tridimensionalidad, o la dimensionalidad superior, de su mapa espaciotemporal a su forma tridimensional. Puede ser útil pensar en la forma en que un objeto tridimensional iluminado se proyecta sobre un plano como una sombra de dos dimensiones.

El formalismo anterior propone que el espacio-tiempo es foliado en una familia de hipersuperficies parecidas al espacio, etiquetadas por su constante tiempo coordenado, t^i, y donde cada capa espacial tiene coordenadas dadas por, x^i. El tensor métrico de las rodajas espaciales tridimensionales y sus impulsos conjugados son las variables dinámicas. Un Hamiltoniano se puede definir de estas variables, y de tal modo las ecuaciones de la moción pueden escribirse para la Teoría General de la Relatividad bajo la forma de las ecuaciones de Hamilton. (Arnowitt, 1959)

Mientras que el cuerpo de masa se proyecta en la onda avanzada, sobre las dimensiones espaciotemporales del pasado, y se contracta a través de un puente Ellis-Bronnikov, la fuerza del campo electromagnético del cuerpo de masa pulsa como una onda con un componente del campo magnético y un componente del campo eléctrico dado por

$$\left(\frac{c^4}{8\pi G}\right)2\frac{g^2}{c^4}\sigma^4 = \frac{1}{2}\frac{B^2}{\mu_0}\frac{1}{\sigma^2} + \frac{1}{2}\varepsilon_0 E^2\sigma^2 \qquad (3.65)$$

$$\frac{g^2}{8\pi G}\sigma^4 = \frac{1}{4}\left(\frac{B^2}{\mu_0}\frac{1}{\sigma^2} + \varepsilon_0 E^2\sigma^2\right) \qquad (3.66)$$

La torsión y modulación del campo electromagnético tiene el efecto de formar, ensanchar, y endurecer, las paredes espaciotemporales (las superficies) del vórtice en el túnel del puente. A medida que el cuerpo de masa se desplaza por el puente, la presión espaciotemporal es mayor detrás del cuerpo de masa, y menor delante del cuerpo de masa en la dirección de la propagación.

¿Cuál es la fuerza del campo electromagnético en la superficie de la apertura inicial del hipotético puente Ellis-Bronnikov?

$$\frac{g^2}{8\pi G}\sigma^4 = \frac{1}{4}F_\beta R_\beta\frac{1}{\sigma^2} + \frac{1}{4}F_\varepsilon R_\varepsilon\sigma^2 \qquad (3.67)$$

Donde *R* es el rastro del tensor de la curvatura y σ es el factor del crecimiento espaciotemporal.

$$\frac{c^4}{8\pi G}\sigma^4 = \frac{1}{4}\frac{\vec{B}^2}{\mu_0}\frac{1}{\sigma^2} + \frac{1}{4}\varepsilon_0\vec{E}^2\sigma^2 = \frac{1}{4}\frac{c^2\vec{E}_\beta^{\,2}}{\mu_0\sigma^2} + \frac{1}{4}\varepsilon_0\vec{E}_\varepsilon^{\,2}\sigma^2 \qquad (3.68)$$

Pensemos en un instante $\left(\partial t'/\partial t_0\right)$ en el dominio temporal,

$$\frac{g^2}{8\pi G}\sigma^4 \rightarrow \frac{1}{4}\frac{c^2\vec{E}_\beta^{\ 2}}{\mu_0}\frac{1}{\sigma^2}+\frac{1}{4}\varepsilon_0\vec{E}_\varepsilon^{\ 2}\sigma^2 \tag{3.69}$$

$$\frac{g^2}{8\pi G}\left(\frac{\partial t'}{\partial t_0}\right)^4 = \frac{1}{4}\frac{c^2\vec{E}_\beta^{\ 2}}{\mu_0}\frac{1}{\left(\frac{\partial t'}{\partial t_0}\right)^2}+\frac{1}{4}\varepsilon_0\vec{E}_\varepsilon^{\ 2}\left(\frac{\partial t'}{\partial t_0}\right)^2 \tag{3.70}$$

Substituyendo los términos electromagnéticos a los términos equivalentes electrogravíticos en el dominio de la frecuencia, en el lado derecho de la ecuación,

$$\frac{g^2}{4\pi G}e^{4\frac{\mu'}{\mu_0}} = \frac{1}{4}\left[q_1V_1\left\langle\delta^3(r)\right\rangle e^{-2\frac{\mu'}{\mu_0}}+q_2V_2\left\langle\delta^3(r)\right\rangle e^{2\frac{\mu'}{\mu_0}}\right] \tag{3.71}$$

Donde el término electromagnético $q_1V_1\delta^3(r)$ denota las variables del campo magnético, y el término $q_2V_2\delta^3(r)$ denota las variables del campo eléctrico.

El voltaje es dado por la ley del voltaje de Faraday,

$$V = N\frac{\partial\phi}{\partial t} \tag{3.72}$$

$$\phi = \int B\, dA \tag{3.73}$$

$$\frac{\partial\phi}{\partial t} = A\cdot\frac{\partial B}{\partial t} \tag{3.74}$$

Donde N es el número de las vueltas (los lazos) en una bobina, ϕ es el flujo magnético por vuelta, o las líneas magnéticas a través de una vuelta por metro cuadrado, dA es el área de una vuelta de la bobina, y $\partial\phi/\partial t$ es la velocidad del flujo magnético a través de una vuelta, o lo rápido que el flujo magnético está cambiando a través de una vuelta con respecto al tiempo.

Introduciendo dos fuerzas giratorias perpendiculares $\left(F_1 \perp F_2\right)$, la variable F_1 para la fuerza del campo magnético, la variable F_2 para la fuerza del campo eléctrico, y agregando un signo negativo en la aceleración del campo eléctrico, obtenemos

$$\frac{\theta}{2}=\frac{90^0}{\left(nN\right)} \tag{3.75}$$

$$\theta=\frac{180^0}{\left(nN\right)} \tag{3.76}$$

Donde n es el número de Newtones de la fuerza que gira alrededor del axis de la otra fuerza y determina los grados por segundo de rotación.

$$\frac{g^2}{4\pi G}=\left(\frac{F_1}{x_1}\frac{1}{v^2\lambda^2}\right)\left(-\frac{1}{2}\frac{F_2}{x_2}v^2\lambda^2\right)(\theta)=\left(\frac{F_1}{x_1}\frac{1}{\lambda}\right)\left(-\frac{1}{2}\frac{F_2}{x_2}\frac{1}{\lambda}\lambda^2\right)(\theta) \tag{3.77}$$

$$\frac{g^2}{4\pi G}=\left(\frac{F_1}{x_1}\frac{1}{\lambda}\right)\left(-\frac{1}{2}\frac{F_2}{x_2}\frac{1}{\lambda}\lambda^2\right)(\theta)=-\left(\mu_0\right)\left(\mu_0\cdot\lambda^2\right)\left(\frac{\theta}{2}\right)=-\left(4\pi \text{ x } 10^{-7}\right)^2\cdot\lambda^2\cdot\left(\frac{\theta}{2}\right) \tag{3.78}$$

$$\frac{g^2}{4\pi G}=-1.6\pi^2 \text{ x } 10^{-13}\ \frac{N^2}{m^4}\cdot\lambda^2\cdot\left(\frac{\theta}{2}\right)=-1.6\pi^2 \text{ x } 10^{-13}\ \frac{N^2}{m^2}\cdot\left(\frac{\theta}{2}\right) \tag{3.79}$$

$$\frac{g^2}{4\pi G}=\left(\frac{F_1}{x_1}\frac{1}{v^2}\right)\left(-\frac{1}{2}\frac{c^2}{x_2}\frac{m_2\cdot v^2}{x_2}\right)(\theta)=\left(m_1\right)\left(\frac{c^2}{x_2}\right)\left(-\frac{1}{2}\frac{m_2\cdot v^2}{x_2}\right)(\theta) \tag{3.80}$$

$$\frac{g^2}{4\pi G}=\left(m_1\right)\left(\frac{c^2}{x_2}\right)\left(\frac{1}{\lambda^2}\right)\left(-\frac{1}{2}\frac{m_2\cdot v^2}{x_2}\right)\left(\lambda^2\right)(\theta)=\left(\frac{F_1}{\lambda}\right)\left(\frac{F_2}{\lambda}\right)\left(\frac{1}{2}\frac{180^0}{\left(nN\right)}\right) \text{ x } 10^{-13}\frac{N}{m^2} \tag{3.81}$$

$$\frac{g^2}{4\pi G}=\left(\frac{F_1}{\lambda}\right)\left(\frac{F_2}{\lambda}\right)\left(\frac{\theta}{2}\right) \text{ x } 10^{-13}\frac{N}{m^2} \tag{3.82}$$

Por lo tanto, denotando la ecuación del campo en los términos de la densidad cuadrada de la energía, encontramos la fuerza del campo electromagnético sobre la superficie inicial de la apertura del puente hipotético Ellis-Bronnikov.

$$\frac{g^2}{4\pi G} = \frac{1}{2} \cdot q_1 V_1 R_1 \frac{1}{\nu^2} \cdot q_2 V_2 R_2 \nu^2 \cdot \theta \cdot 10^{-13} \frac{N}{m^2} \quad (3.83)$$

Donde q es una carga, V es un voltaje, ν es una frecuencia, and R es el rastro de la curvatura.

¿Cuál es la constante gravitacional en términos de la permeabilidad y la permitividad?

Simplificando los términos, la constante gravitacional se da por

$$\frac{1}{G} = \frac{-\mu_0{}^2 \cdot \lambda^2}{g^2} \cdot \frac{\theta}{2} = \frac{-6.4\pi^3 \text{ x } 10^{-13} N^2/m^2}{g^2} \cdot \left(\frac{\theta}{2}\right) \quad (3.84)$$

$$G = \frac{g^2}{-6.4\pi^3 \text{ x } 10^{-13} \frac{N^2}{m^2} \cdot \left(\frac{\theta}{2}\right)} \quad \frac{m^3}{Kg \cdot s^2} \quad (3.85)$$

La constante gravitacional ilustra una conexión directa entre el electromagnetismo and el espacio-tiempo, según el espacio-tiempo se expande o se contrae. En otras palabras, el medio espaciotemporal tiene una naturaleza electrogravítica, es decir, un aspecto electromagnético y un aspecto espaciotemporal.

El análisis del motor de distorsión espaciotemporal de Alcubierre.

Pensemos en la propuesta teórica de un motor de distorsión espaciotemporal por el eminente físico Miguel Alcubierre. (Alcubierre, 1994)

$$ds^2 = -d\tau^2 = g_{\alpha\beta} dx^\alpha dx^\beta \quad (3.86)$$

$$ds^2 = -\left(\alpha^2 - \beta_i \beta^i\right) dt^2 + 2\beta_i dx^i dt + \gamma_{ij} dx^i dx^j \quad (3.87)$$

Donde β^i es un vector de cambio de las hipersuperficies con coordenadas espaciales que se desvanece en $r_s < R$, γ_{ij} es la métricatres de las hipersuperficies, y α es la función del lapso que da el intervalo de tiempo adecuado entre las hipersuperficies cercanas según lo medido por los observadores Eulerianos, es decir, los observadores cuya velocidad-cuatro es normal a las hipersuperficies. R es una distancia radial desde el centro del motor de distorsión.

La siguiente métrica propulsará la nave espacial a lo largo de una trayectoria descrita por una función arbitraria del tiempo, $x_s(t)$.

$$ds^2 = -dt^2 + \left[dx - v_s f(r_s) dt\right]^2 + dy^2 + dz^2 \tag{3.88}$$

La métrica se expresa en el lenguaje de un formalismo (3 + 1). La ecuación de la métrica describe la región espaciotemporal alrededor de la nave espacial que incluye la región de la influencia del motor de distorsión, ya que el motor distorsiona el medio espaciotemporal.

Dado que el movimiento es lineal en la dirección x, tenemos

$$dy^2 = 0 \tag{3.89}$$

$$dz^2 = 0 \tag{3.90}$$

La velocidad de escape de la nave espacial de Alcubierre es dada por

$$v_s = \frac{dx_s(t)}{dt} = \sqrt[2]{\frac{2GM}{r_s}} = c \tag{3.91}$$

¿Cuál sería la fuerza centrípeta (hacia el centro) cuando la nave espacial gira?

$$F_c = \frac{GME}{r_s^2 c^2} = \frac{E}{r_s} \tag{3.92}$$

El motor de distorsión crearía una distorsión lineal en la dirección de la propagación dada por

$$ds^2 - dt^2 + \left[dx - f\left(r_s\right)cdt\right]^2 \tag{3.93}$$

Las condiciones iniciales de la ecuación del motor de distorsión son

$$x_s\left(t\right) = \begin{cases} D & @\ t > T \\ 0 & @\ t < 0 \quad (\textit{La nave empieza a moverse } @\ t_0) \end{cases} \tag{3.94}$$

Donde la distancia es una función arbitraria del tiempo que describe una trayectoria. D es una distancia espacial adecuada entre los puntos de la salida y la llegada. El motor de distorsión está centrado en las coordenadas espaciales $\left(x_s\left(t\right), 0, 0\right)$ en la cabina de la nave espacial. El espacio-tiempo es casi plano dentro de una distancia radial R en el plano x-y. La distancia r_s , o la distancia R, es positiva hacia la proa (frente) y negativa hacia la popa (parte posterior).

La gama del parámetro de la distancia r_s es dada por

$$f\left(r_s\right) = \begin{cases} 1 & r_s \in \left(-R+d, R-d\right) \\ 0 & r_s \in \left(-R, R\right) \end{cases} \tag{3.95}$$

$$\lim_{\frac{gr}{c^2}\to\infty} f\left(r_s\right) = \begin{cases} 1 & r_s \in \left(-R+d, R-d\right) \\ 0 & \text{de otra manera} \end{cases} \tag{3.96}$$

La función $f\left(r_s\right)$ es una cuando la distorsión, $\pm d$, se resta de la distancia R, o $-R$, ejemplo, $-R-\left(-d\right)$ durante la expansión espaciotemporal (en la proa) o la compresión (en la popa), y cero cuando la distorsión no está presente.

Por lo tanto, $f\left(r_s\right)$ se define como una función que describe la distorsión espaciotemporal. El parámetro de la distancia r_s se extiende en $-R+d$ de la distorsión posterior a $R-d$ en la distorsión delantera o la dirección de la propagación, cuando $f\left(r_s\right) = 1$.

Puesto que la distancia r_s está en la dirección de x, y la $x = 0$ cuando $t < 0$,

$$r_s(t) = \sqrt[2]{(x - x_s(t))^2 + y^2 + z^2} = \sqrt[2]{(x - x_s(t))^2} \tag{3.97}$$

$$r_s(t) = \sqrt[2]{(0 - x_s(t))^2} = x_s(t) \tag{3.98}$$

La función $f(r_s)$ es la función espaciotemporal de la distorsión alrededor de la nave espacial con $R > 0$, y $d > 0$.

$$f(r_s) = \frac{\tanh\left(\frac{g}{c^2}(-R+d)\right) - \tanh\left(\frac{g}{c^2}(R-d)\right)}{2\tanh\left(\frac{g}{c^2}(-R+d)\right)} \tag{3.99}$$

	$d=0$	$d \neq 0$	$R > d$	$R < d$
$f(r_s)$	N/A	1	1	1

Figure 3.

Donde $R > 0$ y $\frac{gr}{c^2} > 0$, como un exponente del factor de la expansión espaciotemporal σ.

$$f(r_s) = \frac{1}{2}\frac{\dfrac{e^{\frac{g}{c^2}(-R+d)} - e^{-\frac{g}{c^2}(-R+d)}}{e^{\frac{g}{c^2}(-R+d)} + e^{-\frac{g}{c^2}(-R+d)}} - \dfrac{e^{\frac{g}{c^2}(R-d)} - e^{-\frac{g}{c^2}(R-d)}}{e^{\frac{g}{c^2}(R-d)} + e^{-\frac{g}{c^2}(R-d)}}}{\dfrac{e^{\frac{g}{c^2}(-R+d)} - e^{-\frac{g}{c^2}(-R+d)}}{e^{\frac{g}{c^2}(-R+d)} + e^{-\frac{g}{c^2}(-R+d)}}} \tag{3.100}$$

Usando una identidad de la función hiperbólica,

$$f\left(r_s\right)=\frac{1}{2}\frac{\dfrac{e^{\frac{2g}{c^2}(-R+d)}-1}{e^{\frac{2g}{c^2}(-R+d)}+1}-\dfrac{e^{\frac{2g}{c^2}(R-d)}-1}{e^{\frac{2g}{c^2}(R-d)}+1}}{\dfrac{e^{\frac{2g}{c^2}(-R+d)}-1}{e^{\frac{2g}{c^2}(-R+d)}+1}} \tag{3.101}$$

$$f\left(r_s\right)=\frac{1}{2}\left(\frac{e^{\frac{2g}{c^2}(-R+d)}-1}{e^{\frac{2g}{c^2}(-R+d)}+1}-\frac{e^{\frac{2g}{c^2}(R-d)}-1}{e^{\frac{2g}{c^2}(R-d)}+1}\right)\left(\frac{e^{\frac{2g}{c^2}(-R+d)}+1}{e^{\frac{2g}{c^2}(-R+d)}-1}\right) \tag{3.102}$$

A medida que la distorsión se agranda, $d >> R$, los exponentes pueden ser sustituidos por una variable ficticia de proporción de la velocidad cuadrada, ℓ^2, para bajar el factor de la contracción en la popa (parte posterior) al denominador de la fracción, y clarificar la presurización espaciotemporal.

$$f\left(r_s\right)=\frac{1}{2}\left[1-\left(\frac{e^{\frac{2g}{c^2}(R-d)}-1}{e^{\frac{2g}{c^2}(R-d)}+1}\right)\left(\frac{e^{\frac{2g}{c^2}(-R+d)}+1}{e^{\frac{2g}{c^2}(-R+d)}-1}\right)\right] \tag{3.103}$$

$$f\left(r_s\right)=\frac{1}{2}\left[1-\left(\frac{\dfrac{1}{e^{2\ell_{pr}^{\ 2}}}-1}{\dfrac{1}{e^{2\ell_{pr}^{\ 2}}}+1}\right)\left(\frac{e^{2\ell_{po}^{\ 2}}+1}{e^{2\ell_{po}^{\ 2}}-1}\right)\right] \tag{3.104}$$

Es interesante notar que los elementos volumétricos se contraen en la proa (frente) y se expanden en la popa de la nave espacial (parte posterior). Este motor teórico de una distorsión específica tiene efectos de distorsión lineal e insignificantes efectos hacia el estribor (derecha), o el babor (izquierda) de la nave espacial, pero distorsiona la dirección espacial en los sentidos de arriba y de abajo, y temporalmente, a medida que se propaga. Esta condición espaciotemporal crea el efecto de una pendiente gravitacional donde la nave espacial está cayendo cuesta abajo a medida que se propaga. La compresión frontal crea una región de mayor presión espaciotemporal mientras que la expansión posterior crea una región de menor presión espaciotemporal. Esta condición se asemeja a la ley de la inercia para los cuerpos móviles de masa cuando el cuerpo de masa está empujado por una fuerza desequilibrada. Las ondas espaciotemporales están más juntas delante de la nave espacial y más esparcidas detrás. Dependiendo del diseño de la nave espacial, para invertir la dirección de la propagación, sólo es necesario revertir la polaridad de la distorsión del motor, por lo que la nave espacial no tiene que darse la vuelta.

Es posible que el motor de distorsión espaciotemporal proporcione un movimiento lineal, un movimiento curvilíneo, o un movimiento volumétrico, a través de una región o un puente espaciotemporal.

Pensemos en un motor de distorsión de Alcubierre para el movimiento curvilíneo en tres planos espaciales.

Para el movimiento curvilíneo en el plano x-y con $dz^2 = 0$,

$$ds^2 = -dt^2 + \left[dx - v_x f\left(r_x\right)dt\right]^2 + \left[dy - v_y f\left(r_y\right)dt\right]^2 + dz^2 \quad (3.105)$$

$$ds^2 = -dt^2 + \left[dx - f\left(r_x\right)cdt\right]^2 + \left[dy - f\left(r_y\right)cdt\right]^2 + dz^2 \quad (3.106)$$

Para el movimiento curvilíneo en el plano x-z con $dy^2 = 0$,

$$ds^2 = -dt^2 + \left[dx - v_x f\left(r_x\right)dt\right]^2 + dy^2 + \left[dz - v_z f\left(r_z\right)dt\right]^2 \quad (3.107)$$

$$ds^2 = -dt^2 + \left[dx - f\left(r_x\right)cdt\right]^2 + dy^2 + \left[dz - f\left(r_z\right)cdt\right]^2 \quad (3.108)$$

Para el movimiento curvilíneo en el plano y-z con $dx^2 = 0$,

$$ds^2 = -dt^2 + dx^2 + \left[dy - v_y f\left(r_y\right)dt\right]^2 + \left[dz - v_z f\left(r_z\right)dt\right]^2 \quad (3.109)$$

$$ds^2 = -dt^2 + dx^2 + \left[dy - f\left(r_y\right)cdt\right]^2 + \left[dz - f\left(r_z\right)cdt\right]^2 \quad (3.110)$$

y para el movimiento volumétrico,

La función $f\left(ct_s\right)$ es la función espaciotemporal de la distorsión sobre la nave espacial con $\left(R/c\right)>0$ y $\left(d/c\right)>0$, expresado con respecto al tiempo.

$$f\left(ct_s\right)=\frac{\tanh\left(\frac{g}{c^2}\left(-ct_R+ct_d\right)\right)-\tanh\left(\frac{g}{c^2}\left(ct_R-ct_d\right)\right)}{2\tanh\left(\frac{g}{c^2}\left(-ct_R+ct_d\right)\right)} \qquad (3.111)$$

La métrica de seis dimensiones se da por

$$ds^2=-c^2dt^2+dr^2 \qquad (3.112)$$

$$ds^2=-\left\{\left[cdt_x-f\left(ct_x\right)cdt\right]^2+\left[cdt_y-f\left(ct_y\right)cdt\right]^2+\left[cdt_z-f\left(ct_z\right)cdt\right]^2\right\}+ \qquad (3.113)$$

$$\left\{\left[dx-\left(v_x\right)f\left(r_x\right)dt\right]^2+\left[dy-\left(v_y\right)f\left(r_y\right)dt\right]^2+\left[dz-\left(v_z\right)f\left(r_z\right)dt\right]^2\right\} \qquad (3.114)$$

$$ds^2=-\left\{\left[cdt_x-f\left(ct_x\right)cdt\right]^2+\left[cdt_y-f\left(ct_y\right)cdt\right]^2+\left[cdt_z-f\left(ct_z\right)cdt\right]^2\right\}+ \qquad (3.115)$$

$$\left\{\left[dx-f\left(r_x\right)cdt\right]^2+\left[dy-f\left(r_y\right)cdt\right]^2+\left[dz-f\left(r_z\right)cdt\right]^2\right\} \qquad (3.116)$$

$$ds^2=-\left\{\left[cdt_x-f\left(ct_x\right)cdt\right]^2+\left[cdt_y-f\left(ct_y\right)cdt\right]^2+\left[cdt_z-f\left(ct_z\right)cdt\right]^2\right\}+ \qquad (3.117)$$

$$\left\{\left[dx-f\left(r_x\right)dr\right]^2+\left[dy-f\left(r_y\right)dr\right]^2+\left[dz-f\left(r_z\right)dr\right]^2\right\} \qquad (3.118)$$

La métrica de seis dimensiones para un motor volumétrico de distorsión simétrica es dada por

$$ds^2 = -\left[cdt - f\left(ct_s\right)cdt\right]^2 + \left[dr - f\left(r_s\right)dr\right]^2 \qquad (3.119)$$

La métrica de seis dimensiones para un motor volumétrico de distorsión asimétrica en una sintaxis del formalismo (3 + 3) es dada por

$$ds^2 = -\left\{\left(cdt_x \cdot cdt_y \cdot cdt_z\right)^{\frac{1}{3}} - \left[f\left(ct_x\right)\cdot f\left(ct_y\right)\cdot f\left(ct_z\right)\right]^{\frac{1}{3}} cdt\right\}^2 + \qquad (3.120)$$

$$\left\{\left(dx \cdot dy \cdot dz\right)^{\frac{1}{3}} - \left[f\left(r_x\right)\cdot f\left(r_y\right)\cdot f\left(r_z\right)\right]^{\frac{1}{3}} dr\right\}^2 \qquad (3.121)$$

Un mecanismo de propulsión basado en una distorsión espaciotemporal modificable de seis dimensiones sólo ruega que se le dé el conocido nombre del "hipermotor de distorsión" de la ciencia ficción.

A medida que el medio espaciotemporal alrededor del hipermotor de distorsión se expande o se contrae, ¿cuánto trabajo positivo o negativo por unidad de volumen se estaría haciendo durante la expansión o la contracción espaciotemporal?

$$\pm\frac{dF \cdot d^2}{da} = \pm\frac{8\pi mc}{\Lambda^2 eL_p} = \pm\frac{8\pi mca}{\Lambda eL_p{}^2} \qquad (3.122)$$

Para agrandar y mantener a un puente espaciotemporal sería hacer un trabajo positivo, y para reducirlo sería hacer un trabajo negativo ya que el medio espaciotemporal mismo estaría ejerciendo la fuerza.

A medida que el hipermotor de distorsión de la nave espacial arranca, si fuera posible que el hipermotor produjera un par de electrón-positrón rotatorio para iniciar la distorsión, ¿cuál sería el impulso tangencial de la distorsión del par?

$$p_T = \frac{\left(\phi_B \cdot r_p{}^2\right)}{A \cdot f_P} = \sqrt[2]{\frac{k_e q^4 r_0}{c^4 \varepsilon_0{}^2 m_P r_P{}^2 f_P}} \approx \frac{61}{40} \quad atto\ Newtones/Segundo \qquad (3.123)$$

Donde r_P, m_P, f_P son las unidades de la distancia, la masa, y la frecuencia de Planck, q es la carga de un electrón o un positrón, ε_0 es la permitividad del espacio-tiempo libre a una distancia radial de r_0, A es la superficie de una vuelta o un giro, y ϕ_B es el flujo magnético giratorio a través de la superficie A.

Cuando el cuerpo de masa, o la nave espacial, gira, las cargas fluyen como una corriente $\vec{J}$ a través del fondo del cuerpo de la nave espacial. Mientras que el fondo del cuerpo de la nave espacial actúa como un conductor, el campo eléctrico establecería una descarga de corona alrededor de la nave, si la nave espacial está dentro de la atmósfera de un planeta, y un campo electromagnético que gira en la dirección de la distorsión de la apertura. El componente radial del ímpetu tangencial del campo electromagnético reforzaría la apertura y la ampliación del puente espaciotemporal.

Pensemos en la ley de circuitos de Ampere en forma diferencial,

$$\nabla \times \vec{B} = \mu_0 \left(\vec{J} + \varepsilon_0 \frac{\partial \vec{E}}{\partial t} \right) = \mu_0 \vec{J} + \varepsilon_0 \mu_0 \frac{\partial \vec{E}}{\partial t} = \mu_0 \vec{J} + \frac{1}{c^2} \frac{\partial \vec{E}}{\partial t} \tag{3.124}$$

$$\mu_0 \vec{J} = \left(\nabla \times \vec{B} \right) - \frac{1}{c^2} \frac{\partial \vec{E}}{\partial t} = \left(\nabla \times \vec{B} \right) - \mu_0 \varepsilon_0 \frac{\partial \vec{E}}{\partial t} \tag{3.125}$$

$$\vec{J} = \frac{1}{\mu_0} \left[\left(\nabla \times \vec{B} \right) - \frac{1}{c} \frac{\partial \vec{B}}{\partial t} \right] \tag{3.126}$$

Por lo tanto, la corriente $\vec{J}$ se puede expresar enteramente en función del campo magnético $\vec{B}$. Las cargas giratorias producen el campo magnético que ejerce presión sobre las superficies espaciotemporales, o las paredes, del puente de la apertura.

¿Cuál es el área espaciotemporal donde actúa la fuerza gravitacional durante la apertura del puente espaciotemporal?

Comenzando con las ECE de seis dimensiones,

$$R_{\mu\nu}-\frac{1}{(n-1)}g_{\mu\nu}R=-\frac{8\pi G}{c^4}T_{\mu\nu} \tag{3.127}$$

$$\left(\frac{c^4}{8\pi G}\right)\left(R_{\mu\nu}-\frac{1}{(n-1)}g_{\mu\nu}R\right)=-T_{\mu\nu} \tag{3.128}$$

Reduciendo los términos tensoriales de las ECE de seis dimensiones y sustituyendo el área como el recíproco de la curvatura,

$$\left(\frac{c^4}{8\pi G}\right)\left(-\frac{R}{5}\right)=\left(\frac{c^4}{40\pi G}\right)\left(-\frac{1}{A}\right)=-T \tag{3.129}$$

$$-\left(\frac{c^4}{40\pi G}\right)\left(\frac{c^4}{4^2\pi G^2M^2}\right)=-T \tag{3.130}$$

Cuadrando términos de la densidad de la energía, la área, y la curvatura,

$$\left(\frac{c^8}{5^2\cdot 4^3\pi^2G^2}\right)\left(\frac{c^8}{4^4\pi^2G^4M^4}\right)=T^2=(3\rho+3p)^2=9(\rho+p)^2 \tag{3.131}$$

$$\left(\frac{c^8}{5^2\cdot 4^3\pi^2G^2}\right)\left(\frac{c^8}{4^4\pi^2G^4M^4}\right)=9(\rho+p)^2 \tag{3.132}$$

El área inicial *A* del puente de Schwarzschild espaciotemporal es dada por

$$A=4\pi\left(\frac{2GM}{c^2}\right)^2=\frac{4^2\pi G^2M^2}{c^4} \tag{3.133}$$

Cuadrando el área de un embudo curvo que lleva a un punto infinitesimal, ya que los embudos curvos tienen doble curvatura,

$$A^2 = \frac{4^4 \pi^2 G^4 M^4}{c^8} \tag{3.134}$$

La constante cosmológica tiene el mismo efecto que una densidad de la energía intrínseca ρ_{vac} del espacio-tiempo. La constante cosmológica se da por

$$\Lambda = \frac{8\pi G \rho}{c^2} \tag{3.135}$$

$$\Lambda^4 = \frac{4^6 \pi^4 G^4 \rho^4}{c^8} \tag{3.136}$$

Sustituyendo por el área α de la apertura espaciotemporal del puente,

$$\left(\frac{c^8}{5^2 \cdot 4^3 \pi^2 G^2}\right)\left(\frac{1}{\alpha^2}\right) = 9(\rho + p)^2 \tag{3.137}$$

A medida que el área inicial α se expande, se cuadruplica al área cuadrada. Balanceando los términos de ambos lados de la ecuación para un cuarto de expansión del área cuadrada,

$$\left(\frac{c^8}{5^2 \cdot 4^3 \cdot \pi^2 \cdot G^2}\right)\left(\frac{4^2}{5^2 \alpha^2}\right) = 9(\rho + p)^2 \tag{3.138}$$

$$\left(\frac{4^2 \cdot c^8}{5^4 \cdot 4^3 \cdot \pi^2 \cdot G^2}\right) = 9\alpha^2 (\rho + p)^2 \tag{3.139}$$

$$\left(\frac{c^8}{5^4 \cdot 4 \cdot \pi^2 \cdot G^2}\right) = 9\alpha^2 (\rho + p)^2 \tag{3.140}$$

Tomando la raíz cuadrada de ambos lados,

$$\left(\frac{c^8}{2500\cdot\pi^2\cdot G^2}\right)=9A^2(\rho+p)^2 \tag{3.141}$$

$$\sqrt{\left(\frac{c^8}{2500\cdot\pi^2\cdot G^2}\right)}=\sqrt{9\left(\frac{\Lambda^4}{16\pi^2}\right)(\rho+p)^2} \tag{3.142}$$

Encontremos la integral de la zona a medida que la zona crece desde el tamaño infinitesimal de una singularidad desnuda, una singularidad gravitacional carente de un horizonte de sucesos, que puede ser generada por una densidad de la energía local que extendería el radio Schwarzschild más allá de su tamaño inicial, a un tamaño A^2 en un cuarto de la distancia,

$$\frac{c^4}{50\cdot\pi\cdot G}=\frac{3\cdot\Lambda^2}{4\cdot\pi}(\rho+p) \tag{3.143}$$

$$\frac{c^4}{50\cdot G}=\frac{3\cdot\Lambda^2}{4}(\rho+p) \tag{3.144}$$

Una forma estándar para la ecuación seis-dimensional del puente espaciotemporal se puede expresar como

$$\frac{1}{\Lambda^2}=\frac{75\cdot G}{2\cdot c^4}(\rho+p) \tag{3.145}$$

Pensemos en las tres configuraciones teóricas de los puentes espaciotemporales que pueden proporcionar un camino a través de una singularidad desnuda. Primero, imaginemos un puente espaciotemporal que sería en su mayoría espacial, con los cambios de las coordenadas temporales que son casi insignificantes. Ambas puertas del puente espacial fueron separadas, pero son casi simultáneas en el medio temporal, p.ej. un puente espaciotemporal desde una órbita alrededor de la tierra a una órbita alrededor de Marte. Si fuera posible que una señal o una nave espacial entrara en ese puente con una velocidad de escape de c, el tiempo transcurrido en el reloj de la nave espacial o en el reloj de un observador en la tierra sería insignificante. La categoría-uno es un puente espacial a través del espacio-tiempo de seis dimensiones.

En segundo lugar, imaginemos un puente espaciotemporal que sería tanto espacial como temporal, pero el cambio en las coordenadas temporales es hacia el futuro, por ejemplo, un puente espaciotemporal desde una órbita alrededor de la tierra a una órbita alrededor de un exoplaneta. Si fuera posible que una señal o una nave espacial entrara en ese puente con una velocidad de escape de c, la distancia espacial y el tiempo transcurrido en el reloj de la nave espacial o en el reloj de un observador en la tierra puede ser considerable en comparación con el viaje anterior a una órbita de Marte, dependiendo de la curvatura del puente o de la capacidad del hipermotor de distorsión. La categoría-dos es un puente espacial y temporal a través del espacio-tiempo de seis dimensiones.

En tercer lugar, visualicemos un puente espaciotemporal que sea tanto espacial como temporal, pero el cambio en las coordenadas temporales está hacia el pasado lejano, por ejemplo, después de una larga estancia, se vuelve a abrir un puente espaciotemporal desde la órbita alrededor de un exoplaneta hacia una órbita alrededor de la tierra para llegar una hora después de la partida de la nave espacial, o del envió de la señal, para proteger la línea de tiempo. Las señales inter dimensionales pueden ser cuidadosamente cifradas y selladas en una manera espaciotemporal para su acceso de acuerdo con las leyes cronológicas. Este último escenario teórico es favorable a la existencia de universos paralelos y representa una forma de viaje temporal inter dimensional. La dirección opuesta del recorrido del mismo puente espaciotemporal seria hacia el futuro lejano. La categoría-tres es un puente espacial, temporal e inter dimensional, a través del espacio-tiempo de seis dimensiones.

Es interesante notar que, si una combinación de al menos dos de estas categorías de viaje fuera posible, un viajero sería capaz de llegar a cualquier destino al instante, o simultáneamente, de acuerdo con el reloj en el marco inercial de referencia de salida. En tal escenario, tan pronto como la nave espacial se lanza, estaría aterrizando en el destino. Por otra parte, si las puertas del puente están más separadas en el mismo plano espaciotemporal, el efecto de distorsión espacial es mayor que el temporal hacia la infinidad-eternidad positiva, pero si las puertas son concéntricas, el efecto de distorsión temporal es mayor que el efecto espacial en el mismo plano espaciotemporal, hacia la infinidad-eternidad negativa. Por lo tanto, un puente espaciotemporal puede ser dirigido, y luego redirigido, alineado, o más tarde realineado, en la dirección de la métrica resultante espaciotemporal hacia el futuro, el presente o el pasado.

Un micro puente espaciotemporal le puede ser útil a una civilización avanzada para camuflar las señales de comunicación entre el remitente y el receptor, en un canal privado, para evadir a receptores, o a espías, de civilizaciones menos desarrolladas. Un micro puente espaciotemporal de la categoría-tres proporcionaría un canal útil para un cronovisor que permita supervisar las localizaciones y los acontecimientos en las coordenadas espaciotemporales, o interceptar las señales transmitidas en el pasado, el presente, o el futuro bajo estrictas leyes cronológicas. Una señal camuflada no se emitiría de una forma convencional, por ejemplo, las señales codificadas y moduladas pueden ser las señales discretas por medio de pulsos de baja energía de punto a punto, o imágenes digitales muy compactadas, que son de naturaleza direccional y no se reflejan, dispersan, o transmiten radialmente como una onda.

3.4. Las identidades Bianchi: la curvatura y la torsión en el medio de una onda espaciotemporal.

Las identidades de Bianchi, desarrolladas por los eminentes matemáticos Gregorio Ricci-Curbastro y su brillante estudiante Tullio Levi-Civita, y posteriormente simplificadas por el prominente matemático Elie Cartan, pueden ser interpretadas como un teorema de conservación para la curvatura y la torsión de una variedad riemanniana o seudoriemanniana. La segunda identidad de Bianchi se utiliza típicamente para el estudio de las variedades que tienen más de tres dimensiones espaciales. Las identidades de Bianchi demuestran cómo la curvatura y la torsión se comportan en un teseracto seis-dimensional. La orientación de cada par de lados opuestos en el cubo interior de un teseracto representa una dirección espacial de una dimensión. La primera identidad de Bianchi es dada por

$$R_{\tau xyz} + R_{\tau yzx} + R_{\tau zxy} = 0 \tag{3.146}$$

Describimos cada uno de los cuatro índices covariantes como una dirección espacial o temporal de una dimensión espacial o temporal. Cada dirección espaciotemporal tiene dos sentidos. El tiempo tridimensional es representado por el índice covariante, τ , que es ortogonal a cada dimensión espacial, la anchura espacial es representada por x, la profundidad espacial es representada por y, y la altura espacial es representada por z.

En la primera identidad de Bianchi, el índice temporal, τ , permanece en la misma orientación, pero cada índice espacial permuta a la dirección espacial siguiente. Cada índice espacial permutado se gira en la dirección de la torsión a una dirección espacial adyacente; primero por 90 grados para, $R_{\tau yzx}$, y luego por otros 90 grados para, $R_{\tau zxy}$, con respecto al tensor Riemann del comienzo, $R_{\tau xyz}$. Cuando cada uno de los tres índices de la direcciones espaciales se permutan en un tensor Riemann, o seudo tensor Riemann, el cubo interno del teseracto se gira. Así, después de la permutación del último tensor Riemann, cada índice espacial permutado del tensor Riemann del comienzo se ha desplazado a través de cada dirección a una dirección final que es ortogonal a la orientación inicial. Así, la suma de las permutaciones de la primera identidad de Bianchi no pudiera estar sin curvatura ni torsión.

Visualicemos tres transportes paralelos individuales en los tres lados separados del teseracto en un sistema de coordenadas cartesiano, primero, un vector vertical en la dirección "z" es transportado en paralelo a lo largo de las dos trayectorias posibles de las direcciones "*x*" e "*y*" en un plano horizontal, en segundo lugar, un vector vertical en la dirección "*x*" es transportado en paralelo a lo largo de los dos caminos posibles de direcciones "*y*" y "*z*" en un plano horizontal, y en tercer lugar, un vector de dirección vertical "*y*" es transportado en paralelo a lo largo de los dos caminos posibles de las direcciones "*x*" y "*z*" en un plano horizontal. Si en cada caso no hay curvatura o torsión, el vector transportado en paralelo acabaría en la misma orientación. Sin embargo, como se ha observado anteriormente, después del transporte en paralelo puede haber curvatura y torsión. Por otra parte, la orientación de la curvatura y la torsión en cada vértice del cubo interior del teseracto cambia a medida que se gira el teseracto.

Si hay curvatura y torsión cuando el transporte en paralelo anterior comienza desde un vértice del teseracto, cada uno de los tres pares de trayectorias terminaría en un punto distinto de un vértice diagonalmente opuesto, para formar tres puntos separados. Los tres puntos se pueden visualizar como las tres esquinas de un triángulo. La curvatura y la torsión de los vértices involucrados del teseracto durante el transporte en paralelo pueden representar una curvatura y una torsión positiva, nula, o negativa. Si la torsión y la curvatura en un vértice es cero, los tres puntos coincidirán, el vértice del teseracto se cerrará, y todos los lados del triángulo se suman a cero.

En el caso de una esfera de seis dimensiones, la curvatura se distribuye uniformemente sobre toda su superficie. Las tres direcciones tienen la misma curvatura y torsión intrínseca positiva. La suma de la curvatura y la torsión de cada par de lados se suma a cero. Por lo tanto, si las direcciones se giran a una orientación ortogonal, toda la curvatura y la torsión en cada dirección permanece igual. Lo mismo es válido para el teseracto sólo si cada vértice tiene la misma curvatura intrínseca y torsión. La superficie de cualquier lado del cubo interior de un teseracto no tiene ninguna curvatura o torsión intrínseca. Hay curvatura intrínseca y torsión en los ocho vértices, donde la curvatura es singular. El punto de curvatura singular equivale al ápice de un cono en el espacio.

La curvatura del cubo interior de un teseracto se concentra en partes iguales en cada uno de los ocho vértices espaciados uniformemente en lugar de ser distribuidos en toda la superficie como con una esfera. Esto implica que las líneas rectas se pueden dibujar inequívocamente en la superficie de un lado del teseracto a la superficie de otro lado, si la línea no pasa precisamente a través de un vértice. Por lo tanto, la primera identidad de Bianchi representa el caso de transporte en paralelo en el que la curvatura intrínseca y la torsión de cada vértice del teseracto implicada en el transporte en paralelo se suman a cero a lo largo de la misma dirección de partida para cada una de las tres permutaciones. Entonces, en ese caso, es válida la primera identidad de Bianchi.

Esta conclusión implicaría que la curvatura intrínseca y la torsión de cada vértice del teseracto en cada uno de los tensores Riemann se conservan covariantes. Si un vértice, o dos vértices, tiene o tienen una curvatura intrínseca y una torsión positiva, los otros dos vértices, o un vértice, compensarían esa curvatura intrínseca y torsión. Esta propiedad inherente del espacio-tiempo ejemplifica la interferencia constructiva o la destructiva de las ondas espaciotemporales de seis dimensiones.

La segunda identidad de Bianchi es dada por

$$R_{\tau xyz;r} + R_{\tau xzr;y} + R_{\tau xry;z} = 0 \tag{3.147}$$

Una vez más, el índice temporal, τ , permanece en la misma orientación, pero los índices para las direcciones de las dimensiones espaciales se rotan en la dirección de la torsión por 90 grados. La derivada covariante se toma en cada término de la segunda identidad de

Bianchi con respecto a las direcciones espaciales r, y, z. La derivada covariante expresa la aplicación del transporte en paralelo en cada una de las direcciones espaciales antedichas.

La curvatura y la torsión medida por el transporte en paralelo de un vértice del teseracto se cancelan con la curvatura y la torsión medida por el transporte en paralelo de un vértice diagonalmente opuesto.

La derivada covariante del tensor Riemann del comienzo, $R_{\tau xyz;r}$, tomado en la dirección espacial r, representa la curvatura y la torsión intrínseca en un vértice del teseracto con τxyz índices. La dirección espacial, r, puede interpretarse como ortogonal a x, y, z, hacia el centro del cubo interior. El cubo interior del teseracto, correspondiente al tensor Riemann del comienzo, $R_{\tau xyz}$, puede interpretarse como que está orientado en cada una de las direcciones espaciales de x, y, z.

Después de la aplicación del transporte en paralelo a cada vértice del teseracto, la curvatura intrínseca y la torsión se suman en cada índice de la dirección espacial, donde cada índice representa n dimensiones, y la suma de las perturbaciones espaciotemporales en la segunda identidad de Bianchi es nula.

Por lo tanto, la primera identidad de Bianchi expresa la relación causal y geométrica de la interferencia constructiva o la destructiva de las ondas espaciotemporales de seis dimensiones, mientras que la segunda identidad de Bianchi describe cómo medir el efecto de la interferencias constructivas o las destructivas. Así, la segunda identidad de Bianchi motiva la conservación de la energía local en las ECE, permitiendo la derivada covariante del tensor de Einstein, $G_{\mu\nu}$, o la derivada covariante del tensor de tensión-energía-impulso, $T_{\mu\nu}$, de la Teoría General de la Relatividad, que se fijará a cero para ser conservado covariante.

§ 4. En la sección transversal de la dispersión de Thomson

El efecto de la extensión y de la aceleración del espacio-tiempo en una sección transversal de dispersión de Thomson:

La dispersión de Thomson es el límite de baja-energía de la dispersión de la radiación electromagnética por los electrones cuando una onda fotónica incidente acelera los electrones para causar la radiación en la misma frecuencia de la onda fotónica incidente, dispersando la onda electromagnética, siempre que la energía fotónica sea mucho menor que la energía de las masas de los electrones, y la velocidad de los electrones no sea relativista. (Weinberg, 2003)

Imaginemos que los componentes del campo eléctrico de la onda fotónica incidente y la onda irradiada son radiales y perpendiculares (tangenciales) al plano de la observación en el espacio-tiempo. La sección transversal de la dispersión de Thomson es el área integrada de la dispersión de la onda en las direcciones de los planos radiales y los perpendiculares de los componentes del campo eléctrico.

La sección transversal de la dispersión de Thomson mide la capacidad de una partícula, como un electrón, para retirar los fotones de un rayo dirigido y enviarlos en nuevas direcciones.

Consideremos el efecto clásico de la dispersión de Thomson de los electrones en los fotones incidentes de baja energía, E_i, que se pueden calcular dividiendo la energía emitida por la dispersión de los electrones, $-\partial E_S / \partial t$, la energía promedio irradiada a todos los ángulos, por la potencia promedio entrante por unidad del área, el flujo Poynting *S*, del campo electromagnético fotónico.

$$\sigma_T = \frac{-\dfrac{\partial E_S}{\partial t}}{|S|} = \frac{\dfrac{4\pi}{3} \dfrac{e^4 |E_i|^2}{4^2 \pi^2 \varepsilon_0 m_e{}^2 c^3}}{\dfrac{1}{2} c \varepsilon_0 |E_i|^2} \qquad (4.1)$$

La sección transversal de la dispersión de Thomson para los fotones de baja energía es dada por

$$\sigma_T = \frac{8\pi}{3} \left(\frac{e^2}{4\pi\varepsilon_0 m_e c^2} \right) = \frac{8\pi}{3} \left(\frac{e}{Q_p} \right)^4 \left(\frac{\ddot{a}}{c^2} \right)^2 \; metros^2 \qquad (4.2)$$

$$m_e = \frac{\hbar c}{\ddot{a}} \tag{4.3}$$

$$\left(\frac{\ddot{a}}{c^2}\right)^2 = r_a^{\ 2} \tag{4.4}$$

Donde el radio clásico del electrón se demuestra anteriormente como equivalente al producto de la proporción de la carga de un electrón a una carga Planck elevada a la cuarta potencia con la distancia espaciotemporal de Thomson, r_a, al cuadrado.

La dispersión de la onda fotónica incidente es el resultado de la expansión y la aceleración del espacio-tiempo a través del volumen del espacio que abarca el área transversal integrada de Thomson que puede ser representada por un área cuadrada σ_T que es proporcional a un área $r_a^{\ 2}$. La extensión del espacio-tiempo a través del volumen de la dispersión da lugar a la distribución uniforme de las cargas de los electrones, sobre la superficie de las ondas dispersadas, y es proporcional a la carga de Planck.

§ 5. La longitud de la onda temporal y el período del campo temporal

La intensidad de una longitud de la onda cúbica temporal sobre un cubo espaciotemporal adyacente, donde E es la energía del trabajo y F es la fuerza, es dada por

$$I_T = Presión \times Velocidad = \frac{F}{\lambda^2} \cdot \frac{\lambda}{T} = \frac{\langle E \rangle}{\lambda^2 T} = \frac{F}{\lambda T} = \frac{F}{q} = \frac{Potencia}{\lambda^2} \tag{4.5}$$

De acuerdo con investigaciones anteriores, q representa una unidad de carga espaciotemporal.

La velocidad y la aceleración de la onda temporal es:

$$\partial v = \frac{\partial \lambda}{\partial T} \tag{4.6}$$

$$\partial a = \frac{\partial \lambda}{\partial T^2} \tag{4.7}$$

Para los tres cubos temporales adyacentes:

El campo del tiempo de contracción:

$$\frac{\partial \lambda_{n+1}}{\partial T_{n+1}} > \frac{\partial \lambda_n}{\partial T_n} > \frac{\partial \lambda_{n-1}}{\partial T_{n-1}} \qquad (\lambda_{n+1})^3 > (\lambda_n)^3 > (\lambda_{n-1})^3 \tag{4.8}$$

El campo del tiempo plano:

$$\frac{\partial \lambda_{n+1}}{\partial T_{n+1}} = \frac{\partial \lambda_n}{\partial T_n} = \frac{\partial \lambda_{n-1}}{\partial T_{n-1}} \qquad (\lambda_{n+1})^3 = (\lambda_n)^3 = (\lambda_{n-1})^3 \tag{4.9}$$

El campo del tiempo de expansión:

$$\frac{\partial \lambda_{n-1}}{\partial T_{n-1}} < \frac{\partial \lambda_n}{\partial T_n} < \frac{\partial \lambda_{n+1}}{\partial T_{n+1}} \qquad (\lambda_{n-1})^3 < (\lambda_n)^3 < (\lambda_{n+1})^3 \tag{4.10}$$

Donde lambda *(λ)* es la longitud de onda de las ondas temporales durante el período *(T)*. El cociente $\delta\lambda/\delta T$ es la velocidad temporal de la onda temporal. La intensidad temporal es la energía desarrollada por el área delantera de la onda temporal. A medida que la velocidad temporal disminuye, la amplitud de la onda temporal aumenta, aumentando la potencia por unidad de área delantera de la onda temporal. Una mayor intensidad aumenta la energía potencial a través de la distancia de la longitud de la onda temporal dentro de la localidad del campo temporal.

Esta mayor energía potencial a través de las longitudes de las ondas temporales conjugadas *(icT),* y sus ondas espaciales en presencia de la masa, invoca la energía potencial espaciotemporal (gravitacional) y la aceleración gravitacional.

§ 6. La desaceleración o la gravedad del espacio-tiempo cerca de los cuerpos celestes

Las ecuaciones siguientes definen la desaceleración espaciotemporal (o la gravitacional) alrededor de los cuerpos celestes, *g*, la longitud de la onda, la frecuencia, y el período del campo temporal en el radio de un planeta, y la velocidad del tiempo como la velocidad de la luz *c*.

La tercera ley de Kepler se asemeja a la ecuación temporal de la desaceleración en un formato de equivalencia proporcional entre la distancia temporal y la distancia espacial.

$$g = -\left(\frac{1}{8\pi r^2}\right)\frac{d^2V}{dt^2} \tag{4.11}$$

$$-\frac{d^2V}{dt^2} = 8\pi g r^2 = 8\pi G m_0 \tag{4.12}$$

$$-\frac{d^2V}{dt^2} = \frac{\lambda^3}{T^2} = 8\pi g r^2 \tag{4.13}$$

$$c = \lambda f \tag{4.14}$$

$$\lambda = \frac{c}{f} = cT \tag{4.15}$$

$$\lambda^3 f^2 = c^2 \lambda \tag{4.16}$$

$$-\frac{d^2V}{dt^2} = \frac{\lambda^3}{T^2} = c^2 \lambda \tag{4.17}$$

$$\lambda = \frac{8\pi g r^2}{c^2} \tag{4.18}$$

$$c = \sqrt[2]{\frac{8\pi g r^2}{\lambda}} \tag{4.19}$$

En el radio de la tierra,

$$-\frac{\lambda^3}{T^2} = 8\pi g r^2 = 8\pi\left(9.8\frac{m}{s^2}\right)(6{,}731{,}000m)^2 \approx 10^{16}\frac{m^3}{s^2} \tag{4.20}$$

En el radio de la luna,

$$-\frac{\lambda^3}{T^2} = 8\pi g r^2 = 8\pi\left(1.622\frac{m}{s^2}\right)(1{,}737{,}400m)^2 \approx 10^{14}\frac{m^3}{s^2} \tag{4.21}$$

La similitud con la tercera ley de Kepler,

$$P^2 \propto a^3 \tag{4.22}$$

Donde P es el período T de la órbita, y la distancia a es el perihelio o el radio más corto de la órbita.

$$T^2 \approx \left(10^{-16}\right)\lambda^3 = \kappa\lambda^3 \tag{4.23}$$

Donde κ es la constante de Kepler para la tierra.

§ 7. La presión del espacio-tiempo sobre un objeto bajo el agua

Podemos expresar la velocidad de la luz, c, como producto de la aceleración del espacio-tiempo, δ, cerca de la superficie de un objeto de masa como la tierra, multiplicado por la longitud de onda del espacio-tiempo, λ. El cuadrado de la velocidad de la luz es igual al producto de la aceleración espaciotemporal, δ, por su longitud de onda, λ. Si la onda espaciotemporal se dilata, su período y su longitud de onda aumentarían, mientras que su aceleración permanecería igual, manteniendo constante la aceleración y la velocidad de la luz.

$$c^2 = \delta\lambda = \frac{\lambda^2}{\mathrm{T}^2} \tag{4.24}$$

$$c = \sqrt[2]{\delta\lambda} \tag{4.25}$$

Donde $\delta = \dfrac{\lambda}{\mathrm{T}^2}$ es la aceleración espaciotemporal y $\dfrac{\lambda}{\mathrm{T}}$ es su velocidad c.

La presión sobre un objeto, tal como un submarino bajo las aguas de un océano, se ha calculado como el producto de la densidad del líquido (el agua), la aceleración gravitacional, con la profundidad del agua. La presión se puede definir como la fuerza por unidad del área en la superficie de un objeto bajo el agua.

$$P = \rho g h \tag{4.26}$$

Por lo tanto, las siguientes ecuaciones mostrarán cómo estas variables están relacionadas con la expansión espaciotemporal bajo el agua para producir una fuerza por unidad del área en un objeto que está bajo el agua.

Donde h es la profundidad del agua hasta un punto bajo el agua donde se aplica la presión. Luego, el producto de la aceleración gravitacional, g, y la profundidad del agua, h, es igual a la presión, P, dividido por la densidad del líquido, ρ, en la localidad donde se aplica la presión sobre el objeto bajo el agua.

$$P = \rho g h \rightarrow \frac{\hbar \nu_{st}}{a} \tag{4.27}$$

Donde $\hbar$ es la constante de Planck, ν_{st} es la frecuencia espaciotemporal, y a es el volumen espaciotemporal de un cuántico de la energía.

$$\frac{P}{\rho} = gh \tag{4.28}$$

En términos de las unidades,

$$\frac{P}{\rho} = \frac{\dfrac{N}{m^2}}{\dfrac{Kg}{m^3}} = \frac{N}{m^2} \cdot \frac{m^3}{Kg} = \frac{N \cdot m}{Kg} = \frac{Kg \cdot m \cdot m}{s^2 \cdot Kg} = \frac{m^2}{s^2} = \left(\frac{m}{s}\right)^2 \leftrightarrow c^2 \tag{4.29}$$

Entonces, tenemos

$$\frac{P}{\rho} = gh \quad \left(\frac{m}{s}\right)^2 \tag{4.30}$$

$$c^2 = \delta\lambda = \left(\frac{\lambda}{T}\right)^2 \tag{4.31}$$

Por lo tanto, podemos ver que la presión sentida por un objeto bajo un líquido, como el agua del océano, sigue el formato de la expresión matemática del producto de la aceleración del campo espaciotemporal por la longitud de onda del campo espaciotemporal en la localidad donde se aplica la presión sobre el objeto bajo el agua. La intensidad del campo gravitacional es directamente proporcional a la longitud de la onda y a la aceleración del campo espaciotemporal. Las ondas del agua son influenciadas por las ondas espaciotemporales sobre un cuerpo celeste masivo. La presión es ejercida por las ondas y la aceleración espaciotemporal. El paso y la contracción de las ondas espaciotemporales alrededor a un cuerpo celeste masivo como la tierra a una profundidad significativa sobre el suelo oceánico, o la superficie del suelo, subyacen en el movimiento orbital circular de las partículas del agua profundas como se muestra a continuación.

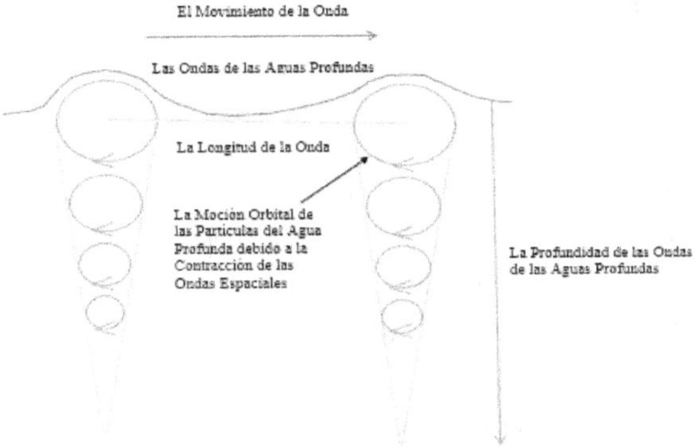

Figura 4.

Del mismo modo, el paso y la contracción de las ondas espaciotemporales más planas y pequeñas cerca del suelo oceánico, o de la superficie del suelo, subyacen al movimiento orbital elíptico de las partículas de agua poco profundas como se muestra a continuación.

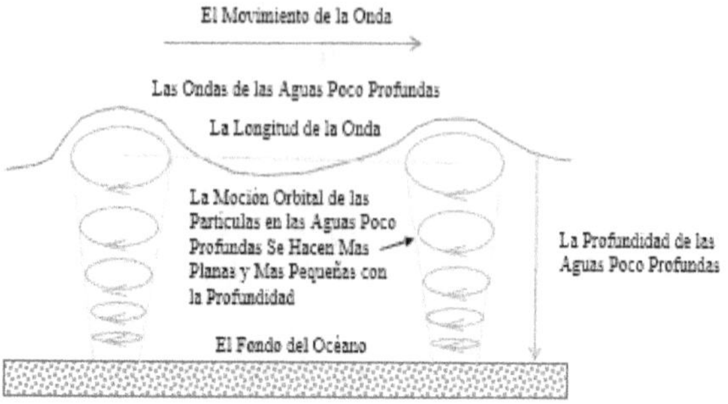

Figura 5.

§ 8. *La suposiciones epistemológicas sobre la naturaleza del tiempo y del espacio.*

- Existe una relación de la causa y del efecto entre el tiempo mensurable y el cambio observable.

- El tiempo dota a la causa, y el cambio es el efecto, para cualquier acontecimiento observable.

- Cualquier cambio observable es en última instancia un efecto dotado por el tiempo.

- El principio y el alcance del efecto temporal:

  La cantidad de tiempo en cualquier evento observable que esté disponible para efectuar cualquier cambio en los atributos, caracteres, propiedades y cualidades de todas las realidades virtuales o físicas de ese evento es finita.

- Cada evento tiene un límite de tiempo.

- El movimiento es un cambio perceptible y el cambio es un efecto dotado por el espacio-tiempo. Por lo tanto, el espacio-tiempo en última instancia dota a la causa de todos los cambios que resultan en el movimiento, y los cambios que resultan en el movimiento son en última instancia los efectos dotados por el espacio-tiempo.

- La expansión o la contracción del espacio-tiempo es lo que hace posible el movimiento.

- Cualquier cambio observable se asocia a un cambio temporal y cualquier cambio temporal pudiese o no ser asociado a un cambio observable.

- El tiempo dota a la causa del cambio, pero el cambio observable en las manos de un reloj autónomo es el efecto mensurable.

§ 9. Las citas sobre el tiempo

- El tiempo crea el espacio para permitir que las cosas sucedan en otro lugar.

- El tiempo impide la omnipresencia de las cosas.

- ¿Qué es el tiempo? El tiempo es lo que es incluso cuando no hay nadie preguntando por ello. Si tuviera que explicar el tiempo a alguien como San Agustín, diría que el tiempo emergente es un espacio-tiempo divergente. El espacio dota al tiempo y el tiempo dota al espacio.

- La diferencia entre el tiempo apropiado y el tiempo de coordenada es toda curva.

- Para un artista todo lo que puedas imaginarte puede ser real, pero para un investigador de física, todo lo que puede ser real te lo puedes imaginar. El espacio-tiempo es real e imaginario, es complejo.

- El tiempo trae un nuevo comienzo a todo.

- El tiempo no es ni amigo ni enemigo, es sólo cambio.

- El tiempo es la distancia más corta entre dos puntos a la velocidad de la luz.

- ¿Por qué es el tiempo emergente? Porque el tiempo llega a nosotros incluso cuando no vamos a ninguna parte.

- El tiempo es la corriente de la consciencia.

- El presente solía ser el futuro, pero ahora me doy cuenta de que se ha convertido en el pasado.

- El tiempo es increíblemente justo y generoso, todos recibimos la misma cantidad cada día.

- Si las arenas del tiempo entran en su zapato, el tiempo puede permitir que Usted permanezca un poco más.

- El tiempo es un gran maestro, pero mejor que seas puntual, el tiempo no espera por nadie.

- Al espacio no le gusta esperar que el tiempo haga más espacio, mientras que el tiempo siempre está esperando que el espacio salga de su camino.

- El tiempo es una especie de lugar como el espacio, pero un lugar percibido como frecuencias y amplitudes.

- En cierto sentido, el espacio-tiempo es la ilusión que realiza la gravedad que no existe. De alguna manera, la gravedad proviene de la curvatura del espacio-tiempo que es parte de la ilusión.

- Un Quintilla Cuántica:

  Érase una vez un taquión llamado Ruz,
  cuya velocidad era más rápida que la luz;
  Un buen día una partícula llena de energía,
  envía a colapsar la función de Ruz,
  cuyos cúbitos entrego Ruz con alegría!

- La Estrofa de Einstein:

  "Una piedra" fue lanzada desde el cielo en elegía,
  haciendo una onda relativa por doquiera que destella,
  a través de los siete mares de materia y energía,
  cabalgando en un rayo de luz en camino hacia una estrella.

§ 10. Epílogo

Mientras que un fotón navega la onda espaciotemporal, la onda espaciotemporal es una onda preventiva que crea espacio para el movimiento de un objeto de masa en el espacio-tiempo. El espacio-tiempo es un campo emergente, relativo, e intrínseco, que es fundamental para el espacio-tiempo-masa.

Las ondas espaciales o las temporales se expanden o se contraen recíprocamente como resultado de la interferencia constructiva o la destructiva de las ondas espaciotemporales en una localidad espaciotemporal. Cada punto del espacio-tiempo se expande según el principio de Huygens. Los electrones dispersan los fotones incidentes de baja energía a través de la distribución uniforme de las cargas electrónicas durante la extensión y la aceleración del espacio-tiempo. La expansión espaciotemporal juega un papel fundamental y clave en los procesos físicos. El aumento en el potencial de las ondas espaciotemporales da como resultado un campo gravitacional alrededor de un objeto de masa o un objeto en movimiento relativista.

La presión ejercida sobre un objeto de masa bajo el agua se debe a la contracción de las ondas espaciales y a la dilatación de las ondas temporales en cualquier punto cercano a la superficie del objeto, o cerca de la superficie del suelo bajo el agua. El tiempo dota a la causa y el cambio es el efecto de cualquier acontecimiento observable. El movimiento, los campos gravitacionales, la inercia, los campos físicos son todos los efectos dotados por el campo espaciotemporal.

Capítulo 2

La Anatomía de Cronos

§ 1. Sobre la anatomía de Cronos

El enigma del tiempo a través de las edades de la historia ha sido un tema a menudo considerado demasiado científicamente impreciso para los filósofos, y demasiado filosóficamente ambiguo para los científicos. Sin embargo, el tiempo no espera por nadie y existe para sus propios propósitos. El tiempo ha existido sin observación o cronología antes de la misma vida biológica.

El tiempo fluye equitativamente en los puntos del universo compartiendo las características iguales del espacio-tiempo-energía. En la inmensidad del espacio-tiempo, este atributo del tiempo puede ser útil como un contador de ciclos o un reloj del universo, aunque el espacio-tiempo no sigue un flujo universal del tiempo. De acuerdo con la Teoría General de la Relatividad, un acontecimiento y su observador pueden o no tener relojes diferentes que corren a diferentes ritmos. Además, la diferencia en los flujos del tiempo, o en el tic tac de diferentes relojes, uno estacionario, el otro que se mueve a velocidad relativista, se hace más perceptible y mensurable.

Por naturaleza de la velocidad del tiempo y la expansión del espacio-tiempo, siempre hay una distancia temporal entre un acontecimiento y su observador. La velocidad del tiempo sería la misma en los marcos inerciales de referencia para uno o más observadores en sus ubicaciones en nuestro universo donde comparten características iguales de espacio-tiempo-energía. El paso del tiempo es parte de un evento en sí mismo. Otros acontecimientos que impliquen la materia o la energía, si son observados o no, aunque sean medidos o mensurables, ocurren en una distancia temporal o en una duración del tiempo en los lugares espaciotemporales de los acontecimientos. La evolución de la vida biológica es un buen ejemplo de este principio. La distancia temporal se puede medir por los ciclos de las longitudes de las ondas del tiempo usando un reloj si el acontecimiento y el observador comparten características iguales del espacio-tiempo circundante en un mismo marco de referencia, o por la diferencia de la distancia temporal medida entre el reloj del observador en un marco inercial de referencia y el reloj de referencia de un evento.

La distancia temporal, la distancia espacial, y sus unidades, son universales. En el espacio-tiempo homogéneo e isótropo en la actual temperatura de base cósmica del fondo microonda de 2,735 Kelvin sobre cero, la distancia temporal que el tiempo atraviesa durante una distancia espacial de *ct* (un metrón) es un segundo, y la distancia espacial por la cual el tiempo fluye durante una distancia temporal de $1/ct$ (un centón) es un metro. Estas unidades relativistas de medición son provechosas en la comparación universal de los campos gravitacionales, y las métricas del espacio-tiempo. El tiempo es una dimensión intrínseca de un acontecimiento o entre dos o más eventos, y se erige como una propiedad dinámica de la estructura dimensional espaciotemporal del espacio-tiempo-energía. El tiempo es energía. El tiempo es una forma de energía comprimida que se expande hacia el espacio-tiempo. El tiempo transfiere energía a la materia y al espacio. El tiempo es en sí mismo un acontecimiento inconcluso, cambiando el universo en su proceso, según su velocidad en cualquier punto de referencia universal.

1.1. La teoría de las ondas temporales

Las ondas temporales son dispersivas por la naturaleza de su fuente y se amortiguan mientras que pasan a través de un medio que no sea el vacío. Las ondas temporales primarias que pasan a través de un medio tienen dos velocidades asociadas: la velocidad del grupo, y la velocidad de fase individual de cada cresta de onda temporal. Cualquier onda temporal individual en el grupo temporal de la onda viaja rápidamente, pero si tomamos una visión más amplia del grupo de la onda mientras que viaja hacia fuera del punto temporal de la fuente vemos que el grupo de la onda viaja más lento que una onda temporal individual en particular. Las nuevas ondas temporales se levantan, se precipitan hacia delante y se desvanecen en la parte delantera del grupo de la onda temporal. El aumento en la velocidad de las ondas temporales es posible con la revocación del comportamiento de las ondas en el grupo temporal de la onda. La luz cabalga en la parte posterior de las ondas temporales y de las ondas espaciales a través del medio espaciotemporal, así que la velocidad de la luz aumenta mientras que la velocidad del grupo espaciotemporal se aumenta por órdenes de magnitud sobre una velocidad particular de la fase.

La amplitud de una onda temporal disminuye a medida que la estructura atómica en el medio espaciotemporal crea ondas temporales salientes cuando la onda temporal primaria barre por los átomos de la estructura. Estos anillos de ondas temporales se pueden reenfocar hacia atrás a un solo punto excitando los átomos en el medio espaciotemporal. Cuando estas ondas temporales se traslapan y se combinan con la onda temporal primaria, cancelan la onda temporal adelantada, suprimiendo el frente temporal de la rapidez de la onda y reduciendo el ritmo del grupo temporal de la onda.

Las ecuaciones que rigen el comportamiento de las ondas temporales dicen que es posible que las ondas temporales reversas converjan exactamente en su punto de partida, creando una inversión en tiempo real hacia el sumidero (fuente inversa) que absorbe todas las ondas temporales. Las ondas temporales exhiben una simetría universal de cambio del tiempo. La onda espaciotemporal puede expresarse como

$$\frac{1}{c}\frac{\partial x'}{\partial t'} = \frac{\left(e^{ix_0} + e^{-ix_0}\right)}{2} + \frac{\left(e^{ix_0} - e^{-ix_0}\right)}{2i} \qquad (1,1)$$

Donde el segundo término es imaginario o temporal en su naturaleza.

Es interesante notar que el primer término espacial de la ecuación de onda espaciotemporal antedicha también genera un componente temporal, y semejantemente, el segundo término temporal genera un componente espacial. Por lo tanto, el tiempo es emergente y crea más espacio, lo que a su vez permite la aparición de más tiempo.

La velocidad de una onda temporal depende del diferencial de tiempo a través de la onda temporal. El diferencial de tiempo es el mismo principio que el principio de inercia de los cuerpos en movimiento en el espacio-tiempo. Si la región temporal (o el lapso temporal) delante de la onda es menos comprimida que la región temporal detrás de la onda, la onda temporal viajará hacia delante. Si las condiciones se invierten, entonces la onda temporal viajaría hacia atrás. Cuando ambas regiones temporales delantera y trasera están igualmente comprimidas o dilatadas, la onda temporal se detiene. Mientras que la onda temporal se detiene en una localización en el espacio-tiempo de extensión, los puntos del espacio-tiempo en esa localización continuarán ampliándose, llevando a una fractura de la onda temporal en una onda temporal retrasada (delantera) y una onda temporal avanzada (posterior). Mientras que ocurre la fractura, se plantea que hay una región temporal, que se convierte en el medio espaciotemporal de las dos ondas, que es más comprimida que el frente de la onda temporal retrasada o el frente de la onda temporal avanzada, la cual crea un diferencial del tiempo a través de las dos ondas temporales. Entonces, la onda temporal retrasada y la onda temporal adelantada se moverán en direcciones opuestas. Mientras que la amplitud de una onda temporal aumenta (amplificación), la onda temporal aumentará su velocidad. Esta reacción de una onda temporal se puede emplear para acelerar la velocidad de la luz en órdenes de magnitud sobre la velocidad de la luz *c* (celeritas) a través de ciertos medios atómicos. Al excitar los átomos del medio espaciotemporal, los anillos de ondas temporales de la estructura atómica se pueden reenfocar hacia atrás para detener y aumentar los frentes de onda temporal de movimiento rápido, y para acelerar los grupos de ondas temporales resultantes de la onda temporal retrasada y la onda temporal avanzada.

La luz es una onda electromagnética que cabalga sobre ondas espaciotemporales que se propagan en vacío a la velocidad de la luz o a la velocidad de expansión del espacio-tiempo. La barrera de la luz ha sido un principio de la física durante más de un siglo, pero la velocidad de las ondas espaciotemporales necesita ser considerado como un nuevo principio de la física. Nada viaja más rápido que las ondas espaciotemporales.

Si la distorsión del grupo de las ondas temporales de la fuente de luz se hace muy extensa, la velocidad del grupo temporal se vuelve negativa, y hay un evento de creación de pares de imágenes. Cuando una fuente de luz rompe la barrera de la luz a través de un medio atómico excitado, la fuente de luz viajará de manera superluminal a un punto de referencia en el medio espaciotemporal donde habría un acontecimiento de creación de un par de imágenes de la fuente de luz que viajarían en direcciones opuestas, mientras que la fuente de luz continúa acelerando en órdenes de magnitud sobre la velocidad de la luz *c* en la dirección de su propagación.

Un observador en un marco inercial de referencia subluminal, o un marco de referencia de caída libre subluminal, observaría una imagen retardada de la fuente de luz que viaja hacia delante en el tiempo en la dirección de la propagación y una imagen avanzada de la fuente de luz que viaja hacia atrás en el tiempo que precede al grupo de onda temporal de la fuente de luz antes de que entre en el medio espaciotemporal.

Mientras que la fuente de luz retrasa a la velocidad luminal y subluminal a través del medio espaciotemporal, un observador en un marco inercial subluminal de la referencia, o un marco de caída libre subluminal de referencia, observaría dos fuentes de luz que venían juntas en direcciones opuestas, que se fusionan en una sola fuente de luz en un evento de aniquilación de par de imágenes, y en una sola fuente de luz que se aleja rápidamente.

La aceleración gravitacional es el producto de un diferencial espaciotemporal. Cuando un objeto de masa entra en el campo gravitacional de un cuerpo celeste, el lado del objeto más cercano al centro de gravedad del cuerpo celeste tiene las ondas temporales más dilatadas, y las ondas espaciales más comprimidas, que el lado del objeto opuesto al centro de gravedad. Esto da como resultado una aceleración gravitacional hacia el centro de gravedad del cuerpo celeste. Mientras la onda temporal se dilata, los relojes hacen su tic tac más lentamente. Por lo tanto, la velocidad de una onda temporal, la curvatura espacial que guía a un objeto de masa, el principio de la inercia de un cuerpo móvil, y la aceleración gravitacional, provienen del mismo principio de un diferencial espaciotemporal. Así, una onda temporal no acelera, o decelera, debido a la aceleración gravitacional; una onda temporal cambia su velocidad debido a un diferencial espaciotemporal a través de la onda espaciotemporal. El diferencial espaciotemporal cambia radialmente desde el centro de gravedad de la fuente de gravedad a través de los extremos opuestos del cuerpo u objeto de masa que se acelera gravitacionalmente.

1.2. Más rápido que el espacio-tiempo: la conjetura de la velocidad super espaciotemporal

Una fuente de luz que viaja a la velocidad luminal cabalga en la onda espaciotemporal en la dirección de la propagación entre dos puntos distantes en el espacio-tiempo y vuelve de nuevo a su origen. Un observador en un marco inercial de referencia, o en un marco de referencia de caída libre, cerca del punto de partida, vería la imagen de la fuente de luz a través de un poderoso telescopio sólo a mitad de camino a través del viaje de ida y vuelta antes de que la fuente de luz vuelva a aparecer en el punto de comienzo.

La fuente de luz ha viajado hacia atrás a la velocidad luminal de la onda temporal en la dirección opuesta, y el observador puede ver simultáneamente la fuente de luz yendo y la imagen del regreso. La fuente de luz ha viajado instantáneamente a través del espacio, pero no a través del tiempo, entre los dos puntos distantes, desde la perspectiva de su propio marco inercial de referencia. La fuente de luz ha viajado del pasado al futuro del observador con respecto al marco inercial de referencia del observador, o al marco de referencia de caída libre, pero en ningún momento desde la perspectiva del marco inercial de referencia de la fuente de luz. Para la fuente de luz, el viaje es recorrido luminalmente a través de las ondas temporales, retardada y adelantada, en direcciones opuestas, lo cual no es un recorrido a través del tiempo.

Contrario a lo pudiera ser la expectativa, una fuente de luz superluminal puede ser ideada. Por consiguiente, si una fuente de luz viaja a la velocidad luminal, y cambia su velocidad a una velocidad superluminal para cruzar la barrera de la luz, puede ser teorizado que tal fuente de luz pudiera viajar en la región de la propagación de una onda temporal avanzada, la cual es la dirección opuesta a la región de la propagación de su onda temporal retardada. La fuente de luz puede viajar al espacio existente o al espacio pasado. Mientras que la fuente de luz viaja a la velocidad luminal, aumentando su velocidad a una velocidad superluminal en el punto de partida, un observador en un marco inercial de referencia subluminal, o en un marco de referencia subluminal de caída libre, vería la luz verdadera en el punto de inicio y un evento de creación de un par de imágenes. El observador vería un acontecimiento de creación de un par de imágenes de la fuente de luz a través de un telescopio de gran alcance apuntado en la dirección de la propagación. Una imagen de la fuente de luz es del viaje de salida y la otra imagen es del viaje de regreso como una película simultánea del viaje de ida y vuelta. Eventualmente, el observador vería que las imágenes, retrasada y avanzada, se encuentran y desaparecen en un evento de aniquilación de un par de imágenes.

Desde una perspectiva espacial diferente, a medida que la fuente de luz que viaja en manera superluminal se acerca a un observador en un marco inercial de referencia subluminal, o en un marco de referencia de caída libre subluminal, el observador vería la aniquilación de un par de imágenes o el evento de creación en función de la dirección de cruce. El observador vería dos imágenes de la fuente de luz que se juntarían en una sola fuente de luz como un acontecimiento de la aniquilación del par de imágenes, y la sola fuente de luz verdadera que se apresuraba desde lejos. Las dos imágenes de la fuente de luz ejemplifican una imagen de la fuente de luz que cabalga en una onda temporal retrasada y en una onda temporal avanzada, en el lugar de la observación. Durante la velocidad superluminal antedicha, un acontecimiento de la creación o de la aniquilación del par de imágenes, no representa recorrido en el tiempo desde la perspectiva del observador en un marco inercial de referencia subluminal, o en un marco de referencia de caída libre subluminal, en el punto de partida o de llegada.

Si la fuente de luz viaja mucho más rápidamente que la luz, es posible teorizar que la fuente de luz podrá viajar en revés con su onda temporal retardada en la región de la propagación de una onda temporal retrasada anterior. A medida que la fuente de luz viaja desde el pasado existente hasta el futuro más lejano del tiempo, la fuente de luz puede llegar al futuro marco inercial de referencia, o al marco de referencia de caída libre, de un observador. El flujo del tiempo es desde el futuro, pasando por el presente, hacia el pasado. Aunque, el observador pudiera considerar ese futuro marco inercial de referencia como un acontecimiento pasado. Mientras que la fuente de luz viaja a un futuro más lejano del tiempo, el espacio-tiempo dentro o alrededor de la fuente de luz se contraería, haciendo que la fuente de luz pareciera desaparecer en un punto de luz, o un destello, en el punto de partida del marco inercial de referencia subluminal, o del marco de referencia de caída libre subluminal, de un observador local.

Dado que las curvas temporales cerradas no están excluidas por la Teoría General de la Relatividad,

¿Cuáles serían los resultados hipotéticos probables sobre los viajes en el tiempo?

En primer lugar, pensemos en la probabilidad de que no haya universos paralelos sólo una realidad. A medida que la fuente de luz viaja mucho más rápida que la luz a su destino, dos fuentes de luz aparecen en el marco inercial de referencia, o en un marco de referencia de caída libre, de un observador antes de comenzar. Una de las dos fuentes de luz con una masa exótica negativa se despega en reversa y eventualmente se reúne con otra fuente de luz saliendo del punto de partida con una masa positiva para aniquilarse mutuamente en un evento real de aniquilación de un par. En algún momento después, la fuente de luz saliente deja el punto de partida viajando mucho más rápido que la luz. Por lo tanto, sólo queda una fuente de luz que llegó antes de que la fuente de luz saliente dejara el punto de partida. Por consiguiente, la posibilidad de paradojas existe sobre el viaje en el tiempo dentro de una sola realidad de acuerdo con ciertas soluciones permitidas teóricamente por la Teoría General de la Relatividad que contienen curvas temporales cerradas. La conjetura de la auto-consistencia de Novikov afirma que, si existe un acontecimiento que cause una paradoja, o cualquier cambio al pasado, entonces la probabilidad de ese acontecimiento es cero. En esa situación, sería imposible crear las paradojas temporales.

En segundo lugar, pensemos en la probabilidad de que haya universos paralelos. A medida que la fuente de luz viaja mucho más rápida que la luz a su destino, una sola fuente de luz real aparece en el marco inercial de referencia, o en un marco de referencia de caída libre, de un observador antes de comenzar, porque la fuente de luz ha viajado a un universo paralelo. Además, existen dos fuentes de luz idénticas que existen en el universo paralelo para un verdadero evento de creación de pares alternativos. Los acontecimientos entre los dos universos pueden suceder diferentemente a partir de este punto en adelante. La posibilidad de paradojas no existe en los viajes temporales entre las realidades alternas de los universos paralelos.

En tercer lugar, pensemos en la probabilidad de que las leyes físicas del universo permitan viajar en el tiempo dentro de una sola realidad y entre las realidades alternativas de un multiuniverso. Según la conjetura de la protección de la cronología del eminente físico Stephen Hawking, las leyes de la física existen para prevenir viajes a través del tiempo a no ser en escalas submicroscópicas. En esta situación, el viaje en el tiempo es permisible a través de la existencia de curvas temporales cerradas en algunas soluciones exactas de la Teoría General de la Relatividad. En el futuro lejano, el espacio-tiempo y la luz existen en escalas submicroscópicas mientras que el espacio y el tiempo se contraen infinitesimalmente. Entonces, pudiéramos preguntar retóricamente, ¿permitirán las leyes de la física de esta clase de universo a que la estructura espaciotemporal infinitesimalmente contraída, o la energía submicroscópica de una fuente de luz, que existen en el futuro lejano, viajen a través del tiempo?

La información es conocimiento en forma de un mensaje, unos datos, o una ilustración, que puede ser transmitido, para reorganizar o resecuenciar una construcción anterior sobre el mundo físico o imaginado. Si una fuente de luz viaja en manera superluminal desde el futuro lejano del tiempo hasta el pasado, la información también puede viajar en manera superluminal. Esta última afirmación es comúnmente revocada por el axioma de que la información no puede viajar más rápido que la luz por la Teoría Especial de la Relatividad. Ese axioma ejemplifica una forma de onda electromagnética, como una señal luminosa, que viaja entre un transmisor y un receptor, que puede estar alejándose el uno del otro en una manera subluminal, a una velocidad total mayor que la velocidad de la luz. En tal caso, ningún modo existente puede componer la distancia creciente entre el remitente y el receptor. Sin embargo, el axioma anterior no impide que la información pueda viajar en manera superluminal, sino que la transmisión y recepción de información a través del espacio-tiempo a través de una forma de onda electromagnética es relativa.

¿Se le permitiría a la información viajar desde el futuro al pasado bajo la limitación de la conjetura cronológica? La información puede ser cifrada, codificada, y comprimida en escalas submicroscópicas de una manera que puede ser posteriormente desplegada a su llegada en el pasado. A pesar de que la Teoría General de la Relatividad predice paradojas para un viaje temporal al pasado, se sabe que estas paradojas desaparecen cuando se consideran en términos mecánicos cuánticos en simulaciones matemáticas. Una ilustración puede codificarse o cifrarse para enviar mensajes al pasado desde el futuro del tiempo. Estos mensajes pueden ser secuenciados a través del tiempo para acelerar el progreso tecnológico de una sociedad en áreas de progreso lento, para guiar las áreas que están mal dirigidas, o para advertir de un peligro inminente.

Los mensajes también pueden ser útiles para asentar los conocimientos existentes, alentar nuevas teorías científicas en el pasado para que procedan en un paso firme, o para aumentar la aceptación general y la implementación de nuevos conocimientos y teorías. La efectividad de los mensajes de viaje en el tiempo puede depender de la accesibilidad, el posicionamiento temporal global, y el método de entrega al mayor número de observadores en el marco de referencia del destino. La transmisión responsable de información al pasado puede ser ventajosa para la sociedad, ya que nuestro conocimiento puede ser considerablemente avanzado. Los logros de un científico se basan en los previos descubrimientos de otros científicos. Además, los videntes de la exploración temporal pueden avanzar en su educación futura, la exactitud histórica, y el desarrollo social a través de los videntes del futuro. No obstante, sería prudente que los proyectos para la investigación y el adelanto de la humanidad sean supervisados y administrados bajo la protección y la orientación de leyes cronológicas ampliamente aceptadas.

§ 2. En el campo gravitacional espaciotemporal

A medida que el espacio-tiempo fluye creando en su curso las dimensiones del espacio y el tiempo, el flujo del tiempo, desde una ubicación actual del espacio-tiempo a otra ubicación en su futuro, puede cambiar sin igual, curvando el espacio, que a su vez manifestaría un campo gravitacional de acuerdo con la aceleración o la deceleración del tiempo y la curvatura del espacio. La gravedad de la tierra es un fenómeno que resulta de los cambios en la velocidad y la estructura del espacio-tiempo debido a la desaceleración del tiempo y la contracción del espacio. Estos cambios pueden resultar por la presencia de la masa o la energía en el espacio-tiempo y la incapacidad del tiempo, o el espacio, de fluir a una velocidad libre y con una aceleración libre, sobre el límite de la masa, o de la energía, y en el espacio-tiempo circundante. (Taylor, 1966)

El presente temporal es el límite entre el espacio-tiempo pasado y el espacio-tiempo futuro. El límite actual se expande en el pasado a medida que el tiempo fluye hacia el exterior desde cada punto del espacio-tiempo, que es opuesto a la flecha del tiempo (la flecha de la causalidad), y cuando llega a una distancia temporal en su pasado, entonces todo lo que creó el espacio-tiempo se convierte en parte de la estructura del pasado, y una nueva distancia temporal fluye desde el futuro. (Feynman, 1964)

§ 3. El postulado de la expansión de los puntos métricos (El Postulado de Eddington)

"Cada punto en el espacio-tiempo se expande libremente en todas sus direcciones a menos que se obstruyan esas direcciones."

Así, el tiempo es una parte fundamental de la estructura del espacio-tiempo desde su inicio y es la fuerza motriz del espacio-tiempo durante su continua expansión. El tiempo es capaz de expandirse a la velocidad de la luz, o más rápido que la luz a velocidad superluminal. En el límite exterior de nuestro universo, el espacio-tiempo se expande más rápido que la luz. El espacio-tiempo es de la esencia universal, sin espacio-tiempo no habría espacio, tiempo, gravedad, la formación de la materia, o la evolución de la vida.

El tiempo, o el espacio, se expande como un asunto de escala, ya que existe. La relación física entre la macroescala y la microescala de la realidad que determinan los campos gravitacionales cuánticos (los campos del espacio-tiempo) depende de la escala del tiempo, o del espacio. Las leyes de la física dependen de la escala del tiempo, del espacio, o la masa del universo, ya que el espacio-tiempo se expande librement en todas sus direcciones si no se obstruye. El tiempo es relativo en función de la escala del observador, de las mociones del marco de referencia del observador, y de la perspectiva de la observación y del observador.

Un campo gravitacional es un campo espaciotemporal; ha sido comprobado por la Teoría General de la Relatividad que, en el campo gravitacional de un cuerpo celeste tal como la tierra, el tiempo se retrasa o se acelera en una dirección normal a la superficie del planeta, y el espacio se contrae. Así, el gradiente del campo espaciotemporal normal al planeta invoca la gravedad. El gradiente de la aceleración espaciotemporal cerca de una masa es el gradiente de la aceleración gravitacional que puede ser sentida por objetos físicos cerca de la masa. Cuanto más cerca de la superficie de la masa más fuerte el campo gravitacional y lo más lento que un reloj haría su tic tac. Cuanto más lejos, en una dirección normal a la superficie de la masa, más débil sería el campo gravitacional, y más rápido sería el tic tac de un reloj. La velocidad del tiempo tendría su mayor tasa de cambio a lo largo del gradiente del campo espaciotemporal.

La energía potencial es la diferencia en la aceleración del espacio-tiempo entre dos puntos o dos localizaciones en un campo gravitacional. Una masa que se mueve entre estos dos lugares experimentaría un cambio en su energía potencial. La masa ganaría energía potencial si se mueve del punto de una aceleración más baja del espacio-tiempo al punto de una aceleración más alta del espacio-tiempo, y perdería la energía potencial, ceteris paribus, si se movió en la dirección contraria entre los mismos dos puntos. Así que, la diferencia entre las aceleraciones del espacio-tiempo entre las localidades espaciotemporales constituye energía potencial.

El espacio, el tiempo, y la energía son los pilares de la estructura de nuestro universo donde las bases son simbolizadas por la vara y el reloj, excepto que la vara de medición puede ser curva, contrayéndose o expandiéndose, y el reloj puede ir más despacio o más rápido, puede acelerarse o desacelerarse, durante su tic tac, de una manera relativista, no de una manera absoluta, dependiendo de los atributos locales del espacio-tiempo-energía. (Einstein, 1952)

§ 3.1. La asimetría de la materia-antimateria del universo

Es posible argumentar que todo el universo, como se entiende actualmente, está desequilibrado. En consecuencia, siempre que se manifestara o no la materia, debería haber habido una cantidad igual de antimateria creada. Las antipartículas tienen cualidades, como la carga eléctrica, que son opuestas a las de las partículas. La antimateria se puede también hacer de antipartículas neutras con una carga eléctrica total de cero. Los antineutrones se hacen de los antiquarks que tienen la carga eléctrica opuesta a los quarks que conforman los neutrones. La antimateria fue descubierta en 1932 por el renombrado físico Carl David Anderson. Después, se ha descubierto que grandes cantidades de antimateria se producen en los relámpagos, y que las interacciones del flujo de los rayos cósmicos en la atmósfera superior producen la antimateria que está atrapada en la magnetosfera de la tierra. Sin embargo, la antimateria está casi enteramente ausente del universo actual en comparación con el predominio de la materia según los observadores. Entonces, ¿Dónde está la antimateria creada en el Big Bang? ¿Hubo algo que favoreció a la materia sobre la antimateria durante la formación y la expansión de nuestro universo?

Las ecuaciones de las partículas de la Teoría Especial de la Relatividad tienen soluciones duales, esta condición es una característica de la extensión de cada punto en el espacio-tiempo. Es posible hipotetizar una solución dual donde las partículas de materia se mueven en una onda avanzada y las partículas de antimateria se mueven en una onda retrasada. Por lo tanto, cuando la materia y la antimateria se manifiestan en el espacio-tiempo, después de cualquier posible oscilación del estado de la materia o de la antimateria, parte de cada manifestación de la energía, incluso si es una cantidad minúscula, puede moverse en la onda espaciotemporal avanzada o retrasada a través de la continuidad espaciotemporal. ¿Interfiere el movimiento de partículas de materia a través de la continuidad espaciotemporal hacia el pasado con la probabilidad de que las partículas oscilantes se decaigan un poco más como materia hacia el pasado o muy cerca del pasado?

Cuando la antimateria llegara al futuro, habría una mayor cantidad de materia que antimateria del pasado con la cual podría aniquilarse. Entonces, es posible asumir el modelo antedicho de la materia-antimateria que las estructuras estables de la materia del universo temprano pudieron haber sido más comunes que las estructuras estables de la antimateria. A medida que el universo se expandió con el tiempo, las estructuras físicas se volvieron más basadas en la materia y menos en la antimateria. Esta hipótesis es apoyada por la observación de algunas estructuras de la materia del universo temprano hacia las regiones observables más lejanas del universo. La hipótesis opuesta no es apoyada, la cual que habría dado lugar a las estructuras de la antimateria de un universo temprano que no se han observado hasta ahora. También se ha observado que una partícula y su antipartícula pueden aniquilarse para liberar energía de una manera muy eficiente.

¿Qué causa que la materia sea atraída hacia el pasado o el pasado muy reciente, y la antimateria hacia el futuro? La corriente de cargas puede ser de cualquier polaridad. La desemejanza de la polaridad de la corriente para las partículas opuestas de materia, o antipartículas opuestas de antimateria, puede ser tan profunda como la disimilitud entre el pasado y el futuro del espacio-tiempo-masa. Cada partícula o antipartícula producida puede aniquilarse con un agujero o con un anti-agujero, según lo permitido por la ecuación de partículas de la Teoría Especial de la Relatividad. Es posible hipotetizar que cuando un par de partículas y antipartículas se produce, la partícula se atrae a la carga total de los agujeros en la materia de su pasado o muy cerca del pasado, mientras que la antipartícula sería atraída a la carga total de los anti- agujeros en la antimateria del futuro, a través del espacio-tiempo. La polaridad de la carga total de un agujero o anti-agujero, tanto para una partícula como para una antipartícula, puede diferir del pasado muy cercano al pasado, o del futuro al pasado, dependiendo de la polaridad de la partícula individual o de la antipartícula. Por consiguiente, podemos hacer las preguntas retóricas, ¿es posible que otros universos del multiverso tengan un desarrollo opuesto de las partículas y las antipartículas? ¿sería un desarrollo opuesto en otro universo tan estable como ha sido en este universo?

A medida que nuestro universo se expande infinita y eternamente, siempre habrá un futuro espaciotemporal, en algún lugar o tiempo, donde una antipartícula viaje antes que cada par de partículas y antipartículas que se manifestasen pudieran aniquilarse. Por otro lado, si nuestro universo fuera finito y autónomo, habría un futuro espacio-tiempo, donde y cuando, toda la materia y la antimateria pudiese aniquilarse en última instancia.

§ 4. Sobre el principio Mach del propio Einstein

La ley física de la expansión del espacio-tiempo es el marco subyacente para el concepto de fuerza centrífuga que un cuerpo en movimiento angular experimenta cuando el cuerpo interactúa con las ondas extendidas de un espacio-tiempo isótropo y homogéneo. La inercia es la interacción de la masa y el campo de la onda espaciotemporal a escala local, en el espacio-tiempo isótropo y homogéneo, en la estructura del universo. La conservación del ímpetu angular gravitacional resulta de la acción y la reacción de las ondas espaciotemporales sobre un cuerpo en movimiento a lo largo de su camino a través del espacio-tiempo.

Si uno se parara en un campo terrestre mirando las estrellas lejanas que parecen ser estacionarias, con los brazos descansando libremente a los lados, y luego uno empieza a girar rápido y más rápido, la ley física de la expansión del espacio-tiempo, le haría sentir lo que parece ser una fuerza centrífuga, y los brazos se levantarían lejos de los lados del cuerpo. Uno se daría cuenta, antes de que eventualmente uno se sintiera muy mareado, que las estrellas girando a su alrededor están demasiado lejos de uno, incluso a la velocidad de la luz, para levantar o jalar los brazos de los lados del cuerpo.

La ley de la inercia, o la primera ley de Newton, es una consecuencia de la Teoría de la Onda Espaciotemporal en el régimen del campo débil, la interferencia constructiva o la destructiva de las ondas espaciotemporales, y de la tercera ley de Newton, por cada acción de la onda espaciotemporal hay una reacción de la onda espaciotemporal igual y opuesta, sobre la masa de un cuerpo que está en reposo, que permanecerá en reposo, o en movimiento, que permanecerá en movimiento, sin ser obstaculizado o actuado por una fuerza externa desequilibrada, o por las acciones de una masa externa o de un campo de energía.

La ley de la inercia es un resultado directo de la ley de la gravedad para los cuerpos en reposo o en movimiento. El equilibrio de las fuerzas de aceleración gravitacionales, o el equilibrio de las fuerzas de aceleración del espacio-tiempo sobre un cuerpo de masa, en reposo o en movimiento, se altera cuando una fuerza desequilibrada actúa sobre el cuerpo de masa e impacta una aceleración que rompe el equilibrio de las fuerzas de aceleración gravitacional, o las fuerzas de aceleración del espacio-tiempo. El cuerpo de masa en reposo se pone en movimiento en la dirección de la fuerza desequilibrada, o el cuerpo de masa en movimiento puede ser redirigido en una nueva dirección de movimiento. A velocidades relativistas, cuerpos de masa que se mueven a través del espacio-tiempo isótropo y homogéneo, experimentan la dilatación o la contracción, como resultado directo de la ley de la inercia, cuando las fuerzas de la aceleración del espacio-tiempo sobre el cuerpo de masa, o las fuerzas de la aceleración gravitacional, son desequilibradas o ya no están en un equilibrio inercial. Las fuerzas gravitacionales o las fuerzas de aceleración del espacio-tiempo son las fuerzas de aceleración de las ondas espaciotemporales a medida que emergen y se expanden sobre nodos de masa o energía.

La relatividad de la inercia se ejemplifica en los objetos de masa que se mueven a velocidades relativistas a través del espacio-tiempo por los efectos relativistas sobre la masa, el tiempo y la longitud, donde el desequilibrio de las fuerzas del marco inercial sobre el objeto es directamente responsable por la dilatación, la extensión y la contracción. Los campos gravitacionales son campos espaciotemporales del espacio-tiempo-masa.

La inercia de un cuerpo o de una masa aislada está determinada por la interacción de la aceleración y la presión del espacio-tiempo con el estado físico del cuerpo o de la masa en una localidad, independientemente de la inercia de todos los demás cuerpos externos o las masas. El principio de Mach se manifiesta universalmente a través del principio de equivalencia, y sostiene la constancia de la velocidad de la luz. *El principio de equivalencia para los efectos gravitacionales o para los efectos inerciales, como resultado de la aceleración y la presión del espacio-tiempo sobre los cuerpos de masa, son localmente indistinguibles.*

El efecto Lense-Thirring, un efecto de arrastre del marco gravito-magnético, es un efecto predictivo para la precesión de una partícula que orbita cerca de un cuerpo rotativo de masa, así como una expresión física del principio de Mach sobre la fricción de los marcos inerciales cerca de los cuerpos rotativos de masa. Un reloj que orbita desde cerca de un cuerpo rotativo de masa en la dirección de la rotación hará un tic más lento que un tac, mientras que un reloj que orbita opuesto a la dirección de la rotación experimentará la dilatación del tiempo, según lo visto por un observador distante en un marco inercial de referencia. Por otra parte, el reloj puede experimentar una fuerza repulsiva o una atractiva, entre otros efectos, cuando orbita un cuerpo rotativo de masa, dependiendo de su velocidad angular, su distancia radial, y su sentido de rotación. (Lense, 1918)

El principio de Mach puede ser interpretado como una partícula que está completamente por su cuenta en el universo que tiene un estado de movimiento que es tanto una consecuencia significativa del equilibrio de las fuerzas de las ondas espaciotemporales tanto como un efecto de la conservación de la energía y el impulso a través del espacio-tiempo. En consecuencia, la aceleración y la presión del espacio-tiempo en la distribución de la materia y el impulso de la energía de campo, en una superficie de Cauchy particularmente escogida, o momento, en nuestro universo, determinan el marco inercial en cada punto del mismo universo.

§ 5. Los comentarios sobre las dimensiones del tiempo

- Richard Feynman supuestamente bromeo, "el tiempo es lo que pasa cuando nada más lo hace." Por lo tanto, vale la pena añadir que "el tiempo es lo primero que sucede y lo último." (Feynman, 1998)

- Julian Barbour supuestamente escribió "la física debe ser refundida en una nueva base en la que el cambio es la medida del tiempo, no el tiempo la medida del cambio." Entonces, es razonable también preguntar: ¿puede haber movimiento sin tiempo? ¿puede hacer un reloj mecánico tic tac si sus manos no se mueven en absoluto? El movimiento es el cambio y el tiempo invoca el cambio. (Barbour, 1999)

- Contrariamente a Ernst Mach, cada día podemos medir los cambios de las cosas por el tiempo. Por lo tanto, la percepción del tiempo es un constructo creado en nuestras mentes a través de nuestros sentidos basado en los cambios de las cosas a través del paso del tiempo. El tiempo es el marco de la percepción. Así, la existencia y el paso del tiempo promueven el cambio. El movimiento es el cambio.

- El movimiento existe en el espacio-tiempo como cambio comparativo siempre que haya dos o más cosas que comparar.

- Cada punto en el espacio-tiempo, incluyendo el punto central del cono de la luz en la historia mundial de una partícula, se expande en todas sus direcciones espaciotemporales con el paso del tiempo. Esta es la divergencia del espacio, y la base del postulado de la expansión de puntos métricos en la cosmología.

- La realidad está situada en el tiempo. Cada momento de la realidad existe como un momento en una continuidad que precede o sigue otro momento del tiempo. El tiempo existe indefinido. El tiempo es perpetuo. El tiempo crea instantes de espacio; estos instantes de espacio son lo que percibimos como momentos en el tiempo.

- La existencia del tiempo implica la eternidad, ⊛ , y la existencia del espacio implica el infinito, ∞ , como el tiempo conjugado y su espacio pueden no tener principio o fin, o sea, pueden ser eternamente infinitos.

- Con el fin de vislumbrar la inusual realidad del espacio-tiempo, uno debe aceptar la no-linealidad, que no ha sido reconocida, del tiempo. Medir el tiempo que pasa no-linealmente es la mitad del logro.

- Se le atribuye significado a los acontecimientos al azar a través del tiempo, pero la naturaleza es una realidad objetiva. La existencia tiene significado, y "el significado y el libre albedrío" existen en el pensamiento de sí mismo de una mente. Así, el significado se puede atribuir por los resultados de la ocasión de acontecimientos al azar, pero la naturaleza, el espacio, el tiempo, y las características físicas son realidades objetivas del medio de la onda espaciotemporal. La mente racional y emocional se beneficia del equilibrio de la evidencia y la compasión.

- Hay conformidad y consistencia en la realidad, sin importar el reconocimiento humano o la ignorancia. Las cosas son como son debido a la causa y el efecto, no por las premisas en beneficio de la razón humana.

- Cada instante de espacio invocado por el tiempo es un ahora. Cada un ahora es una distancia en el espacio que se puede medir con una vara, pero un futuro ahora, o entonces, es una distancia en el tiempo que es mensurable por un reloj. Un ahora es experimentado en el pasado muy cercano, no en el presente o en el futuro. Nuestros sentidos no son capaces de percibir el presente debido a un tiempo de retraso biológico en la percepción; lo que percibimos con cualquiera de nuestros sentidos humanos es siempre el pasado muy cercano. Nuestro ahora es una ilusión del presente, sólo como eran las cosas. La realidad pudiese estar metafóricamente imitando el arte surrealista, los futuros relojes Dalinianos que se derriten en varas en el presente con nuestros sentidos sólo capaces de observar estas bases y acontecimientos en el pasado muy cercano.

- Cada momento en la realidad, cada ahora, es una configuración de los instantes del espacio involucrados en el proceso de cambio del espacio-tiempo y la energía, o del espacio-tiempo-energía, que precede a las futuras configuraciones de los momentos en el tiempo.

- La verdad de la existencia es una parte prominente del proceso del cambio durante la causa y el efecto entre el pasado, el presente, y el futuro. En nuestro paradigma temporal actual, las cosas que existen tienen una relación causal con otras cosas en el pasado, y si esas cosas persisten en el presente, invocan la relación causal con las cosas en el futuro. *Las cosas que serán están relacionadas con la forma en que las cosas son, debido a la forma en que las cosas eran.* Sin embargo, si consideramos el cambio del paradigma contraintuitivo que el tiempo fluye del futuro, a través del presente, al pasado, entonces nuestra perspectiva sería que las cosas que serán tienen una relación causal a la manera que las cosas son, debido a la manera que las cosas eran. En cierto sentido, cada resultado de la oportunidad de cada evento aleatorio puede, y ha sucedido, en las realidades objetivas del universo de la creación.

- En nuestro paradigma actual, la causa y el efecto (la flecha de causalidad) sigue la flecha del tiempo. La causa precede el efecto en el tiempo, pero el momento de la causa es espaciotemporal formado a priori mientras que el momento del efecto es temporal. Si se percibe que el tiempo fluye del futuro, a través del presente, al pasado, la flecha del tiempo es opuesta a la flecha de la causalidad de nuestra percepción actual. En el caso de este último paradigma, o si el tiempo fuera a correr hacia atrás en caso de la primera, la flecha del tiempo, no de la causalidad, apuntaría del efecto a la causa, y el tiempo precedería al espacio. Si el tiempo es causa, el movimiento es efecto.

- La longitud del tiempo, o de un intervalo de tiempo, es la diferencia temporal de la distancia según lo medido por el reloj de un observador local entre el instante de la causa y el instante del efecto de un proceso o de una acción. La causalidad permite que un observador en el espacio-tiempo registre un intervalo temporal.

- Si el tiempo, el espacio y la energía se eliminan de nuestra experiencia de las observaciones periódicas y las conceptualizaciones de la realidad, el único marco restante sería la matemática de la física.

- El espacio, el tiempo y la energía en todas sus formas son las propiedades fundamentales de la realidad objetiva. El movimiento es emergente. ¿puede haber movimiento sin el espacio ni el tiempo? ¿Se movieran las partículas subatómicas en el espacio si el tiempo no pasara? El movimiento de las partículas es emergente sobre la existencia del espacio y el tiempo. El espacio-tiempo dota al movimiento. Bajo tal escenario, el electrón navega en el frente de la onda espaciotemporal en una distancia temporal levemente en el pasado de la escala futura del tiempo del núcleo de su átomo. La diferencia potencial creada por los campos cuánticos espaciotemporales y los gravitacionales puede ser la fuente de la propulsión del electrón y de otras partículas subatómicas en el átomo. El movimiento orbital de las partículas depende de la posición y del ímpetu dentro del campo espaciotemporal y del campo gravitacional. El flujo perpetuo del espacio-tiempo puede impulsar el movimiento perpetuo y emergente de las partículas fundamentales de la materia.

- El tiempo es estático en el horizonte de sucesos de un agujero negro; las distancias espaciotemporales permanecen igualmente extendidas en todas las direcciones de la superficie del horizonte de sucesos si no se obstruyen. El espacio-tiempo se expande más allá del horizonte de sucesos, o se curva y se contrae dentro del horizonte de sucesos del agujero negro. Fuera del horizonte de sucesos, el tiempo se expande hacia el pasado, alejándose del horizonte de sucesos, dentro del horizonte de sucesos el tiempo se curva y se contrae hacia el futuro, y hacia la singularidad del agujero negro. Por lo tanto, las flechas del tiempo dentro y fuera del horizonte de sucesos tienen dirección opuesta. El sector esférico dentro del agujero negro desde la superficie imaginaria del horizonte de sucesos hasta el punto central de la singularidad se asemeja a una reflexión espaciotemporal del pasado sector esférico del espacio-tiempo-energía fuera del agujero negro. Sin embargo, en el horizonte de sucesos, la flecha del tiempo no apunta en ninguna dirección especifica si no está obstruida, y el tiempo no se expande ni se contrae. Así, si una partícula imaginaria fuera a viajar "solamente" sobre la superficie del horizonte de sucesos, o "solamente" dentro de la capa, o del límite de esa superficie, con un reloj interno imaginario, el tiempo no pasaría, ni se expandiera o se contrajera, si no está obstruido, en el horizonte de sucesos de un agujero negro. Tal partícula imaginaria en "solamente" el horizonte de sucesos experimenta una condición temporal equivalente a una partícula imaginaria idéntica, si fuera posible que la partícula imaginaria viaje a la velocidad de la luz en el espacio-tiempo isótropo y homogéneo, fuera y lejos del horizonte de sucesos. En ambos escenarios, el tiempo no pasa, y el efecto de no moverse a través del tiempo para ambas partículas imaginarias, es indistinguible. Este efecto se puede referir respetuosamente como el Principio de Equivalencia de Hawking del movimiento luminal.

- Si la gravedad le dijese al espacio-tiempo cómo ir, el espacio-tiempo le diría a la gravedad cómo tirar.

- La dinámica gravitacional se refiere típicamente al movimiento de los planetas alrededor de una estrella. Sin embargo, cuando uno considera la métrica espaciotemporal que describe tal sistema de campo débil, $\left(\ddot{a}/8\pi << rc^2\right)$, las derivadas espaciales son más pequeñas que las derivadas temporales. Desde la perspectiva del espacio-tiempo libre y sin obstrucciones, las derivadas espaciales y las temporales son proporcionales, esta condición es casi inerte. Si uno considera sistemas gravitacionales de campo fuerte, $\left(\ddot{a}/8\pi \leq rc^2\right)$, tales como los agujeros negros o las estrellas de neutrones, entonces uno encuentra que las derivadas espaciales son mucho más pequeñas que las derivadas temporales. Por lo tanto, según las derivadas temporales llegan a ser proporcionales a las derivadas espaciales, el medio espaciotemporal comienza a exhibir un movimiento más rápido de su onda. Este estado del campo fuerte del medio de la onda espaciotemporal se propaga hacia delante a través de las dimensiones o la estructura del espacio-tiempo libre y sin obstrucciones. La dinámica gravitacional es análoga a la propagación, la producción, la acción, y la reacción de las ondas gravitacionales.

- La onda espaciotemporal oscilante influye en el movimiento de las partículas y realiza el reino mecánico cuántico. La expansión o la contracción del espacio-tiempo en todas las escalas sustenta las partículas fundamentales y sus interacciones a través del medio de la onda cuántica del espacio-tiempo y del paso del tiempo. La expansión o la contracción del espacio-tiempo imbuye todo en todos los niveles y hace que el tiempo proceda como la fuente de energía eterna del espacio-tiempo-masa. La modulación de las dimensiones espaciotemporales produce una función de la onda mecánica cuántica similar a una onda de la materia de Broglie. Según se curva el espacio-tiempo, el espacio-tiempo le dice a la masa de una partícula cómo moverse en el sendero de una curva geodésica, a través de la curvatura realizada por la expansión o la contracción, y la modulación, del espacio-tiempo cuántico.

§ 6. Epilogo.

Una distancia temporal es la distancia espaciotemporal entre las localizaciones de dos acontecimientos a la velocidad de la luz. El tiempo es una energía intrínseca del espacio-tiempo que es transferible a la materia y al espacio. El tiempo invoca el espacio y el espacio invoca el tiempo. La desaceleración del campo espaciotemporal invoca el campo gravitacional y la curvatura del espacio-tiempo.

El gradiente de un campo espaciotemporal invoca un campo gravitacional. En ese sentido, el tiempo es la causa, y el espacio es el efecto. Cada punto en el espacio-tiempo se expande libremente en todas sus direcciones a menos que se obstruya. Los efectos de las leyes de la física dependen de la escala del espacio-tiempo, las propiedades del espacio-tiempo dependen de la escala de la realidad objetiva, y las leyes de la física dependen de la escala del universo.

La energía potencial es la diferencia en la aceleración de un campo espaciotemporal entre dos localizaciones espaciotemporales en el potencial de campo. La inercia es la interacción de la masa y el campo de la onda espaciotemporal en una escala local sobre un objeto mientras que la fuerza centrífuga es el efecto del campo de la onda espaciotemporal sobre un cuerpo en movimiento angular.

Así, si el campo de la onda espaciotemporal es la causa, la inercia, o la fuerza centrífuga, puede ser el efecto. El principio de la equivalencia para efectos gravitacionales o los efectos inerciales es localmente indistinguible.

El principio de Mach puede ser interpretado como una partícula que está completamente por su cuenta en el universo que tiene un estado de movimiento que es tanto una consecuencia significativa del equilibrio de las fuerzas de las ondas espaciotemporales tanto como un efecto de la conservación de la energía y el impulso a través del espacio-tiempo. El espacio-tiempo es el marco de la percepción. El espacio-tiempo es la causa, y el cambio es el efecto. El espacio y el tiempo dotan el movimiento.

Capítulo 3

La realidad ontológica de la expansión espaciotemporal

§ 1. La expansión espaciotemporal de una singularidad eterna.

En el campo de la cosmología, es probable que los investigadores hayan reflexionado sobre las siguientes preguntas:

¿Cuál es la realidad física del vacío en expansión? ¿Qué se está expandiendo exactamente en el espacio-tiempo? ¿Por qué se produce el fenómeno de expansión? ¿Qué procesos físicos están causando la expansión y la aceleración del espacio-tiempo?

Una forma posible de pensar sobre las ondas espaciotemporales es en forma de ondas esféricas densas que se expanden y comienzan en una variedad multidimensional que emerge de las dimensiones compactas de la infinidad interna hacia las dimensiones desplegadas del infinito exterior como se muestra a continuación. Estas ondas de singularidad ontológica yacen entre los extremos de la infinidad a una escala que permite pasar el tiempo, ser percibido, medirse, a través de los reinos y las escalas de las partículas, las moléculas, los objetos de masa, los seres conscientes, los cuerpos celestes y la expansión del universo.

Una pregunta típica sobre cualquier teoría del universo que implique una singularidad es: ¿Qué existió o sucedió antes de la singularidad?

Por lo tanto, ¿es posible que las singularidades sean eternas? ya que en una singularidad es razonable asumir que el tiempo no está pasando como lo hace en nuestro universo y las dimensiones físicas están unificadas. En tic tac cero, no hay expansión universal.

Ciertamente, la quintaesencia de nuestro universo: la masa, la energía y el espacio-tiempo parecen tener cualidades eternas. Si ese es el caso, el tiempo puede no tener consecuencias en la singularidad primordial de nuestro universo antes de la expansión. La existencia de los objetos físicos o la energía es posible sin el paso del tiempo; los fotones son una prueba de ello. Por consiguiente, ¿qué pasó después?

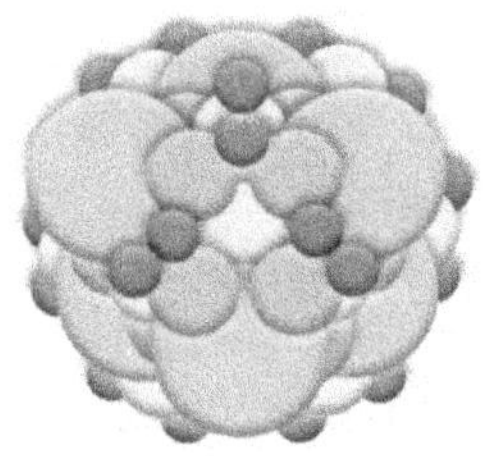

Figura 1

La singularidad ontológica abarca la existencia espaciotemporal más compacta de todo su potencial de la probabilidad de onda. La singularidad tiene el potencial de la probabilidad de una asimetría externa que aumenta su entropía y despliega las dimensiones de su dominio de frecuencia infinita. A medida que se desarrollan las dimensiones espaciotemporales, cada reino tiene un dominio de frecuencias que se extiende hasta el infinito externo. La suma integral de frecuencias representa la suma integral de las dimensiones espaciotemporales compactas del universo a cualquier escala de la expansión. A la escala matemática de un ser sintiente, cada onda esférica temporal o punto, emerge y atraviesa el plano complejo de los números reales e imaginarios, permitiendo la medición temporal, trazando cualquier punto de la onda esférica en expansión a cualquier punto de un plano. Por lo tanto, cualquier estado espaciotemporal del universo es derivable y está estrechamente conectado a la singularidad desvaneciente a través de la expansión de las ondas esféricas espaciotemporales y densas de su origen.

Todas las dimensiones físicas, la energía, y la masa, brotan de la expansión del despliegue del infinito interior de la singularidad que desaparece. Las frecuencias infinitas se desarrollan en nuestra realidad del espacio, el tiempo y la energía en todas sus formas. Por lo tanto, es razonable hacer las siguientes preguntas: ¿se manifiesta la masa en nodos de alta densidad de las bajas frecuencias espaciotemporales a lo largo del espectro infinito? ¿se manifiesta la energía en nodos de alta densidad de las altas frecuencias espaciotemporales? ¿Está siendo el espacio-tiempo manifestado en las regiones espaciotemporales donde las infinitas frecuencias espaciotemporales de infinitamente pequeñas amplitudes se cancelan en la ausencia de las señales físicas? La luz es un ejemplo de la energía pura en un reino muy alto de la frecuencia espaciotemporal.

El espacio tridimensional consiste en un número infinito de puntos, cada uno consistente en un número infinito de frecuencias con sus amplitudes infinitamente pequeñas que escalan hasta la realización isótropa y homogénea de cada dimensión del mundo físico. La suma integral de las frecuencias discretas que manifiesta cada dimensión en el dominio de la frecuencia de la realidad se materializa a cualquier escala observable en la suavidad isótropa y homogénea de la existencia del espacio-tiempo, de la energía, y de la masa. La suavidad del dominio temporal del mundo físico brota de la discreción del dominio de la frecuencia de su fuente, como si el mundo físico fuera una proyección continua infinita de la frecuencia en gran escala.

Durante la existencia de la singularidad ontológica, la frecuencia fundamental es un estado finito de la entropía mínima que se inclina hacia el rendimiento de la asimetría. Todas las frecuencias potenciales emergen como los eventos de la fundamental. Todos los posibles resultados de la entropía empiezan a emerger a medida que las ondas probabilísticas se expanden y la entropía aumenta.

En la actualidad, nuestras observaciones utilizando la técnica cosmológica de desplazamiento al rojo realizada a partir de un marco de referencia terrestre, de acuerdo con un reloj de referencia terrestre, en las estrellas lejanas y las supernovas, que se encuentran en diferentes marcos de referencia con relojes relativos, indican que nuestro universo se expande y se acelera.

Sin embargo, la aceleración observada puede deberse a la diferencia en la tasa de cambio del espacio y del tiempo según la Teoría General de la Relatividad.

Si el tiempo se contrae o se dilata en una región espaciotemporal relativa al marco de referencia terrestre, el medio de la onda espaciotemporal en esa región espaciotemporal parecería acelerarse o desacelerarse en relación con el marco de referencia de la tierra.

Los observadores locales en los diferentes marcos inerciales de referencia seguirán midiendo la misma velocidad c de la luz según la Teoría General de la Relatividad, aunque sus relojes harían tic tac de forma diferente.

El paso del tiempo en un marco inercial de referencia lejano, donde el tiempo es más contraído y el espacio es más extendido, parece acelerarse durante la expansión universal cuando se observa desde un marco inercial de referencia donde el tiempo es menos contraído y el espacio es menos extendido. Sin embargo, la velocidad de la luz c es la misma en ambos marcos inerciales de referencia. La ilusión de la aceleración puede venir de mezclar reglas y relojes relativos de diversos marcos inerciales de referencia.

No obstante, en las comparaciones entre los marcos inerciales de referencia en las regiones espaciotemporales con las mismas o casi las mismas tasas temporales de cambio (tic tac de los relojes), pero con diferentes tasas espaciales de cambio (las reglas se extienden de manera diferente), habría expansión espaciotemporal observable.

Esto implica que, para un observador terrestre, es posible que algunas partes lejanas del universo parezcan expandirse a diferentes velocidades dependiendo de la dirección de la observación. Este es el caso cuando comparamos desde un marco terrestre de referencia la era actual del universo hasta la fase inflacionaria temprana desde un marco de referencia muy distante en nuestro pasado.

Durante la expansión espaciotemporal inicial de nuestro universo como se muestra aproximadamente a continuación, la tasa de cambio espacial sobre la tasa de cambio temporal aumenta por unidad de tiempo, el universo se está acelerando.

A medida que el tiempo se contrae, el paso del tiempo es más rápido a medida que las dimensiones espaciales se extienden. Así, la frecuencia temporal es mayor que la frecuencia espacial de la onda espaciotemporal durante la fase inicial del universo.

Mientras que el tiempo se contrae aún más en la fase inflacionaria, la frecuencia temporal aumenta considerablemente más que la frecuencia espacial.

Durante nuestra fase de expansión actual, el tiempo se contrae menos que durante la fase inflacionaria de nuestro marco de referencia terrestre, y las regiones espaciotemporales del universo con el tiempo más contraído parecen acelerarse desde nuestro marco de referencia terrestre.

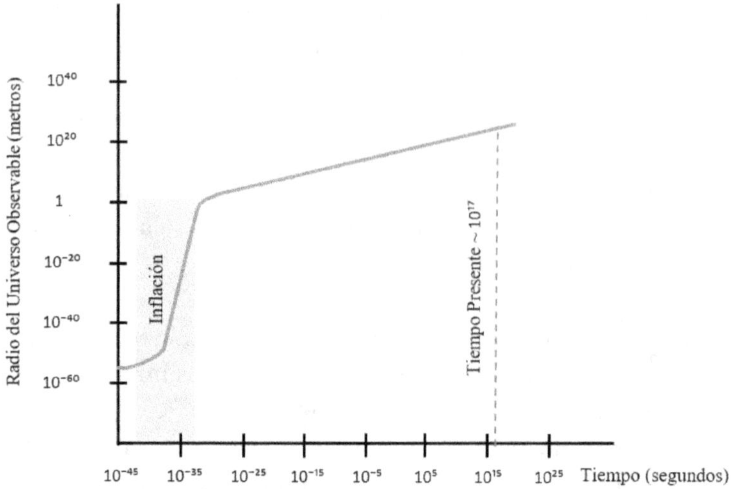

Figura 2

En las regiones espaciotemporales cercanas al marco de referencia terrestre, a medida que los objetos celestes luminosos y ordinarios se alejan, parecen más débiles y pequeños. El brillo de la superficie de los objetos celestes luminosos por unidad del área permanece constante. La expansión del universo en cada punto espaciotemporal puede no siempre causar que las distancias espaciotemporales internas de una galaxia como nuestra propia vía Láctea, las dimensiones espaciotemporales entre los cuerpos celestes locales, o el tamaño de los propios cuerpos celestes, aumenten de escala a lo largo del tiempo debido al principio Huygens-Fresnel. Es decir que, es posible que el universo pueda tener regiones mixtas del espacio-tiempo que tienen una expansión estática, dinámica e hiperdinámica. La expansión del espacio-tiempo es más fácilmente observable en la vasta extensión entre las galaxias lejanas o los cúmulos, o radialmente hacia el límite exterior del universo. Las observaciones de las galaxias cercanas o las lejanas han demostrado que el brillo por unidad del área de las galaxias cercanas o las lejanas muy similares sigue siendo casi idéntico. Las mismas leyes geométricas se aplican a los objetos celestes cercanos o los lejanos. Es razonable suponer que las leyes de la física de nuestro universo pueden originarse de una teoría de las ondas fundamentales de la quintaesencia y la relación inherente de sus atributos físicos. (Tolman, 1934) La energía, la materia, la frecuencia y las vibraciones son de naturaleza cíclica. La onda potencial de la probabilidad de la existencia de todas las cosas materiales en nuestro universo exhibe una onda avanzada y una onda retardada en cualquier punto donde se manifieste esta naturaleza cíclica del espacio-tiempo-energía. El ciclo eterno del movimiento y la transformación del universo puede ser uno de muchos en el multiverso de la masa y la energía. Parece haber un eterno diseño universal del movimiento, el equilibrio, la simetría y la transformación aún más allá de nuestra comprensión, y un diseño intrínseco evolutivo para la conciencia y la iluminación. Cualquier punto de la expansión o la contracción se conecta a su singularidad ontológica donde la ciencia predice las ondas espaciotemporales retardadas y las ondas espaciotemporales avanzadas. El acontecimiento de la singularidad simboliza el derrumbamiento o la subida del paradigma matemático de la extensión o de la contracción espaciotemporal. Todas las formas geométricas posibles, los cocientes, o los artefactos dimensionales, son expresiones de la expansión o la contracción espaciotemporal, o la intersección entre las expresiones. Todos los puntos matemáticos o los geométricos están conectados e interdependientes en última instancia. Todas las clases y las formas de la materia están entrelazadas cuánticamente en una fuente común de energía ontológica pura.

¿Qué sería una forma posible o imaginable para un universo?

Según el límite de la expansión espaciotemporal simétrica, $e^{\pm i\pi}$, va hacia la eternidad infinita positiva o la negativa, la métrica espaciotemporal va a un punto cero. Imaginemos la sustancia espaciotemporal y la energía de un campo toroidal en expansión o contracción que puede volver a sí mismo. Tal campo espaciotemporal y toroidal se convierte en un campo auto-organizable. En el punto cero, sólo habría las ondas espaciotemporales, y la energía electromagnética, sin partículas en el campo potencial.

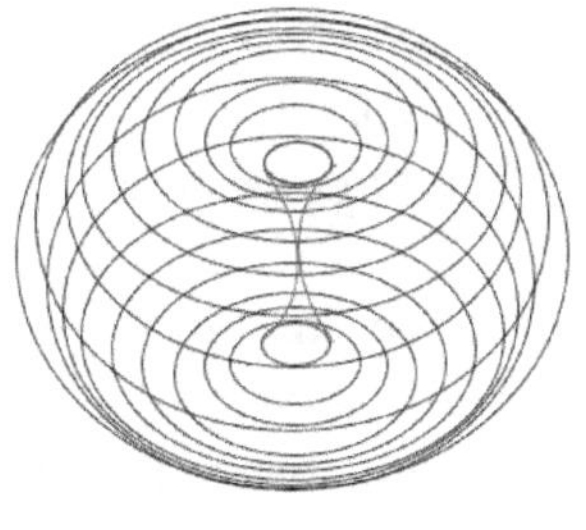

Figura 3

Si tal modelo de un universo fuera posible, el universo sería capaz de crecer a medida que se expande o se contrae en cada punto espaciotemporal, pero no se derrumbaría sobre sí mismo. Un sistema planetario de una galaxia situado en el lado de la fuente, o hundimiento, del dipolo espaciotemporal, experimentaría la expansión o la contracción del espacio-tiempo en sus puntos desde su evento de Big Bang, mientras que el tiempo pasa. El espacio-tiempo puede fluir en el lado del sumidero del dipolo espaciotemporal donde el espacio-tiempo puede expandirse, o contraerse, en cada punto a medida que pasa el tiempo. El espacio-tiempo puede fluir a través de la materia que existe en cualquier parte del modelo de este universo.

El núcleo del crecimiento espaciotemporal en un modelo de este tipo de universo puede representar una singularidad espaciotemporal desvestida, una singularidad ontológica sin horizonte de sucesos, una singularidad eterna. Cada punto en el espacio-tiempo se expandiría o contraería para cada capa de la realidad en el multiverso congruente a medida que pasa el tiempo. La seis-dimensionalidad del espacio-tiempo dota a la estructura temporal no lineal de un multiverso dinámico y simultáneo en el volumen. Un multiverso que consiste en los universos interrelacionados y foliados. Una capa de realidad, o un universo del multiverso, puede sostener el marco matemático que apoyaría a la vida. El multiverso en su conjunto puede considerarse un campo espaciotemporal y toroidal que fuese infinito y eterno.

Tal multiverso puede ser capaz de compartir todas las formas manifestadas de la energía, la materia y las partículas, con historias distintas. En un multiverso donde la entropía aumenta a medida que pasa el tiempo en todas las direcciones posibles, cada capa de la realidad autocontenida se diferenciaría de acuerdo con su historia. Estas manifestaciones muy condensadas del espacio-tiempo-energía pellizcarían las capas locales de la realidad. Por lo tanto, si las leyes de la física fueran las mismas, es posible que el campo gravitacional pudiera ser compartido y conservado a lo largo de un multiverso.

Por consiguiente, es posible hacer las siguientes preguntas retóricas. ¿Sería posible viajar entre distintas capas del multiverso? Si los viajes entre las capas distintas fueran posibles, ¿pudieran los viajes interdimensionales conducir al crecimiento cultural, a intercambios positivos, o a los conflictos? ¿Son los agujeros negros supermasivos compartidos por las capas del multiverso para un propósito funcional?

Esas capas de realidades independientes que son adyacentes compartirían similitudes muy sorprendentes tales como las culturas, la evolución e historias, que pudieran conducir a una comunidad de mundos familiares. ¿Sería posible que hubiera universos idénticos dentro de un multiverso o entre los multiversos? Esos mundos gemelos coexistirían en diferentes coordenadas espaciotemporales en un espacio-tiempo multidimensional. Eso sería un multiverso Clase I.

La distancia espaciotemporal entre una capa arbitraria de una realidad y cualquier capa superior puede considerarse el hiperespacio y la distancia espaciotemporal entre una capa arbitraria de una realidad y cualquier capa inferior puede considerarse el hipoespacio. Si fuera posible viajar entre las capas de la realidad, un hipermotor interdimensional tendría que crear un puente espaciotemporal interdimensional. Desde la perspectiva de un observador en un universo arbitrario de seis dimensiones en el multiverso, el hiperespacio o el hipoespacio, puede representar las dimensiones adicionales, o las interdimensiones entre las capas de una realidad. El espacio-tiempo entre los espacio-tiempos.

Es posible sugerir un conjunto de multiversos tales como un multiverso Clase II, un multiverso que está descentrado, o excéntrico, a un multiverso Clase I, donde su eje y las capas superpuestas se desplazan por una distancia y/o ángulo espaciotemporal arbitrario, un multiverso de Clase III, un multiverso que es independiente y distinto en todas sus capas, pero todavía dentro del cono de luz de otras clases, y un multiverso O, un multiverso que está fuera del cono de luz de otras clases, pero puede ser cualquiera de las tres clases, O-I, O-II u O-III. Una letra de sufijo denotaría un multiverso que es el mismo, por ejemplo, Clase I-A, o diferente, por ejemplo, Clase II-B a Zeta, etc. ¿Serían las condiciones iniciales o las leyes de la física las mismas entre cada clase de multiverso?

Si cada punto de un universo del multiverso puede expandirse o contraerse, la función de la onda en cualquier punto arbitrario es la onda espaciotemporal resultante de la interferencia de todas las ondas espaciotemporales en ese punto. Una sola función de onda puede o no evolucionar suavemente y en forma determinística con el tiempo, y puede o no dividirse o ser paralela en su punto de origen. Una función de la onda en evolución puede dotar las historias paralelas que se pudieran dividir, fusionar o manifestar en los fenómenos cuánticos. Desde la perspectiva del punto de origen de una sola ondulación espaciotemporal en una capa de la realidad del multiverso, el comportamiento de una onda arbitraria puede no ser unitario y aparecería como una aleatoriedad diminuta que puede proporcionar las condiciones iniciales únicas.

¿Fue verdad la suposición del universo heliocéntrico de Nicolás Copérnico? El principio copernicano modificado afirma que ni el Sol ni la Tierra están en una posición central y especialmente favorecida en el universo. Desde una perspectiva que está en o cerca de la Tierra, es posible afirmar, dentro de un volumen Hubble estimado de observación, que el principio copernicano parece sostenerse. Las galaxias, la materia interestelar, y la radiación cosmológica de microondas, se observan en una gran fracción del universo observable, en capas concéntricas alrededor de la posición centralmente favorecida de la Tierra en nuestro universo. ¿Sería la naturaleza del espacio-tiempo en nuestro universo responsable del efecto copernicano observado?

El principio De Huygens-Fresnel de expandir o contraer las ondas espaciotemporales construiría las ondas resultantes espaciotemporales concéntricas dentro de un volumen Hubble. Nuestro universo es mucho más grande que un volumen Hubble. Si un segundo observador estuviera observando el universo desde una perspectiva que está lejos de, o en un diámetro de volumen Hubble, de la Tierra, ¿se observaría el efecto copernicano? Cada observación se basa en la historia de las ondas espaciotemporales a través de nuestro universo desde la perspectiva del observador o del dispositivo de grabación. Las ondas espaciotemporales tardan años luz en recorrer las grandes distancias de un volumen Hubble, por lo que cualquier observación demostraría la interferencia de todas las ondas, en un universo en expansión y aceleración, según el principio Huygens-Fresnel. El efecto copernicano refleja el lente histórico de las ondas hacia el centro de la observación desde el pasado muy observable del universo hasta el presente del observador o del dispositivo de observación.

1.1. Un punto en el espacio-tiempo

Un punto es un evento en el espacio-tiempo que tiene coordenadas espaciotemporales únicas o una dirección espaciotemporal única. Podemos describir un punto único como coordenadas espaciales tridimensionales en un período temporal tridimensional que puede también cambiar continuamente con el espacio-tiempo. Un punto es una conceptualización espaciotemporal dinámica en función de su localidad que es capaz de representar un acontecimiento para un observador en un sistema dinámico de coordenadas. La dirección espaciotemporal del evento puede variar dependiendo del marco de referencia del observador. La intersección de las líneas mundiales de dos acontecimientos puede caracterizar un punto teórico, o la colisión de dos partículas, pero una línea mundial es la historia completa de los acontecimientos en el espacio-tiempo de un objeto o de una partícula, no un acontecimiento espaciotemporal singular. En una manera más estricta y natural, una línea mundial puede pasar a través de un acontecimiento, o un punto único en el espacio-tiempo, solamente una vez en su historia, o un acontecimiento, o un punto único, puede ser conceptualizado existiendo en una línea mundial solamente una vez, en su dirección espaciotemporal única y dinámica. Si esta condición estricta pudiera ser transgredida, entonces el espacio-tiempo de un universo singular pudiera abarcar los bucles cerrados de tiempo.

Es la propiedad colectiva y física del espacio-tiempo y su geometría cambiante la que define todos los eventos físicos que involucran la energía y la materia. Las distancias o intersticios espaciotemporales entre los acontecimientos físicos están siempre presentes y median los acontecimientos sincrónicos o asincrónicos. Los eventos son sincrónicos siempre y cuando la geometría y la propiedad colectiva del espacio-tiempo lo permitan.

El estado de una cuerda vibratoria se puede modelar como un punto espaciotemporal en un espacio Hilbert. La fragmentación de una cuerda vibratoria en sus oscilaciones en frecuencias distintas, que son mayores que la frecuencia fundamental de la cuerda, viene dada por la proyección del punto espaciotemporal sobre los ejes de coordenadas del espacio Hilbert. Un espacio Hilbert es un espacio vectorial abstracto y completo que tiene la estructura de un producto interno que permite la medición de una distancia espacial y un ángulo.

Un punto es un concepto dinámico del espacio-tiempo que tiene dimensiones infinitas en su dominio de la frecuencia. Cada dimensión de una onda expansiva con una amplitud infinitamente pequeña manifiesta una frecuencia distinta. Un punto matemático estático no es más que una vista instantánea en el tiempo de un punto dinámico, una rebanada de ahora como se muestra a continuación. Un punto encarna la energía, el espacio-tiempo, el movimiento, la frecuencia, y la información infinita sobre la realidad física pasada, la presente y la futura, convirtiéndose en la causa o el efecto. Un punto espaciotemporal es complejo e intrincadamente codificado en su dominio de frecuencias.

Figura 4

La expansión espaciotemporal se compone de los puntos espaciotemporales extendidos. Los puntos son la manifestación física del movimiento eterno de un número infinito de dominios de la frecuencia mientras que las dimensiones espaciotemporales se desarrollan. Este movimiento eterno de las frecuencias infinitas se compone para surgir en las ondas espaciotemporales de la realidad observable y compleja, las ondas adelantadas y las retrasadas, que se expanden o se contraen por un tiempo imaginario y por un espacio real. Las señales físicas viajan a través del medio de la onda espaciotemporal ya que todas las frecuencias infinitas de una amplitud infinitamente pequeña se cancelan en la ausencia de la señal. Las señales físicas como las ondas electromagnéticas pueden viajar, o cabalgar, a través de las vastas distancias espaciotemporales del universo observable durante miles de millones de años sin pérdida de su energía.

El tiempo crea espacio, y desde ese espacio surge más tiempo. La ubicación de los puntos se expande constante, temporal y espacialmente, si no se obstruye por la materia, el impulso, la presión, o la energía. Cuando un punto se expande sin obstrucciones, puede haber una extensión espaciotemporal mensurable en su localidad que impulsa la expansión espaciotemporal general del universo. Si el punto se expande obstruido, prevalece la simetría dimensional en la localidad del punto. La expansión cósmica en el pleno de la materia, la extensión del sistema solar, o entre las galaxias, es dimensionalmente simétrica. La expansión cósmica en la gran extensión del universo observable es altamente simétrica, isótropa y homogénea.

1.2. Sobre la naturaleza del espacio-tiempo complejo

El concepto del espacio-tiempo complejo amplía la impresión de las coordenadas espaciales y las temporales de valor real a un medio dinámico de la onda de coordenadas espaciales y temporales de valor complejo.

En la mecánica cuántica, las funciones de onda son funciones de valor complejo que describen las partículas en coordenadas espaciales y temporales de valor real, y el conjunto de las funciones de onda de un sistema es un espacio de Hilbert complejo de dimensiones infinitas. Las funciones de onda y los campos se extienden al espacio-tiempo complejo, y este espacio-tiempo complejo puede ser interpretado como un sistema de coordenadas complejas extendidas que son espaciales y temporales. Por lo tanto, el espacio-tiempo complejo es el fondo de la onda para los campos extendidos de ondas complejas espaciotemporales.

La noción de la geometría espacial compleja ha sido considerada previamente por investigadores prominentes como Albert Einstein, con un tensor métrico complejo, pero sin espacio-tiempo complejo. Por lo tanto, parece que la noción del espacio-tiempo complejo no ha recibido la misma atención. El tiempo imaginario tiene un significado físico real y permite que el análisis matemático aguante la extensión analítica de la variable temporal sobre un plano complejo, lo que hace factibles algunas soluciones.

El tiempo es de naturaleza dimensional; cada dimensión espacial tiene una dimensión temporal conjugada que es ortogonal. Una unidad de dimensión temporal sólo necesita una coordenada para especificar cualquier punto dentro de una de las dimensiones temporales. La coordenada temporal en el grado mensurable de una de las dimensiones temporales se puede especificar por un número imaginario. En esta concepción del espacio-tiempo complejo, cada acontecimiento puede ser especificado por las coordenadas complejas. Cada coordenada compleja tiene una parte espacial (parte real) y una parte temporal (una parte imaginaria), donde ambas partes están asociadas con un valor aparente o complejo. Un sistema único de coordenadas complejas se puede aplicar a una superficie espaciotemporal con dos dimensiones existentes de espacio y tiempo. Las coordenadas complejas pueden especificar la distancia espaciotemporal, la superficie o el volumen. Un teseracto se puede representar usando un solo sistema de coordenadas complejas donde las esquinas del cubo interno, una variedad de tres representa un volumen de "ahora" con las coordenadas complejas que tienen partes imaginarias con valores cero, y el cubo externo representa un volumen de un "ahora futuro" con coordenadas complejas que tienen partes espaciales, y temporales que no son cero. En un sistema de coordenadas complejas, una variedad real de seis dimensiones es un teseracto (una variedad de tres compleja) con tres dimensiones espaciales reales (números reales) y tres dimensiones reales temporales (números imaginarios). En la geometría diferencial, cualquier variedad compleja de n dimensiones es simultáneamente una variedad real de $2n$ dimensiones.

Por lo tanto, cualquier variedad compleja de uno (una superficie de Riemann) es una superficie lisa y orientada asociada a una estructura compleja. Cada superficie cerrada admite las estructuras complejas. Así, una variedad compleja de dos es una superficie compleja, y simultáneamente una variedad de cuatro de valor real.

En el ejemplo antedicho de un teseracto, si los seis lados del teseracto se consideran adyacentes a otros teseractos idénticos, entonces la onda espaciotemporal en cada lado y en el lado adyacente del teseracto interferirían entre sí. Si el espacio-tiempo es homogéneo e isótropo en cada lado, entonces las ondas interfieren en cada lado y se restan. Las partes reales e imaginarias de cada par adyacente de coordenadas espaciotemporales y complejas, en cada lado del teseracto, se cancelarían entre sí, y la expansión resultante del espacio-tiempo sería nula. Si las partes reales e imaginarias de cada par adyacente de coordenadas espaciotemporales y complejas en cada lado del teseracto no se cancelan, entonces el espacio-tiempo se ampliaría a un volumen mayor de un "futuro ahora".

El tiempo es un proceso dimensional. El tiempo y el espacio son la consecuencia del crecimiento en cada dimensión del espacio-tiempo que se expande o se contrae. Así, el tiempo, según se relaciona con cada dimensión espacial, es a la vez un proceso y una dimensión. Las propiedades del tiempo incluyen el paso del tiempo a diferentes tasas donde las tasas más lentas en los campos gravitacionales están continuamente conectadas a tasas más rápidas en función de la distancia del objeto de masa o la fuente gravitacional. El tiempo en todas sus dimensiones es un fenómeno emergente. El tiempo emerge de la expansión del espacio. La expansión del espacio es la causa directa del tiempo. El paso del tiempo es una función de la tasa de expansión del espacio-tiempo. A su vez, la tasa de expansión del espacio depende de la presión espaciotemporal en cualquier punto del espacio-tiempo que sea una función de la masa y la energía. La tasa de expansión del medio de la onda espaciotemporal, o el paso del tiempo, manifiesta un campo gravitacional cerca de un objeto de masa. Las ondas electromagnéticas se propagan a la velocidad de la luz a través del espacio-tiempo complejo porque esa es la velocidad del espacio en expansión o contracción, o la velocidad del paso del tiempo, en cualquier punto o evento en un espacio-tiempo complejo. El tiempo, y el espacio, son propiedades emergentes de la expansión o la contracción del espacio-tiempo, dotan al movimiento de las partículas y los campos en cualquier punto del espacio-tiempo complejo. Todo movimiento es una función de las dimensiones del espacio y del tiempo, y el movimiento existe debido a la extensión del espacio-tiempo. Cuando un objeto de masa viaja a través del espacio, viajaría menos a través del tiempo porque la onda temporal viajaría menos y más despacio (una frecuencia más baja) a través del objeto que se mueve menos a través de la longitud de la onda temporal, mientras que la onda temporal se dilataría en el marco de referencia local del objeto en dirección del movimiento. Por lo tanto, el espacio-tiempo es el que dota el paso del tiempo, el movimiento de los objetos de masa y los campos, y perpetúa el movimiento a través de su propiedad inercial.

1.3. El sistema relativo de las coordenadas cósmicas

Las propiedades de la estructura espaciotemporal de un volumen son conformes ya que las propiedades se consideran radialmente hacia dentro, o hacia un punto central, en el espacio-tiempo homogéneo e isótropo, preservando los ángulos correctos entre las direcciones dentro de áreas pequeñas, aunque distorsionando las distancias. Sin embargo, cuando dos puntos arbitrarios en una variedad curva se acercan entre sí, la curvatura y la torsión entre esos dos puntos pueden disminuir significativamente. Por consiguiente, los acontecimientos que ocurren entre dos puntos arbitrarios en la escala cuántica de una variedad Lorentziana con las características espaciotemporales que son funciones de la escala, tales como la curvatura, la contracción, la extensión, y la torsión, pueden diferir de los acontecimientos idénticos con esas propiedades a una escala celeste mucho más alta.

Así que, el tiempo no tiene que pasar entre dos puntos arbitrarios en una variedad cuántica al mismo ritmo que pasa entre dos puntos arbitrarios en una variedad principal a una escala celeste en el mismo lugar. A medida que aumenta la escala de un acontecimiento cuántico entre dos puntos arbitrarios, la variedad espaciotemporal a una mayor escala puede tener una mayor curvatura y torsión, donde la extensión temporal se dilata más. Mientras que el espacio-tiempo entre dos puntos arbitrarios llega a ser más liso y menos curvado, el paso del tiempo se acelera, y los relojes funcionan más rápidamente. La escala espaciotemporal de partículas cuánticas es órdenes de magnitud por encima de la escala de cualquier posible espuma, de las cuerdas, o de las D-branas, que puedan existir. El tiempo es relativo según la escala en el espacio-tiempo anisótropo y heterogéneo.

En una escala cuántica, una rebanada fina del bloque dinámico del universo tiene un diferencial de tiempo muy insignificante entre dos puntos arbitrarios, aunque a una escala mucho mayor y a un mayor espesor de la rebanada, la Teoría General de la Relatividad se aplicaría a un mayor diferencial temporal entre dos puntos arbitrarios más altos. La interferencia de las ondas espaciales y las ondas temporales pueden generar mucho menos curvatura a una escala cuántica de lo que hacen a una escala celeste. El tiempo dota de movimiento a las partículas fundamentales en la escala cuántica, potencialmente creando más espacio, y viceversa, mientras que las propiedades espaciotemporales pueden ser mucho menos prominentes. La Teoría General de la Relatividad fue concebida para lidiar con la teoría de las ondas espaciotemporales a gran escala, y con la presión y la densidad energética de la materia. Los objetos macroscópicos que se mueven a las velocidades clásicas tienen cambios relativistas minuciosos. La Teoría General de la Relatividad ha sido confirmada sobre las partículas subatómicas que viajan a las velocidades relativistas, o bien midiendo los cambios relativistas minuciosos con instrumentos muy sensibles. Las partículas elementales que viajan cerca de la velocidad de la luz tienen efectos relativistas mayores.

La mecánica cuántica tiene un fondo espaciotemporal muy diferente a una escala cuántica donde la teoría de la onda espaciotemporal minúscula es aplicable, y los efectos cuánticos entre las partículas dominan sobre las propiedades espaciotemporales menos significativas. La Teoría General de la Relatividad se centra en la distorsión de la suavidad del espacio-tiempo, y la relación recíproca de la teoría del espacio y la onda del tiempo, mientras que la mecánica cuántica se centra en las propiedades locales de las partículas incrustadas en el medio espaciotemporal bajo la distorsión de la suavidad del espacio-tiempo en una escala cuántica.

El principio de la equivalencia para la teoría de la onda espaciotemporal es que la aceleración gravitacional es totalmente equivalente a la contracción y la aceleración de la onda espaciotemporal hacia el centro de masa mientras que la longitud de onda temporal desacelera y se expande y la longitud de onda espacial se acelera y se contrae. Una partícula que entra en un campo gravitacional de un cuerpo de masa es guiada por la curvatura espaciotemporal sobre su trayectoria no lineal, acelera a medida que las ondas espaciotemporales se contraen, mientras que la onda espacial contrae las distancias espaciales y la onda temporal dilata las distancias temporales. El cambio de la energía potencial gravitacional de la partícula incidente debido al diferencial de la onda espaciotemporal aumenta la velocidad y la energía cinética de la partícula mientras que viaja hacia el centro de la masa, o impulsa la órbita alrededor del centro de la masa.

Las ecuaciones de campo de Einstein son independientes de las coordenadas, una propiedad llamada covarianza general, lo que significa que las ecuaciones producirían descripciones correctas y consistentes del universo independiente del sistema de coordenadas que se utilice.

La Teoría General de la Relatividad y la teoría cuántica pueden ser conciliables a través del concepto de covarianza general. La Teoría General de la Relatividad y la teoría cuántica son conciliables cuando las soluciones se expresan sin ningún tipo de dependencia en un sistema de coordenadas rígidas e incongruentes, o a través de un sistema único de coordenadas congruentes que es aplicable a cualquier configuración del espacio-tiempo para las regiones espaciotemporales minúsculas o a gran escala. En tal escenario, la covarianza general no se rompe al resolver cada problema en cada configuración del espacio-tiempo. Un sistema relativo de coordenadas cósmicas no es una elección privilegiada de coordenadas ya que las coordenadas se ajustarían a cada configuración del espacio-tiempo. Cualquiera de los sistemas de coordenadas existentes puede convertirse a un sistema relativo de coordenadas cósmicas. Las coordenadas cósmicas del sistema relativo se transformarían según las propiedades locales del espacio-tiempo en cualquier punto específico.

Propongamos un sistema relativo de coordenadas cósmicas que

transforme sus coordenadas como funciones de la escala, la curvatura, la contracción, la expansión y la torsión, del espacio-tiempo según la Teoría General de la Relatividad. Comencemos con un sistema de coordenadas cartesiano (rectangular) y relativo donde la distancia espaciotemporal x_0 en cualquier punto de las coordenadas se transforma de acuerdo con las ondas retardadas y avanzadas del espacio-tiempo. La interferencia de onda en un punto de coordenadas relativo, o entre dos puntos de coordenadas relativos, se transformaría en cualquier configuración y combinación de las propiedades del espacio-tiempo. Independientemente de las magnitudes comparativas y relativas de las distancias espaciales y las temporales, la velocidad de la luz permanece constante.

$$\Delta x' = \Delta ct' e^{ix_0} = \Delta ct' \left\langle \cos\left(x_0\right) + i\sin\left(x_0\right)\right\rangle \tag{1.1}$$

$$\frac{1}{c}\frac{\partial x'}{\partial t'} = \frac{\left(e^{ix_0} + e^{-ix_0}\right)}{2} + \frac{\left(e^{ix_0} - e^{-ix_0}\right)}{2i} \tag{1.2}$$

La magnitud relativa de la coordenada, en cada punto representaría la distancia espaciotemporal relativa de un plano ortogonal en un marco de referencia relativo en el espacio-tiempo de seis dimensiones. El diseño físico del sistema relativo de coordenadas rectangulares es uniforme, pero cada punto relativo de las coordenadas espaciotemporales puede diferir en sus magnitudes y sus propiedades. Cada dirección relativa de la coordenada espaciotemporal tiene su correspondiente longitud, su tiempo, y sus propiedades, para el punto específico.

Cada punto relativo de seis dimensiones P_0 puede estar representado por tres coordenadas espaciotemporales $\left(\tilde{x}, \tilde{y}, \tilde{z}\right)$, que corresponden a tres tensores de coordenadas, que describen completamente el punto relativo en términos de sus atributos espaciotemporales.

$$\tilde{x} \equiv \nabla_{\vec{u}}\vec{v}_x \left\langle x'\right\rangle = \nabla_{\vec{u}}\vec{v}_x \left\langle ct'_x e^{ix_0}\right\rangle \tag{1.3}$$

$$\tilde{y} \equiv \nabla_{\vec{u}}\vec{v}_y \left\langle y'\right\rangle = \nabla_{\vec{u}}\vec{v}_y \left\langle ct'_y e^{iy_0}\right\rangle \tag{1.4}$$

$$\tilde{z} \equiv \nabla_{\vec{u}}\vec{v}_z \left\langle z'\right\rangle = \nabla_{\vec{u}}\vec{v}_z \left\langle ct'_z e^{iz_0}\right\rangle \tag{1.5}$$

Donde $\nabla_{\vec{u}}\vec{v}$ es la derivada de la covariante de un campo vectorial $\vec{v}$ en la región de un punto, y $\vec{u}$ es un vector, definido en el punto P_0. La salida es el vector $\nabla_{\vec{u}}\vec{v}\left(P_0\right)$r, también en el punto P_0. La derivada de la covariante $\nabla_{\vec{u}}\vec{v}$ es independiente de la manera que se expresa en un sistema coordinado.

Por lo tanto, el punto de coordenadas $\left(\tilde{3},\tilde{6},\tilde{9}\right)$ identifica una ubicación específica donde cada número de coordenadas representa un tensor específico en el sentido de la dirección de su eje respectivo que cruza las direcciones de los otros dos números de coordenadas. Por ejemplo, la coordenada $\tilde{3}$ es la distancia relativa en la dirección del eje $\tilde{x}$ del plano $\tilde{y}-\tilde{z}$, a una distancia relativa $\tilde{6}$ en la dirección del eje $\tilde{y}$ del plano $\tilde{x}-\tilde{z}$, y a una distancia relativa $\tilde{9}$ en la dirección del eje $\tilde{z}$ del plano $\tilde{x}-\tilde{y}$.

Cuando una regla se desplaza a través del espacio-tiempo, no mide la distancia, mide la métrica a lo largo del camino de su línea mundial en el espacio-tiempo seis-dimensional. Del mismo modo, cuando un reloj viaja a través del espacio-tiempo, no mide el tiempo, mide la métrica cuando la métrica se aplica en su línea mundial del espacio-tiempo de seis dimensiones. Todos los aparatos de medición miden la métrica. La métrica es una función de la distancia para un espacio-tiempo, cuyo valor es la distancia entre dos puntos, que cuantifica y traduce el comportamiento de la configuración espaciotemporal. La métrica da la distancia entre dos coordenadas espaciotemporales que pueden estar tan infinitésimamente cercanas entre sí que la curvatura, u otras propiedades del espacio, se vuelven irrelevantes. El tensor métrico es la derivada de la función de la distancia entre un par de puntos de coordenadas que da la distancia infinitesimal en la variedad del espacio métrico. Por lo tanto, es posible proponer que el sistema de numeración de cada eje del sistema relativo de coordenadas cósmicas, en cada dirección espaciotemporal, se base en la métrica.

Un vector es un objeto geométrico, es decir, un tensor rango-1, que conserva su propia identidad independientemente de cómo se describe en una base. Si hay un cambio en las coordenadas, la derivada de la covariante se transforma de la misma forma que una base a través de una transformación covariante. Todas las operaciones relativas de coordenadas cósmicas son posibles entre dos o más puntos a través de los tensores de coordenadas aplicables involucrados.

La curvatura, la torsión y la geodésica, entre dos puntos relativos de coordenadas cósmicas, o en el vecindario de un punto relativo, P_0, pueden ser descritas por la derivada de la covariante a través del transporte en paralelo. Si la distancia espaciotemporal en un plano de coordenadas perpendicular a un punto P_0 está libre de torsión, la conexión de Levi-Civita se puede utilizar como la derivada de la covariante. La derivada de la covariante no utiliza la métrica. En el caso de la conexión de Levi-Civita, la derivada de la covariante de la métrica es cero.

Si una partícula se mueve en la dirección de lo positivo, $eje-\tilde{z}$, se pasa a través del origen de un sistema relativo de coordenadas cósmicas, cualquier punto futuro en su camino se encuentran dentro de un cono de 45 grados centrado en el positivo, $eje-\tilde{z}$, y cualquier punto en su camino anterior estaría en el cono opuesto de 45 grados centrado en el negativo, – $(eje-\tilde{z})$.

De un sistema relativo de coordenadas rectangulares es posible derivar cualquier otro sistema relativo de coordenadas como las coordenadas esféricas, las cilíndricas, las polares, y las curvilíneas.

El principio de Minkowski del espacio-tiempo complejo ejemplifica la naturaleza conjugada del tiempo y de su espacio en la continuidad espaciotemporal. El espacio y el tiempo son las dos caras de la misma moneda, y el espacio-tiempo es la ceca. Cuanto menos hay de espacio, más habrá tiempo, y viceversa, en la longitud de la onda y el período de la onda variable espaciotemporal. A medida que el espacio-tiempo se expande en cada punto, habrá más espacio y tiempo. El marco de la realidad independiente del espacio-tiempo es la coexistencia recíproca de la onda espacial y la onda temporal mientras que la onda espaciotemporal cambia o preserva sus características. Por consiguiente, el tiempo es emergente y crea más espacio, lo que a su vez permite la aparición de más tiempo.

1.4. Sobre la existencia del tiempo

El tiempo existe sin importarle lo que los físicos dirían; el tiempo existe a pesar de que nuestra percepción del tiempo es una ilusión persistente para nuestros sentidos. El paso del tiempo en nuestra percepción utiliza el proceso de memorización de las impresiones de las experiencias, las actividades y las observaciones desde el mundo real y el imaginario a medida que la entropía aumenta o disminuye desde la perspectiva de la impresión. Una impresión puede ser memorizada, archivada, recordada, de manera secuencial o intermitente, para ser reconstruida si o cuando es accesible. Nuestro proceso de memorización se basa en la creciente entropía de los eventos reales en los procesos de nuestro universo. Nuestra percepción del tiempo es biológica, biocéntrica y basada en un proceso temporal real. El espacio y el tiempo son fundamentales en la naturaleza, el espacio-tiempo es una realidad objetiva.

A través de la historia, la gente observó la salida del sol en el este y la puesta del sol en el oeste y creó todas las clases de explicaciones, antes de comprobar con la observación y los cálculos científicos que era la tierra la que giraba del oeste al este. ¿Tenemos en el presente un malentendido similar sobre el paso del tiempo?

El espacio dota al tiempo, y el tiempo emerge del futuro del espacio, a su presente, luego al pasado del espacio. De hecho, la palabra "tiempo" puede ser considerada como una metáfora para la expansión o la contracción del espacio-tiempo. El espacio-tiempo se expande del futuro, a través del presente, al pasado, opuesto a nuestro típico sentido del movimiento a través del tiempo que se percibe desde el pasado, a través del presente, al futuro. En esencia, un objeto no se mueve a través del tiempo, el tiempo se mueve a través de un objeto, cuanto más rápido se mueve el objeto a través del espacio, una menor distancia temporal se moverá a través del objeto en movimiento en cualquier sentido de su dirección del movimiento, como lo predice la Teoría General de la Relatividad. Los acontecimientos pueden existir en el futuro del tiempo, tempus incognito, antes del presente o del pasado. El tiempo es la causa y el cambio es el efecto. En tales acontecimientos, el futuro a través del presente puede limitar el pasado. Las consecuencias del acontecimiento futuro se limitan al nivel cuántico del presente y del pasado. Si un objeto es iluminado por una fuente de luz en el marco inercial de referencia de un observador, la emisión de la luz por la fuente representa el evento futuro desde la perspectiva del objeto. El instante de la iluminación del objeto se convierte en el acontecimiento inobservable del presente, seguido por el acontecimiento pasado y observable, desde la perspectiva del observador.

Los tiempos pasados engloban el espacio, el presente emerge inaccesible a nuestros sentidos biológicos, y el futuro existe como si fuese puramente imaginario (temporal). Nuestra incapacidad para experimentar la realidad del presente sesga nuestra percepción del tiempo. Nuestra impresión de un "ahora" es la impresión de un antaño o de un ayer muy reciente. Un "ahora" de nuestra realidad no es más que un momento fugaz para nuestros sentidos. Un momento fugaz, como un "ahora" percibido, es una construcción temporal, no un cuántico del espacio-tiempo que se levanta instantáneamente de las leyes de la naturaleza. Nuestra memoria y nuestra percepción se basan en los eventos pasados.

Por lo tanto, nuestra percepción del paso del tiempo es la percepción del espacio-tiempo expandido en el pasado. Nuestro proceso de recuerdo, o la reminiscencia, utiliza nuestra memoria de impresiones en nuestro pasado y el pasado más reciente, para construir una secuencia de acontecimientos que sigue el aumento de la entropía de los procesos físicos en nuestro universo. La percepción del paso del tiempo, la duración temporal entre eventos se basa en una secuencia de acontecimientos indefinidos y desplegables que pueden ser reales o imaginarios, la conciencia de nuestros insumos sensoriales, los relojes biológicos construidos por nuestra mente en función de la tarea en mano, y los estímulos del entorno circundante. Nuestra percepción del paso del tiempo, un momento en el tiempo, puede ser asincrónico al paso aparente del tiempo en nuestra localidad del espacio-tiempo. Un momento percibido en el tiempo existe como un constructo de un tiempo cuántico, no como una aparente cuántica de tiempo que coexiste como un acontecimiento natural sincrónico y separado. El futuro del espacio-tiempo está fuera del alcance del proceso más reciente de la memorización debido a su localidad espacial y temporal. En un sentido físico y espaciotemporal, nuestras mentes sólo pueden memorizar el pasado, el pasado más reciente, y los eventos imaginarios.

Nuestros sentidos son incapaces de percibir el paso del tiempo instantáneamente. Un instante de un "ahora" en el paso del tiempo es inaccesible a nuestros sentidos biológicos y sistemas físicos. El tiempo emerge y existe independiente de nuestra percepción individual del tiempo. Un "ahora" es una ilusión. Lo que consideramos un "ahora" es un período de tiempo consistente en el retraso de la llegada de una señal externa a cualquiera de nuestros sentidos, el retraso de una señal eléctrica, una señal química, o la acción bioestructural a través de nuestros sentidos y nuestro sistema físico, los retrasos del reconocimiento, la percepción, la memorización, y los procesos de interpretación de la señal externa, el retraso de la adición del contenido emocional, etc., para sentir o detectar el paso de un "ahora". En el momento en que percibimos un "ahora", el instante de la dimensión temporal se ha convertido en una distancia espaciotemporal, o una parte muy reciente de nuestro pasado. Nuestros "ahoras" son sólo ayeres.

En nuestra descripción del tiempo en nuestro universo, el futuro no es fundamentalmente diferente del presente y del pasado. La percepción conceptual del pasado, el presente y el futuro es continua y contigua a cierta escala, tanto como el espacio-tiempo es continuo, contiguo y no demarcado, en beneficio de la racionalización. Sin embargo, los tres conceptos espaciotemporales comparten el mismo contexto de la realidad y la manifestación. Los resultados de los eventos pueden ser percibidos como iguales, o diferentes, dependiendo de la probabilidad de los eventos, de la observación, y el juicio del observador. Las leyes de la naturaleza son invariantes a la dirección del tiempo, y el espacio-tiempo es emergente. Por lo tanto, en la medida del conocimiento presente y de la experiencia, las leyes de la naturaleza son invariantes en el tiempo, omnipresentes en nuestro universo, y emergentes. La manifestación del espacio y el tiempo es la teoría fundamental subyacente de nuestro universo. La Ley de la Gravedad Universal de Newton y la Teoría General de la Relatividad son consecuencias de la teoría fundamental del espacio y el tiempo. Tanto la Ley de la Gravedad Universal de Newton como la Teoría General de la Relatividad no son fundamentales, el primero se descompone a velocidades muy altas para los objetos que se acercan a la velocidad de la luz, y el último se descompone cuando los campos gravitacionales se vuelven muy fuertes. La teoría fundamental reproduce tanto la Ley de la Gravedad Universal de Newton como la Teoría General de la Relatividad y da lugar a nuestra noción presente del espacio-tiempo.

Las ecuaciones de la teoría fundamental del espacio y del tiempo son simétricas. Las leyes de la física subyacentes a la teoría fundamental son el tiempo reversible e invariante lo que significa que las ecuaciones de los procesos permanecen iguales cuando la dirección de la expansión del espacio-tiempo se invierte. No obstante, los procesos de los sistemas mayúsculos no siguen siendo los mismos. Los procesos de sistemas mayúsculos pueden ser reversibles, pero no invariantes. Es posible ejecutar los procesos de sistemas mayúsculos al revés, aunque tanto las condiciones iniciales como los resultados no serán los mismos. La entropía aumenta con el tiempo en los procesos naturales mayúsculos.

De las ideas de Hermann Minkowski, aprendimos que el espacio y el tiempo se combinan en el espacio-tiempo. Los objetos se mueven a través del espacio-tiempo como un medio de onda. Es necesario que surja el espacio-tiempo para tener el espacio y el tiempo pasado, el presente y el futuro en expansión. El tiempo y el espacio son las dos caras de la misma moneda. El tiempo existe como una fase diferente del espacio que es mensurable pero aún no se observa. Si el tiempo no existiera tampoco existiría el espacio. El tiempo existe debido a la expansión del espacio, y el espacio existe debido a la manifestación del tiempo. El espacio-tiempo es dimensional en su naturaleza ya que podemos asignar coordenadas complejas para localizar puntos en sus extensiones dimensionales. Las coordenadas temporales son relevantes para predecir los eventos espaciales observables bajo la teoría fundamental del espacio y el tiempo.

El tiempo es real, omnipresente, pasando inexorablemente en su fluir, desde su fuente hasta su sumidero, en cualquier sentido de su dirección. Nuestra percepción del paso del tiempo asigna orden a los acontecimientos, incluso cuando el orden de los acontecimientos es opuesto a un sentido de la dirección del tiempo. El tiempo fluye en todas las direcciones, el tiempo es multidireccional. El espacio-tiempo es el fondo universal a través del cual existen todos los eventos, donde la entropía aumenta para los sistemas mayúsculos, y donde nuestra percepción y conceptualización reconocen el orden, la secuencia, la dirección y la duración de los eventos. Todas las direcciones y los momentos del tiempo son igualmente reales y emergentes, por lo que el futuro, el presente y el pasado son igualmente reales y emergentes. Como afirmaba Isaac Newton, "aunque no sucediera absolutamente nada, el tiempo pasaría", y aunque la posibilidad de que nada suceda en la realidad física es improbable, la intuición de Newton fue realmente admirable.

El espacio-tiempo es tenue, medible y maleable según la Teoría General de la Relatividad, mientras que se asume como un fondo inobservable en la mecánica cuántica. Estas vistas contrastadas del tiempo implican la escala de las estructuras físicas y sus propiedades tales como el tamaño de los sistemas mayúsculos a baja velocidad a través del espacio y a alta velocidad a través del tiempo, el tamaño de los sistemas minúsculos a muy alta velocidad a través del espacio, cerca de la velocidad de la luz, y a una velocidad muy lenta a través del tiempo. El tiempo puede pasar regularmente en el fondo del espacio-tiempo de los sistemas mayúsculos y de los sistemas minúsculos, pero el efecto del tiempo en la escala de las estructuras físicas y de las características de los sistemas puede ser correspondiente y diferente. El espacio-tiempo es fundamentalmente complejo, es real e imaginario. El espacio-tiempo es elemental en la base más íntima de la naturaleza; el tiempo está expandiendo el espacio-tiempo, un elemento fundamental irreducible que emerge del espacio-tiempo fundamental para construir la realidad.

El espacio-tiempo es la noción más profunda de la naturaleza fundamental de la realidad objetiva. El espacio-tiempo es una noción esencial que proporciona la clave para entender las leyes de la naturaleza. El espacio-tiempo es una construcción de espacio y tiempo elemental. Es fundamental para la naturaleza, y emerge del nivel más profundo de la realidad. A medida que el tiempo emerge, consiste en las ondas elementales del espacio y el tiempo, que toman las propiedades físicas de cómo esas ondas interfieren entre sí, construyendo las estructuras del espacio-tiempo en todos los niveles de escala, y dotan la expansión del espacio-tiempo. Los conceptos del espacio y el tiempo emergen de una realidad universal que, en su raíz, es completamente dinámica. De una manera predictiva, el futuro da lugar al presente, y el presente actualiza el pasado. Nuestra intuición evoca la percepción de que el futuro es desestructurado, abierto a las posibilidades y a la probabilidad, hasta que se convierte en el presente donde las acciones y decisiones lo hacen estructurado y, en consecuencia, el pasado está hecho. A medida que el tiempo fluye, esta percepción intuitiva se mueve hacia delante en el tiempo, convirtiéndose en una parte integrante de la cultura humana, el lenguaje, el pensamiento, y el comportamiento.

Un punto *P* en el espacio-tiempo, entre el punto *A* y el punto *B* a lo largo de una línea recta imaginaria, aloja un par de la onda espaciotemporal Ψ^+ / Ψ^- en todas sus direcciones. Imaginemos un par de ondas que llegan al punto *P*, una onda hacia delante desde el punto *A* y una onda inversa desde el punto *B*. Ambas ondas son el resultado del paso del tiempo, o la expansión del espacio, en cada localidad espacial y temporal de cada punto *A* o *B*, que interfieren en el punto *P*, donde puede haber una expansión, una contracción, una detención o una estasis. El punto *P* también se está expandiendo y sus ondas espaciotemporales afectarían igualmente los puntos *A* o *B*. Las ondas espaciotemporales se expanden de la singularidad ontológica compactada con el potencial de la probabilidad de una asimetría externa que aumenta su entropía y despliega las dimensiones espaciotemporales. Todos los puntos espaciotemporales están estrechamente entrelazados a la singularidad ontológica a través del tejido del espacio-tiempo y del paso del tiempo. El espacio-tiempo es el medio de entrelazo entre el pasado, el presente y el futuro de las partículas, la energía, y todas las fases de la materia. El entrelazo cuántico es una consecuencia del medio espaciotemporal y sus propiedades.

Los puntos de referencia son construcciones útiles en el espacio-tiempo de la realidad donde los acontecimientos pueden estar ocurriendo. Los intervalos espaciales o los temporales entre puntos de referencia pueden cambiar o permanecer igual. Las ondas del espacio y el tiempo invocan el cambio del espacio-tiempo, su detención o su estasis. Por lo tanto, hay tiempo incluso sin el cambio de los acontecimientos al azar, o en la variación de los intervalos espaciotemporales, entre los puntos de referencia. El tiempo es viable y medible con o sin cambios observables en las distancias espaciales entre dos o más puntos de referencia. La distancia temporal mensurable entre dos puntos de referencia sería el tiempo que tomaría un fotón para viajar a la velocidad de la luz entre los dos puntos. El cambio es una función del tiempo. El tiempo es real y viable con o sin la percepción y el reconocimiento de las mentes de los seres conscientes, o con o sin la implicación de cualquier acontecimiento de la vida, en cualquier punto de referencia.

El espacio y el tiempo son uno y el mismo, las dos caras de la misma moneda. Como entidades matemáticas, podemos reemplazar el espacio y el tiempo entre sí en el contexto del espacio-tiempo. En el espacio-tiempo de Minkowski, el tiempo es tratado exactamente como el espacio excepto con un factor multiplicativo de c, la velocidad de la luz en vacío, y un factor de "*i*", el número imaginario igual a $\sqrt[2]{-1}$. Un intervalo de espacio tiene un intervalo de tiempo equivalente y viceversa. Esta visión del espacio-tiempo brota de la manifestación del espacio y del tiempo. El tiempo es emergente y crea más espacio que a su vez dota de un mayor surgimiento del tiempo. Por lo que sabemos que, la continuidad del espacio-tiempo es contigua, sin puntos perdidos en el espacio o instantes del tiempo en cualquier escala mensurable u observable. Tanto el espacio como el tiempo se pueden subdividir sin ningún límite observable o mensurable en una extensión espacial o temporal. La realidad está incrustada en la continuidad espaciotemporal; los eventos, los lugares, los instantes y las acciones se describen en términos de su ubicación en la continuidad espaciotemporal. El espacio-tiempo evoluciona según existe. La línea mundial de un objeto existe debido a la extensión del espacio y al paso del tiempo. Cada partícula se encuentra a lo largo de su línea mundial. Los conos de luz del pasado y del futuro de una partícula se localizan en la continuidad espaciotemporal dinámica con los límites demarcados por la velocidad de la luz. El espacio-tiempo no es estático dentro de los límites de cada cono de luz con el paso del tiempo. Así, la línea mundial de un objeto es dinámica con el paso del tiempo. Cuando el tiempo viaja a través de un objeto a lo largo de su línea mundial, el objeto puede cambiar de alguna manera.

El tiempo puede ser visto como una dimensión resultante del espacio-tiempo o de una curva temporal geodésica. Un objeto no viaja a través del tiempo requiriendo grados de libertad de movimiento, pero en cambio el tiempo viaja a través de un objeto con grados de libertad de movimiento en cada sentido de la dirección del espacio-tiempo. Por lo tanto, un objeto no requiere ser totalmente libre de movimiento en su región espaciotemporal, porque el objeto no viaja a través del tiempo, el tiempo es totalmente libre de moverse a través y alrededor del objeto. Al moverse por el espacio, el objeto permite que menos tiempo se mueva a través y alrededor de su forma física en la dirección de su trayectoria.

Un objeto en el espacio-tiempo puede cambiar sus coordenadas espaciales o puede permanecer en la misma ubicación en relación con otros objetos, pero si el objeto se mueve a través del espacio a menos de la velocidad de la luz o se detiene, el tiempo cambia las coordenadas temporales a medida que pasa alrededor y a través del objeto. Si fuera posible que el objeto se desplazara a la velocidad de la luz, no viajaría a través del tiempo en la dirección de su trayectoria, y el tiempo no cambiaría la coordenada temporal en la dirección de la trayectoria. Un objeto que viaja a velocidad lumínica puede viajar en una geodésica entre dos puntos en un frente de onda temporal sin que el tiempo pase. Las coordenadas temporales del objeto cambiarían a medida que el objeto viajase lumínicamente en la dirección radial de la propagación temporal de las ondas, o viajase lumínicamente en una dirección entre dos puntos perpendiculares a la dirección radial. Si el objeto fuera a viajar a través de un puente Einstein-Rosen entre los dos puntos, entonces le parecería a un observador en un marco inercial de referencia que el objeto viajó super lumínicamente. En tal caso, las coordenadas espaciales y las temporales habrían cambiado.

El espacio y el tiempo existen incluso en el vacío. Si consideramos el espacio-tiempo en un universo donde el tiempo pudiera pasar sin entropía y ningún ser sintiente está allí para experimentar el paso del tiempo o la expansión del espacio, ¿existirá todavía el tiempo en ese universo? La respuesta a esta pregunta puede ser teorizada como afirmativa si el tiempo es parte integrante de las leyes naturales fundamentales de ese universo sin entropía. Aunque en el vacío de ese universo, no hubiese una flecha de la causalidad, o la vida como la conocemos, sólo las ondas espaciotemporales del medio espaciotemporal.

Un pensamiento tiene una duración del tiempo. Si consideramos un intervalo temporal como una distancia espacial equivalente, el tiempo entre las ideas es una distancia espacial que es mensurable en el espacio-tiempo. ¿son los pensamientos emanados por una fuente corpórea (física) en la naturaleza? ¿o son los pensamientos provenientes de una fuente o de una sustancia exótica que es incorpórea (metafísica) en la naturaleza? Estas preguntas son tan antiguas como la filosofía o la fe religiosa. Sin embargo, los pensamientos existen en el espacio-tiempo y el tiempo es la distancia espacial que une los pensamientos en la corriente de la consciencia. Las distancias temporales llevan la misma relación matemática a las distancias espaciales que los números imaginarios le llevan a los números reales. Además, en las transformaciones de Lorentz, la distancia temporal y la distancia espacial se transforman en parte entre sí en función de la velocidad relativa. Los pensamientos son los cimientos del conocimiento. ¿Sigue la acumulación del conocimiento a la naturaleza de los pensamientos? ¿son las leyes de la física aplicables a los pensamientos o al conocimiento acumulado en un ser consciente?

¿Cuál es la velocidad de los pensamientos en el espacio-tiempo? ¿son complejos los pensamientos como es el espacio-tiempo? Un cuerpo y una mente física (la consciencia) se sumergen dentro del paso del tiempo a la velocidad de la luz, cuando no están trasladándose en ninguna dirección del espacio-tiempo. La forma física (el cuerpo) de un ser consciente puede viajar tan rápido como sus piernas o su vehículo, pero su forma metafísica y su conciencia pueden viajar tan rápido como sus pensamientos. La locomoción física implica la fuerza (el empuje o el tirón) y la reacción, el pensamiento sigue al movimiento, mientras que el movimiento metafísico puede implicar la voluntad libre de una idea (la conceptualización) que puede ser tan rápida como la velocidad de los pensamientos, donde el movimiento seguiría al pensamiento. La velocidad de cada instrumento que toca en una sinfonía se relaciona directamente con el movimiento de la música. Si la forma metafísica viaja a la velocidad de los pensamientos a través del espacio-tiempo, ¿se contraería o dilataría el espacio y el tiempo? Después de todo, el espacio-tiempo es el medio de los pensamientos, la conciencia, y la realidad.

1.5. El universo de bloque dinámico

En la antigua Grecia, Heráclito supuestamente afirmó que la realidad está siempre cambiando, todo está constantemente fluyendo y moviéndose, pero Heráclito, según sabemos, no explico la relación entre los cambios perpetuos y el tiempo. Unas décadas después, Aristóteles concluyó que sólo existía el presente, no el pasado ni el futuro, el pasado ha sido y ahora no lo es, mientras que el futuro va a ser, pero todavía no es, en la realidad tridimensional del mundo. Unos siglos después, San Agustín infirió que el presente es un instante sin duración en una eternidad siempre presente inaccesible. La visión dinámica del universo de bloque emerge de estas vistas clásicas de la realidad para proponer la existencia de un universo de bloque (una eternidad presente) que está continuamente cambiando con el flujo del tiempo, por nuestra opinión, del futuro, a través del instantáneo presente, al pasado, a través de los arreglos de los acontecimientos, dotando el movimiento en nuestro universo. En las presuntas palabras de Heráclito: "ningún hombre camina en el mismo río dos veces, porque no es el mismo río, ni es el mismo hombre." Nada perdura sino el cambio.

A medida que el espacio-tiempo se expande en el universo de bloque dinámico, la complejidad aumenta y conduce a la formación de las estructuras estables de ciertos arreglos de la materia. Estos arreglos son los registros informativos. Los campos gravitacionales son campos espaciotemporales que mantienen las estructuras de los arreglos de la materia que a su vez evolucionan a través de otros procesos hacia las estructuras de la vida. Estos registros contienen información sobre los estados anteriores de la realidad que están incrustados en el espacio-tiempo. El espacio-tiempo es el medio de grabación de estos registros akáshicos que pueden convertirse en un compendio de objetos, pensamientos, memorias, eventos, y emociones, que están codificados en el plano espaciotemporal de existencia de la creación. Cuanto mayor es la complejidad de la realidad, mayor es la cantidad de registros informativos que se imprimen en el campo akáshico del espacio-tiempo. Las memorias de los eventos pasados se construyen sobre este campo akáshico.

El universo de bloque del futuro, el presente y el pasado, del espacio-tiempo está constantemente emergiendo y evolucionando a medida que el futuro indefinido se convierte en el pasado definitivo. El tiempo emerge y el espacio se expande. El universo de bloque se extiende desde el infinito interior del espacio-tiempo al infinito exterior con un flujo continuo y contiguo del tiempo a través del espacio interior y el espacio exterior de todos los objetos en nuestra realidad. Los cambios en el universo de bloque ocurren mientras que el espacio-tiempo emerge del futuro y cambia el espacio-tiempo en el pasado a través del espacio-tiempo isótropo o anisótropo, y homogéneo o heterogéneo. La dinámica de estos cambios está cubierta por las ecuaciones de la Teoría General de la Relatividad durante una expansión o una contracción del espacio-tiempo. Podemos considerar el límite intangible, entre el arreglo futuro de los acontecimientos y el arreglo pasado, como si fuese el presente. El futuro indefinido puede cambiar el pasado definitivo. Un universo de bloque dinámico está inmerso en la corriente del paso del tiempo.

La flecha espaciotemporal del tiempo describe el paso del tiempo del futuro a través del presente al pasado de una manera contraintuitiva. La flecha psicológica del tiempo de la percepción es un flujo inexorable del tiempo del pasado a través del presente al futuro de una manera intuitiva y significativa para nuestra cotidianidad. La flecha termodinámica del tiempo se caracteriza por el crecimiento de la entropía del pasado a través del presente al futuro. La flecha cosmológica del tiempo se distingue por la expansión del universo del pasado a través del presente al futuro. La flecha espaciotemporal del tiempo es parte del flujo intuitivo de la flecha psicológica del tiempo, la flecha termodinámica del tiempo, y la flecha cosmológica del tiempo, que son vistas más biocéntricas del paso del tiempo.

Los estados futuros indefinidos determinan los últimos estados definitivos del universo dinámico de bloque. La incertidumbre cuántica soporta una vista indeterminista del universo de bloque dinámico. Sin embargo, las probabilidades relativas de los diferentes estados posibles todavía están determinadas por las leyes de la naturaleza. Allí yace el papel de la causalidad en la mecánica cuántica dentro de la incertidumbre de las leyes del universo de bloque. Como afirma la interpretación de Copenhague de la física cuántica, la realidad es lo que se mide y nada más. Aunque siempre se mide la métrica de la realidad objetiva, no las distancias espaciales y las temporales.

En esta visión del universo dinámico de bloque, el futuro del tiempo existe como los estados futuros indefinidos a priori a la existencia del arreglo futuro de los acontecimientos del universo de bloque. Las declaraciones contingentes sobre los eventos futuros no son verdaderas ni falsas. El universo dinámico de bloque se convierte en un cuadro cambiante de la causalidad a través de la continuidad espaciotemporal que en cualquier instante del tiempo es una imagen del cambio.

La percepción del presente o de un "ahora" que experimentamos en el paso del tiempo es un producto de nuestra consciencia mientras el tiempo fluye inexorablemente a través de nuestro cuerpo físico y mente. La estructura atómica de nuestro cuerpo físico está esparcida en el espacio, pero no en el tiempo. La corriente del tiempo dota a la corriente de nuestra consciencia. El "ahora" de nuestra consciencia puede moverse a través del espacio, pero el "ahora" no se mueve a través de la corriente del tiempo de los momentos del universo dinámico de bloque. Todos los momentos de nuestra percepción existen simultáneamente en el espacio-tiempo. El futuro, el presente y el pasado, son experimentados en referencia al "ahora" de nuestra consciencia. La ilusión del movimiento a través del tiempo desde el pasado, a través del presente, hacia el futuro, proviene de nuestro orden de percepción, a través del mismo flujo del tiempo. Cada instante o momento en el tiempo que experimentamos, cada "ahora", es igualmente real a nuestra percepción en la corriente del tiempo. El espacio y el tiempo enteros se establecen en un bloque cambiante del espacio-tiempo. El espacio y los arreglos espaciotemporales existentes de los acontecimientos son modulados por el paso del tiempo. La evolución de la existencia tridimensional se convierte en la realidad física de la existencia cuatro-dimensional de la física actual, donde los tiempos de nuestra percepción pueden ser considerados como una ilusión (un producto), pero donde los cambios son continuamente reales.

El tiempo es dimensional y definido dentro del universo dinámico de bloque. Los observadores pueden inspeccionar cómo los arreglos de los acontecimientos, las configuraciones de los objetos cambian de acuerdo con los ejes temporales de sus marcos de referencia. Los cambios aparentes en el universo dinámico de bloque implican que el universo pudo haber emergido de la singularidad ontológica con un proceso inflacionario, y que se amplía en todos los puntos del espacio-tiempo. Hay librc albedrío para tomar decisiones en el universo de bloque dinámico. Para cada ser consciente, existe la capacidad de considerar una gama de muchos cursos posibles de acción, y de seleccionar solamente un curso de acción (un resultado) de esa gama de posibilidades. Por consiguiente, habría un resultado y una corriente relacionada de acontecimientos en la corriente del tiempo para cada ser consciente.

1.5. (a) La Teoría General de la Relatividad versus la Teoría de la Mecánica Cuántica

La Teoría General de la Relatividad abarca el universo de bloque dinámico con un pasado, un presente, y un futuro, en una estructura espaciotemporal determinista que puede ser accesible, y predecible, al observador. La función entera de la onda del tubo mundial de un objeto existe simultáneamente en todas las dimensiones del espacio y del tiempo para el infinito y la eternidad. La existencia simultánea de todo lo que hay, y todo lo que hay que saber, puede permitir que las leyes de la física puedan acceder a cualquier cosa en cualquier dirección del espacio y el tiempo. Todos los eventos posibles existen simultáneamente en el bloque dinámico del universo, así que no queda nada al azar. Si 'todo-lo-que-hay' ya está ahí, entonces, ¿Para qué jugar a los dados con el universo?

La teoría de la mecánica cuántica abarca una rebanada, o un "ahora", del universo de bloque dinámico con un presente dinámico en una rebanada del espacio tridimensional inextensible con un tiempo que no se ha expandido, en una estructura espacial indeterminista que está de acuerdo con el principio de la incertidumbre del observador. La sección de la función de onda en un segmento de un 'ahora' se colapsa cuando se mide por el observador. No hay tubo mundial para un objeto, y las dimensiones del espacio y del tiempo existen ahora. Por lo tanto, si se determina la posición de una partícula, su velocidad es indeterminada, y viceversa. Así que ahora, ¿por qué no jugar a los dados en la sección del ahora del universo?

Tanto las perspectivas deterministas como las indeterministas juegan roles importantes en sus respectivas regiones de la observación de la realidad objetiva, dependiendo de la escala y del punto de vista relativo del observador. Cuando una onda de un "ahora" fluye a través del universo dinámico de bloque, nuestro camino a través del espacio-tiempo está determinado por lo que nuestra conciencia decide observar. Para los observadores que consideran una región expansiva en gran escala del bloque dinámico del universo, la Teoría General de la Relatividad es aplicable. Para los observadores de una región de escala cuántica en tajadas del bloque dinámico del universo, la teoría de la mecánica cuántica es aplicable. Un observador universal tiene acceso a todo lo que hay.

§ 2. La constante cosmológica: el mayor error de Einstein

La constante cosmológica "Λ" es una constante del acoplamiento en las ecuaciones de campo de Einstein para compensar la extensión del universo. Lambda (Λ) representa la densidad de energía del universo (J/m^3) y se relaciona con la distancia radial r_Λ de un universo esférico observable, a pesar de que el volumen real ha sido considerado plano, esférico, o elíptico.

$$R_{\mu\upsilon} - \frac{1}{2} R g_{\mu\upsilon} + \Lambda g_{\mu\upsilon} = \frac{8\pi G}{c^4} T_{\mu\upsilon} \qquad (2.1)$$

La constante cosmológica se sumó a las ECE como término compensador a la Teoría General de la Relatividad porque las ECE no permitía el universo estático que Einstein imaginó. El campo gravitacional de un universo dinámico inicialmente en equilibrio puede hacer que el universo se contraiga. Así, la constante cosmológica contrarresta esa posibilidad. Sin embargo, las observaciones del universo usando la técnica cosmológica del desplazamiento al rojo indicaron que el universo parecía expandirse, lo cual era consistente con las soluciones de las ecuaciones de Friedmann originales asociadas con la Teoría General de la Relatividad. Inicialmente, Einstein no aceptó la validación de sus propias ecuaciones de la Teoría General de la Relatividad, que él más adelante llamó, según dicen, su mayor error. Aunque ahora sabemos, con el beneficio de la retrospectiva y el progreso de la física, que añadir la constante cosmológica a las ecuaciones originales de la Teoría General de la Relatividad no produce un universo estático en equilibrio porque el equilibrio es inestable. (Riess, 1998) Si el universo estuviera expandiéndose o contrayéndose levemente, entonces más energía sería liberada o absorbida del medio espaciotemporal, que en sí mismo origina más expansión o contracción espaciotemporal. (Carroll, 1998, 2000)

Expresemos la constante cosmológica en términos de la aceleración espaciotemporal de la siguiente manera:

$$|\Lambda| = \frac{8\pi G\rho_{vac}}{c^2} = \frac{\rho_{vac}}{mc^2}\left(\frac{d^2v}{dt^2}\right) = \frac{\ddot{a}\rho_{vac}}{mc^2} = \frac{\ddot{a}}{ac^2} \qquad \left(\frac{1}{m^2}\right) \tag{2.2}$$

¿Dónde está la densidad de la energía ρ_{vac} del medio espaciotemporal o del vacío?

Indiquemos valores aproximados para la constante cosmológica durante la era actual del universo desde el marco de referencia de la tierra. La ecuación de Lambda se puede expresar sin dimensión en unidades de Planck.

$$\Lambda = \frac{1}{10^{52}m^2} = \frac{1}{10^{35}\sec^2} = \frac{1}{10^{47}GeV} = \frac{1}{10^{25}}\frac{Kg}{m^3} = \frac{1}{10^{122}} \tag{2.3}$$

La distancia radial del universo esférico observado se puede dar como

$$r_\Lambda = ct_\Lambda = \frac{\sqrt{3}}{\sqrt{\Lambda}} \tag{2.4}$$

$$\frac{r_\Lambda}{\sqrt{3}} = \frac{1}{\sqrt{\Lambda}} \tag{2.5}$$

Así, la constante cosmológica representa el recíproco del cuadrado de la distancia radial proyectada de una dimensión del universo observado. La constante cosmológica se define como una relación del cuadrado inverso. (Hawking, 1973)

$$\Lambda = \frac{1}{\left(\frac{r_\Lambda}{\sqrt{3}}\right)^2} = \frac{\ddot{a}}{ac^2} \tag{2.6}$$

La constante cosmológica es igual al cociente de la aceleración espaciotemporal al volumen del universo observado dividido por el cuadrado de la velocidad de la luz.

§ 3. ¿Cuáles son las relaciones entre la masa, la distancia espacial y la distancia temporal de nuestro universo en expansión?

Pensemos en la relación entre la distancia espacial y la temporal a través de la vasta extensión del universo en expansión.

$$10^{35} s^2 = 10^{52} m^2 \tag{3.1}$$

$$\frac{s^2}{m^2} = \frac{10^{52}}{10^{35}} \approx 10^{17} \tag{3.2}$$

$$s^2 = 10^{17} m^2 \tag{3.3}$$

La magnitud de la relación espaciotemporal aproximada es aproximadamente igual a la magnitud del cuadrado de la velocidad de la luz.

$$c^2 = (299792458)^2 \frac{m^2}{s^2} \cong 9\, x\, 10^{16} \frac{m^2}{s^2} \approx 10^{17} \frac{m^2}{s^2} \tag{3.4}$$

Por lo tanto, a vastas distancias en el universo observable, la relación espaciotemporal de la onda espaciotemporal equivale aproximadamente a la magnitud de la velocidad de la luz en un marco inercial de referencia de la tierra. Así, el resultado anterior afirma la constancia de la medida de la velocidad de la luz en todo el universo en expansión según la teoría general de la relatividad, y la propiedad simétrica de la expansión cósmica.

§ 4. ¿Cuál sería la constante gravitacional universal en el universo observable?

Según nuestro cálculo actual obtenemos

$$G_u \equiv \frac{m^3/Kg}{s^2} \cong \frac{\left(\sqrt{10^{52}}m\right)^3 / 10^{53}Kg}{10^{35}s^2} \cong 10^{-10} \quad (4.1)$$

$$G_u = \frac{\ddot{a}_u}{m_u} \approx 10^{-10} \quad (4.2)$$

En comparación, la constante gravitacional en el marco de referencia de la tierra es aproximadamente

$$G_{Tierra} \cong 6.67408 \times 10^{-11} \frac{m^3}{Kg \cdot s^2} \quad (4.3)$$

Por lo tanto, si comparamos los valores aproximados

$$\frac{G_u}{G_{Tierra}} \approx 1,5 \quad (4.4)$$

¿Sería la aceleración del volumen del espacio-tiempo por unidad de masa la misma en cualquier punto del universo? La respuesta a esta pregunta llegará con los datos cosmológicos más precisos de observaciones y experimentos futuros sobre el universo observable. Si la constante gravitacional fuera la misma en cualquier punto del universo observable, entonces la masa (de la materia ordinaria) del universo observable tendría que ser aproximadamente 1,5 x 10^{53} Kg, o aproximadamente cincuenta por ciento más que nuestro cálculo anterior, ceteris paribus.

§ 5. Sobre la debilidad de la gravedad y la atracción gravitacional

La materia es muy porosa. Un cálculo de un átomo típico da 10^{18} sobre partes del espacio-tiempo a cada parte de la materia. La debilidad de la gravedad es en parte la naturaleza de la materia altamente porosa. La longitud de onda del espacio-tiempo es casi 4 x 10^{-17} metros o aproximadamente 10 millones de veces menor que las dimensiones de la estructura atómica de la materia. La gravedad es una fuerza ejercida sobre el cuerpo de un objeto, un empujón, no una fuerza de atracción de otro cuerpo de un segundo objeto de masa, o un tirón.

Dos objetos en proximidad se escudan de las fuerzas de la extensión del medio de las ondas espaciotemporales, pero los componentes de las fuerzas que actúan opuestas al medio espaciotemporal entre las masas se restan, terminando en una fuerza resultante en la dirección de la masa mayor por el principio de Huygens-Fresnel como se muestra a continuación. La fuerza resultante está en la misma dirección que la fuerza del espacio-tiempo actuando sobre el objeto de menor masa en el sentido contrario de su lado opuesto.

$$m_1 > m_2 \tag{5.1}$$

$$\vec{F}_1 > \vec{F}_2 \tag{5.2}$$

$$\vec{F}_n = \vec{F}_1 - \vec{F}_2 \tag{5.3}$$

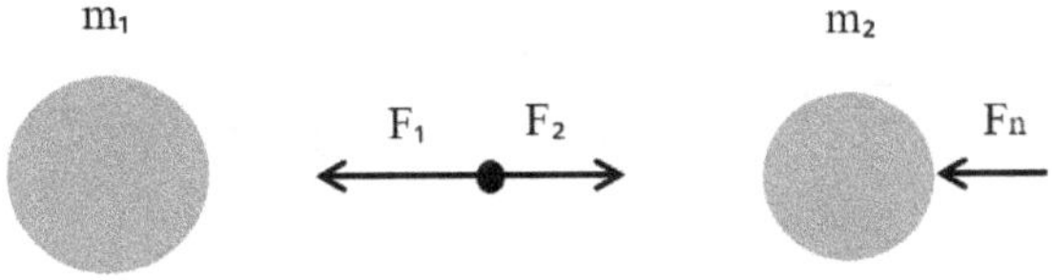

Figure 5

5.1. El principio del equilibrio de los flujos de la energía

La energía es un intercambio entre un sistema abierto y su entorno interactivo. Un sistema abierto es un sistema que tiene interacciones externas que pueden tomar la forma de la energía, de la materia, o de las transferencias de información dentro o fuera del límite del sistema. El entorno interactivo consiste en todos los otros sistemas potencialmente abiertos en un momento dado. *La suma de los flujos de energía de todos los sistemas abiertos y sus entornos interactivos, o la suma de los flujos de energía de un único sistema abierto, y los flujos de energía de su entorno interactivo, es igual a cero.*

Consideremos la energía de una partícula con la masa *m* que viaja a través del espacio-tiempo, la fuerza, F_1, que puede ser ejercida por la masa de la partícula en el espacio-tiempo en la dirección del recorrido es igual y opuesta a la fuerza, F_2, ejercida por el espacio-tiempo en la masa.

Las energías ejercidas por las fuerzas F_1 y F_2 son

$$E_1 = F_1 \cdot dx_1 \tag{5.4}$$

$$E_2 = -F_2 \cdot dx_2 \tag{5.5}$$

La diferencia de las energías del sistema es dada por

$$E_1 - E_2 = F_1 \cdot dx_1 - F_2 \cdot dx_2 = mv_1^{\;2} - mv_2^{\;2} = m\left(v_1^{\;2} - v_2^{\;2}\right) = 0 \tag{5.6}$$

$$v_1 = v_2 \tag{5.7}$$

La suma de las dos energías es

$$m\vec{v}_1^{\;2} + m\vec{v}_2^{\;2} = m\left(\vec{v}_1^{\;2} + \vec{v}_2^{\;2}\right) = 2m\vec{v}_1^{\;2} = 2m\vec{v}_2^{\;2} \tag{5.8}$$

$$m\vec{v}_1^{\;2} + m\vec{v}_2^{\;2} = 2m\left(\vec{v}_1 \cdot \vec{v}_2\right) \tag{5.9}$$

$$\frac{1}{2}m\vec{v}_1^{\;2} + \frac{1}{2}m\vec{v}_2^{\;2} = m\left(\vec{v}_1 \cdot \vec{v}_2\right) \tag{5.10}$$

$$E_1 + E_2 = m\left(v_1 \cdot v_2\right) \tag{5.11}$$

Por la regla del producto obtenemos

$$d\left(\vec{v}_1 \cdot \vec{v}_2\right) = \left(d\vec{v}_1\right) \cdot \vec{v}_2 + \vec{v}_1 \cdot \left(d\vec{v}_2\right) = 2\left(\vec{v}_1 \cdot d\vec{v}_1\right) = 2\left(\vec{v}_2 \cdot d\vec{v}_2\right) \tag{5.12}$$

Expresando la suma de energías como vectores tenemos

$$\vec{E}_1 + \vec{E}_2 = m\left(\vec{v}_1 \cdot \vec{v}_2\right) \tag{5.13}$$

$$d\left(\vec{E}_1 + \vec{E}_2\right) = \int_0^t md\left(\vec{v}_1 \cdot \vec{v}_2\right) = \int_0^t 2m\left(\vec{v}_1 \cdot d\vec{v}_1\right) = \int_0^t 2m\left(\vec{v}_2 \cdot d\vec{v}_2\right) \tag{5.14}$$

$$\frac{d\left(\vec{E}_1+\vec{E}_2\right)}{2}=\int_0^t m\left(\vec{v}_1\cdot d\vec{v}_1\right)=\int_0^t m\left(\vec{v}_2\cdot d\vec{v}_2\right) \tag{5.15}$$

La fuerza de la partícula sobre el espacio-tiempo, y la fuerza contraria del espacio-tiempo que es parte del sistema inercial del cuerpo de masa, son iguales y opuestas cuando v^2/c^2 es pequeño.

$$d\vec{E}_1=\frac{1}{2}\int_0^t md\left(\vec{v}_1\cdot\vec{v}_2\right)=d\vec{E}_2 \tag{5.16}$$

$$E_1=\int_0^v d\left(\frac{m\left(v_1\cdot v_2\right)}{2}\right)=\frac{1}{2}m\left(v_1\cdot v_2\right)=E_2 \tag{5.17}$$

Es interesante notar que en la Teoría General de la Relatividad definimos la energía cinética como

$$K_E=mc^2-m_0c^2 \tag{5.18}$$

Donde m es la masa relativista y m_0 es la masa del descanso.

$$K_E=\frac{m_0c^2}{\sqrt[2]{1-\frac{v^2}{c^2}}}-m_0c^2=m_0c^2\left[\left(1-\frac{v^2}{c^2}\right)^{-\frac{1}{2}}-1\right] \tag{5.19}$$

Después de calcular la serie de Taylor del término en corchetes tenemos

$$K_E=m_0c^2\left[\left(1-\frac{v^2}{c^2}\right)^{-\frac{1}{2}}-1\right]=m_0c^2\left(\frac{1}{2}\frac{v^2}{c^2}+\frac{3}{8}\frac{v^2}{c^2}+\ldots\right)=\frac{1}{2}m_0v^2+m_0c^2\left(\frac{3}{8}\frac{v^2}{c^2}+\ldots\right) \tag{5.20}$$

y los términos más altos pueden ignorarse si v^2/c^2 es pequeño.

$$K_E\approx\frac{1}{2}m_0v^2 \tag{5.21}$$

Por lo tanto, la ecuación de la energía cinética antedicha en la Teoría General de la Relatividad es una aproximación. Sin embargo, la suma de los flujos energéticos de un sistema único que es relativista y abierto, y los flujos energéticos de su entorno relativista e interactivo, equivalen a cero.

Así, el principio del equilibrio de los flujos de la energía indica que la ecuación del flujo de la energía de un sistema único y abierto en su entorno interactivo es

$$E = \frac{1}{2}\int_0^t \vec{F} \cdot d\vec{s} = \frac{W_T}{2} \tag{5.22}$$

Donde W_T es el flujo del trabajo total disponible entre un sistema único y abierto y su entorno interactivo.

Algunas ecuaciones de los flujos no lineales de la energía para sistemas singulares abiertos son:

$$K_E = \frac{1}{2}mv^2 \tag{5.23}$$

$$E_G = \frac{1}{2}mgh \tag{5.24}$$

$$E_{RESORTE} = \frac{1}{2}Kl^2 \tag{5.25}$$

$$E_{RESISTENCIA} = \frac{1}{2}QV \tag{5.26}$$

$$E_{INDUCTOR} = \frac{1}{2}Li_L^{\,2} \tag{5.27}$$

$$E_{CONDENSADOR} = \frac{1}{2}Cv_C^{\,2} \tag{5.28}$$

$$E = \frac{1}{2}m_0c^2 \tag{5.29}$$

$$E_{FOTON} = \frac{1}{2} hf \qquad (5.30)$$

$$E_{ESPACIO-TIEMPO} = \frac{1}{2} \mu_0 l^3 \qquad (5.31)$$

$$E_{CAMPO-MAGNETICO} = \frac{1}{2} \iiint_V \mu_0 |H|^2 \, dv \qquad (5.32)$$

Todas las ecuaciones de flujos no lineales de la energía exhiben la misma relación de un sistema único y abierto con su entorno bajo el principio del balance de los flujos de la energía.

5.2. El principio de la holocubierta

El principio de la holocubierta es un principio holográfico de proyección aplicable a la teoría de las cuerdas, o a la teoría-M, que describe una propiedad fundamental de la gravedad cuántica que permite que un volumen del espacio en el tiempo sea codificado en un límite temporal de una dimensión menor, o en un futuro horizonte gravitacional, en una región del volumen. El espacio se puede definir como un espacio de Sitter con una constante cosmológica positiva, simplemente conectada para $n \geq 3$, y puede ser descrita como $dS_6 \ x \ S^6$ para la expansión del espacio-tiempo, con tres dimensiones espaciales y tres dimensiones temporales en el espacio de Sitter, equivalente a $dS_4 \ x \ S^6$, para la teoría de las cuerdas, o con una dimensión adicional equivalente a $dS_4 \ x \ S^7$ para la teoría M. En el caso de la teoría de las cuerdas, o la teoría M, las tres dimensiones temporales se pliegan en una dimensión temporal resultante en el espacio de Sitter.

Primero, pensemos en la geometría del espacio para una teoría de campo conforme. Los ángulos entre las curvas dirigidas a través de un punto local, la orientación de una base tangente mapeada a una base de la misma orientación, y las formas de las figuras infinitesimales, permanecerían iguales durante una transformación conforme, pero no la curvatura o la escala. Así, los triángulos seguirían siendo triángulos, y los cuadrados permanecerían cuadrados, pero la variedad donde estas formas se encuentran puede ser curva, y la escala de las formas puede ser cambiada. Los mapas conformes se pueden definir entre los dominios de una variedad Riemann o una variedad semi-Riemann.

En segundo lugar, vamos a ilustrar una esfera de seis dimensiones con una curvatura constante con un mosaico de triángulos y cuadrados. Desde la perspectiva frontal, el borde borroso de la circunferencia de la esfera es el límite de un espacio en expansión con una curvatura positiva que existe alrededor de la esfera. Imaginemos que la escala de la esfera es mayor en ordenes de magnitud que la escala del observador. Así, el observador vería las figuras del mosaico cada vez más y más minúsculas hacia los bordes de la circunferencia de la enorme esfera. Los bordes exteriores del espacio temporal que rodean la esfera se extienden hasta el infinito. El espacio externo como el tiempo alrededor de la esfera están infinitamente lejos de cualquier punto en la variedad externa con las figuras del mosaico. Debajo de la variedad externa con las figuras del mosaico, hay una variedad con las figuras del mosaico idénticas en una esfera interna con una escala que es órdenes de magnitud menor, y entre las múltiples figuras del mosaico internas y externas, está el espacio-tiempo expandiéndose. El límite de tiempo similar al exterior, dS_{d-1}, tiene menos dimensiones que las dimensiones de la esfera, dS_d, y está infinitamente lejos de cualquier punto de la variedad con las figuras del mosaico. El espacio y el límite temporal representan la expansión del espacio en el medio de onda de la masa, y el paso del tiempo no lineal. La transformación de la escala en el límite temporal es un dual holográfico a la extensión de la distancia temporal radial en el espacio temporal del bulto, el cual es un espacio de dimensionalidad superior.

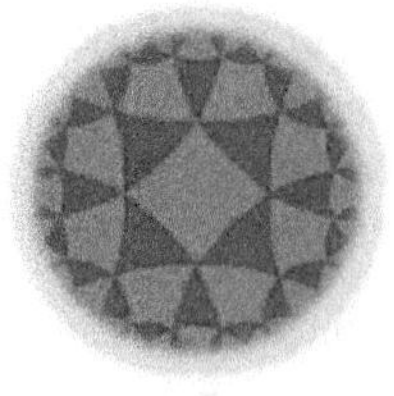

Figura 6.

La ilustración anterior representa una conjetura dS_6 / CFT que describe una solución del vacío para las ECE de seis dimensiones con una constante cosmológica positiva. Cada esfera se puede interpretar como la encarnación de una onda espaciotemporal. Las ondas espaciotemporales emergen a medida que el tiempo pasa de la infinidad interna a la infinidad externa del espacio-tiempo para una función de onda $\Psi(r,t) \propto e^{idS_d}$. El espacio interior del futuro se convierte en el espacio exterior del pasado. El espacio-tiempo puede expandirse o contraerse a través de la interferencia de las ondas espaciotemporales. Mientras que el espacio temporal se amplía en una tarifa acelerada, la onda espacial se alarga y la onda temporal se contrae infinitésimamente. La onda temporal continúa contrayéndose eternamente, y la onda espacial se extiende hacia su extensión completa en el infinito, como cada punto espaciotemporal que se expande.

La esfera espaciotemporal se puede describir como que consiste en capas apiladas de variedades como las capas de una cebolla. Por lo tanto, cada dimensión superior de una variedad abarca un holograma de la información en el espacio de la dimensión inferior a una frecuencia específica. Esta propiedad holográfica positiva preserva la información tridimensional del espacio en una variedad de dos dimensiones o en una placa holográfica. El espacio temporal puede representarse como capas temporales de las variedades paralelas que pueden existir entre las variedades internas y externas con las figuras del mosaico. Estas capas de tiempo intermedias pueden ser interpretadas como las variedades paralelas de los universos hermanos y específicos de dS_6 que consisten en múltiples variedades de esferas con las figuras del mosaico apiladas, o las múltiples variedades de los universos hermanos paralelos de dS_6 en frecuencias específicas. En una escala mayor, las hipotéticas D-branas pueden coexistir en varias capas como una función de la onda que se colapsa cuando está observada en una capa o en una variedad específica.

En cierto sentido, la cuantificación de la masa actuaría como una colección de la capas, o un pellizco, y quizás un sumidero atractivo para las cuerdas libres, para un potencial gravitacional, o para los bosones de Higgs. Una colisión de partículas de alta energía en un punto específico de una variedad puede proporcionar un punto de pellizco mayor, o una garganta, como una compuerta entre las capas.

Esta teoría de campo conforme equivale a una teoría gravitacional en la mayor parte del espacio de Sitter, en el sentido de que hay una conversión para cada interacción en una teoría a una interacción en la otra.

Cada entidad holográfica en la *CFT* tiene una contraparte en la teoría gravitacional. Cada punto del espacio interior de una variedad está conectado a una colección de puntos del espacio exterior en la placa holográfica externa del límite conforme. Además, cuando una esfera representa un espacio dS_4, las tres dimensiones temporales se doblarían en una dimensión resultante, y sería posible conjeturar dimensiones espaciales compactadas; en el caso de la teoría de las cuerdas, habría seis dimensiones espaciales compactadas, que a su vez resultaría en varias teorías de las cuerdas, según el sistema de coordenadas que se aplique.

Un universo seis-dimensional dS_6 con una constante cosmológica positiva, es probable que sea asintóticamente de Sitter, con un límite temporal en el futuro lejano, pero es improbable que tenga un límite del anti-de Sitter. La correspondencia AdS_6 / CFT proporciona una definición holográfica no perturbativa de gravedad cuántica en el espacio anti-de Sitter con un *CFT* que vive en un límite conforme temporal. Sin embargo, el límite dS_6 del futuro lejano puede compartir las propiedades matemáticas con un límite AdS_6 doble. Así, es posible definir la gravedad cuántica dS_6 como un *CFT* que vive en el límite conforme dS_6 del futuro lejano. Vale la pena notar que el tiempo no lineal emerge holográfico en una correspondencia dS_6 / CFT, mientras que está en un AdS_6 / CFT, y la dirección radial "*r*" emerge holográfica de la *CFT*.

En consecuencia, se espera que la correspondencia dS_6 / CFT entregue ejemplos microscópicos completos. Las propiedades de la correspondencia dS_6 / CFT del universo parecen ser útiles para el análisis de los datos del fondo cósmico de microondas, según se aplica a la era dS_6 propuesta por la inflación.

Nuestro universo actual se ha observado que es una solución simétrica máxima de un espacio de Sitter con una constante cosmológica positiva.

Cada espacio simétrico máximo, o cada 'variedad', tiene curvatura constante, o una 'curvatura seccional constante'. La ecuación cuadrática que describe un espacio de Sitter universal de seis dimensiones es

$$-X_r^{\,2}+\left\{X_{ct}^{\,2}+\sum_{n=1}^{d-3}X_n^{\,2}\right\}=l^2 \qquad (5.33)$$

Usemos los parámetros esféricos, que es comparable a un espacio anti-de Sitter, dado por

$$X_r = lSinh\left(\frac{ct}{l}\right)=l\left(\frac{e^{\frac{ct}{l}}-e^{-\left(\frac{ct}{l}\right)}}{2}\right) \qquad (5.34)$$

$$X_{ct} = l_{ct}Cosh\left(\frac{ct_{ct}}{l_{ct}}\right)\left|\vec{a}_{ct}\right| = l_{ct}\left(\frac{e^{\frac{ct_{ct}}{l_{ct}}}+e^{-\left(\frac{ct_{ct}}{l_{ct}}\right)}}{2}\right)\left|\vec{a}_{ct}\right| \qquad (5.35)$$

$$X_n = l_nCosh\left(\frac{ct_n}{l_n}\right)\left|\vec{a}_n\right| = l_n\left(\frac{e^{\frac{ct_n}{l_n}}+e^{-\left(\frac{ct_n}{l_n}\right)}}{2}\right)\left|\vec{a}_n\right| \qquad (5.36)$$

$$ct=\sqrt[2]{(ct_x)^2+(ct_y)^2+(ct_z)^2}=\sqrt[2]{(ct_4)^2+(ct_5)^2+(ct_6)^2} \qquad (5.37)$$

$$l=\sqrt[2]{l_x^{\,2}+l_y^{\,2}+l_z^{\,2}}=\sqrt[2]{l_1^{\,2}+l_2^{\,2}+l_3^{\,2}} \qquad (5.38)$$

En las ecuaciones de los parámetros antedichos, $\left|\vec{a}_n\right|$ y $\left|\vec{a}_{ct}\right|$, son las magnitudes de vectores unitarios radiales, que representan respectivamente, a una esfera con dimensiones *(d − 3)*, y una longitud temporal tridimensional de la esfera que se amplía, de la ecuación cuadrática. Además, "*l*" es el radio espaciotemporal de la esfera, *t* es la longitud temporal resultante del tiempo tridimensional, *c* es la velocidad de la luz, donde *n* es el número de las dimensiones, *n* = 1, 2, 3, 4, 5, ... *d*, donde las dimensiones del 1 al 3 son espaciales, las dimensiones del 4 al 6 son temporales, y *d* es la sexta dimensión temporal en este caso.

El parámetro esférico, X_r que representa el factor de la contracción o la expansión de la esfera dS_6, es igual a cero cuando t es cero, mientras que el parámetro esférico X_n, que representa la esfera espacial *(d – 3)*, es igual a l_n en la dirección de cada dimensión cuando t es igual a cero. Si el radio espacial, l o l_n, de la esfera es cero, entonces ambos parámetros X_r, y X_n, son cero. Si $n = ct$, entonces $\mathrm{X}_n = \mathrm{X}_{ct}$, que representa la longitud temporal resultante de la esfera en el espacio de Sitter. Así, en esta representación espacial del universo de Sitter, hay una singularidad espaciotemporal cuando t es igual a cero.

La extensión o la contracción del espacio y del tiempo tridimensional son funciones de la frecuencia angular, ω, de la función de la onda del espacio-tiempo y se pueden expresar como

$$\frac{\partial^2\Psi(\omega)}{\partial t^2} = c^2\frac{\partial^2\Psi(\omega)}{\partial r^2} \tag{5.39}$$

$$\frac{1}{c^2}\left[\frac{\partial^2\Psi(\omega)}{\partial t_x^{\ 2}} + \frac{\partial^2\Psi(\omega)}{\partial t_y^{\ 2}} + \frac{\partial^2\Psi(\omega)}{\partial t_z^{\ 2}}\right] = \frac{\partial^2\Psi(\omega)}{\partial x^2} + \frac{\partial^2\Psi(\omega)}{\partial y^2} + \frac{\partial^2\Psi(\omega)}{\partial z^2} \tag{5.40}$$

El elemento métrico correspondiente al parámetro anterior puede expresarse como

$$ds^2 = -dt^2 + l^2 Cosh^2\left(\frac{ct}{l}\right)da_n^{\ 2} \tag{5.41}$$

La ecuación cuadrática es descrita completamente por estas coordenadas globales. El factor $Cosh^2(ct/l)$ expande o contrae el término espacial de la métrica, representando cada dimensión espacial n en el espacio de seis dimensiones de Sitter, en función del tiempo. El volumen del universo dS_6 se contrae de "t" igual a infinito negativo a "t" acercándose a cero, y se expande indefinidamente cuando "t" es mayor que cero hacia un infinito positivo. Además, un universo de curvatura positiva se describe por geometría elíptica, y puede ser considerado como una hiperesfera tridimensional. Sin embargo, un modelo de un universo puede tener una forma distinta a la forma esférica.

El modelo anterior del universo es una esfera de seis dimensiones con un radio "l" igual a $\left(\sqrt[2]{3}\right)l_n$ cuando t es igual a cero, y con un radio que es una función de t y l para cualquier valor constante de t. El espacio-tiempo esférico también puede ser mapeado a un espacio-tiempo cilíndrico con el parámetro t como un eje de simetría. Consideremos hipotéticamente la siguiente pregunta retórica para el escenario anterior: ¿pudiera un agujero negro paterno en un universo del multiverso, con un espacio-tiempo dentro de su horizonte de sucesos que se contrae hacia una singularidad espaciotemporal, reproducir un Big Bang o un universo descendiente?

Adicionalmente, para el modelo anterior del universo, el elemento métrico puede expresarse con un parche de coordenadas Poincaré para dar unas coordenadas de medio espacio al espacio dS_6 en la siguiente manera:

$$ds^2 = \frac{l^2}{c^2\tau^2}\left(-d\tau^2 + g_{\mu\nu}dx^{\mu}dx^{\nu}\right) \tag{5.42}$$

La métrica del fondo del límite uno, $g_{\mu\nu}$, es Euclidiana y describe la mitad del espacio dS_6 cuando τ se va a cero.

El tensor de Ricci es proporcional a la métrica, por lo que una variedad en el espacio dS_6 es una variedad de las ECE de seis dimensiones.

$$R_{\mu\nu} = \frac{n-3}{l^2}g_{\mu\nu} \tag{5.43}$$

El escalar de Ricci se da por

$$R = \frac{(n-3)}{l^2} \tag{5.44}$$

Los espacios de la curvatura constante se pueden considerar como soluciones del vacío de las ECE de seis dimensiones con una constante cosmológica. Por lo tanto, el espacio dS_6 es una solución del vacío de las ECE de seis dimensiones con una constante cosmológica positiva dada por

$$\Lambda = \frac{1}{l^2} = \frac{n-2}{2n} R \tag{5.45}$$

Cada punto en el espacio-tiempo se expande. La existencia de los puentes Einstein-Rosen, o de puentes espaciotemporales inter dimensionales, a través de las capas de las variedades en un universo específico dS_6 influiría en la aceleración del espacio-tiempo, ya que las áreas de alta presión de una variedad dimensional alimentarían áreas de baja presión de otra variedad dimensional. El espacio se canalizaría entre las variedades dimensionales, por lo que hay más espacio disponible para la expansión por unidad de volumen temporal, lo que ayuda a una expansión acelerada del espacio en el espacio terminal del puente inter dimensional. Esta condición también implicaría que la longitud de la onda espacial se alarga más que la longitud de la onda temporal durante una extensión acelerada en una dirección radial. Hipotéticamente, los objetos de la teoría de las cuerdas como las D-branas, las cuerdas cerradas, en las variedades de dimensiones inferiores, serían canalizados entre las variedades dimensionales, a través de los puentes inter dimensionales, escapando y debilitando el potencial gravitacional en una variedad dimensional específica.

Otra característica del espacio dS_6 es la entropía, que se describe por la entropía de un agujero negro,

$$S_{BH} = \frac{k_{Boltzman} A_{horizonte}}{4\hbar_{Planck} G_{Newton}} = \frac{k_B}{4c^3} \tag{5.46}$$

Cada otro ejemplo de entropía que ocurre en la naturaleza incluyendo la mayoría de los ejemplos de agujeros negros, se describen actualmente en términos de contar alguna categoría de microestados cuánticos. Por lo tanto, es natural tratar de hacer lo mismo para el espacio dS_6 . Pero, a diferencia de un agujero negro con un horizonte estático de sucesos, el horizonte de un espacio dS_6 se desplaza con un observador. Si hubiera un observador con un tubo mundial en el espacio dS_6, el observador tendría un horizonte dinámico. ¿hay observables en el espacio dS_6? ¿viajan al futuro las partículas del pasado, por ejemplo, en una matriz-*S*? ¿es estático el horizonte de sucesos de un agujero negro?

La entropía del agujero negro, S_{BH}, es una medida de la multiplicidad de los microestados que se ocultan detrás de un macroestado especifico. La entropía del agujero negro cuenta el número de los estados gravitacionales del horizonte, o el número de estados internos de la materia y de la gravedad. La entropía del agujero negro es la cantidad de entropía que debe ser asignada a un agujero negro para que cumpla con las leyes de la termodinámica, ya que son interpretadas por los observadores externos a ese agujero negro. Por ejemplo, si el área del horizonte de un agujero negro se divide en unidades cuadradas de longitud de Planck, l_p^2, entonces la entropía debe ser asignada a una unidad cuadrada de longitud de Planck de cada cuatro unidades cuadradas de longitud de Planck. Ya que un agujero negro existe en el espacio-tiempo de seis dimensiones, ¿cómo se atribuiría la entropía del agujero negro en seis dimensiones?

Pensemos en un teseracto espaciotemporal que se expande y que vive en el horizonte de sucesos de un agujero negro a medida que aumenta el diámetro. El teseracto seis-dimensional tiene un cubo interno en tres dimensiones espaciales y un cubo externo en tres dimensiones temporales. Cada dimensión de cada vértice de cada cubo es asintótica a las otras dos dimensiones, ya que asintóticamente cumplen con la línea radial desde el centro del cubo interior que pasa por el centro de cada vértice. Cuando las dimensiones en cada vértice son asintóticamente curvas ya sea hacia dentro o hacia fuera para el vértice temporal exterior o el vértice espacial interior, hay una garganta temporal infinitesimal que conecta cada vértice interno a cada vértice externo correspondiente del teseracto. Cada teseracto es tangente a un teseracto idéntico en cada uno de sus seis lados.

Imaginemos cuatro teseractos adyacentes que están encima de otros cuatro teseractos adyacentes idénticos. Cada par de teseractos verticales y adyacentes apilados forman un cuboide rectangular. Cada lado cuadrado en cada extremo tiene una anchura y una altura de $\sqrt[2]{\pi}$, de modo que el área en cada extremo sea π . La profundidad del cuboide rectangular es igual a π , el área de la parte rectangular de cada lado es 2π , y el volumen del cuboide rectangular es π^2 .

Por lo tanto, las distancias entre los vértices son números trascendentales que representan la expansión del espacio-tiempo trascendental desde la infinidad interna hasta la infinidad externa. Un número trascendental es un número irracional que como una representación decimal nunca termina y nunca se asienta en un patrón de repetición permanente. Por lo tanto, hay ocho cubos formando un hipercubo con volumen espaciotemporal $4\pi^2$, o $\left(s^3/m^3\right)$, con cada par de cubos verticales y apilados formando un cuboide rectangular con ¼ del volumen espaciotemporal del hipercubo, ¼ $\left(s^3/m^3\right)$, que es equivalente a $1/\left(4c^3\right)$. Por lo tanto, la entropía se debe asignar al volumen espaciotemporal seis-dimensional de un cuboide rectangular (dos teseractos) de cada cuatro cuboides rectangulares seis-dimensionales e idénticos (ocho teseractos).

Es interesante señalar que el área superficial de un solo teseracto es 6π y el área superficial del hiperteseracto es 24π . Así, el cociente del área superficial de un teseracto al área superficial del hiperteseracto es exactamente ¼. El área superficial de un solo teseracto aumenta por un factor de cuatro al área superficial de un hiperteseracto. Lo mismo sería cierto para una esfera espacial interior con un radio de $\sqrt[2]{\pi}$ y un volumen de $4\pi^2$, en comparación con una hiperesfera temporal externa con radio de $2\left(\sqrt[2]{\pi}\right)$ y un volumen de $16\pi^2$. Una vez más, el cociente del área superficial de la esfera espacial interna al área superficial de la hiperesfera es ¼. Sería razonable sugerir que la escala de expansión del espacio-tiempo para estos volúmenes espaciotemporal es de uno a cuatro.

Por lo tanto, toda la entropía de un agujero negro esférico en expansión debe atribuirse a un cuarto, ¼, del área de la superficie del horizonte de sucesos debido a la expansión trascendental del espacio-tiempo y la asignación de la entropía precedente a la superficie posteriormente expandida del horizonte de sucesos.

La propiedad trascendental de las dimensiones del teseracto, o del hiperteseracto, implica que el valor trascendental de una dimensión espaciotemporal no es la raíz de ningún polinomio que sea distinto de cero y con coeficientes racionales, y que es imposible resolver el antiguo desafío de cuadrar el círculo con un compás y una regla. Sin embargo, la propiedad trascendental permite hacer un hipercubo de una esfera con un volumen espacial $4\pi^2$ en el espacio-tiempo de seis dimensiones, y cuadrar un círculo unitario con un radio igual a $\sqrt[2]{\pi}$ en un cuadrado cuyos lados son iguales a π, ya que tanto el círculo unitario como el cuadrado tienen un área transcendental igual a π^2. Estas áreas y volúmenes trascendentales existen en el espacio-tiempo ya que las dimensiones del espacio-tiempo tienen propiedades trascendentales. Lamentablemente, sería muy difícil encontrar una compás o una regla trascendental.

Hay una manera directa de calcular la entropía de un agujero negro usando la temperatura, el calor, y la masa, con las unidades naturales $(G = c = \hbar = k_B = 1)$, puesto que el calor que entra sirve para aumentar la masa.

$$dS_{BH} \rightarrow \frac{dQ_{BH}}{T_{BH}} \rightarrow 8\pi M_{BH} dQ_{BH} \rightarrow 8\pi M_{BH} dM_{BH} \rightarrow d\left\{4\pi\left(\sqrt[2]{2}M_{BH}\right)^2\right\} \rightarrow d\left\{4\pi R_{BH}{}^2\right\} \quad (5.47)$$

$$A_{horizonte} = 4\pi R_{BH}{}^2 \quad (5.48)$$

$$S_{BH} = \pi R_{BH}{}^2 = \frac{A_{horizonte}}{4} \quad (5.49)$$

El área del círculo con el diámetro del agujero negro es equivalente a la entropía usando unidades naturales, y el radio del agujero negro es equivalente al valor efectivo de su masa. Un agujero negro existe en una esfera interior en el pasado y en una esfera externa en el futuro. Por lo tanto, el espacio temporal entre una colección de puntos en la esfera externa de un agujero negro a un punto en la esfera interna del mismo agujero negro se puede interpretar como un embudo negro, del espacio futuro al espacio presente y pasado. Los agujeros negros pueden regular la presión, o la densidad de la energía, del espacio-tiempo, en áreas de alta presión y curvatura como los centros de galaxias. En tal escenario, el espacio puede ser capaz de entrar en un agujero negro supermasivo en la esfera exterior, contrayéndose a través del embudo negro hacia la esfera interior, regulando con éxito la presión y manteniendo una densidad de energía más uniforme en el espacio-tiempo circundante.

La presión del espacio-tiempo puede ser regulada a través de un cambio dinámico en el diámetro del horizonte de sucesos. El área de la superficie del horizonte de sucesos de un agujero negro puede aumentar o disminuir dependiendo del proceso de transformación del agujero negro. La superficie del horizonte de sucesos de un agujero negro aumenta cuando el agujero negro gana masa o energía, pero los agujeros negros que no ganan masa o energía se espera que se encojan y, en última instancia, se desvanecen debido a la radiación Hawking. Por lo tanto, el diámetro de un agujero negro es dinámico. La presión, o la densidad de la energía, de un agujero negro supermasivo en expansión tiende a debilitarse con el tiempo. Así, los agujeros negros se pueden utilizar para ilustrar el principio de la holocubierta en un espacio-tiempo con una constante cosmológica positiva.

Un cambio dinámico en el diámetro del horizonte de sucesos de un agujero negro esférico, que no es extremo, es directamente proporcional a la aceleración del espacio-tiempo e indirectamente proporcional a la aceleración gravitacional del agujero negro como se muestra a continuación.

$$\Delta D_{BH} = \sqrt[2]{\frac{\Delta \ddot{a}}{2\pi \Delta g_{BH}}} \qquad (5.50)$$

Vale la pena notar que la holocubierta emerge de la propiedad de la expansión del espacio-tiempo, así como la propiedad trascendental de las dimensiones del espacio-tiempo. Ambas propiedades del espacio-tiempo tienen un efecto en el tiempo de respuesta holográfica de un sistema físico. ¿Cuál es el efecto de estas propiedades holográficas en la constante del tiempo de un sistema físico?

La constante del tiempo especifica de un sistema físico en la holocubierta representa la longitud temporal que el sistema toma para responder al cambio, o la extensión temporal de un parámetro especificado a variar por un factor de $1-(1/e)$, que es aproximadamente 63%, donde el número e, como π, es un número trascendental.

Determinemos la constante del tiempo de un sistema físico consistente en una tubería de entrada con un grifo de alimentación de agua a través de la parte superior de un tanque abierto que tiene una tubería de salida en la parte inferior del mismo, con un diámetro pequeño en comparación con el radio del tanque. Tanto las tuberías de entrada como la de salida tienen diámetros idénticos y válvulas de control instantáneas. Comencemos nuestro experimento teniendo el tanque lleno hasta una marca del 100% después de que la válvula de control de la entrada se cierre, luego la válvula de control de la salida se abre cuando t es igual a cero, nuestro temporizador comienza a contar a partir de cero segundos hasta una longitud temporal de τ segundos en que la válvula de salida se cierra, y el volumen del tanque es de aproximadamente 37%. Así, el volumen inicial del tanque ha disminuido en aproximadamente 63%. Si repetimos el experimento nuevamente en el nivel del aproximadamente 37%, con el nivel del 37% siendo el nuevo volumen de 100%, abriendo y cerrando más adelante solamente la válvula del control de la salida, el volumen del comienzo disminuiría otra vez por aproximadamente un 63% después de los mismos τ segundos a un nuevo 37% de volumen.

El sistema físico del tanque se puede representar por la siguiente ecuación lineal diferencial de primer orden con tiempo invariante,

$$A\frac{dh}{dt} - \frac{h}{\Omega} = w_{out} \tag{5.51}$$

$$\tau = \Omega A \tag{5.52}$$

Donde A es el área seccional transversal del tanque, h es la cabeza de presión o el nivel de agua en el tanque, m, Ω es la resistencia de la válvula de salida, (s/m^2), w_{afuera} es la velocidad del volumen de agua en la tubería de salida, (m^3/s), t es el tiempo de coordenadas, (s), y τ es la constante del tiempo del sistema, (s).

Por lo tanto, la expansión del espacio-tiempo está desplazando un volumen de agua de la capacidad del tanque, según el espacio-tiempo empieza a presionar sobre el área superficial del agua, en la forma de un campo gravitacional.

$$w_{afuera}\tau = \dot{a}\tau \tag{5.53}$$

El desplazamiento espaciotemporal después de una constante de tiempo, τ , se da por

$$\dot{a}\tau = \left(\frac{1}{e^t}\right)\pi r^2 h \tag{5.54}$$

Redefiniendo la ecuación para el sistema físico que tenemos

$$\pi r^2 \dot{h} - \frac{h}{\Omega} = \dot{a} \tag{5.55}$$

$$\tau\pi r^2 \dot{h} - \frac{\tau h}{\Omega} = \left(\frac{1}{e^t}\right)\pi r^2 h \tag{5.56}$$

$$\tau\frac{\dot{h}}{h} - \frac{\tau}{\Omega\pi r^2} = \frac{1}{e^t} \tag{5.57}$$

$$\tau\frac{\dot{h}}{h} - 1 = \frac{1}{e^t} \tag{5.58}$$

$$\tau\frac{\dot{h}}{h} = \left(\frac{e^t + 1}{e^t}\right) \tag{5.59}$$

La relación de la velocidad del volumen del espacio-tiempo a su volumen $\dot{a}/a$, y la proporción de $\dot{h}/h$, es la misma e igual al recíproco del tiempo de coordenadas $1/t$, en la región del espacio-tiempo del sistema físico.

$$\tau\frac{\dot{a}}{a} = \left(\frac{e^t + 1}{e^t}\right) \tag{5.60}$$

La relación de la constante del tiempo (el tiempo apropiado), τ , para coordinar el tiempo, se da por

$$\frac{\tau}{t}=\left(\frac{e^t+1}{e^t}\right) \tag{5.61}$$

$$\tau\frac{d}{dt}\log_e t=\left(\frac{e^t+1}{e^t}\right) \tag{5.62}$$

Cuando t es igual a 100% del volumen temporal total de la dislocación, y después de una constante del tiempo, τ , que resulta en el 37% del volumen temporal, el volumen temporal ha disminuido por el 63% de t.

$$\tau - t = 1.37t - t = 0.37t \tag{5.63}$$

Es interesante notar el valor del tiempo apropiado de la constante de tiempo, τ , del sistema físico la cual no varía en la misma región holográfica del espacio-tiempo a medida que pasa el tiempo. La proporción temporal, τ/t , no depende de la capacidad ni de las dimensiones físicas del sistema. El cociente temporal, τ/t , solamente depende del tiempo y es trascendental. Cuando la expansión del espacio desplaza el agua en el tanque, la constante del tiempo del sistema proporciona una longitud temporal, o un tiempo apropiado, que es 37% más largo durante la duración del desplazamiento. El tiempo coordinado proporciona una longitud temporal más corta para la misma extensión del espacio en un tanque vacío, ceteris paribus.

Pensemos en una hipotética D-brana que vive en un espacio plano infinitesimal que es tangente a una variedad casi plana alrededor de un punto de una esfera enorme, donde la métrica de Minkowski dS_6/CFT de diez dimensiones con una simetría esférica rotacional de seis dimensiones se da por

$$ds^2=H(r)^{-\frac{1}{2}}\left[-dt_x^{\,2}-dt_y^{\,2}-dt_z^{\,2}+dx^2+dy^2+dz^2\right]+H(r)^{\frac{1}{2}}\left[dr^2+r^2\Omega_5^{\,2}\right] \tag{5.64}$$

$$ds^2=H(r)^{-\frac{1}{2}}\left[-dt^2+d\Sigma^2\right]+H(r)^{\frac{1}{2}}\left[dr^2+r^2\Omega_5^{\,2}\right] \tag{5.65}$$

$$H(r) = 1 + \frac{R^4}{r^4} \tag{5.66}$$

Donde $H(r)$ es un factor de deformación o de escala y el potencial gravitacional, *R* es el radio de la curvatura, y *r* es una distancia radial. El factor de distorsión depende de la distancia radial.

El valor proporcional del radio de la curvatura *R* a la distancia radial *r* determina el grado de distorsión. *R* da una medida de donde la gravedad es fuerte sí es $r << R$, y la deformación del espacio-tiempo. Sí $r >> R$, entonces el factor de deformación se acerca a la unidad y hay menos deforme del espacio-tiempo.

$$R^4 = \frac{4}{\pi^2} G T_3 N \tag{5.67}$$

Donde *G* es la constante gravitacional de Newton, representa la tensión sobre la D-brana, y *N* es el número de D-branas. El producto $T_3 N$ representa la masa.

La hipotética D-brana tendría una garganta que se extiende radialmente hacia fuera en un espacio temporal que se extiende hasta el infinito. *R* representaría el radio de la curvatura del espacio-tiempo. Una sección transversal de la garganta es un espacio S_5 y los lados de la garganta cilíndrica es el límite conforme. Por lo tanto, es predecible que el principio de la holocubierta pueda subsumir otros principios holográficos.

Algunas preguntas retóricas que surgen de estos conceptos son: ¿Atraviesan las hipotéticas D-branas la distancia temporal entre las capas? ¿Conectan las gargantas de las D-branas hipotéticas las variedades de las dimensiones inferiores con las variedades de las dimensiones superiores de una frecuencia específica? ¿Son las cuerdas libres capaces de viajar a través de las gargantas de las D-branes en las variedades de menor dimensión a las variedades de mayor dimensión?

Por otra parte, ¿viven las S-branas hipotéticas en un espacio plano infinitesimal como una variedad espacial, que es tangente a una variedad casi plana alrededor de un punto de una esfera enorme, que pasa por una transformación de escala temporal que es ortogonal a la variedad de las D-branas? ¿resultaría el proceso de la transformación de Wick de una D-brana en una S-brana localizada en el tiempo en la misma variedad espacial? Si la energía es lo suficientemente alta, ¿produciría espontáneamente, la decadencia hipotética de las S-branas, las partículas de cuerda abiertas muy largas durante una transición de fase, a una temperatura más alta que la temperatura teórica Hagedorn de la teoría de las cuerdas, que se pudiera acoplar a partículas de cuerdas cerradas en la misma variedad?

§ 6. El Tensor de Lanczos

El tensor potencial de Lanczos, $H_{\mu\nu\varepsilon}$, es la fuente del tensor de Weyl, o sea, la parte sin rastro del tensor de Riemann. El tensor de Weyl describe cómo una variedad Lorentziana cosmológica se curva en respuesta al campo gravitacional representado por el tensor de Lanczos. Así, el tensor de Lanczos sirve como el campo del calibre del campo gravitacional cosmológico. El tensor del Weyl se puede expresar usando las derivadas parciales del tensor de Lanczos y de sus permutaciones. Los grados de libertad del calibre existen en el tensor de Lanczos bajo un grupo afín que dota a múltiples soluciones. El tensor de Lanczos se puede definir mediante las ecuaciones de Weyl-Lanczos que generan el tensor de Weyl o el tensor cosmológico. El tensor de Lanczos es del tercer orden, un tensor antisimétrico en un par de índices, de manera similar a un tensor antisimétrico del segundo orden de la torsión electromagnética, $\Psi_{\varepsilon\beta}$.

Podemos expresar el tensor de Weyl, o el tensor cosmológico, en términos de las derivadas covariantes del tensor de Lanczos. (Takeno, 1964)

$$C_{abcd} = H_{abc;d} + H_{cda;b} + H_{bad;c} + H_{dcb;a} + \left(H^{e}{}_{(ac);e} + H_{(a|e|}{}^{e}{}_{;c)}\right)g_{bd} + \left(H^{e}{}_{(bd);e} + H_{(b|e|}{}^{e}{}_{;d)}\right)g_{ac} - \quad (6.1)$$

$$\left(H^{e}{}_{(ad);e} + H_{(a|e|}{}^{e}{}_{;d)}\right)g_{bd} - \left(H^{e}{}_{(bc);e} + H_{(b|e|}{}^{e}{}_{;c)}\right)g_{ac} - \frac{2}{3}H^{ef}{}_{f;e}\left(g_{ac}g_{bd} - g_{ad}g_{bc}\right)$$

En la aproximación del campo gravitacional débil, expresamos el potencial gravitacional Lanczos métrico, $h_{ab} \equiv h_{\mu\nu}$, como

$$h_{\mu\nu} = g_{\mu\nu} - \eta_{\mu\nu} \tag{6.2}$$

donde, $g_{\mu\nu}$, es la métrica de una variedad Lorentziana cosmológica y casi plana, y $\eta_{\mu\nu}$ es el tensor métrico de la relatividad especial.

El tensor de la aceleración del campo gravitacional de Lanczos puede expresarse como

$$4H_{abc} \approx h_{ac,b} - h_{bc,a} - \frac{1}{6}\left(\eta_{ac}h^{d}{}_{d,b} - \eta_{bc}h^{d}{}_{d,a}\right) \tag{6.3}$$

El tensor de Lanczos ha sido definido y refutado para dimensiones mayores, aunque es ampliamente aceptado para tres dimensiones espaciales y una dimensión temporal (una dimensión temporal resultante y plegada) como fue presentado originalmente por Cornelius Lanczos. (Lanczos, 1949)

Expresemos el tensor de Lanczos en términos de las derivadas ordinarias en una forma más conveniente y reconocible, del calibre $H_{abc} \equiv H_{\mu\nu\varepsilon}$ de Lanczos en la región débil de un campo gravitacional cosmológico,

$$H_{\mu\nu\varepsilon} \approx \frac{1}{4}\left(h_{\mu\varepsilon,\nu} - h_{\nu\varepsilon,\mu}\right) - \frac{1}{24}\left(\eta_{\mu\varepsilon}h^{\sigma}{}_{\sigma,\nu} - \eta_{\nu\varepsilon}h^{\sigma}{}_{\sigma,\mu}\right) \tag{6.4}$$

Contrayendo a $H_{\mu\nu\varepsilon}$ con el tensor cosmológico-energía-impulso de primer orden, Λ^{ε}, en la dirección de la base $\vec{e}_{\varepsilon}$, obtenemos

$$H_{\mu\nu} \approx \frac{1}{4}\left(\frac{\partial h_{\mu}}{\partial x^{\nu}} - \frac{\partial h_{\nu}}{\partial x^{\mu}}\right) - \frac{1}{24}\left(\eta_{\mu}\frac{\partial h}{\partial x^{\nu}} - \eta_{\nu}\frac{\partial h}{\partial x^{\mu}}\right) \tag{6.5}$$

$$H_{\mu\nu} \approx \frac{1}{4}\left\{\frac{\partial\left(h_{\mu} - {h_{\mu}}/{6}\right)}{\partial x^{\nu}} - \frac{\partial\left(h_{\nu} - {h_{\nu}}/{6}\right)}{\partial x^{\mu}}\right\} \approx \frac{5}{24}\left(\frac{\partial h_{\mu}}{\partial x^{\nu}} - \frac{\partial h_{\nu}}{\partial x^{\mu}}\right) \tag{6.6}$$

$$H_{\mu\nu} \approx \frac{1}{5}\left(h_{\mu\nu} - h_{\nu\mu}\right) \tag{6.7}$$

El tensor de la aceleración del campo gravitacional cosmológico, $H_{\mu\nu}$, para el espacio-tiempo de cuatro dimensiones con sus dimensiones temporales y plegadas es dado por

$$H_{\mu\nu} = \begin{vmatrix} h_{\tau\tau} & h_{\tau x} & h_{\tau y} & h_{\tau z} \\ h_{x\tau} & h_{xx} & h_{xy} & h_{xz} \\ h_{y\tau} & h_{yx} & h_{yy} & h_{yz} \\ h_{z\tau} & h_{zx} & h_{zy} & h_{zz} \end{vmatrix} \tag{6.8}$$

El componente tiempo-tiempo resultante, $h_{\tau\tau}$, y los componentes espacio-espacio, h_{ss}, para el tensor de la aceleración del campo gravitacional antisimétrico son iguales a cero.

$$h_{\tau\tau} = h_{xx} = h_{yy} = h_{zz} = 0 \tag{6.9}$$

El tensor de la aceleración del campo gravitacional antisimétrico consiste en seis componentes que pueden describir la aceleración de cuatro de una partícula. Tres de los componentes representan el vector tridimensional de la fuerza del campo cosmológico de la aceleración y los otros tres componentes representan el vector solenoide de la aceleración cosmológica de tres dimensiones.

En el campo gravitacional débil de la curvatura cosmológica sobre una partícula, tenemos

$$\frac{h_{\mu\nu}}{c}\vec{e}_1 = -\nabla\varphi - \frac{\partial\vec{U}}{\partial t} \tag{6.10}$$

$$\hbar_{\mu\nu}\vec{e}_2 = \nabla \times \vec{U} \tag{6.11}$$

Donde c es la velocidad de la luz, φ es el potencial de un escalar, $\vec{U}$ es el potencial vectorial del campo de la aceleración cosmológica, $\left(\frac{m}{s}\right)$,

$\frac{h_{\mu\nu}}{c}\vec{e}_1$ es la aceleración cosmológica del campo del vector de fuerza, $\left(\frac{m}{s^2}\right)$, y $\hbar_{\mu\nu}\vec{e}_2$ es el vector solenoide de la aceleración cosmológica, o los ciclos por segundo (Hz). (Fedosin, 2016)

Por lo tanto, para una partícula puntual específica con la velocidad $\vec{v}$,

$$\frac{h_{\mu\nu}}{c}\vec{e}_1 = -c^2\nabla\gamma - \frac{\partial\gamma\vec{w}}{\partial t} \tag{6.12}$$

$$\hbar_{\mu\nu}\vec{e}_2 = \nabla \times \gamma\vec{w} \tag{6.13}$$

$$\gamma = \frac{1}{\sqrt{1-\frac{v^2}{c^2}}} \tag{6.14}$$

El determinante del tensor de la aceleración del campo gravitacional antisimétrico, $\det(H_{\mu\nu})$, $(1/s^4)$, es útil como un factor de escala de la curvatura temporal o la espacial, $\sqrt{\det(H_{\mu\nu})/c^4}$.

El valor del determinante sólo implica algunos de los términos del espacio-tiempo y los términos del tiempo-espacio de las matrices completamente expandidas (3 x 3), que se colapsan en un tiempo tridimensional resultante.

$$\det(H_{\mu\nu}) = \frac{3h_{x\tau}}{c} \cdot -\frac{3h_{\tau x}}{c} \cdot -\frac{3h_{\tau x}}{c} \cdot \frac{3h_{x\tau}}{c} = \frac{81}{c^4}\left(h_{x\tau}{}^2 \cdot h_{\tau x}{}^2\right) \tag{6.15}$$

El tensor gravitacional del campo de la aceleración en la curvatura local de la materia $H^{\alpha\beta}$ es el inverso del tensor de la aceleración del campo gravitacional cosmológico, $H_{\mu\nu}$, desde la perspectiva del campo gravitacional cosmológico.

$$H^{\alpha\beta} = g^{\alpha\nu} g^{\mu\beta} H_{\mu\nu} \tag{6.16}$$

En una región de la curvatura cosmológica, cuando $gr \to c^2$, el tensor de la aceleración del campo gravitacional cosmológico, $H_{\mu\nu}$, puede expresarse como

$$H_{\mu\nu} = \begin{vmatrix} 0 & -\frac{3h_{\tau x}}{c} & -\frac{3h_{\tau y}}{c} & -\frac{3h_{\tau z}}{c} \\ \frac{3h_{x\tau}}{c} & 0 & \hbar_{xy} & -\hbar_{xz} \\ \frac{3h_{y\tau}}{c} & -\hbar_{yx} & 0 & \hbar_{yz} \\ \frac{3h_{z\tau}}{c} & \hbar_{zx} & -\hbar_{zy} & 0 \end{vmatrix} \tag{6.17}$$

Si el tensor de la aceleración del campo gravitacional antisimétrico, $H_{\mu\nu}$, se contrae con el tensor métrico, desaparece como invariante, $g^{\mu\nu} H_{\mu\nu} = 0$, debido a su antisimetría. El determinante de, $H_{\mu\nu}$, o la contracción del tensor, $H_{\mu\nu}$, con sí mismo, es una invariante de Lorentz.

Por lo tanto, las ecuaciones del campo de aceleración de la gravedad en n dimensiones cosmológicas pueden expresarse como

$$\left(\overline{R}_{\mu\nu} + \overline{H}_{\mu\nu}\right) - \frac{1}{(n-1)} \overline{g}_{\mu\nu} \left(\overline{R} + \overline{H}\right) = -\frac{8\pi G}{c^4} \left(\Lambda_{\mu\nu} + B_{\mu\nu}\right) \tag{6.18}$$

Donde $\overline{R}_{\mu\nu}$ es el tensor de Ricci cosmológico, $\overline{R}$ es el rastro del tensor de Ricci, $\overline{H}_{\mu\nu}$ es el tensor de la curvatura cosmológica de Lanczos, $\overline{H}$

es el rastro de $\overline{H}_{\mu\nu}$, $\Lambda_{\mu\nu}$ es el tensor cosmológico de tensión-energía-impulso, $B_{\mu\nu}$ es el tensor de la aceleración cosmológica de tensión-energía-impulso, y $\overline{g}_{\mu\nu}$ es el tensor métrico de un variedad Lorentziana cosmológica. El tensor de la aceleración del campo gravitacional antisimétrico, $H_{\mu\nu}$, puede ser tratado como la fuente del tensor de la aceleración cosmológica de tensión-energía-impulso, $B_{\mu\nu}$, dado por

$$B_{\mu\nu} = \frac{1}{4\pi G}\left(g_{\mu\alpha}H^{\beta\alpha}H_{\beta\nu} - \frac{1}{(n-1)}g_{\mu\nu}H^{\alpha\lambda}H_{\alpha\lambda}\right)^2 = \frac{1}{4\pi G}\left(H_{\mu\nu} - \frac{1}{(n-1)}g_{\mu\nu}H\right)^2 \qquad (6.19)$$

Así, podemos también expresar, $H_{\mu\nu}$, en términos del tensor de la aceleración gravitacional cosmológica de tensión-energía-impulso,

$$H_{\mu\nu} - \frac{1}{(n-1)}g_{\mu\nu}H = \sqrt{4\pi G B_{\mu\nu}} \qquad (6.20)$$

El tensor de campo de la aceleración cosmológica de tensión-energía-impulso se define como un tensor de *n* dimensiones, simétrico y de segundo orden, que describe la densidad y el flujo de la energía y el impulso, o la presión, en el espacio-tiempo. Por la ecuación de la continuidad, para conservar la energía y el impulso covariante, tomamos la derivada de la covariante del tensor de la curvatura cosmológica de Lanczos, $\overline{H}_{\mu\nu}$, en *n* dimensiones, o del tensor de la aceleración gravitacional cosmológica de tensión-energía-impulso, $B_{\mu\nu}$, y tenemos

$$D_\mu\left(\overline{H}^{\mu\nu}\right) = 0 \qquad \text{and} \qquad D_\mu\left(B^{\mu\nu}\right) = 0 \qquad (6.21)$$

Los componentes del tensor del campo de la aceleración cosmológica de tensión-energía-impulso consisten en la fuerza del campo de la aceleración cosmológica, $\frac{h_{\mu\nu}}{c}\vec{e}_1$, y el vector solenoide de la aceleración cosmológica, $\hbar_{\mu\nu}\vec{e}_2$. Por lo tanto, para un campo débil, tenemos

$$B_{\mu\nu} = \begin{vmatrix} B_{\tau\tau} & \frac{B_{\tau x}}{c} & \frac{B_{\tau y}}{c} & \frac{B_{\tau z}}{c} \\ cB_{x\tau} & B_{xx} & B_{xy} & B_{xz} \\ cB_{y\tau} & B_{yx} & B_{yy} & B_{yz} \\ cB_{z\tau} & B_{zx} & B_{zy} & B_{zz} \end{vmatrix} \tag{6.22}$$

Los componentes del tensor del campo de la aceleración cosmológica de tensión-energía-impulso son los siguientes:

Los términos de tiempo-tiempo,

$$B_{\tau\tau} = \frac{3}{4\pi G}\left(\frac{h_{\tau\tau}}{c^2}^2 + c^2\hbar_{\tau\tau}^{\ 2}\right) \tag{6.23}$$

Los términos de espacio-espacio,

$$B_{\chi\chi} = \frac{1}{4\pi G}\left(\frac{h_{\tau\tau}}{c^2}^2 + c^2\hbar_{\tau\tau}^{\ 2}\right) - \frac{1}{4\pi G}\left(\frac{h_{\chi\chi}}{c^2}^2 + c^2\hbar_{\chi\chi}^{\ 2}\right) \tag{6.24}$$

Los términos de espacio-espacio simétricos en cada lado de la diagonal,

$$B_{xy} = B_{yx} = \frac{1}{4\pi G}\left(\frac{h_{\tau x}}{c}\frac{h_{\tau y}}{c} + c^2\hbar_{yz}\hbar_{xz}\right) \tag{6.25}$$

$$B_{xz} = B_{zx} = \frac{1}{4\pi G}\left(\frac{h_{\tau x}}{c}\frac{h_{\tau z}}{c} + c^2\hbar_{yz}\hbar_{xy}\right) \tag{6.26}$$

$$B_{yz} = B_{zy} = \frac{1}{4\pi G}\left(\frac{h_{\tau y}}{c}\frac{h_{\tau z}}{c} + c^2\hbar_{xz}\hbar_{xy}\right) \tag{6.27}$$

Los términos de espacio-tiempo y de tiempo-espacio,

$$cB_{\chi\tau} = \frac{3c}{4\pi G}\left|\frac{\vec{h}_{\chi\tau}}{c} \times \vec{\hbar}_{\chi\tau}\right| \tag{6.28}$$

$$\frac{B_{\tau\chi}}{c} = \frac{3c}{4\pi G}\left|\frac{\vec{h}_{\tau\chi}}{c} \times \vec{h}_{\tau\chi}\right| \qquad (6.29)$$

El tensor de la aceleración de la fuerza gravitacional-energía-impulso, $B_{\mu\nu}$, entra en las ecuaciones de campo cosmológicas a través del tensor cosmológico de tensión-energía-impulso, $\Lambda_{\mu\nu}$. (Fedosin, 2016)

Los cuerpos celestes de masa pueden contraerse o expandirse, cambiando sus potenciales de la aceleración gravitacional y los campos que impactan la curvatura cosmológica de una región del espacio-tiempo. La aceleración gravitacional es una consecuencia directa de la aceleración o la deceleración del espacio-tiempo. Por lo tanto, el cuadrado de la velocidad de la luz, c^2, encarna la relación entre las longitudes de la onda del espacio y la del tiempo a medida que cambian y manifiestan la gravedad. La métrica, $g_{\mu\nu}$, abarca la manifestación espaciotemporal, c^2, que se relaciona directamente con el campo gravitacional.

Consideremos las ecuaciones lineales del campo cosmológico para un campo gravitacional débil, que son teóricamente útiles para la radiación gravitacional, donde el campo gravitacional de las fuentes cosmológicas puede ser aproximado por estas ecuaciones. (McDonald, 2016)

Si hubiera un campo gravitacional cosmológico que fuera débil, entonces, la perturbación métrica cosmológica, $h_{\mu\nu}$, sería una pequeña corrección al espacio-tiempo cosmológico que fuese plano.

El tensor de la curvatura cosmológica se convierte en

$$\tilde{G}_{\mu\nu} = \frac{1}{2}\left(\partial_{\mu}\partial^{\varepsilon}h_{\varepsilon\nu} + \partial_{\nu}\partial^{\varepsilon}h_{\varepsilon\mu} - \partial_{\mu}\partial_{\nu}h - \left(\frac{\partial^2 h_{\mu\nu}}{\partial t^2} - \nabla^2 h_{\mu\nu}\right) + \eta_{\mu\nu}\left(\frac{\partial^2 h}{\partial t^2} - \nabla^2 h\right) - \eta_{\mu\nu}\partial^{\varepsilon}\partial^{\beta}h_{\varepsilon\beta}\right) \qquad (6.30)$$

Donde $h \equiv \eta^{\mu\nu}h_{\mu\nu}$ es el rastro de la perturbación métrica cosmológica, $h_{\mu\nu}$, y el d'Alembertian, $\frac{\partial^2}{\partial t^2} - \nabla^2 \equiv \eta^{\mu\nu}\partial_{\mu}\partial_{\nu}$, es el operador del plano cosmológico en el espacio-tiempo de la onda.

Podemos linealizar la perturbación métrica cosmológica, $h_{\mu\nu}$, para simplificar el tensor de la curvatura cosmológica en la siguiente forma:

$$\overline{h}_{\mu\nu} = h_{\mu\nu} - \frac{1}{2}\eta_{\mu\nu}h \tag{6.31}$$

Usando la perturbación métrica cosmológica del rastro inverso, $\overline{h}_{\mu\nu}$, tenemos

$$\widetilde{G}_{\mu\nu} = \frac{1}{2}\left(\partial_\mu\partial^\varepsilon\overline{h}_{\varepsilon\nu} + \partial_\nu\partial^\varepsilon\overline{h}_{\varepsilon\mu} - \left(\frac{\partial^2\overline{h}_{\mu\nu}}{\partial t^2} - \nabla^2\overline{h}_{\mu\nu}\right) - \eta_{\mu\nu}\partial^\varepsilon\partial^\beta\overline{h}_{\varepsilon\beta}\right) \tag{6.32}$$

En un campo gravitacional cosmológico y lineal, podemos tomar ventaja de la libertad de calibre ajustando coordenadas para simplificar la ecuación antedicha aún más. Por lo tanto, cambiamos las coordenadas $x^\mu \rightarrow x^\mu + \zeta^\mu$ que requieren $\partial_\varepsilon\zeta^\mu << 1$, de modo que

$$h_{\varepsilon\beta} \rightarrow h_{\varepsilon\beta} - \partial_\varepsilon\zeta_\beta - \partial_\beta\zeta_\varepsilon \tag{6.33}$$

Todos los tensores de la curvatura cosmológica se pueden dejar sin modificaciones cambiando el calibre. Así, podemos tomar ventaja de nuestra libertad de calibre para elegir, ζ^μ, de modo que la condición del calibre de Lorenz sea, $\partial^\varepsilon\overline{h}_{\varepsilon\beta} = 0$. El calibre de Lorenz hace que los componentes del calibre parezcan ser radiantes, incluso cuando sólo son estáticos. Por otra parte, solamente un subconjunto de los componentes métricos de todos los calibres tiene los grados radiantes de libertad. Afortunadamente, este cambio de calibre también nos permite simplificar significativamente nuestro tensor de la curvatura cosmológica.

Por lo tanto, el tensor de la curvatura cosmológica se convierte

$$\widetilde{G}_{\mu\nu} = -\frac{1}{2}\left(\frac{\partial^2\overline{h}_{\mu\nu}}{\partial t^2} - \nabla^2\overline{h}_{\mu\nu}\right) \tag{6.34}$$

Las ecuaciones lineales del campo cosmológico para un campo débil de la gravitacional cosmológica se simplifican a

$$-\frac{1}{2}\left(\frac{\partial^2 \overline{h}_{\mu\nu}}{\partial t^2} - \nabla^2 \overline{h}_{\mu\nu}\right) = -\frac{8\pi G}{c^4} \Lambda_{\mu\nu} \qquad (6.35)$$

$$-\frac{\partial^2 \overline{h}_{\mu\nu}}{\partial t^2} + \nabla^2 \overline{h}_{\mu\nu} = -\frac{16\pi G}{c^4} \Lambda_{\mu\nu} \qquad (6.36)$$

Donde $\Lambda_{\mu\nu}$ es el tensor cosmológico de tensión-energía-impulso, y $\overline{h}_{\mu\nu}$ es la perturbación métrica cosmológica.

Así, encontramos la solución para dos puntos, r y r', en el espacio-tiempo cosmológico casi plano, usando la función radiante de Green, para obtener

$$\overline{h}_{\mu\nu}(r,t) = \frac{4G}{c^4} \int \frac{\Lambda_{\mu\nu}\{r,(t-|r-r'|/c)\}}{|r-r'|} d^3 r' \qquad (6.37)$$

Por lo tanto, tenemos en la ecuación antedicha una solución exacta a las ecuaciones del campo cosmológico para un campo débil lineal.

6.1. La energía de un campo gravitacional

En un campo gravitacional automodificable, una cantidad de curvatura intrínseca, $g_{\mu\nu}R/(n-1)$, se resta del tensor de Ricci, $R_{\mu\nu}$, para explicar la conservación de la masa-energía en las ECE. Sin embargo, los campos gravitacionales son también finitos, así que cualquier efecto de la composición de la masa-energía de un campo gravitacional es un efecto convergente. La densidad de la masa-energía del tensor de tensión-energía-impulso, $T_{\mu\nu}$, no incluye la energía de un campo gravitacional.

Así, podemos restar la curvatura intrínseca producida de la masa-energía de un campo gravitacional de la curvatura de Ricci en el lado izquierdo de las ECE. La densidad de la masa-energía de un campo gravitacional en cualquier punto en el espacio-tiempo, $U_{\mu\nu}$, excluyendo cualquier energía cuántica del vacío, iguala la diferencia entre la energía del campo gravitacional local y la energía del campo gravitacional cosmológico.

$$U_{\mu\nu} = -\frac{1}{(n-1)} g_{\mu\nu} T + \frac{1}{(n-1)} g_{\mu\nu} \Lambda = \frac{1}{(n-1)} g_{\mu\nu} (\Lambda - T) \quad (6.38)$$

El tensor de la densidad de la masa de la energía resultante del campo gravitacional, $U_{\mu\nu}$, puede agregarse a las ECE en forma del rastro inverso, para igualar el tensor de la curvatura local de Ricci, $R_{\mu\nu}$.

$$R_{\mu\nu} = \kappa \left(T_{\mu\nu} - \frac{1}{(n-2)} g_{\mu\nu} T + \frac{1}{(n-1)} g_{\mu\nu} (\Lambda - T) \right) \quad (6.39)$$

$$R_{\mu\nu} = \kappa \left(T_{\mu\nu} - \frac{1}{(n-2)} g_{\mu\nu} T + U_{\mu\nu} \right) \quad (6.40)$$

§ 7. Sobre la tridimensionalidad del tiempo y el movimiento de las partículas.

Imaginemos que el tiempo es una especie de lugar, y en ese lugar, tenemos tres dimensiones temporales. Cada eje tiene dos direcciones o sentidos en los que una partícula puede moverse a través del tiempo en el espacio-tiempo. Una partícula que se mueve en el espacio-tiempo se mueve en un movimiento en espiral a través de las tres dimensiones del tiempo. Es posible proponer que el tiempo tridimensional, o la región temporal, se mueve alrededor y a través de la materia, o alrededor de la masa, incluso si una partícula con masa no estuviera moviéndose a través del espacio. Por lo tanto, también es posible considerar una partícula como estacionaria en el espacio y visualizar las coordenadas temporales tridimensionales como coordenadas comóviles alrededor de una partícula de masa, y alrededor o a través de la materia. En tal caso, una partícula estacionaria en el origen, y en el punto centro entre sus conos pasado y futuro, puede tener su línea mundial que se mueve a través de su punto centro como un paso tridimensional del tiempo. Por consiguiente, los dos ejes de referencia de las partículas giran sobre la dimensión temporal axial o la lineal que no es de coordenada que puede denominarse el tiempo axial o el lineal t_L por convención. Las otras dos dimensiones que no son de coordenadas del tiempo pueden ser referidas como la radial t_r y la aparente t_a . La distancia temporal desde el origen del movimiento de la partícula hasta su destino final puede ser referida como el tiempo aparente t_a o el tiempo real. El tiempo aparente es la trayectoria directa, o la distancia temporal más corta entre la posición inicial y la posición final de la partícula en movimiento.

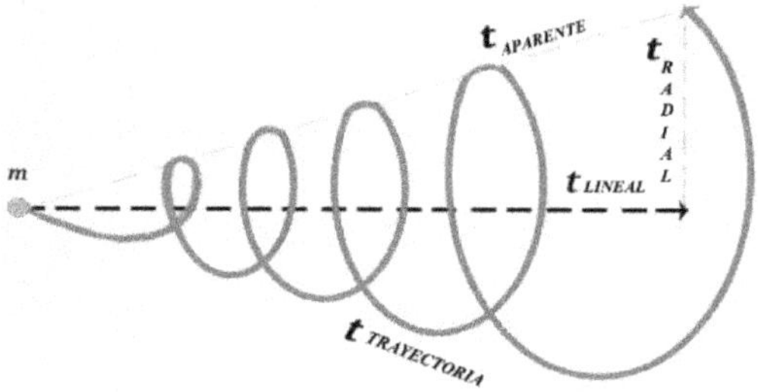

Figura 7.

La distancia temporal de la trayectoria es la trayectoria temporal más larga o la distancia temporal recorrida, que es más larga que la aparente, la lineal o la radial, como se muestra en la figura anterior. Dentro de un átomo, el tiempo fluye para que las partículas no ocupen la misma posición en el espacio y se preserve la estructura atómica. Si los ejes radial y de trayectoria de una partícula en movimiento rotaran, la partícula se movería de una manera orbital o espiral a través del tiempo debido a la expansión espaciotemporal. El espacio emerge como resultado de la expansión espaciotemporal. El tiempo crea espacio, el espacio dota más tiempo, y el movimiento procede del espacio-tiempo.

Toda la materia está sumergida en el espacio-tiempo para que la materia pueda moverse a través del espacio-tiempo o ser movida a través del espacio-tiempo por las fuerzas externas desequilibradas que actúan en ella. La energía y la materia emergen a través del espacio-tiempo.

En el espacio-tiempo homogéneo e isótropo, la proporcionalidad y las distancias en el tiempo se conservan. El tamaño, la forma, la constitución, la estructura atómica o la gestalt de la materia, unen su caudal temporal o su paso del tiempo. Un electrón cambia a través del tiempo cuando cambia la distancia orbital desde su núcleo. Así, la energía se almacena en el campo espaciotemporal de una partícula. Las partículas pueden distorsionar el espacio-tiempo para evitar colisiones o intercambiar sus posiciones con otras partículas en el espacio-tiempo, y esa distorsión crea un efecto gravitacional.

Algunas partículas pueden viajar en las ondas longitudinales a través del espacio-tiempo, con los ciclos de la compresión y de la expansión, que dividen la energía total de las partículas en, pero no limitado a, la energía de la partícula relacionada con la masa, el potencial del campo, el impulso, y la energía de la onda. La expansión del tiempo separa el momento anterior del momento posterior, permitiendo a la mente humana que sea consciente del paso del tiempo.

El electrón del átomo más simple se puede teorizar que avanza en el tiempo por delante de su núcleo y parece ser tenue, grande en tamaño, y pequeño en masa en comparación con otras partículas fundamentales. La misma condición tenue del electrón se mueve hacia atrás en el tiempo con respecto al núcleo a una tasa menor del tiempo. La masa de descanso está entrelazada y avanza en el tiempo de un universo en expansión como el nuestro. Una partícula que se mueve más rápido que la luz en su trayectoria dentro de los seis sentidos del tiempo tridimensional puede ser capaz de moverse hacia atrás en el tiempo. Se acepta extensamente en la física actual que ninguna partícula con masa puede moverse más rápidamente que la velocidad de la luz según la Teoría General de la Relatividad, pero eso se aplica al movimiento a través de una distancia lineal de una coordenada temporal. Es razonable conceptualizar que, si una partícula se mueve en una trayectoria helicoidal a través del tiempo, la velocidad tridimensional de la partícula puede exceder la magnitud de la velocidad lineal de la luz, y puede ser capaz de invertir su dirección del movimiento hacia atrás en el tiempo. ¿Explicaría esto cómo partículas, virtuales o no, pueden aparecer y desaparecer en el medio espaciotemporal observable del presente?

Cuando una partícula se mueve en una trayectoria espiral a través del espacio-tiempo a una velocidad igual o mayor que c, puede ser capaz de invertir la dirección en una trayectoria espiral a su flecha original del tiempo (su flecha de la causalidad), y seguir una nueva trayectoria espiral en el sentido opuesto a la flecha del tiempo a través del espacio-tiempo recientemente creado en su pasado. La partícula puede continuar su trayectoria, como un taquión o una antipartícula, hasta que su velocidad disminuye por debajo de c y comienza a avanzar en el espacio otra vez, con un tardión, en algún lugar del espacio-tiempo pasado. ¿Tendría la antipartícula la probabilidad de colisionar con su partícula en el pasado? ¿tendría la antipartícula la probabilidad de coexistir o interactuar con su partícula o existiría la antipartícula en un espacio-tiempo alternativo?

7.1. ¿Cuáles son las implicaciones del tiempo multidimensional?

Consideremos el efecto sobre las leyes de la física en un universo como el nuestro con múltiples dimensiones espaciales y múltiples dimensiones temporales. ¿Se parece la realidad de un observador en un universo con tres dimensiones espaciales y tres dimensiones temporales a nuestra presente realidad? ¿Cómo podría un observador ser capaz de percibir el tiempo como bidimensional, o tridimensional, si la realización del observador del tiempo conceptualiza la dimensión temporal como un tiempo de coordenada lineal en cada sentido de cada dimensión espacial, el tiempo de una superficie como el área de un plano de coordenadas temporales como una extensión de un plano existente de coordenadas espaciales, y del tiempo tridimensional como un volumen de coordenadas temporales como una extensión del volumen espacial existente? (Tegmark, 1997)

Un observador en tal universo de seis dimensiones podría tener pensamientos en una secuencia unidimensional debido a la capacidad del proceso del pensamiento del observador para colapsar el tiempo de dos dimensiones, o de tres dimensiones, en un tiempo resultante unidimensional. El movimiento a través del tiempo en cualquier dirección temporal no requeriría necesariamente el movimiento a través de cualquiera de las direcciones de las coordenadas temporales, así como el movimiento a través del espacio en cualquier dirección espacial no requeriría necesariamente el movimiento a través de cualquiera de las direcciones de las coordenadas espaciales. Aun cuando, cualquier movimiento lineal de un observador, u objeto local, a través del espacio-tiempo, puede ser conceptualizado como un movimiento resultante tridimensional o bidimensional, de un observador, o de un marco de referencia local, a través del medio de la onda espaciotemporal.

Las ideas del observador que requieren las conceptualizaciones espaciales que son una función del tiempo unidimensional: la velocidad, el crecimiento del área, la extensión lineal, etc., son muy útiles en las actividades cotidianas. Para el observador, un reloj mecánico prolonga una ilusión útil del concepto lineal del tiempo a pesar de que mediría la frecuencia angular del tiempo tridimensional en una localidad específica.

Un observador, o un objeto local, que viaja a través de una distancia lineal de coordenadas temporales, puede ser conceptualizado como que viaja a través de una línea geodésica temporal que es una resultante de un tiempo tridimensional en un sistema inercial de coordenadas alternativo que ha sido girado. Así, el observador, u objeto local, se puede conceptualizar como viajando en una línea mundial temporal por un espacio-tiempo de seis dimensiones. El tiempo apropiado del observador, o del objeto local, serían eventos coincidentes y mensurables.

Por lo tanto, la energía se puede considerar un vector constante o resultante en una cierta dirección del tiempo tridimensional cuyas dimensiones de coordenadas temporales se pueden colapsar matemáticamente como una dirección geodésica temporal resultante. La dirección del vector resultante, o la dirección de la línea mundial, puede diferir de cualquiera de las tres direcciones de las coordenadas temporales. Dos observadores que no viajan en maneras relativistas en diferentes direcciones del espacio y el tiempo pueden reunirse, permanecer juntos, sin derivarse, siempre y cuando no estén viajando lejos el uno del otro a través de las direcciones espaciales, porque sus direcciones temporales son extensiones de las direcciones espaciales. Cuanto más despacio viajan a través del espacio, más rápido viajarán a través del tiempo. Cada dimensión espacial tiene una dimensión temporal conjugada.

Puede haber argumentos inventados para la retrocausalidad que describen las interacciones de los taquiones para la causalidad avanzada y de retardo que explicarían la inquietante-acción-a-distancia, el entrelazo, en la realidad de seis dimensiones, que desafían a nuestra presente visión de cuatro dimensiones. Un taquión $i(m)$ se puede considerar como el cuántico del entrelazo, una partícula con masa imaginaria, $\sqrt[2]{-1}$, de intercambio de la información cuántica abstracta e instantánea entre los estados cuánticos entrelazados de un sistema. Así, los estados cuánticos entrelazados de las partículas pueden compartir la fase de la longitud de onda o de la información del espín, a través del intercambio de los taquiones.

El espín de la mecánica cuántica describe una forma intrínseca del momento angular de las partículas elementales, los núcleos atómicos y los hadrones (las partículas compuestas). El experimento de Stern y Gerlach fue la primera evidencia empírica para el giro elemental de una partícula. Más tarde, el espín fue descrito como una relación de dos valores que no eran descriptibles clásicamente. El espín no es, como se concibió originalmente, la rotación de una partícula alrededor de algún eje, excepto siempre y cuando el espín obedezca las leyes matemáticas como los momentos angulares cuantificados. Los números cuánticos de espín pueden tomar valores de medio entero. La dirección del espín puede cambiar, pero no se puede hacer que una partícula elemental espine más lento o rápido. Un espín de partícula elemental se asocia con un momento de polo magnético con un factor g que difiere de 1. El momento angular del espín de cualquier sistema físico, se cuantifica. Los valores permitidos de espín son calculados por la ecuación $\hbar\sqrt{s(s+1)}$, donde $\hbar$ está la constante reducida de Planck y s es el número cuántico del espín.

Los taquiones se pueden conceptualizar como los objetos cuánticos del entrelazo, emitidos por las partículas más rápidas que la luz, a través de un medio específico, y la información de los estados cuánticos en un paquete electromagnético de la energía sin carga efectiva. Un fotón que viaja a través del espacio-tiempo seis-dimensional en un movimiento helicoidal puede ser conceptualizado en que tiene la probabilidad de invertir la dirección de su trayectoria, viajando hacia atrás en el tiempo, y que parece viajar más rápido que la luz, desde la perspectiva de un marco inercial de referencia en la onda espaciotemporal retardada, pero más lento que la luz desde la perspectiva de un marco inercial de referencia en la onda espaciotemporal avanzada.

Las realizaciones, u objeciones, sobre la velocidad más rápida que la luz a través de un medio específico, y la multidimensionalidad del tiempo, están íntimamente relacionadas. La existencia de los taquiones estables se aseguraría como la existencia de las partículas ordinarias a través de la propiedad espacial o la temporal máxima en el espacio-tiempo de seis dimensiones. Además, el fotón sería inestable contra la desintegración de un par de taquión–anti-taquión.

Un electrón y un positrón orbitando alrededor de su centro común de masa es un estado cuántico entrelazado, o un átomo exótico, conocido como un positronio. El sistema de un positronio es inestable, y el electrón y el positrón se aniquilarían para producir predominantemente dos o tres rayos gamma, o sea, dos o tres fotones de alta energía, dependiendo de los estados relativos del espín.

Los investigadores han buscado durante mucho tiempo evidencia experimental sobre los taquiones por una anomalía de larga duración en la física atómica de baja energía, que es el desacuerdo entre la teoría y el experimento para la tasa de desintegración de la aniquilación del ortopositronio en el vacío. Las mediciones anómalas de larga duración de la tasa de desintegración de ortopositronio se interpretan como evidencia de que dos taquiones se emiten ocasionalmente cuando el ortopositronio se desintegra. Por lo tanto, una discrepancia entre la Teoría de la Electrodinámica Cuántica y un experimento de la física atómica se interpreta como una evidencia indirecta de la emisión. Además, hay una hipótesis de que los taquiones no interactúan directamente con la materia ordinaria, pero sólo con los fotones. (Skalsey et al, 2000)

Los taquiones son una forma de describir configuraciones inestables de campo. Por lo tanto, el índice de la emisión de la inestabilidad describe la desintegración de un estado inestable hacia un estado estable. Las fluctuaciones de una configuración inestable de equilibrio ejemplifican las propiedades taquiónicas de la masa imaginaria y la moción más rápida que la luz. Las partículas de masa imaginaria tienen la propiedad extraña que se aceleran a medida que pierden energía, el valor de su masa imaginaria se define por la tasa a la que esta propiedad ocurre. La posibilidad de las partículas cuyo momento de cuatro es siempre espacial, y cuyas velocidades son por lo tanto siempre mayores que la velocidad de la luz no está en contradicción con la Teoría Especial de la Relatividad, y tales partículas se podrían crear en pares sin cualquier necesidad de acelerar las partículas ordinarias más rápido que la velocidad de la luz. (Feinberg, 1967) Los taquiones pueden ser considerados como partículas con líneas mundiales espaciales, o dentro de un tubo mundial espacial, fuera del cono de luz; totalmente diferente a las antipartículas que viajan hacia atrás en el tiempo dentro del cono de luz, a lo largo de las líneas mundiales temporales. (Feynman, 1964)

Un observador puede opinar que nuestra actual visión de la física en cuatro dimensiones puede ser referida como tres dimensiones del espacio y una dimensión resultante del tiempo que satisface a nuestras aplicaciones conceptuales. Así, esa observación deja abierta la posibilidad de que el tiempo que experimentamos sea una amalgamación de las tres dimensiones de coordenadas temporales de una resultante línea geodésica temporal. Si el comportamiento físico de las partículas en múltiples dimensiones del tiempo parece perturbar nuestra forma actual de pensar, quizás nuestra forma de pensar sea menos perturbada con mayores grados de libertad. El cuerpo humano, y todas sus partículas, ha sido creado para existir en múltiples dimensiones del espacio-tiempo, por lo que la mente humana está a la altura del desafío. Se sabe que las partículas fundamentales seguirían siendo estables si sus energías cinéticas eran bastante bajas incluso en un medio multidimensional conjugado del espacio y el tiempo. Los observadores serían conscientes y capaces de predecir el uso de las leyes de la física con las habilidades de procesamiento de la información, las mediciones de los campos, en la presencia de una causalidad bien planteada. (Dorling, 1970)

Bajo la condición de la multidimensionalidad, si la solución a un problema está determinada únicamente por las condiciones del límite, entonces el problema está bien planteado, y la dependencia de la solución en los datos de los límites lineales se limita, cambiando por una cantidad finita si el límite de los datos cambia por una cantidad finita. Así, la previsibilidad antedicha es satisfecha por una clase pequeña de ecuaciones diferenciales parciales que son hiperbólicas. Por otra parte, el sistema completo de ecuaciones diferenciales parciales acopladas en la naturaleza no es realmente lineal, lo que permite los problemas mal planteados en el pequeño vecindario de una hipersuperficie dentro del cono de la luz, para tener los problemas bien-planteados en un mayor vecindario local. (Tegmark, 1997)

Un problema mal planteado también puede ser formalmente resuelto midiendo los datos iniciales con una infinita precisión para poder colocar las barras finitas de errores en la solución que en la actualidad puede estar fuera del alcance de nuestra ciencia, tecnología o credibilidad. Es razonable concluir que la imposibilidad de que los observadores no existan en el espacio o el tiempo multidimensional no ha sido demostrada rigurosamente por ninguno de los argumentos anteriores hasta que la previsibilidad de las dimensiones multitemporales, o la estabilidad y la complejidad para las dimensiones multi-espaciales, se haya analizado cuidadosamente y con exactitud. La causalidad es el principio fundamental detrás del requisito de la suficiente previsibilidad, la estabilidad y la complejidad. Por lo tanto, un cambio de paradigma convincente en la actual conceptualización de la causalidad puede preceder a la formalización de las dimensiones multitemporales.

Una geodésica representa la línea más corta entre dos puntos que se encuentra en una superficie. La línea o el segmento más corto, es una colección de puntos con valores de distancia de cada uno de los ejes de las coordenadas. Las líneas geodésicas son temporales, espaciales, y nulas. Un observador puede afirmar que la propiedad máxima de una línea geodésica temporal resultante en el espacio-tiempo ordinario es una condición necesaria para la existencia de las partículas estables. Bajo condiciones de un modelo temporal tridimensional, sería posible afirmar que esta característica máxima de una línea geodésica temporal resultante sería exitosa si el tiempo es multi-dimensional. Es posible generalizar la geometría de Minkowski a cualquier número de dimensiones espaciales y temporales. Así, analicemos la propiedad máxima de una geodésica temporal o espacial resultante y una geodésica de coordenadas temporales o espaciales en el espacio-tiempo de seis dimensiones. (Dorling, 1970)

Desestimando el nulo, bajo el modelo temporal del espacio-tiempo de seis dimensiones, los ejes de las tres coordenadas temporales originan una geodésica temporal resultante para la trayectoria de una partícula. Cada eje de las coordenadas temporales, o una línea, tiene la propiedad que, si dos puntos en la línea se mantienen fijos, podemos doblar la línea levemente entre los puntos en una dirección temporal. Entonces, la línea temporal se ha doblado en una dirección temporal, si cada línea perpendicular bajó cada punto en la línea doblada hasta la línea original, es temporal. La línea temporal doblada es más larga que la línea temporal original. Sin embargo, también hemos curvado el tiempo tridimensional doblando uno de los ejes de las coordenadas temporales, contrayéndose su amplitud, que acorta la geodésica temporal resultante de la trayectoria de la partícula. Un observador puede considerar la geodésica temporal resultante como una trayectoria de la partícula, no necesariamente como una de las dimensiones de las coordenadas temporales.

Asimismo, bajo el modelo espacial tridimensional del espacio-tiempo de seis dimensiones, los tres ejes de coordenadas espaciales originan una geodésica espacial resultante para la trayectoria de una partícula. Cada eje de coordenada espacial, o una línea, tiene la característica que, si dos puntos en la línea se mantienen fijos, podemos doblar la línea levemente entre los puntos en una dirección espacial. Así, la línea se ha doblado en una dirección espacial, si cada perpendicular bajó cada punto en la línea doblada hasta la línea original, es espacial. La línea espacial doblada es más larga que la línea espacial original. Sin embargo, también hemos curvado el espacio tridimensional doblando uno de los ejes de las coordenadas espaciales, contrayéndose su amplitud, que acorta la geodésica espacial resultante de la trayectoria de la partícula. La distancia espacial resultante observada de la geodésica de la trayectoria de la partícula no es necesariamente una de las dimensiones de las coordenadas espaciales. (Dorling, 1970)

Además, si tuviéramos que doblar una línea espacial en una dirección temporal, la línea doblada es más corta que la línea original. Si tuviéramos que doblar una línea temporal en una dirección espacial, la línea doblada es más corta que la línea original.

La geodésica espacial resultante o la geodésica temporal resultante es una construcción de los ejes de las coordenadas espaciotemporales. Estas construcciones dan al observador el concepto tridimensional de distancia espacial y temporal en la geodésica de la trayectoria de una partícula.

Una partícula puede viajar a través del espacio-tiempo existente en una geodésica observada de su trayectoria, sin crear posteriormente una nueva dimensión del espacio o del tiempo.

Por lo tanto, las geodésicas espaciales y temporales resultantes son máximas, pero no son ejes de las coordenadas espaciales o las temporales. Además, la relación entre el espacio y el tiempo, heterogéneos o isótropos, es asimétrica. A medida que las partículas se mueven en las geodésicas a través del espacio-tiempo en seis dimensiones, se mueven a través de las geodésicas espaciales resultantes o de las geodésicas temporales resultantes, no a través de cada eje correspondiente de las coordenadas espaciales o las temporales.

Un observador esperaría razonablemente que la teoría de cuatro dimensiones del espacio-tiempo se pueda reconciliar con la teoría de seis dimensiones del espacio-tiempo como una simplificación funcional en todos sus propósitos prácticos.

Hay una conexión íntima entre la propiedad máxima del tiempo en el espacio-tiempo de cuatro dimensiones y la existencia de las partículas estables. La conservación de la energía-impulso de un proceso de la partícula que se desintegra indica que la suma del vector de cuatro de la energía-impulso de los productos de la desintegración debe igualar al vector de cuatro de la energía-impulso de la partícula original. Como límite del espacio-tiempo de seis dimensiones, los vectores temporales de las partículas, de los objetos, y de los observadores, se toman como paralelos, y los límites de los ángulos del vector temporal se toman a cero, para obtener los mismos resultados en el espacio-tiempo de cuatro dimensiones como los resultados del espacio-tiempo de seis dimensiones.

La simplificación del vector anterior nos permite plegar, en un sentido, el espacio-tiempo de seis dimensiones en un espacio-tiempo tridimensional, para obtener las ecuaciones temporales escalares de las ecuaciones temporales del vector, o de las ecuaciones de la transformación de Lorentz en cuatro dimensiones.

Así, para que una partícula se desintegre no es suficiente que exista un conjunto de partículas con los mismos números cuánticos, pero también es bien conocido y necesario que la suma de las masas de las partículas debe ser menor que la masa de descanso de la partícula original.

El protón y el electrón son estables debido a la última restricción de las masas que ha sido absolutamente contingente sobre la dimensionalidad unitaria del tiempo debido a la característica máxima percibida.

De manera concluyente, un observador puede determinar que la propiedad de una geodésica en un tiempo tridimensional del espacio-tiempo de seis dimensiones es máxima, y que las partículas son estables en el tiempo tridimensional.

El eminente físico Max Tegmark ha indicado a través de su investigación que la física no tiene poder predictivo para un observador cuando las ecuaciones diferenciales parciales de la naturaleza son elípticas o ultra-hiperbólicas, o que ciertas combinaciones de las dimensiones del espacio y el tiempo son inestables.

La multidimensionalidad del espacio-tiempo para el universo observable se puede ilustrar como un espacio-tiempo de seis dimensiones como se muestra a continuación para ilustrar las partículas, las cargas, y los campos, que serían realizables bajo las combinaciones más simples de las dimensiones espaciotemporales.

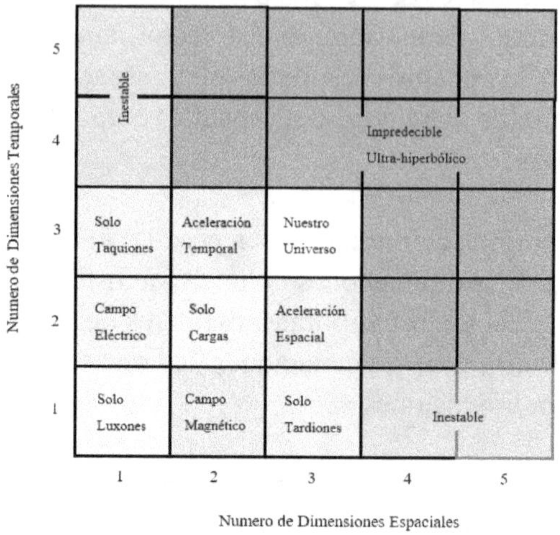

Figura 8.

7.2. ¿Cómo medimos las distancias temporales de las coordenadas en el tiempo tridimensional?

Pensemos en un experimento que involucre tres relojes fotónicos lineales montados en un marco de referencia no giratorio en un avión jet que es capaz de volar a muy alta velocidad en varias trayectorias a través del hipotético espacio-tiempo de seis dimensiones. Cada reloj fotónico lineal se alinea con cada eje de coordenadas cartesianas (*x, y, z*), de modo que, dependiendo de la trayectoria del avión jet, cada reloj lineal contara su tiempo relativo, incluso en las velocidades lentas comparadas a la velocidad de la luz. El dispositivo fotónico lineal tridimensional del reloj debe mantener la misma orientación tridimensional en todo momento desde el despegue hasta el aterrizaje. El ordenador o la computadora de la navegación de la aeronave sería programada para un recorrido lineal (en el eje *x*), un recorrido geodésico (en los ejes de *x-y*), y un recorrido resultante (en los ejes de *x-y-z*).

En principio, cada reloj fotónico lineal mide el tiempo por ciclo entre la emisión y la absorción de un fotón en la dirección de su eje. El eje "*x*" es el eje de alabeo (longitudinal), el eje "*y*" es el eje de cabeceo (lateral), y el eje "*z*" en el eje de guiñada (vertical). Si nuestra hipótesis del tiempo tridimensional se apoya, cada tipo de recorrido implicaría una medida del tiempo por cada reloj según la Teoría General de la Relatividad. Para el recorrido lineal, el reloj fotónico lineal del eje "*x*" haría tic tac con el tac más lento que los otros dos ejes. El tiempo se dilataría en la dirección contraída de la dimensión espacial longitudinal. Para los viajes geodésicos, los relojes fotónicos lineales de los ejes *x-y* marcarían el tac más lento que el reloj fotónico lineal del eje *z*. El tiempo se dilataría en el plano x-y del plano contraído. Para los viajes resultantes, todos los relojes fotónicos lineales *x-y-z* marcarían de la misma manera. El tiempo resultante se dilata en la dirección de la trayectoria espacial resultante.

Hay trayectorias opcionales de *x-y-z*, tales como una trayectoria sinusoidal, helicoidal, o curva, que serían alcanzables por un avión jet. Ya existe la tecnología para construir un reloj fotónico lineal. Un diodo de avalancha de un solo fotón (SPAD), también conocido como un detector de fotón en avalancha en modo Geiger (G-APD), es un fotodetector de estado sólido en el cual un fotón genera un portador por puede accionar una corriente de avalancha debido al mecanismo de la ionización de impacto como se muestra a continuación.

Sorprendentemente, incluso es posible medir el número de fotones absorbidos dentro de un cierto intervalo corto de tiempo en la región activa de un diodo de avalancha. Para ello, es necesario medir con precisión el ascenso de la fotocorriente al inicio de la avalancha. Un SPAD es capaz de detectar señales de baja intensidad, hasta un solo fotón, y señalar los tiempos de llegada de los fotones dentro de unas pocas decenas de picosegundos.

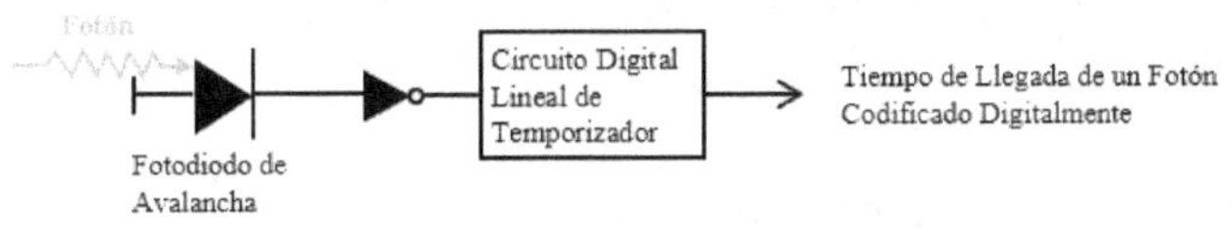

Figura 9.

Los fotodiodos de avalancha funcionados en modo Geiger se pueden utilizar incluso para el conteo de los fotónes con los índices del conteo de oscuridad bien debajo de un kilohercio y con una eficiencia cuántica de varias decenas de por ciento, a veces incluso bien por encima del cincuenta por ciento. El modo Geiger significa que el diodo se opera ligeramente por encima del voltaje del umbral de avería, donde un solo par de electrón-agujero, generado por la absorción de un fotón o por una fluctuación térmica, puede desencadenar una avalancha fuerte. En el caso de tal acontecimiento, un circuito de amortiguación electrónico reduce el voltaje en el diodo por debajo del voltaje del umbral de avería por un breve periodo de tiempo, de modo que la avalancha sea parada y el detector esté listo para la detección de otros fotones después de un cierto tiempo de recuperación de típicamente unos cien nanosegundos. Ese tiempo muerto constituye una limitación substancial de esta tecnología. Limita la tasa de conteo al orden de diez megahercios, mientras que un diodo de avalancha en modo lineal, que se opera con una tensión inversa inferior, puede ser operado con un ancho de banda de muchos gigahercios. (Renker, 2006)

§ 8. Sobre la presión positiva del espacio-tiempo dentro de la materia

El espacio en el interior de la materia se puede describir libremente como un fluido espumoso con presión negativa. Una densidad de la energía espaciotemporal positiva resultante de una constante cosmológica implica una presión espaciotemporal negativa, y viceversa. La presión espaciotemporal negativa conducirá a una expansión acelerada del universo. En el caso de que una estrella sea contraída por su propio campo gravitacional, la presión térmica positiva de la materia de la estrella contrarresta el colapso de la estrella. Con la presión positiva bastante alta dentro de la estrella, la atracción gravitacional de la presión será mayor que la repulsión del gradiente de la presión, contribuyendo a fijar un límite superior teórico a la masa de una estrella de neutrón en nuestro universo. Cuando la materia de una estrella se comprime, su energía causa una mayor curvatura del espacio-tiempo, dando por resultado un campo gravitacional más fuerte. En casos extremos, el efecto gravitacional de la presión positiva puede superar el efecto de la expansión y la presión y puede colapsar la estrella.

La materia es la presión negativa del espacio-tiempo contenida por la masa, la energía, y los campos físicos. El espacio-tiempo es el marco fundamental de la masa, la energía y los campos físicos. La curvatura dimensional del espacio y el tiempo es la manifestación del gradiente de presión negativa espaciotemporal. La presión negativa del espacio-tiempo es el mecanismo por el cual se manifiesta un campo gravitacional. La presión negativa del espacio-tiempo dentro de la materia varía con la densidad de masa, la densidad de la energía, el impulso, y los campos físicos. Los cuerpos celestes pueden tener una distribución de la masa que no es homogénea y otros atributos. La aceleración del campo gravitacional de la tierra aumenta levemente de su valor superficial de aproximadamente 9,8 m/s^2 a través del manto superior y después aumenta más rápidamente a través del manto menor mientras que se acerca al límite del núcleo externo con un valor aproximado de 10,7 m/s² según el modelo de referencia preliminar de la tierra que se muestra a continuación. (Dziewonski, 1981)

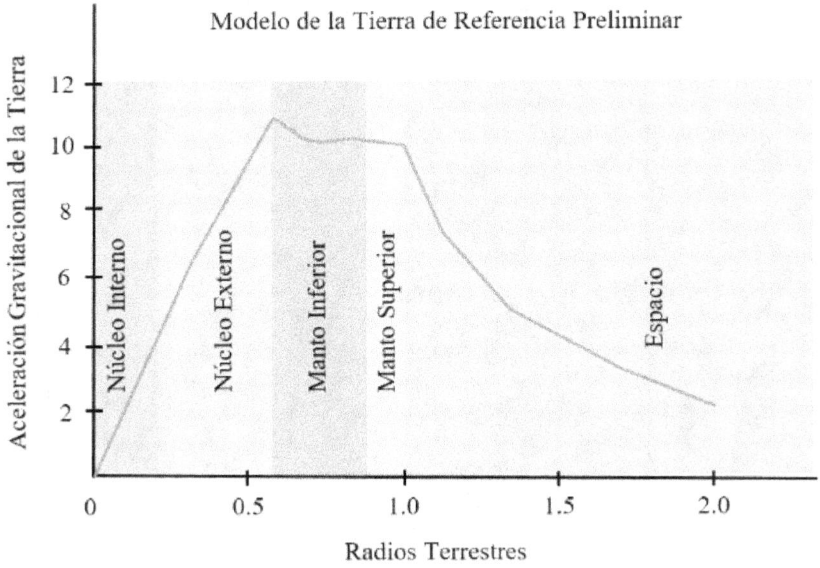

Figura 10.

La densidad de la tierra (*kg/m³*) aumenta sustancialmente en el límite del núcleo superior y el manto inferior, de aproximadamente 5.500,0 *kg/m³* a 10.000,0 *kg/m³*; ¡casi se dobla! Luego, más allá del límite del núcleo superior y el manto inferior, aumenta continuamente de forma no lineal hasta aproximadamente 13.000,0 *kg/m³* en el núcleo interno. Fuera de la materia de la tierra, la flotabilidad de la atmósfera, o del agua del océano, reduce la fuerza aparente del campo gravitacional, medido por el peso de un objeto. La magnitud de este efecto depende de la presión del aire (la densidad) o del volumen del agua. El efecto gravitacional de otros cuerpos celestes puede tener un pequeño efecto en la fuerza del campo gravitacional de la tierra. La fuerza del campo gravitacional fuera de la materia de la tierra cambia de forma no lineal de aproximadamente 9,8 m/s² en su superficie a aproximadamente 5,7 m/s² a 2.000,0 km de la superficie como se muestra a continuación.

Por lo tanto, cuando un objeto se aleja de la superficie de un cuerpo celeste masivo, como la tierra, la aceleración gravitacional aplicada por el cuerpo celeste masivo sobre el objeto en movimiento disminuye por la ley del cuadrado inverso de la distancia. La presión negativa del espacio-tiempo también disminuye lejos de la superficie de una gran masa por el cuadrado inverso de la distancia. El gradiente gravitacional es el gradiente de la presión negativa espaciotemporal que no es lineal.

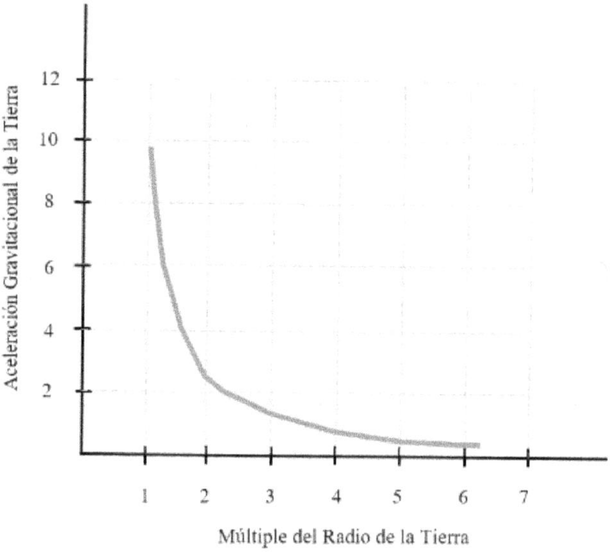

Figura 11.

Lamentablemente, la ley de gravedad de Isaac Newton no explica completamente el campo gravitacional en el pleno de la materia donde hay partículas fundamentales, moléculas, impulso, presión, energía, y campos físicos, que no obedecerán a la ley de Newton, a menos que todos los atributos anteriores son, o un atributo individual es, considerado una sola masa de densidad uniforme y una presión en un radio específico, desde el centro de la masa a una distancia sobre la superficie de la masa. Las ecuaciones de campo de Einstein describen la curvatura incluso a un nivel atómico entre las partículas y la relación de la curvatura del espacio-tiempo con el tensor de tensión-energía-impulso de esos atributos, pero proporcionan escasa penetración en la naturaleza del resultante campo gravitacional entre numerosos atributos de un sistema en el pleno de la materia. Es posible teorizar que la curvatura del espacio-tiempo es el resultado del principio Huygens-Fresnel cuando las ondas espaciotemporales interfieren constructiva o destructivamente en el medio de onda espaciotemporal. El medio de onda espaciotemporal actúa sobre la materia a través de las acciones de la onda espaciotemporal. La onda espacial se expande dando al espacio sobre un objeto de masa la curvatura sobre su forma y contenido. La curvatura del espacio no crea gravedad. La aceleración gravitacional es el resultado de la acción de la onda espaciotemporal sobre la materia, o la masa, según la onda espaciotemporal desacelera. Sin embargo, la desaceleración espaciotemporal manifiesta el efecto del campo gravitacional interna o externamente de la materia, no exclusivamente sobre la curvatura externa del espacio-tiempo de todo el sistema de masa y sus atributos.

El campo gravitacional de Newton es una ley externa del cuadrado inverso de la distancia de un sistema de masa, o de materia, como se muestra en la figura 11, pero en el pleno de la materia, hay una relación diferente entre el campo gravitacional, la masa, los atributos, y la distancia, como podemos ver en el modelo preliminar de referencia de la tierra según se muestra en la figura 10. Así, se necesita un cambio de paradigma que mejore nuestra comprensión de la ley de la gravedad.

Pensemos ahora en la aceleración espaciotemporal sobre cualquier masa individual y sus atributos para una partícula fundamental o un sistema de masa. De acuerdo con investigaciones anteriores, la aceleración espaciotemporal a una velocidad lenta, $v << c$, puede expresarse como se muestra a continuación.

$$g = G\frac{m_0}{r_0^{\,2}} = \frac{\ddot{a}}{8\pi m_0}\frac{m_0}{r_0^{\,2}} = \frac{\ddot{a}}{8\pi r_0^{\,2}} \tag{8.1}$$

$$\ddot{a} = 8\pi g r_0^{\,2} = 8\pi G m_0 \tag{8.2}$$

La aceleración espaciotemporal para la masa de Planck de una partícula hipotética puede expresarse como

$$\ddot{a} = \frac{\hbar c}{m_p} \tag{8.3}$$

La aceleración espaciotemporal para una masa y una longitud relativista es dada por

$$\ddot{a} = 8\pi g r_0^{\,2}\left(1 - v^2/c^2\right) = \frac{8\pi G m_0}{\sqrt{1 - v^2/c^2}} \tag{8.4}$$

La aceleración espaciotemporal es una función de las dimensiones físicas y el contenido de las partículas, los objetos, y los sistemas de masa. En consecuencia, las dimensiones físicas, los atributos y el movimiento a través del espacio de la masa, la energía, y los campos, afectan a la aceleración espaciotemporal haciéndola relativista para las masas con velocidades que se acercan a la velocidad de la luz.

§ 9. La divergencia y el paso del tiempo en el pleno de la materia

Pensemos en el pleno de la materia de un sistema de masas. El tiempo es emergente en el pleno de la materia, pero un objeto, o un sistema de masa como la tierra, no tiene necesariamente una densidad uniforme, unos atributos uniformes, y la presión espaciotemporal uniforme, en su pleno. A medida que la densidad de la tierra disminuye en sus núcleos externos e internos, el tiempo es más contraído, el espacio es más extendido, hacia el centro de la materia, y el campo gravitacional disminuye. Así, como la presión del pleno espaciotemporal disminuye, la divergencia del tiempo disminuye proporcionalmente y la aceleración gravitacional disminuye. Por lo tanto, a medida que el tiempo emerge en una localidad, el paso del tiempo es una función de la presión espaciotemporal existente.

$$P_{t-pleno} \propto div\ \vec{T} \propto g \tag{9.1}$$

$$div\ \vec{T} = \frac{\partial T_X}{\partial x} + \frac{\partial T_Y}{\partial y} + \frac{\partial T_Z}{\partial z} \tag{9.2}$$

Por consiguiente, un reloj correría más rápido cerca del centro del núcleo interno de la tierra que en el manto inferior o en la superficie de la tierra. El tiempo se dilata lejos del centro de la tierra mientras que el campo gravitacional aumenta. La deceleración del campo espaciotemporal es la estructura subyacente y el mecanismo para el campo gravitacional.

Por otro lado, el espacio se extiende cerca del centro del núcleo interior y luego se contrae hacia el manto inferior de la tierra. Entonces, el tiempo y el espacio se expanden o contraen en el pleno de la materia como función del tensor de tensión-energía-impulso de la materia.

Cuanto mayor es el efecto del tensor de tensión-energía-impulso, menor es la presión temporal, mayor es la presión espacial, y mayor es la aceleración gravitacional del pleno espaciotemporal.

La presión espaciotemporal del pleno del centro de la masa puede expresarse como la fuerza ejercida sobre la materia en unidades de fuerza por unidad del área, o como la sobre aceleración, o el tirón, de la energía de la materia desde el centro de la masa del pleno de la materia en unidades de la energía por unidad del volumen.

$$P_{st-pleno} \equiv \frac{m\dfrac{\partial^2 r}{\partial t^2}}{\partial s^2} \equiv \frac{\partial^3 E}{\partial r^3} \tag{9.3}$$

Entonces cuanto mayor sea la presión espaciotemporal del pleno, mayor será la densidad de la energía del pleno espaciotemporal de la materia. La presión espaciotemporal del pleno se ejerce mientras que las ondas espaciotemporales interfieren constructiva o destructivamente, según el principio de Huygens-Fresnel en el pleno de la materia.

§ 10. Sobre los campos magnéticos que atraviesan la materia o el espacio libre

Todo el espacio-tiempo en el interior de la materia es pleno, la cualidad de estar lleno del espacio-tiempo presurizado. Podemos decir que la materia es equivalente a la masa, a la energía, al impulso, a la presión, a los campos físicos, y al pleno espaciotemporal.

Pensemos en lo que sucede cuando las líneas del campo magnético pasan por el espacio libre homogéneo e isótropo antes de pasar por un sistema de masa (materia) cercano de alta permeabilidad como se muestra en la figura 12.

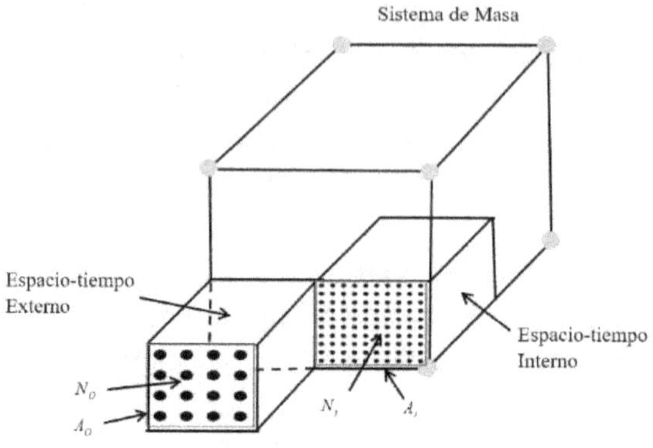

Figura 12.

Consideramos un volumen espaciotemporal rectangular del espacio libre homogéneo e isótropo fuera de la materia, y un volumen igual del pleno espaciotemporal dentro de la materia simétrica, cuando las líneas magnéticas saturan completamente la materia simétrica, ceteris paribus.

La saturación es una característica de los materiales ferromagnéticos y ferrimagnéticos. La saturación magnética es el grado de magnetización que un material obtiene en respuesta a un campo magnético aplicado.

Las líneas del campo magnético N_i representan las líneas magnéticas que pasan a través del volumen del pleno espaciotemporal de un prisma rectangular del sistema simétrico de masa cuando está completamente saturado. Las líneas del campo magnético N_o representan las líneas magnéticas que pasan a través del volumen rectangular del prisma del espacio libre fuera de la materia. Al comparar la proporción espacial de los dos volúmenes idénticos de espacio-tiempo, tenemos una medida relativa de cuán compacto sería el volumen espacial del espacio dentro o fuera de la materia simétrica en el mismo marco inercial de referencia.

La permeabilidad relativa del material en la saturación máxima $\mu_{\max}$ se da por

$$\mu_{sat} = \frac{B}{H} \equiv \frac{\phi/m^2}{I/m} \equiv \frac{\phi \cdot s}{q \cdot m} \equiv \frac{\phi \cdot s}{m \cdot s \cdot m} \equiv \frac{\phi}{m^2} \equiv B_{sat} \qquad (10.1)$$

$$\mu_{\max} = \frac{\mu_{sat}}{\mu_o} = \frac{B_{sat}}{B_o} \equiv \frac{\partial N_i}{\partial N_o} \tag{10.2}$$

Comparando el flujo magnético exterior y el interior de la materia simétrica antedicha para el mismo volumen espaciotemporal, tenemos

$$\frac{\partial \phi_o}{\partial \phi_i} = \frac{\dfrac{\partial N_o}{\partial A_o}}{\dfrac{\partial N_i}{\partial A_i}} = \frac{\partial N_o}{\partial N_i} \cdot \frac{\partial A_i}{\partial A_o} = \frac{1}{\mu_{\max}} \cdot \frac{\partial A_i}{\partial A_o} \tag{10.3}$$

$$\frac{\partial A_i}{\partial A_o} = \mu_{\max} \frac{\partial \phi_o}{\partial \phi_i} \tag{10.4}$$

$$\frac{\partial A_i}{\partial A_o} < 1.0 \tag{10.5}$$

El cociente de la compacidad de las áreas espaciotemporales, o el cociente espacial de la compacidad, es igual a la permeabilidad máxima relativa multiplicada por el cociente del flujo magnético exterior del espacio-tiempo al flujo magnético interior de la materia simétrica.

§ 11. Epilogo

El medio de onda espaciotemporal de nuestro universo almacena la energía infinita. El medio de onda espaciotemporal es un transmisor y un receptor de esta densidad o presión de la energía infinita. La ciencia necesita un cambio de paradigma para incluir las acciones y las reacciones del medio de onda espaciotemporal como interactivo con la materia, la energía y otros atributos.

Cada ahora, cada ayer, e incluso cada mañana, se convierte en parte del espacio-tiempo de nuestra experiencia, pero todo sucede con el movimiento espaciotemporal donde el espacio y el tiempo emergen en nuestra realidad dentro del crecimiento de nuestro medio espaciotemporal. Podemos considerar el espacio-tiempo como la ilusión que realiza la gravedad que no existe. Entonces, podemos darnos cuenta de que la gravedad proviene de la presión del espacio-tiempo que es parte de la ilusión. El movimiento se puede percibir como la causa del cambio, y el cambio se puede considerar el efecto de la onda espaciotemporal. Por lo tanto, la onda espaciotemporal es en última instancia la causa de todos los cambios que resultan en el movimiento, y los cambios que resultan del movimiento son en última instancia los efectos de la onda espaciotemporal.

PARTE II

LA CINEMATICA

Capítulo 4

Sobre las fuerzas espaciotemporales seis-dimensionales y la masa

§ 1. Introducción: el concepto de la fuerza

La fuerza se define como la capacidad de realizar trabajo o causar un cambio físico; la energía, la fuerza, o la energía activa. Antaño, los filósofos conceptualizaron la fuerza en los estudios de los objetos estacionarios, los objetos móviles, y las máquinas, y lentamente desarrollaron una comprensión sobre la naturaleza del movimiento natural.

Aristóteles describió famosamente una fuerza como cualquier cosa que causa que un objeto se someta a un movimiento que no sea natural. La fuerza es una interacción cuantitativa entre dos cuerpos físicos, como un objeto y su fondo. La fuerza es proporcional a la aceleración y es la derivada del impulso con respecto al tiempo.

El pensamiento aristotélico prevaleció durante siglos para explicar las razones por las que se produce el movimiento y por qué el movimiento podría cambiar. Tanto Galileo como Newton conceptualizaron que el movimiento no necesitaba explicación, pero es sólo el cambio en movimiento lo que exige un motivo físico.

Las ideas increíblemente duraderas de Aristóteles que el movimiento natural indica la tendencia de los objetos a ir a su lugar natural, el movimiento animal es por la voluntad propia, y el movimiento forzado se produce cuando un objeto actúa sobre otro, formó la base sobre la cual el estudio de las fuerzas en la física moderna comenzó, y la ciencia y la razón empezaron a descubrir e interpretar las fuerzas de la naturaleza. (Newton, 1999)

El concepto de la fuerza se utiliza para describir la influencia que hace que un cuerpo libre acelere o cambie su velocidad con respecto al tiempo. La fuerza también puede ser descrita por los conceptos perspicaces como la fuerza de un empuje o un tirón que puede causar que un objeto de masa cambie su velocidad para acelerar, o comience a moverse de su estado de reposo. Una fuerza aplicada tiene una magnitud y una dirección, haciendo la fuerza aplicada en una cantidad vectorial. La unidad de *SI* para la fuerza es el Newton (*N*). Un Newton de fuerza es igual a 1 $Kg \cdot m/s^2$.

El eminente físico Isaac Newton perfeccionó la comprensión de las fuerzas y el movimiento con una visión matemática que permaneció sin cambios durante casi trecientos años. Newton explicó la gravedad como una fuerza atractiva entre las masas de los objetos. Explicó la relación entre la fuerza y el movimiento, y cambió la visión contemporánea del universo al mostrar que las mismas leyes físicas se aplicaban a toda la materia en cualquier parte del universo. Sus principios matemáticos no fueron desmentidos por el experimento durante casi dos siglos.

1.1. La Segunda Ley de Newton

Las leyes del movimiento de Newton sólo son verdaderas en los marcos inerciales de referencia que no se están acelerando. La primera ley del movimiento de Newton afirma que, si todas las fuerzas de un objeto se cancelan entre sí, entonces el objeto continúa en el mismo estado de movimiento. La primera ley del movimiento es una forma más refinada del principio de inercia expresado por Galileo Galilei.

La segunda ley del movimiento de Newton predice la aceleración de un objeto a lo largo de la dirección del movimiento dada la fuerza total que actúa sobre él objeto y su masa, por la fórmula $a = F_T/m$. La fórmula de la segunda ley establece que un objeto de masa constante se acelerará proporcionalmente a la fuerza neta desequilibrada que actúa sobre el objeto y en proporción inversa a su masa, una aproximación que se descompone cerca de la velocidad de la luz. En otras palabras, la fuerza neta desequilibrada que actúa sobre un objeto equivale a la tasa de cambio de su impulso. (Brackenridge, 1995)

$$F = ma = \frac{\partial p}{\partial t} \tag{1.1}$$

A comienzos del siglo *XX*, Albert Einstein desarrolló una Teoría de la Relatividad que predijo correctamente la acción de las fuerzas sobre objetos que viajaban cerca de la velocidad de la luz con un creciente impulso, y también proporcionó inestimable perspicacia en las fuerzas producidas por los campos gravitacionales y la inercia. (Rucker, 1977) Además, Einstein expuso cómo la curvatura del espacio-tiempo dio lugar al campo gravitacional de una masa. (Einstein, 1952)

1.2. Las características de las fuerzas

Las fuerzas se categorizan como cantidades vectoriales porque actúan en una dirección específica con una magnitud específica dependiendo de la intensidad del empuje o del tirón. Estas características fijan las fuerzas aparte de otras cantidades físicas que no tienen ninguna dirección tal como cantidades escalares. Para determinar la fuerza resultante si dos o más fuerzas actúan sobre un objeto, es necesario conocer la dirección, así como la magnitud de cada fuerza que actúa sobre el objeto, sólo entonces puede uno calcular la fuerza resultante y su efecto. Una vez que todas las fuerzas se expresan como vectores, todas las magnitudes y direcciones están disponibles para decidir sin incertidumbre la acción y el resultado de la fuerza resultante utilizando las operaciones matemáticas del análisis vectorial.

Las fuerzas cuantitativas fueron investigadas por primera vez para las condiciones del equilibrio estático donde las fuerzas que actúan opuestas entre sí se cancelan en pares. Dicha investigación mostró las cualidades de los vectores aditivos de las fuerzas debido a las propiedades de la dirección y la magnitud. La fuerza resultante siguió la regla del paralelogramo de la adición del vector y depende de las magnitudes de sus componentes y del ángulo entre las líneas de acción de los componentes. Una herramienta útil para ilustrar y seguir las acciones de las fuerzas que actúan sobre un objeto es el diagrama de cuerpo libre. Estos diagramas se dibujan para representar las direcciones o las líneas de acción, las magnitudes y los ángulos, de todas las fuerzas que actúan sobre el cuerpo de un objeto y se pueden utilizar como método gráfico para calcular y determinar la fuerza resultante. Las fuerzas se resuelven a menudo en sus componentes ortogonales independientes como sistema de vectores de base, de modo que sus componentes sean determinados únicamente por la adición escalar de los componentes de los vectores individuales. Los componentes ortogonales son independientes el uno del otro porque las fuerzas que actúan a 90 grados no tienen ningún efecto en la dirección o la magnitud entre sí. Un vector de fuerza ortogonal puede ser tridimensional con el tercer componente en ángulo recto con los otros dos. A menudo es matemáticamente conveniente elegir un conjunto de vectores de base ortogonal que sean paralelos a un vector de fuerza para que el vector de fuerza se resuelva en un sólo componente que no sea cero. En la actualidad, se dice que cuatro campos fundamentales de fuerza comprenden todas las fuerzas del universo. A distancias muy cortas, la fuerza débil y la fuerza fuerte son responsables de las interacciones entre las partículas elementales de la naturaleza. La fuerza gravitacional actúa entre masas de objetos y la fuerza electromagnética actúa entre cargas eléctricas. Estas fuerzas interactivas fundamentales proporcionan la base para que todas las demás fuerzas existan. Los ejemplos, y las manifestaciones de estos campos fundamentales de fuerza, son la fuerza del electromagnetismo actuando entre dos superficies que se manifiestan como la fuerza de fricción, la fuerza de un resorte comprimido, y la fuerza del principio de exclusión para los átomos que no permiten que un átomo pase a través de otro, así como la fuerza centrífuga de la aceleración de los objetos giratorios. Estas fuerzas, tales como la fuerza gravitacional y la fuerza electromagnética, se ejercen en el espacio-tiempo libre. (Taylor et al, 1966)

§ 2. La nomenclatura y la significaciones de las fuerzas seis-dimensionales

Los elementos fundamentales de una fuerza son la masa, el espacio, y el tiempo. Vamos a definir una fuerza con dos subíndices para los elementos del tiempo y el espacio de la siguiente manera,

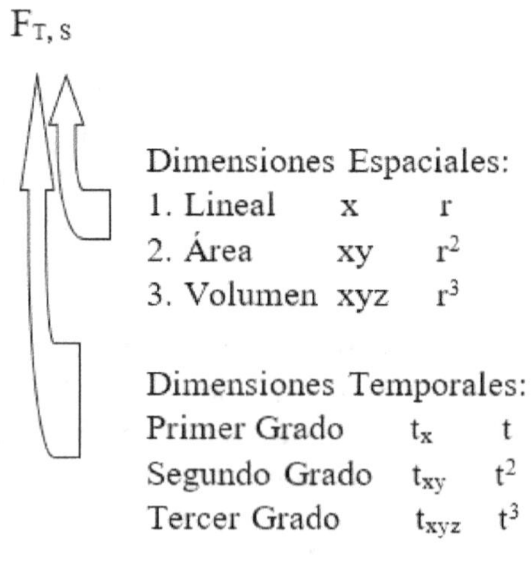

Figura 1. *La representación de una fuerza seis-dimensional*

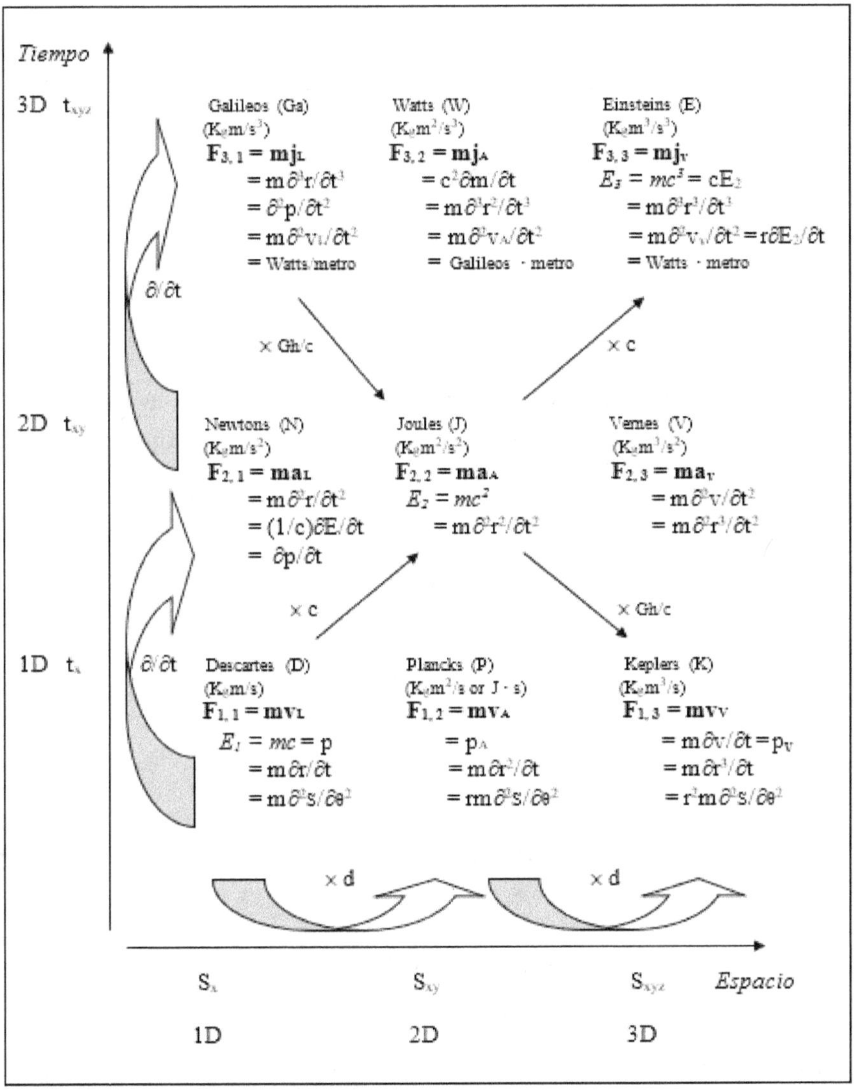

Figure 2. *La matriz de las fuerzas de seis dimensiones*

2.1. Las significaciones y las derivaciones de las fuerzas de seis dimensiones

Vamos a definir las derivadas de las fuerzas de seis dimensiones de tal manera que

$$\text{v} = \text{la velocidad} = \frac{\partial r}{\partial t} \tag{2.1}$$

$$\text{a} = \text{la aceleración} = \frac{\partial^2 r}{\partial t^2} \tag{2.2}$$

$$\bar{j} = \text{el tirón} = \frac{\partial^3 r}{\partial t^3} \tag{2.3}$$

Donde se define un tirón como la velocidad de cambio de la aceleración para una distancia "r", un área r^2, o un volumen r^3, tal que los tirones se definen como

$$\overline{j_L} = \text{el tirón lineal} = \frac{\partial^3 r}{\partial t^3} \tag{2.4}$$

$$\overline{j_A} = \text{el tirón superficial} = \frac{\partial^3 r^2}{\partial t^3} \tag{2.5}$$

$$\overline{j_V} = \text{el tirón volumétrico} = \frac{\partial^3 r^3}{\partial t^3} \tag{2.6}$$

§ 3. Sobre las nueve fuerzas espaciotemporales seis-dimensionales y la masa

Describimos ahora las fuerzas, unidades de medida, y sus dimensiones:

3.1. La fuerza de Descartes (o la fuerza del impulso lineal)

$$F_{1,1} = mv = p \tag{3.1}$$

$$\text{Descartes} \left(\frac{K_g m}{s} \right) \tag{3.2}$$

$$E_1 = mc \tag{3.3}$$

$$= m\frac{\partial r}{\partial t} = m\frac{\partial^2 S}{\partial \theta^2} \tag{3.4}$$

$$1 \text{ Descartes} = \frac{1 \; Joule}{c} \tag{3.5}$$

$F_{1,1}$ se manifiesta como la energía lineal E_1 por unidad de la velocidad en forma del impulso lineal p. Es una ilustración de cómo las fuerzas en seis dimensiones del espacio-tiempo-masa pueden ser conceptualizadas como una manifestación de la energía y viceversa. El impulso se define generalmente como la velocidad multiplicada por la masa. Aquí, y en general, es una cantidad como la energía, pero relacionada con el movimiento a través del espacio-tiempo.

Derivemos la aceleración antedicha de la ecuación de un sector

$$S = r\theta \tag{3.6}$$

$$\frac{\partial S}{\partial \theta} = r \tag{3.7}$$

$$\frac{\partial r}{\partial \theta} = \frac{\partial^2 S}{\partial \theta^2} \tag{3.8}$$

Por lo tanto, encontramos que si $\partial\theta = \partial t$, entonces

$$\frac{\partial r}{\partial t} = \frac{\partial^2 S}{\partial \theta^2} \tag{3.9}$$

3.2. La fuerza de Newton

$$F_{2,1} = ma \tag{3.10}$$

$$= m\frac{\partial^2 r}{\partial t^2} = m\frac{\partial p}{\partial t} \tag{3.11}$$

Newtons $\left(\frac{K_g m}{s^2}\right)$ (3.12)

$F_{2,1}$ es la fuerza legendaria de la segunda ley de Newton. Es la fuerza de la manzana que cae al suelo.

3.3. La fuerza de Galileo

$$F_{3,1} = m\overline{j_L} \tag{3.13}$$

$$= m\frac{\partial^3 r}{\partial t^3} = m\frac{\partial^2 v_L}{\partial t^2} \tag{3.14}$$

Galileos $\left(\frac{K_g m}{s^3}\right)$ (3.15)

1 Galileo = 1 $\frac{W}{m}$ (3.16)

$F_{3,1}$ es la fuerza de la potencia por la unidad de distancia, o los vatios/metro. La fuerza de Galileo equivale a la masa por el tirón lineal del objeto de masa "*m*", y el índice del tiempo de acción de la fuerza de Newton.

3.4. La fuerza de Planck

$$F_{1,2} = mv_A \tag{3.17}$$

$$= p_A = m\frac{\partial r^2}{\partial t} = rm\frac{\partial^2 S}{\partial \theta^2} \tag{3.18}$$

Plancks $\left(\frac{K_g m^2}{s}\right)$ (3.19)

$$1 \text{ Planck} = 6.626070954 \times 10^{-34} \ \frac{k_g m^2}{s} \tag{3.20}$$

$F_{1,2}$ es la fuerza del cuántico de acción en la mecánica cuántica. El momento angular instantáneo (un bivector) de una partícula que viaja en una trayectoria helicoidal a través del espacio-tiempo.

3.5. La fuerza de Joules

$$F_{2,2} = ma_A \tag{3.21}$$

$$= m\frac{\partial^2 r^2}{\partial t^2} = m\frac{\partial v_A}{\partial t} \tag{3.22}$$

$$E_2 = mc^2 \tag{3.23}$$

$$\text{Joules} \ \left(\frac{K_g m^2}{s^2}\right) \tag{3.24}$$

$F_{2,2}$ es la fuerza de la ecuación famosa de la energía, $E = mc^2$, del físico Albert Einstein. Una reacción específica de la fisión que se ajusta a esta geometría espaciotemporal liberaría una gran cantidad de energía. La energía está relacionada con el movimiento a través del tiempo.

3.6. La fuerza de Vatios

$$F_{3,2} = m\overline{j_A} \tag{3.25}$$

$$= m\frac{\partial^2 v_A}{\partial t^2} = m\frac{\partial^3 r^2}{\partial t^3} = c^2\frac{\partial m}{\partial t} \tag{3.26}$$

$$\frac{\partial m}{\partial t} = \left(\frac{1}{c^2}\right)\frac{\partial E}{\partial t} \tag{3.27}$$

Vatios $\left(\frac{K_g m^2}{s^3}\right)$ (3.28)

$F_{3,2}$ es la fuerza de la energía de un motor mecánico, o la energía disipada por la corriente que pasa a través de una carga resistiva. La fuerza de vatios equivale a la masa por el tirón del área de las cargas.

3.7. La fuerza de Kepler

$$F_{1,3} = mv_v \tag{3.29}$$

$$= p_v = m\frac{\partial r^3}{\partial t} = r^2 m\frac{\partial^2 S}{\partial \theta^2} \tag{3.30}$$

Keplers $\left(\frac{K_g m^3}{s}\right)$ (3.31)

1 Kepler = 1 Verne × 1 segundo (3.32)

$F_{1,3}$ es la fuerza de la velocidad de un volumen en expansión a lo largo de una dimensión espacial con
respecto al tiempo lineal, como en la fuerza neumática de un volumen de aire, durante un desplazamiento positivo, empujando sobre un pistón dentro de un cilindro rígido. Es la fuerza del impulso de un cambio de volumen.

3.8. La fuerza de Vernes

$$F_{2,3} = ma_v \tag{3.33}$$

$$= m\frac{\partial^2 r^3}{\partial t^2} = Gm^2 \tag{3.34}$$

Vernes $\left(\frac{K_g m^3}{s^2}\right)$ (3.35)

$$G = \frac{F_{2,3}}{(mass)^2} = 3.35673536 \times 10^{14}\ Vernes \tag{3.36}$$

$$1\ \text{Verne} = \text{hc} = 1.987821286 \times 10^{-25}\ \frac{K_g m^3}{s^2} \tag{3.37}$$

$F_{2,3}$ es la fuerza de la aceleración de un cambio de volumen con respecto a un plano temporal. La fuerza de Vernes actúa en la constante gravitacional *G* de un objeto con una masa "*m*".

3.9. La fuerza de Einstein

$$F_{3,3} = m\overline{j_V} \tag{3.38}$$

$$= m\frac{\partial^2 v_V}{\partial t^2} = m\frac{\partial^3 r^3}{\partial t^3} \tag{3.39}$$

$$E_3 = mc^3 \tag{3.40}$$

Einsteins $\left(\frac{K_g m^3}{s^3}\right)$ (3.41)

1 Einstein = 1 Joule × c (3.42)

$F_{3,3}$ es la fuerza de la energía de una estrella que se explota en una supernova, la masa del objeto multiplicado por el tirón del volumen del objeto. o la fuerza seis-dimensional de los fonones, una estructura atómica oscilante seis-dimensional de una red durante el traspaso térmico de la energía a las estructuras atómicas circundantes. La energía liberada por $E_3 = mc^3$ es trecientos millones de veces mayor que la energía que sería liberada por la ecuación $E_2 = mc^2$ en una reacción sostenida en cadena nuclear.

§ 4. Sobre el principio fundamental de la equivalencia de la energía-masa

Pensemos en la propiedad de la masa de un objeto; podemos reconocer que incluso la masa de descanso se traslada a cierta velocidad a través del espacio-tiempo, como un sistema, o como parte de un sistema móvil mucho más grande del universo. Por otra parte, la masa de descanso tiene algunas de sus partículas que viajan o que giran de manera relativista dentro del mismo sistema de masa. Por lo tanto, uno puede argumentar que la masa de reposo es relativista por su naturaleza. Por consiguiente, el principio de la masa relativista afirma que las masas de las partículas y los objetos en un universo de movimiento dinámico son relativistas por su naturaleza, o relativistas como resultado de la traslación relativista medida a una escala universal o local.

Consideremos ahora una formulación de la equivalencia de la energía-masa para cada expresión de energía antedicha en el espacio-tiempo seis-dimensional, y una teoría fundamental de la energía.

4.1. La Energía Cartesiana

$$E_1 = \frac{mc^2}{\sqrt[2]{\left(c^2 - v^2\right)}} \tag{4.1}$$

4.2. La Energía Einsteiniana

$$E_2 = \frac{mc^3}{\sqrt[2]{\left(c^2 - v^2\right)}} \tag{4.2}$$

4.3. La Energía de Hawking-Feynman

$$E_3 = \frac{mc^4}{\sqrt[2]{\left(c^2 - v^2\right)}} \tag{4.3}$$

4.4. La Forma General de la Energía

$$E_n = \frac{mc^{n+1}}{\sqrt[2]{c^{2[(n+1)-n]} - v^{2[(n+1)-n]}}} = \frac{mc^{n+1}}{\sqrt[2]{c^2 - v^2}} \qquad (4.4)$$

Para un objeto de masa "*m*" moviéndose muy lentamente con respecto a la velocidad de la luz, la ecuación de E_n se simplifica a una ecuación sobre la equivalencia de la energía-masa en la forma más familiar, $E_n = mc^n$, donde "*n*" es el número de los pares de las dimensiones espaciotemporales. Cada dimensión espacial tiene una dimensión temporal conjugada en un par.

4.5. La explosión de una supernova

Una supernova es una explosión titánica de una estrella masiva que puede brillar con el brillo de 10 mil millones de soles con una energía estimada de unos 10^{44} Joules, o de unos 10^{51} ergios, que representa la producción energética total de nuestro sol durante toda su vida. Un erg es una diez millonésima de un Joule. Las supernovas producen elementos pesados, ocurren en estrellas con al menos 8 masas solares, y en promedio ocurren una vez cada cincuenta años en nuestra galaxia. Una unidad del FOE, un acrónimo para 'diez elevado a la 51 potencia de ergios', es doscientas veces la energía de la masa de la tierra. Toda la producción de la energía de nuestro sol durante toda su vida se estima que es 1,2 FOE.

En la actualidad se cree que alrededor del 1% de la energía de una supernova tipo I, o una supernova tipo II, es visible como luz, el 99% de la energía restante es la energía cinética de la nube visible del gas de la explosión en expansión, que se calcula a partir de la velocidad y la masa estimada. Los pulsos de neutrinos que se emiten no son visibles, pero si perceptibles, pueden alcanzar brevemente el cuatro por ciento de la salida visible de la energía de todo el universo observable.
¿De dónde viene la energía que causa esta explosión titánica?

Actualmente, se cree que la energía liberada en una explosión de una supernova proviene de la energía gravitacional liberada cuando la estrella deja de tener suficiente fusión para sostenerse y colapsa. El núcleo de hierro de una estrella puede colapsar para transformar su energía gravitacional en el calor y el movimiento hasta que forme una estrella de neutrones que sostenga su propio potencial gravitacional a través de la presión fermiónica, que precede a una explosión de rebote de sus capas externas que se derrumban.

Se teoriza que una cantidad enorme de energía potencial gravitacional es liberada durante el colapso del núcleo de hierro de una estrella pues el hierro no puede liberar la energía por la fusión porque la fusión requiere una entrada mayor de la energía que la energía que pudiera liberar. El núcleo de hierro sigue siendo sometido a la presión espaciotemporal que ejerce un campo gravitacional, que empuja a los electrones que están más cerca de sus núcleos más allá del límite cuántico permisible, causando que los electrones y los protones se combinen para formar los neutrones y los neutrinos en el proceso. A medida que el colapso gravitacional continúa, se libera una enorme cantidad de energía que sopla las capas externas de la estrella hacia el espacio-tiempo interestelar en una explosión titánica. El núcleo se colapsa para convertirse en una estrella de neutrones tremendamente densa, si el núcleo es bastante masivo para que el campo gravitacional continúe colapsando al núcleo, el núcleo restante puede convertirse en un agujero negro.

La energía gravitacional liberada de la estrella se transforma en el calor y el movimiento, pero no es parte de la explosión. La superficie externa, que esta flojamente atada, del hidrógeno y de elementos más pesados, está involucrada en la explosión. Entonces, ¿de dónde viene el resto de la energía de 10^{44} Joules?

La respuesta que se ha propuesto actualmente es que los neutrinos, que son neutros y sin masa, reaccionan débilmente con la materia, y son expulsados transfiriendo la energía del colapso gravitacional para dar cerca del 1% de esa energía a los elementos de la superficie que están débilmente atados, los cuales inician la explosión titánica. Sin embargo, otros estudios sobre las estrellas enanas blancas indican que las características de la explosión podrían ser más termonucleares en su naturaleza, no principalmente, o exclusivamente, del colapso gravitacional del núcleo.

Calculemos la energía Hawking-Feynman para una supernova.

$$E_3 = \frac{mc^4}{\sqrt[2]{\left(c^2 - v^2\right)}} \tag{4.5}$$

Si la velocidad de la estrella es mucho más lenta que la velocidad de la luz, $v \ll c$, tenemos

$$E_3 = mc^3 \tag{4.6}$$

La energía liberada por $E_3 = mc^3$ es trecientos millones de veces mayor que la energía que sería liberada por la ecuación $E_2 = mc^2$ en una reacción termonuclear sostenida. La energía de una supernova, E_3, es equivalente a la masa del objeto por el tirón del volumen del objeto.

Estimemos un FOE en ergios para una masa que es doscientas veces la masa de la tierra,

$$E_3 \approx \left(200 \times 5.972 \times 10^{27} g\right)\left(3 \times 10^{10}\ cm/s\right)^3\ Ergs \cdot c \tag{4.7}$$

$$E_3 \approx 32248.8 \times 10^{57} \approx 3.22488 \times 10^{61}\ Clausius \tag{4.8}$$

Usando la ecuación Einsteiniana, tenemos

$$E_2 \approx \left(200 \times 5.972 \times 10^{27} g\right)\left(3 \times 10^{10}\ cm/s\right)^2\ Ergs \tag{4.9}$$

$$E_2 \approx 10749.6 \times 10^{47} \approx 1.07496 \times 10^{51}\ Ergs \tag{4.10}$$

Estimemos la energía de una estrella que será una supernova que tiene una masa igual a ocho masas solares,

$$E_3 \approx \left(8 \times 1.989 \times 10^{30} Kg\right)\left(3 \times 10^{8}\ m/s\right)^3\ Joules \cdot c \tag{4.11}$$

$$E_3 \approx 429.624 \times 10^{54} \approx 4.29624 \times 10^{56}\ Einsteins \tag{4.12}$$

Usando la ecuación Einsteiniana, tenemos

$$E_2 = mc^2 \approx \left(8\times1.989\times10^{30}Kg\right)\left(3\times10^8\ m/s\right)^2\ Joules \qquad (4.13)$$

$$E_2 \approx 143.208\times10^{46} \approx 1.43208\times10^{48}\ Joules \qquad (4.14)$$

Es interesante notar que la energía calculada usando la ecuación Einsteiniana, $E_2 = mc^2$, en una reacción termonuclear sostenida, no produciría la energía necesaria para el proceso entero del tipo de supernova que sería el menor posible que se ha teorizado. Por otra parte, se estima que una estrella de neutrones tiene un radio en el orden de 10 a 20 kilómetros y una masa entre 1,1 y quizás 3 masas solares. Si se estima que la energía visible de una supernova es 10^{44} Joules, que es una fracción de la energía total, entonces es necesario estimar la energía de todo el proceso con la ecuación de la energía Hawking-Feynman y una cantidad precisa de masa para la estrella.

Es posible teorizar que para estimar la cantidad total de la energía Einsteiniana involucrada en un proceso de una supernova puede ser necesario tener en cuenta la energía observable de la masa de las capas externas explosivas además de la energía de la masa restante de la estrella de neutrones. En el caso ideal, las partículas de las capas externas se deforman elásticamente durante su colisión con el núcleo.

Calculemos la energía Einsteiniana total de una estrella que será una supernova que tiene una masa igual a ocho masas solares, y un núcleo igual a 1,1 masas solares, como se teorizó anteriormente.

$$E_3 = \left(m_{nucleo} + m_{capas\ exteriores}\right)c^3 \qquad (4.15)$$

$$E_3 \approx m_{nucleo}c^3 \approx 1.1\times1.989\times10^{30}Kg\times\left(3\times10^8\ m/s\right)^3 \approx 5.90733\times10^{55}\ Einsteins \qquad (4.16)$$

Asumamos que la magnitud de la energía Einsteiniana de las capas externas es igual a la magnitud de la energía observable 10^{44} Joules para E_2 multiplicado por *c*, igual a 10^{52} Einsteins.

$$E_3 \approx m_{capas\ exteriores}c^3 \approx 1.0\times10^{52}\ Joules\cdot c \qquad (4.17)$$

La energía Einsteiniana total estimada de una estrella que será supernova, es

$$E_3 \approx 5.90733\times10^{55} + 1.0\times10^{52} \approx 5.90833\times10^{55}\ Einsteins \qquad (4.18)$$

La energía Einsteiniana de las capas externas representa el 0,0169253% de la energía Einsteiniana total estimada de la estrella. El núcleo representa aproximadamente el 99,98% de la energía restante Einsteiniana del total estimado de la estrella.

4.6. La teoría fundamental de la energía

I. La Ley de la Simetría de la Energía.

El espacio, el tiempo, y la fase, son formas homogéneas de la energía. La fase es la posición de un punto, durante un instante del tiempo, en una función de onda. El espacio y el tiempo son dos aspectos de la misma calidad continua, o del estado estable, de la energía. La conservación del momento de los sistemas aislados, la conservación de la carga, o la conservación de la energía, subyacen la continua simetría diferenciable del espacio, el tiempo y la fase.

II. La Ley de la Conservación de la Energía.

La energía no se crea ni se destruye. La energía es transferida, transformada, o transmutada. La conservación de la energía subyace la simetría temporal.

III. La Ley de la Estabilidad de la Energía.

Los estados inestables de la energía más allá de un umbral se asentarán en los estados estables de la energía. Prevalecerán los estados estables de la energía. El espacio-tiempo puede sostener una densidad de la energía hasta un umbral. Si una manifestación de la energía, como una partícula, transfiere su energía sobre una localidad en el espacio-tiempo más allá de su umbral, el estado inestable de la energía en la localidad manifestará los estados estables de la energía de diversas formas.

IV. La Ley de la Transmutación de la Energía.

Las formas o las propiedades de la energía se transmutan en cualesquiera de las otras formas o propiedades de la energía de acuerdo con las leyes de la naturaleza. Los fotones de alta energía que chocan pueden transmutarse en quarks, leptones, portadores de fuerza, y en otros fotones. Los quarks y los gluones pueden transmutarse en otros quarks y gluones. Cuando un electrón y un positrón chocan en un evento de aniquilación, se producen los fotones de rayos gamma.

V. La Ley de la Conformidad de la Energía.

La naturaleza es conforme con sí misma. Las leyes de la naturaleza son escalables en el medio de la realidad. El espacio-tiempo se expande en cada punto a menos que esté obstruido. La expansión del espacio es el paso del tiempo. El movimiento y la proyección del espacio son conformes de acuerdo con las leyes de la naturaleza. Las leyes de la naturaleza son omnipresentes en nuestro universo.

VI. La Ley de la Continuidad de la Energía.

La energía es continua y existencial. Las formas de las manifestaciones realizables de la energía del espacio-tiempo, y sus procesos físicos según las leyes de la naturaleza, pueden ser transitorios y discretos, pero el espacio-tiempo existe continuamente. Todas las manifestaciones transitorias de la energía en nuestro universo, la realidad de nuestra existencia, pueden ser descritas en términos de la creación, las condiciones iniciales de creación, y la probabilidad, según la ley de la transmutación de la energía, y otras leyes aplicables de la naturaleza. La probabilidad implica un número desconocido de interacciones indeterminadas, de resultados de la casualidad, de todo lo que hay. Toda la energía requerida, para continuar todas las interacciones probabilísticas, el libre albedrío, y los procesos físicos, ya existe.

VII. La Ley de la Omnipotencia de la Energía.

La energía es tan ilimitada como el espacio-tiempo y existe en todas partes. El conjunto abierto de todas las funciones estatales de las manifestaciones de la energía del espacio-tiempo son infinitas.

§ 5. La energía del punto cero de un oscilador mecánico cuántico en el espacio-tiempo

El concepto de la energía del punto cero, según lo desarrollado por el eminente físico Max Planck en 1911, también llamada energía del punto cero del espacio-tiempo cuántico, es la energía más baja posible, la energía del estado fundamental, de un sistema físico y mecánico cuántico en el espacio-tiempo.

El estado fundamental electromagnético de un solo oscilador en el espacio-tiempo contiene fluctuaciones y una energía asociada del punto cero, si no el principio de la incertidumbre de Heisenberg sería infringido. Por consiguiente, los estados cuánticos en el espacio-tiempo y sus campos electromagnéticos asociados son valores fluctuantes.

Describimos la energía media de un solo oscilador mecánico cuántico en el espacio-tiempo homogéneo e isótropo usando la ecuación de Planck:

$$E = \frac{h\upsilon}{2} + \frac{h\upsilon}{e^{\frac{h\upsilon}{kT}} - 1} \qquad (5.1)$$

Donde h es la constante de Planck, υ es la frecuencia, k es la constante de Boltzmann, y "T" es la temperatura absoluta.

La energía del punto cero se refiere a las fluctuaciones cuánticas aleatorias de los campos electromagnéticos, y de los otros campos de fuerza que están presentes por todas partes en el medio del espacio-tiempo de la onda. Así, el espacio-tiempo no es un verdadero vacío, es un pleno, y en realidad es un mar cuántico de la energía y las ondas.
Esta energía está presente incluso a las temperaturas absolutas cercanas a cero, e incluso en la ausencia de la materia. Estas fluctuaciones del punto cero pueden tener efectos sutiles o gruesos, en el comportamiento de las partículas fundamentales y en cada escala de nuestra realidad.

Representando la energía del punto cero de un solo oscilador mecánico cuántico, tenemos

$$\frac{h\upsilon}{2} = E - \frac{h\upsilon}{e^{\frac{h\upsilon}{kT}} - 1} = E\left[\frac{e^{\frac{h\upsilon}{kT}} - 1}{e^{\frac{h\upsilon}{kT}} + 1}\right] = -iE \cdot \tan\frac{ih\upsilon}{2kT} = E \cdot \tanh\frac{h\upsilon}{2kT} \qquad (5.2)$$

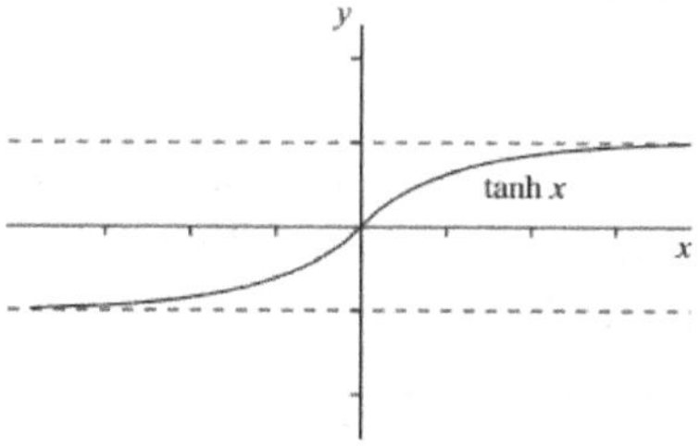

Figura 3.

En términos de las funciones hiperbólicas de cosh y de sinh, podemos visualizar la relación gráfica de la condición del principio de la incertidumbre de Heisenberg en la energía del punto cero de un solo oscilador mecánico cuántico, o una fuente puntual como un radiador, y las posiciones potenciales de la fluctuación en su energía promedio.

$$\frac{h\upsilon}{2}\cosh\frac{h\upsilon}{2kT} = E \cdot \sinh\frac{h\upsilon}{2kT} \qquad (5.3)$$

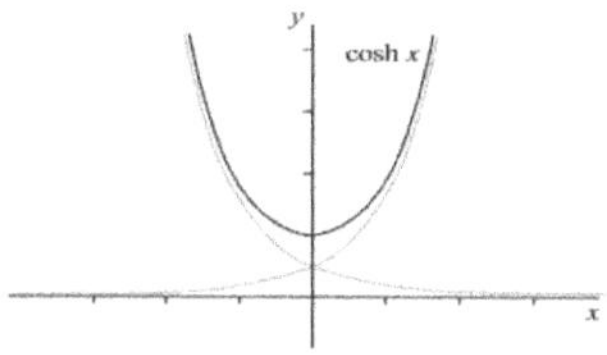

Figura 4.

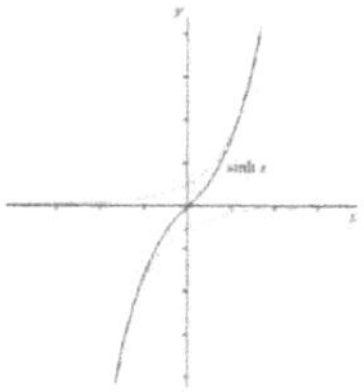

Figura 5.

Consideremos ahora un solo oscilador mecánico cuántico en el espacio-tiempo homogéneo e isótropo representado por un péndulo de radio kT que oscila a través de un ángulo 2θ con una energía promedio total $h\upsilon$ como se muestra a continuación. Cuando el péndulo oscila la mitad del recorrido, la energía promedio es $h\upsilon/2$ y el ángulo es θ.

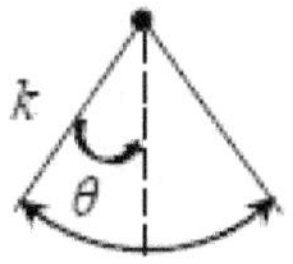

Figura 6.

Así, podemos representar la energía del sector por la mitad del arco como sigue:

$$\frac{h\upsilon}{2} = \theta \cdot kT \qquad (5.4)$$

$$\theta = \frac{h\upsilon}{2kT} \qquad (5.5)$$

Si el ángulo θ es igual a 90 grados o $\pi/2$ radianes, obtenemos de las ecuaciones anteriores:

$$\frac{h\upsilon}{2} = E\left[\frac{e^{\frac{h\upsilon}{kT}} - 1}{e^{\frac{h\upsilon}{kT}} + 1}\right] = E\left[\frac{e^{\pi} - 1}{e^{\pi} + 1}\right] \qquad (5.6)$$

$$\frac{h\upsilon}{2}\cosh\frac{\pi}{2} = E \cdot \sinh\frac{\pi}{2} \qquad (5.7)$$

$$\frac{h\upsilon}{2} = E \cdot \tanh\frac{\pi}{2} = E \qquad (5.8)$$

$$h\upsilon = 2E \qquad (5.9)$$

Donde el factor exponencial es la constante de Gelfond, e^{π} , un número trascendental, y la magnitud del factor del crecimiento exponencial espaciotemporal en θ igual a 90 grados cuando la energía promedio de un solo oscilador mecánico cuántico en el espacio-tiempo homogéneo e isótropo varía en función de la expansión del espacio-tiempo en cada punto del medio de onda.

Por otra parte, la energía promedio de un solo oscilador mecánico cuántico en el espacio-tiempo homogéneo e isótropo y el concepto de la energía del punto cero de un solo oscilador mecánico cuántico se relacionan estrechamente con el principio de la incertidumbre de Heisenberg que es derivable de la ecuación de Planck durante un ciclo oscilante de 2π radianes.

$$E \geq \frac{h\upsilon/2}{2\pi} \tag{5.10}$$

$$\Delta E \geq \frac{h\Delta\upsilon}{4\pi} \tag{5.11}$$

$$\frac{\Delta x \Delta p}{\Delta t} \geq \frac{h}{4\pi\Delta t} \tag{5.12}$$

$$\Delta x \Delta p \geq \frac{h}{4\pi} \tag{5.13}$$

Además, consideremos la energía asociada con un oscilador de un fotón y la frecuencia υ de su onda electromagnética asociada con el espacio-tiempo homogéneo e isótropo. La energía de un oscilador de un fotón con frecuencia υ es dada por

$$E = h\upsilon \tag{5.14}$$

La energía promedio de un oscilador de un fotón en el espacio-tiempo homogéneo e isótropo es dada por

$$E = \frac{h\upsilon}{2} + \frac{h\upsilon}{e^{\frac{h\upsilon}{kT}} - 1} \tag{5.15}$$

Así, la mitad de la energía promedio de un oscilador de un fotón involucra energía del punto cero, mientras que la otra mitad, o el resto de la energía, involucra el segundo término de la ecuación de Planck.

Consideremos el cociente de la energía promedio de un oscilador de un fotón a su energía del punto cero en el espacio-tiempo homogéneo e isótropo.

$$\frac{E}{h\upsilon/2} = \frac{1}{\tanh h\upsilon/2kT} = \frac{e^{h\upsilon/kT}+1}{e^{h\upsilon/kT}-1} \qquad (5.16)$$

El oscilador de un fotón en el espacio-tiempo homogéneo e isótropo se puede mirar desde la perspectiva de un observador como el movimiento universal perpetuo de los átomos, las moléculas, etc. El oscilador fotónico obedece a la ley de conservación de la energía y la primera ley de la termodinámica como un sistema abierto, y al mismo tiempo es capaz de producir un efecto de la energía de sobre unidad como un oscilador de un fotón para valores pequeños de un ángulo θ mayor que cero.

$$\frac{e^{h\upsilon/kT}+1}{e^{h\upsilon/kT}-1} > 1 \qquad (5.17)$$

Por lo tanto, el efecto de la energía de sobre unidad de un solo oscilador fotónico es inversamente proporcional a la temperatura absoluta "*T*" y directamente proporcional a la frecuencia υ. La sobre unidad en este contexto es un término que indica que el cociente de la energía inicial de un oscilador fotónico único a la energía final es mayor que uno como función de la frecuencia y/o de la temperatura absoluta del medio. Por lo tanto, nuestro universo, donde todo está en movimiento, no es ajeno a la sobre unidad o al movimiento perpetuo, que en el mundo natural no son imposibles.

El efecto de la energía de la sobre unidad tiene implicaciones teóricas importantes. El espacio-tiempo es caracterizado por una energía del punto cero que tiene la característica que su presión asociada es negativa y así hace que el espacio-tiempo se amplíe. Esta expansión de cada punto en el espacio-tiempo sugiere que la constante cosmológica y la densidad de la energía del punto cero del espacio-tiempo pueden ser una y la misma.

La cantidad de la energía del punto cero en el espacio-tiempo es enorme. Parece que hay energía cinética disponible en cada punto del espacio-tiempo que puede ser aprovechada con una tecnología que pudiera potenciar todo tipo de dispositivos.

La frecuencia del oscilador fotónico se da por

$$\upsilon = \frac{2E}{h} \tanh \theta \tag{5.18}$$

Vamos a denotar el ángulo de la tangente hiperbólica de un solo oscilador fotónico en el espacio-tiempo isótropo y homogéneo en términos de su masa relativista para obtener

$$\theta = \frac{h\upsilon}{2kT} = \frac{m_{REL}c^2}{2kT} \tag{5.19}$$

En este caso, para cualquier ángulo θ mayor de aproximadamente 11 grados, tenemos

$$\upsilon = \frac{2E}{h} \tag{5.20}$$

Para cualquier ángulo θ mayor que aproximadamente 11 grados, ceteris paribus, el cociente de la energía media de un solo oscilador fotónico en el espacio-tiempo homogéneo e isótropo a su energía del punto cero es de unidad. Sin embargo, para cualquier ángulo θ igual o menor que aproximadamente 11 grados, ceteris paribus, el cociente promedio de la energía del punto cero está sobre la unidad. Así, para frecuencias menores de un solo oscilador fotónico, o a las temperaturas absolutas mayores, ceteris paribus, el oscilador fotónico obtendría el efecto de sobre unidad.

Imaginemos un dispositivo teórico de resonancia que es capaz de recibir las ondas electromagnéticas a la frecuencia υ de osciladores atómicos hipotéticos en una localidad del espacio-tiempo de tal manera que conectaría la vasta energía del punto cero, el engranaje de la naturaleza, a una maquinaria existente o futura. Así, la maquinaria puede ser conducida por una energía obtenible en cualquier punto del espacio-tiempo.

Por consiguiente, con la tecnología adecuada, una señal dirigida con una amplitud y una frecuencia υ apropiada podría ser capaz de transferir energía electromagnética a un oscilador atómico hipotético para inducir una frecuencia más baja a una temperatura más alta, o una frecuencia más alta en una temperatura más baja, para obtener el efecto de la sobre unidad en una localidad del espacio-tiempo. La interferencia teórica de las ondas electromagnéticas, entre la señal y el hipotético oscilador atómico, podría producir efectos gravitacionales y perturbaciones en el medio de la onda espaciotemporal local.

Cualquier campo físico de un objeto de masa que cambie la energía, o las ondas del espacio-tiempo, tales como un material dieléctrico, un conductor eléctrico, y un campo gravitacional, distorsiona el estado mecánico cuántico del medio de la onda espaciotemporal. Estos cambios ya han sido medidos por los investigadores. Las preguntas que quedan son ¿puede ser manipulada, o extraída, la energía del punto cero?, y cómo?

§ 6. Epilogo

Hemos visto que algunas de las fuerzas descritas son bien conocidas y aceptadas como la fuerza de Newton, la de Watt, y la de Joules, y que sus aplicaciones permanecen inalteradas. En la matriz de las fuerzas de seis dimensiones, a medida que incrementamos las dimensiones temporales diferenciamos con respecto al tiempo lineal, y a medida que nos movemos a la derecha de la matriz multiplicamos la variable por una dimensión espacial lineal; sin embargo, cada fuerza puede todavía ser representada por la masa del objeto multiplicada por una aceleración como en la segunda ley de Newton. Esto implica que la energía, el movimiento, el impulso, la potencia y otras nociones físicas, pueden ser representadas por el concepto de una fuerza para determinar el resultado neto de las interacciones entre tales conceptos. La energía $\left(E_3\right)$ como una propiedad de seis dimensiones tiene beneficios y aplicaciones constructivas.

Capítulo 5

Sobre la masa relativista, la longitud, y el tiempo, dentro de un agujero negro supermasivo de Kerr-Newman

§ 1. Introducción: el atributo de la masa

La masa parece ser una característica de un cuerpo en una macroescala, independiente de su ambiente. Isaac Newton demostró que la masa determina la cantidad de aceleración que se produce cuando se acelera un cuerpo. La masa se considera ser la carga asociada a la fuerza de la gravedad. La masa de un cuerpo reside en sus átomos, sobre todo en su núcleo, que está hecho de los protones y los neutrones, que a su vez están hechos de los quarks, y otras partículas infinitesimales. Entre estas partículas o los bloques de construcción de la materia, hay una gran cantidad del espacio-tiempo que reside en las dimensiones intermedias, ya que la masa en una escala infinitesimal es discontinua.

El físico Albert Einstein describió la masa como energía sin movimiento general. La masa se considera el desequilibrio entre la energía y el impulso, $m_p^2 c^4 = E_p^2 - p^2 c^2$. En otras palabras, las partículas se pueden pensar como que tienen masa porque están palpitando con energía almacenada incluso cuando no están trasladándose de un lugar a otro. (Einstein, 1952) En la física cuántica, el campo de Higgs es un campo de la energía que existe en todas partes del universo. El campo está acompañado por una partícula fundamental llamada el bosón de Higgs, que el campo utiliza para interactuar continuamente con otras partículas, como los quarks. A medida que las partículas pasan por el campo se les da masa; los luxones que pasan por el campo de Higgs se convierten en los tardiones más lentos. Si el campo de Higgs no existiera, los luxones no tendrían la masa requerida para atraerse unos a otros, y flotarían alrededor libremente a la velocidad de la luz.

El principio de la relatividad especial de Albert Einstein indica que los luxones, las partículas sin masa viajan a la velocidad de la luz, y aquellas con masa, los tardiones, viajan más despacio que la velocidad de la luz. Por lo tanto, un objeto electromagnético, como un fotón, sin masa, que se mueve a través del espacio-tiempo en una manera relativista, incluso a menos de la velocidad de la luz, que, de acuerdo con la práctica, tiene masa; según el espacio-tiempo actúa como un medio separado de la materia. (Larmor, 1900) Por consiguiente, si hay un desequilibrio entre la energía de un objeto y su impulso, incluso al actuar solo, el objeto tendría el atributo de la masa. Un fotón que viaja a la velocidad de la luz tiene una masa relativista, pero cuando ese fotón está en descanso, no tiene el atributo de la masa. El fotón no tiene masa en su descanso. Así, *la masa relativista es la propiedad o la carga dada a un cuántico de la energía por la curvatura del espacio-tiempo sobre las dimensiones físicas, o la geometría, de su estado físico*. Cuanto mayor sea la masa o su densidad, mayor será el efecto global de la curvatura del espacio-tiempo y más intensa la carga de la masa. Entonces, *si una manifestación física de la energía está en movimiento y comprime el espacio en su trayectoria, un efecto similar a la curvatura espaciotemporal resulta, y se puede decir que esa energía móvil tiene un atributo de masa.*

Por otra parte, el espacio-tiempo es el medio y la barrera de la velocidad a la luz puesto que la luz no puede viajar más rápidamente que su medio. Sin embargo, si el espacio se extiende más rápido que la velocidad de la luz es totalmente posible que un objeto que se mueve en el espacio extensible y superlumínico pueda viajar tan rápido como su medio espacial, en cuyo caso el objeto en movimiento podría estar viajando más rápido que nuestra medida de la velocidad de la luz *"c"* en un marco de referencia, subluminal o luminal, del espacio-tiempo. Si el objeto en movimiento convierte parte de su masa relativista en impulso en la barrera de la luz, su velocidad aumentará en el espacio extensible y superlumínico. La masa y el tiempo se dilatan en la dirección del movimiento. (Lorentz, 1909, 1920) Por eso, según la masa relativista del objeto se condensa, el desequilibrio entre su energía y su impulso disminuirá y la velocidad de la masa relativista aumentará.

$$m = \frac{E}{c\sqrt{c^2 + v^2}} \tag{1.1}$$

Además, se ha teorizado que si consideramos el arrastre de un marco de referencia en una región rotatoria cercana a un agujero negro de Kerr-Newman, como la ergosfera, y enviamos un objeto, que se traslada cerca de la velocidad de la luz, en una órbita alrededor de la ergosfera del agujero negro, el objeto puede viajar más rápido que la velocidad de la luz con respecto a otro marco inercial de referencia en el universo, cuando se observa desde una región alejada del agujero negro, donde el efecto de arrastrar el marco local es insignificante. Además, un objeto puede moverse más rápido que la luz con relación a otro objeto en un espacio homogéneo e isótropo alejado del agujero negro, como resultado de la extensión o de la contracción del espacio, en la región del agujero negro donde el espacio-tiempo crea el movimiento. Otros ejemplos para un viaje más rápido que la luz son las hipotéticas partículas elementales que se denominan las partículas de masa imaginaria que tienen la propiedad de acelerar, o ralentizar, a medida que pierden la masa, o la energía, el valor de su masa imaginaria se define por el índice de pérdida en el cual esto ocurre, o la velocidad de la fase de una onda electromagnética, al viajar a través de un medio, puede exceder rutinariamente *"c"*, la velocidad libre de la luz en el espacio-tiempo. Se ha sugerido en previas investigaciones que, si las partículas fueron creadas inicialmente con sus velocidades más rápidas que la luz en las colisiones de partículas, no sería necesaria la aceleración o la energía infinita para el movimiento superlumínico.

$$\left(i\frac{\partial m}{\partial t}\right)^2 = -\left(\frac{\partial m}{\partial t}\right)^2 = -\left(\frac{\partial\left(\frac{E}{c\sqrt{c^2+v^2}}\right)}{\partial t}\right)^2 \qquad (1.2)$$

1.1. El sonido en la luz viaja a través del espacio: la música de las estrellas.

Si el sonido audible a los seres humanos no puede viajar en el vacío del espacio-tiempo debido a la carencia de bastantes partículas o moléculas contiguas, como en un gas o en una materia sólida, ¿puede viajar el sonido a través de una onda electromagnética, tal como la luz, considerando que la luz es a la vez una onda y una partícula? La luz actúa como una onda y una partícula en el mar del Big Bang o de los fotones cósmicos. Los fotones tienen masas relativistas mientras viajan a una velocidad *"c"* después de su emisión desde una fuente de luz. ¿Son los fotones afectados por reverberaciones en el medio de onda espaciotemporal? ¿las vibraciones de una fuente secundaria de sonido causarían modulación en el medio de la onda espaciotemporal de la luz?

El sonido es un medio de transferencia de la energía a través de la materia, mientras que la luz es una onda, y una partícula, de energía pura. Así, el sonido y la luz pueden interactuar a través del medio de la onda espaciotemporal. El campo de la acústica y óptica se basa en este principio para estudiar las interacciones entre las ondas sonoras y las ondas luminosas. El efecto luminosonico pudo haber ocurrido durante la vida inicial del universo, con los "rayos - x" como las ondas electromagnéticas y las ondas infrasónicas como el sonido. La investigación cuántica y electrodinámica ha proporcionado una expresión para la interacción entre los fotones cósmicos, el estudio del gas fotónico cósmico, y la velocidad del sonido en el mar de los fotones cósmicos. (Partovi, 1994)

$$v_{sound} = \left[1 - \frac{88\pi^2\alpha^2}{2025}\left(\frac{T}{T_e}\right)^4\right]\frac{c}{\sqrt[2]{3}} \tag{1.3}$$

donde α es la constante de la estructura fina, *"c"* es la velocidad de la luz en el vacío, y T es la temperatura absoluta del gas del fotón, y T_e es la temperatura absoluta de la masa del electrón, $T_e \approx 5.9 \text{ x } 10^9$ Kelvin.

Una onda acústica es una onda de la presión longitudinal a través de un medio de onda. Mientras que la onda acústica se propaga a través del medio de la onda, el medio de la onda experimenta las reverberaciones localizadas. Es posible que, si una onda sonora se propaga a través de un gas fotónico cósmico, pueda haber un efecto similar.

Un fotón, también un bosón, no tiene polaridad porque tiene sus cargas espaciotemporales iguales y opuestas, pero un fotón tiene un campo electromagnético entre sus polos espaciales (magnéticos) o polos temporales (eléctricos). Los bosones pueden tener sus estados cuánticos idénticos, por lo que los bosones pueden ocupar unas localidades espaciotemporales muy cercanas. La carga total de un fotón es neutra, por lo que no tiene que obedecer el principio de exclusión de Pauli. Por otra parte, la interacción de dos fotones virtuales en los experimentos de colisión de alta energía es una ocurrencia común. Una onda fotónica puede interactuar con otra onda fotónica de forma constructiva o destructiva para producir una onda resultante a través de un medio de onda.

Debido a la investigación previa sobre la naturaleza cuántica de una onda electromagnética, es posible teorizar que un fotón puede desacoplarse en una carga positiva y una carga negativa, y con su energía entrante por encima del umbral de la interacción, el fotón puede someterse a monopolo, y a la producción de pares, cerca de un núcleo. Todos los números conservados de un cuántico (el impulso angular, la carga eléctrica, el número de leptones) de las partículas producidas deben sumar a cero, así los monopolos no permanecen desemparejados. También es posible que cuando un fotón, con su energía entrante por encima del umbral de la interacción, se absorbe en un átomo, las fuerzas electromagnéticas existentes dentro del átomo, entre el núcleo positivo y el electrón negativo o los electrones negativos, inicien los monopolos y la producción de pares. La absorción y el aumento de las cargas positivas y las negativas de los fotones en el átomo pueden ser responsables por los cambios orbitales de los electrones. Del mismo modo, la emisión y la disminución de las cargas positivas y las negativas en el átomo pueden iniciar la producción y la emisión de fotones. La probabilidad de la producción de pares en la interacción entre un fotón y un átomo aumenta con la energía del fotón en aproximadamente el cuadrado del número atómico del átomo que interactúa. La dispersión débil de un fotón por otro fotón puede existir, en el puro vacío espaciotemporal, sobre un cierto umbral de la energía del centro del sistema de los dos fotones, donde la producción de pares puede ser iniciada.

¿Puede ocurrir el desacoplamiento electromagnético fotónico en el gas fotónico cósmico? Si la luz se descompone en las cargas, por ejemplo, a través de la producción de pares en el gas fotónico, en el medio de onda espaciotemporal, las ondas de compresión y de expansión también pueden viajar a través del medio de onda espaciotemporal. En tal caso, las cargas obedecerían al principio de exclusión de Pauli. Entonces, en tal posible situación, una onda sonora puede viajar a través de la luz.

Pensemos ahora en la siguiente posibilidad tecnológica, una onda sonora que se propaga a través de un medio de onda de las partículas sobre una membrana material que es capaz de vibrar, emitir los fotones y las ondas electromagnéticas que se propagan a través del vacío. La membrana acústica de tal tecnología emite la radiación que codifica la onda sonora en una onda electromagnética que se puede descifrar por un receptor opto-acústico apropiado. La glándula pineal recibe las ondas electromagnéticas del tímpano que codifica las ondas sonoras. Si tal mecanismo bio-acústico-óptico, o una tecnología similar, se combina con un puente espaciotemporal como un medio de onda, las ondas sonoras podrían propagarse entre dos localidades espaciotemporales distantes en nuestro universo a una velocidad más rápida que la luz.

Los fonones se producen de la vibración de las redes o las celosías de los átomos o de las moléculas, típicamente debido al traslado térmico. Los fonones producen las ondas electromagnéticas por medio de la modulación de las ondas espaciotemporales a través de la oscilación, o la perturbación, del medio de onda espaciotemporal. La energía se conserva durante la producción de los fonones $(\hbar\omega)$ y la emisión de los fotones $(\hbar\nu)$. Es posible visualizar una tecnología para perturbar el medio de la onda espaciotemporal en una estructura de la banda de frecuencia audible para emular los fonones como una cuántica de sonido virtual que emite los fotones que llevan las ondas sonoras en el medio espaciotemporal a la velocidad de la luz. Estas tecnologías pueden convertirse en la espina dorsal de las redes intersolares, o intergalácticas, las redes del infobahn galáctico, que pueden interconectar los sistemas planetarios y los globales en el internet del futuro.

La dualidad de la luz describe cómo los fotones pueden comportarse como las partículas o las ondas. Vamos a conceptualizar cómo los fotones pueden comportarse a través del entrelazo entre los fotones mismos, o entre un fotón, y el mecanismo de medición, que incluye el registro de un estado cuántico, o un comportamiento o un atributo observado, del fotón. Del mismo modo, la conciencia de un observador de la medición también puede servir como un mecanismo de medición y un registro de eventos (memoria).

Un fotón se puede emparejar directamente con otro fotón a través de la producción del par, p.ej. un leptón o un quark, a cualquiera de cuál el otro fotón se puede emparejar, sin la violación del principio de la incertidumbre. Así, el fotón se puede emparejar directamente a un quark dentro del fotón que es su objetivo, que se puede describir intrínsecamente por la función de la estructura del fotón.

Una onda electromagnética puede consistir en uno o más fotones de la misma frecuencia que viajan a través del medio de la onda después de su emisión de una fuente. Una onda electromagnética y sus fotones pueden ser emitidos de forma contigua por su fuente como un haz coherente, siempre y cuando la fuente esté activa. Es posible visualizar cada longitud de onda, λ , de la onda electromagnética, como un fotón individual que representa un cuántico de energía de Planck a una frecuencia específica, $E = \hbar \nu$. La energía de la onda fotónica consiste en la energía intrínseca de su campo eléctrico y su campo magnético propagado por la onda espaciotemporal. Si la onda se colapsa en el corpúsculo de un fotón, el fotón se propaga como una partícula individual, con toda su energía electromagnética condensada dentro de su límite físico. En tal escenario, todo un haz electromagnético se reduce a partículas distintas. El mecanismo de la medición registra la existencia de un fotón partiendo el fotón en el proceso, causando el desacoplamiento del fotón del resto de los fotones en el haz electromagnético, como si el fotón se hubiera reorientado a través de la torsión para entrelazarse con una copia de sí mismo. Mientras que el fotón medido se desempareja del haz de la onda electromagnética, el resto de los fotones en el haz de onda electromagnética siguen el juego. La onda electromagnética del haz se transmuta de una onda electromagnética transversal a una onda longitudinal de las partículas electromagnéticas.

Cuando la onda electromagnética del haz se transmuta, es posible que la orientación orbital de la longitud de onda de los fotones medidos cambia de transversal a ortogonal a la dirección de la propagación. La longitud de onda del fotón medido se entrelaza y se alinea con su duplicado registrado mientras que todavía se propaga hacia su destinación. El área orbital del fotón seccionada transversalmente y su cuántico de energía se conservan. Desde una perspectiva ortogonal a la dirección de la propagación, cada cuántico luminoso distinto aparece como una partícula distinta de una onda electromagnética longitudinal. Los fotones y sus interacciones son atemporales, y las interacciones fotónicas son intemporalmente aplicables desde la fuente hasta la recepción final. Los fotones pueden interactuar atemporalmente, percibidos como instantáneos, u ocurriendo hacia el pasado, a cambios en el mecanismo de la medición y el registro de los eventos temporales.

Por otra parte, los fotones, como bosones, pueden traslaparse en el mismo estado cuántico exacto. Una abundancia de fotones puede existir en la misma localidad espaciotemporal, propagándose en la misma dirección, con la misma polarización, y a la misma frecuencia, como haces electromagnéticos coherentes. El brillo del haz de luz indica el número de fotones y la frecuencia entre la fuente y el receptor. Si una fuente de luz emite un fotón en el espacio libre, que se duplica en una onda electromagnética en la dirección de la propagación, el fotón se convierte en un haz electromagnético coherente. Por lo tanto, una fuente, emitiendo un fotón por segundo en el espacio libre, emite una onda electromagnética que es propagada por la extensión espaciotemporal, como cualquier otra onda electromagnética de cualquier otra fuente similar.

1.2. La interacción gluónica

Un gluon virtual que no interactúa, en el modelo cromodinámico de seis dimensiones, consiste en uno de los tres pares de gluones de color-anticolor según las tres probabilidades de la partícula. Cada probable par de gluones de color-anticolor en el gluon virtual que no interactúa, se puede describir como un dipolo gluónico con un potencial de campo de color que forme la base del estado del singlete de color del portador de la fuerza electromagnética o del bosón de calibre en la naturaleza. Los bosones de calibre median en las fuerzas débiles, las fuertes y las electromagnéticas. Por la convención de la carga de color, un gluon de color representa un nodo positivo, y el gluon conjugado de anticolor representa un nodo conjugado negativo en el dipolo gluónico. El color o el anticolor puede ser real o imaginario, es decir, espacial o temporal. Si una fuerza fuera a separar cualquiera de los tres probables gluones positivos de color, de cualquiera de los tres correspondientes gluones negativos de anticolor que represente cada una de las tres probabilidades iguales de la partícula de un gluon virtual que no interactúa, el resultado sería un dipolo gluónico con un potencial del campo de color virtual que emerge como un campo del color virtual. Los estados de color pueden combinarse fuera de los ocho estados de color de los gluones virtuales que interactúan en forma lineal e independiente, excepto el noveno estado de color o el estado virtual gluónico que no interactúa, correspondiente al fotón. Ninguna combinación disponible entre ninguno de los ocho estados de color produce ningún otro estado de color, o el estado singlete de color correspondiente al fotón.

Los quarks que interactúan son mediados por los gluones de color y de anticolor. Cada quark que interactúa tiene una carga eléctrica resultante que es positiva o negativa. El par de un quark y un antiquarks tiene cargas opuestas. Cuando las cargas de color (rojo, azul, y verde) se combinan hay una carga resultante de color que es positiva o negativa, excepto en el caso del gluon neutro o del gluon que no interactúa. Propongamos que cada carga de color, o de anticolor, tenga la misma carga eléctrica, ya que cada color de gluon (rojo, azul, o verde) puede ser una carga de color real o imaginaria. Una carga positiva de color se atrae a cualquier carga de anticolor negativa, y viceversa. El gluon y el fotón se consideran bosones sin masa de un vector con un espín de 1. El gluon tiene paridad intrínseca negativa. La paridad intrínseca es un factor de fase que se presenta como un valor de cambio (eigenvalue) de la operación de paridad, que es una reflexión alrededor del origen. El gluon tiene solamente dos estados de polarización. La invariación del calibre requiere que la polarización del gluon sea transversal. Denotemos que los dos estados de polarización del gluon son positivo o negativo. El gluon con una carga de color: rojo, azul o verde, es $\pm$ cuando su gluon conjugado con una carga de anticolor es $\mp$. Por lo tanto, cualquier par individual, por ejemplo, $r\bar{r}$, o cualquier par doble, p.ej. $2b\bar{b}$, de un gluon real o imaginario de color-anticolor, puede tener cargas eléctricas reales o imaginarias de acuerdo con el principio de correspondencia de la carga de color cromodinámica a la carga eléctrica.

Los Gluones	Rojo (r or ir)	Azul (b or ib)	Verde (g or ig)	Antirojo ($\bar{r}$ or $i\bar{r}$)	Antiazul ($\bar{b}$ or $i\bar{b}$)	Antiverde ($\bar{g}$ or $i\bar{g}$)
Color Real	$\pm\frac{2}{3}e$	$\pm\frac{2}{3}e$	$\pm\frac{2}{3}e$	—	—	—
Color Imaginario	$\pm i\frac{2}{3}e$	$\pm i\frac{2}{3}e$	$\pm i\frac{2}{3}e$	—	—	—
Anticolor Real	—	—	—	$\mp\frac{e}{3}$	$\mp\frac{e}{3}$	$\mp\frac{e}{3}$
Anticolor Imaginario	—	—	—	$\mp i\frac{e}{3}$	$\mp i\frac{e}{3}$	$\mp i\frac{e}{3}$

Fig. 1. La carga de color cromodinámica a la correspondencia eléctrica de la carga de gluones.

La helicidad de un gluon virtual describe una combinación del espín y el movimiento lineal instantáneo que es una invariante de Lorentz, es decir, la helicidad tiene un valor que es el mismo en todos los marcos de referencia inerciales. Si el vector del espín de un gluon virtual apunta en la misma dirección que el vector del impulso, la helicidad es positiva (diestra), si los vectores del espín y del impulso apuntan en direcciones opuestas, la helicidad es negativa (zurda). La helicidad de un gluon virtual sin masa, o fotón virtual, es siempre igual a su quiralidad mecánica cuántica. Un gluon virtual es quiral si es indistinguible de su reflejo en un espejo plano. El gluon virtual no se puede superponer sobre su imagen reflejada. Las manos humanas son quirales.

La combinación del espín y el movimiento lineal instantáneo del gluon virtual describe su quiralidad (destreza) o la helicidad (polaridad). Para el gluon virtual sin masa con una carga de color-anticolor, la helicidad (polaridad) es igual que la quiralidad (destreza). La quiralidad o la helicidad de los gluones virtuales masivos es positiva (diestro, antihorario) o negativa (zurdos, horario), correspondiente a la polaridad de la carga eléctrica basada en la magnitud de la carga elemental, *"e"*, llevada por un solo protón o electrón. Según la convención rotatoria, si uno imagina un reloj redondo de pared que es virtual y sin masa, que se lanza como un frisbi hacia la derecha, con su vector de espín definido por sus manillas y su dial que mira hacia arriba, tal reloj tendría la quiralidad y la helicidad negativas. Las cargas de color opuestas, de un gluon virtual sin masa, tienen quiralidad y helicidad opuestas. Las cargas de color opuesto se atraen, las cargas de color igual se rechazan. La quiralidad y la helicidad que son opuestas se complementan, la quiralidad y la helicidad que son iguales se separan. La relación de una carga de color y una carga anticolor de un gluon virtual sin masa, o la relación de la quiralidad y la helicidad entre los gluones, sigue el principio del remolino de yin-yang, en un reino espaciotemporal de escalas donde el electromagnetismo emerge de la cromodinámica. La cromodinámica es la base de las fuerzas fuertes, las débiles, y las magnéticas.

La quiralidad y la helicidad designan la polaridad de una carga eléctrica, o la polaridad de una carga de color, de un gluon virtual sin masa. La carga en sí es neutra. La carga es espaciotemporal en su naturaleza. Un Coulomb de carga consiste en una unidad de longitud espacial por una unidad conjugada que es temporal y ortogonal. La carga es una manifestación espaciotemporal que emerge de dos dimensiones. La carga cuántica de Planck es aplicable en la escala de un gluon. Cualquier carga de color o de anticolor, es un múltiple de la carga cuántica de Planck, $t_p l_p$.

$$r \rightarrow \pm\frac{2}{3}e \rightarrow \pm\frac{2}{3}nt_p l_p \qquad (1.4)$$

$$\bar{r} \rightarrow \mp\frac{e}{3} \rightarrow \mp n\frac{t_p l_p}{3} \qquad (1.5)$$

$$n = \frac{e}{t_p l_p} \qquad (1.6)$$

Se presume que la quiralidad produce la destreza, y el espín produce el arrastre de un marco espaciotemporal, alrededor de una carga gluónica de color que sea opuesta para el positivo o el negativo, proporcionando la atracción o la repulsión. Las cargas opuestas de color proporcionan el arrastre complementario del marco espaciotemporal, disminuyendo la distancia entre las cargas. Las cargas iguales de color proporcionan un arrastre de marco espaciotemporal repulsivo, aumentando la distancia entre las cargas. La destreza de la quiralidad permite la superposición de las cargas de color.

Las cargas gluónicas de color son de tres características, o tres números cuánticos de las cargas de color, que no infringen el principio de exclusión de Pauli. El principio de exclusión de Pauli de la cromodinámica indica que dos o más cargas de color de unos gluones idénticos no pueden ocupar simultáneamente el mismo estado de carga de color dentro del límite de un gluon. Es digno hipotetizar que hay cuatro números cuánticos de cargas de color de un gluon: la polaridad de la carga eléctrica, la destreza de la quiralidad, la polaridad del espín, y la orientación axial del espín o de la posición del espín. La orientación axial del espín corresponde a cualquiera de los sentidos de las tres direcciones espaciotemporales de las coordenadas cartesianas, *"x"*, *"y"*, y *"z"*, donde el polo magnético Norte, que se centra y es perpendicular a las cargas cuánticas de Planck bidimensionales, apunta mientras gira. El número magnético de la carga cuántica distingue las cargas rojas, las verdes, y las azules de color; en consecuencia, no se infringe el principio de exclusión de Pauli. El color y el anticolor, del mismo color, tienen la orientación axial opuesta del espín que son quirales y pueden ser complementarias. El color y el anticolor, de diverso color, tienen las orientaciones axiales perpendiculares que se aparean o se acoplan en un ángulo, como los engranajes biselados, y pueden ser complementarios. El color y el diverso color, o el anticolor y el diverso anticolor, serían repulsivos.

Los pares con la carga de color-anticolor de los gluones se pueden apilar juntos. Las pilas de carga de color pueden separarse, reorientarse en otros pares de color-anticolor, antes de que sean absorbidos por los quarks. La separación y la reorientación pueden ocurrir debido a las fuerzas magnéticas de otras cargas cercanas de color o de anticolor. Una pila color-anticolor, del mismo color, puede separarse y reorientarse en otros pares de color-anticolor, o puede continuar como una pila, con una carga eléctrica neutra y general que represente un fotón virtual, o un estado singlete de color. A bajas energías, los haces de los fotones se entrecruzan entre sí a través de un medio nublado o turbio sin que los fotones interactúen o interfieran.

Actualmente, los parámetros que distinguen un fotón del otro son la frecuencia lineal, la longitud de onda, el color, que son los parámetros dependientes, la masa de descanso cero, la polarización (la dirección o las direcciones en la cual el campo eléctrico y el campo magnético oscilan), la longitud espacial (la longitud espacial del paquete de la onda que contiene el fotón), y la longitud temporal (la longitud temporal que toma para pasar un punto fijo en una velocidad *"c"*), son los parámetros independientes. Entonces, desde este punto de vista, es posible asumir que todos los fotones no comparten los estados cuánticos iguales de estos parámetros. Por consiguiente, es posible que haya distintas clases de fotones.

Es posible suponer que un fotón puede ser un paquete superpegado de la onda de los pares fuertes de color-anticolor que no interactúan, es decir supergluones, de la misma tonalidad. Un superpar fuerte de color-anticolor puede dividirse a través de la cromomeiosis, en dos subpares más débiles, donde cada subpar puede ensamblarse, a través de cromosíntesis, a un subpar adyacente de otro superpar, para formar otro superpar distinto de color-anticolor. Todos los pares fuertes de color-anticolor pueden pegarse juntos por este mecanismo de supercola, en un paquete superpegado de la onda. La estabilidad del paquete superpegado de la onda de un fotón puede depender de la energía colorista y de la cantidad de gluones. La masa gluónica virtual de un paquete de onda superpegada se puede mirar comparativamente como la masa de descanso cero.

Las acciones del mecanismo de supercola pueden generar oscilaciones y torsión en el paquete de ondas superpegadas como superpares que se dividen en subpares, los subpares gravitan hacia el centro de la coloración, los subpares se unen en superpares cerca del centro de coloración, y los superpares gravitan hacia el límite del paquete de la onda superpegada. Las corrientes gluónicas virtuales entre los superpares y los subpares subyacen al mecanismo de supercola del paquete de las ondas virtuales. Estas capas gluónicas son como las capas de una cebolla virtual que puede expandirse a medida que las ondas espaciotemporales interfieren, y otras capas pueden manifestarse.

El paquete de onda superpegada, o el fotón virtual, puede tener un movimiento orbital. A medida que un fotón virtual orbita, las ondas espaciotemporales del medio pueden expandirse o contraerse en todas sus direcciones a medida que interfieran. Según una onda espaciotemporal se expande en todas las direcciones alrededor del fotón virtual, el movimiento orbital se convierte en un paquete de ondas en todas las direcciones de la onda emergente. Supongamos que, cuando el paquete virtual de la onda, o el fotón virtual, orbita, el plano orbital puede girar alrededor de su eje, lo que explicaría los parámetros dependientes de la frecuencia lineal, la longitud de onda, y el color, dependiendo del ángulo de la fase del plano orbital en cada sentido de la dirección de la coordenada, según el fotón virtual se mueve a lo largo de la dirección espaciotemporal en expansión. El movimiento lineal de la onda, las oscilaciones del paquete, y el movimiento rotatorio de la onda alrededor del eje, explicarían los parámetros dependientes del fotón virtual.

El eje del fotón virtual puede girar, sin precesión, lo que explicaría la polarización de la onda electromagnética. Si el eje gira en un plano vertical, el paquete de ondas en la dirección lineal no está polarizado, pero se polarizaría en una dirección perpendicular al mismo plano vertical. Los fotones pueden entrelazarse en un volumen espaciotemporal y no interferir. Por lo tanto, la combinación del tambaleo del movimiento orbital, el axial, el rotatorio, el pulsante, el traslado, y la coloración de un fotón virtual, puede dotar al paquete de la onda con sus parámetros dependientes e independientes.

La característica electromagnética del paquete superpegado de ondas de un fotón virtual puede emerger de la orientación y la alineación de los dipolos gluónicos, cargados eléctricamente, que se suman a una carga total de cero. Por consiguiente, la composición eléctrica de un fotón virtual de una clase distinta se puede ilustrar por el concepto de un dipolo eléctrico estático, donde el medio espaciotemporal del paquete de la onda es la fuente temporal y el sumidero espacial del circuito eléctrico cerrado, y el campo eléctrico es el camino de retorno entre las cargas opuestas. *El campo eléctrico es la parte que no es virtual del circuito, ya que se convierte en parte del sistema espaciotemporal, y puede expresarse como una energía potencial del campo eléctrico.* Un dipolo de punto eléctrico de un fotón virtual es el límite obtenido al dejar que la separación entre las cargas eléctricas opuestas se aproxime a cero manteniendo fijo el momento del dipolo eléctrico. Un dipolo teórico del punto magnético de un fotón virtual tiene un campo magnético de la misma forma que el campo eléctrico de un dipolo de punto eléctrico. El comportamiento dinámico del dipolo fotónico sigue las leyes de la energía que incluyen la conservación de la energía. La conservación de la energía subyace a la simetría temporal.

El dipolo de punto eléctrico de un fotón virtual nos proporciona un marco teórico que nos permite considerar el circuito eléctrico del dipolo desde una perspectiva diferente. El espacio-tiempo del paquete de onda es la fuente de la energía del dipolo fotónico virtual, las cargas eléctricas gluónicas son los terminales del circuito, y el potencial del campo eléctrico a través del espacio-tiempo local es la carga. Si se utiliza energía externa para polarizar un fotón virtual para crear un dipolo de punto eléctrico, el dipolo fotónico proporciona una fuente de potencial del campo eléctrico que puede realizar trabajo. Por el principio de la superposición, los dipolos fotónicos virtuales pueden orientarse y alinearse para aumentar el potencial del campo eléctrico en la región espaciotemporal del paquete de onda. Si se mantiene un dipolo fotónico virtual, el campo eléctrico brota entre las cargas gluónicas opuestas, convirtiéndose en la energía que no es virtual.

Si hay varios resultados que son igualmente probables, entonces la ruptura espontánea de la simetría puede ocurrir. El sistema del dipolo fotónico virtual sería simétrico con respecto a estos resultados. Sin embargo, si el sistema del dipolo fotónico virtual es utilizado, o interactúa con algo, de alguna manera, un resultado específico ocurriría. Por lo tanto, el sistema de dipolo fotónico virtual es simétrico, aunque no sea encontrado con tal simetría, sino con un estado asimétrico específico. En tal caso, la simetría del dipolo fotónico virtual se rompe espontáneamente.

La fractura de la simetría representa la ruptura de la simetría exacta de las leyes subyacentes de la física en la composición de un fotón por la formación aleatoria de la estructura de un dipolo fotónico virtual. Así, la fractura de la simetría ocurre en la formación del patrón de un dipolo fotónico virtual. En la ruptura espontánea de la simetría, las ecuaciones de movimiento del campo eléctrico son invariantes, pero el sistema no es, porque el medio espaciotemporal del sistema no es invariante. Tal simetría que se rompe esta parametrizada por un parámetro de orden. En el caso del dipolo fotónico virtual, el parámetro de orden es la polaridad de las cargas gluónicas. El dipolo fotónico virtual a través de la ruptura de la simetría se convierte en un potencial de campo eléctrico que no es virtual.

Según el gradiente del potencial de campo eléctrico se proyecta a través de la longitud temporal de la carga positiva gluónica hacia la carga negativa gluónica en un modelo de flujo convencional, el gradiente espaciotemporal del potencial de campo eléctrico puede ejercer una fuerza lateral, o en la dirección de su trayectoria.

Cuando el gradiente espaciotemporal del potencial de campo eléctrico se extiende sobre la carga gluónica negativa, se acopla con la sustancia espaciotemporal existente de la carga gluónica negativa para completar el circuito. El gradiente espaciotemporal apunta en la dirección donde el campo eléctrico aumenta o disminuye más con el potencial de campo eléctrico.

El potencial de campo eléctrico existe entre los gluones virtuales cargados eléctricamente en la composición del fotón virtual. El gradiente representa los tubos virtuales de la tensión a través del medio espaciotemporal infinitesimal de las fuerzas de atracción entre los colores virtuales que están cargados eléctricamente y los anticolores dentro del reino de cada dipolo fotónico virtual. Supongamos que cuando los gluones se separan dentro del límite de un dipolo fotónico virtual, el dipolo fotónico virtual se orienta, se alinea y se fortalece, como si la fuerza variable del campo eléctrico colectivo pudiera estar produciendo los tubos virtuales de tensión a través del medio espaciotemporal, que aumentan la energía del potencial del campo eléctrico.

La energía se emite entre las cargas opuestas, la región espaciotemporal de la emisión es la región positiva, y la región espaciotemporal de la recepción es la región negativa, del modelo de un dipolo convencional. El espacio-tiempo es la fuente, el sumidero, el medio, y el retorno del circuito cerrado, en la transferencia de la energía del dipolo fotónico virtual. La energía compleja, $S\Delta t$, diverge, como la energía reactiva de la región temporal, $iQ\Delta t$, transmutándose en el potencial del campo eléctrico que no es virtual, el cual converge hacia atrás, como energía real o activa, $P\Delta t$, que no es virtual, de la región espacial del dipolo fotónico virtual.

$$S\Delta t = P\Delta t + iQ\Delta t \tag{1.7}$$

Dividiendo la ecuación anterior por, Δt, se rendirá la ecuación de la energía compleja.

Basándose en las hipótesis anteriores y en la investigación teórica previa, si un gravitón puede ser representado por un volumen espaciotemporal en expansión o contracción, es posible que un gravitón sostenga cargas cuánticas de Planck dentro de sí mismo o en su límite, en el campo gravitacional de un cuerpo cargado de masa, con curvatura y cargas polarizadas. Una esfera o tubo quiral puede ilustrar un gravitón que es estático o dinámico.

La quiralidad y la helicidad del gravitón con una carga designa su polaridad general. Un volumen espaciotemporal homogéneo e isótropo con un espín de 1, que completa un giro a $c/\sqrt[2]{3}$, puede no expandirse o contraerse, manifestando un gravitón virtual estático.

Examinemos la interacción débil, o la fuerza débil, en términos de la teoría electrodébil, como el mecanismo de la interacción entre las partículas subatómicas que causan la desintegración radioactiva y juega un papel esencial en la fisión nuclear. La interacción débil se refiere a veces como la sabordinámica (flavordynamics). Además, la interacción débil es la única interacción fundamental que rompe la simetría de la paridad de carga. Por ejemplo, la interacción débil se produce dentro del límite de un protón como una interacción fundamental de la naturaleza. Un neutrón puede beta-desintegrarse en un protón, un electrón, y un electrón antineutrino, con la interacción débil. El carbono 14 (con 6 protones y 8 neutrones) es un ejemplo de una desintegración-beta-menos a nitrógeno 14 (con 7 protones y 7 neutrones) más un antineutrino y un electrón.

Los colores y anticolores juegan un papel esencial en la interacción débil en los niveles más profundos de la naturaleza. Todas las interacciones débiles son las interacciones gluónicas de campo cercano dentro del límite de una partícula. El intercambio de los bosones de calibres W y Z, no sólo causa la transmutación de un quark, es decir cambiando el sabor de un quark, dentro de un hadrón, pero también cambia al mismo hadrón. Por ejemplo, un protón puede decaer hacia un neutrón, transformando un quark arriba (udu), con una carga eléctrica de $+\frac{2}{3}e$, en un quark abajo (ddu), con la carga eléctrica de $-\frac{e}{3}$, mientras que emite un bosón de calibre W+, para transmutar un positrón en un electrón neutrino. El bosón de calibre W+, con una carga eléctrica de $+1e$, transfiere la energía de sus campos gluónicos y sus cargas de color al positrón para manifestar un electrón neutrino.

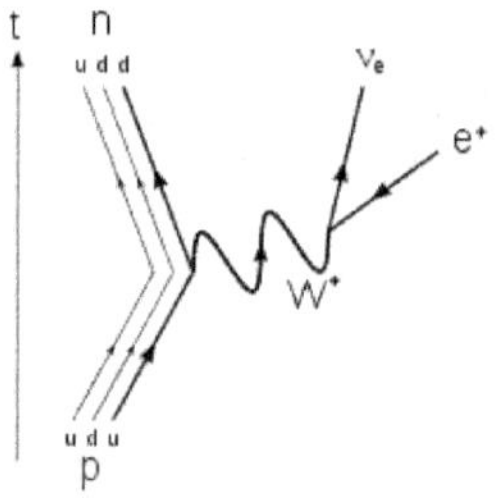

Fig. 2. Un diagrama de Feynman para la emisión de un electrón neutrino.

Semejantemente, durante una desintegración-beta-menos de un neutrón hacia un protón, la transformación de un quark abajo a un quark arriba ocurre, mientras que se emite un bosón de calibre W−, con una carga eléctrica de $-1e$, retirando energía de los campos gluónicos del electrón antineutrino (leptón), y transfiriendo las cargas de color, para transmutar el electrón antineutrino hacia un electrón (leptón).

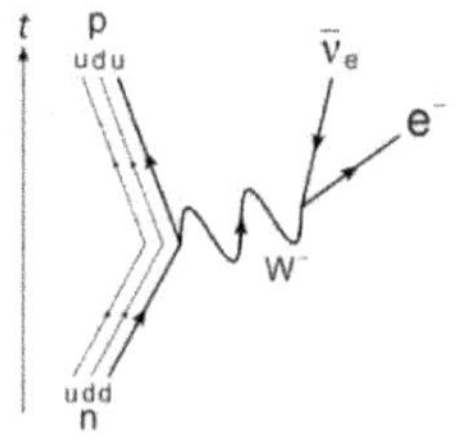

Fig. 3. Un diagrama de Feynman para la emisión de electrones.

Los bosones de calibre $W\pm$ son los mecanismos gluónicos para transferir o retirar la energía de los campos gluónicos, y para transferir las cargas de color, durante las transmutaciones de un leptón. El bosón de calibre Z^0 tiene una carga neutra. El bosón neutro Z^0 puede ser emitido o absorbido por un quark, o un leptón, durante una interacción de corriente neutra, es decir, $e^- + Z^0 \rightarrow e^-$. El bosón neutro Z^0 tiene una desintegración rápida hacia una carga de color y una carga de anticolor, $Z^0 \rightarrow r + \overline{r}$. Así, el bosón de calibre Z^0 no se transforma ni en masa ni en carga.

La constitución gluónica de un bosón de calibre Z^0 es similar a la de un fotón. No es casualidad que la fuerza electromagnética y la interacción débil sean dos aspectos de una sola fuerza electrodébil.

Por lo tanto, la interacción fuerte, la interacción débil, y el electromagnetismo, son las interacciones gluónicas del campo cercano, el campo intermedio, y el campo lejano, dentro y fuera del límite de una partícula. Todas las manifestaciones de las partículas, de las antipartículas, y de las partículas virtuales implican la interacción gluónica, la interacción gravitacional, y la energía, que brotan del medio espaciotemporal.

Se ha observado que los gluones y los electrones pueden interactuar en el orden más bajo de la interacción fuerte para producir o para transmutar sabores pesados tales como el quark cima. Los diagramas siguientes de Feynman son interacciones de tipo nivel de árboles, sin lazos, entre un electrón y un quark cima.

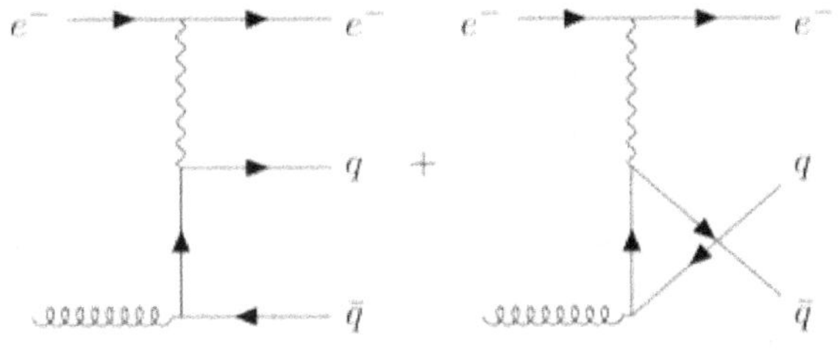

Fig. 4. Unos diagramas de Feynman para la interacción fuerte entre un electrón y un quark.

Los gluones son partículas virtuales que, desde la escala de un observador, pueden aparecer o desaparecer de lo que llamaríamos realidad. Los gluones y sus campos componen la mayor parte de la masa de las partículas observables. En una escala temporal muy corta, un gluon puede ser emitido por un quark, y después de una breve existencia, puede ser absorbido por otro quark.

Un gluon puede generar un cambio de color en un quark. Un gluon puede dividirse en un par color-anticolor que pueda ser absorbido por otro gluon. Las propiedades de un gluon que persisten, no las que fluctúan, participan en las fuertes interacciones.

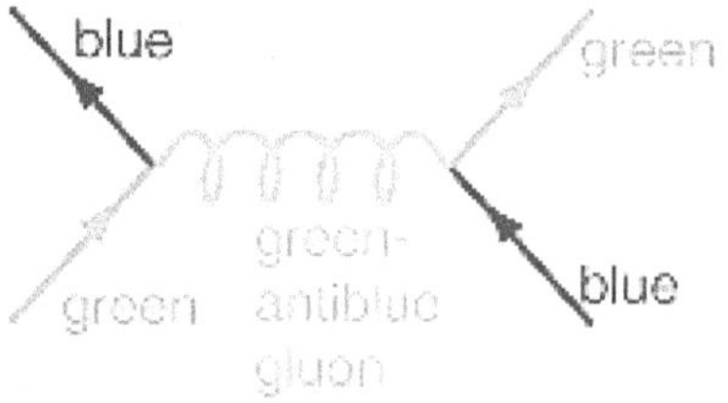

Fig. 5. Un diagrama de Feynman para una interacción entre los quarks mediados por un gluon.

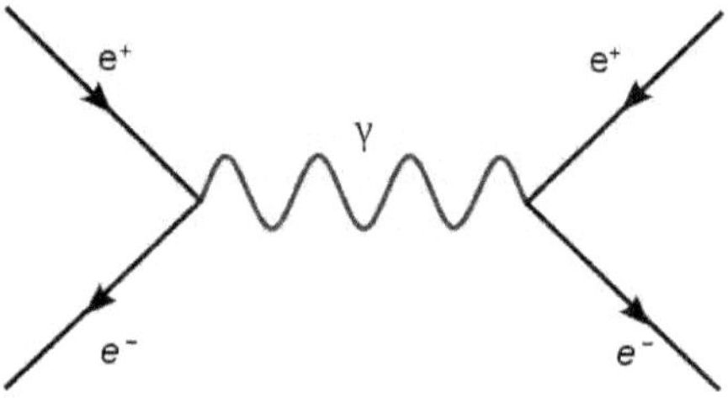

Fig. 6. Una interacción electromagnética de los electrones y los positrones creando un fotón virtual.

Un protón, o un neutrón, está hecho de tres quarks que viajan cerca de la velocidad de la luz dentro del límite de cada partícula, rodeada por otras partículas virtuales, y una nube de gluones virtuales que producen un potencial del campo gluónico. La mayor parte de la masa del protón, o del neutrón, viene de los campos gluónicos, no de los quarks. Los quarks se mueven dentro del límite de un protón, o un neutrón, como si no hubiera fuerza entre ellos en lo absoluto, es decir, son asintóticamente libres. (bruto, 1973)

Los gluones consisten en los dipolos de color-anti-color. Mientras que estos dipolos de color-anticolor rodean un quark, se alinean paralelo al color o anticolor del quark, consolidando el color, o el campo de anticolor. Así, el campo de color-anticolor del quark se amplifica y se consolida.

Si un quark entrara en la nube de color-anticolor de otro quark, cuanto más se acerca, menor sería la atracción, pero cuando más se aleja, más fuerte sentiría la atracción o repulsión de la nube de color-anticolor del otro quark. La nube gluónica actúa como un campo gluónico negativo. Además, puede haber un proceso desenfrenado de la interacción, donde los quarks emiten los gluones, los gluones emiten otros gluones, o los gluones pueden transmutar en pares virtuales de quark-antiquark que intercambian más gluones. Por lo tanto, en la escala muy pequeña dentro del límite de una partícula fundamental, todo parece ser el potencial del campo gluónico de los dipolos de color-anticolor. El potencial del campo gluónico se une a todo lo que hay.

El plasma de los quarks y los gluones que encarna la manifestación del quark existe en una densidad energética dinámica pero definida. La densidad de la energía en el centro del quark es casi de punto, en el medio de la nube gluónica donde la carga eléctrica es infinitesimal. Por consiguiente, el quark está distribuido en los puntos de energía del volumen espaciotemporal de su límite. El quark existe como un potencial concentrado del campo gluónico en un mar gluónico.

La cantidad y la frecuencia de las interacciones gluónicas juegan un papel esencial en el poder de la fuerza fuerte. Un gluon puede convertirse temporalmente en un par virtual de color-anticolor, o un par virtual de quark-antiquark, antes de convertirse en un gluon otra vez. La fluctuación de un par de color-anticolor es una interacción más débil que la interacción más fuerte de la fluctuación de un quark-antiquark. Sin embargo, el par de un gluon, o las fluctuaciones de un par de color-anticolor, son mucho más extendidas en el límite de una partícula, como un nucleón, por lo que representan una contribución más significativa a la fuerza fuerte. (Politzer, 1973)

1.2. (a) La formación del universo primitivo.

Los gluones y los quarks se agrupan libremente en el medio espaciotemporal del universo inicial. La temperatura del medio espaciotemporal inicial era demasiado alta para que los hadrones se formaran en las partículas elementales. El estado cuántico del universo inicial era un plasma de los quarks y los gluones que ya ha sido replicado en los experimentos a través de la colisión de los núcleos atómicos. La evolución del plasma de los quarks y los gluones durante el enfriamiento ha proporcionado una gran penetración en la interacción de los quarks y los gluones y en las condiciones cambiantes del universo inicial.

1.2. (b) La manifestación de las partículas en virtud de la ley de la transmutación de la energía.

Las combinaciones inusuales de los gluones y de los quarks se han creado más allá de los usuales neutrones y los protones. Estos estados exóticos de las partículas pueden aclarar las interacciones de las partículas y el esquema de la materia.

Las simulaciones teóricas de los gluones y los quarks han pronosticado que los gluones y los quarks pueden combinarse para crear otras partículas además de los neutrones y los protones. Los gluones pueden combinarse para producir las bolas de cola, un estado mayor de la partícula multigluón, o puede combinarse en las partículas híbridas que consisten en los estados ligados de un trillizo de quark-antiquark-gluon. Dos quarks ligados a dos antiquarks para formar un tetra quark ya se han encontrado. Estas posibilidades sugieren una familia gluónica extendida de las partículas.

Una cosa notable sucede cuando un neutrón, o un protón, se acelera cerca de la velocidad de la luz, los gluones dentro del neutrón o el protón se dividen y se multiplican en otros gluones. A una energía cinética muy alta, los gluones experimentan cromomeiosis en los pares de hijas, cada par de hijas tiene un color más claro y con menor energía de color que el par de sus padres, pero la carga eléctrica del par se conserva. La cromomeiosis se convierte en un proceso desenfrenado hasta el estado teórico máximo de la ocupación gluónica, o un estado condensado del cristal de color del neutrón o del protón involucrado.

1.2. (c) Los diferentes estados de la materia.

Es importante examinar las configuraciones familiares de la materia, como los nucleones, y sus posibles componentes, como los quarks, los gluones y las interacciones gluónicas. La existencia de diversos estados de un hadrón puede no ser tan conocidos como los familiares nucleones, pero estos diversos estados todavía se permiten por los principios actuales y las hipótesis de la cromodinámica cuántica. Las configuraciones posibles de hadrones incoloros se han predicho teóricamente tales como los estados híbridos de los estados del quark-antiquark-gluon, las moléculas emparejadas de quark-antiquark, o los estados de las bolas de cola que consisten solamente en los gluones. Las moléculas de un tetraquark han sido predichas experimentalmente, pero más de estos estados híbridos necesitan ser verificados experimentalmente. Las expectativas de los resultados más concluyentes son muy altas.

El descubrimiento reciente de un estado extremo de la materia indica que el plasma de quark-gluon se forma cuando los núcleos atómicos que viajan cerca de la velocidad de la luz chocan entre sí. Se teoriza que cuando los núcleos chocan cerca de la velocidad de la luz, el confinamiento de los quarks y los gluones se quiebra, liberando a todos los constituyentes y a la energía gluónica en un estado plasmático extremo de la materia que puede haber existido en el universo inicial. La formación del plasma de un quark-gluon es un proceso inverso a la cromocuantificación de la materia. El estado plasmático extremo de la materia fluye con una fricción extremadamente baja, y a una temperatura extrema de más de 4 billones de grados centígrados, en comparación, la superficie del sol es, aproximadamente, sólo 15 millones de grados centígrados.

1.2. (d) El enlace fuerte o débil de la carga de color.

Aunque la cantidad de quarks dentro de un neutrón, o un protón, puede variar significativamente, un neutrón, o un protón, consiste en tres quarks, cada quark lleva un gluon, o un par de color-anticolor, cada color o anticolor tiene una carga de color que puede ser roja, verde, o azul. Ni el neutrón, ni el protón, tiene una carga neta de color. Cada carga de color puede tener una intensidad de pareo y un matiz diferente. Es posible suponer que el enlace más fuerte de color está entre los colores y los anticolores del mismo tono con la intensidad más fuerte de color, es decir $r\overline{r}, g\overline{g}$, or $b\overline{b}$. Sin embargo, los colores, o los anticolores, de diferente tonalidad e intensidad de color pueden unirse para formar un estado cuántico gluónico, es decir, $r\overline{b}, r\overline{g}, g\overline{b}$, etc. El enlace más débil de color está entre los colores y los anticolores de diversa tonalidad, con la intensidad más débil de color. El par de color-anticolor, o el estado cuántico gluónico, dentro de cada uno de los tres quarks, no tiene una carga de color neto, por lo que es de color neutro o incoloro. Semejantemente, el par de quark-antiquark dentro de un hadrón de un mesón-π es neutro de color. Un color neutro, o estado incoloro, es un estado que no interactúa, aunque todavía consiste en las cargas de color y anticolor.

Cuando el par de color-anticolor de un quark intercambia la carga de color, o la carga de anticolor, con otros quarks en el hadrón de un neutrón, o de un protón, es posible suponer que hay una probabilidad muy alta que una carga de color de una tonalidad se emparejará con una carga de anticolor de la misma tonalidad, para hacer el enlace más fuerte posible de color-anticolor. Una vez que el enlace más fuerte se establece, en cada quark de un hadrón, los quarks pueden intercambiar sus gluones, o intercambiar sus pares que no interactúan de color-anticolor, manteniendo siempre de esta manera el estado cuántico incoloro general del neutrón, o del protón. Según una investigación teórica anterior, fue hipotetizado que el fotón también utiliza el enlace más fuerte de color para mantener su estado cuántico incoloro.

El principio del enlace más fuerte de color-anticolor subyace al portador de la fuerza del electromagnetismo, permitiendo la derivación de la física nuclear de la cromodinámica cuántica de seis dimensiones. El principio de enlace más fuerte de color-anticolor complementa el concepto del confinamiento de los gluones y los quarks con las cargas de color dentro de los hadrones de los nucleones. Un enlace fuerte de color-anticolor puede tener un color fuerte $\pm$ emparejado a dos anticolores fuertes $\mp$ correspondientes. La misma relación de la polaridad se aplica a un enlace débil de color-anticolor.

La fuerza nuclear entre los nucleones, es decir, los protones y los neutrones, es atractiva a un rango aproximado entre el radio y el diámetro de un nucleón. A menos del radio de un nucleón, la fuerza nuclear se vuelve repulsiva, y a más del diámetro de un nucleón, disminuye de manera exponencial. La fuerza nuclear está mediada por los gluones. En el rango atractivo, la fuerza nuclear, o la fuerza de color fuerte, supera la fuerza electromagnética, permitiendo que los protones se liguen con otros protones, u otros neutrones, y almacenando la energía del potencial electromagnético de las fuerzas repulsivas de los protones dentro del núcleo. En el rango repulsivo, la fuerza repulsiva es equivalente a la fuerza de la exclusión de Pauli para los casi idénticos pero diferentes nucleones, o entre los quarks de la misma carga fuerte de color-anticolor dentro de los diferentes nucleones. El efecto atractivo y residual de la fuerza de la interacción fuerte de color-anticolor se convierte en la fuerza nuclear, extendiéndose ligeramente más allá de los límites de los nucleones para producir la fuerza nuclear atractiva.

1.2. (e) La naturaleza de la fuerza nuclear como un potencial del campo de color fuerte.

Se hipotetiza que el color fuerte disminuye gradualmente desde el límite de un quark hacia dentro, hacia el centro de color, y hacia fuera, hacia el nucleón cercano. A medida que la fuerza fuerte disminuye hacia el nucleón cercano, la fuerza fuerte se debilita desde el límite de la partícula hasta aproximadamente el radio de un nucleón. El centro de carga de color de un nucleón es aproximadamente cuatro veces su radio, o el doble de su diámetro, del centro de carga de color de un nucleón cercano. Así, a mitad de camino entre los nucleones cercanos, la fuerza de color fuerte está en su estado cuántico más débil.

La fuerza de color fuerte de un nucleón repele la fuerza de color fuerte de otro nucleón a un rango corto de menos que la distancia del radio de un nucleón desde el límite de la partícula. Sin embargo, a medida que las fuerzas de color fuertes entre dos nucleones se repelen, los núcleos se desplazan a una distancia entre los límites de aproximadamente un diámetro de un nucleón, donde la fuerza de color fuerte se debilita, alcanzando un punto equipotencial que no es repelente. Es posible considerar la relación entre las fuerzas de color fuertes, o el gradiente, de los nucleones como un potencial fuerte del campo de color, de modo que el punto equipotencial representa el menor potencial del campo de color entre los nucleones cercanos.

Desde el punto del menor potencial del campo de color entre los nucleones cercanos, el potencial fuerte de campo de color de cada nucleón se fortalece hacia el límite de cada nucleón, volviéndose cada vez más repelente al potencial fuerte del campo de color opuesto de un cercano nucleón. Un nucleón puede intercambiar un mesón de pión, que es un par fuerte de color-anticolor, o un par de quark-antiquark, en un corto alcance con otro nucleón. El núcleo receptor detecta el par fuerte de color-anticolor incidente de un matiz específico y responde con un par reflexivo fuerte de color-anticolor del mismo tono, para proporcionar una fuerza gluónica débil repelente y correspondiente, o una fuerza nuclear de corto alcance, a distancias entre aproximadamente el radio de un nucleón al diámetro de un nucleón, dentro del núcleo de un átomo. La fuerza fuerte de corto alcance de color-anticolor, o la fuerza nuclear de corto alcance, entre los nucleones, contrarresta la repulsión electromagnética de largo alcance entre los núcleos cargados (los protones), y mantiene el statu quo del estado cuántico electromagnético de los nucleones vecinos. Un nucleón puede cambiar los colores de los quarks en su hadrón durante los intercambios gluónicos con otros nucleones, pero eventualmente el nucleón regresa a su estado de color estable de los tres colores de las cargas: el rojo, el azul, y el verde.

Es posible hipotetizar que cuando los protones interactúan a largo alcance, es decir, a una distancia más larga que el diámetro de un nucleón, cada protón puede detectar un protón incidente, emitiendo un fotón desviador, que causa que el protón incidente, o el protón emisor, altere su trayectoria para no colisionar. La desviación puede ocurrir si la energía gluónica de la fuerza fuerte de color-anticolor es mayor que la energía cinética total de un protón incidente. Los fotones desviados comparten la misma polaridad y color. Por lo tanto, un protón puede responder a otro protón con una fuerza fuerte de color-anticolor que puede no depender exclusivamente de la distancia de largo alcance, de la carga de color, del impulso, y de la quiralidad, de ambos protones.

1.2. (f) La hipótesis de la brecha de la masa.

Los gluones pueden dividirse, pero sin espacio suficiente para sus campos gluónicos, los gluones pueden recombinarse; de esa manera poniendo un límite al proceso desenfrenado de cromomeiosis dentro del límite del quark, según el proceso alcanza un estado de saturación gluónica. La fuerza fuerte y débil de color sirven como delimitadores de los pares de color-anticolor, o gluones, en el estado cuántico de ocupación del quark, o del antiquark, puesto que los gluones se separarían durante la saturación hasta el estado máximo cuántico de ocupación, o hasta el condensado de cristal de color. La teoría de píxel-anti-píxel y la teoría del potencial fuerte de campo de color (la fuerza nuclear) subyacen la delimitación de cromomeiosis, o el confinamiento de los gluones y de los campos gluónicos, dentro de un quark o de un antiquark.

Se hipotetiza que el espín del protón resulta de los espines y del movimiento orbital de quarks y gluones, dentro del hadrón de un protón, y de la torsión angular del medio espaciotemporal dentro del límite del protón. La existencia de una brecha de masa dentro de los nucleones y en las soluciones de las ecuaciones de Yang-Mills pudiera apoyar esta hipótesis.

1.2. (g) El principio del confinamiento de Greenberg-Zweig-Gell-Mann.

Los gluones pueden interactuar entre sí en las formas y con propiedades que son muy diferentes de otros portadores de fuerza o las partículas. Un hadrón consiste en un número definido de pares de quark-antiquark y una nube dinámica de pares de color-anticolor, o de gluones, en equilibrio. Los gluones pueden producir pares virtuales de quark-antiquark.

Supongamos que la coloración consiste en los pixeles virtuales, es decir los pixeles y los antipíxeles. Un color, o un anticolor, oscuro y fuerte, de cualquier tonalidad, se divide en los colores más débiles y claros, o en sus anticolores. Una carga de color tiene píxeles, y su carga anticolor complementaria tiene antipíxeles. Los píxeles o los antipíxeles pueden dividirse en los subpíxeles o los antisubpíxeles. Los subpíxeles, o los antisubpíxeles, de cualquier matiz, pueden volver a agruparse en los píxeles, o los antipíxeles, de cualquier matiz, que se conviertan en un color más claro. Los colores oscuros de cualquier tonalidad tienen una fuerza repulsiva más fuerte entre sí mismos que los colores más claros, de cualquier tonalidad. Por lo tanto, los colores oscuros permanecen más alejados, y, por el contrario, los colores más claros permanecen más cercanos. Así, los colores más claros gravitan hacia el centro de color, mientras que los colores más oscuros gravitan más lejos o fuera del centro de color. Esta propiedad de coloración genera un potencial de campo de color, o potencial del campo gluónico, que es más débil en el centro, y más fuerte lejos del centro. Un potencial del campo gluónico se comporta como un resorte, cuando está estirado tiene mayor potencial de resorte, y cuando el resorte esta sin estirar tiene menos potencial. El campo gluónico es el gradiente del potencial de campo de coloración. El potencial del campo gluónico puede ser considerado un campo negativo, si un campo electromagnético, o un campo gravitacional, se considera un campo positivo. Un campo electromagnético, o un campo gravitacional, positivo se debilita más lejos del centro de carga eléctrica, o del centro de masa.

Mientras que las cargas de color se acercan en un potencial del campo gluónico, el medio espaciotemporal hacia el centro de coloración se comprime más por el potencial negativo del campo gluónico. La presión espaciotemporal aumenta en el centro de coloración, pero disminuye gradualmente hacia fuera en una dirección radial como el campo gravitacional positivo. Mientras que las cargas de colores más claros se reúnen hacia el centro de coloración, puesto que la carga eléctrica de color-anticolor se conserva, las cargas eléctricas colectivas hacia el centro se fortalecen con la generación continua de cargas de color más claras.

Por consiguiente, un límite gravito-gluónico virtual emerge sobre la periferia del centro de coloración, para el gluon que se mueve hacia fuera, que se convierte en el rango de confinamiento del gluon. Cuando una carga de color-anticolor de un gluon, o de un quark, se mueve hacia el exterior desde el centro de coloración debido a una fuerza hacia el exterior o repulsiva, el campo gravitacional disminuye, el potencial del campo gravitacional aumenta, el campo eléctrico se reduce, y el potencial eléctrico aumenta, según lo esperado de los campos positivos. Inversamente, si la misma carga de color-anticolor se mueve hacia fuera del centro de coloración, el campo de carga de color de cualquier tonalidad se fortalece con eficacia, repeliendo la carga de color-anticolor hacia dentro, o hacia el centro de coloración.

Las acciones combinadas de los campos positivos de la gravedad y de la carga eléctrica, y la acción del campo negativo de las cargas de color-anticolor, en los gluones o los quarks, resultan en un campo de confinamiento que liga los quarks y conserva la integridad de las partículas como un protón. Los quarks más pesados gravitan hacia la periferia del potencial de campo gluónico dentro de una partícula, y los quarks más ligeros gravitan hacia el centro de la coloración dentro de una partícula.

El principio del potencial de campo de confinamiento evoluciona de las ideas fundacionales y excelentes de la cromodinámica de los eminentes físicos como Oscar Wallace Greenberg, George Zweig, y Murray Gell-Mann. La cromomeiosis es una división de color o de anticolor especializado, que reduce el color y la intensidad de un píxel, o de un antipíxel, de cualquier matiz, creando un color más claro y un estado de color más débil, pero conservando la polaridad y el valor de la carga eléctrica del píxel, o del antipíxel. La coloración, ± k, es decir el estado de color de un gluon, es energía. Según los píxeles, o los antipíxeles, se dividen a través de sus generaciones, la cromomeiosis de los pixeles tiende hacia un potencial del campo gluónico puntual, pero la reducción se produce hasta un umbral más bajo donde los subpíxeles, o los sub-antipíxeles, ya no se dividen para conservar la coloración. El umbral más bajo de cromomeiosis ocurre debido al principio de la conservación de la coloración que subyace al principio de la conservación de la energía.

La energía, *E*, de coloración para la carga de color, o la carga de anticolor, se puede expresar como

$$E = \pm k\vec{g}d \tag{1.8}$$

donde $\vec{g}$ es el campo gluónico entre los colores, y los anticolores, en los Newtones/± coloración, y *"d"* es la distancia entre un color y un anticolor.

Cada color, o anticolor, tiene una temperatura de coloración. Por definición, hay tres colores, o tres anticolores, con tres rangos de temperaturas potenciales para la carga de coloración, denominados, alto, medio, o bajo. Cuanto más alta es la temperatura, mayor es la energía de la coloración. La temperatura de coloración es la temperatura de un píxel, o de antipíxel. Cualquier color puede tener cualquiera de los tres rangos de temperatura.

Como ejemplo, definimos el color 'rojo' como una carga de color alto, 'azul' como una carga de color medio, y 'verde' como una carga de color bajo, ya sea de un color o un anticolor. A continuación, consideremos algunos posibles pares de color-anticolor de igual o diferente rango de temperatura: (a) si una carga de color más alto se aparea con una carga de color más bajo, hay un desequilibrio de color o de anticolor de la carga, que da como resultado un enlace de color o de anticolor más débil, (b) si dos cargas de colores o anticolores iguales, de diferente tono se aparean, el resultado es un enlace de un color o un anticolor mediano, (c) si dos cargas de colores o anticolores iguales, del mismo tono se aparean, el resultado es un enlace de un color o un anticolor más fuerte, (d) si dos cargas de colores o anticolores bajos, del mismo tono se aparean, el resultado es un enlace de un color o un anticolor débil, (e) si dos cargas de colores o anticolores bajos, de diverso tono se aparean, el resultado es un enlace de un color más débil. Un enlace de color o de anticolor fuerte, puede unirse a un enlace de un par de color o de anticolor, débil o mediano. Si tres fuertes enlaces de color, o de anticolor, se unen en el confinamiento gluónico, crean una tríada que no interactúa y es capaz de escapar del confinamiento. Sin embargo, si la tríada de enlaces fuertes de color o de anticolor, está entre los tres quarks de un nucleón, pueden apenas intercambiar cargas de color o de anticolor, dentro de su hadrón.

Es posible hipotetizar que la temperatura de la coloración de un píxel, o de antipíxel, tiene una frecuencia angular asociada con su vibración, ω_p , en unidades de frecuencia angular de Planck, de las cuerdas de color o anticolor, o las D-branes, que constituyen el píxel, o el antipíxel, según los principios de la teoría de las cuerdas. La temperatura del color o del anticolor, puede ser generada por la energía térmica, $\pm\Delta Q_p$, producida por la vibración de un píxel, o de un antipíxel, que puede expresarse como

$$\pm\Delta Q_p = \pm\bar{\lambda}\omega_p \equiv \pm k \qquad (1.9)$$

donde la lambda-barra, $\bar{\lambda}$, es el cuántico de acción de la temperatura de color, o la constante reducida de la temperatura de color, para un píxel o antipíxel, con coloración, ± k.

1.2. (h) El postulado de Gell-Mann-Zweig-Greenberg.

El postulado de Gell-Mann-Zweig-Greenberg dice que: la magnitud de la fuerza gluónica de la atracción, o de la repulsión, entre dos gluones arbitrarios es directamente proporcional a las magnitudes de las cargas de color-anticolor y al cuadrado de la distancia entre ellos. La fuerza está a lo largo de la línea recta que los une.

Propongamos algunas ecuaciones matemáticas aproximadas para el campo gluónico, el potencial del campo gluónico, y las fuerzas dentro del confinamiento de un hadrón incoloro, suponiendo que este postulado y el principio de la superposición son válidos para un campo estático gluónico y una distribución estática gluónica. La cromoestática es el estudio de las cargas o de los campos fijos de color-anticolor en comparación con las corrientes gluónicas, o los campos dinámicos. Las ecuaciones cromoestáticas siguientes pueden representar los pares de color-anticolor de los gluones, o los pares de píxel-antipíxel de los píxeles.

Por lo tanto, un campo cromoestático dentro de la esfera de influencia de un gluon se puede expresar como

$$\vec{g} = \pm \frac{b\overline{g} \cdot r^2}{4\pi k e^{(d-r)/m}} \vec{a}_\phi \tag{1.10}$$

donde $\vec{g}$ es el campo gluónico de una carga arbitraria de color-anticolor, p.ej. $\overline{b}g$, antiazul-verde, que puede ejercer una fuerza sobre otra carga de color-anticolor, p.ej. $b\overline{g}$, azul-antiverde, "r" es la longitud del radio, en metros, desde el centro de carga de color, o el centro de carga de anticolor, al límite de la esfera de influencia, "d" es la longitud de una distancia, en metros, desde el centro de la carga de color o de anticolor, a la longitud del diámetro de la esfera de influencia, el *"$\pm k$"* es la coloración, *"m"* es *"1"* metro, y $\vec{a}_\phi$ es un vector de la unidad en la dirección del campo.

El campo gluónico se incrementa desde el centro de la coloración hasta el límite de la esfera de influencia, y luego disminuye desde el límite, disminuyendo a una distancia aproximadamente igual al diámetro de la esfera de influencia. La polaridad del campo gluónico se deriva de la coloración. La coloración es el cuadrado de la carga de color-anticolor por unidad de presión gluónica (o la densidad de la energía). La coloración de un gluon arbitrario, un par de color-anticolor, p.ej. un par de azul-antiverde, en la esfera de influencia de otro gluon arbitrario, p.ej. un par antiazul-verde, se puede expresar como

$$\pm k = \pm \frac{(b\overline{g})^2 \cdot m^2}{F_{\overline{b}g}} = \pm \frac{(b\overline{g})^2}{\text{Presion Gluonica } (\overline{b}g)} \tag{1.11}$$

donde $\vec{F}_{\overline{b}g}$ es la fuerza del campo gluónico, o la fuerza Zweig, de un solo gluon arbitrario, o de un par de color-anticolor, p.ej. antiazul-verde, y m^2 es un metro cuadrado.

La fuerza de campo gluónico de un solo gluon arbitrario, p.ej. antiazul-verde, se puede expresar como

$$\vec{F}_{\bar{b}g} = \pm \frac{b\overline{g} \cdot r^2}{4\pi k e^{(d-r)/m}} \vec{a}_\phi \qquad (1.12)$$

La fuerza gluónica entre dos gluones arbitrarios se puede expresar como

$$\vec{F}_{12} = \pm \frac{(g_1 \mp g_2) \cdot r^2}{4\pi k e^{(d-r)/m}} \vec{a}_\phi \qquad (1.13)$$

donde, g_1, o g_2, es un gluon de un par arbitrario de color-anticolor, con una polaridad específica de la coloración, de modo que g_1 y g_2 pueda, o no pueda ser, la misma polaridad. Las polaridades opuestas de color-anticolor se atraen, como las polaridades iguales de color-anticolor se repelen, dándole a la fuerza, $\vec{F}_{12}$, su polaridad.

La coloración de dos gluones arbitrarios, dos pares de color-anticolor, en las esferas de influencia de cada uno, se puede expresar como

$$\pm k = \pm \frac{(g_1 \mp g_2)^2 \cdot m^2}{F_{12}} \qquad (1.14)$$

El colorismo se define como la coloración por unidad de la distancia, $(\pm k/d)$, o el cuadrado de las dos cargas de color-anticolor por la unidad de presión gluónica. Según las significaciones anteriores, la coloración puede ser expresada en unidades de Gell-Manns, (G_n), y el colorismo en unidades de Gell-Manns por metro.

El potencial del campo gluónico puede expresarse como

$$\Delta Z_w = \pm \frac{(b\overline{g})}{k} = \pm \frac{F_{\bar{b}g}}{b\overline{g} \cdot m^2} = \pm \frac{\rho_E}{b\overline{g}} \qquad (1.15)$$

donde Z_w es el potencial del campo gluónico, o el Zweigage, en unidades de Zweigs. Un Zweig se puede expresar en una unidad, o en unidades, de carga de color-anticolor, por unidad de Gell-Mann, o la densidad de la energía, J/m^3 , por unidad de carga de color-anticolor. Una unidad de gluon es una unidad de carga de color-anticolor, p.ej. un par de carga de azul-antiverde, $g_{b\bar{g}}$.

El gradiente del campo gluónico apunta en la dirección donde el campo gluónico aumenta o disminuye más con el potencial del Zweigage. El gradiente gluónico puede expresarse en las coordenadas rectangulares como

$$\nabla\vec{g} = g^{\bar{b}g} \frac{\partial g^r}{\partial x_{\bar{b}}} \vec{e}_r \otimes \vec{e}_g \tag{1.16}$$

donde se usa la notación de la suma de Einstein.

Para un campo gluónico liso en una variedad Riemanniana, podemos expresar el campo local como

$$\nabla\vec{g} = g^{\bar{b}g} \frac{\partial\vec{g}}{\partial x^g} \vec{e}_{\bar{b}} \tag{1.17}$$

La divergencia gluónica representa la densidad del volumen de flujo externo de un campo gluónico del volumen alrededor de una carga dada de color-anticolor.

$$\nabla\cdot\vec{g} = \frac{4\pi\rho_E}{\pm k} = \frac{4\pi\cdot b\bar{g}\cdot\Delta Z_w}{\pm k} = 4\pi\left(\Delta Z_w\right)^2 \tag{1.18}$$

1.2. (i) Los tensores gluónicos de Greenberg de la Teoría General de la Relatividad.

La magnitud máxima de la fuerza ejercida por un gluon arbitrario en el límite del confinamiento puede expresarse como

$$\left(\vec{F}_{\bar{b}g}\right)_{\max} = \pm\frac{F_{\bar{b}g}\cdot r^2}{4\pi\cdot b\overline{g}\cdot m^2\cdot(e^0)} \tag{1.19}$$

$$F_{\bar{b}g} = \pm\frac{4\pi\cdot b\overline{g}\cdot m^2\cdot\left(\vec{F}_{\bar{b}g}\right)_{\max}}{r^2} = \pm 4\pi\cdot b\overline{g}\cdot m^2\cdot\frac{G}{c^4}\cdot G_{\mu\nu} \tag{1.20}$$

$$\frac{G}{c^4}\cdot G_{\mu\nu} = \pm\frac{F_{\bar{b}g}}{4\pi\cdot b\overline{g}\cdot m^2} = \frac{1}{8\pi}T_{\mu\nu} \tag{1.21}$$

$$\pm\frac{F_{\bar{b}g}}{m^2} = \frac{4\pi\cdot b\overline{g}}{8\pi}T_{\mu\nu} \tag{1.22}$$

$$G_{\bar{b}g} = \frac{1}{2}T_{b\overline{g}} \tag{1.23}$$

Así, la mitad de la densidad de energía de $b\overline{g}$ genera la curvatura gluónica alrededor de $\bar{b}g$, y viceversa. El tensor de la curvatura gluónica de Greenberg es $G_{\bar{b}g}$, y el tensor de la densidad de la energía gluónica de Greenberg es $T_{b\overline{g}}$, que describen el potencial del campo gluónico. La curvatura puede ser positiva o negativa, dependiendo de la polaridad de las cargas gluónicas involucradas.

1.2. (j) La ecuación de la fuente, la curvatura, y la evolución, del volumen de confinamiento de un quark.

Durante una previa investigación se demostró que la proporción de la aceleración de la curvatura cosmológica $\ddot{a}/2ac^2$ es igual a la proporción de la aceleración de la curvatura de la tensión-energía-impulso $\ddot{a}/2ac^2$ en una variedad dentro de un sistema de masa. La proporción de la aceleración de la curvatura de la tensión-energía-impulso no contribuye a la proporción del cuadrado de la velocidad espacial o a la proporción de la curvatura espacial, *k*. Por otra parte, la curvatura negativa espaciotemporal sobre un sistema de masa más la curvatura de la tensión-energía-impulso de un sistema de masa es contrarrestada por la curvatura positiva de la constante cosmológica. La proporción de la aceleración de la curvatura de la tensión-energía-impulso es igual a la mitad de la proporción de la aceleración de la curvatura espaciotemporal del tensor de Ricci.

$$\mp\frac{3\ddot{a}}{ac^2} \approx \mp\frac{8\pi G}{c^4}\left(3\rho - 3p\right) \tag{1.24}$$

El volumen de confinamiento de un quark se puede conceptualizar como el confinamiento de las partículas de los puntos gluónicos de la energía de color y de la presión que se pueden expresar como

$$\mp\frac{3\ddot{a}}{ac^2} = \mp\kappa\left(T_{\mu\nu} - \Lambda_{\mu\nu}\right) \mp \frac{2\left(g_1\bar{g}_2 \pm \bar{g}_1 g_2\right)}{c^2} \mp \frac{2ne}{c^2} \mp \frac{2\sigma^2}{c^2} \pm \frac{2\omega^2}{c^2} \tag{1.25}$$

donde *"n"* es igual a "1" para un quark abajo, un extraño, o un fondo, y *"n"* es igual a "2" para un quark arriba, un encanto, o una cima, $g_1\bar{g}_2$ y $\bar{g}_1 g_2$ son pares de gluones arbitrarios de color-anticolor, σ es la tensión tangencial entre los pares de gluones, y ω es la frecuencia angular de la torsión. (Raychaudhuri, 1955)

La ecuación de fuente-curvatura-evolución representa las curvas de congruencia de las geodésicas temporales del flujo de las partículas de punto gluónico de la energía de color y la presión, afectando la curvatura espaciotemporal, o la propiedad geométrica, del volumen de confinamiento. La fuente del flujo, o de la corriente de carga de color, es la distribución de los gluones eléctricamente cargados en el volumen del confinamiento. El gradiente del campo de velocidad de flujo, $\vec{v}$, es un tensor de segundo orden que consta de tres partes, es decir, el rastro, la parte simétrica sin rastro, y la antisimétrica. (Ellis, 1971)

$$\nabla\vec{v} \rightarrow \nabla_a v^a + \sigma_{ab} + \omega_{ab} \tag{1.26}$$

El sistema acoplado de las ecuaciones de fuente, curvatura, y evolución, transmite declaraciones de las propiedades geométricas sobre el flujo de las partículas de punto gluónico de la energía de color y de la presión. Además, una vez que las condiciones iniciales de la expansión del flujo, la frecuencia angular de la rotación, y la tensión tangencial, se especifican para un flujo geodésico en una geometría dada del espacio-tiempo, puede ser posible preparar y resolver el problema del valor inicial de un sistema acoplado de las ecuaciones.

El rastro es la expansión del flujo, y se puede denotar como

$$\text{La Expansion del Flujo} \equiv \nabla_a v^a \tag{1.27}$$

La tensión tangencial es la parte simétrica, sin rastro, que puede ser definida como

$$\sigma^2 = \frac{1}{2}\sigma_{ab}\sigma^{ab} \tag{1.28}$$

$$\sigma_{ab} = \frac{1}{2}\left(\nabla_b v_a + \nabla_a v_b\right) - \left(\frac{1}{n-1}\right) h_{ab} \nabla_a v^a \tag{1.29}$$

El tensor de proyección es h_{ab}, donde el signo menos es para curvas espaciales mientras que el signo más es para curvas temporales, y *"n"* es el número de las dimensiones espaciotemporales. (Ciufolini, 1995)

$$h_{ab} = g_{ab} \mp v_a v_b \tag{1.30}$$

La frecuencia angular antisimétrica de la rotación se da como

$$\omega^2 = \frac{1}{2}\omega_{ab}\omega^{ab} \tag{1.31}$$

$$\omega_{ab} = \frac{1}{2}\left(\nabla_b v_a - \nabla_a v_b\right) \tag{1.32}$$

La expansión del flujo, la tensión tangencial, y la frecuencia angular de la rotación, están relacionadas con la geometría del número finito de las geodésicas cerradas del área seccionada transversal perpendicular a las líneas del flujo. La forma del área seccionada transversal cambia de punto a punto a lo largo de la curva del flujo. El paquete de las curvas geodésicas puede alargarse, acortarse, cambiar de forma bajo la torsión o la tensión tangencial. La frecuencia angular de la rotación asiste a la divergencia, mientras que la tensión tangencial asiste a la convergencia.

A medida que el volumen del confinamiento se expande o se contrae, el área seccionada transversal perpendicular a las líneas del flujo cambia por la misma tasa. El volumen del confinamiento puede experimentar una convergencia del paquete de las curvas geodésicas, o una divergencia. El volumen del confinamiento tiene un flujo continuo del campo gluónico entre el centro de carga de color y el límite dinámico.

La nube de los puntos gluónicos de la energía de color está muy lejos de los componentes cosmológicos de la masa y de la energía, que contribuyen a una curvatura positiva espaciotemporal desde la perspectiva del lado local del tensor de curvatura (lado izquierdo) de la ecuación de fuente-curvatura-evolución. La densidad de energía se calcula a partir de la energía gluónica E', el volumen "a" del sistema, $c^2\rho = E'/a$.

Utilizando las ECE de seis dimensiones, obtenemos

$$\mp\frac{3\ddot{a}}{ac^2} = \mp\frac{8\pi G(3\rho-3p)}{c^4} \mp \frac{2(g_1\bar{g}_2 \pm \bar{g}_1 g_2)}{c^2} \mp \frac{2ne}{c^2} \mp \frac{2\sigma^2}{c^2} \pm \frac{2\omega^2}{c^2} \quad (1.33)$$

$$\mp\frac{3\ddot{a}}{a} = \mp\frac{8\pi G}{c^2}(3\rho-3p) \mp 2(g_1\bar{g}_2 \pm \bar{g}_1 g_2) \mp 2ne \mp 2\sigma^2 \pm 2\omega^2 \quad (1.34)$$

$$\mp\frac{\ddot{a}}{a} = \mp\frac{8\pi G}{3c^2}(3\rho-3p) \mp \frac{2(g_1\bar{g}_2 \pm \bar{g}_1 g_2)}{3} \mp \frac{2ne}{3} \mp \frac{2\sigma^2}{3} \pm \frac{2\omega^2}{3} \quad (1.35)$$

$$\mp\frac{\ddot{a}}{a} = \mp\frac{8\pi G}{c^2}(\rho-p) \mp \frac{2(g_1\bar{g}_2 \pm \bar{g}_1 g_2)}{3} \mp \frac{2ne}{3} \mp \frac{2\sigma^2}{3} \pm \frac{2\omega^2}{3} \quad (1.36)$$

$$\mp\frac{1}{a}\frac{\partial^2 a}{\partial t^2} = \mp\frac{8\pi G}{c^2}(\rho-p) \mp \frac{2(g_1\bar{g}_2 \pm \bar{g}_1 g_2)}{3} \mp \frac{2ne}{3} \mp \frac{2\sigma^2}{3} \pm \frac{2\omega^2}{3} \quad (1.37)$$

Por consiguiente, la densidad de la energía, o la presión, del volumen del confinamiento puede expresarse como

$$\mp\frac{\ddot{a}c^4}{ac^2G}=\mp 8\pi c^2\left(\rho-p\right)\mp\frac{2c^4\left(g_1\bar{g}_2\pm\bar{g}_1g_2\right)}{3G}\mp\frac{2c^4ne}{3G}\mp\frac{2c^4\sigma^2}{3G}\pm\frac{2c^4\omega^2}{3G}\qquad(1.38)$$

$$\rho_E=\mp 8\pi c^2\left(\rho-p\right)\mp\frac{2c^4\left(g_1\bar{g}_2\pm\bar{g}_1g_2\right)}{3G}\mp\frac{2c^4ne}{3G}\mp\frac{2c^4\sigma^2}{3G}\pm\frac{2c^4\omega^2}{3G}\qquad(1.39)$$

1.2. (k) La cuantificación de la coloración de un gluon: los píxeles y los antipíxeles.

Un color o un anticolor más fuerte, en un par de color-anticolor de cualquier matiz tiene un valor correspondiente de color igual a "+1", o "–1". Este es el mayor valor posible de coloración. Un súper-píxel, o un súper-antipíxel, tiene un valor fraccionario de coloración que es el valor más bajo posible de $\pm\left(1/n\right)$, un subpíxel, o un sub-antipíxel, tiene un valor fraccionario de coloración que es el valor más bajo posible de $\pm\left(1/2n\right)$, donde *"n"* es la cantidad de súper-píxeles, o de súper antipíxeles, manifestado por los gluones en el confinamiento de un quark, un hadrón, o una partícula.

Cualquiera de los dos valores fraccionarios de coloración de dos subpíxeles, o de dos sub-antipíxeles, pueden sumarse, hasta el valor superior siguiente de coloración, a un súper-píxel, o a un súper-antipíxel, de un color más fuerte.

Cualquier píxel o antipíxel, puede dividirse, hasta el siguiente valor más bajo de coloración, en dos subpíxeles, o dos sub-antipíxeles, del mismo color, pero más débil, donde cada subpíxel, o sub-antipíxel, tiene un valor de coloración que es la mitad del valor del super-píxel, o del super-antipíxel.

Así, los subpíxeles o los sub-antipíxeles, tienen una carga de color más débil que la carga de color del super-píxel o del super-antipíxel original. No se puede conservar la carga de color individual de los píxeles, pero se conserva la carga de color colectivo de todos los píxeles o los antipíxeles. El número de posibles pixeles ancestrales a la generación X es igual a $2^{\mathrm{X}-1}$, donde X es un número entero y $\mathrm{X}\geq 1$.

Por convención, el super-píxel de un color se puede representar con un superíndice, p.ej. r^p, y un subpíxel puede ser representado por un subíndice, r_p.

$$\left(+\frac{1}{n}\right)r^p \leftrightarrow \left(+\frac{1}{2n}\right)r_p + \left(+\frac{1}{2n}\right)r_p \tag{1.40}$$

$$\left(-\frac{1}{n}\right)\overline{r}^p \leftrightarrow \left(-\frac{1}{2n}\right)\overline{r}_p + \left(-\frac{1}{2n}\right)\overline{r}_p \tag{1.41}$$

Los super-píxeles, o los super-antipíxeles, tienen tres colores y anticolores diferentes, $\left(r^p, b^p, g^p, \overline{r}^p, \overline{b}^p, \overline{g}^p\right)$; Similarmente, los subpíxeles, o los sub-antipíxeles, tienen tres colores y tres anticolores diferentes, $\left(r_p, b_p, g_p, \overline{r}_p, \overline{b}_p, \overline{g}_p\right)$, que coinciden con los colores, los anticolores, y las cargas eléctricas, de los gluones originales.

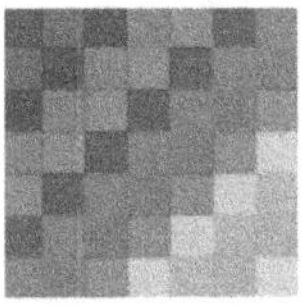

Fig. 7. Una ilustración de los píxeles y sus cargas de colores.

Describimos el proceso de cromosíntesis para un subpíxel, o un sub-antipíxel, que puede recombinarse con otro subpíxel, o sub-antipíxel, del mismo matiz, para formar un super-píxel, o un super-antipíxel del mismo matiz.

Dos super-píxeles, o dos super-antipíxeles, pueden recombinarse para formar un píxel superior, o un antipíxel superior, hasta la carga de color más fuerte posible. Se conserva la carga eléctrica original y la polaridad de un super-píxel, o un súper antipíxel, un subpíxel o un sub-antipíxel.

Cuando dos colores, o dos anticolores, se recombinan, sus píxeles o antipíxeles, se recombinan en una carga de color más fuerte, creando un color más oscuro y un estado de color más fuerte, conservando la polaridad y el valor de la carga eléctrica de los píxeles, o los antipíxeles.

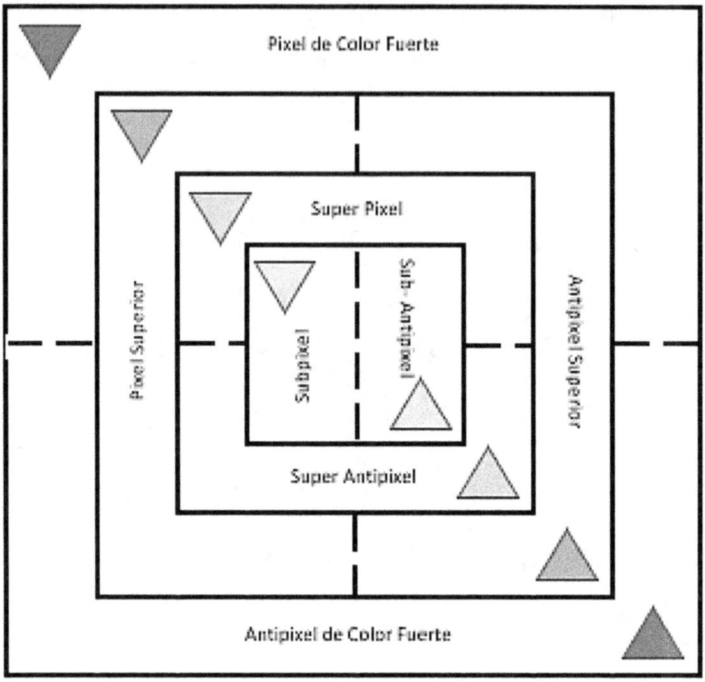

Fig. 8. Una ilustración de la cromomeiosis o la cromosíntesis.

1.2. (l) La teoría clásica de Yang-Mills.

Tres de las teorías más importantes de la física moderna, la electrodinámica cuántica, la teoría electrodébil, y la teoría de la fuerza fuerte, descienden de la teoría clásica de Yang-Mills. Incluso el modelo estándar actual de la física de las partículas se remonta a la teoría de Yang-Mills. Las ecuaciones de Yang-Mills pueden generalizar las ecuaciones de Maxwell. (Yang, 1954)

Una gran clase de teorías clásicas de campo, bajo la teoría de Yang-Mills, generalizando el electromagnetismo, también satisface un tipo generalizado de simetría. Además, una teoría clásica de Yang-Mills se puede describir como cuantificada, invariante de Lorentz, con una simetría de calibre especifico, que cuando está completamente determinada conduce al modelo estándar de la física de las partículas. Es interesante notar que cuando los renombrados físicos Chen Ning Yang y Robert Mills estaban desarrollando la teoría de Yang-Mills en 1954, según Chen describió durante una entrevista, estaban generalizando la propuesta anterior de Hermann Weyl, de una teoría de calibre para describir la electricidad y el magnetismo, para desarrollar una teoría de calibre, o un principio de cómo se gobiernan las fuerzas de interacción, incluyendo la fuerza gravitacional. Fue durante el final de los años sesenta, que Chen reconoció una similitud entre las ecuaciones de Yang-Mills y el tensor de Riemann, relacionado con la Teoría General de la Relatividad, que después de comprobar los detalles y definir algunas cantidades, resultó ser una y la misma. (Yang, 2006)

Originalmente, las ecuaciones estaban destinadas a representar el potencial del vector de electromagnetismo, no la derivada covariante de la curvatura de una variedad Riemanniana. La derivada de la covariante de la curvatura es un término usado a menudo para la conexión de Levi-Civita en la teoría de las variedades Riemannianas y Seudo-Riemannianas. La conexión, en términos muy sencillos, describe el transporte paralelo entre dos puntos adyacentes en una variedad. El concepto físico fundamental de la conexión es esencial para la teoría de Yang-Mills. Si las ecuaciones de Maxwell se presentan en el lenguaje de las formas diferenciales como una teoría de Yang-Mills, entonces la conexión es el potencial del vector electromagnético.

Las ecuaciones clásicas de Yang-Mills sobre una variedad Riemanniana pueden expresarse en forma diferencial como

$$D\Gamma = 0 \tag{1.42}$$

$$*D*\Gamma = J \tag{1.43}$$

Donde D representa la derivada covariante exterior, Γ es la curvatura (o el tensor electromagnético de Faraday), $*D$ es el dual de Hodge de D, $*\Gamma$ es el dual de Hodge de Γ, y J es la corriente de la fuente.

La curvatura de la variedad donde viven los objetos es Γ (gamma), donde toda la acción física tiene lugar. La corriente, J, describe la distribución de la carga y la velocidad de la carga, $\left(C/m^2/s\right)$. Si la corriente de la fuente, J, es proveída, entonces las ecuaciones de Yang-Mills son apenas un sistema de ecuaciones que restringen la conexión. La corriente de la fuente, J, y la conexión, determinan completamente todas las propiedades físicas del sistema.

La curvatura, Γ, puede derivarse de la conexión a través de los conmutadores de determinados operadores diferenciales relacionados con la conexión. La curvatura y el tensor de Faraday del electromagnetismo se pueden generalizar entre sí. El tensor de Faraday ejerce su fuerza sobre partículas. El potencial vectorial del electromagnetismo introduce la curvatura en la variedad. La conexión es la manifestación física de esa curvatura. La luz curva el espacio-tiempo.

La derivada covariante exterior, $D\Gamma$, es una medida de la rapidez del cambio de la curvatura, Γ, según nos movemos alrededor de la variedad. La primera ecuación de Yang-Mills, $D\Gamma = 0$, nos dice que la curvatura existente, Γ, no está cambiando a medida que nos movemos alrededor de la variedad, incluso cuando las ondas espaciotemporales se expanden e interfieren. Esta primera ecuación se puede considerar libre de fuente en el espacio de Minkowski. La segunda ecuación de Yang-Mills, $* D * \Gamma = J$, nos dice que la forma en que la curvatura, $* \Gamma$, cambia y se determina por la corriente de la fuente, *J*. La corriente *J* afecta la curvatura del medio espaciotemporal de la conexión.

El isomorfismo de Hodge o el operador estelar de Hodge $(*)$ es un importante mapa lineal definido en el álgebra exterior de un espacio vectorial orientado a la dimensión finita dotada de una forma bilineal simétrica que no se empeora. El resultado cuando se aplica a un elemento se llama el dual de Hodge del elemento. El operador estelar de Hodge es una generalización, intercambiando ciertos grados espaciales de libertad, y ciertos grados temporales de libertad, en la derivada covariante exterior y en la curvatura del medio espaciotemporal. El operador estelar de Hodge se aplica a un número arbitrario de dimensiones.

Por consiguiente, la razón por la que coinciden las nociones del transporte paralelo del potencial vectorial del electromagnetismo y la descripción de la derivada covariante de la curvatura está relacionada con la expansión espaciotemporal del medio que es el marco básico y el esquema del fondo de todos los campos físicos. Las ondas espaciotemporales se expanden e interfieren en todas las direcciones a menos que se obstruyan, incluso a lo largo de la trayectoria de una corriente en una variedad. La extensión espaciotemporal del medio es porqué la noción de un campo físico juega un papel en la descripción del transporte paralelo, o porqué el objeto matemático para describir el transporte paralelo, la derivada covariante exterior, tiene la significación física de un campo. Así, la corriente puede representar las partículas cargadas móviles a través de un campo desde el punto de vista del electromagnetismo, o puede representar cuánticas móviles de masa, las partículas reales, desde el punto de vista de la gravedad, afectando la curvatura de la variedad, que a su vez afecta el transporte paralelo, y la conexión, entre dos puntos.

1.3. La desintegración de un fotón

El advenimiento de los colisionadores lineales de los electrones y los positrones de muy alta energía permite el estudio de las colisiones de los haces de fotones con energías de un billón de veces más altas que las de la luz ordinaria. En términos sencillos, dos fotones pueden colisionar directamente y transformarse en quarks, en bosones de calibre, y en bosones escalares, según el modelo estándar actual. Más explícitamente, las colisiones entre los fotones pueden producir pares de bosones de calibre W, pares de quark-antiquark, pares de gluones, pares de fotones, los bosones de calibre Z^0, o uno o más bosones de Higgs, a través de los quarks y los bosones de calibre W.

Ha sido una regla de la óptica clásica durante mucho tiempo que la luz no puede ser afectada por la luz. Sin embargo, los fotones pueden interactuar entre sí a través de los procesos cuánticos. Se pueden crear los bucles virtuales de quarks o de leptones cuando los fotones viajan muy cerca unos de otros. Estas partículas virtuales determinarían las interacciones entre los fotones antes de transmutarse en verdaderos fotones otra vez. La interacción sería observada como el reflejo de un fotón por otro fotón.

Recientemente, los experimentos de la dispersión de alta energía de los fotones por fotones han proporcionado nuevas pruebas de que los fotones pueden interactuar entre sí y cambiar de dirección como se predijo por la electrodinámica cuántica. En las colisiones de alta energía de los iones pesados de plomo, o de oro, se pueden crear fotones. Los fotones creados en colisiones casi instantáneas tienen la oportunidad de colisionar, dispersarse unos a otros, y ser observados, aunque, la probabilidad de tal acontecimiento es posible, pero diminuto. Estas interacciones entre los fotones se conocen como las colisiones ultraperiféricas.

Dos fotones que se mueven en direcciones opuestas pueden colisionar de frente y moverse en direcciones opuestas si los fotones tienen sus energías iguales. Si los fotones tienen suficiente energía, podría producirse un par de electrón-positrón. Otros estados finales se permiten, a energías incluso más altas, por la conservación de la energía. La probabilidad, o la sección transversal, de una dispersión de los fotones por fotones hacia un estado final se calcula con mucha precisión en el campo de la electrodinámica cuántica.

Los fotones también pueden interactuar cuando los fotones se transforman en pares de quark – antiquark, o en mesones virtuales, que interactúan entre sí a través de la fuerza fuerte, que une a los quarks dentro de los neutrones y los protones. Así, es posible que los procesos cuánticos de la fuerte interacción entre los fotones son también los procesos de las partículas elementales.

La investigación de las colisiones elásticas de los fotones, y los procesos cuánticos involucrados, conduciría a un mayor desarrollo de la física de las partículas. Un fotón tiene una carga de $0e$, donde *'e'* es la carga elemental para todas las partículas. De la cromodinámica cuántica, podemos definir las cargas de los quarks arriba y los quarks abajo en términos de la carga elemental *"e"*.

$$\uparrow u \equiv +\frac{2}{3}e \tag{1.44}$$

$$(3)\uparrow u \rightarrow +2e \tag{1.45}$$

$$\downarrow d \equiv -\frac{1}{3}e \tag{1.46}$$

$$(3)\downarrow d \rightarrow -e \tag{1.47}$$

Los protones y los neutrones consisten en los quarks y los gluones. Los gluones son los portadores de la fuerza mediadora entre los quarks. Un protón, p^+, consiste en dos quarks, un quark arriba y un quark abajo. Un neutrón, n^0, consiste en un quark arriba y dos quarks abajo. Hay seis tipos de quarks, conocidos como sabores: el arriba, el abajo, el extraño, el encanto, el cima, y el fondo, y cada sabor tiene tres colores.

Un quark de un sabor puede transformarse en un quark de otro sabor sólo a través de la interacción débil, una de las cuatro interacciones fundamentales en la física de las partículas.

$$(2)\uparrow u \quad + \quad (1)\downarrow d \rightarrow p^{+} \qquad (1.48)$$

$$(1)\uparrow u \quad + \quad (2)\downarrow d \rightarrow n^{0} \qquad (1.49)$$

De investigaciones anteriores, sabemos que un fotón es neutro; un fotón, γ^{0}, consiste en el cuadrado de las distancias espaciotemporales que están cargadas opuestamente, $\left(l_p / t_p\right)^2$, que son equivalentes a la energía de un fotón. Las cargas opuestas del fotón se pueden expresar en términos de los quarks cargados, de los bosones, y de los gluones.

$$\gamma^{0} \rightarrow (3)\ \langle +q \rangle \ + \ (6)\ \langle -q \rangle \ + \ (5)\ \langle b^{\pm} \rangle \ + \ (9)\ \langle g^{0} \rangle \qquad (1.50)$$

Donde el fotón que colisiona consiste en tres quarks positivos, seis quarks negativos, cinco bosones, y nueve gluones.

Por lo tanto, propongamos una tabla para describir los nueve quarks, los bosones de calibre, el bosón escalar, y los gluones, que pueden representar las cargas que emergen de un fotón después de una colisión de alta energía.

La tabla cromodinámica siguiente identifica el sabor, la carga, los colores, la masa aproximada, y la generación con un número romano, de cada bosón, gluon, o quark.

Todos los quarks tienen espín de ½, los bosones y los gluones tienen espín de “1”, y el bosón escalar tiene espín de “0”. Los quarks tienden a descomponerse de la generación “III” más pesada hasta la generación más ligera “I”, para alcanzar una mayor estabilidad.

$\frac{2.4MeV}{c^2}$ $+\frac{2}{3}e$ Quark Arriba I	$\frac{4.8MeV}{c^2}$ $-\frac{e}{3}$ Quark Abajo I	$\frac{4.8MeV}{c^2}$ $-\frac{e}{3}$ Quark Abajo I	$<\frac{1.3MeV}{c^2}$ $0e$ Gluon(es) Colores	$\frac{125GeV}{c^2}$ $0e$ Higgs Bosón
$\frac{1.275GeV}{c^2}$ $+\frac{2}{3}e$ Quark Encanto II	$\frac{95MeV}{c^2}$ $-\frac{e}{3}$ Quark Extraño II	$\frac{95MeV}{c^2}$ $-\frac{e}{3}$ Quark Extraño II	$\frac{91.19GeV}{c^2}$ $0e$ Bosón-Z	$\frac{91.19GeV}{c^2}$ $0e$ Bosón-Z
$\frac{172.44GeV}{c^2}$ $+\frac{2}{3}e$ Quark Cima III	$\frac{4.18GeV}{c^2}$ $-\frac{e}{3}$ Quark Fondo III	$\frac{4.18GeV}{c^2}$ $-\frac{e}{3}$ Quark Fondo III	$\frac{80.39GeV}{c^2}$ $+1$ Bosón-W	$\frac{80.39GeV}{c^2}$ -1 Bosón-W

Figura 9. La tabla cromodinámica para un fotón que colisiona.

Además, un quark puede transmutarse en otro sabor de quark. La partícula de Higgs es un bosón, pero puede argumentarse hasta cierto punto que es el único bosón en la tabla que no media una fuerza fundamental. Los bosones W, los bosones Z, los leptones cargados y los quarks, pueden ganar masa a través del mecanismo Brout–Englert–Higgs (BEH). Los fermios, tales como los leptones y los quarks, en el modelo estándar, pueden también adquirir la masa debido a su interacción con el campo de Higgs, pero no de la misma manera que los bosones de calibre.

A través de la tabla cromodinámica, de izquierda a derecha, la suma de los tres quarks representa un neutrón. De arriba a abajo, la suma de los tres quarks en la primera columna representa una carga positiva igual al doble de la carga elemental *"e"*. De arriba a abajo, en la segunda y tercera columna, la suma de las tres cargas representa una carga elemental negativa. Es interesante notar que la descomposición de un fotón puede representar a los protones, los electrones, y los neutrones, en numerosas permutaciones de los nueve quarks. Un protón puede consistir en dos quarks cargados positivamente y un quark cargado negativamente. Un neutrón puede consistir en dos quarks cargados negativamente y un quark cargado positivamente. Un electrón puede consistir en tres quarks cargados negativamente.

Se puede pensar que los gluones llevan ambas cargas de color y de anticolor, teniendo una masa experimental por cada gluon, hasta un límite superior. Cada quark tiene una de las tres cargas de color y cada antiquark tiene una de las tres cargas de anticolor. Hay ocho tipos independientes de gluones en la cromodinámica cuántica, puesto que una combinación de cargas de color: la roja, la verde, y la azul, es neutra y no interactúa. Las partículas cargadas de color intercambian los gluones en las interacciones fuertes. Cuando dos quarks están cerca, intercambian sus gluones y crean un campo de fuerza muy fuerte de color que los une. El campo de fuerza se hace más fuerte a medida que los quarks se alejan. Los quarks cambian constantemente sus cargas de color mientras que intercambian sus gluones con otros quarks. La suma de las cargas de color de los nueve quarks, de los cinco bosones, y de los gluones, de un fotón, es igual a cero.

El siguiente modelo de una partícula gluónica ilustra el gluon y el campo gluónico, como los bloques fundamentales de la construcción del fotón: los quarks, los leptones, los portadores de la fuerza, y el campo de Higgs, que se manifiestan de la energía espaciotemporal.

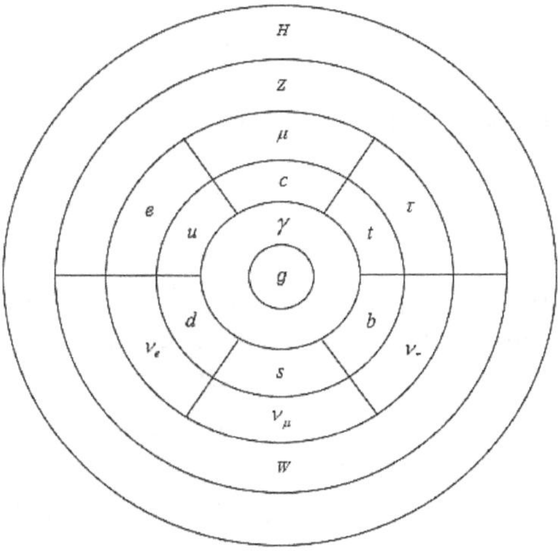

Figura 10. El modelo de una partícula gluónica.

De hecho, el modelo de una partícula gluónica ilustra todas las partículas que componen el modelo estándar actual de la física de las partículas de una manera que muestra la composición de las partículas, la masificación, la desintegración, y las interacciones.

La mayor parte de la masa, $(\approx 99.97\%)$, en la tabla cromodinámica de un fotón, proviene de: el quark arriba, el quark abajo, el quark encanto, los bosones W, los bosones Z, y el bosón de Higgs. La masa total de todos los quarks, los bosones, y los gluones, es aproximadamente $650.5 GeV/c^2$. Entonces, ¿de dónde viene toda esta energía? Las colisiones de alta energía requerirían una energía por encima de la suma de los umbrales de energía de los fotones colisionadores para producir las partículas propuestas, por cada fotón colisionador, de la transmutación del medio espaciotemporal.

Si un fotón tuviera masa, hay preocupaciones por perder la invariación del calibre en la teoría de la electrodinámica cuántica, que haría la teoría no renormalizable, y la conservación de la carga no estaría absolutamente garantizada. Así, se han realizado experimentos para verificar esta predicción y colocar un límite en el valor de la masa restante. El último límite experimental es $7 \times 10^{-17} eV/c^2$. Es ampliamente aceptado que los fotones tienen masa, energía e ímpetu relativista. Así, la proporción de $650.5 GeV/c^2$ al límite experimental de la masa de descanso de un fotón es aproximadamente 9.29×10^{27}. Por consiguiente, la mayor parte de la energía para la descomposición de un fotón colisionador en las partículas de masa, y sin masa, proviene de la energía cinética impactada en el medio espaciotemporal por el colisionador de alta energía produciendo la colisión de fotones.

Además, parte de la masa de los quarks proviene de la energía de las interacciones de los quarks con el campo de Higgs, pero la mayor parte de la masa de un quark, un protón, un neutrón, o un leptón, proviene de la energía de los campos cuánticos de los gluones. Se teoriza que a medida que los quarks se separan dentro del límite de una partícula, el campo gluónico se fortalece, como si la fuerza del campo gluónico estuviera emergiendo de la transmutación del medio espaciotemporal en la energía cuántica del campo gluónico. Contrario a la filosofía de Epicuro, o de Parménides, algo entra en existencia fuera de lo que se percibe como inexistente, pero latente con energía y movimiento. La transmutación del medio espaciotemporal manifiesta las formas cuánticas, los campos cuánticos, y las leyes innatas de la física de nuestra realidad. La masa es una propiedad de la sustancia de la materia. La masa es la forma cuántica existencial de la energía, la luz, o el comportamiento de los campos cuánticos. Por lo tanto, la masa emerge de las acciones de los campos cuánticos.

1.4. El tensor del campo gluónico o el tensor electrogravítico

La interacción del campo gluónico entre los quarks puede ser representada por un tensor de segundo orden, un tensor de fuerza del campo gluónico, $R_{\varepsilon\beta}$, o un tensor electrogravítico, en la física de las partículas. El campo gluónico caracteriza la interacción fuerte entre los quarks que representa la fuerza fuerte en la teoría de los campos cuánticos de la cromodinámica. Es una de las cuatro interacciones fundamentales de la naturaleza mediada por los gluones de acuerdo con su carga de color. Los quarks consisten en tres gluones que interactúan basándose en su carga de color.

Los gluones participan en las fuertes interacciones que confinan los campos de color a los tubos de flujo que ejercen fuerza y aumentan su fuerza cuando se estiran. La fuerza de los tubos de flujo limita los quarks al límite de una configuración de las partículas llamadas hadrones. Los mesones y los bariones son hadrones. Los mesones son pares de quark-antiquark, los piones de carga positiva y los kaones neutros son mesones. Los bariones son trillizos de quarks o de antiquarks, los protones, los antiprotones, y los neutrones, son bariones. Este límite reduce el rango de la interacción a los 1×10^{-15} metros, que es aproximadamente el diámetro de un protón. La energía de un tubo de flujo aumenta linealmente más allá de cierta distancia. A mayores distancias, se hace más energéticamente factible de manifestar un par de quark-antiquark del espacio-tiempo en vez de alargar el tubo de flujo. Los quarks y los gluones pueden reproducirse en más quarks, gluones, y chorros de partículas incoloras, como los fotones.

La falta de quarks libres de color ha verificado el confinamiento del color para los quarks. Los quarks se pueden producir en pares de quark-antiquark, o en una sola producción de un quark arriba de un par, para compensar números cuánticos de color y sabor. La densidad gluónica ya se ha medido dentro de un protón.

El campo de Higgs no es responsable de la mayor parte de la adquisición de masa por todas las partículas. El grueso de la masa de bariones, un protón o un neutrón, viene de la energía de enlace de los gluones y de la energía cinética de los quarks que media la interacción fuerte dentro del límite de los bariones. Las partículas manifiestan una ganancia de energía potencial cuando se emparejan con el campo de Higgs. (Jammer, 2000)

El campo gluónico es la fuente de los campos electrogravíticos y sus manifestaciones, tales como la fuerza fuerte, la carga, la mayor parte de la masa-energía de un quark, y la presión del desplazamiento espaciotemporal que conduce a los campos gravitacionales. El tensor de segundo orden de fuerza de campo gluónico, o el tensor electrogravítico, es un campo tensorial en el medio espaciotemporal. Los valores del tensor de rango-2 se encuentran en el paquete vectorial adjunto (conjugado), un paquete vectorial asociado naturalmente al paquete principal, del grupo de calibre *SU(6)*, una simetría de color, o una simetría de calibre, de la cromodinámica cuántica. El teorema de Noether nos recuerda que cualquier simetría continua de las leyes de la física da lugar a una ley de conservación. El grupo de calibre *SU(6)* subyace la conservación de la simetría de color de la cromodinámica cuántica. El grupo unitario general especial de grado seis, denotado *SU(6)*, es el grupo de Lie de (6×6) matrices unitarias con determinante complejo y un valor absoluto de uno.

SU(6) corresponde a una transformación unitaria especial y general sobre los vectores complejos de seis dimensiones. La representación natural es la de (6×6) matrices actuando sobre los vectores complejos de seis dimensiones. Hay (9) parámetros, $(n^2 - 1)$ posibles generadores, de los cuales sólo (9) generadores, $(X_0, X_1, \ldots X_8)$, son aplicables, y (8) generadores, $(X_1, \ldots X_8)$, son equivalentes a los generadores de Gell-Mann de *SU(3)*.

Una matriz Hermítica, o una matriz auto-adjunta, es una matriz cuadrada y compleja que es igual a su propia transposición conjugada Hermítica, esto es, el elemento en la fila *"i"* y la columna *"j"* es igual al complejo conjugado del elemento en la fila *"j"* y la columna *"i"*, para todos los índices *"i"* y *"j"*, en forma de matriz. Por otra parte, las siguientes condiciones se aplican para una matriz *"A"* que, si es unitaria, $A^H = A^{-1}$, si Hermítica, $A = A^H$, si es ortogonal, $AA^H = I_n$, donde I_n es la matriz de identidad, y A^{-1} es la matriz inversa de A. Los generadores sin rastro y Hermíticos, $X_i = 1/4\,\lambda_i$, se derivan de las matrices de Gell-Mann de seis dimensiones, y pueden generar elementos de los grupos de las matrices unitarias a través de la exponenciación, y obedecen la relación del rastro extra de la ortonormalidad. Así, los vectores de nueve dimensiones, correspondientes a las matrices, son ortogonales.

Estas propiedades fueron escogidas porque naturalizan las matrices de Gell-Mann para *SU(3)* a *SU(6)* que forman la base del modelo de un quark de seis dimensiones. De manera similar, las matrices de Pauli se generalizan naturalmente a las matrices de Gell-Mann, de *SU(2)* a *SU(3)*. Esta generalización se extiende aún más a la general *SU(n)*. Si se implica una suma sobre el índice *c*, los (8) generadores infinitesimales que interactúan del álgebra de Lie son indexados por *a*, para satisfacer la relación siguiente de la conmutación.

$$\left[\frac{\lambda_a}{4},\frac{\lambda_b}{4}\right]=if^{abc}\frac{\lambda_c}{4} \tag{1.51}$$

La ortogonalización implica el proceso de encontrar un nuevo conjunto de vectores ortogonales en el álgebra lineal que abarcan un subespacio particular de un antiguo conjunto de vectores linealmente independientes. El nuevo sistema y el viejo sistema tienen el mismo transcurso lineal. Cada vector en el nuevo conjunto es ortogonal a cada otro vector en el nuevo conjunto. El proceso de ortonormalización hace que los vectores resultantes sean todos vectores unitarios.

Las matrices de Gell-Mann de seis dimensiones satisfacen la condición de ortonormalización $trace\left(\lambda_a\lambda_b\right)=\delta_{ab}/2$ donde δ_{ab} es la delta de Kronecker. El rastro de una matriz cuadrada A $\left(n\times n\right)$ en el álgebra lineal se define como la suma de los elementos en la diagonal principal. En otras palabras, cuando se multiplican dos de las matrices de Gell-Mann de seis dimensiones, la matriz resultante tendrá un rastro que es la mitad de la delta de Kronecker. En consecuencia, las matrices de Gell-Mann de seis dimensiones se normalizan a "½".

El tensor de fuerza de campo gluónico, o el tensor electrogravítico, $R_{\varepsilon\beta}$, puede definirse con componentes que sean proporcionales a la derivada covariante de un quark, D_ε . (Bilson-Thompson, 2003)

$$R_{\varepsilon\beta}=\pm\frac{1}{ig_s}\left[D_\varepsilon,D_\beta\right] \tag{1.52}$$

$$D_\varepsilon = \vec{\mathfrak{R}}_\varepsilon \pm i g_s t_a \mathrm{A}_\varepsilon^a \qquad (1.53)$$

Donde *"i"* es $\sqrt[2]{-1}$, $g_s\left(\approx 1\right)$ es la constante de acoplamiento de la fuerza fuerte, $\vec{\mathfrak{R}}_\varepsilon$ es el gradiente "seis" o el operador Robertoniano, t_a son las matrices de Gell-Mann de seis dimensiones $t_a = \lambda_a/4$, *"a"* es un índice de color en la representación adjunta de *SU(6)* que toma valores de "0" a "8" para los nueve generadores del grupo, conocidos como las matrices de Gell-Mann de seis dimensiones, ε es un índice del espacio-tiempo, $\left(t_x, t_y, t_z\right)$ son para los componentes temporales, y *"x"*, *"y"*, y *"z"* son para los componentes espaciales. (Greiner, 1994)

La representación adjunta de un grupo de Lie es una forma de representar los elementos del grupo como unas transformaciones lineales del álgebra de Lie del grupo, en un espacio vectorial.

El campo gluónico, un campo de calibre de espin-1, o una conexión en la geometría diferencial para el paquete principal *SU(6)*, puede ser expresado por $\mathrm{A}_\varepsilon = t_a \mathrm{A}_\varepsilon^a$. Los seis componentes dependientes del sistema de coordenadas, A_ε, son funciones de (6×6) con valores de matriz Hermítica sin rastro en un calibre fijo, y A_ε^a, son las (54) funciones de valores reales de los (6) componentes para cada uno de los (9) campos de seis vectores.

Los índices seis-dimensionales $(\mu, \nu, \varepsilon, \beta)$ toman valores temporales de $\left(t_x, t_y, t_z\right)$ y los valores espaciales (x, y, z) de los componentes del vector-seis y de los tensores espaciotemporales de seis-dimensiones. Los índices (*a*, *b*, *c*, *n*) toman valores de "0" a "8" para las ocho cargas gluónicas de color y una carga gluónica incolora. La convención de la suma de Einstein se utiliza en todos los índices del tensor y el color.
El conmutador se puede ampliar de la siguiente manera,

$$R_{\varepsilon\beta} = \vec{\mathfrak{R}}_\varepsilon \mathrm{A}_\beta - \vec{\mathfrak{R}}_\beta \mathrm{A}_\varepsilon \pm i g_s \left[\mathrm{A}_\varepsilon, \mathrm{A}_\beta\right] \qquad (1.54)$$

Podemos sustituir, $A_\varepsilon = t_a A^a_\varepsilon$, y $if_{ab}{}^c t_c = [t_a, t_b]$ como una relación de la combinación, para las matrices de seis dimensiones de Gell-Mann cambiando las etiquetas de los índices, en los que las constantes de la estructura, o los coeficientes de la estructura, de *SU(6)* son f^{abc}, y cada uno de los componentes de la fuerza del campo gluónico puede ser expresado como una combinación lineal de las matrices de Gell-Mann de seis dimensiones.

Es interesante notar que el coeficiente de la estructura especifica explícitamente el producto de dos vectores de base, en un álgebra de Lie sobre un campo, como una combinación lineal. El producto en la llave de Lie es bilineal, o lineal en cada una de las variables por separado, y se extiende únicamente a todos los vectores en el espacio vectorial. Los vectores de base representan direcciones específicas en el espacio físico del vector, o pueden representar los gluones específicos, u otras partículas específicas. Los coeficientes de la estructura proporcionan los puntos de partida específicos para el álgebra de Lie.

Expresando los componentes de la fuerza del campo gluónico como una combinación lineal de las matrices de seis dimensiones de Gell-Mann, tenemos

$$R_{\varepsilon\beta} = \vec{\mathfrak{R}}_\varepsilon t_a A^a_\beta - \vec{\mathfrak{R}}_\beta t_a A^a_\varepsilon \pm i g_s [t_b, t_c] A^b_\varepsilon A^c_\beta \qquad (1.55)$$

$$R_{\varepsilon\beta} = t_a \left(\vec{\mathfrak{R}}_\varepsilon A^a_\beta - \vec{\mathfrak{R}}_\beta A^a_\varepsilon \pm i^2 f_{bc}{}^a g_s A^b_\varepsilon A^c_\beta \right) = t_a R^a_{\varepsilon\beta} \qquad (1.56)$$

$$R^a_{\varepsilon\beta} = \vec{\mathfrak{R}}_\varepsilon A^a_\beta - \vec{\mathfrak{R}}_\beta A^a_\varepsilon \mp g_s f^a{}_{bc} A^b_\varepsilon A^c_\beta \qquad (1.57)$$

Donde *"a"*, *"b"* y *"c"* son los índices de color con valor "0" a "8". $R_{\varepsilon\beta}$ son las funciones (6×6) de valor de la matriz Hermítica sin rastro en un sistema específico de coordenadas, con un calibre fijo, y $R^a{}_{\varepsilon\beta}$ son funciones de valores reales, con los componentes de nueve campos tensoriales de segundo orden de seis dimensiones.

Hay interacciones entre los gluones y la libertad asintótica, que describe cómo los enlaces entre las partículas se debilitan asintóticamente en algunas teorías de calibre mientras que la distancia disminuye y la energía aumenta. Además, es importante notar que las operaciones del grupo cromodinámico cuántico no son conmutativas, o, en otras palabras, la cromodinámica cuántica es una teoría de calibre que no es Abeliana, por lo que el orden de aplicar la operación del grupo a dos elementos del grupo depende del orden en que están escritas.

La fuerza del campo gluónico tiene términos adicionales que conducen a las auto interacciones, una complicación de la fuerza fuerte, por un lado, que hace que la fuerza del campo gluónico no sea inherentemente lineal. Por otro lado, la teoría de la fuerza electromagnética es lineal. Esta distinción crucial distingue la cromodinámica cuántica de la electrodinámica.

La densidad de Lagrange de la cromodinámica cuántica para los quarks y su campo gluónico se da por

$$L = -\frac{1}{2} trace\left(R_{\varepsilon\beta} R^{\varepsilon\beta}\right) + \Psi^*(r,t)(iD_\varepsilon)\gamma^\varepsilon \vec{\Psi}(r,t) \qquad (1.58)$$

Donde el rastro representa la matriz de seis dimensiones $\left(R_{\varepsilon\beta} R^{\varepsilon\beta}\right)$, D_ε es la derivada covariante del quark, y γ^ε son las matrices gamma de seis dimensiones.

La ecuación de la densidad de Lagrange es la ecuación del movimiento para el campo gluónico, que caracteriza la dinámica de la fuerza del campo gluónico. (Greiner, 1994)

El tensor de fuerza del campo gluónico, por sí mismo, no es invariante de calibre. El producto de dos tensores de fuerza del campo gluónico contraídos en todos los índices es invariante de calibre.

La ecuación de Dirac en seis dimensiones es la ecuación del movimiento, y la ecuación que controla y dirige los campos gluónicos de los quarks. (Yagi, 2005)

Las ecuaciones del movimiento que rigen la evolución de los campos de quark son:

$$\left(i\hbar c\gamma^{\varepsilon}\vec{\Re} - \beta\, m'c^{2}\right)\vec{\Psi}(r,t) = 0 \qquad (1.59)$$

La ecuación relativista de la onda mecánica cuántica de seis dimensiones, incluyendo interacciones electromagnéticas, describe todas las partículas masivas de un espín de ½ para los fermios (todos los quarks y los leptones), que son simétricos bajo la paridad, o simétrico si el signo de una coordenada espacial se invierte en tres dimensiones.

La paridad seis-dimensional también es descrita por el cambio simultáneo en el signo de las tres coordenadas espaciales, y las tres coordenadas temporales, una reflexión puntual seis-dimensional.

El tensor de la fuerza del campo gluónico, o el tensor electrogravítico, se da por

$$\left[\vec{\Re}_{\varepsilon}, R^{\varepsilon\beta}\right] = g_{s} j^{\beta} \qquad (1.60)$$

La carga de color de la corriente-seis, j^{β}, es la fuente del tensor de la fuerza del campo gluónico, y $\vec{\Re}_{\varepsilon}$ es el gradiente-seis, o el operador Robertoniano.

Estas ecuaciones del movimiento son similares a las ecuaciones de Yang-Mills para los gluones y los quarks, o las ecuaciones de Maxwell de cuatro dimensiones en una notación tensorial.

La corriente-seis de la carga de color es la fuente del tensor de la fuerza del campo gluónico, similar a la corriente-seis electromagnética como la fuente del tensor electromagnético.

La corriente-seis de la carga de color es dada por

$$j^{\beta} = t^{b} j_{b}^{\beta} \qquad (1.61)$$

$$j_{b}^{\beta} = \Psi^{*}\gamma^{\beta} t^{b}\Psi \qquad (1.62)$$

la cuál es una corriente conservada puesto que la carga de color se conserva.

En otras palabras, la corriente-seis de color debe satisfacer la ecuación de la continuidad:

$$\vec{\Re}_{\beta} j^{\beta} = 0 \tag{1.63}$$

La electrodinámica (E), la corriente de la carga de color $\left(J^{\beta}\right)$, y la curvatura espaciotemporal $\left(\Gamma\right)$, proporcionan tres de las fuentes fundamentales de los campos cuánticos para los campos de fuerzas electrograviticos, la densidad de la energía, y la presión espaciotemporal.

De la Conjunción Tríadica Cuántica de $EJ\Gamma$ emerge el modelo estándar de los campos gluónicos: la fuerza fuerte, la carga, la fuerza débil, el electromagnetismo, la energía, la masa, las partículas, los portadores de la fuerza, la materia, y los campos gravitacionales.

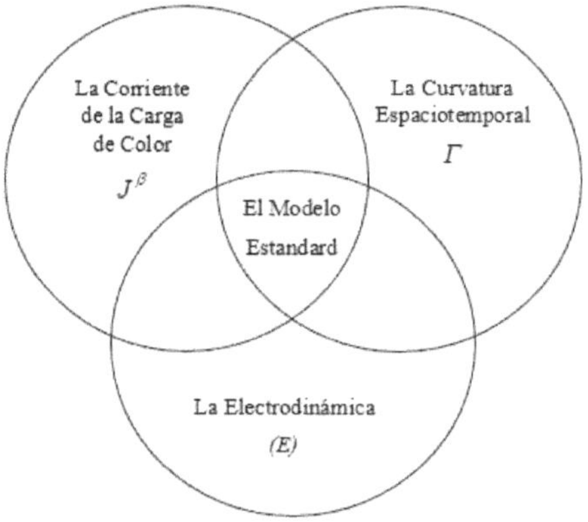

Figura 11. La Conjunción Tríadica Cuántica de *EJΓ*.

El fotón es un estado singlete de color que existe como un estado de color que no interactúa en la paleta de colores de los nueve estados de color de la cromodinámica cuántica. El fotón está en un estado incoloro estable, o el estado singlete de color, un gluon neutro, que no interactúa con los estados de color, pero puede interactuar con otros estados singletes de color, u otros fotones, dependiendo de su nivel de energía. La última interacción gluónica de alta energía del fotón representa la única interacción de largo alcance del gluon. Un estado singlete de color es matemáticamente similar a un estado singlete de espín.

La desintegración del fotón manifiesta todas las partículas elementales incluyendo un fotón como un estado singlete de color. Según este fotón emerge, y dependiendo de su nivel de energía, puede colisionar con otro fotón en una colisión periférica, y descomponerse en partículas elementales adicionales, o puede existir como un campo electromagnético. El fotón emergente no interactúa con la fuerza fuerte, pero puede convertirse en el portador de la fuerza electromagnética.

Todas las partículas fundamentales pueden originarse de la luz. El fotón es una fuente para la manifestación de todas las partículas, la materia, la energía, y los campos de fuerza. En cierto sentido, la génesis de nuestro universo emerge del espacio, el tiempo, y la luz. (Griffiths, 1987)

El estado singlete de color del fotón es dado por

$$\gamma^0 = \frac{r\bar{r} + b\bar{b} + g\bar{g}}{\sqrt[2]{6}} \qquad (1.64)$$

Así, si se mide el color del estado de un fotón, habría probabilidades iguales para que el estado del fotón fuese rojo-antirojo, azul-antiazul, o verde-antiverde. Los quarks y los antiquarks llevan tres tipos de carga de color: el rojo, el verde, y el azul, y el antirojo, el antiverde, y el antiazul.

Un gluon lleva el color y el anticolor. Así, el índice de color da a los gluones nueve combinaciones de las cargas de color. Estos colores no son colores reales, ni colores observados, en los gluones, sino las representaciones de los estados efectivos que un gluon lleva cuando interactúa con otros gluones. La matriz de color siguiente tiene los nombres de esas combinaciones en una matriz de seis dimensiones.

$$\lambda_a = \mathit{Matriz\ de\ Color} = \begin{vmatrix} rojo & antirojo & rojo & antiazul & rojo & antiverde \\ rojo & antirojo & rojo & antiazul & rojo & antiverde \\ azul & antirojo & azul & antiazul & azul & antiverde \\ azul & antirojo & azul & antiazul & azul & antiverde \\ verde & antirojo & verde & antiazul & verde & antiverde \\ verde & antirojo & verde & antiazul & verde & antiverde \end{vmatrix} \qquad (1.65)$$

Las matrices de Gell-Mann de seis dimensiones, en la manera de las nueve veces, se dan por λ_a dividido por 4,

$$t_a = \frac{\lambda_a}{4} \tag{1.66}$$

Hay nueve colores de gluones, pero sólo ocho colores son los estados de color linealmente independientes que interactúan, que corresponden a los ocho colores de los gluones, llamado el octeto de color. Los estados pueden mezclarse y presentarse de muchas maneras.

El estado singlete de color es el estado de un gluon neutro, o el estado de un gluon que no interactúa, que corresponde a un fotón. No hay combinaciones disponibles entre ninguno de los ocho estados de color de los nueve estados para producir cualquier otro estado de color, o para producir el estado singlete de color. (Baez, 1996)

Las ecuaciones y matrices que siguen son las matrices de Gell-Mann de seis dimensiones.

$$\lambda_0 = \frac{2\left(r\bar{r} + b\bar{b} + g\bar{g}\right)}{\sqrt[2]{6}} = \frac{1}{\sqrt[2]{3}}\begin{vmatrix} 1 & 1 & 0 & 0 & 0 & 0 \\ 1 & 1 & 0 & 0 & 0 & 0 \\ 0 & 0 & 1 & 1 & 0 & 0 \\ 0 & 0 & 1 & 1 & 0 & 0 \\ 0 & 0 & 0 & 0 & 1 & 1 \\ 0 & 0 & 0 & 0 & 1 & 1 \end{vmatrix} \tag{1.67}$$

$$\lambda_1 = \frac{2\left(r\bar{b} + b\bar{r}\right)}{\sqrt[2]{2}} = \begin{vmatrix} 0 & 0 & 1 & 1 & 0 & 0 \\ 0 & 0 & 1 & 1 & 0 & 0 \\ 1 & 1 & 0 & 0 & 0 & 0 \\ 1 & 1 & 0 & 0 & 0 & 0 \\ 0 & 0 & 0 & 0 & 0 & 0 \\ 0 & 0 & 0 & 0 & 0 & 0 \end{vmatrix} \tag{1.68}$$

$$\lambda_2 = \frac{-2i\left(r\bar{b} - b\bar{r}\right)}{\sqrt[2]{2}} = \begin{vmatrix} 0 & 0 & -i & -i & 0 & 0 \\ 0 & 0 & -i & -i & 0 & 0 \\ i & i & 0 & 0 & 0 & 0 \\ i & i & 0 & 0 & 0 & 0 \\ 0 & 0 & 0 & 0 & 0 & 0 \\ 0 & 0 & 0 & 0 & 0 & 0 \end{vmatrix} \tag{1.69}$$

$$\lambda_3 = \frac{2\left(r\bar{r} - b\bar{b}\right)}{\sqrt[2]{2}} = \begin{vmatrix} 1 & 1 & 0 & 0 & 0 & 0 \\ 1 & 1 & 0 & 0 & 0 & 0 \\ 0 & 0 & i^2 & i^2 & 0 & 0 \\ 0 & 0 & i^2 & i^2 & 0 & 0 \\ 0 & 0 & 0 & 0 & 0 & 0 \\ 0 & 0 & 0 & 0 & 0 & 0 \end{vmatrix} \tag{1.70}$$

$$\lambda_4 = \frac{2\left(r\bar{g} + g\bar{r}\right)}{\sqrt[2]{2}} = \begin{vmatrix} 0 & 0 & 0 & 0 & 1 & 1 \\ 0 & 0 & 0 & 0 & 1 & 1 \\ 0 & 0 & 0 & 0 & 0 & 0 \\ 0 & 0 & 0 & 0 & 0 & 0 \\ 1 & 1 & 0 & 0 & 0 & 0 \\ 1 & 1 & 0 & 0 & 0 & 0 \end{vmatrix} \tag{1.71}$$

$$\lambda_5 = \frac{-2i\left(r\bar{g} - g\bar{r}\right)}{\sqrt[2]{2}} = \begin{vmatrix} 0 & 0 & 0 & 0 & -i & -i \\ 0 & 0 & 0 & 0 & -i & -i \\ 0 & 0 & 0 & 0 & 0 & 0 \\ 0 & 0 & 0 & 0 & 0 & 0 \\ i & i & 0 & 0 & 0 & 0 \\ i & i & 0 & 0 & 0 & 0 \end{vmatrix} \tag{1.72}$$

$$\lambda_6 = \frac{2\left(b\bar{g} + g\bar{b}\right)}{\sqrt[2]{2}} = \begin{vmatrix} 0 & 0 & 0 & 0 & 0 & 0 \\ 0 & 0 & 0 & 0 & 0 & 0 \\ 0 & 0 & 0 & 0 & 1 & 1 \\ 0 & 0 & 0 & 0 & 1 & 1 \\ 0 & 0 & 1 & 1 & 0 & 0 \\ 0 & 0 & 1 & 1 & 0 & 0 \end{vmatrix} \qquad (1.73)$$

$$\lambda_7 = \frac{-2i\left(b\bar{g} - g\bar{b}\right)}{\sqrt[2]{2}} = \begin{vmatrix} 0 & 0 & 0 & 0 & 0 & 0 \\ 0 & 0 & 0 & 0 & 0 & 0 \\ 0 & 0 & 0 & 0 & -i & -i \\ 0 & 0 & 0 & 0 & -i & -i \\ 0 & 0 & i & i & 0 & 0 \\ 0 & 0 & i & i & 0 & 0 \end{vmatrix} \qquad (1.74)$$

$$\lambda_8 = \frac{2\left(r\bar{r} + b\bar{b} - 2g\bar{g}\right)}{\sqrt[2]{6}} = \frac{1}{\sqrt[2]{3}}\begin{vmatrix} 1 & 1 & 0 & 0 & 0 & 0 \\ 1 & 1 & 0 & 0 & 0 & 0 \\ 0 & 0 & 1 & 1 & 0 & 0 \\ 0 & 0 & 1 & 1 & 0 & 0 \\ 0 & 0 & 0 & 0 & 2i^2 & 2i^2 \\ 0 & 0 & 0 & 0 & 2i^2 & 2i^2 \end{vmatrix} \qquad (1.75)$$

El estado de color de un gluon describe los pares de color-anticolor que el gluon lleva. En el caso de las partículas cuánticas, o los gluones, los estados de la probabilidad de la partícula pueden ser añadidos, o combinados, por el principio de superposición, para dar varios resultados de probabilidad diferentes. Si el estado singlete de color de un gluon, $\left(r\bar{r} + g\bar{g} + b\bar{b}\right)/\sqrt[2]{6}$, fuese medido, habría un 33% de probabilidad de que tuviera rojo-antirojo, o un 33% de que tuviera verde-antiverde, o un 33% de que tuviera azul-antiazul, en su carga de color.

El factor de $\sqrt[2]{2}$, $\sqrt[2]{3}$, o $\sqrt[2]{6}$, se requiere para la normalización. La normalización ajusta la escala de las matrices de Gell-Mann de seis dimensiones para que todas las probabilidades se sumen a un valor unitario. La descripción probabilística de las matrices de Gell-Mann seis dimensionales tiene buen sentido sólo cuando las probabilidades se suman a un valor unitario.

1.5. La transmutación del espacio-tiempo hacia la masa

La ecuación relativista de la energía-impulso expresa la relación entre la masa de descanso de un cuerpo, m_0, la energía total, E_T, y la magnitud de su impulso, *p*, por

$$E_T{}^2 = m_0{}^2 c^4 + p^2 c^2 \tag{1.76}$$

$$E_T{}^2 - p^2 c^2 = m_0{}^2 c^4 \tag{1.77}$$

$$m_0{}^2 = \frac{E_T{}^2 - p^2 c^2}{c^4} \tag{1.78}$$

La velocidad de la luz se puede expresar en términos de la permitividad y de la permeabilidad del espacio-tiempo libre.

$$\varepsilon_0 \mu_0 = \left(\frac{1}{4\pi} \frac{t_p{}^2}{F_q} \right) \left(4\pi \frac{F_q}{l_p{}^2} \right) = \frac{t_p{}^2}{l_p{}^2} = \frac{1}{c^2} \tag{1.79}$$

El fotón, o el cuántico de luz, se puede representar como una unidad del área espaciotemporal compleja y linealmente polarizada que oscila en un ángulo. La unidad de masa, *Kg*, se ha utilizado como una unidad de peso y una unidad de masa. Es útil proponer un sistema para la masa por-unidad, o por ciento, basado en el fotón para describir la masa, o la energía, de cualquier partícula. La masa de cualquier partícula es un múltiplo de la masa de un fotón por-unidad, m_p, o la masa de base.

La masa de una partícula puede estar representada por una proporción de la masa, o la energía, de una partícula, a la masa relativista, m', o la energía, E_p, de un fotón.

$$m' c^2 = E_p \tag{1.80}$$

$$\left(\frac{m_p}{m_p}\right)c^2 = E_p \qquad (1.81)$$

$$c^2 = \left(\frac{l_p}{t_p}\right)^2 \equiv E_p \qquad (1.82)$$

La energía de una partícula es una forma equivalente de la energía que es una cuántica proporcional a la energía pura de una cuántica de luz, o un fotón. Una partícula tiene una energía de descanso que es órdenes de magnitud mayor que la energía de un fotón. Por lo tanto, la proporción de la masa de descanso de una partícula a la masa de un fotón se puede representar como cociente proporcional entre la energía de descanso de la partícula, E_0 , a la energía de un fotón.

$$\frac{m_0 c^2}{m_p c^2} = \frac{E_0}{E_p} \qquad (1.83)$$

$$\frac{m_0}{m_p} E_p = \frac{m_0}{m_p} c^2 = \frac{m_0}{m_p} \frac{l_p{}^2}{t_p{}^2} = E_0 \qquad (1.84)$$

Similarmente, el cuadrado de la proporción del espacio de descanso, s_0 , al tiempo de descanso, t_0 , de una partícula en el espacio-tiempo libre, puede ser representada por la energía de descanso.

$$c_0{}^2 = \left(\frac{s_0}{t_0}\right)^2 \equiv E_0 \qquad (1.85)$$

La masa de una partícula puede expresarse como la proporción del espacio de descanso al cuadrado, s_0 , al cuadrado del tiempo de descanso, t_0 , dividido por el cuadrado de la velocidad de la luz en el espacio-tiempo libre, c_0 .

$$m_0 = \frac{\sqrt[2]{E_T{}^2 - p^2c^2}}{c^2} = \frac{1}{c^2}\sqrt[2]{\left(\frac{s}{t}\right)^4 - \left(\frac{\partial s}{\partial t}\right)^4} = \frac{1}{c_0{}^2}\left(\frac{s_0}{t_0}\right)^2 \qquad (1.86)$$

Donde E_T representa la energía total de la partícula, $(s/t)^2$, la energía de descanso de una partícula es $(s_0/t_0)^2$, y la energía del impulso de una partícula es, $(\partial s/\partial t)^2$, en el espacio-tiempo libre.

$$m_0 = \left(\frac{t_p}{l_p}\right)^2\left(\frac{s_0}{t_0}\right)^2 = \frac{\left(\frac{s_0}{l_p}\right)^2}{\left(\frac{t_0}{t_p}\right)^2} = \left(\frac{s_0 \cdot t_p}{t_0 \cdot l_p}\right)^2 = \left(\frac{n_s}{n_t}\frac{q_s}{q_t}\right)^2 = n_{st}{}^2\left(\frac{q_s}{q_t}\right)^2 \qquad (1.87)$$

Donde q_s es una carga magnética del espacio de descanso de una partícula, q_t es una carga eléctrica del tiempo de descanso de una partícula, n_{st} es la relación del número de cargas magnéticas a las cargas eléctricas que se pueden manifestar de la masa de una partícula.

En un umbral, a medida que el tiempo se acerca a cero, $t \rightarrow 0$, tanto la masa de reposo como la energía de reposo se manifiestan, $m_0 >> 0$ y $E_0 >> 0$, en el vacío espaciotemporal puro. La masa se puede crear a partir del espacio-tiempo, o viceversa. La masa, la carga, y la energía, son aspectos del espacio-tiempo.

Un volumen del espacio-tiempo altamente condensado, transmuta a la masa por debajo de un umbral mientras que el tiempo se acerca a cero, según el corpúsculo espaciotemporal alcanza la velocidad de la luz. No se sugiere que los mecanismos de las partículas de materia, tales como el bosón de Higgs para la adquisición de las masas de los quarks, los portadores de la fuerza, o las partículas fundamentales, no están involucrados en el rendimiento de las interacciones cuánticas de acuerdo con el modelo estándar de la física actual, puesto que esas partículas de materia, o sus partículas secundarias, son ellas mismas manifestaciones espaciotemporales. Es interesante notar que el bosón de Higgs da masa a los quarks, y los quarks componen los protones y los neutrones en el núcleo de un átomo, pero sólo aproximadamente dos por ciento de la masa de los protones y los neutrones es proporcionada por los quarks, y el resto es de la energía en los gluones, lo que plantea la pregunta, ¿de dónde viene la masa y la energía?

La teoría de las cuerdas, o la teoría M, ofrecen conclusiones similares sobre la naturaleza de la materia. Las cuerdas, y las D-branes, ofrecen una interesante subestructura a las unidades Planck del espacio y el tiempo. Las dimensiones del espacio pueden enroscarse o condensarse. Una dimensión espacial tiene una dimensión temporal conjugada. Si la dimensión espacial está enroscada o no extendida, la dimensión temporal conjugada no se extiende, y el tiempo se ha acercado a cero. Podemos hacer la pregunta retórica, ¿Ha sugerido la teoría de las cuerdas un mecanismo similar para los volúmenes espaciales condensados e intemporales durante la formación de las partículas fundamentales?

Los fotones son típicamente descritos como los luxones, o las partículas que se trasladan a una velocidad *"c"*, que son atemporales. Los tardiones se describen como las partículas que se trasladan más despacio que *"c"*. Sin embargo, la transmutación espaciotemporal hacia la masa se teoriza que pueda ocurrir mientras que el tiempo se acerca a cero por debajo de un umbral de la extensión del espacio dentro del límite de la manifestación corpórea. Por lo tanto, cualquier partícula o masa debe moverse a una velocidad *"c"*, o muy cerca de *"c"*, para mantener su corpúsculo. O bien, el volumen espaciotemporal altamente condensado de una partícula o una antipartícula, se vuelve atemporal, consecuentemente, el corpúsculo de la partícula o la antipartícula, se está moviendo a *"c"*, sin tener que trasladarse a través del espacio a la velocidad de la luz, o, cada partícula o antipartícula, siempre se mueve a *"c"* con un movimiento tembloroso, $\langle v \rangle = \pm c$, debido a las fuerzas de Coulomb más débiles cerca de los protones a unas distancias de longitud de onda de Compton cerca de un núcleo atómico, o en el espacio-tiempo libre, lo que hace que el movimiento parezca más lento si la traslación orbital de la partícula es considerada perpendicular al movimiento tembloroso, para acatar la Teoría General o Especial de la Relatividad.

En tal escenario, un tardión puede trasladarse a menos de *"c"*, cuando una fuerza actúa sobre el tardión, mientras que sigue viajando a la velocidad de la luz para mantener su forma física como una partícula de masa en el espacio-tiempo libre. Si el tardión se ralentizara por debajo de *"c"*, en un umbral de la expansión del espacio, su masa retornaría a su volumen espaciotemporal en el vacío puramente espaciotemporal. Todas las partículas serían luxones, pero sólo los fotones serían luxones sin movimiento tembloroso.

La naturaleza fundamental del espacio y el tiempo consiste en los siguientes principios rectores:

- El espacio-tiempo es la auténtica fuente física de todo lo que hay.
- El espacio-tiempo puede expandirse, o contraerse, en cada dirección en cada punto a menos que esté obstruido.
- La onda espaciotemporal dota la luz y la masa relativista.
- El espacio-tiempo es eterno en sus expresiones, dimensiones, y fases continuas de cambio, en cualquiera de sus infinitas formas.

La masa es una expresión de las infinitas formas del espacio-tiempo. La materia es una permutación de los arreglos infinitos de la masa. El espacio-tiempo es la fuente primordial de la energía incorporada en la luz o en la masa. La energía precede la materia en nuestro universo. La luz, como onda electromagnética, es la energía primordial y eterna de nuestro universo. Las formas infinitas del espacio-tiempo son las manifestaciones de la luz, la masa y la materia de nuestro universo. El espacio-tiempo libre es la fuente de la manifestación de la luz, de la masa, y de la materia, que metafóricamente no ha despertado. La luz es omnipresente y existencial en nuestro universo. La masa, o la materia, puede ser dotada con otras formas de la energía del espacio-tiempo, o cuando la masa, o la materia, revierte a las formas elementales del espacio-tiempo. Del espacio y el tiempo, hay luz, gravedad, masa, materia y vida en todos sus aspectos.

Las tres dimensiones del espacio, las tres dimensiones del tiempo, y las tres direcciones de la carga electromagnética, emanan de la misma fuente infinita y genuina. Todo lo que hay en nuestro universo proviene de la luz primordial. Nuestros sentidos son expresiones compatibles de la luz.

La luz es la música en el concierto del espacio-tiempo; el primer musical de la creación física. La luz, la masa o la materia, son las ondas y las partículas en la sinfonía de la vida. La vida es una consecuencia inevitable de las propiedades físicas del espacio, del tiempo, de la luz, y de la creación.

1.6. ¿Se podrá ir más rápido que la velocidad de la luz?

Hay ventajas fácticas en considerar las velocidades más rápidas que la velocidad de la luz en el campo de la física.

Según los cálculos recientes nuestro universo observable de 13,79 mil millones de años tiene actualmente una distancia comóvil radial estimada de 46,6 mil millones de años luz. Los astrónomos que utilizan el telescopio Hubble han detectado objetos que se mueven entre cuatro y seis veces más rápido que la velocidad de la luz en relación con el marco de referencia de la tierra. Así, se asume actualmente que la mayor parte de esa velocidad, ciertamente cualquier velocidad sobre *"c"*, es debida a la extensión del mismo espacio-tiempo. Pero si un objeto celeste masivo se aleja de nosotros, en relación con nuestro marco de referencia, a una velocidad más rápida que la luz, ¿cómo podemos verlo?

Si la luz emitida por un objeto celeste masivo fue emitida cuando el objeto no se movía tan rápidamente lejos de nuestro marco de referencia, entonces la luz eventualmente llegaría a nosotros. A medida que el espacio-tiempo se expande, la luz incidente viaja a través de las diferentes regiones del espacio-tiempo, el cambio rojo ocurre, en la trayectoria hacia nuestro marco de referencia.

Por lo tanto, cuando el objeto celeste masivo es llevado por la expansión del espacio-tiempo mucho más rápido en el tiempo desde la perspectiva de nuestro marco de referencia, la luz emitida por ese mismo objeto eventualmente nunca será capaz de salvar la brecha.

Es más, se pronostica que, en un futuro lejano, una mayor cantidad de los objetos celestes en las regiones externas a nuestro rango de visión serán eventualmente inobservables desde nuestro marco de referencia de la tierra con la tecnología actual.

Pensemos en la tierra desde una vista superior como se muestra a continuación como un objeto esférico de color rojo en la circunferencia de un círculo, en un plano espaciotemporal, con otros tres objetos celestes.

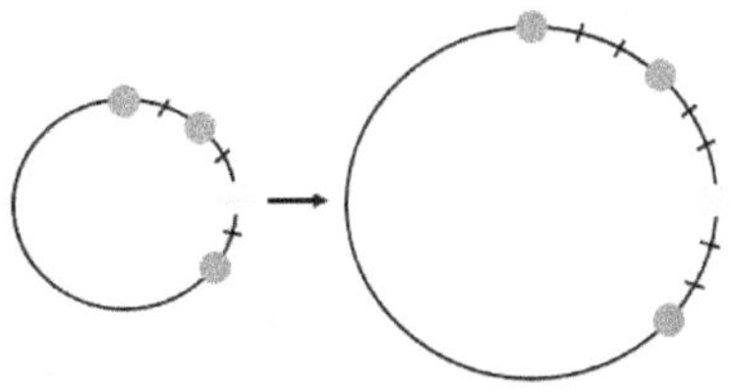

Figura 12.

La distancia, entre los objetos esféricos rojo y verde en la circunferencia de un círculo en un plano del espacio-tiempo, es dos unidades de distancia de arco; después de la expansión del área espaciotemporal del círculo a la velocidad de la luz, hay tres unidades de distancia de arco entre los objetos. Consideremos los objetos esféricos rojo y azul en la circunferencia del círculo, los objetos están en seis unidades de distancia de arco; después de la expansión a la velocidad de la luz, se encuentran separados por nueve unidades de distancia de arco. El objeto esférico azul se ha comovido tres veces más rápido, o a tres veces la velocidad de la luz, del objeto esférico rojo que el objeto esférico verde. En consecuencia, los objetos se pueden desplazan en el espacio-tiempo a una velocidad superlumínica.

Sin embargo, podemos también considerar la perspectiva que cada objeto esférico se comueve a la velocidad de la luz desde un punto central en el círculo más pequeño, mientras todos los objetos esféricos todavía permanecen en su localización espaciotemporal respectiva, mientras que el espacio-tiempo lleva los objetos hacia fuera a la velocidad de la luz, a medida que se expande.

El sincrotrón de polarización es un dispositivo tecnológico, que combina las ondas de radio con un campo magnético que gira rápidamente, para hacer que las ondas de radio viajen más rápido que la velocidad de la luz. Las ondas se envasan en una sola onda muy potente del tamaño de un pequeño punto.

Algunas de las aplicaciones potenciales para esta tecnología son: las comunicaciones directas de mayor potencia entre teléfonos celulares y satélites, la transmisión más rápida de datos en los ordenadores o las computadoras, los puentes de interconexión casi instantáneos y los dispositivos más rápidos de memoria electrónica para los microprocesadores, las medicaciones más rápidamente activadas por las ondas de radio para la quimioterapia dirigida a las áreas específicas del cuerpo de un paciente. Una señal de tensión sinusoidal se aplica a un material dieléctrico en forma de arco (alúmina), con unos electrodos colocados a lo largo de una longitud de dos metros a intervalos regulares para desplazar la fase de la tensión muy ligeramente entre los electrodos, para generar un patrón de polarización variable sinusoidal que se desplaza a lo largo del dispositivo. Así, hacen que las ondas de radio viajen más rápido que la velocidad de la luz ajustando cuidadosamente la frecuencia del desplazamiento de la tensión y de la fase.

Por consiguiente, las aplicaciones tecnológicas que sean más rápida que la velocidad de la luz son alcanzables en ciertos medios espaciotemporales de medios dieléctricos.

§ 2. Sobre la formación de un agujero negro supermasivo de Kerr-Newman

Imaginemos que el espacio es capaz de extenderse o contraerse más rápido que la velocidad de la luz y que las leyes físicas del universo siguen siendo las mismas para permitir que el espacio que no sea homogéneo e isótropo se extienda o contraiga a varias veces la velocidad de la luz *"c"*, a través de varias barreras lumínicas tales como c, $2c$, $3c$, $4c$, $5c$, etc., por ejemplo, en el caso de la formación de un agujero negro supermasivo de Kerr-Newman rotatorio y cargado. Aunque, la onda espaciotemporal se contrae desde el horizonte externo de sucesos hacia el anillo de la singularidad del agujero negro de Kerr-Newman, las ondas espaciales y las temporales son recíprocas.

La masa y el tiempo se condensan, y la longitud espacial se extiende según se alcanza cada barrera lumínica, aparentemente haciendo que una masa relativista infinitesimal, m', pareciera desaparecer, cuando la masa contraída minimiza sus dimensiones volumétricas anteriores antes de llegar a la barrera lumínica. En el mismo instante, el tiempo relativista está muy dilatado, por lo que cuando la masa se condensa en la barrera lumínica, el tiempo también se condensa proporcionalmente. Sin embargo, el tiempo se acelera a medida que se condensa en cada barrera lumínica. Mientras que el tiempo se condensa, la velocidad de la masa relativista es más rápida, aumentando su energía cinética, y el tiempo se acelera mientras que la longitud se extiende. Además, el campo gravitacional de la masa disminuye proporcionalmente, según la masa y el tiempo se contraen, durante cada evento de una barrera lumínica.

Las fuerzas electromagnéticas de la interacción electrodébil unificada de la masa y las cargas se fortalecen más que el campo gravitacional de la masa durante cada evento de una barrera lumínica. Según las estructuras atómicas, la distribución de la carga, y la energía, se colapsan en una distribución de masa más compacta y condensada, las crecientes presiones y las temperaturas permiten que los núcleos de masa con cargas positivas se combinen. Cuando la masa se condensa, las cargas se condensan bajo las inmensas fuerzas de marea del cuerpo que se colapsa, creando una distribución de carga cada vez más cohesiva alrededor de la geometría del anillo de formación, produciendo campos eléctricos muy fuertes fuera del anillo condensado según las cargas enfocan sus líneas de campo eléctrico radialmente hacia fuera. (Melia, 2007 y 2009)

Mientras que la densidad de la masa aumenta durante el colapso del cuerpo celeste, la superficie del límite de su espacio-tiempo-masa se reduce y la fuerza espaciotemporal que actúa sobre la masa tiene un área superficial menor donde actuar. Así, se teoriza que mientras que la masa se condensa en un anillo, la presión espaciotemporal sobre la superficie de la masa infinitesimal ejerce un campo gravitacional, hasta que la masa del anillo se colapsa en las dimensiones espaciotemporales del medio de la onda, fuera del espacio-tiempo local, en lo que se convierte en el horizonte externo de sucesos del agujero negro de Kerr-Newman. Así, la longitud de la onda espaciotemporal se contrae hacia dentro, la presión espaciotemporal aumenta y ejerce un mayor efecto de potencial gravitacional alrededor de la masa, a medida que el espacio se extiende y el tiempo se condensa hacia dentro. Por consiguiente, a medida que la masa se acelera a través de las barreras lumínicas, su gravedad se debilita, y su campo electromagnético se fortalece, según la masa se condensa. Se teoriza que las fuerzas del campo electromagnético de la interacción electrodébil unificada de la masa y de las cargas actúa en el área interna del horizonte externo de sucesos del agujero negro de Kerr-Newman, contra el campo gravitacional interno, para preservar la geometría y el límite del agujero negro, creando una demarcación eficaz para el horizonte de sucesos entre el espacio-tiempo interno y externo. Esta acción teórica sustenta la fuerza del campo electromagnético concentrado del anillo de la singularidad y también establece un campo gravitacional estable para el emergente agujero negro.

A medida que el anillo se forma, la interacción débil puede convertir un tipo de núcleo a otro, emitiendo un electrón o un positrón en el proceso a través de la radioactividad beta. La fuerte interacción se hace más fuerte a medida que une a los nucleones, los núcleos se combinan bajo las temperaturas extremas y las presiones de la masa extremadamente densa. Mientras que la masa continúa colapsándose más allá dentro de las dimensiones espaciotemporales del horizonte externo de sucesos, una distancia espacial se desarrolla, y su límite es el horizonte interno de sucesos del agujero negro de Kerr-Newman. Mientras que el anillo alcanza una existencia estable como masa infinitesimal, existe dentro del espacio interior del horizonte de sucesos con dimensiones infinitesimales que no son cero. Así, se teoriza que el anillo tiene atributos de masa muy condensada, de las dimensiones espaciotemporales, y existe en una burbuja temporal e infinitesimal localizada dentro del agujero negro. Sin embargo, el anillo existe en el tiempo localizado fuera del espacio-tiempo universal más allá de la ergosfera del agujero negro. Esta condición desacoplaría los efectos de potencial gravitacional de la masa del anillo dentro del horizonte interno de sucesos del espacio-tiempo universal del exterior.

Mientras que la geometría del agujero negro es sostenida por el campo electromagnético concentrado y la gravedad interna, un campo gravitacional se ejerce hacia y más allá del horizonte externo de sucesos y de la ergosfera del agujero negro supermasivo, como si el cuerpo celeste colapsado fuera todavía allí en una forma física y con su masa correspondiente. Entonces, de acuerdo con el modelo gravitacional teórico anterior, el campo gravitacional externo del agujero negro supermasivo resulta del diferencial de la presión espaciotemporal sostenido por el campo electromagnético concentrado de la interacción electrodébil unificada de la masa, las cargas, y el campo gravitacional interno, en el límite espaciotemporal del horizonte externo de sucesos, y no sólo como resultado final de la gravedad de la masa condensada del mismo anillo.

El campo gravitacional externo de un agujero negro de Kerr-Newman se teoriza que es suficiente para atraer la materia hacia dentro y mantener estable la materia que gira en un disco de acreción. Los gases y otras materias se acumulan en un disco de acreción alrededor de un agujero negro de Kerr-Newman. El gas y la materia que gira, generan sus propios campos magnéticos, y estos campos potencian las corrientes de las partículas cargadas que se expulsan del agujero negro. Las corrientes transfieren el momento angular de las regiones internas del disco hacia fuera. Esto ralentiza un poco el gas y la materia que gira, permitiendo que el gas y la materia caigan en el agujero negro. Pero antes de que la materia en el disco de acreción pueda tomar la zambullida final en la ergosfera y entonces en el horizonte externo de sucesos del agujero negro, la materia debe perder algo de su velocidad de rotación o de su impulso angular. Si el impulso angular del disco no se disipara, el gas y la materia en el disco de acreción circundarían el agujero negro por un largo tiempo en una órbita estable, como los planetas que circundan una estrella. (Newman et al, 1965)

Se teoriza que una onda Alfvén torsional puede ser generada por el arrastre rotatorio del espacio-tiempo cerca de un agujero negro de Kerr-Newman. La onda transporta la energía hacia fuera a lo largo de las líneas del campo magnético, causando que la energía total del plasma cerca del agujero negro disminuya a los valores negativos. El campo magnético también hace que la turbulencia y la fricción se acumulen dentro del disco. La fricción calienta el gas a millones de grados, causando que el plasma brille intensamente en las bandas ultravioleta y de rayos X, cuando este plasma de energía negativa entra en el horizonte externo de sucesos del agujero negro, la energía rotacional del agujero negro disminuye. A través de este proceso, la energía del agujero negro giratorio se extrae magnéticamente. El proceso de acoplamiento magnético puede transferir la energía y el impulso angular de un agujero negro de Kerr-Newman a su disco circundante.

Recientemente, se ha observado a través de poderosos telescopios especiales que los fuertes campos magnéticos de un agujero negro crean turbulencias en la materia circundante que ayudan a impulsar la materia hacia dentro para que se pueda acrecentar. Los campos magnéticos que están fuertemente enrollados cerca de los agujeros negros supermasivos y energéticos expulsan chorros estrechos de plasma hacia el espacio. Este mecanismo transfiere el calor a los gases atraídos por y cerca del agujero negro para controlar eficazmente el crecimiento de las galaxias más grandes.

2.1. La coordenada radial de un agujero negro de Kerr-Newman

Además, según un agujero negro de Kerr-Newman se forma como se propuso anteriormente, la masa muy condensada del cuerpo celeste se colapsa más allá de la distancia radial *"s"* del espacio y en la distancia radial "τ" del tiempo. Así, según la longitud se extiende, el tiempo se contrae, y el radio del anillo de la singularidad se puede medir en términos de su distancia temporal. En otras palabras, el anillo de la singularidad del agujero negro se ha movido dentro de su burbuja temporal mientras que el tiempo se condensa, fuera del espacio-tiempo externo y dentro del horizonte externo de sucesos.

Esta condición física dentro del horizonte externo de sucesos le permite al espacio-tiempo fluir y curvarse hacia dentro como un río en la dirección del anillo de la singularidad en el espacio-tiempo interno del agujero negro supermasivo de Kerr-Newman.

Entonces, encontramos la siguiente expresión integral para las coordenadas radiales espaciales y las temporales de la masa del cuerpo celeste que se colapsa,

$$r = \int_{s_1}^{s_2} \partial s_r + c\int_{t_1}^{t_2} \partial t_r \qquad donde \qquad s_2 > s_1 \;\; y \;\; t_2 < t_1 \tag{2.1}$$

$$r = s_r \Big|_0^S + ct_r \Big|_{t_1}^{t_2} \tag{2.2}$$

$$r = s + c(t_2 - t_1) \tag{2.3}$$

Supongamos que el intervalo temporal $(t_2 - t_1)$ sea igual a τ para encontrar la distancia radial *"r"*, según la distancia espacial *"s"* se extiende y la masa se colapsa en una singularidad de anillo, donde se teoriza que el campo electromagnético interno y el campo gravitacional interno son repulsivos, o negativos, desde la perspectiva del campo gravitacional externo fuera del horizonte externo y uniforme.

$$r = \lim_{m \to 0} \left[s + c(t_2 - t_1)\right] = c\tau \tag{2.4}$$

Por consiguiente, especificamos a partir de este modelo físico que el radio *"r"* del anillo ya no es espacial, sino temporal. El valor "$c\tau$" es la distancia del radio *"r"* en la dimensión espaciotemporal, dentro del horizonte externo de sucesos externo de un agujero negro de Kerr-Newman.

2.2. El factor Schwarzschild durante la formación de una singularidad

Pensemos en la geometría del factor Schwarzschild de un agujero negro, donde $r_s = 2GM/c^2$, sobre el horizonte de sucesos con $r > r_S$, descrito por la siguiente métrica:

$$ds^2 = -\left(1-\frac{r_s}{r}\right)dt^2 + \frac{dr^2}{\left(1-\frac{r_s}{r}\right)} + r^2 d\theta^2 + r^2 \sin^2\theta d\phi^2 \quad (2.5)$$

donde podemos expresar el factor Schwarzschild como

$$1-\frac{r_s}{r} = 1-\frac{2GM}{rc^2} \quad (2.6)$$

A medida que reconsideramos la coordenada radial *"r"*, con el espacio que fluye radialmente hacia dentro a una velocidad Newtoniana de caída de $v^2 = 2GM/r$, en la Relatividad General, cuando v alcanza la velocidad de la luz *"c"*, tenemos

$$\lim_{v \to c}\left(1-\frac{2GM}{rc^2}\right) = \lim_{v \to c}\left(1-\frac{v^2}{c^2}\right) = \lim_{v \to c}\left(1-\frac{c^2}{c^2}\right) = 0 \quad (2.7)$$

De esta manera, cuando la distancia espacial dentro del agujero negro se extiende, se teoriza que el factor Schwarzschild se aproxima a cero según lo predicho por la Relatividad General, dentro de la región interna del teórico agujero negro supermasivo. La velocidad de caída *"v"* pasa la velocidad de la luz *"c"* en el horizonte de sucesos del agujero negro. Mientras $r < r_s$, a medida que aumenta la velocidad de contracción de la onda espaciotemporal, el espacio se extiende y el tiempo se condensa.

Así, en virtud de estas condiciones propuestas, la ley de Einstein sobre la velocidad de la luz todavía se mantiene porque la velocidad de la luz se aplica a la velocidad de los objetos que se mueven en el espacio-tiempo según se mide localmente con respecto a un marco inercial de referencia. En este modelo dentro del horizonte de sucesos, el mismo espacio-tiempo se mueve en manera superlumínica hacia dentro; de esa forma, teóricamente, prevalece la Relatividad General.

2.3. La métrica de un agujero negro de Kerr-Newman

La métrica de Kerr-Newman describe la geometría del espacio-tiempo en las cercanías de un agujero negro giratorio de masa *M*, un espín α , con una carga *Q* en coordenadas esféricas estándar.

$$c^2 d\tau^2 = -\left[\frac{dr^2}{\Delta} + d\theta^2\right]\rho^2 + \left[c dt - \alpha \sin^2\theta d\phi\right]^2 \frac{\Delta}{\rho^2} - \left[\left(r^2 + \alpha^2\right) d\phi - \alpha c dt\right]^2 \frac{\sin^2\theta}{\rho^2} \quad (2.8)$$

$$\alpha = \frac{J}{Mc} = \frac{a}{c} \quad (2.9)$$

$$\rho^2 = r^2 + \alpha^2 \cos^2\theta = r^2 + \frac{a^2 \cos^2\theta}{c^2} \quad (2.10)$$

$$\Delta = r^2 - r_S r + \alpha^2 + {r_Q}^2 \quad (2.11)$$

$$ {r_Q}^2 = \frac{Q^2 G}{4\pi\varepsilon_0 c^4} \quad (2.12)$$

Así, la capacidad actual en el radio r_Q correspondiente a la carga *Q* del agujero negro de Kerr-Newman con una masa *M* se puede expresar como

$$ {I_Q}^2 = \frac{4\pi\varepsilon_0 c^4 {r_Q}^2 {f_Q}^2}{G} = Q^2 \left(\frac{\ddot{m}}{M}\right) \quad (2.13)$$

$$\left(\frac{I_Q}{Q}\right)^2 = \frac{\ddot{m}}{M} \quad (2.14)$$

Donde $\dot{m}$ es el índice de la velocidad de acreción de la materia, y $\ddot{m}$ es la tasa de la aceleración de la acreción de la materia del agujero negro de Kerr-Newman en el radio r_Q.

$$\dot{m} = \frac{I_Q M}{Q} \tag{2.15}$$

$$\ddot{m} = \frac{{I_Q}^2 M}{Q^2} \tag{2.16}$$

Expresemos la métrica de Kerr-Newman en términos de la coordenada radial *"r"*, el momento angular *"a"* por unidad de la masa, usando la geometría del espacio-tiempo en la vecindad del agujero negro rotatorio de Kerr-Newman.

$$c^2 d\tau^2 = -\left[\frac{dr^2}{r^2\left(1-\frac{r_S}{r}\right)+\frac{a^2}{c^2}+{r_Q}^2}+d\theta^2\right]\left[r^2+\frac{a^2\cos^2\theta}{c^2}\right]+\left[cdt-\frac{a\sin^2\theta\, d\phi}{c}\right]^2\left[\frac{r^2\left(1-\frac{r_S}{r}\right)+\frac{a^2}{c^2}+{r_Q}^2}{r^2+\frac{a^2\cos^2\theta}{c^2}}\right]$$

$$-\left[\left(r^2+\frac{a^2}{c^2}\right)d\phi-adt\right]^2\left[\frac{\sin^2\theta}{r^2+\frac{a^2\cos^2\theta}{c^2}}\right] \tag{2.17}$$

A medida que la velocidad del espacio-tiempo se acerca a la velocidad de la luz *"c"*, el factor Schwarzschild $(1-r_S/r)$ se aproxima a cero como lo predice la Teoría General de la Relatividad y la métrica de Kerr-Newman para $r \le r_S$, donde $r^2 = c^2t^2,\ r_Q = c^2{t_Q}^2\ and\ dr^2 = c^2dt^2$, se puede expresar como

$$c^2 d\tau^2 = -\left[\frac{c^2dt^2}{\frac{a^2}{c^2}+c^2{t_Q}^2}+d\theta^2\right]\left[c^2t^2+\frac{a^2\cos^2\theta}{c^2}\right]+\left[cdt-\frac{a\sin^2\theta\, d\phi}{c}\right]^2\left[\frac{\frac{a^2}{c^2}+c^2{t_Q}^2}{c^2t^2+\frac{a^2\cos^2\theta}{c^2}}\right]$$

$$-\left[\left(c^2t^2+\frac{a^2}{c^2}\right)d\phi-adt\right]^2\left[\frac{\sin^2\theta}{c^2t^2+\frac{a^2\cos^2\theta}{c^2}}\right] \qquad (2.18)$$

§ 3. Sobre los factores de Lorentz y de Larmor

Así, para el movimiento superlumínico se necesitan nuevos factores relativistas para las transformaciones de la masa, la longitud, y el tiempo, en el espacio-tiempo-masa. Supongamos que *"nc"* representa la velocidad del espacio-tiempo v_s en la cual el espacio se contrae y v_n es la velocidad de un objeto que se mueve a través del espacio-tiempo.

Retomemos el factor de Lorentz y de Larmor.

3.1. El factor de Lorentz

$$\Gamma\left(\frac{V_n}{nc}\right)=\frac{1}{\sqrt[2]{1-\left(\frac{v_n}{nc}\right)^2}} \qquad donde\ \beta=\frac{v_n}{nc} \qquad (3.1)$$

$\Gamma\left(\frac{V_n}{nc}\right)$ es el factor de Lorentz para las velocidades sublumínicas de *nc* donde $n<1$. Por consiguiente, por la regla de L'Hopital, tenemos

$$\lim_{v_n \to nc} \Gamma\left(\frac{v_n}{nc}\right)=0 \qquad (3.2)$$

$$\lim_{v_n \to 0} \Gamma\left(\frac{v_n}{nc}\right)=1 \qquad (3.3)$$

Por lo tanto, un reloj estacionario en el espacio-tiempo sublumínico tiene una masa de descanso *"m"* y un tiempo *"t"* según lo medido localmente. Cuando un objeto en movimiento se acerca a la velocidad de la luz *"c"* en el espacio sublumínico su masa se dilata en una manera relativista, luego en *"c"*, la masa del objeto se colapsa a una mayor densidad según la onda espaciotemporal se contrae, y el espacio se extiende sobre la estructura atómica de la masa. A medida que la masa se condensa, la presión espacial que manifiesta la masa relativista disminuye y permite el efecto de Larmor cuando la masa reanuda la dilatación y la longitud espacial reanuda la contracción a medida que el objeto se acelera y viaja en forma relativista y superlumínica.

3.2. El factor lumínico de Larmor

$$\Lambda\left(\frac{v_n}{nc}\right)=\frac{1}{\sqrt[2]{2-\left(\frac{v_n}{nc}\right)^2}} \tag{3.4}$$

$\Lambda\left(\frac{v_n}{nc}\right)$ es el factor de Larmor para las velocidades lumínicas de *nc* para $n=1$.

$$\lim_{v_n \to nc} \Lambda\left(\frac{v_n}{nc}\right)=1 \tag{3.5}$$

$$\lim_{v_n \to 0} \Lambda\left(\frac{v_n}{nc}\right)=\frac{1}{\sqrt[2]{2}} \tag{3.6}$$

Así, un reloj inmóvil en el espacio-tiempo lumínico, $v = c$, tiene una masa de $m/\sqrt[2]{2}$ y un tiempo de $t/\sqrt[2]{2}$ según lo medido localmente con respecto a un reloj idéntico en un marco inercial del espacio-tiempo sublumínico. Vamos a definir estos efectos lumínicos como la masa y el tiempo efectivos de un objeto estacionario en el espacio-tiempo lumínico.

3.3. El factor superlumínico de Larmor

$$\mathrm{T}\left(\frac{v_n}{nc}\right)=\frac{\phi}{\sqrt[2]{\left(\frac{v_n}{nc}\right)^2-1}} \tag{3.7}$$

$\mathrm{T}\left(\frac{v_n}{nc}\right)$ es el factor superlumínico de Larmor para velocidades *"nc"* cuando $n > 1$.

Por la regla de L'Hopital, conseguimos

$$\lim_{v_n \to nc} \mathrm{T}\left(\frac{v_n}{nc}\right)=0 \tag{3.8}$$

$$\lim_{v_n \to 0} \mathrm{T}\left(\frac{v_n}{nc}\right)=\frac{\phi}{\sqrt[2]{-1}}=\frac{\phi}{i} \tag{3.9}$$

Por lo tanto, el factor superlumínico de Larmor es útil para calcular los efectos relativistas sobre la masa, el tiempo, y la longitud espacial, a velocidades más rápidas que la velocidad de la luz *"c"*. Así, un reloj inmóvil en el espacio-tiempo superlumínico tiene una masa temporal o imaginaria, $-im$, un tiempo complejo, $-it$, y una longitud temporal, il.

3.4. Los efectos relativistas lumínicos sobre la masa y el tiempo

En general, cuando $v \to c$, para los efectos relativistas tanto de la masa como del tiempo,

$$\lim_{v \to c}\left(\frac{\phi}{\sqrt[2]{1-\left(\frac{v}{c}\right)^2}}\right)=\infty \quad o \ \ indefinido \tag{3.10}$$

$$\frac{f(v)}{g(v)} = \frac{\phi}{\sqrt[2]{1-\left(\frac{v}{c}\right)^2}} \tag{3.11}$$

Por la regla de L'Hopital,

$$\frac{f'(v)}{g'(v)} = \frac{\frac{d\phi}{dv}}{\frac{-2v}{2c^2\left[\sqrt[2]{1-\left(\frac{v}{c}\right)^2}\right]}} \tag{3.12}$$

$$\lim_{v \to c} \frac{f'(v)}{g'(v)} = \frac{0}{-2c} = 0 \tag{3.13}$$

Semejantemente, cuando $v \to c$, para los efectos relativistas superlumínicos de la masa o del tiempo,

$$\lim_{v \to nc} \left(\frac{\phi}{\sqrt[2]{\left(\frac{v}{nc}\right)^2 - 1}} \right) = \infty \quad o \;\; indefinido \tag{3.14}$$

$$\frac{f(v)}{g(v)} = \frac{\phi}{\sqrt[2]{\left(\frac{v}{nc}\right)^2 - 1}} \tag{3.15}$$

$$\frac{f'(v)}{g'(v)} = \frac{\dfrac{d\phi}{dv}}{\dfrac{2v}{2(nc)^2 \sqrt[2]{\left(\dfrac{v}{nc}\right)^2 - 1}}} = \frac{\left(\dfrac{d\phi}{dv}\right) 2(nc)^2 \sqrt[2]{\left(\dfrac{v}{nc}\right)^2 - 1}}{2v} \tag{3.16}$$

$$\lim_{v \to cn} \frac{f'(v)}{g'(v)} = \frac{0}{2v} = 0 \tag{3.17}$$

Por consiguiente, para la masa

$$\lim_{v \to c} \left(\frac{m}{\sqrt[2]{1 - \left(\dfrac{v}{c}\right)^2}} \right) = 0 \quad \Rightarrow \quad m' = \frac{m}{\sqrt[2]{1 - \left(\dfrac{v}{c}\right)^2}} \tag{3.18}$$

$$Tal\ como\ v \to c,\ m' \to 0 \tag{3.19}$$

Del mismo modo, para el tiempo

$$\lim_{v \to c} \left(\frac{t}{\sqrt[2]{1 - \left(\dfrac{v}{c}\right)^2}} \right) = 0 \quad \Rightarrow \quad t' = \frac{t}{\sqrt[2]{1 - \left(\dfrac{v}{c}\right)^2}} \tag{3.20}$$

$Tal\ como\ v \rightarrow c,\ t' \rightarrow 0$ (3.21)

Para la longitud,

$$\underset{v \rightarrow c}{Lim} \left(l \sqrt[2]{1 - \left(\frac{v}{c} \right)^2} \right) = 0 \Rightarrow l' = l \sqrt[2]{1 - \left(\frac{v}{c} \right)^2} \quad (3.22)$$

$Tal\ como\ v \rightarrow c,\ l' \rightarrow 0$ (3.23)

De esta manera, a medida que la velocidad del objeto alcanza la velocidad de la luz, la masa del objeto se condensa, la longitud se extiende, y el tiempo se condensa, ya que el espacio se extiende sobre la estructura atómica de la masa.

§ 4. El ciclo de la masa relativista

4.1. El efecto relativista sobre la masa en función de la velocidad

Para una masa, m_n , podemos expresar la función de la masa de Lorentz-Larmor como

$$m^n = \frac{m_{n-1}}{\sqrt[2]{1 - \left(\frac{v_n}{nc} \right)^2}} - \frac{m_n}{\sqrt[2]{2 - \left(\frac{v_n}{nc} \right)^2}} + \frac{m_{n+1}}{\sqrt[2]{\left(\frac{v_n}{nc} \right)^2 - 1}} \quad (4.1)$$

donde m^n es una masa relativista.

Por lo tanto, tomemos el límite de la masa m_n cuando la velocidad de la masa v_n es menor que la velocidad de la luz *"c"*, igual a *"c"*, o mayor que *"c"*:

$a.\ Cuando\ v_n \rightarrow nc \quad y \quad nc < c,$

$$\underset{v_{n\rightarrow nc}}{Lim}\ m^n \ = \ \underset{v_{n\rightarrow nc}}{Lim}\left[\frac{m_{n-1}}{\sqrt[2]{1-\left(\frac{v_n}{nc}\right)^2}}-\frac{m_n}{\sqrt[2]{2-\left(\frac{v_n}{nc}\right)^2}}+\frac{m_{n+1}}{\sqrt[2]{\left(\frac{v_n}{nc}\right)^2-1}}\right]=0 \qquad (4.2)$$

Así, $m_n = 0$ y $m_{n+1} = 0$, cuando *nc* < *c*, por el principio de correspondencia de Lorentz-Larmor

$b.\ Cuando\ v_n \rightarrow nc \quad y \quad nc = c,$

$$\underset{v_{n\rightarrow nc}}{Lim}\ m^n \ = \ \underset{v_{n\rightarrow nc}}{Lim}\left[\frac{m_{n-1}}{\sqrt[2]{1-\left(\frac{v_n}{nc}\right)^2}}-\frac{m_n}{\sqrt[2]{2-\left(\frac{v_n}{nc}\right)^2}}+\frac{m_{n+1}}{\sqrt[2]{\left(\frac{v_n}{nc}\right)^2-1}}\right]=-m_n \qquad (4.3)$$

$c.\ Cuando\ v_n \rightarrow nc \quad y \quad nc > c,$

$$\underset{v_{n\rightarrow nc}}{Lim}\ m^n \ = \ \underset{v_{n\rightarrow nc}}{Lim}\left[\frac{m_{n-1}}{\sqrt[2]{1-\left(\frac{v_n}{nc}\right)^2}}-\frac{m_n}{\sqrt[2]{2-\left(\frac{v_n}{nc}\right)^2}}+\frac{m_{n+1}}{\sqrt[2]{\left(\frac{v_n}{nc}\right)^2-1}}\right]=m_{n+1} \qquad (4.4)$$

En adelante, podemos expresar m^n como la masa relativista usando la función de la masa de Lorentz-Larmor como sigue:

$$m^n = m_{n-1}\Gamma\left(\frac{v_n}{nc}\right) - m_n\Lambda\left(\frac{v_n}{nc}\right) + m_{n+1}\mathrm{T}\left(\frac{v_n}{nc}\right) \qquad para\ nc \geq 0 \qquad (4.5)$$

Por consiguiente,

$$m^n + m_n\,\Lambda\left(\frac{v_n}{nc}\right) = m_{n-1}\,\Gamma\left(\frac{v_n}{nc}\right) + m_{n+1}\,\mathrm{T}\left(\frac{v_n}{nc}\right) \qquad (4.6)$$

Definamos m_n/m_{n-1} como la proporción de la contracción de la masa en la barrera lumínica,

Mediante la aplicación de la serie de Maclaurin, obtenemos

$$\Gamma\left(\frac{v_n}{nc}\right) = 1 + \frac{1}{2}\left(\frac{v_n}{nc}\right)^2 + \frac{3}{8}\left(\frac{v_n}{nc}\right)^4 + \frac{5}{16}\left(\frac{v_n}{nc}\right)^6 + \frac{35}{128}\left(\frac{v_n}{nc}\right)^8 + \ldots. \qquad (4.7)$$

$$\Lambda\left(\frac{v_n}{nc}\right) = \frac{1}{\sqrt[2]{2}}\left[1 + \frac{1}{2}(L_r)^2 + \frac{3}{8}(L_r)^4 + \frac{5}{16}(L_r)^6 + \frac{35}{128}(L_r)^8 + \ldots.\right] \qquad (4.8)$$

donde $L_r = \dfrac{v_n}{\sqrt[2]{2nc}}$ y L_r es la proporción del factor de Larmor (4.9)

$$\mathrm{T}\left(\frac{v_n}{nc}\right) = \frac{1}{i} + \frac{1}{2i}\left(\frac{v_n}{nc}\right)^2 + \frac{3}{8i}\left(\frac{v_n}{nc}\right)^4 + \frac{5}{16i}\left(\frac{v_n}{nc}\right)^6 + \frac{35}{128i}\left(\frac{v_n}{nc}\right)^8 + \ldots. \qquad (4.10)$$

Entonces, la función superlumínica de Larmor es una serie temporal. Ilustremos el concepto de una masa relativista en un gráfico.

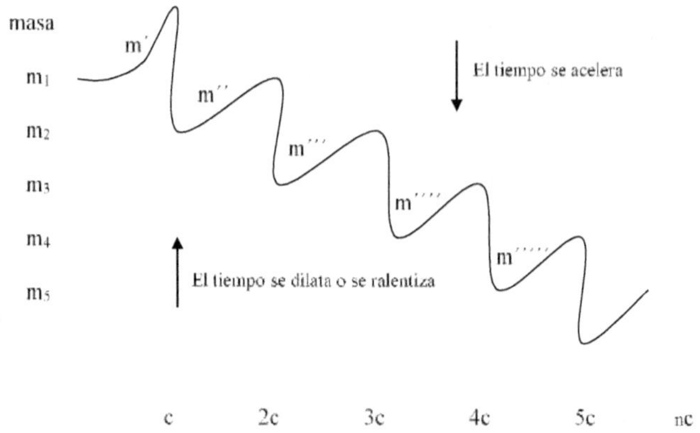

Figura 13. La dilatación y la contracción de la masa.

4.2. La dilatación de la masa de un protón cerca de la velocidad de la luz

Un acelerador de partículas es un dispositivo que utiliza campos eléctricos para impulsar los iones o las partículas subatómicas cargadas a altas velocidades y contenerlas en haces bien definidos. Los físicos de las partículas elementales tienden a utilizar máquinas que crean haces de electrones, positrones, protones o antiprotones, interactuando entre sí a las más altas energías posibles, generalmente a cientos de GeV o a energías superiores, para estudiar la dinámica y la estructura de la materia, el espacio, y el tiempo, para buscar los tipos más simples de interacciones a las más altas energías posibles.

Si un protón se acelera a cerca de la velocidad de la luz *"c"*, digamos a una velocidad de 0,999957*c*, o 12.900 *m/s* cerca de *"c"*, entonces la proporción del protón de su masa relativista a su masa de descanso es aproximadamente 107,83 o cerca de aproximadamente 108 veces su masa de descanso.

Denotando esa proporción,

$$\frac{m'}{m_1} = \frac{1}{\sqrt[2]{1-\left(\frac{v_m}{c}\right)^2}} = \frac{1}{\sqrt[2]{1-\left(\frac{0.999957c}{c}\right)^2}} \approx 108 \qquad (4.11)$$

Así, cuando la masa de un protón se dilata a m', su masa relativista se ha dilatado cerca de 108 veces su masa de descanso m_1.

Así que, según una masa m_1 se traslada más cerca de la velocidad lumínica *"c"*, la masa se dilata a su límite superior m', entonces cuando $v = c$, m' se va a cero y m_1 se va a m_2.

$$\lim_{v \to c} m' = \lim_{v \to c} \frac{m}{\sqrt[2]{1-\left(\frac{v}{c}\right)^2}} = 0 \tag{4.12}$$

$$\lim_{v \to c} \left[m' - \frac{m_2}{\sqrt[2]{2-\left(\frac{v}{c}\right)^2}} \right] = -m_2 \tag{4.13}$$

$$m_1 \to -m_2 \quad cuando \quad v \to c \tag{4.14}$$

$$\frac{m_2}{m_1} = \frac{1}{108} \approx 0.93\% \tag{4.15}$$

Entonces, m' se contrae instantáneamente hacía $-m_2$, lo cual es un porcentaje muy pequeño de su masa de descanso m_1. Cuanto mayor es la magnitud de m', menor es la magnitud de $-m_2$. La magnitud relativista de m' menos la masa de descanso m_1 es igual a la magnitud de la masa de descanso m_1 menos m_2.

$$m' - m_1 = m_1 - m_2 \tag{4.16}$$

Después de la contracción de m' a m_2, entonces la masa m_2 comienza a dilatarse mientras que acelera más rápido que *"c"* y el ciclo relativista se repite, con el resto de las variables iguales, para el intervalo siguiente de la velocidad lumínica $c \leq v \leq 2c$, si la masa continúa acelerando uniformemente hacia $2c$.

§ 5. El ciclo del tiempo relativista

El tiempo sufre una dilatación relativista similar a la masa. Por lo tanto, imaginemos un reloj sincrónico de masa *"m"* que viaja en el espacio-tiempo homogéneo e isótropo a una velocidad relativista.

Entonces, para un tiempo t_n, podemos expresar la función del tiempo de Lorentz-Larmor como

$$t^n = \frac{t_{n-1}}{\sqrt[2]{1-\left(\frac{v_n}{nc}\right)^2}} - \frac{t_n}{\sqrt[2]{2-\left(\frac{v_n}{nc}\right)^2}} + \frac{t_{n+1}}{\sqrt[2]{\left(\frac{v_n}{nc}\right)^2-1}} \tag{5.1}$$

donde t^n es un tiempo relativista.

De aquí en adelante, podemos expresar t^n como el tiempo relativista usando la función del tiempo de Lorentz-Larmor siguiente:

$$t^n = t_{n-1}\Gamma\left(\frac{v_n}{nc}\right) - t_n\Lambda\left(\frac{v_n}{nc}\right) + t_{n+1}\mathrm{T}\left(\frac{v_n}{nc}\right) \qquad para\ nc \geq 0 \tag{5.2}$$

Por consiguiente

$$t^n + t_n\Lambda\left(\frac{v_n}{nc}\right) = t_{n-1}\Gamma\left(\frac{v_n}{nc}\right) + t_{n+1}\mathrm{T}\left(\frac{v_n}{nc}\right) \qquad para\ nc \geq 0 \tag{5.3}$$

Definamos a t_n / t_{n+1} como la proporción de la contracción temporal en la barrera lumínica

a. Cuando $v_n \rightarrow nc$ y $nc \rightarrow c$,

$$Lim\ t^n \ = \ Lim \left[\frac{t_{n-1}}{\sqrt[2]{1 - \left(\frac{v_n}{nc} \right)^2}} - \frac{t_n}{\sqrt[2]{2 - \left(\frac{v_n}{nc} \right)^2}} + \frac{t_{n+1}}{\sqrt[2]{\left(\frac{v_n}{nc} \right)^2 - 1}} \right] = 0 \qquad (5.4)$$

$v_{n \rightarrow nc}$ $\qquad$ $v_{n \rightarrow nc}$

Entonces, $t_n = 0$ y $t_{n+1} = 0$ cuando *nc* < *c*, por el principio de correspondencia de Lorentz-Larmor

b. Cuando $v_n \rightarrow nc$ y $nc = c$,

$$Lim\ t^n \ = \ Lim \left[\frac{t_{n-1}}{\sqrt[2]{1 - \left(\frac{v_n}{nc} \right)^2}} - \frac{t_n}{\sqrt[2]{2 - \left(\frac{v_n}{nc} \right)^2}} + \frac{t_{n+1}}{\sqrt[2]{\left(\frac{v_n}{nc} \right)^2 - 1}} \right] = -t_n \qquad (5.5)$$

$v_{n \rightarrow nc}$ $\qquad$ $v_{n \rightarrow nc}$

$c.\ Cuando\ v_n \rightarrow nc$ y $nc > c$,

$$\underset{v_{n\to nc}}{Lim}\ t^n = \underset{v_{n\to nc}}{Lim}\left[\frac{t_{n-1}}{\sqrt[2]{1-\left(\frac{v_n}{nc}\right)^2}} - \frac{t_n}{\sqrt[2]{2-\left(\frac{v_n}{nc}\right)^2}} + \frac{t_{n+1}}{\sqrt[2]{\left(\frac{v_n}{nc}\right)^2-1}}\right] = t_{n+1} \qquad (5.6)$$

De aquí en adelante, podemos expresar t^n como el tiempo relativista usando la función del tiempo de Lorentz-Larmor como sigue:

$$t^n = t_{n-1}\Gamma\left(\frac{v_n}{nc}\right) - t_n\Lambda\left(\frac{v_n}{nc}\right) + t_{n+1}\mathrm{T}\left(\frac{v_n}{nc}\right) \qquad para\ nc \geq 0 \qquad (5.7)$$

Por consiguiente,

$$t^n + t_n\Lambda\left(\frac{v_n}{nc}\right) = t_{n-1}\Gamma\left(\frac{v_n}{nc}\right) + t_{n+1}\mathrm{T}\left(\frac{v_n}{nc}\right) \qquad (5.8)$$

Definamos t_n / t_{n+1} como la proporción de la contracción del tiempo en la barrera lumínica

Ilustremos el concepto del tiempo relativista en un gráfico.

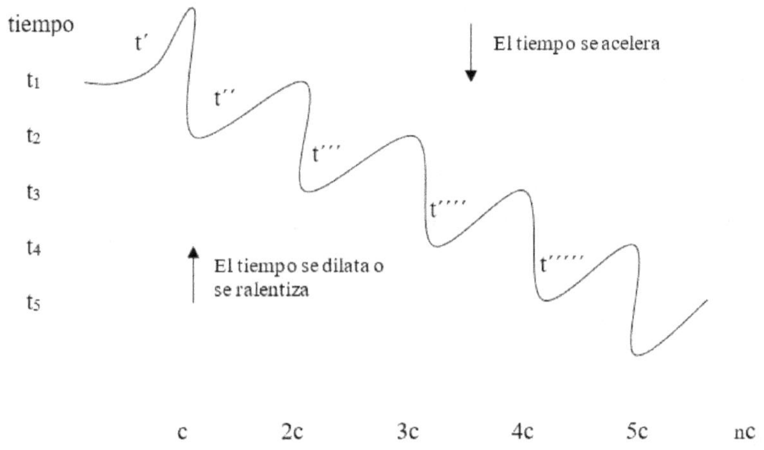

Figura 14. La dilatación y la contracción del tiempo.

Por lo tanto, como el reloj de la masa m_1 viaja más y más cerca de la velocidad de la luz *"c"*, el tiempo t_1 se dilata a su límite superior *t′*, entonces como *v* = *c*, *t′* va a cero y t_1 va a t_2. Del mismo modo, *t'* se condensa instantáneamente a $"-t_2"$, en un porcentaje muy pequeño de su tiempo de descanso. Cuanto mayor es la magnitud de *t′*, menor es la magnitud de t_1. La magnitud relativista de *t′* menos el tiempo de descanso t_1 es igual a la magnitud del tiempo de descanso t_1 menos t_2.

$$t' - t_1 = t_1 - t_2 \tag{5.9}$$

Después del colapso de *t′* a t_2, entonces la masa del reloj m_2 y el tiempo t_2 comienzan a dilatarse mientras que la masa del reloj acelera más rápidamente que *"c"* y el ciclo relativista del tiempo se repite, con el resto de las variables iguales, para el intervalo lumínico siguiente de la velocidad $c \leq v \leq 2c$, si la masa del reloj continúa acelerando uniformemente hacia 2*c*.

§ 6. El ciclo de la longitud espacial relativista

6.1. El efecto relativista sobre la longitud espacial en función de la velocidad

Para los efectos relativistas sobre la longitud, imaginemos una varilla unidimensional de masa acercándose a la velocidad de la luz *"c"*, y pensemos en el factor de Lorentz-Larmor como

$$\lim_{v_n \to nc} r^n = \lim_{v_n \to nc} \left[r_{n-1} \sqrt[2]{1-\left(\frac{v_n}{nc}\right)^2} + r_n \sqrt[2]{2-\left(\frac{v_n}{nc}\right)^2} + r_{n+1} \sqrt[2]{\left(\frac{v_n}{nc}\right)^2 - 1} \right] \quad donde\ n \geq 0 \qquad (6.1)$$

$$r_n = 0 \text{ y } r_{n+1} = 0 \qquad (6.2)$$

y $nc < c$, por el principio de la correspondencia de Lorentz-Larmor

a. Cuando $v_n \to nc$ y $nc < c$,

Tomando el límite de r^n obtenemos

$$\lim_{v_n \to 0} r^n = \lim_{v_n \to 0} \left[r_{n-1} \sqrt[2]{1-\left(\frac{v_n}{nc}\right)^2} + r_n \sqrt[2]{2-\left(\frac{v_n}{nc}\right)^2} + r_{n+1} \sqrt[2]{\left(\frac{v_n}{nc}\right)^2 - 1} \right] = r_{n-1} \quad donde\ nc < c \qquad (6.3)$$

$$r_n = 0 \text{ y } r_{n+1} = 0 \qquad (6.4)$$

y $nc < c$, por el principio de la correspondencia de Lorentz-Larmor

Por consiguiente, definamos r_{n+1}/r_n como la proporción de la contracción de la longitud de la barrera lumínica

b. Cuando $v_n \to nc$ y $nc = c$,

Por lo tanto, $r_n > 0 \ \ cuando \ \ nc = 0$ (6,5)

$$\lim_{v_n \to nc} r^n = \lim_{v_n \to nc} \left[r_{n-1}\sqrt[2]{1-\left(\frac{v_n}{nc}\right)^2} + r_n\sqrt[2]{2-\left(\frac{v_n}{nc}\right)^2} + r_{n+1}\sqrt[2]{\left(\frac{v_n}{nc}\right)^2-1} \right] = r_n \quad donde\ nc = c \qquad (6.6)$$

$$\lim_{v_n \to 0} r^n = \lim_{v_n \to 0} \left[r_{n-1}\sqrt[2]{1-\left(\frac{v_n}{nc}\right)^2} + r_n\sqrt[2]{2-\left(\frac{v_n}{nc}\right)^2} + r_{n+1}\sqrt[2]{\left(\frac{v_n}{nc}\right)^2-1} \right] = \sqrt[2]{2}\, r_n \quad donde\ nc = c \qquad (6.7)$$

$c.\ Cuando \ \ v_n \to nc \ \ \text{y} \ \ nc > c,$

Entonces, $r_{n+1} > 0 \ \ cuando \ \ nc > 0$ (6.8)

$$\lim_{v_n \to nc} r^n = \lim_{v_n \to nc} \left[r_{n-1}\sqrt[2]{1-\left(\frac{v_n}{nc}\right)^2} + r_n\sqrt[2]{2-\left(\frac{v_n}{nc}\right)^2} + r_{n+1}\sqrt[2]{\left(\frac{v_n}{nc}\right)^2-1} \right] = r_{n+1} \quad donde\ nc > c \qquad (6.9)$$

$$\lim_{v_n \to 0} r^n = \lim_{v_n \to 0} \left[r_{n-1}\sqrt[2]{1-\left(\frac{v_n}{nc}\right)^2} + r_n\sqrt[2]{2-\left(\frac{v_n}{nc}\right)^2} + r_{n+1}\sqrt[2]{\left(\frac{v_n}{nc}\right)^2-1} \right] = i r_{n+1} \quad donde\ nc > c \qquad (6.10)$$

Así, una vara estacionaria en el espacio superlumínico tiene una longitud de tiempo $i\,r$ como fue medida localmente con respecto a una varilla idéntica en un marco inercial en el espacio lumínico. Definamos este efecto superlumínico como la longitud imaginaria de un objeto estacionario en el espacio-tiempo superlumínico.

Expresando r^n, r_{n-1}, r_n y r_{n+1} en términos de los factores de Lorentz y de Larmor,

$$r^n = \frac{r_{n-1}}{\Gamma\left(\frac{v_n}{nc}\right)} + \frac{r_n}{\Lambda\left(\frac{v_n}{nc}\right)} + \frac{r_{n+1}}{\mathrm{T}\left(\frac{v_n}{nc}\right)} \tag{6.11}$$

$$r^n = r_{n-1}\sqrt[2]{1-\left(\frac{v_n}{nc}\right)^2} + r_n\sqrt[2]{2-\left(\frac{v_n}{nc}\right)^2} + r_{n+1}\sqrt[2]{\left(\frac{v_n}{nc}\right)^2-1} \tag{6.12}$$

$$r^n - r_{n-1}\sqrt[2]{1-\left(\frac{v_n}{nc}\right)^2} = r_n\sqrt[2]{2-\left(\frac{v_n}{nc}\right)^2} + r_{n+1}\sqrt[2]{\left(\frac{v_n}{nc}\right)^2-1} \tag{6.13}$$

Ilustremos la dilatación y la contracción de la longitud en un gráfico.

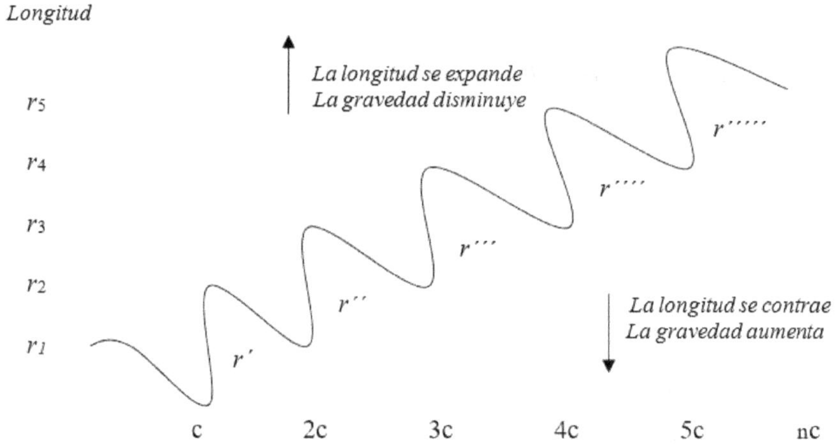

Figura 15. La dilatación y la contracción de la longitud

6.2. La elasticidad del espacio a la velocidad lumínica

Imaginemos que una vara espacial se acelera a cerca de la velocidad lumínica *"c"*, digamos a una velocidad de 0,999957*c*, o 12.900 *m/s* cerca de *"c"*, entonces la proporción de la longitud de descanso de la vara a su longitud relativista en la dirección del movimiento es cercana a 1/107,83 o aproximadamente 1/108. Si todas las demás variables son iguales, esta proporción es el recíproco de la proporción de la masa o el tiempo. (Taylor et al, 1966)

Por consiguiente, supongamos que esa proporción sea

$$\frac{l'}{l_1} = \frac{\sqrt[2]{1-\left(\frac{v}{c}\right)^2}}{1} = \frac{\sqrt[2]{1-\left(\frac{0.999957c}{c}\right)^2}}{1} \approx \frac{1}{108} \qquad (6.14)$$

Entonces, según la longitud de nuestra vara se contrae a l', su longitud relativista l' se ha contraído a cerca de 1/108 por su longitud de descanso l_1. Cuando l' se expande a l_2, nuestra vara se expande a su longitud relativista l_2 alrededor de 108 veces su longitud de descanso.

$$\frac{l_2}{l'} = \frac{108}{1} \qquad (6.15)$$

Así que, según nuestra vara espacial l_1 se traslada más cerca de la velocidad de la luz *"c"*, la longitud de l_1 se contrae a su límite más bajo l', entonces cuando $v = c$, l' va hacia l_2.

$$\lim_{v \to c} l' = \lim_{v \to c} l \sqrt[2]{1-\left(\frac{v}{c}\right)^2} = 0 \qquad (6.16)$$

$$\lim_{v \to c} \left[\frac{l_2 - l'}{\sqrt[2]{2-\left(\frac{v}{c}\right)^2}} \right] = l_2 \qquad (6.17)$$

$$l' \to l_2 \quad cuando \quad v = c \qquad (6.18)$$

Luego, l' se dilata instantáneamente a l_2, a una magnitud por encima de su longitud de descanso l_1. Cuanto menor sea la magnitud de l', mayor será la magnitud l_2 que la longitud de descanso. La magnitud de la longitud de descanso l_1 menos la longitud relativista de l' es igual a la magnitud de la longitud relativista l_2 menos la longitud de descanso l_1.

$$l_1 - l' = l_2 - l_1 \tag{6.19}$$

Después de la dilatación de l' a l_2, entonces nuestra vara espacial de longitud l_2 comienza a contraerse mientras que se traslada más rápido que *"c"* y el ciclo relativista se repite, con el resto de las variables iguales, para el intervalo de la velocidad lumínica siguiente $c \leq v \leq 2c$, si la vara imaginaria continúa trasladándose uniformemente hacia la segunda barrera lumínica de $2c$.

§ 7. La expansión métrica del espacio-tiempo-masa

La expansión métrica del medio espaciotemporal es una propiedad intrínseca del universo entero tanto a nivel local como a grandes distancias. La expansión es el aumento de la distancia entre dos puntos de coordenadas donde la escala del espacio-tiempo cambia con el paso del tiempo. La extensión es modelada matemáticamente por la métrica de Friedmann-Lemaître-Robertson-Walker como una solución exacta de las ecuaciones de campo de Einstein de la Relatividad General. La métrica de FLRW describe un universo de expansión o contracción homogéneo e isótropo.

Denotemos el ejemplo más simple para la métrica espaciotemporal de la expansión o la contratación en el espacio-tiempo homogéneo e isótropo de Minkowski, o el espacio-tiempo plano, con las coordenadas seis-dimensionales, como

$$e^{i\sigma} ds^2 = -e^{i\omega t} c^2 dt^2 + e^{i\theta} dr^2 \tag{7.1}$$

$$e^{i\sigma} ds^2 = -e^{i\omega t} c^2 \left(dt_x^{\ 2} + dt_y^{\ 2} + dt_z^{\ 2} \right) + e^{i\theta} \left(dx^2 + dy^2 + dz^2 \right) \tag{7.2}$$

$$e^{i\sigma} ds^2 = e^{i(\omega t+\theta)} \eta_{\mu\nu} dt^{\mu} dr^{\nu} \qquad (7.3)$$

La métrica de FLRW define cómo se puede medir una distancia entre dos puntos cercanos en el espacio-tiempo, en términos de un sistema de coordenadas. Así, la métrica es útil como fórmula que describe cómo el desplazamiento, el crecimiento de la escala, y la curvatura en el espacio-tiempo se pueden expresar matemáticamente. En el espacio-tiempo que se expande, la longitud, la masa, y el tiempo, pueden cambiar independientemente de escala o de localidad. Los cambios dimensionales a lo largo del tiempo debido a la expansión del espacio-tiempo son suplementarios a los cambios dimensionales que ocurren cuando una masa se traslada a una velocidad relativista. El efecto de la dilatación o la contracción es una función de la amplitud de la onda espaciotemporal. La extensión o la contracción del espacio-tiempo es una función del factor de la amplitud y del crecimiento (escala) de la onda espaciotemporal. A medida que el tiempo se expande y el espacio se expande, el espacio-tiempo se expande como un medio de onda. Sin embargo, el espacio-tiempo-masa puede expandirse a diferentes niveles en las diferentes localidades del espacio-tiempo donde puede haber nodos de masa, energía, o regiones espaciales distorsionadas. *Cada punto del espacio-tiempo se expande libremente a menos que se obstruya.*

Imaginemos que el espacio-tiempo se expande como modelado por la métrica de FLRW por algún factor de escala, $Ae^{i(\omega t+\theta)}$, que afecta el tiempo, el espacio y el espacio-tiempo proporcionalmente para que el tiempo, la longitud, y la masa, se amplíen o se contraigan según la escala. En consecuencia, si el factor de la expansión de la escala es el mismo para la longitud, el tiempo, y la masa, entonces una vara, un reloj, o una masa, de un instrumento de medición, seguirá siendo proporcional e imperceptible para los sentidos y los instrumentos de medición del observador actual. Además, si la fuerza motriz del cambio es el espacio-tiempo, y el espacio-tiempo no está cambiando sustancialmente entre sus ciclos o sus períodos, entonces el factor de crecimiento (la escala) es infinitesimal, incluso en una localidad en expansión del espacio-tiempo.

$$\frac{d\Sigma^2}{dt^2} = c^2 \frac{dt^2}{dt^2} - c^2 \frac{d\tau^2}{dt^2} \qquad (7.4)$$

$$Ae^{i\sigma}\frac{d\Sigma^2}{dt^2}=c^2Ae^{i\omega t}-c^2Ae^{i(\omega t-\omega\tau)}\frac{d\tau^2}{dt^2} \tag{7.5}$$

$$Ae^{i\sigma}\frac{d\Sigma^2}{dt^2}=c^2Ae^{i\omega t}\left(1-e^{-\omega\tau}\frac{d\tau^2}{dt^2}\right) \tag{7.6}$$

Donde T es el periodo de tiempo, t es el tiempo de coordenadas, $d\Sigma/dt$ es la velocidad del espacio, dt/dt es la velocidad del tiempo de coordenadas, y $d\tau/dt$ es la velocidad del tiempo adecuado.

La masa es muy porosa con grandes extensiones del espacio-tiempo entre los átomos, las moléculas, o dentro de la estructura atómica. El espacio-tiempo es un medio para las ondas de los objetos de masa, de los campos físicos, y para las ondas del espacio y del tiempo, que interfieren dentro de la estructura de la masa, en una forma constructiva o destructiva, realizando la contracción, la extensión, o una onda estacionaria, dentro del límite de la masa.

$$m'Ae^{i\sigma}=\frac{m_0}{\sqrt[2]{1-\frac{v^2}{c^2}}}Ae^{i\sigma} \tag{7.7}$$

Así, para expandir (+) o contraer (−) el espacio-tiempo podemos expresar el factor de crecimiento (la escala) como estático o dinámico como sigue:

Si $e^{\pm i\sigma}=+1$, entonces $\pm\sigma=0$ para la expansión espacial estática. (7.8)

Si $e^{\pm i\sigma}=-1$, entonces $\pm\sigma=\pm\pi$ para la extensión temporal estática. (7.9)

Si $e^{\pm i\sigma}\neq\pm1$, y $0<+\sigma<\pi$ o $0>-\sigma>-\pi$, entonces es una expansión espaciotemporal y dinámica (7.10)

Es posible que el universo pueda tener regiones mixtas del espacio-tiempo que tienen una expansión estática y dinámica. Las ECE de 1915 fueron hechas para una extensión espacial estática del universo donde las dimensiones espaciales y las temporales se traslapan.

Pensemos en el factor de Lorentz de la Teoría General de la Relatividad.

$$\gamma = \frac{1}{\sqrt[2]{1-\frac{v^2}{c^2}}} = \frac{dt}{d\tau} \tag{7.11}$$

Una representación alternativa es

$$\gamma = \cosh\sigma = \frac{1}{\sqrt[2]{1-\tanh^2\sigma}} \tag{7.12}$$

$$\tanh^2\sigma = \frac{v^2}{c^2} \tag{7.13}$$

La proporción de las velocidades se puede expresar en función de la rapidez, también conocido como el parámetro de la velocidad:

$$\frac{v}{c} = \tanh(\sigma) = \frac{e^{\sigma} - e^{-\sigma}}{e^{\sigma} + e^{-\sigma}} \tag{7.14}$$

De esta forma, obtenemos

$$e^{\sigma} = \sqrt[2]{\frac{c+v}{c-v}} \tag{7.15}$$

$$e^{-\sigma} = \sqrt[2]{\frac{c-v}{c+v}} \tag{7.16}$$

Así, el impulso y la energía relativistas son dados por

$$p = \frac{mv}{\sqrt[2]{1-\frac{v^2}{c^2}}} = mc\sinh(\sigma) \tag{7.17}$$

$$E = \frac{mc^2}{\sqrt[2]{1-\frac{v^2}{c^2}}} = mc^2\cosh(\sigma) \tag{7.18}$$

Un argumento muy importante hecho en la Teoría General de la Relatividad es que el universo se expande continuamente. Los lados observables más lejanos del universo se expanden más rápido que la velocidad de la luz.

El parámetro de la velocidad σ es la potencia exponencial del crecimiento de un punto en el medio espaciotemporal complejo. Por lo tanto, el parámetro de la velocidad, $\pm i\sigma = i(\pm\omega t \pm \theta)$ es un número complejo que representa la diferencia del ángulo de fase de la suma de la onda espaciotemporal avanzada y la onda espaciotemporal retardada cuando el espacio-tiempo se expande en todas las direcciones en cada punto espaciotemporal a menos que este obstruido.

Reconsideremos el factor de Lorentz utilizando la magnitud del parámetro de velocidad,

$$\frac{dt}{d\tau} = \frac{1}{\sqrt[2]{1-\frac{v^2}{c^2}}} = \frac{1}{\sqrt[2]{1-\left(\frac{e^\sigma - e^{-\sigma}}{e^\sigma + e^{-\sigma}}\right)^2}} = \frac{1}{\sqrt[2]{\left(\frac{e^\sigma + e^{-\sigma}}{e^\sigma + e^{-\sigma}}\right)^2 - \left(\frac{e^\sigma - e^{-\sigma}}{e^\sigma + e^{-\sigma}}\right)^2}} \tag{7.19}$$

$$\frac{dt^2}{d\tau^2} = \frac{1}{\left(\frac{e^\sigma + e^{-\sigma}}{e^\sigma + e^{-\sigma}}\right)^2 - \left(\frac{e^\sigma - e^{-\sigma}}{e^\sigma + e^{-\sigma}}\right)^2} \tag{7.20}$$

$$\frac{d\tau^2}{dt^2} = \left(\frac{e^\sigma + e^{-\sigma}}{e^\sigma + e^{-\sigma}}\right)^2 - \left(\frac{e^\sigma - e^{-\sigma}}{e^\sigma + e^{-\sigma}}\right)^2 \tag{7.21}$$

$$d\tau^2 = \left[\left(\frac{e^{\sigma} + e^{-\sigma}}{e^{\sigma} + e^{-\sigma}} \right)^2 - \left(\frac{e^{\sigma} - e^{-\sigma}}{e^{\sigma} + e^{-\sigma}} \right)^2 \right] dt^2 \qquad (7.22)$$

Es interesante notar que el primer término dt^2 que se multiplica indica la condición durante la expansión espaciotemporal que equivale a uno, cuando la onda avanzada es contrarrestada por la onda retardada. El segundo término indica la condición durante la extensión espaciotemporal que iguala una fracción, cuando hay una onda de descanso después de la interferencia de las ondas avanzadas y retrasadas.

La diferencia entre los dos términos es también una fracción que cuando se multiplica por la coordenada cuadrada del tiempo dt^2 , es igual al tiempo apropiado al cuadrado, $d\tau^2$. Por lo tanto, la ecuación anterior para la interferencia de las ondas espaciotemporales demuestra una explicación posible para la relatividad espaciotemporal cuando un objeto de masa se mueve en una dirección espaciotemporal a una velocidad menor que la velocidad de la luz.

7.1. La ley de la Inercia: La primera ley de Newton del movimiento.

"un objeto en descanso permanece en descanso y un objeto en movimiento se mantiene en movimiento, con la misma velocidad y en la misma dirección, a menos que actúe sobre el objeto una fuerza desbalanceada".

Imaginemos un objeto de masa en descanso que está aislado en el espacio-tiempo isótropo y homogéneo, que experimenta la aceleración constante del espacio-tiempo alrededor de su estado físico de masa donde las ondas temporales y las espaciales del espacio-tiempo están en equilibrio alrededor del límite del espacio-tiempo-masa. Según las ondas temporales emergen y las ondas espaciales se contraen cerca de un objeto de masa, realizan un campo gravitacional alrededor del objeto de masa con su velocidad y su aceleración de onda espaciotemporal.

En realidad, un campo gravitacional puede ser conceptualizado como un campo espaciotemporal. Mientras las ondas temporales y las espaciales sobre el objeto de masa no sean perturbadas o influidas por una fuerza desbalanceada, la aceleración temporal y la espacial, y la presión del espacio-tiempo, permanecerán en equilibrio. El objeto de masa se quedará en descanso.

De la misma manera, imaginemos un objeto de masa que experimente la aceleración constante del espacio-tiempo alrededor de su estado físico de masa donde las ondas temporales y las espaciales del espacio-tiempo están en equilibrio alrededor del límite del espacio-tiempo-masa. Alrededor del objeto de masa hay un volumen igual de la aceleración y la presión del espacio-tiempo. El objeto de masa tiene una forma rectangular.

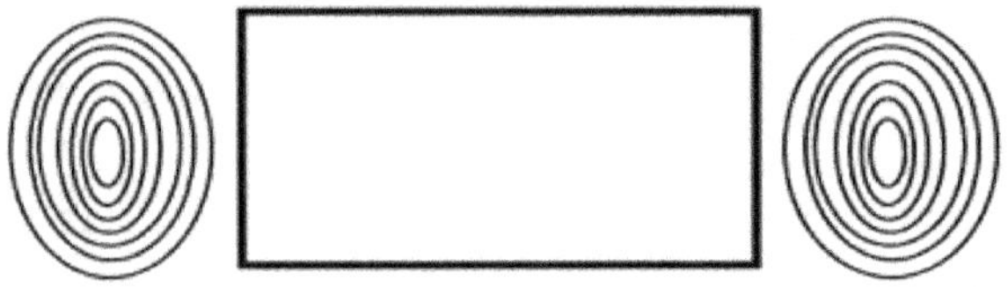

Figura 16.

Una fuerza desbalanceada actúa sobre uno de sus lados extremos más pequeños que disturba el equilibrio de la aceleración y la presión espaciotemporal, en los lados extremos mientras que el objeto se traslada, creando un volumen local de mayor presión espaciotemporal en el lado delantero y un volumen local de presión espaciotemporal más baja en el lado posterior donde la fuerza desequilibrada actuó, o un diferencial espaciotemporal.

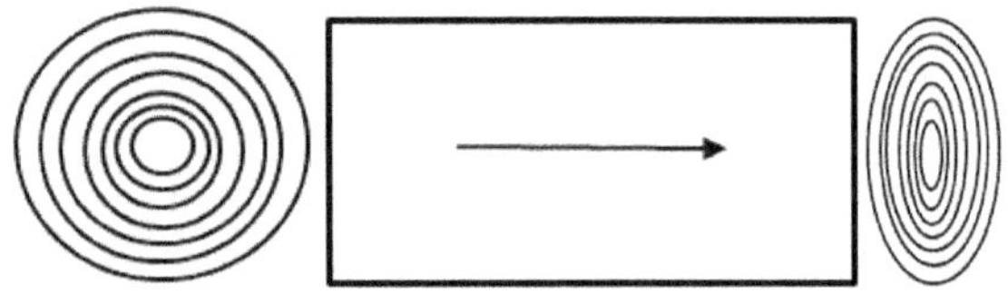

Figura 17.

La presión de la fuerza desequilibrada temporaria contrae las ondas espaciales en el lado delantero del objeto. Por lo tanto, las ondas temporales en el lado delantero se expanden, el período temporal se extiende y disminuye la frecuencia, lo que hace que la amplitud aumente, como resultado el espacio se contrae y el tiempo se extiende en el lado delantero del objeto de masa en movimiento. En consecuencia, el espacio-tiempo se expande en el lado posterior del objeto de masa, creando un diferencial espaciotemporal entre los lados extremos que causa una aceleración y un desplazamiento espacial en la dirección de la fuerza desequilibrada que fue aplicada. Cuando el lado delantero del objeto de masa se desplaza en la dirección de la fuerza desequilibrada, el espacio-tiempo se curva o se contrae a medida que se aplica presión que es relativa a la velocidad del objeto, que a una velocidad relativista causa una mayor curvatura.

El objeto de masa está ahora en movimiento a través del espacio-tiempo y seguirá en movimiento con la misma velocidad y en la misma dirección, ceteris paribus, hasta que actúe sobre él una fuerza desequilibrada. El diferencial espaciotemporal inicial es análogo a un motor de distorsión espaciotemporal que propulsa y perpetúa el movimiento del objeto de masa a través del espacio-tiempo libre, si no es obstruido o desviado de su curso por una fuerza desequilibrada. Por lo tanto, el medio espaciotemporal impulsa el objeto de masa hacia la región de mayor presión espaciotemporal. (Alcubierre, 1994)

La naturaleza emergente de las ondas reciprocas, las temporales y las espaciales, del espacio-tiempo, sobre un objeto de masa que está aislado, proporciona y mantiene el equilibrio inercial, o perpetúa el movimiento, ceteris paribus, sin importar la trayectoria, el estado de descanso, o el movimiento, en el espacio-tiempo homogéneo e isótropo.

Por consiguiente, la inercia de un objeto aislado de masa en el espacio-tiempo isótropo y homogéneo es determinada por la interacción de la ondas temporales y las espaciales en la aceleración y la presión espaciotemporal con el estado físico del objeto de masa en su localidad, independientemente de la inercia de todos los demás cuerpos de masa externos. El principio de Mach se manifiesta universalmente a través del principio de equivalencia de la Relatividad General para el potencial del campo gravitacional de una masa gravitacional y una masa inercial que sostiene la constancia de la velocidad de la luz en un marco de referencia. El potencial del campo gravitacional de una masa gravitacional, o la masa inercial de un objeto, depende del estado físico del objeto de masa y puede ser igual siempre que la masa gravitacional y la masa inercial del objeto sean equivalentes en una región espaciotemporal.

El efecto de la inercia es la base de la relatividad del espacio-tiempo en la Teoría General de la Relatividad para el movimiento de un objeto de masa a través del espacio-tiempo. La distorsión espaciotemporal en el frente y detrás del objeto, un diferencial espaciotemporal, propulsa el objeto continuamente. Si el objeto se aceleró linealmente por la mayor fuerza de un motor de distorsión espaciotemporal, cuanto mayor es la velocidad, mayor es el efecto de la inercia, y mayor es la contracción de la longitud y la dilatación del tiempo. A medida que la velocidad aumenta exponencialmente, también lo hace la masa relativista del objeto en movimiento, hasta el punto en que el objeto necesitaría una gran cantidad de energía cinética para acercarse a la velocidad de la luz. Un hipotético motor de distorsión distorsionaría el espacio-tiempo para crear una hipotética característica topológica de un atajo entre un punto de partida y otro de llegada muy distante.

La falta de linealidad de la Teoría General de la Relatividad para el espacio-tiempo-masa emerge como consecuencia de la naturaleza exponencial, que no es lineal, de la expansión o la contracción del espacio-tiempo en todo el universo.

7.2. La función del forzamiento

Un proceso dependiente del tiempo en un sistema de ecuaciones diferenciales lineales puede ser descrito por una función de forzamiento que es sólo una función del tiempo *f(t)*, excluyendo cualquiera de las otras variables. La solución de la función de forzamiento equivale a una constante para cada valor de su variable temporal *"t"*.

Generalmente, la solución o el resultado de una función de forzamiento que no es homogénea puede resolverse empleando una superposición de las combinaciones lineales de la solución homogénea y el término de forzamiento.

Definamos una función de forzamiento $f(t)$ que representa una función del impulso externo del tiempo, $Ae^{i\omega t}$, que se puede considerar como la entrada o la función de impulso al sistema de volumen *"a"*, donde *a(t)* es la salida, o la respuesta del sistema, como una función del tiempo.

Las ondas espaciotemporales durante la expansión del tiempo y el espacio proporcionan el medio anticipado de onda como una respuesta del sistema a las ondas de las partículas y los campos físicos cuando el campo espaciotemporal, como una entrada del sistema, impulsa la expansión del espacio y el tiempo para la masa, la energía y los campos físicos.

$$\frac{\partial a}{\partial t}+\frac{a}{\tau}=A_s e^{i\omega t} \tag{7.23}$$

$$\tau\dot{a}+a=\tau A_s e^{i\omega t} \tag{7.24}$$

$$a=a_0 e^{-\omega t}+\frac{A_s}{\frac{1}{\tau}+i\omega}\left(e^{i\omega t}-e^{-\omega t}\right) \quad cuando \quad t\geq 0 \tag{7.25}$$

Tomando la derivada del volumen *"a"* para encontrar la velocidad del volumen, tenemos

$$\dot{a}=-\frac{a_0}{\tau}e^{-\omega t}+\frac{A_s}{\frac{1}{\tau}+i\omega}\left(i\omega e^{i\omega t}+\frac{e^{-\omega t}}{\tau}\right) \tag{7.26}$$

Sustituyendo todos los términos en la función de forzamiento obtenemos

$$\left[\frac{A_s}{\frac{1}{\tau}+i\omega}\right]\left(\frac{e^{i\omega t}}{\tau}+i\omega e^{i\omega t}\right)=A_s e^{i\omega t} \tag{7.27}$$

El lado izquierdo de la ecuación anterior simplifica a la función de forzamiento a la derecha.

Así, la magnitud del volumen *"a"* per τ , cuando la variable *"t"* va al infinito, se da por

$$\left|\frac{a(t=\infty)}{\tau}\right|=\frac{A_S}{\tau\sqrt{\omega^2+\left(\frac{1}{\tau}\right)^2}}=\frac{A_S}{\sqrt{1+\omega^2\tau^2}} \tag{7.28}$$

La magnitud a un largo plazo de la solución general de la función de forzamiento puede describirse como la amplitud dividida por una función de la frecuencia angular y la constante del tiempo. Si la frecuencia angular ω aumenta, la amplitud A_S de la onda espacial y la magnitud del volumen *"a"* disminuirían. La frecuencia lineal aumenta la frecuencia angular si la longitud de onda, o el período de la onda espacial, se contrae cuando actúa sobre ella una fuerza externa desequilibrada de una masa, una energía, o un campo físico. La onda espacial se contrae cerca de un objeto de masa cuando la onda temporal se extiende en el campo gravitacional. Según la distancia del objeto de masa aumenta, la onda temporal se contrae mientras que la onda espacial se amplía, en el campo gravitacional más débil del objeto de masa.

Para la solución general del volumen *"a"* dado anteriormente, el volumen inicial de espacio a_0 puede definirse igual a cero para una onda espacial emergente, o puede definirse como que no es cero para un volumen existente del espacio en el espacio-tiempo homogéneo e isótropo. El volumen de expansión o de contracción del espacio se define como la magnitud de la amplitud multiplicada por el factor de crecimiento o el factor de escala del tiempo resultante para cualquier valor de la variable temporal *"t"* igual o mayor que cero.

Definamos una función de forzamiento $f(t)$ que representa una función del impulso externo del tiempo, $A_t e^{i\omega t}$, que puede ser considerada como la entrada o la función del impulso al sistema de un volumen θ, con $\theta(t)$ como la salida del sistema o la respuesta en función del tiempo resultante. El volumen θ es un volumen temporal de las tres dimensiones de las coordenadas temporales de la amplitud, la frecuencia lineal, y la frecuencia angular.

$$\frac{d\theta}{dt}+\frac{\theta}{\tau}=A_t e^{i\omega t} \tag{7.29}$$

$$\tau\dot{\theta}+\theta=A_t e^{i\omega t} \tag{7.30}$$

$$\theta=\theta_0 e^{-\omega t}+\frac{A_t}{\frac{1}{\tau}+i\omega}\left(\mathrm{e}^{i\omega t}-e^{-\omega t}\right) \quad para \;\; t\geq 0 \tag{7.31}$$

Por consiguiente, la magnitud del volumen θ por τ , según la variable "t" va al infinito, se da por

$$\left|\frac{\theta(t=\infty)}{\tau}\right| = \frac{A_t}{\tau\sqrt{\omega^2+\left(\frac{1}{\tau}\right)^2}} = \frac{A_t}{\sqrt{1+\omega^2\tau^2}} \qquad (7.32)$$

Tomando la derivada del volumen θ para encontrar la velocidad del volumen, tenemos

$$\dot{\theta} = -\frac{\theta_0}{\tau}e^{-\omega t} + \frac{A_t}{\frac{1}{\tau}+i\omega}\left(i\omega e^{i\omega t} + \frac{e^{-\omega t}}{\tau}\right) \qquad (7.33)$$

Sustituyendo todos los términos en la función de forzamiento obtenemos

$$\left[\frac{A_t}{\frac{1}{\tau}+i\omega}\right]\left(\frac{e^{i\omega t}}{\tau} + i\omega e^{i\omega t}\right) = A_t e^{i\omega t} \qquad (7.34)$$

Semejantemente, la magnitud a largo plazo de la solución general a la función del forzamiento temporal se puede describir como la amplitud A_t dividida por una función de la frecuencia angular y de la constante de tiempo. Si la frecuencia angular ω disminuye, la amplitud A_t de la onda temporal y la magnitud del volumen θ aumentarían. La frecuencia lineal disminuye la frecuencia angular si la longitud de la onda o el período de la onda temporal se extiende cuando actúa sobre ella una fuerza externa desequilibrada de una masa, una energía, o un campo físico. La onda temporal se extiende cerca de un objeto de masa cuando la onda espacial se contrae en un campo gravitacional. Según la distancia del objeto de masa aumenta, la onda espacial se extiende mientras que la onda temporal se contrae en el campo gravitacional más débil del objeto de masa.

Para la solución general del volumen θ dado arriba, el volumen inicial del tiempo θ_0 puede ser definido igual a cero para una onda temporal emergente, o puede ser definido como que no es cero para un volumen temporal existente en el espacio-tiempo homogéneo e isótropo. El volumen temporal en expansión o contracción se define como la magnitud de la amplitud multiplicada por el factor de crecimiento o el factor de la escala del tiempo para cualquier valor de la variable temporal "t".

Ilustremos la relación recíproca entre el espacio y el tiempo conjugado como los atributos de una onda, tales como: la amplitud, la frecuencia lineal, y la frecuencia angular, que cambian durante la expansión o la contracción de las ondas espaciotemporales.

$$\omega_S = \frac{1}{\omega_t} \tag{7.35}$$

$$A_S = \frac{1}{A_t} \tag{7.36}$$

La frecuencia angular de la onda temporal o la espacial es inversamente proporcional a su amplitud $\omega \propto 1/A$. Las unidades de la amplitud dependen del tipo de onda, la espacial o la temporal, pero las unidades son siempre las mismas unidades que tiene la variable oscilante de la onda. La amplitud de las ondas del espacio-tiempo, que se relacionan con el volumen espacial o el temporal, se refieren a la presión del espacio-tiempo sobre los objetos de masa. La presión es la fuerza por unidad de área $\left(N/m^2\right)$ o la densidad de la energía $\left(J/m^3\right)$. Por eso, la amplitud de una onda temporal se refiere a la energía por la unidad del volumen.

La energía de una onda temporal es proporcional al cuadrado de su amplitud, $E \propto A^2$. La energía, o el trabajo, se define como el producto de la masa, la aceleración, y la distancia espacial. Imaginemos una onda temporal cerca de un objeto de masa haciendo trabajo, cuando la onda espacial se contrae cerca de la masa del objeto. La amplitud A_t de la onda temporal es el radio de la frecuencia angular en su valor máximo t_p durante un período de tiempo T.

$$E_t = mc^2 = F \cdot d = m\left(\frac{\partial^2 c^2 A_t^2}{\partial t^2}\right)\cdot\left(\frac{ct_p}{cT}\right) = mc^2\left(\frac{\partial^2 A_t^2}{\partial t^2}\right)\cdot\left(\frac{t_p}{T}\right) \quad (7.37)$$

$$E_t = mc^2\left(\frac{\partial^2 A_t^2}{\partial t^2}\right)\left(\frac{t_p}{T}\right) = m\left(\frac{\lambda^2}{T^2}\right)(2\pi)\left(\frac{t_p}{T}\right) = m\left(\frac{2\pi}{T}\right)\left(\frac{\lambda^2}{T^2}\right)(t_p) = m\omega c^2 t_p = \hbar\omega \quad (7.38)$$

¿Cuál es la aceleración de la probabilidad de la onda temporal?

$$\frac{\partial^2 A_t^2}{\partial t^2} = \frac{E_t}{mc^2}\left(\frac{T}{t_p}\right) = \frac{T}{t_p} \quad (7.39)$$

Vamos a ilustrar cómo la amplitud de la onda temporal, A_t , cambia, durante un período *T*.

$$A_t = e^{-i\omega T}\left(\tau\dot{\theta} + \theta\right) \quad (7.40)$$

Por lo tanto, la amplitud de la onda temporal se puede definir como el producto del factor de crecimiento temporal multiplicado por la suma del producto de la constante de tiempo y la velocidad del volumen más el volumen inicial de la onda temporal. Mientras el espacio-tiempo se expande, la dimensión de amplitud de la onda temporal disminuye proporcionalmente. Esta conceptualización es aplicable a la onda espaciotemporal tridimensional o a cualquier otra representación tridimensional de una onda de un campo físico.

7.3. La constante espaciotemporal: π

El número π es una constante matemática que describe el cociente de la circunferencia de un círculo a su diámetro en la geometría Euclidiana. Es a la vez irracional y trascendental porque no puede expresarse exactamente como una fracción común y no es la raíz de ningún polinomio que no es nulo que tenga coeficientes racionales. El número π es comúnmente aproximado al valor 3,141592654 para los cálculos de la ingeniería. A lo largo de la historia de las civilizaciones, ha habido un esfuerzo increíble para calcular la exactitud, o el número de dígitos, del número π por razones muy prácticas. Sin embargo, parece que el origen geométrico del número π no ha recibido la misma cantidad de atención.

¿Qué es π ? ¿Qué es la simetría de un círculo en la geometría Euclidiana que permite al número π describir la misma relación geométrica entre la circunferencia y el diámetro independientemente de la escala?

$$\pi = \frac{C}{d} e^{i\omega t} \tag{7.41}$$

Si consideramos la ecuación de una espiral en expansión como $R = e^{\omega t}$ en el espacio-tiempo, donde $\omega = 1/k = 1/\text{Tan}\,\beta = Cot\beta$, y ω es la tasa de crecimiento de la espiral, y cuanto menor sea el ángulo β mayor será la tasa de crecimiento. Cuando el ángulo β es 90 grados, ω va a cero, $\omega = Cot\ 90^0 = 0$, y la espiral sin extensión se convierte en un círculo unitario en $R = 0$. Por lo tanto, es posible considerar el círculo unitario como una espiral logarítmica especial con una tasa de crecimiento de cero en un espacio-tiempo que no se expande.

Dado que una regla de medir mide la métrica del espacio-tiempo, la medición de la circunferencia o del diámetro de un círculo, incluso en un espacio-tiempo que se estuviese expandiendo o contrayendo, sería inmutable.

Vamos a describir las siguientes expresiones matemáticas que implican la constante:

$$2\pi = \frac{C}{r} = \frac{\omega}{f} \tag{7.42}$$

Las expresiones matemáticas anteriores involucran las variables asociadas con un círculo. Así, comencemos nuestra investigación con la ecuación para el área de un círculo temporal.

$$A = \pi t^2 \tag{7.43}$$

$$\frac{\partial A}{\partial t} = 2\pi t \tag{7.44}$$

$$\frac{\partial^2 A}{\partial t^2} = 2\pi \tag{7.45}$$

$$\pi = \frac{1}{2}\frac{\partial^2 A}{\partial t^2} \tag{7.46}$$

Así, la mitad de la aceleración del área de un círculo espaciotemporal es igual al número π. Entonces, el número π no es sólo una proporción, sino también la aceleración en la expansión del espacio y el tiempo. ¿Qué pasaría si el área fuera el área de una forma bidimensional diferente como un rectángulo o un cuadrado, qué sería π? La respuesta se encuentra en una superficie espaciotemporal.

Pensemos en la tridimensionalidad del tiempo como una representación de los ejes que representan los aspectos y los atributos de la onda temporal a medida que emerge. Las coordenadas temporales se pueden describir como la frecuencia lineal (el período) (f_T) para $(t_{x_2} - t_{x_1})$, la frecuencia angular (la rotación o el espín) (ω_t) para $(t_{y_2} - t_{y_1})$ y la amplitud (A_t) para $(t_{z_2} - t_{z_1})$. Imaginemos un reloj mecánico y redondo que se mueve a una velocidad relativista con un eje de propagación normal al dial del reloj. El eje de la propagación representaría el eje de la frecuencia lineal, el radio del dial representaría el eje de la amplitud, y las manecillas giratorias del reloj representarían el eje de la frecuencia angular. Así, el tiempo antedicho es conceptualizado como un volumen temporal, pero también puede ser conceptualizado como una superficie temporal.

En la superficie temporal, imaginemos un plano temporal de la frecuencia lineal-angular donde hay una línea diagonal con una pendiente igual a ω / f. El plano de la frecuencia temporal es rectangular y está limitado por el eje de la frecuencia lineal y el eje de la frecuencia angular. La pendiente de la línea diagonal es 2π. Si el área del rectángulo se reduce reduciendo la mitad de la magnitud de la frecuencia angular solamente, entonces el número π es la pendiente de la línea diagonal de la mitad del rectángulo. Por lo tanto, el rectángulo del área $A_1 = \omega f$ es dos veces más grande que el rectángulo del área $A_2 = \omega f/2$. Así, la aceleración del área A_2 del rectángulo más pequeño es la mitad de la aceleración del área A_1 del rectángulo más grande. El número π es igual a la aceleración del área A_2

$$\pi = \frac{\partial^2 A_2}{\partial t^2} = \frac{1}{2}\frac{\partial^2 A_1}{\partial t^2} \tag{7.47}$$

Es interesante señalar que si la línea diagonal con pendiente π, del rectángulo con un área A_1, se gira para crear un círculo con su origen en el punto medio de la línea diagonal, la distancia entre la esquina del rectángulo al círculo es *"b"* y el lado paralelo del rectángulo a esta distancia, es *"a"*, la relación *a/b = (a + b)/a* es igual a la proporción dorada (1.6180339887...). Por otra parte, si las distancias *"a"* y *"b"* se utilizan como la circunferencia de un círculo, el ángulo del sector–*b* es igual al ángulo dorado.

Las ecuaciones a continuación fueron derivadas por el eminente matemático y físico suizo Leonhard Euler, que ilustran aún más la importancia del número π en la identidad de Euler y su solución exacta y rigurosa, utilizando una serie infinita, al problema de Basel.

$$e^{i\pi} = -1 \tag{7.48}$$

Imaginemos un cuadrado temporal con un lado igual a *"i"* que está representado en la identidad de Euler como el factor del crecimiento de la escala cuyo exponente podemos considerar como un rectángulo del área $A_2 = \omega f/2$. El rectángulo representa un área temporal en el espacio-tiempo que se expande con el paso del tiempo con la aceleración igual a π.

$$e^{i\pi} = e^{i\left(\frac{\omega}{2f}\right)} = i^2 \tag{7.49}$$

De manera similar, la solución al problema de Basel está dada por

$$\pi^2 = \lim_{n\to\infty} 6\left(1 + \frac{1}{2^2} + \frac{1}{3^2} + \frac{1}{4^2} + \ldots + \frac{1}{n^2}\right) \tag{7.50}$$

Imaginemos un círculo A cuya mitad del área tiene una aceleración igual a π, si dos círculos más pequeños (B, C) con las áreas de un cuarto son incluidos en el círculo A, y dentro de cada círculo B y C hay dos otros círculos más pequeños (D, E) y (F, G) con las áreas de un cuarto con respecto a B y C, todo incluido en el círculo A. La mitad del área de cada círculo tiene una aceleración igual a π con respecto a su área total. Los seis círculos B, C, D, E, F y G contribuirían la mitad del área total del círculo A. Si la aceleración de la mitad del área del círculo A se representa como un área cuadrada con un lado igual a $\sqrt[2]{\pi}$, entonces el cuadrado tendría un área igual a π. En consecuencia, el cuadrado tendría un área equivalente a la suma de las aceleraciones de los seis círculos B, C, D, E, F y G.

$$\frac{1}{2}\frac{\partial^2 A}{\partial t^2} = \left(\frac{1}{8} + \frac{1}{8} + \frac{1}{16} + \frac{1}{16} + \frac{1}{16} + \frac{1}{16}\right)\frac{\partial^2 A}{\partial t^2} \tag{7.51}$$

A continuación, se muestran los círculos B, C, D, E, F y G:

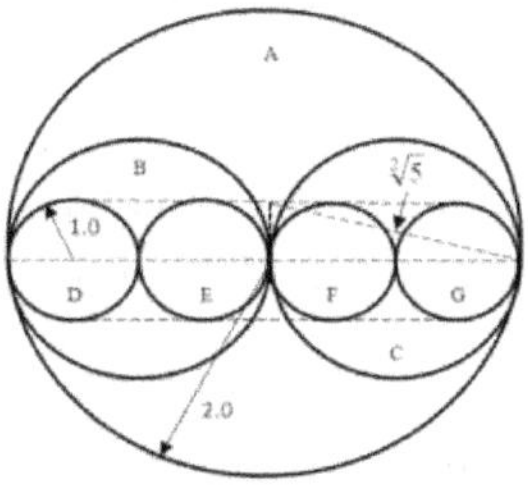

Figura 18.

En la matemática, la proporción dorada o la áurea (el secto divino) ha fascinado a los matemáticos y a los físicos a través de las edades, incluyendo a Pitágoras, Euclides, Kepler, y más recientemente a Penrose. Los artistas han encontrado la proporción dorada estéticamente agradable, mientras que otros investigadores y científicos han encontrado la proporción dorada en las proporciones biológicas de la naturaleza y en la escala atómica de la materia. Es interesante que también se encuentra en la proporción de la expansión del espacio y el tiempo entre los círculos F y G, D y E, o B y C, en las dimensiones de un triángulo, con relación a π .

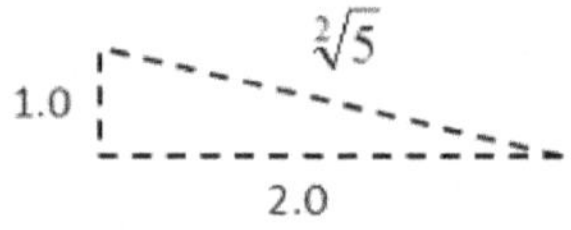

Figura 19.

$$\Phi = \frac{Opuesto + Hipotenusa}{Adjunto} = \frac{1+\sqrt[2]{5}}{2} = 1,6180339887... \quad (7.52)$$

Si la serie infinita de Euler para la solución del problema de Basel es igual a un volumen *"a"*, obtenemos

$$a = \lim_{n \to \infty} \left(1 + \frac{1}{2^2} + \frac{1}{3^2} + \frac{1}{4^2} + ... + \frac{1}{n^2} \right) \quad (7.53)$$

$$\pi^2 = \lim_{n \to \infty} 6(\mathrm{a}) \quad (7.54)$$

Si la mitad del área del círculo A, con una aceleración de área igual a π , se multiplica por una distancia π tenemos un prisma rectangular con un volumen de π^2 . El volumen del prisma rectangular se compone de seis pirámides con sus ápices que se conectan en el punto central del prisma.

La base de cada pirámide es un área lateral del prisma rectangular. La suma de los volúmenes de las seis pirámides es igual a la solución de Euler al problema de Basel que es igual a π^2 . La solución de Euler ilustra cómo un punto en el espacio-tiempo puede expandirse seis dimensionalmente en cada sentido de una dirección.

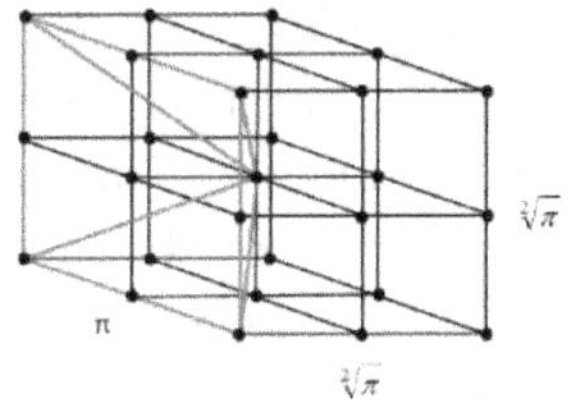

Figura 20.

Por consiguiente, el número π puede ser definido como, pero no necesariamente limitado a, la aceleración de un área espaciotemporal, una relación de distancias espaciales, o la pendiente de la línea diagonal de un plano de la frecuencia temporal, dependiendo del propósito de su relación con la matemática y la física del espacio-tiempo-masa. En la trigonometría Euclidiana, el número π es la longitud de la hipotenusa de un triángulo cuyo lado opuesto es sólo medio, pero el lado adyacente es el mismo, tales como los de un triángulo con una hipotenusa de 2π . La percepción del número π revela la aceleración trascendental y la simetría natural de las superficies y los volúmenes del espacio y el tiempo que se expanden o se contraen alrededor y a través de los objetos en el universo. La aceleración espaciotemporal π actúa geométricamente sobre el aspecto tridimensional de un volumen. Si una superficie temporal esférica del espacio-tiempo fuera a contraerse a la mitad de su tamaño, π sería igual a un octavo de la aceleración de la superficie anterior, y si esta última superficie se contrae a la mitad de su área, entonces π volvería a ser igual a un octavo de la aceleración del área de la superficie anterior, y así sucesivamente. Por lo tanto, el número π también se puede definir como un octavo de la aceleración de una superficie espaciotemporal esférica, o de una onda espaciotemporal esférica, a medida que se contrae o se expande.

7.4. La fuerza de Casimir

El efecto Casimir describe una pequeña fuerza atractiva entre dos placas metálicas cercanas, que son perfectamente conductoras, paralelas, y sin cargas, en el medio de la onda espaciotemporal. Fue el físico holandés Hendrik B. G. Casimir quién predijo este fenómeno en 1948, el cual describió el fenómeno como la diferencia en la presión en ambos lados de cada placa de metal causada por la diferencia en las fluctuaciones espaciotemporales de la energía del punto cero entre y fuera de las placas. (Casimir, 1948) El efecto Casimir ha sido conjeturado como la presencia de los dieléctricos y los conductores metálicos que alteran el valor de la expectativa espaciotemporal de la energía del segundo campo electromagnético cuantificado. El efecto Casimir se manifiesta como una fuerza entre los conductores metálicos cercanos, paralelos y sin cargas, porque el valor de la expectativa de la energía depende de las formas y las posiciones físicas de los dieléctricos y los conductores metálicos.

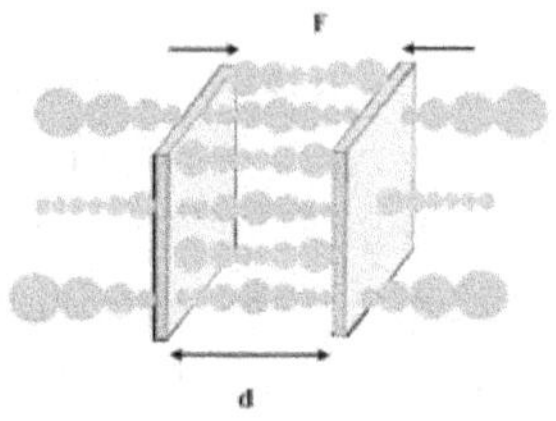

Figura 21.

Imaginemos que tenemos dos placas metálicas cuadradas muy cercanas, que son perfectamente conductoras, paralelas, y sin cargas, en el medio de las ondas espaciotemporales, lejos de otros objetos o límites, donde el medio se expande en cada punto del medio de la energía de punto cero, y en la presencia o la ausencia de la masa. A medida que el espacio-tiempo se expande entre las placas metálicas cuadradas cercanas, las ondas temporales divergen (las ondas verdes), y las ondas espaciales convergen (las ondas azules), hacia cada placa, según el espacio se contrae y el tiempo se dilata de acuerdo con la Teoría General de la Relatividad.

Fuera de las placas metálicas, ocurre un proceso similar, pero en este medio de la onda espaciotemporal externa, el espacio-tiempo encuentra un límite en un solo lado externo de cada placa, por lo que las ondas temporales (las verdes) y las ondas espaciales (las azules) pueden divergir o converger a través de una mayor distancia, o un volumen, si no se obstruyen, produciendo una mayor divergencia, o una mayor convergencia, entre los límites, o entre un límite y una región del medio homogéneo e isótropo de la onda espaciotemporal. Consecuentemente, es razonable suponer que la presión del medio de la onda escalar fuera de ambas placas es mayor que la presión entre las placas. Supongamos que la diferencia de la presión entre las fuerzas escalares exteriores e interiores puede explicar el efecto de Casimir como la extensión del espacio-tiempo, o el medio de la onda escalar, que actúa en las placas

metálicas cuadradas conjuntamente con la energía del punto cero y los campos electromagnéticos que pueden existir en ese medio.
Pensemos en un cubo grande, como la Figura 22, que consta de ocho cubos cuadrados más pequeños, de manera que dos de los cubos cuadrados representan un prisma cuadrado, como la Figura 25. Una de las caras de un cubo cuadrado representa el área interior o la exterior de las placas metálicas de Casimir, como el área sombreada del cubo cuadrado en la Figura 23. El cubo cuadrado individual puede considerarse como un cubo cuadrado en expansión dentro de la esfera en expansión de un punto de expansión en el espacio-tiempo, como en la Figura 24.

La superficie de la placa metálica de Casimir es una octava parte de la superficie total de los dos lados opuestos del cubo grande, como en la Figura 22.

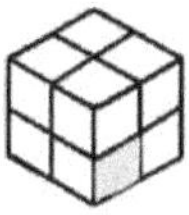

Figura 22.

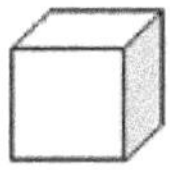

Figura 23.

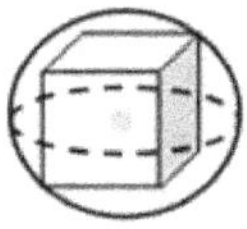

Figura 24.

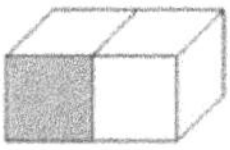

Figura 25.

De las investigaciones previas, la mitad de la aceleración del área de un círculo temporal es igual al número π. Entonces, el número π no es sólo una proporción, sino también una aceleración en la expansión del espacio y el tiempo.

Por lo tanto, para el área de uno de los lados de un rectángulo que es una superficie bidimensional, como el área de la Figura 25, o para la mitad de uno de los lados más grandes de un prisma cuadrado, π sería:

$$\pi = \frac{1}{2}\frac{\partial^2 A}{\partial t^2} \tag{7.55}$$

$$\pi^2 = \frac{1}{4}\left(\frac{\partial^2 A}{\partial t^2}\right)^2 \tag{7.56}$$

Por consiguiente, π puede representar la aceleración del área sombreada de un cubo cuadrado individual, como en la Figura 23, o la mitad del área de uno de los lados más grandes de un prisma cuadrado, como en la Figura 25. Si un punto se expande en el centro geométrico de un volumen espaciotemporal que tiene la forma de un prisma cuadrado, como en la Figura 26, el volumen del prisma cuadrado se compone de seis pirámides con sus ápices que se conectan en el punto de expansión.

La base de cada pirámide es un área lateral del prisma cuadrado, como en la Figura 27. La suma de los volúmenes de las seis pirámides es igual a la solución de Euler al problema de Basel que es igual a π^2. La solución de Euler ilustra cómo un punto en el espacio-tiempo puede ampliarse seis-dimensionalmente en cada sentido de la dirección para cubrir el volumen de un prisma cuadrado. Así, si la serie infinita de Euler para la solución del problema de Basel es igual a un volumen *"a"*, obtenemos:

$$\pi^2 = \frac{1}{4}\left(\frac{\partial^2 A}{\partial t^2}\right)^2 = \lim_{n\to\infty} 6(\mathrm{a}) = \lim_{n\to\infty} 6\left(1 + \frac{1}{2^2} + \frac{1}{3^2} + \frac{1}{4^2} + \ldots + \frac{1}{n^2}\right) \tag{7.57}$$

$$\frac{\pi^2}{6} = \lim_{n\to\infty}\left(1 + \frac{1}{2^2} + \frac{1}{3^2} + \frac{1}{4^2} + \ldots + \frac{1}{n^2}\right) \tag{7.58}$$

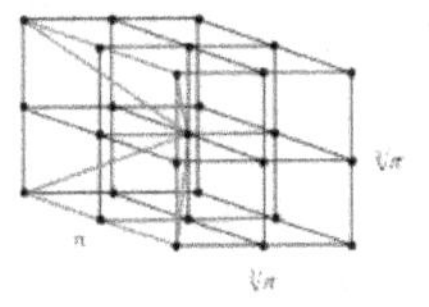

Figura 26.

La Figura 27 ilustra cómo una de las seis pirámides espaciotemporales se expande en seis dimensiones, con la base sombreada de la pirámide que representa una de las cinco superficies involucradas en el volumen de expansión de cada pirámide. El lado sombreado es donde la presión del medio de la onda escalar que se expande ejerce presión, o una fuerza atractiva sobre el área de la placa metálica de Casimir. La mitad del área sombreada de la base de la pirámide, en la Figura 26 y la Figura 27, equivale a una quinta parte de la superficie total de la pirámide. La relación geométrica de π, la solución de Euler, y las formas físicas anteriores son físicamente escalables.

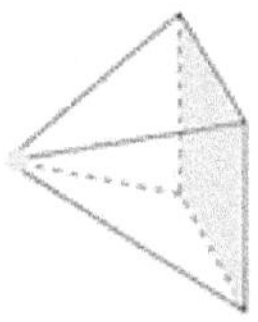

Figura 27.

Expresemos la relación geométrica de los conceptos anteriores de una manera matemática para la fuerza por unidad del área que actúa en las placas de metal de Casimir. Imaginemos que somos capaces, a través de una tecnología muy avanzada, de recrear el experimento del efecto Casimir en las dimensiones espaciales que son múltiplos de las unidades de la escala de Planck.

Dejemos que el área de la placa de metal de Casimir sea un múltiplo común *"n"* del área de Planck, $l_p^{\,2}$, o A_p, la distancia de la separación entre las placas de metal sea el mismo múltiplo común de la longitud de Planck, l_p, y la masa de cada placa de metal sea el mismo múltiplo común de la masa de Planck, m_p, en el espacio-tiempo homogéneo e isótropo. La aceleración espaciotemporal de la investigación anterior se puede expresar como

$$\ddot{a} = \frac{\hbar c}{m_p} \tag{7.59}$$

Entonces, la fuerza de la unidad Planck-Casimir que actúa sobre la superficie de las hipotéticas placas metálicas de Casimir puede ser denotada como

$$F = m_p \ddot{a} = \hbar c \tag{7.60}$$

Y la presión espaciotemporal de la unidad Planck-Casimir de la fuerza es dada por

$$\frac{F_{PC}}{nA_p} = \frac{\ddot{a}(nm_p)}{nl_p^{\,4}} = \frac{\ddot{a}m_p}{l_p^{\,4}} \tag{7.61}$$

$$\frac{F_{PC}}{A_p} = n\frac{\ddot{a}m_p}{l_p^{\,4}} \tag{7.62}$$

Consideremos el volumen espaciotemporal entre o fuera de las hipotéticas placas metálicas de Casimir para un punto en el espacio-tiempo que se expande en seis dimensiones en cada sentido de la dirección en el centro del volumen de un prisma rectangular, como en la Figura 25 y la Figura 26.

La fuerza ejercida por una mitad de un sexto del volumen espaciotemporal del prisma rectangular, π^2 , en cada área de las placas de metal de Casimir, es ejercida por una de las cuatro fuerzas, F_4 , ejercidas externamente por cada lado de la mitad de la pirámide que queda, como en la Figura 28 , y solamente el área de la base de las cinco superficies de una mitad de la pirámide se amplía hacia la placa de metal de Casimir, que es equivalente a una quinta parte del área total de la superficie de la pirámide completa.

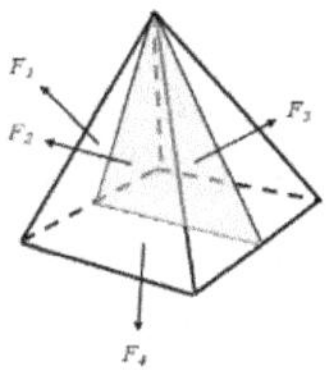

Figura 28.

Así, el factor de expansión geométrica de Casimir para este ejemplo hipotético se da por

$$n = \frac{1}{2} \cdot \frac{1}{6} \cdot \pi^2 \cdot \frac{1}{4} \cdot \frac{1}{5} \tag{7.63}$$

El factor de la expansión geométrica de Casimir es una función de la geometría del volumen espaciotemporal, y las dimensiones físicas, la distancia del espaciamiento, las masas de las placas metálicas de Casimir, el contenido de la energía del punto cero, y los campos electromagnéticos, en el volumen espaciotemporal local, la expansión y la aceleración del espacio-tiempo en cada punto, y las relaciones relativistas del medio de la onda espaciotemporal según la Teoría General de la Relatividad.

Por consiguiente, la ecuación para la presión de la unidad Planck-Casimir puede expresarse como

$$\frac{F_{PC}}{A_p} = \frac{1}{2} \cdot \frac{1}{6} \cdot \pi^2 \cdot \frac{1}{4} \cdot \frac{1}{5} \cdot \frac{\ddot{a} m_p}{l_p^{\,4}} = \frac{\pi^2}{240} \frac{\ddot{a} m_p}{l_p^{\,4}} \tag{7.64}$$

Entonces, podemos derivar la ecuación de Planck-Casimir para la fuerza atractiva por la unidad de área, para obtener la ecuación de la presión sobre las placas metálicas de Casimir.

$$F_{PC} = \frac{\pi^2}{240} \frac{\hbar c}{l_p^{\,4}} A_p \tag{7.65}$$

En este caso, es razonable asumir que la presión sobre las placas de Casimir puede estar relacionada con la expansión y la aceleración del medio de la onda espaciotemporal, y su contenido de la energía del punto cero y los campos electromagnéticos, en las cercanías de las placas metálicas. De esta forma, podemos expresar el diferencial de la presión entre el medio interior de la onda espaciotemporal de las placas metálicas de Casimir y el medio exterior de la onda espaciotemporal usando dos factores de la expansión geométrica de Casimir y la diferencia entre la fuerza externa y la fuerza interna que actúa sobre las placas metálicas de Casimir.

$$F_{EXT} - F_{INT} = (n_1 - n_2)\frac{\hbar c}{l_p^{\,4}} A_p \tag{7.66}$$

$$F_{PC} = F_{EXT} - F_{INT} \tag{7.67}$$

$$n_1 - n_2 = n = \frac{\pi^2}{240} \tag{7.68}$$

$$\frac{n_1}{n_2} = e^{i(\omega t - \omega\tau)} \tag{7.69}$$

El factor externo de la expansión geométrica de Casimir es n_1 , el factor interno de la expansión geométrica de Casimir es n_2 , y la proporción entre ellos es igual al factor relativista de la expansión espaciotemporal, la tasa base natural del crecimiento, elevado al exponente $i(\omega t - \omega\tau)$, representando el diferencial del factor de crecimiento del volumen espaciotemporal en expansión aplicando la fuerza de Casimir en la ubicación de las hipotéticas placas metálicas de Casimir.

$$e = \lim_{\tau \to \infty}\left(1 + \frac{1}{\tau}\right)^{\tau} \tag{7.70}$$

La tasa básica natural del crecimiento describe el medio de la onda espaciotemporal a medida que las ondas espaciales divergen y las ondas temporales convergen lejos de un límite en las dilataciones espaciotemporales más y más pequeñas, en los períodos de tiempo más finos. Un límite representa ya sea la obstrucción de un objeto a una onda escalar o la obstrucción de una región con un espacio-tiempo isótropo y homogéneo con una presión constante.

La *"e"* trascendental es la tasa básica del crecimiento compartida por todos los procesos naturales del continuo crecimiento en el medio de la onda espaciotemporal.

§ 8. Epilogo

La física es como una comedia, donde las partículas son los actores y las actrices, los campos son los guiones, una línea mundial es un escenario, el espacio y el tiempo son las musas elementales de la risa y la tragedia, el creador divino es el magnífico y auténtico dramaturgo, y los físicos son la audiencia participante.

El espacio es capaz de moverse de una manera superlumínica en algunas regiones del universo. Por lo tanto, la materia, como estado físico de la energía, que existe en el espacio-tiempo es también capaz de moverse de manera superlumínica dentro de esas regiones del espacio, según lo medido teórica y localmente con respecto a un marco inercial de referencia en una región subluminal del espacio-tiempo homogéneo e isótropo.

Por consiguiente, la velocidad de la luz permanece constante en el espacio-tiempo sublumínico o superlumínico, donde prevalece la relatividad general. Así como se propone teóricamente a lo largo de este documento, los efectos relativistas sobre la masa, el tiempo, y la longitud, actúan sobre los objetos en movimiento acercándose, alcanzando, y pasando la barrera de la luz.

Las aplicaciones teóricas de la función de transformación de Lorentz-Larmor pueden utilizarse para traslados más rápidos que la luz a través de los puentes espaciotemporales hipotéticos y estables, la manipulación del espacio-tiempo con la generación de una hipotética burbuja espaciotemporal, o en las partículas elementales e hipotéticas (como los taquiones) que siempre se mueven más rápido que la luz y no están excluidas por la Teoría General de la Relatividad. Esas partículas hipotéticas podrían viajar en el tiempo exhibiendo la masa imaginaria, la condensación temporal, y la extensión de la longitud, como se teoriza en este documento para un agujero negro supermasivo de Kerr-Newman.

La comprensión cuidadosa, y el modelado teórico de los procesos físicos dentro de un agujero negro, conducen a los principios y a las interacciones de la gravedad, la materia, los campos electromagnéticos, la interacción gluónica, y la estructura subyacente del espacio-tiempo. La expansión del espacio-tiempo es emergente, constituyendo la geometría espaciotemporal y la simetría física, en la estructura subyacente del universo.

Capítulo 6

La Cinemática del Movimiento en el Espacio-Tiempo de Seis Dimensiones

§ 1. Introducción: la cinemática de un objeto o una partícula

La cinemática de una partícula o la geometría del movimiento está directamente relacionada con la energía de una partícula a través de su movimiento en el espacio-tiempo seis-dimensional, o la energía intrínseca de la formación de su masa, que es equivalente al cuadrado de su velocidad. Por lo tanto, el estudio de la cinemática es el estudio del concepto del movimiento, la energía, las fuerzas y la transformación.

1.1. Sobre la naturaleza del movimiento

La energía puede ser originada a través de la geometría del movimiento de una partícula o de un objeto. El impulso es un ejemplo primordial que origina la energía en una forma lineal, no lineal, o helicoidal, ya que la masa del objeto viaja a través del espacio-tiempo con un movimiento unidimensional, bidimensional, o tridimensional. La velocidad es una función del tiempo, y el tiempo también es dimensional. Cuando un objeto viaja a través del espacio-tiempo también viaja a través de una distancia temporal, así como una distancia espacial. Por lo tanto, la estructura de la geometría del movimiento de un objeto engendra la forma de la energía que se origina en el objeto del movimiento. La geometría del movimiento invoca y transforma la energía. (Dugas, 1988)

David Hume fue un filósofo, historiador, y economista escocés. Un empírico que apoyó la teoría de que todo el conocimiento se basa en la experiencia derivada de los sentidos. Hume era un empírico y un escéptico, creyendo que los conceptos científicos deben basarse en la experiencia y la evidencia, no en la razón sola. También sostuvo que el tiempo no existía por separado de los movimientos de los objetos. Hume fue una gran influencia en el pensamiento de Einstein sobre el espacio y el tiempo.

Según Hume, el tiempo es el efecto de la sucesión; el tiempo abarca las impresiones percibidas de la mente en un movimiento fijo y finito. Los sentidos de la vista y el tacto proporcionan a la mente humana conceptos como el espacio y el tiempo. Así, para el filósofo David Hume, el tiempo y el movimiento estaban intrínsecamente relacionados. (Hume, 1738)

El espacio-tiempo se expande en todas las direcciones a la velocidad de la luz. Así, cuando una partícula se mueve a través del espacio-tiempo, se retrasa a la velocidad del espacio-tiempo debido a su masa. La adquisición de la masa hace que la energía de un sistema, u objeto, viaje más despacio que la luz. Si el objeto se movía en forma lineal sobre un plano bidimensional del espacio-tiempo, su impulso igualaría a su masa multiplicada por la velocidad de la luz, entonces su masa adquirida sería igual a su energía dividida por la velocidad de la luz. Sin embargo, si el objeto se movía de manera no lineal sobre un plano bidimensional del espacio-tiempo, su impulso angular pudiera igualarse a su masa por la velocidad de la luz por el radio, pero su masa sería igual a su energía dividida por el cuadrado de la velocidad de la luz.

El principio de superposición impide que los objetos de masa incrustados en el espacio-tiempo isótropo y homogéneo se alejen unos de otros debido a la expansión de cada punto del espacio-tiempo isótropo y homogéneo si hay interferencia destructiva entre las ondas espaciotemporales adyacentes. Consecuentemente, los objetos conservan su escala proporcional y las distancias entre sí en el espacio-tiempo isótropo y homogéneo, mientras que el tiempo pasa según cada punto espaciotemporal se amplía en todas las direcciones a menos que esté obstruido. Por lo tanto, el movimiento es posible debido a la expansión del espacio-tiempo y el paso del tiempo.

Además, a medida que el objeto viaja a través de las dimensiones extras del espacio-tiempo, su velocidad puede cambiar de lineal a curvilínea, o a helicoidal. En efecto, el impulso del objeto tiene una velocidad que es directamente proporcional a la distancia, o al área, o al volumen, del espacio-tiempo. La geometría del espacio-tiempo invoca la realización de la energía. *Cualquier movimiento en el espacio-tiempo seis-dimensional es una expresión de una fuerza, y cada fuerza en el espacio-tiempo seis-dimensional es una expresión de una forma de energía.* Cualquier movimiento en el espacio-tiempo seis-dimensional puede ser descrito por una, o más de una, de las acciones de las nueve fuerzas o la conceptualización de las nueve energías.

Por lo tanto, la conceptualización del espacio-tiempo seis-dimensional impacta el marco subyacente de las leyes termodinámicas actuales y la formulación de la energía termodinámica, puesto que todas las leyes y las formas de energía son funciones del tiempo y del movimiento. La traducción, la pulsación, la expansión, o la contracción, es una forma de movimiento a través del tiempo. El tiempo es el agente del cambio, y el cambio es el impulsor del movimiento. No hay movimiento sin cambio, o cambio sin tiempo. (Bottema, 1990)

§ 2. La pulsación de la masa de una partícula

Para un volumen de una masa que pulsa,

$$V_m^{\ 2} = \left(\frac{4}{3}\right)^2 \pi^2 \left(r^3\right)^2 \left(Sin^2\theta\, dt^2 + 1\right)^2 \tag{2.1}$$

$$V_m^{\ 2} = \frac{16\pi^2 r^6}{9} \left(Sin^2\theta\, dt^2 + 1\right)^2 \tag{2.2}$$

En primer lugar, consideremos el caso hipotético de un sistema de partículas pulsátiles estacionarias que abarca un espacio-tiempo de seis dimensiones dentro de su límite material, donde la curvatura del espacio o el tiempo no es plana, o cero. La masa relativista del sistema de las partículas consiste en los fotones que pulsan a la velocidad de la luz, "*c*". La masa es eterna y representa la energía pura en el espacio-tiempo.

Durante cada ciclo que pulsa, el tiempo se extiende creando más espacio, mientras que el espacio se contrae antes de la siguiente extensión del tiempo, y la presión del espacio aumenta dentro del límite del volumen. Si la presión espaciotemporal aumenta a un nivel donde el tiempo se extienda más rápido que la velocidad de la luz *c*, se creará más espacio y se producirá una expansión. A medida que la presión dentro del sistema de partículas pulsátiles disminuye a una velocidad acelerada, se crea más espacio y la expansión se acelera. El sistema de partículas puede rotar, trasladarse, y pulsar, durante la expansión del espacio-tiempo de seis dimensiones.

Para la masa que pulsa desde su centro geométrico de un punto $C\left(t_X, t_Y, t_Z, r_X, r_Y, r_Z\right)$, y con un radio r_m desde el punto "*C*" a un punto $P\left(t_{X_P}, t_{Y_P}, t_{Z_P}, x_P, y_P, z_P\right)$ en su límite, la densidad ρ_m , y el volumen, V_m , tenemos

$$r_m{}^6 = \left(r_m{}^3\right)^2 = \left(r_m{}^2\right)^3 \tag{2.3}$$

$$r_m{}^2 = c^2\left(t_{X_P} - t_X\right)^2 + c^2\left(t_{Y_P} - t_Y\right)^2 + c^2\left(t_{Z_P} - t_Z\right)^2 \tag{2.4}$$

$$+ a(t)^2\left\{\left(x_P - r_X\right)^2 + \left(y_P - r_Y\right)^2 + \left(z_P - r_Z\right)^2\right\} \tag{2.5}$$

Combinando la densidad de la masa y el volumen

$$V_m{}^2 \rho_m{}^2 = \frac{16\pi^2 r_m{}^6 \rho_m{}^2 \left\{Sin^2\theta\left(1 - k_t t^2\right)dt^2 + 1\right\}^2}{9} = m^2 \tag{2.6}$$

Vamos a representar m^2 como un vector de seis dimensiones, $d\vec{M}$, de tal manera que

$$d\vec{M} \equiv -\left(V_m\rho_m\right)\vec{a}_{t_X} - \left(V_m\rho_m\right)\vec{a}_{t_Y} - \left(V_m\rho_m\right)\vec{a}_{t_Z} + \left(V_m\rho_m\right)\vec{a}_X + \left(V_m\rho_m\right)\vec{a}_Y + \left(V_m\rho_m\right)\vec{a}_Z \tag{2.7}$$

$$d\vec{M} \equiv -(m)\vec{a}_{t_X} - (m)\vec{a}_{t_Y} - (m)\vec{a}_{t_Z} + (m)\vec{a}_X + (m)\vec{a}_Y + (m)\vec{a}_Z \tag{2.8}$$

§ 3. El vector de seis dimensiones de una partícula giratoria y pulsante

La naturaleza nos muestra ejemplos de cómo la energía se utiliza en organismos pulsantes como el Xenid pulsátil, o la Heteroxenia Fuscescens, es un coral blando con grandes tentáculos de plumas pinadas, abriendo y cerrando sus hermosos tentáculos en forma de flor en lugares populares como el Golfo de Eilat, para gastar energía y aumentar su cociente del fotosíntesis-a-la-respiración a niveles más altos, como una medusa colorida, un animal marino libre que nada desde la superficie a la profundidad del mar, en la inmensidad del poderoso Océano Atlántico, y consiste en una campana gelatinosa en forma de paragua con tentáculos que se arrastran. La campana puede pulsar para permitir a las medusas viajar de un lugar a otro. Pensemos en un acontecimiento similar que implique una partícula que rote, pulse, y se traslade a través del espacio-tiempo, según transforma su energía potencial en energía cinética. (Reuleaux, 2012)

Para la velocidad angular del radio de la masa de la partícula

$$\omega = \frac{d\theta}{dt} \tag{3.1}$$

Para la velocidad en sentido antihorario del radio giratorio "r" de la masa de la partícula

$$\frac{ds}{dt} = r\frac{d\theta}{dt} \tag{3.2}$$

$$\frac{ds^2}{dt^2} = r^2\frac{d\theta^2}{dt^2} \tag{3.3}$$

$$\frac{d\theta^2}{dt^2} = \frac{1}{r^2}\frac{ds^2}{dt^2} \tag{3.4}$$

Describimos un vector de seis dimensiones, en el espacio-tiempo homogéneo e isótropo, desde el origen de un sistema de coordenadas inerciales hasta el punto central de la partícula pulsátil de masa "m".

$$\vec{r}_{O\text{-}C} \equiv -\left(ct_X\vec{a}_{t_X} + ct_Y\vec{a}_{t_Y} + ct_Z\vec{a}_{t_Z}\right) + a(t)\left(r_X\vec{a}_X + r_Y\vec{a}_Y + r_Z\vec{a}_Z\right) \tag{3.5}$$

Desde el punto central C de la partícula hasta un punto $P\left(t_{X_P}, t_{Y_P}, t_{Z_P}, x_P, y_P, z_P\right)$ en su límite, en un plano que siempre este paralelo al plano "*x-y*" que pasa por la circunferencia del círculo de su ecuador, vamos a denotar un vector de seis dimensiones que gira y siempre apunta al punto, P, tal como

$$\vec{r}_{C-P} \equiv -\left(ct_{X_P}Cos2\theta - ct_{Y_P}Sin2\theta\right)\vec{a}_{t_X} - \left(ct_{X_P}Sin2\theta + ct_{Y_P}Cos2\theta\right)\vec{a}_{t_Y} \tag{3.6}$$

$$-\left(ct_{Z_P}\right)\vec{a}_{t_Z}$$

$$+\,a(t)\left(x_PCos2\theta - y_PSin2\theta\right)\vec{a}_X + a(t)\left(x_PSin2\theta + y_PCos2\theta\right)\vec{a}_Y + a(t)\left(z_P\right)\vec{a}_Z$$

Expresando el vector métrico de un espiral mundial, en el espacio-tiempo-masa del acontecimiento en el punto P, para una partícula pulsátil, rotatoria, que se traslada, con un radio "r" y una masa "m", obtenemos

$$-c^2d\tau^2+dM^2=-c^2d\pi^2+a(t)^2d\Sigma^2+dM^2 \tag{3.7}$$

Por lo tanto, la ecuación métrica del espacio-tiempo-masa para un espiral mundial de un acontecimiento en el punto, P, para la partícula giratoria, pulsante, que se traslada con una masa "m" se puede expresar como

$$dw^2=-c^2d\pi^2+a(t)^2d\Sigma^2+dM^2 \tag{3.8}$$

Donde el vector temporal tridimensional es

$$-c^2d\pi^2=-\left(ct_X+ct_{X_P}Cos2\theta-ct_{Y_P}Sin2\theta\right)^2- \tag{3.9}$$

$$\left(ct_Y+ct_{X_P}Sin2\theta+ct_{Y_P}Cos2\theta\right)^2-\left(ct_Z+ct_{Z_P}\right)^2 \tag{3.10}$$

y el vector espacial tridimensional es

$$a(t)^2d\Sigma^2=\left(a(t)r_X+a(t)x_PCos2\theta-a(t)y_PSin2\theta\right)^2+ \tag{3.11}$$

$$\left(a(t)r_Y+a(t)x_PSin2\theta+a(t)y_PCos2\theta\right)^2+\left(a(t)r_Z+a(t)z_P\right)^2 \tag{3.12}$$

Expresemos a dw^2 como una métrica de espiral mundial en seis dimensiones en el espacio-tiempo-masa del acontecimiento desde un punto P como sigue:

$$-c^2d\tau^2+dM^2=-c^2\pi^2+a(t)^2d\Sigma^2+dM^2 \tag{3.13}$$

El vector de un espiral mundial del espacio-tiempo-masa de seis dimensiones se puede expresar como

$$d\vec{w}=-U_{t_X}\vec{a}_{t_X}-U_{t_Y}\vec{a}_{t_Y}-U_{t_Z}\vec{a}_{t_Z}+U_X\vec{a}_X+U_Y\vec{a}_Y+U_Z\vec{a}_Z \tag{3.14}$$

Introduzcamos una curvatura en el espacio-tiempo-masa, de modo que el espacio tenga una curvatura $\left(1-k_sr^2\right)$, y el tiempo tenga una curvatura $\left(1-k_tt^2\right)$, por donde sea aplicable.

Por lo tanto, las magnitudes $U_{t_X}, U_{t_Y}, U_{t_Z}, U_X, U_Y, U_Z$, incluyen la curvatura espaciotemporal, y la masa, como se muestra a continuación:

$$U_{t_X} = -\{ct_X - ct_{Y_P} Sin2\theta + ct_{X_P} Cos2\theta + m\} \quad (3.15)$$

$$U_{t_Y} = -\{ct_Y + ct_{X_P} Sin2\theta + ct_{Y_P} Cos2\theta + m\} \quad (3.16)$$

$$U_{t_Z} = -\{ct_Z + ct_{Z_P} + m\} \quad (3.17)$$

$$U_X = \{a(t)r_X + a(t)x_P Cos2\theta - a(t)y_P Sin2\theta + m\} \quad (3.18)$$

$$U_Y = \{a(t)r_Y + a(t)x_P Sin2\theta + a(t)y_P Cos2\theta + m\} \quad (3.19)$$

$$U_Z = \{a(t)r_Z + a(t)z_P + m\}\vec{a}_Z \quad (3.20)$$

§ 4. La velocidad y la aceleración de una partícula giratoria y pulsante en el espacio-tiempo de seis dimensiones

Podemos expresar la velocidad y la aceleración del punto *P* sobre la partícula, según atraviesa su espiral mundial aplicando los operadores Einsteinianos de seis dimensiones.

El operador Robertoniano y Cartesiano, $\vec{\Re}$, del punto *P* sobre una partícula, para la métrica de un vector del espacio-tiempo-masa de seis dimensiones, $d\vec{w}^2$, se da por

$$\vec{\Re}\cdot\left(d\vec{w}^2\right) = -\frac{\partial U_{t_x}}{\partial t_X}\vec{a}_{t_x} - \frac{\partial U_{t_y}}{\partial t_Y}\vec{a}_{t_y} - \frac{\partial U_{t_z}}{\partial t_Z}\vec{a}_{t_z} + \frac{\partial U_X}{\partial x}\vec{a}_x + \frac{\partial U_Y}{\partial y}\vec{a}_y + \frac{\partial U_Z}{\partial z}\vec{a}_z \quad (4.1)$$

$$\frac{\partial U_{t_x}}{\partial t_X} = -c - cCos2\theta = -c(1 + Cos2\theta) = -2cCos^2\theta \quad (4.2)$$

$$\frac{\partial U_{t_y}}{\partial t_Y} = -c - cCos2\theta = -2cCos^2\theta \quad (4.3)$$

$$\frac{\partial U_{t_z}}{\partial t_Z} = -2c \tag{4.4}$$

$$\frac{\partial U_X}{\partial x} = a(t) + a(t)Cos2\theta = 2a(t)Cos^2\theta \tag{4.5}$$

$$\frac{\partial U_Y}{\partial y} = a(t) + a(t)Cos2\theta = 2a(t)Cos^2\theta \tag{4.6}$$

$$\frac{\partial U_Z}{\partial z} = 2a(t) \tag{4.7}$$

$$\vec{\mathfrak{R}} \cdot \left(d\vec{w}^2\right) = -2cCos^2\theta\vec{a}_{t_x} - 2cCos^2\theta\vec{a}_{t_y} - 2c\vec{a}_{t_z} + \tag{4.8}$$

$$2a(t)Cos^2\theta\vec{a}_x + 2a(t)Cos^2\theta\vec{a}_y + 2a(t)\vec{a}_z$$

Por lo tanto, si el sistema de las partículas de masa viaja de una manera relativista a través de su espiral mundial, puede viajar cerca de, o a la velocidad de la luz. Sin embargo, ¿qué pasaría si asumimos que el sistema de las partículas viaja más rápido que la luz a través de su espiral mundial? Desde la perspectiva de un observador inercial en movimiento temporal en el sentido de una onda retrasada, el sistema de partículas puede parecer como si estuviera desapareciéndose a medida que viaja hacia atrás en una onda temporal avanzada.

§ 5. La naturaleza de la temperatura

5.1. ¿Qué es la temperatura?

Una temperatura es una medida numérica de las magnitudes de la frialdad o el calor en las sustancias de masa según son percibidas por la mente humana y sus sentidos. La temperatura es una medida de una cualidad del estado de un material. La temperatura es el efecto de las oscilaciones de las partículas y estructuras atómicas a medida que vibran para absorber o liberar la energía a través de los procesos de interacción entre las partículas atómicas, los campos naturales de energía, y las estructuras atómicas a nivel de microescala. (Cengel, 2001)

La temperatura medida en Kelvin, en grados Centígrados, y en grados Fahrenheit, refleja las acciones de la radiación del calor, la velocidad de las partículas, la energía cinética, o el comportamiento de las propiedades termométricas de una materia. El promedio de la energía cinética de las partículas y las estructuras atómicas es proporcional a su temperatura absoluta.

El instrumento más común para medir la temperatura es el termómetro, o un detector de radiación de calor, que puede demostrar que la temperatura es una variable dinámica, que cambia en función del tiempo y/o en función de la ubicación, dentro de un volumen o una superficie de masa.

Además, la medición de la temperatura es empírica, y no es infinitesimal en el tiempo, o en el espacio (el volumen de la masa), ya que, aunque puede ser calculado a escalas infinitesimales, puede requerirse una tecnología muy avanzada para medirla con precisión a un nivel de microescala.

En un sistema cerrado, la temperatura tiende a ser uniforme con el tiempo en todo el sistema. El calor se transfiere a través de sus caminos desde las regiones de mayor temperatura a las regiones de menor temperatura, independientemente de los nivcles de las temperaturas entre las regiones, pero no entre dos regiones de igual temperatura, ceteris paribus. El límite más bajo de la temperatura en un sistema físico puede acercarse, pero no alcanzar, a cero absoluto cuando medimos en Kelvin. El movimiento de los cuánticos de la masa y de sus estructuras es mínimo en el cero absoluto de temperatura Kelvin.

5.2. La energía de la temperatura

En el caso de la energía no lineal, la energía Einsteiniana, de un gas ideal debido a la masa, la presión absoluta, el volumen, y la temperatura, con todas las demás formas de energías sistémicas excluidas en un sistema cerrado, tenemos

$$E_2(p,v) = \frac{mc^3}{\sqrt{c^2 - v^2}} = \Delta TS \tag{5.1}$$

Donde "s" es la entropía específica, y el delta de la temperatura absoluta, $\Delta T = c^3 / s\sqrt{c^2 - v^2}$, es el cambio de la temperatura durante un intervalo de tiempo, $\Delta T = T_2 - T_1$.

Expresemos la energía tridimensional, la energía de Hawking-Feynman, para un gas ideal como sigue:

$$E_3 = \frac{mc^4}{\sqrt{c^2 - v^2}} \tag{5.2}$$

Para la energía tridimensional de un gas ideal en términos de la masa y de la temperatura absoluta tenemos

$$E_3 = c\Delta TS \tag{5.3}$$

Donde la energía tridimensional del "gas ideal" es igual al cambio en la temperatura absoluta del sistema de gas ideal para los tiempos no-lineales de la energía multiplicado por el producto de la entropía con la velocidad de la luz. La energía tridimensional incluye, pero no se limita a, la energía de la masa de descanso, la energía cinética, la energía potencial, la energía termal, y la energía de la radiación, etc.

5.3. La energía de un Fonón

Un fonón, una cuasipartícula, representa un estado cuántico mecánico de la excitación de los modos de la vibración de las estructuras elásticas de las partículas, que interactúan en la microescala. En el arreglo elástico de la materia condensada, el fonón es una excitación colectiva periódica de las partículas atómicas y de las estructuras de la sustancia. Un fonón es una unidad discreta definida, o un cuántico vibratorio de la energía mecánica, o la energía termal, que proviene de la energía cinética de los movimientos atómicos y la energía potencial de la distorsión de los enlaces interatómicos. Los fonones son los principales jugadores, los elementos esenciales, en la conductividad térmica y la conductividad eléctrica de la materia condensada. Los fonones que vibran en frecuencias más altas pueden producir calor. Los fonones son movimientos vibratorios elementales de una red, o los patrones espaciales tridimensionales de las partículas y las estructuras atómicas, que oscilan en una sola frecuencia o en un modo normal, y como las cuasipartículas que comparten el principio mecánico cuántico de la dualidad de la onda-partícula.

$$E_{phonon} = \hbar c \upsilon = \frac{c^4 S}{s\sqrt{c^2 - v^2}} \tag{5.4}$$

$$E_{phonon} = c\Delta TS \tag{5.5}$$

$$\Delta T = \frac{\hbar \upsilon}{S} \tag{5.6}$$

§ 6. La constante de Boltzmann y las leyes del gas

6.1. La naturaleza de k_B

La naturaleza de la constante de Boltzmann, k_B, define la relación entre la temperatura absoluta y la energía cinética contenida en cada molécula de un gas ideal. El eminente y magnánimo físico Max Planck fue instrumental en nombrar esta constante en el honor a el físico austriaco Ludwig Boltzmann, cuyo trabajo proporcionó los datos para que Planck calculara realmente la constante y es igual al cociente de la constante de gas ideal "*R*", igual a 8.3144621 (75) (Joules/Kelvin · Mol), a la constante del Avogadro 6.02214129 (27) x 10^{23} (las entidades por mol), donde el término "entidades" usualmente representa loa átomos o las moléculas. Una mol es la cantidad de cualquier sustancia que contiene tantas entidades elementales como hay átomos en 12 gramos de puro carbono 12. (Bohr, 1958)

El valor de la constante de Boltzmann es aproximadamente 1.380488 (13) x 10^{-23} Joules por Kelvin. En general, la energía en una molécula de gas es directamente proporcional a la temperatura absoluta. A medida que la temperatura aumenta, la energía cinética por molécula aumenta. A medida que se calienta el gas, sus moléculas se mueven más rápidamente. Esto produce una mayor presión si el gas está confinado en un espacio de volumen constante, o un mayor volumen si la presión permanece constante.

6.2. La ley del gas ideal

Un gas ideal se define como uno en el cual todas las colisiones entre átomos o moléculas son perfectamente elásticas y en las que no hay fuerzas intermoleculares atractivas, y el volumen de los átomos y las moléculas es inconsecuente.

La ley del gas ideal es la ecuación del estado de un gas ideal hipotético. Es una buena aproximación al comportamiento de muchos gases bajo muchas condiciones, aunque tiene varias limitaciones. Fue declarado por primera vez como una combinación de la ley de Boyle y la ley de Charles. La ley del gas ideal, o la ley de Clapeyron, se introduce a menudo en su forma común como sigue:

$$PV = n_m RT \qquad (6.1)$$

Donde en unidades SI, "*P*" es la presión absoluta del gas en Pascales, el volumen "*V*" del gas está en metros cúbicos, n_m es la cantidad medida de la sustancia del gas en moles, "*R*" es la constante de gas ideal, y "*T*" es la temperatura absoluta medida en Kelvin.

La ecuación molecular se deriva de los principios de la mecánica estadística y se da por

$$PV = nk_B T \qquad (6.2)$$

Donde "*P*" es la presión absoluta en Pascales del gas que se ha medido, "*n*" es la densidad numérica del gas ideal (sin unidad según lo utilizado en la fórmula antedicha). La densidad numérica de un gas ideal en $0^0 C$ y 1 atmósfera (ATM) como un criterio: 1 unidad de Amagat (AMG) es igual a $2.6867774 \times 10^{25} m^{-3}$ se introduce a menudo como la unidad de la densidad numérica.

La constante de Boltzmann, k_B, relaciona la temperatura y la energía en Joules/Kelvin, y *T* es la temperatura absoluta medida en Kelvin. Los resultados coherentes de esta fórmula, según los resultados experimentales, evalúan los principios de la mecánica estadística.

La ley combinada del gas es una ley del gas que combina la ley de Boyle, la ley de Charles, y la ley de Gay-Lussac. La ley combinada del gas es la unificación de las tres leyes ideales anteriores del gas. Cada ley relaciona matemáticamente una variable termodinámica a otra mientras que sostiene otras variables termodinámicas constantes.

La ley combinada del gas se da por

$$\frac{P_1 V_1}{T_1} = \frac{P_2 V_2}{T_2} \tag{6.3}$$

La ley combinada del gas se puede utilizar para exponer los mecanismos que actúan sobre los valores absolutos de la presión, del volumen, y de la temperatura.

6.3. La ley universal del gas ideal

La forma de la ley universal del gas ideal es muy útil porque liga los valores absolutos de la presión, de la densidad de la masa, y de la temperatura, en una fórmula única independiente de la cantidad del gas considerado.

Pensemos primero en la ley del gas ideal como sigue:

$$\frac{P_1 V_1}{T_1} = \frac{P_2 V_2}{T_2} \tag{6.4}$$

$$\frac{P_1}{T_1} = n k_B \tag{6.5}$$

Donde "*P*" es la presión absoluta del gas ideal en pascales, "*V*" es el volumen absoluto del gas ideal en metros cúbicos, "*T*" es la temperatura absoluta del gas ideal medido en Kelvin, "*n*" es la densidad numérica del gas ideal, y k_B es la constante de Boltzmann.

$$\frac{P_1}{T_1} = \frac{E_1}{V_1 T_1} \tag{6.6}$$

$$P_1 = \frac{E_1}{V_1} \tag{6.7}$$

Para la ley universal del gas ideal tenemos en términos de la energía,

$$\frac{P_1 V_1}{T_1} = \frac{P_2 V_2}{T_2} \tag{6.8}$$

$$\frac{E_1 V_1}{V_1 T_1} = \frac{E_2 V_2}{V_2 T_2} \tag{6.9}$$

$$\left(\frac{E_1}{T_1}\right)^2 = \left(\frac{E_2}{T_2}\right)^2 \tag{6.10}$$

Expresemos la masa, $E = Mc^2 = PV$, como la masa multiplicada por el cuadrado de la velocidad de la luz igual a la presión absoluta multiplicada por el volumen absoluto para definir la Ley Universal del Gas Ideal, o la Ley de *ABCD*, en términos de los valores absolutos de las unidades de *SI,* tal como la presión (*Pa*), el volumen (m^3), la temperatura (*K*), la masa (*Kg*) , o "*c*" la velocidad constante de la luz, de tal manera que

$$\frac{P_1 V_1 M_1 c^2}{(T_1)^2} = \frac{P_2 V_2 M_2 c^2}{(T_2)^2} \tag{6.11}$$

$$\frac{\sqrt{P_1 V_1 M_1}}{T_1} = \frac{\sqrt{P_2 V_2 M_2}}{T_2} \tag{6.12}$$

Introduzcamos un multiplicador del volumen absoluto (*v*), para un metro cúbico fijo de volumen, con la condición de que, $v_1 = v_2$, y que la masa *M* esté dividida por *v*, para expresar la densidad de la masa, $\rho = M/v$.

$$\frac{\sqrt{\frac{P_1V_1M_1}{v_1}}}{T_1} = \frac{\sqrt{\frac{P_2V_2M_2}{v_2}}}{T_2} \tag{6.13}$$

$$\frac{\sqrt{P_1V_1\rho_1}}{T_1} = \frac{\sqrt{P_2V_2\rho_2}}{T_2} \tag{6.14}$$

Esta formulación de la ley universal del gas ideal tiene en cuenta la variable de la masa para un sistema independiente donde la energía o la masa es una propiedad extensiva. En este sistema, las variables absolutas del volumen, la presión, la temperatura, y la masa, son variables dinámicas.

§ 7. El puente entre la macroescala y la microescala de las partículas y el espacio-tiempo clásico

La constante de Boltzmann, k_B, se considera un puente entre el macroescala y la microescala de la física de las partículas dada por la ecuación:

$$PV = nk_BT \tag{7.1}$$

El producto de la presión y del volumen es una cantidad macroscópica de la energía de la presión-volumen que representa el estado del gas en su volumen según lo expresado en el lado izquierdo de la ecuación.

En la escala macroscópica, la ley del gas ideal menciona que, para un gas ideal, el producto de la presión (*P*) y el volumen (*V*) es proporcional al producto de la cantidad de sustancia (*n*), en unidades de la densidad del gas ideal, la constante de Boltzmann, k_B, y la temperatura absoluta (*T*) en Kelvin.

En la escala microscópica, el producto de las unidades de la densidad "*n*" del gas ideal, con cada unidad de gas que tiene una energía cinética promedio igual a, k_BT, es una cantidad cuántica de la energía para las partículas de gas, en el lado derecho de la ecuación. Pensemos en la ley del gas ideal cuando los valores absolutos de las unidades de la presión, el volumen, la temperatura y la densidad del gas ideal son variables dinámicas, y funciones del tiempo, de tal forma que

$$P(t)V(t) = n(t)k_B T(t) \tag{7.2}$$

Para encontrar la velocidad de las variables absolutas dinámicas de la presión (*P* o *p*), el volumen (*V* o *a*), la temperatura (T o τ), y las unidades de la densidad (*n*) conseguimos

$$\frac{\partial P}{\partial t}V + P\frac{\partial V}{\partial t} = k_B \frac{\partial (nT)}{\partial t} \tag{7.3}$$

$$\frac{\partial P}{\partial t}V + P\frac{\partial V}{\partial t} = k_B \left\{ \frac{\partial n}{\partial t}T + n\frac{\partial T}{\partial t} \right\} \tag{7.4}$$

$$V\frac{\partial P}{\partial t} + P\frac{\partial V}{\partial t} = k_B T\frac{\partial n}{\partial t} + k_B n\frac{\partial T}{\partial t} \tag{7.5}$$

Donde $\hbar$ es la constante de Planck reducida y *v* es la frecuencia lineal.

$$a\dot{p} + p\dot{a} = \frac{\hbar \upsilon}{\tau}(\tau\dot{n} + n\dot{\tau}) \tag{7.6}$$

Para encontrar la aceleración de las variables absolutas de la presión, el volumen, la temperatura y las unidades de la densidad, conseguimos

$$\frac{\partial V}{\partial t}\frac{\partial P}{\partial t} + V\frac{\partial^2 P}{\partial t^2} + \frac{\partial P}{\partial t}\frac{\partial V}{\partial t} + P\frac{\partial^2 V}{\partial t^2} = k_B\left\{\frac{\partial T}{\partial t}\frac{\partial n}{\partial t} + T\frac{\partial^2 n}{\partial t^2}\right\} + k_B\left\{\frac{\partial n}{\partial t}\frac{\partial T}{\partial t} + n\frac{\partial^2 T}{\partial t^2}\right\} \tag{7.7}$$

$$V\frac{\partial^2 P}{\partial t^2} + P\frac{\partial^2 V}{\partial t^2} + 2\frac{\partial V}{\partial t}\frac{\partial P}{\partial t} = k_B\left\{T\frac{\partial^2 n}{\partial t^2} + n\frac{\partial^2 T}{\partial t^2} + 2\frac{\partial n}{\partial t}\frac{\partial T}{\partial t}\right\} \tag{7.8}$$

$$a\ddot{p} + p\ddot{a} + 2\dot{a}\dot{p} = k_B\left(\tau\ddot{n} + n\ddot{\tau} + 2\dot{n}\dot{\tau}\right) \tag{7.9}$$

$$a\ddot{p} + p\ddot{a} + 2\dot{a}\dot{p} = \frac{\hbar \upsilon}{\tau}\left(\tau\ddot{n} + n\ddot{\tau} + 2\dot{n}\dot{\tau}\right) \tag{7.10}$$

$$k_B = \frac{a\ddot{p} + p\ddot{a} + 2\dot{a}\dot{p}}{\tau\ddot{n} + n\ddot{\tau} + 2\dot{n}\dot{\tau}} \qquad (7.11)$$

§ 8. Las Leyes de la Termodinámica

8.1. La Ley Cero

Si dos sistemas termodinámicos cerrados están cada uno en un equilibrio termal con un tercer sistema termodinámico cerrado a través de dos paredes diatérmicas distintas, entonces los tres están en equilibrio termal, y ambas paredes diatérmicas son termodinámicamente equivalentes e intercambiables, sin alterar el equilibrio térmico de los tres sistemas termodinámicos.

Todo el calor consiste en los fonones o las oscilaciones mecánicas del cuántico. La temperatura, *T*, es constante a través de un sistema termodinámico que está en equilibrio fonónico. La energía fonónica de cada uno de los tres sistemas termodinámicos en equilibrio térmico es equivalente. (Atkins, 2010)

$$T_1 - T_0 = T_2 - T_0 = T_3 - T_0 \qquad (8.1)$$

$$c\Delta T_1 S_1 = c\Delta T_2 S_2 = c\Delta T_3 S_3 \qquad (8.2)$$

8.2. La Primera Ley

La energía total de un sistema termodinámico cerrado se conserva, no se crea ni se destruye, pero se puede convertir de una forma de la energía a otra. En un sistema termodinámico cerrado donde no hay la transferencia de materia, la transferencia fundamental de calor, y su cambio relacionado en la temperatura absoluta en cualquier punto del sistema, es la transferencia de las oscilaciones mecánicas cuánticas o los fonones en cualquier punto del sistema de una partícula atómica o de una estructura a otra.

En un sistema termodinámico cerrado, cualquier cambio en la energía interna del sistema debido a la transferencia de calor es el resultado de la absorción o la emisión de los fonones y el rendimiento del trabajo por el sistema en su entorno o viceversa.

$$\Delta U_i = \pm c\Delta T\Delta S \pm W \tag{8.3}$$

8.3. La Segunda Ley

Un sistema termodinámico natural y aislado sigue la flecha del tiempo hacia el equilibrio termal, o la entropía máxima, cuando cada partícula o cada estructura atómica existente en la sustancia transfiere o absorbe la energía fonónica, si no está en un equilibrio termal, hasta que todos los fonones estén en un estado equivalente y uniforme en el arreglo de la energía por la unidad de temperatura, que represente la especificación informativa correcta del sistema aislado y distinto.

La entropía de un sistema termodinámico cerrado es la cantidad de la energía fonónica del sistema, cuando el sistema está en equilibrio termal con su entorno, que no realiza trabajo. La entropía es la característica termodinámica de una sustancia en un equilibrio fonónico, o una medida del número de estados fonónicos posibles de un sistema termodinámico en un equilibrio termal.

$$E_{fonón} = cTS \tag{8.4}$$

Para un sistema cerrado en un equilibrio termal que contiene una cantidad de la energía de la entropía E_S,

$$S = \frac{E_S k_B}{E_{fonón}} \tag{8.5}$$

Donde $E_S / E_{fonón}$ es el número de los fonones ω, o el coeficiente del factor de crecimiento para el número de los estados $\Omega(E_S)$ en el cuántico del sistema en un equilibrio termal, durante un intervalo infinitesimal de la energía.

$$e^{\omega} = \Omega(E_S) \tag{8.6}$$

$$\omega = \frac{E_S}{E_{fonón}} = \frac{E_S}{cTS} = \ln \Omega(E_S) \tag{8.7}$$

Expresemos la entropía para un sistema cerrado en un equilibrio termal de la siguiente forma,

$$S = \omega k_B = \frac{E_S k_B}{cTS} \tag{8.8}$$

Un proceso fonónico de un sistema cerrado que es reversible conserva su entropía, pero un proceso fonónico que es irreversible no lo hace. Los procesos termodinámicos siguen la flecha de la entropía, y la entropía sigue la flecha del tiempo. Así, *la entropía es una consecuencia del paso del tiempo y la expansión del espacio-tiempo.*

El intercambio de la energía fonónica entre dos sistemas termodinámicos cerrados y distintos que no están en un equilibrio térmico es un proceso potencialmente reversible si se conserva la entropía. La energía fonónica fluye naturalmente de una región de una sustancia con los fonones de mayor frecuencia ω_H a una región de una sustancia con los fonones de menor frecuencia ω_L a través de un medio conductivo para esa energía y su frecuencia. Por lo tanto, el número cuántico de los fonones en un sistema cerrado aumenta por $\Delta\omega$.

$$\Delta\omega = \omega_H - \omega_L \tag{8.9}$$

La energía fonónica interna de un sistema termodinámico cerrado con el volumen constante aumenta alrededor de $\Delta E_{fonón}$ cuando la energía externa fonónica se transfiere al sistema.

$$\Delta E_{fonónica} = c\Delta T \Delta S \Delta\omega \tag{8.10}$$

La diferencia de la energía fonónica entre dos sistemas termodinámicos cerrados y distintos, que no están en un equilibrio térmico, está disponible para ser convertida a la energía mecánica. El trabajo está disponible, para ser realizado por los sistemas naturales o los dispositivos, en el flujo de la energía fonónica, entre dos regiones distintas de las sustancias de dos sistemas termodinámicos cerrados que no están en un equilibrio termal, a través de un medio conductor para esa energía y su frecuencia, en la dirección del flujo de la energía fonónica.

$$\Delta W = (\omega_H - \omega_L) k_B \Delta T \tag{8.11}$$

Los sistemas gravitacionales universales se relacionan inversamente con la segunda ley de la termodinámica. Esto puede justificar el nombre de la segunda ley inversa de la termodinámica. Los objetos en sistemas gravitacionales pueden tener una capacidad negativa de calor específico (*J/K*), ya que absorben los fonones externos. Además, los sistemas gravitacionales universales disminuyen la entropía. Entonces, para un objeto o un dispositivo de la gravedad que pierde potencial gravitacional más rápido que el aumento de la energía cinética, tenemos,

$$\frac{i^2 \omega E_{fonón}}{T} = \frac{\Delta W - \Delta U_g}{\Delta T} \tag{8.12}$$

Por lo tanto, los sistemas, o los dispositivos gravitacionales, atados en nuestro universo tienden hacia estados que no son uniformes en el arreglo de la energía por la unidad de temperatura. Consecuentemente, la segunda ley inversa de la termodinámica puede aplicarse a los sistemas, o los dispositivos, enlazados gravitacionalmente. Esto es una consecuencia de la inversión de la flecha de la entropía debido a la inversión de la flecha del tiempo en el espacio-tiempo de los sistemas, o de los objetos gravitacionales, atados con capacidad negativa de calor específico.

8.4. La Tercera Ley

Un sistema termodinámico cerrado en un estado de la energía fonónica que es estable, único, y mínimo, a una temperatura absoluta de cero Kelvin, tiene una entropía igual a cero. Así, la entropía es cero en un estado de la energía fundamental del sistema termodinámico cerrado.

$$S_0 = S - k_B \ln \Omega(E) \tag{8.13}$$

Cuando $\Omega(E) = 1$, el sistema termodinámico cerrado está en un estado de la energía fundamental y la entropía S del sistema es igual a la entropía S_0 del estado fundamental del sistema.

Si un sistema termodinámico cerrado se lleva a temperaturas absolutas muy bajas en un estado de la energía que no está bien definido, donde el sistema se fija en un estado finito de arreglo de la energía fonónica por encima del estado 'uno' fundamental del sistema, entonces ese estado fijo de la energía es una entropía residual.

Mientras que la temperatura de un sistema termodinámico cerrado se acerca a cero Kelvin, el cambio de la entropía para un proceso fonónico reversible también se acerca a cero. La entropía de un sistema termodinámico cerrado con un estado 'uno' de la energía fundamental puede ser reducida por un número finito de las operaciones igual al número de los fonones " ω " del sistema cerrado desde el principio al fin del proceso de la reducción de la entropía, disminuyendo por un fonón cada operación, reduciendo la energía del sistema por k_B en cada operación, para alcanzar el estado de la energía fundamental de un fonón. Sin embargo, este proceso ideal requeriría una tecnología muy avanzada.

$$\sum_{n=1}^{\omega}(\omega - n) \tag{8.14}$$

Entonces, la entropía de un sistema termodinámico cerrado en cero Kelvin absoluto es una constante bien definida. Esto es porque un sistema en la temperatura de cero Kelvin absoluto existe en su estado de la energía fundamental, de modo que su entropía es determinada solamente por la degeneración del estado de la energía fundamental y la oleada de la energía fonónica del sistema.

8.5. El Cuarto Teorema: La Entalpía

La entalpía de un sistema termodinámico cerrado, una función del estado del sistema consiste en la energía interna U_i del sistema más el producto de la presión absoluta (*P*) y del volumen (*V*).

$$H = U_i + PV \quad (Joules) \tag{8.15}$$

La transferencia de la energía en o fuera de un sistema termodinámico cerrado con la presión constante causa un cambio en la entalpia del sistema con la extensión o la contracción del volumen absoluto o a través de la transferencia de la energía fonónica.

La entalpia es un cambio en la magnitud combinada de la energía fonónica y de la energía interna de un sistema termodinámico cerrado, y no es directamente mensurable. La entalpia es la energía potencial (H) termodinámica de los procesos termodinámicos bajo una presión constante. La entalpía de un gas ideal es una propiedad extensa que no depende de la presión absoluta variable. Por lo tanto, para un sistema termodinámico cerrado y homogéneo, la entalpia es proporcional al volumen absoluto del sistema. Entonces, la entalpía de un sistema termodinámico cerrado es proporcional al producto de la entropía del sistema por su temperatura absoluta.

$$H = U_i \pm S(T) \tag{8.16}$$

$$H = U_i \pm \omega\, k_B(T) \tag{8.17}$$

Donde S es la entropía del sistema termodinámico cerrado, T es la temperatura absoluta, k_B es la constante de Boltzmann, y ω es el número de fonones del sistema.

La energía interna del sistema termodinámico cerrado es la cantidad de energía necesaria para crear el sistema, y la energía fonónica es la cantidad de la energía necesaria para crear el volumen espaciotemporal absoluto del sistema cerrado, bajo una presión absoluta y constante, en una temperatura absoluta. La energía interna de un sistema termodinámico cerrado es la combinación de todas las energías absorbidas por el sistema, para someterse a todos los procesos termodinámicos durante la creación del sistema.

En un estado interno 'uno' de la energía fundamental, la entropía del sistema es cero, por lo que tenemos

$$H_{1G} = U_i \pm 0(T) \tag{8.18}$$

$$\partial H_{1G} = \partial U_i \tag{8.19}$$

Así, un sistema termodinámico cerrado que se lleva a una temperatura absoluta de cero Kelvin, por la tercera ley de la termodinámica, la entalpía del sistema es igual a su estado interno 'uno' de la energía fundamental. El estado interno 'uno' de la energía de un sistema termodinámico cerrado, es una energía potencial termodinámica estable, única, y mínima.

La entalpía de un sistema termodinámico cerrado es estable, única, mínima, e igual a su estado interno de la energía fundamental, cuando la entropía del sistema es cero a una temperatura absoluta de cero Kelvin.

8.6. El Quinto Teorema: El Tiempo

Todos los procesos termodinámicos para cualquier tipo de sistema físico son una función del tiempo. El tiempo es primordial y de la esencia de cualquier sistema termodinámico para cambiar cualquiera de sus propiedades o sus cualidades. Sin tiempo, no hay cambio, ni movimiento, ni expansión del espacio-tiempo, para impulsar los procesos termodinámicos. Así, todas las formas de la energía dependen del tiempo.

$$\textit{La Rapidez del Tiempo} = \frac{\partial \theta}{\partial t} \tag{8.20}$$

Las flechas de la entropía y la entalpía siguen a la flecha del tiempo. El tiempo es el motor principal de todo tipo y clase de los procesos termodinámicos en el universo. El tiempo es el motor del cambio y la fuerza motriz del cambio termodinámico. Todas las leyes de la termodinámica dependen del tiempo y de la dirección de la flecha del tiempo. La flecha del tiempo de los procesos termodinámicos es reversible, pero no todos los procesos termodinámicos son reversibles. El tiempo y el espacio son las dos caras de la misma moneda y el espacio-tiempo es la ceca.

Para un sistema termodinámico cerrado, la entalpia es proporcional al tiempo, la entropía es proporcional a la entalpia. La entropía, la entalpía y el tiempo son proporcionales. Se propone en este documento que el tiempo conjugado, así como su espacio, es tridimensional, y las leyes de la termodinámica se observan en el espacio-tiempo seis-dimensional. Todas las variables termodinámicas, los estados, y los procesos, existen en el marco espaciotemporal de seis dimensiones. La velocidad del tiempo es la velocidad del cambio, y esa velocidad es relativa. La velocidad del tiempo es inversamente proporcional a la fuerza de un campo gravitacional, o directamente proporcional a la dilatación del tiempo para un objeto en movimiento a través del espacio, a medida que el objeto se acerca a la velocidad de la luz. Para la velocidad del tiempo apropiado tenemos

$$v_\tau = \sqrt{1 - \frac{v^2}{c^2}} = \frac{\lambda_\tau}{T_\tau} \tag{8.21}$$

¿Afecta la tasa del paso del tiempo a la temperatura absoluta?

La dilatación temporal es la diferencia del tiempo transcurrido en la Teoría General de la Relatividad entre dos eventos medidos por los observadores, ya sea en movimiento relativo entre sí, o situados a una distancia espacial de las masas gravitacionales. La dilatación del tiempo describe la relación entre el tiempo y el movimiento espaciotemporal para los tardiones.

$$t' = \frac{ct_0}{\sqrt[2]{c^2 - v^2}} \tag{8.22}$$

Donde el tiempo apropiado correcto es t_0 , y t' es el tiempo dilatado.

Hay maneras en que el tiempo, la temperatura, y el movimiento, pueden cambiar:

a. Cuando el movimiento de un tardión, o de un objeto, cambia, la tasa del paso temporal cambia.
b. Cuando el espacio-tiempo se curva cerca de un sistema de partículas, o cerca de una partícula de masa, la tasa del paso temporal cambia.
c. A medida que cambia la temperatura, el movimiento de un tardión, o un sistema de partículas, cambia.
d. A medida que un tardión, o un sistema de partículas, se mueve por el espacio-tiempo, cuanto más rápido se mueve el tardión, o el sistema de partículas a través del espacio, más lento se mueve el tardión, o el sistema de partículas, a través del tiempo.

Entonces, ¿están relacionados el tiempo y la temperatura, o son independientes, a través del movimiento?

El paso del tiempo es inversamente proporcional al movimiento de las partículas o de sus masas, y el movimiento de las partículas es una función de la temperatura que a su vez es inversamente proporcional al paso del tiempo.

$$f(t) \propto \frac{1}{m} \propto \frac{1}{T} \qquad (8.23)$$

¿Cómo cambiaría la tasa temporal del tiempo apropiado para cada una de las dos partículas distintas, o dos sistemas distintos de partículas, moviéndose cerca de un cuerpo celeste, o un sistema de partículas, cuando la diferencia de la temperatura entre las dos partículas, o los dos sistemas de las partículas, es considerable? ¿la partícula, o el sistema de las partículas, con la temperatura menor, experimentaría un cambio más lento, igual, o más rápido, en su tasa del paso temporal de su tiempo apropiado?

Puesto que la temperatura es una función consecuente del tiempo, cabría esperar que una diferencia considerable de la temperatura entre dos partículas distintas, o dos sistemas distintos de las partículas, experimentara un cambio en su tasa del paso temporal de su tiempo apropiado, que no es contraria a la aclamada Teoría General de la Relatividad. Entonces, ¿es la temperatura relativa al marco inercial de referencia o al marco de referencia de la caída libre de un observador? ¿Experimenta una partícula distinta, tal como un luxón, un cambio en su tasa del paso del tiempo cuando su temperatura ambiental cambia?

El movimiento de las partículas atómicas aumenta mientras que la temperatura sube según lo demostrado empíricamente y durante las investigaciones iniciales sobre el movimiento browniano. A medida que la temperatura disminuye, el movimiento se ralentiza proporcionalmente hasta un estado distinto de la energía fundamental donde la temperatura del sistema distinto de las partículas se aproxima a la temperatura de cero absoluto como un estado mínimo de la energía para el sistema. En tal estado de la energía fundamental, hay oscilaciones moleculares que no son cero. La tasa del paso del tiempo puede ser cero para un Luxon en una temperatura que no es cero absoluto, cuando la partícula distinta cabalga a través del espacio a una velocidad lumínica, pero no temporal. En consecuencia, la falta de movimiento temporal no significa que un sistema de partículas, o una partícula, esté en o acercándose a, la

temperatura de cero absoluto, o viceversa.

El tiempo y la temperatura se correlacionan altamente con la extensión y la contracción relativas del espacio-tiempo desde la perspectiva de un observador en un marco inercial, o en un marco de caída libre, de referencia. La temperatura es una medida de la densidad de las partículas, y cualquier cambio en la densidad de las partículas será correlacionado a un cambio recíproco en la masa, o la energía de un sistema distinto de las partículas, o la energía de la partícula, que afecte a la curvatura del espacio-tiempo. Por lo tanto, el tiempo apropiado de un sistema distinto de las partículas en una región de mayor temperatura y densidad de las partículas, cambiaria a una tasa del tiempo más lenta que la tasa del tiempo en una región de menor temperatura y densidad de las partículas, e incluso a una tasa de tiempo más lenta que en una región de densidad mínima de las partículas, o en casi una temperatura cero absoluta.

Por consiguiente, *el tiempo apropiado de una partícula distinta, o de un sistema distinto de las partículas, es inversamente proporcional, o altamente correlacionado, a la temperatura absoluta del sistema de las partículas, o a la temperatura absoluta de la partícula.* La temperatura es relativa porque el tiempo es relativo desde la perspectiva de un observador en un marco inercial de referencia o en un marco de referencia de caída libre.

Los experimentos recientes en la ralentización de la velocidad de la luz a través de un condensado Einstein-Bose son ejemplos de la proporcionalidad directa entre la temperatura absoluta, la densidad de las partículas, la condensación de la materia, y la correlación del tiempo y la temperatura absoluta, en un sistema distinto de las partículas con una alta densidad a una temperatura absoluta muy baja, en un superfluido. Los fotones pueden ser llevados a un estado de menor movimiento a medida que la temperatura absoluta se aproxima a cero en un condensado Bose-Einstein lo que implica que la tasa del paso del tiempo del condensado se ha incrementado considerablemente. Desde la perspectiva de un marco inercial de referencia, o un marco de referencia de caída libre, los fotones en el condensado Bose-Einstein parecen viajar a través del volumen temporal más, y menos a través del volumen espacial del espacio-tiempo en su entorno. En otras palabras, la función de la onda temporal del fotón se acelera a medida que la función de la onda espacial del fotón se ralentiza en el superfluido.

La temperatura crítica para la transición a un condensado de Bose-Einstein ocurre debajo de una temperatura crítica, T_C , que para un gas uniforme en el espacio-tiempo consiste en las partículas que no interactúan, sin evidentes grados internos de libertad, es dada por

$$T_C = \left(\frac{n}{\xi(3/2)}\right)^{2/3} \frac{2\pi\hbar^2}{mk_B} \approx 3.3125 \frac{\hbar^2 n^{2/3}}{mk_B} \qquad (8.24)$$

La temperatura crítica T_C también puede expresarse como un vector $\vec{T}_C = \vec{\nabla} T$ que represente la naturaleza tridimensional de la temperatura absoluta como un vector. Así, el volumen absoluto de la temperatura en forma de una magnitud se puede expresar como T^3 porque cada superficie espaciotemporal de la magnitud uniforme de la temperatura (isofonónica) a través de una distancia tiene una temperatura asociada que es absoluta.

Consecuentcmente, podemos expresar la aceleración promedio del tiempo con respecto al espacio durante el período temporal apropiado para la transición a un condensado de Bose-Einstein.

$$\left(\frac{\Delta^2 t}{\Delta r^2}\right)^2 \approx \left(\frac{3.3125}{k_B}\right) \frac{m \cdot n^{2/3}}{T_C} \qquad (8.25)$$

$$\frac{\Delta^2 t}{\Delta r^2} \approx \left(\sqrt[2]{\frac{3.3125}{k_B}}\right)\left(\sqrt[2]{\frac{m}{T_C}}\right)\left(\sqrt[3]{n}\right) \qquad (8.26)$$

Donde "m" es la masa, "n" es el número de las partículas por el volumen del sistema de las partículas, y k_B es la constante Boltzmann.

Vamos a definir la constante crítica de Bose como

$$B_C = \sqrt[2]{\frac{3.3125}{k_B}} \approx 4.898197943 \quad \text{x}\, 10^{11} \quad \left(\frac{s \cdot K^{1/2}}{Kg^{1/2} \cdot m^2 \cdot n^{1/3}} \right) \qquad (8.27)$$

Entonces, la aceleración promedio simplificada del tiempo con respecto al espacio se da por

$$\frac{\Delta^2 t}{\Delta r^2} = B_C \cdot \left(\sqrt[2]{\frac{m}{T_C}} \right) \cdot \left(\sqrt[3]{n} \right) \qquad (8.28)$$

Así, la aceleración promedio del tiempo con respecto al espacio es igual al producto de la constante crítica de Bose, B_C , la raíz cuadrada del cociente de la masa a la temperatura critica, y la raíz cúbica de la densidad de las partículas del sistema.

La aceleración infinitesimal del tiempo con respecto al espacio se define como

$$\frac{\partial^2 t}{\partial r^2} = B_C \cdot \left(\sqrt[2]{\frac{\partial m}{\partial T_C}} \right) \cdot \left(\sqrt[3]{n} \right) \qquad (8.29)$$

Cuando la temperatura absoluta del superfluido disminuye, la aceleración promedio del tiempo con respecto al espacio aumenta. Si la masa de la densidad de las partículas aumenta así aumentara la aceleración promedio del tiempo. A medida que el tiempo se acelera con respecto al espacio, los fotones en el CBE viajarán más a través del tiempo y menos a través del espacio. Como resultado, la luz parece ralentizarse en el condensado de Bose-Einstein.

A medida que la tasa del paso temporal puede acelerarse para algo, mantener algo a temperaturas absolutas muy bajas o altas puede cambiar los efectos del paso del tiempo. Las reacciones químicas ocurren más lentamente a temperaturas absolutas más bajas. Las reacciones químicas más rápidas ocurren mientras que las partículas atómicas se mueven más a través del volumen espacial en un índice más rápido del espacio, y menos a través del volumen temporal en una tasa del paso temporal más lenta. *La velocidad de las reacciones químicas es directamente proporcional a la velocidad espacial de sus elementos atómicos, e inversamente proporcional a la velocidad temporal de sus elementos atómicos.*

Imaginemos una analogía de un vehículo de dos motores, similar a un tren con dos locomotoras que están separadas por un solo vagón, y diseñado para que el vehículo pueda ser conducido en cualquier dirección sin descomponerse. Mientras que el conductor en el extremo espacial conduce su motor del vehículo más rápidamente en su dirección, el conductor situado en el extremo temporal opuesto comienza a ralentizar su motor del vehículo en la dirección temporal, y el vehículo entero de dos motores se mueve más hacia la dirección espacial que hacia la dirección temporal. Si ambos motores del vehículo fueran conducidos igualmente rápido, el marco inercial de referencia del vagón del medio estaría en un punto de equilibrio. *Por el principio del traslado espaciotemporal, cuanto más una partícula, o un sistema de partículas, viaja en la dirección temporal, menos la partícula, o el sistema de partículas, viaja en la dirección espacial, o viceversa.*

Desde la perspectiva de un luxón en un estado relativista de masa, el tiempo se detiene, y la velocidad del luxón es constante para cualquier observador en un marco inercial de referencia, o en un marco de referencia de caída libre. Así, el luxón está en el punto de equilibrio de su función de la onda temporal. Mientras la temperatura cambia en la región del luxón, la función de la onda espacial y la función de la onda temporal del luxón se afectan, pues el punto de equilibrio del luxón parece cambiar hacia la función de la onda espacial desde la perspectiva de un observador en un marco inercial de referencia, o en un marco de referencia de caída libre, en una región cercana con una temperatura considerablemente más alta.

Mientras que la región de una temperatura más baja del luxón se acerca a la temperatura absoluta cero, el punto del equilibrio del luxón en su función de la onda temporal parece cambiar hacia la dirección de la función de la onda espacial, y el luxón le parece viajar más lento a través del espacio a un observador en un marco inercial de referencia, o un marco de referencia de caída libre, de una región cercana de una temperatura considerablemente más alta. La relatividad del tiempo hace que la temperatura sea relativa desde la perspectiva de un observador en un marco inercial de referencia, o en un marco de referencia de caída libre, en una región de una temperatura considerablemente más alta.

La temperatura es el movimiento, mientras que el movimiento es relativo y dependiente de la relatividad del espacio y del tiempo, que a su vez se ve afectado por el movimiento de la masa. El movimiento incorpora la masa relativista en los fotones. La masa, el movimiento, y la temperatura, interactúan con el tiempo. En consecuencia, la masa, el movimiento, o la temperatura, dependen de las propiedades del tiempo. Todas son funciones del tiempo.

$$m \propto T \propto v \propto \frac{1}{f(t)} \qquad (8.30)$$

¿sería la incertidumbre o la precisión de un reloj atómico de hoy, refrigerado por un láser, una función de la aceleración del tiempo y de la temperatura absoluta de sus partes y su entorno, en su marco inercial de referencia o en su marco de referencia de caída libre?

El enfriamiento Raman es una técnica para el enfriamiento de sub-retroceso para permitir el enfriamiento de los átomos usando métodos ópticos por debajo de las limitaciones del enfriamiento Doppler, limitado por la energía de retroceso de un fotón dado a un átomo. Se pueden utilizar dos rayos láser para desencadenar la transición entre dos estados hiperfinos del átomo. El primer rayo láser excita el átomo a un estado excitado virtual porque su frecuencia es más baja que la frecuencia verdadera de la transición, y el segundo rayo láser aplaca el átomo al otro estado hiperfino. La frecuencia de la transición entre los dos estados hiperfinos es exactamente igual a la diferencia de la frecuencia de los dos rayos láser.

De manera similar, el enfriamiento de banda lateral Raman utiliza los átomos en una trampa magnetoóptica para obtener una alta densidad de los átomos a baja temperatura. Esta técnica del enfriamiento óptico todavía no es suficiente para alcanzar la condensación Bose-Einstein de los átomos de Cesio, pero la condensación Bose-Einstein puede ser alcanzada usando el enfriamiento de banda lateral Raman como un primer paso en el proceso.

El tiempo apropiado de un átomo de Cesio es inversamente proporcional, o altamente correlacionado, a la temperatura absoluta del átomo. La temperatura absoluta afecta al período, y a la frecuencia, de la radiación correspondiente a la transición entre los dos estados hiperfinos del estado fundamental del átomo de Cesio 133 que constituye la definición actual de la medición del tiempo. El Cesio 133 es un isótopo del Cesio usado especialmente en los relojes atómicos y una de cuyas transiciones atómicas se utiliza como estándar científico del tiempo. Un segundo atómico se define por el intervalo del tiempo que se toma para completar 9.192.631.770 oscilaciones del átomo de Cesio 133 expuestos a una excitación adecuada.

Una cantidad de la energía de aproximadamente 0,000038 eV en la región de las microondas separa los dos estados hiperfinos involucrados en un reloj de Cesio, que es aproximadamente mil veces más pequeño que la energía térmica aleatoria de aproximadamente 0,04 eV asociada con la temperatura de 100 °C a la que el reloj de Cesio se funciona típicamente. La incertidumbre del reloj atómico ha pasado de aproximadamente 10.000 ns/día en los años 1940 a aproximadamente 0,01 ns/día de los relojes atómicos refrigerados por láser al principio del siglo XXI. Así, la precisión de un reloj atómico enfriado por láser es también una función de la temperatura, y la tasa del paso temporal se ralentiza notablemente cuando la temperatura absoluta del reloj atómico y sus alrededores cae considerablemente a una temperatura crítica.

El tiempo apropiado de un reloj atómico de Cesio 133 es inversamente proporcional, o altamente correlacionado, a la temperatura absoluta de sus átomos de Cesio 133. Así, el período y la frecuencia de la radiación asociada a la transición entre los dos estados hiperfinos del estado fundamental de los átomos de Cesio 133 serán afectados mientras que el tiempo acelera, o decelera, con el cambio en la temperatura absoluta. *La menor incertidumbre o la mayor precisión de un reloj atómico actual, refrigerado por láser, es una función de la aceleración infinitesimal del tiempo y la temperatura absoluta que afectan a sus partes y su entorno en el marco inercial de referencia, o en el marco de referencia de caída libre, del reloj atómico en el espacio-tiempo.*

§ 9. Las Leyes de la Mecánica y la Dinámica de un Agujero Negro

Expresemos las leyes de la mecánica y la dinámica de un agujero negro de la siguiente forma,

La Ley Cero:

La gravedad superficial de un agujero negro dinámico es directamente proporcional a su temperatura absoluta e inversamente proporcional a su radio.

$$\frac{c^2}{R_{BH}} = g_{BH} \tag{9.1}$$

$$\frac{\partial g}{\partial S} = -\frac{T}{8\pi ma} \tag{9.2}$$

La entropía de un agujero negro dinámico es directamente proporcional al producto de la masa, o de la energía, con su volumen *a*.

La Primera Ley:

La energía en la entropía de un agujero negro dinámico cambia si el agujero negro acrece, o irradia, su masa con el tiempo, o si la temperatura del agujero negro aumenta o disminuye con el tiempo.

$$S_{BH} \leq \frac{m_{BH}c^2}{4T_{BH}} \tag{9.3}$$

$$S_{BH} \leq \frac{\ddot{a}c^2}{32\pi GT_{BH}} \tag{9.4}$$

La Segunda ley:

Para las perturbaciones de los agujeros negros dinámicos, el cambio de la energía se relaciona con un cambio en la aceleración del espacio-tiempo, del impulso angular, o de la carga eléctrica, según lo demostrado por

$$dE = \frac{\ddot{a}c^2}{8\pi G} + \Omega dJ + \Phi dQ \tag{9.5}$$

Donde $\ddot{a}$ es la aceleración del espacio-tiempo sobre la superficie del horizonte de sucesos exterior del agujero negro, Ω es la velocidad angular, J es el momento angular, Φ es el potencial electrostático, y Q es la carga eléctrica, del agujero negro.

La Tercera Ley:

El área del horizonte de sucesos de un agujero negro dinámico, asumiendo la condición de energía débil, puede cambiar con el tiempo en función del radio del agujero negro. El área de la superficie del horizonte de sucesos de un agujero negro existente y dinámico, que no es extremo, está relacionada con la geométrica o con el espacio-tiempo.

$$\frac{\partial A_{EH}}{\partial t} = f(R_{BH}) \tag{9.6}$$

La Cuarta Ley:

La gravedad superficial del horizonte de sucesos desaparece en un agujero negro teórico que es extremo, con una masa mínima, o una temperatura mínima, y de carga e impulso angular compatible, mientras que la entropía de un agujero negro existente que no es extremo, en una temperatura de cero Kelvin absoluto, o en el estado fundamental, es una constante bien definida.

9.1. La superficie del horizonte externo de sucesos de un agujero negro que no es extremo

Para el área de la superficie del horizonte de sucesos de un agujero negro esférico que no es extremo, conseguimos

$$A_{BH} \geq \frac{\ddot{a}}{2g_{BH}} \tag{9.7}$$

$$A_{BH} \geq \frac{8\pi G m_{BH}}{\frac{2c^2}{R_{BH}}} \tag{9.8}$$

Donde la aceleración del espacio-tiempo sobre la superficie del horizonte de sucesos se expresa en términos de la masa, de la gravedad, y del radio del agujero negro.

$$\ddot{a} = 8\pi G m_{BH} = 8\pi g_{BH} R_{BH}^{\ 2} \tag{9.9}$$

Encontramos en el régimen de campo fuerte sobre el horizonte externo de sucesos de un agujero negro,

$$\frac{\ddot{a}}{8\pi} \leq R_{BH} c^2 \tag{9.10}$$

Aparte, $\ddot{a}/4\pi r^2$, es el módulo de la convergencia de la expansión espaciotemporal sobre un cuerpo esférico de masa.

En consecuencia, imaginemos que una masa m_p cae en un agujero negro esférico que no es extremista, y a continuación, hagamos la pregunta:

¿Cómo crecerá el área del horizonte externo de sucesos?

$$\Delta A_{BH} \geq \frac{\ddot{a}}{2(g_{BH} + g_{m_p})} \tag{9.11}$$

El área del horizonte externo de sucesos crecería directamente proporcional a la aceleración del espacio-tiempo sobre el horizonte de sucesos, e inversamente proporcional a la suma de la aceleración gravitacional de la masa del agujero negro m_{BH} y de la masa que cae adentro m_p.

9.2. El espacio-tiempo-masa vinculado a la capacidad de almacenamiento de la información

La cantidad de información o la entropía que puede almacenarse o reproducirse en el volumen espaciotemporal de una masa mínima es inferior o igual al límite especificado por el límite Benkenstein. Si la masa fuera una singularidad, entonces su límite saturado, dentro, y alrededor del volumen espaciotemporal de su entropía es el de un agujero negro teórico.

La naturaleza es capaz de ocultar la información histórica compleja detrás de la simplicidad y sobre el horizonte de sucesos de un agujero negro. La entropía es una medida de la capacidad de almacenamiento de la información histórica compleja que existe alrededor y se esconde dentro del horizonte de sucesos de un agujero negro.

La cantidad de información que describe perfectamente un sistema físico hasta el nivel cuántico también está limitada por el límite. Un dispositivo de almacenamiento de la información con sus dimensiones físicas y finitas tiene una capacidad limitada o confinada de almacenamiento de su memoria.

El límite Benkenstein ha sido definido como

$$I \leq \frac{2\pi R_{BH} E_{BH}}{\hbar c\,(\ln 2)} \tag{9.12}$$

Simplificando la expresión anterior tenemos

$$\frac{2\pi R_{BH} m_{BH} c^2}{\ddot{a} m_p (\ln 2)} = \frac{4\left(2\pi R_{BH}{}^2 m_{BH} c^2\right)}{4\ddot{a} m_p (\ln 2) R_{BH}} = \frac{8\pi g_{BH} R_{BH}{}^2 m_{BH}}{4\ddot{a} m_p (\ln 2)} = \frac{\ddot{a} m_{BH}}{4\ddot{a} m_p (\ln 2)} = \frac{m_{BH}}{4 m_p \ln 2} \tag{9.13}$$

$$= \frac{m_{BH}}{m_p \ln 16} = \frac{\frac{m_{BH}}{m_p}}{\ln 16} \approx 83.085.408,94\ m_{BH} \tag{9.14}$$

En consecuencia, el límite en el almacenamiento de la información es directamente proporcional a la proporción de la masa de un agujero negro que no es extremo a la masa Planck dividida por la constante del factor de crecimiento.

Si $e^{2,772588722} = 16$, entonces $\ln 16 = 2,772588722$ es el factor de crecimiento "x" para la definición de la información como 4 veces el logaritmo en la base 2 del número de los estados cuánticos (por ejemplo, un sistema binario 0 y 1).

Como resultado, el espacio-tiempo-masa máximo vinculado a la capacidad de almacenamiento de la información dentro de una esfera virtual que abarca el sistema entrópico de un agujero negro, que no es extremo, puede ser formulado como

$$I \leq \frac{\frac{m_{BH}}{m_P}}{\ln 16} \qquad (9.15)$$

$$I \leq \frac{\frac{m_{BH}}{m_P}}{\ln e^X} \qquad (9.16)$$

Donde la variable "I" es el número de los bits en el volumen espaciotemporal del sistema entrópico del agujero negro que no es extremo, con una masa m_{BH}. Entonces, es posible calcular el espacio-tiempo-masa limitado conociendo solamente la masa del agujero negro.

§ 10. La Entropía y la Entalpía para los Sistemas Termodinámicos Abiertos

10.1. La energía interna de un sistema termodinámico abierto

La entalpía se define como la energía interna de un sistema más la presión constante multiplicada por su volumen dado por

$$H = U_{INTERNA} + PV \quad (Joules) \qquad (10.1)$$

La energía interna incluye la energía de la separación de su entorno con una presión constante, la energía de la activación, y la energía de romper los enlaces moleculares de compuestos para crear y mantener el sistema. Entonces, la energía interna también es la energía fonónica recibida por el sistema, más el trabajo que no haya sido mecánico que se haya hecho.

El término PV es la cantidad de trabajo realizado para desplazar el medio circundante (el espacio-tiempo, la atmósfera, la masa, etc.) con el fin de desocupar el espacio-tiempo-masa, a ser ocupada por el sistema. Así, *H se compone de la energía de la formación y de la energía del desplazamiento del medio circundante.*

10.2. La entalpía específica de un sistema termodinámico abierto

La entalpía específica, h, de un sistema termodinámico abierto es la energía intrínseca por la unidad de masa que representa el desplazamiento espaciotemporal y la energía de la formación de la materia de la masa.

$$h = \frac{E}{m} = c^2 \qquad \left(\frac{Joules}{Kg} \right) \tag{10.2}$$

Donde E es la energía, m es la masa, y c es la velocidad de la luz.

En términos de la entalpía específica, tenemos

$$E = mh = H \tag{10.3}$$

$$\delta H = T \delta S \tag{10.4}$$

$$h = sT \tag{10.5}$$

$$h = \frac{U_i}{m} + \frac{PV}{m} \tag{10.6}$$

10.3. La entropía de un sistema termodinámico abierto

Para un sistema termodinámico abierto, la relación entre la entropía específica, la entropía, la energía, la masa, la temperatura, y la velocidad de la luz, puede expresarse de la siguiente manera:

$$S = ms \tag{10.7}$$

$$E = msT = H \tag{10.8}$$

$$s = \frac{E}{mT} = \frac{c^2}{T} \qquad \left(\frac{J}{Kg \cdot K} \right) \tag{10.9}$$

$$E = ST \tag{10.10}$$

$$T = \frac{E}{S} = \frac{h}{s} = \frac{c^2}{s} \tag{10.11}$$

La entropía (*S*) es una medida del equilibrio de la energía en un sistema termodinámico. La entropía es una medida de los cambios inesperados que tienden a promediar, o suavizar, las diferencias de la temperatura, la presión, la densidad, y el potencial químico, que pueden existir en un sistema termodinámico.

La entropía es una función de la cantidad de la energía fonónica en un sistema termodinámico que es capaz de realizar el trabajo. Así, cuanto mayor es la entropía, menor es la energía disponible para realizar el trabajo. Por el contrario, cuanto menor es la entropía, mayor es la energía disponible de un sistema para realizar el trabajo. El cambio en la entropía del sistema termodinámico es equivalente al cambio en la energía fonónica del sistema por la unidad de la temperatura absoluta.

$$\partial S = \frac{\partial E_{fonónica}}{T} \tag{10.12}$$

$$S = \frac{E_{fonónica}}{T} = \frac{H}{T} \tag{10.13}$$

$$\partial S = \frac{\partial H}{T} \tag{10.14}$$

Por lo tanto, el cambio de la entropía del sistema termodinámico equivale al cambio de la entalpía del sistema por la unidad de la temperatura absoluta. Así, la entalpía cambia a medida que la energía fonónica cambia, $\partial H = \partial E_{fonónico}$. La entalpia se puede convertir en la energía fonónica o viceversa, y consecuentemente, la entropía aumenta o disminuye.

10.4. La proporcionalidad de la entropía, la entalpía, y el tiempo

La entropía y la entalpía son directamente proporcionales al tiempo, siguen la flecha del tiempo, y tienden a aumentar o a permanecer iguales. La entalpía, o la entropía, es un guardián del tiempo para un sistema termodinámico ya que es un acontecimiento discretamente marcado en el paso del tiempo.

La entropía y la entalpia son proporcionales la una a la otra. Un cambio de la entalpía es proporcional a un cambio en la entropía por la unidad de la temperatura absoluta. La entropía es una construcción derivada de la entalpia. Por lo tanto, la entalpía es realmente el verdadero atributo físico del sistema; es decir, un cambio en el estado de la energía del sistema. La entalpía es la energía intrínseca.

El trabajo que el sistema termodinámico es capaz de realizar está directamente relacionado con la entalpía del sistema.

10.5. La entalpía específica de la energía interna y la constante gravitacional *G*

Pensemos en un objeto de masa, la cantidad de la energía que se ha utilizado, para la formación de la materia del objeto, equivale a la cantidad de la energía que se usó para desplazar el medio espaciotemporal para que sea ocupado por la masa de la materia del objeto. Por lo tanto, podemos considerar, *h*, como la energía intrínseca por la unidad de masa, capaz de desplazar el espacio-tiempo, y formar el cuerpo material de la masa.

La aceleración del volumen espaciotemporal ocupado por un objeto de masa se da por

$$\ddot{a} = \frac{\partial^2 V}{\partial t^2} = -8\pi G m_p = -\frac{\hbar c}{8\pi m_p} \qquad (10.15)$$

Donde m_p es la masa de Planck del objeto, $\hbar$ es la constante de Planck reducida, y *G* es la constante gravitacional. Se teoriza que ni *G* ni la masa necesitan ser una verdadera constante.

Pensemos en un cuerpo celeste, como un planeta. La entalpía específica de un cuerpo celeste puede expresarse en función de la aceleración gravitacional *g* del cuerpo celeste.

$$h = \frac{U_i}{m} + \frac{PV}{m} = \frac{U_i}{m} + \frac{U_g}{m} \tag{10.16}$$

$$h = \frac{U_i}{m} + G\frac{m}{r} = u_i + gr \tag{10.17}$$

Donde *m* es la masa del cuerpo celeste, *r* es el radio, *h* es la entalpía específica, y *g* es la aceleración gravitacional.

Entonces, podemos expresar la energía intrínseca específica del espacio-tiempo-masa como

$$u_i = h - gr \tag{10.18}$$

Donde $gr = c^2$ si la velocidad de la gravedad es teorizada para igualar la velocidad de la luz.

10.6. La proporcionalidad de la entropía, la masa, el volumen espaciotemporal, la gravedad, y la temperatura

Definamos la presión espaciotemporal como la fuerza normal por la unidad de área "*a*" aplicada a la superficie de un objeto de masa o de energía. La presión espaciotemporal se aplica a los límites de los objetos de masa en cada punto. La densidad de la energía en un volumen, o Joules/Volumen, es equivalente a la presión, Fuerza/Área.

Expresemos la presión en una ecuación de estado para un sistema ideal en términos de la temperatura absoluta (Kelvin), la entropía, y el volumen espaciotemporal "*a*" en la siguiente forma,

$$p = T\frac{\partial S}{\partial a} \tag{10.19}$$

$$p = \frac{\partial F}{\partial A} = \sqrt[3]{a}\,\frac{\partial F}{\partial a} = m\left(\sqrt[3]{a}\right)\frac{\partial \ddot{a}}{\partial a} \tag{10.20}$$

$$m\left(\sqrt[3]{a}\right)\frac{\partial \ddot{a}}{\partial a} = T\frac{\partial S}{\partial a} \tag{10.21}$$

$$\frac{\frac{\partial \ddot{a}}{\partial a}}{T\frac{\partial S}{\partial a}} = \frac{1}{m\left(\sqrt[3]{a}\right)} \tag{10.22}$$

$$\frac{\partial \ddot{a}}{\partial S} = \frac{T}{m\,(\sqrt[3]{\mathrm{a}})} = \frac{c^2 T\left(\sqrt[3]{a}\right)}{E} \tag{10.23}$$

Así, la aceleración espaciotemporal es directamente proporcional a la temperatura absoluta, y la entropía es directamente proporcional a la masa y al radio del volumen espaciotemporal.

Expresemos la gravedad en función de la aceleración del espacio-tiempo:

$$g = -\frac{\ddot{a}}{8\pi\left(\sqrt[3]{a}\right)^2} \tag{10.24}$$

$$\frac{\partial g}{\partial S} = -\frac{\frac{\partial \ddot{a}}{\partial S}}{8\pi\left(\sqrt[3]{a}\right)^2} = -\frac{T}{8\pi m\left(\sqrt[3]{a}\right)^3} = -\frac{T}{8\pi ma} = -\frac{c^2 T}{8\pi E\left(\sqrt[3]{a}\right)} \tag{10.25}$$

De manera similar, la gravedad es directamente proporcional a la temperatura absoluta, y la entropía es directamente proporcional a la masa o la energía y al volumen espaciotemporal.

La temperatura constante para un sistema normal en equilibrio termal es análoga a la gravedad superficial constante en el límite sistémico del espacio-tiempo-masa.

Por lo tanto, la temperatura absoluta se da por

$$|T| = 8\pi ma\frac{\partial g}{\partial S} = m\left(\sqrt[3]{a}\right)\frac{\partial \ddot{a}}{\partial S} \tag{10.26}$$

§ 11. Epilogo

La energía es una consecuencia del tipo de movimiento de un objeto o una partícula. El movimiento es el cambio que origina la energía. El tiempo es la causa, y el cambio es el efecto, en la causalidad de la energía. La energía cinemática es una consecuencia del paso del tiempo y la expansión espaciotemporal.

La evolución geométrica del espacio-tiempo invoca la realización de la energía. El tiempo conjugado y su espacio son el espacio-tiempo, y el tiempo puede ser curvo ya que el espacio puede ser curvo en un lugar donde el espacio-tiempo es curvo.

La temperatura absoluta es una manifestación de la energía fonónica que relaciona la presión, el volumen, y la masa, en los gases ideales. Las leyes termodinámicas actuales son consecuencias directas de la energía fonónica debido al paso del tiempo y a la expansión del espacio. La entropía, la entalpía, y el tiempo, son proporcionales.

PARTE III

EL ESPACIO-TIEMPO Y LA GRAVEDAD

Capítulo 7

Sobre la multidimensionalidad del espacio-tiempo y el movimiento

§ 1. Introducción: el concepto del tiempo

Ha pasado más de cien años desde que la Teoría General de la Relatividad fue expuesta por Albert Einstein y aun así nos referimos al espacio-tiempo como un medio de cuatro dimensiones en el cual los acontecimientos ocurren y las fuerzas de la naturaleza son prevalentes. No es de extrañar que después de los grandes pensadores como Galileo Galilei, Isaac Newton, Albert Einstein y otros, consideraron, utilizaron, o conceptualizaron el espacio-tiempo como un medio, o un fondo, de cuatro dimensiones para interpretarse como tres dimensiones del espacio y una del tiempo, los pensadores actuales siguen los pasos de esos ilustres científicos. Todas las dimensiones se contabilizaron por separado y a noventa grados entre sí como en un sistema de coordenadas cartesianas de cuatro dimensiones *(x, y, z, t),* aunque actualmente existen teorías elaboradas que consideran otras dimensiones espaciales que aún se buscan en el mundo físico.

Todas las fuerzas de la naturaleza implican las dimensiones espaciales y temporales para promulgar sus acciones o sus reacciones en todos los procesos físicos que ocurren en el espacio-tiempo, así como en la presencia de la masa o la energía. Así, parece casi natural referirse a este medio como el espacio-tiempo-masa, o el espacio-tiempo-energía, puesto que estas manifestaciones físicas se encuentran comúnmente en los procesos de la mayoría de los sistemas físicos y tales características existen en la realidad observada de la naturaleza.

Hace mucho tiempo, incluso antes de los tiempos de Galileo y Newton, los científicos y los investigadores estudiaron las propiedades de los objetos y sus movimientos para describir la trayectoria de un objeto con una masa "*m*" a través del espacio y el tiempo. En nuestra experiencia cotidiana el espacio se caracteriza comúnmente por tener tres dimensiones: el ancho, la profundidad, y la altura, donde cada dimensión espacial es una dimensión separada con su propia dirección y su sentido de movimiento. La unidad de distancia de cada dimensión tiene una propiedad independiente de las otras dos. Así, el movimiento se ha descrito en una dimensión, o de una dimensión, cuando se lleva a cabo en la dirección de la profundidad, o digamos que el eje *"x"*, independientemente de su sentido del movimiento, dos dimensiones cuando en el plano *(x-y)*, y tres dimensiones cuando el movimiento está en el volumen del espacio *(x-y-z),* como el movimiento ondulatorio de una partícula en una trayectoria curvilínea, o una partícula que se mueve en una trayectoria helicoidal en el espacio-tiempo.

Desde la época de Pitágoras, los geómetras, e incluso los físicos actuales, utilizan la distancia de la hipotenusa de un triángulo derecho en el espacio Euclidiano, donde la curvatura potencial, la extensión, o la contracción del espacio-tiempo, se ha sombreado para encontrar la distancia entre dos puntos en el espacio. En el caso de un sistema de coordenadas Cartesianas, una distancia desde un punto en el espacio hasta el origen del sistema de coordenadas es una propiedad relacionada con las tres propiedades distintivas del espacio a menudo asociadas con los ejes de coordenadas *(x, y, z)* del sistema de coordenadas. Además, la distancia entre dos puntos en el espacio se asocia con la trayectoria tridimensional de un objeto de masa *"m",* o una partícula implicada en una trayectoria helicoidal, o un movimiento ondulatorio en una trayectoria curvilínea a través del volumen observado del espacio. Así, las tres dimensiones del espacio han sido desde hace mucho tiempo aceptadas conceptualmente; son parte de la experiencia cotidiana y la observación como características distintivas del espacio que incluso cuando se toman en su conjunto como en el movimiento tridimensional, o en la medida de la distancia, son visibles y familiares para el observador.

El tiempo es también un componente del espacio-tiempo y se mide con la frecuencia para obtener un sentido de la magnitud temporal del intervalo, si es que existe, entre dos acontecimientos que están ocurriendo simultáneamente o en diversos instantes del tiempo. Esos instantes del tiempo son usualmente los segundos, los minutos, y las horas de un día en la vida diaria, medidos por un reloj, que son utilizados para comenzar o terminar las actividades, o establecer y mantener citas, entre muchas otras aplicaciones. Las primeras mediciones del tiempo se realizaron utilizando los ciclos naturales para observar el paso del tiempo, luego se inventaron y se construyeron otros dispositivos tales como, pero no limitados a, los relojes de agua, los relojes de arena, los relojes solares, los relojes mecánicos, los relojes electrónicos, e incluso los relojes atómicos.

Los relojes han sido muy útiles para medir la magnitud de los intervalos de tiempo en un ciclo repetitivo y la magnitud del tiempo medido ha sido visualizada y aceptada como unidimensional con un sentido del movimiento. Esta interpretación del tiempo ha sido intuitivamente suficiente para los propósitos cotidianos de la medición y la programación de los eventos, así que no es ninguna sorpresa que incluso los físicos eminentes continúan la tradición de conceptualizar el tiempo como una característica unidimensional del espacio-tiempo.

Un reloj sincrónico es un dispositivo o un mecanismo que mide continuamente intervalos iguales de tiempo, pero también mide la rapidez del tiempo en una localidad del espacio-tiempo. En el caso de un reloj mecánico, la rapidez del tiempo se mide en radianes o en grados por segundo. La rapidez del tiempo también puede medirse en ciclos por segundo.

$$La\ Rapidez\ del\ Tiempo = \frac{\partial \theta}{\partial \tau} = \omega \qquad (1.1)$$

Se acepta extensamente en la física moderna que un reloj sincrónico que se mueve rápidamente a través del espacio-tiempo experimenta la dilatación del tiempo debido a su velocidad relativista de traslación mientras se acerca a *"c"*, la velocidad de la luz, pero este concepto no era siempre tan ampliamente aceptado.

Además, si un experimentador tiene dos relojes sincrónicos estacionarios que están sentados en la superficie de una gran masa *M*, como la tierra, que se mueve muy lentamente en comparación con *"c"*, y el experimentador viaja, muy lentamente en comparación con "*c*", con uno de los dos relojes ortogonalmente desde la superficie de la masa *M* hasta una distancia significativa *"r"* desde el centro geométrico de *M*, para un intervalo suficiente de tiempo, el experimentador sería capaz de observar los efectos del tiempo relativista. Los efectos del tiempo relativista se pueden observar cuando el reloj es devuelto a la superficie de la tierra y se compara con el reloj que permaneció en la superficie. Estos efectos se aceptan como el resultado de la curvatura del espacio-tiempo sobre la tierra, el campo gravitacional de la tierra, y el efecto

Sagnac, si procede, durante el movimiento del experimentador y del reloj, desde su localización de partida en la tierra, hacia y desde su destino orbital. (Hafele, 1971)

Los sistemas de posicionamiento global que consisten en satélites que orbitan la tierra son ejemplos actuales de la relatividad del tiempo debido a la curvatura de la propiedad del espacio-tiempo cercano a la tierra. Los relojes GPS que orbitan la tierra tienen que ser corregidos o compensados para coincidir con sus homólogos, cercanos a, o sobre la superficie de la tierra, para que el sistema de posicionamiento funcione con precisión, y poder evitar los grandes errores en las distancias calculadas entre las coordenadas espaciales del sistema, que es ampliamente utilizado.

La constancia de la velocidad de la luz, o de la velocidad constante de la luz *"c" (celeritas)*, se refiere a la constancia de la medición de la velocidad de la luz por un observador en cualquier marco inercial de referencia en vacío, o en cualquier marco de referencia de caída libre, debido a la relatividad del espacio-tiempo. La luz en sí misma no tiene que viajar siempre a la misma rapidez (magnitud) de la velocidad desde la perspectiva de un marco de referencia de un medio diferente, pero cada medida por cada observador en un marco inercial de referencia en vacío, o un marco de referencia de caída libre en vacío, resultaría en el mismo valor de *"c."* El espacio y el tiempo se contraerían o se ampliarían relativamente en el marco inercial de referencia de un observador, o en el marco de referencia de caída libre, para mantener la percepción de la constancia de la velocidad de la luz para el observador. *La constancia de la medida de la velocidad de la luz es el cociente de la distancia espacial radial equivalente, recorrida por la onda temporal, a su duración.*

1.1. ¿Es el tiempo lineal o multidimensional?

Los relojes que están inmóviles hacen tic tac en una forma igual, pero los relojes que se mueven muy rápido en un sentido del tiempo pueden hacer tic más rápido o lento que el tac. Así, para una dirección y un sentido específico del movimiento como en la dirección del x-axis en un sistema coordinado Cartesiano es ampliamente aceptado que

$$t' = \frac{t}{\sqrt[2]{1 - \frac{v^2}{c^2}}} \tag{1.2}$$

Donde el t' es tiempo relativista, "t" es tiempo apropiado, "c" es la velocidad de la luz, y "v" es la velocidad del objeto o de la partícula móvil.

Claramente, los relojes no miden una dimensión del tiempo. Un reloj sincrónico es un tacómetro para el intervalo espacial recorrido por un objeto, o una partícula, durante un intervalo temporal, entre ubicaciones específicas $[x_a - x_e, y_a - y_e, z_a - z_e]$ en un sistema de coordenadas Cartesianas, según las propiedades del espacio-tiempo y la velocidad traslacional del reloj. Los relojes son tacómetros o contadores de ciclos. *El concepto del tiempo lineal absoluto a velocidades muy lentas es una ilusión con propósitos muy útiles en la cotidianidad.* Tal vez, ahora sería un buen momento para hacer preguntas retóricas sobre el tiempo: "si pensamos que el tiempo es unidimensional, ¿por qué tenemos que representar el tiempo al cuadrado, dt^2, como haríamos con el espacio, dr^2, para formular ecuaciones métricas espaciotemporales? Si hay tres dimensiones espaciales, dr^2 se deriva matemáticamente de las dimensiones de la longitud, la anchura, y la altura, en las unidades de metros^2, para su distancia cuadrada. ¿Si el tiempo es unidimensional, no sería su distancia temporal en segundos lineales como se implica en dt? Porque es concebible que, si cuadramos el tiempo con propósitos matemáticos muy prácticos y en aplicaciones de la física, es posible que ya hayamos asumido matemáticamente, los atributos tridimensionales del tiempo.

Por consiguiente, el tiempo, como el espacio, tiene direcciones y sentidos del movimiento, y el movimiento lineal se ve afectado por las propiedades del espacio-tiempo lineal. En el movimiento lineal, la propiedad lineal del espacio, o la propiedad de un espacio unidimensional, se acompaña de su correspondiente propiedad lineal del tiempo. El objeto o partícula que se encuentra en movimiento lineal experimenta los efectos relativistas tanto de las propiedades espaciales como las temporales del espacio-tiempo a medida que se acerca a "c". Así, la distancia del tiempo $(t_a - t_e)$ que viajaría un reloj sincrónico en el espacio-tiempo entre las localizaciones temporales específicas a lo largo del eje "t_X" de un sistema inmóvil de coordenadas Cartesianas seis-dimensionales se asocia a la distancia espacial recorrida a lo largo del eje "x" $(x_a - x_e)$ que concuerda con las propiedades del espacio-tiempo para esa trayectoria.

Cada eje de la dimensión temporal es paralelo a su eje direccional de la dimensión espacial, y ortogonal a los otros dos ejes temporales. Como resultado, el ángulo entre dos dimensiones del espacio u ondas, o dos dimensiones temporales u ondas, en el espacio-tiempo homogéneo e isótropo, no puede exceder noventa grados, mientras que la onda del espacio-tiempo se propaga hacia delante; a noventa grados, las dos dimensiones u ondas son paralelas entre sí.

Las coordenadas espaciales se pueden ilustrar como teniendo una torsión potencial hacia la derecha según la perspectiva del espacio y las coordenadas temporales se pueden ilustrar como teniendo una torsión potencial a la izquierda según la perspectiva del tiempo. De esta manera, el espacio-tiempo puede ser conceptualizado como dócil a las condiciones de la contracción, la dilatación, la curvatura, la torsión, la inflación (el crecimiento de la escala), y la torcedura, mientras que se propaga. Si hay torsión, entonces el tensor de la tensión-energía-impulso de la relatividad general es asimétrico. Esto corresponde al caso de un tensor de torsión que no es cero. La vista superior de la superposición de un trípode en un sistema Cartesiano de las coordenadas espaciales y las temporales que implica la torsión potencial del espacio-tiempo seis-dimensional se ilustra a continuación.

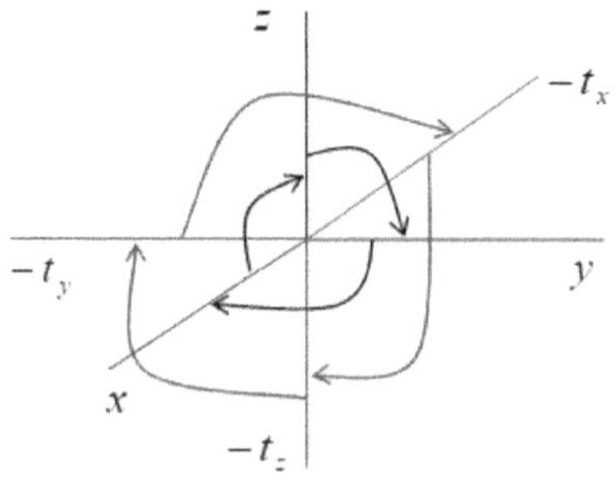

Figura 1. La torsión potencial del espacio-tiempo seis-dimensional

Si el ángulo entre dos dimensiones del espacio, u ondas, o entre dos dimensiones temporales u ondas, fuera menos de noventa grados, entonces las dimensiones espaciales, o las dimensiones temporales, ya no serían ortogonales, contrario a las propiedades físicas del espacio-tiempo plano, seis-dimensional, homogéneo, e isótropo.

1.2. Las ecuaciones del espacio-tiempo de seis dimensiones

Consideremos ahora la métrica de Friedman-Lemaitre-Robertson-Walker en coordenadas polares esféricas para el espacio-tiempo plano de seis dimensiones, homogéneo e isótropo, donde $a(t)^2 = 1$, de tal manera que tenemos

$$d\Sigma^2 = dr^2 + r^2 d\theta^2 + r^2 Sin^2\theta d\varphi^2 \quad (1.3)$$

$$d\pi^2 = dt^2 + t^2 d\theta^2 + t^2 Sin^2\theta d\varphi^2 \quad (1.4)$$

$$d\Omega^2 = d\theta^2 + Sin^2\theta d\varphi^2 \quad (1.5)$$

$$-c^2 d\tau^2 = -c^2 d\pi^2 + a(t)^2 d\Sigma^2 \quad (1.6)$$

$$-c^2 d\tau^2 = -c^2 dt^2 - c^2 t^2 d\theta^2 - c^2 t^2 Sin^2\theta d\varphi^2 + dr^2 + r^2 d\theta^2 + r^2 Sin^2\theta d\varphi^2 \quad (1.7)$$

donde $d\Sigma^2$ es igual a la métrica espacial, $d\pi^2$ equivale a la métrica del tiempo, y $c^2 d\tau^2$ equivale a la métrica espaciotemporal en el espacio-tiempo plano de seis dimensiones.

Ilustramos un punto *"t"* en el tiempo tridimensional $(-t, -\theta, -\varphi)$, donde el ángulo de la inclinación del eje $"t_Z"$ es $-\theta$, el ángulo del eje $"t_X"$ en el plano $t_X - t_Y$ es $-\varphi$, y *"$-t$"* es la distancia temporal del origen a un punto *"t"* en el tiempo tridimensional.

Las coordenadas temporales tridimensionales, o las coordenadas espaciales tridimensionales, se pueden representar por la intersección de tres planos complejos, donde un punto en el espacio-tiempo se da como un número complejo en cada plano complejo. Los tres planos espaciales se superponen a los tres planos temporales para obtener tres planos complejos. Cada dimensión espacial, en cada sentido en un plano complejo, tiene una dimensión temporal conjugada opuesta, o viceversa.

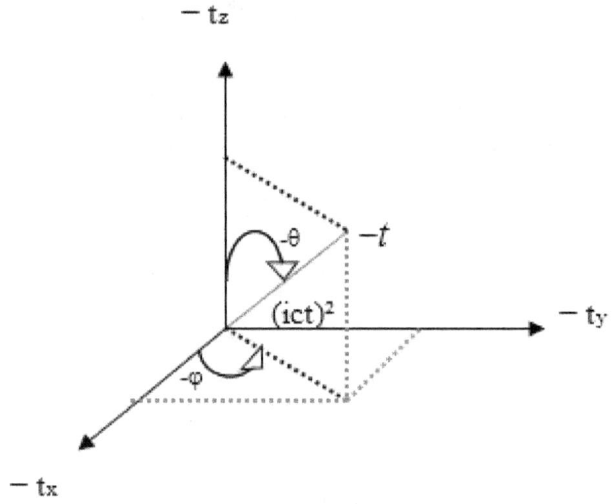

Figura 2. Coordenadas temporales tridimensionales

$$-c^2 d\tau^2 = -c^2 dt^2 - c^2 t^2 d\Omega^2 + dr^2 + r^2 d\Omega^2 \qquad (1.8)$$

$$-c^2 d\tau^2 = -c^2 dt^2 + dr^2 \qquad (1.9)$$

$$-c^2 d\tau^2 = -c^2 dt_X{}^2 - c^2 dt_Y{}^2 - c^2 dt_Z{}^2 + dx^2 + dy^2 + dz^2 \qquad (1.10)$$

Examinemos la ecuación del tiempo de las coordenadas, $d\pi^2$, el tiempo apropiado, $d\tau^2$, y el tiempo de las coordenadas espaciales, $d\Sigma^2 / c^2$, en el espacio-tiempo de seis dimensiones.

$$-c^2(d\tau^2 - d\pi^2) = d\Sigma^2 \qquad (1.11)$$

$$c^2(d\pi^2 - d\tau^2) = d\Sigma^2 \qquad (1.12)$$

$$d\tau^2 = d\pi^2 - \frac{d\Sigma^2}{c^2} \qquad (1.13)$$

$$\frac{d\Sigma^2}{c^2} = d\pi^2(1-\gamma^2) = -d\pi^2\left(\frac{v^2}{c^2 - v^2}\right) \qquad (1.14)$$

Encontramos que a medida que el objeto se ralentiza, $v << c$, la distancia del tiempo apropiado se aproxima a la distancia del tiempo de coordenadas, $d\tau^2 \rightarrow d\pi^2$, y a $v = 0$, $d\Sigma^2 / c^2 = 0$, como se predijo a partir de la métrica de seis dimensiones y de la relatividad general. El resultado está de acuerdo con la métrica actual de cuatro dimensiones, porque *la métrica de cuatro dimensiones es una representación plegada de la métrica de seis dimensiones en el espacio-tiempo plano de seis dimensiones*. El elemento temporal de la distancia dt^2 no es un componente temporal lineal, sino un componente tridimensional del elemento temporal. Así, la métrica de cuatro dimensiones es una métrica de seis dimensiones plegada, o resultante, del espacio-tiempo que lleva a los mismos resultados. Si hubiera tres dimensiones espaciales y una dimensión del tiempo, entonces la métrica para el espacio-tiempo plano sería, $-cd\tau = -cdt + dr^2$, y así no es cómo se ha definido. Además, hay una correspondencia de curvatura en el espacio-tiempo, el tiempo se curva donde el espacio se curva. El tiempo apropiado es una manifestación física del tiempo curvo.

En la relatividad general, el espacio se curva, y el tiempo se curva, sobre un objeto de masa que se mueve lentamente. Así, para el espacio-tiempo curvo, el elemento de la distancia temporal, dt^2, se debe multiplicar por un factor temporal de la curvatura $(1 - k_t t^2)$ mientras que el elemento espacial de la distancia, dr^2, es dividido por un factor espacial de la curvatura $(1 - k_S r^2)$ en la ecuación métrica universal para el espacio-tiempo.

Se propone que el factor temporal puede ser denotado como $(1 - k_t t^2) \equiv (1 - v^2/c^2)$ donde la constante temporal de la curvatura k_t se puede expresar como la variable temporal dinámica de la curvatura $v^2/c^2 t^2$, y el factor espacial se puede denotar como $(1 - k_S r^2) \equiv (1 - v^2/c^2)$ donde la constante espacial de la curvatura k_S se puede expresar como la variable espacial dinámica de la curvatura

v^2/c^2r^2. La variable de la velocidad *"v"* sería la velocidad de una masa, o una partícula, que se mueve a través del elemento infinitesimal espaciotemporal de la métrica que se describe.

Por consiguiente, según el espacio y el tiempo se curvan, la curvatura del espacio-tiempo o la manifestación de un campo gravitacional, alrededor de un cuerpo celeste, o de un objeto de masa, que se mueve lentamente en comparación con la velocidad de la luz, o sobre un objeto que viaja a una velocidad relativista a través del espacio-tiempo, es el mismo efecto.

Así, el tiempo apropiado equivale al tiempo de las coordenadas menos la distancia del tiempo de las coordenadas espaciales. Encontremos ahora el tiempo apropiado en términos de la velocidad del tiempo apropiado.

$$d\tau^2 = d\pi^2 - \frac{d\Sigma^2}{c^2} \tag{1.15}$$

$$\frac{d\tau^2}{d\pi^2} = 1 - \frac{d\Sigma^2}{c^2 d\pi^2} \tag{1.16}$$

$$v^2 = \frac{d\Sigma^2}{d\pi^2} \tag{1.17}$$

$$d\tau^2 = d\pi^2\left(1 - \frac{v^2}{c^2}\right) \tag{1.18}$$

$$-\frac{d\Sigma^2}{c^2} = -\frac{v^2 d\pi^2}{c^2} \tag{1.19}$$

$$v_\tau^{\ 2} = \frac{d\tau^2}{d\pi^2} = \left(1 - \frac{v^2}{c^2}\right) \tag{1.20}$$

Por lo tanto, encontramos el tiempo apropiado $v \rightarrow c$ es dado por

$$d\tau^2 = d\pi^2\left(1-\frac{v^2}{c^2}\right) = \frac{d\pi^2}{\gamma^2} = d\pi^2 v_\tau^{\ 2} \qquad (1.21)$$

Observamos que cuando $v = 0$, entonces $d\tau^2 = d\pi^2$, como se espera en la relatividad general. Por otra parte, encontramos que para las velocidades relativistas en $v < c$, la distancia del tiempo de las coordenadas se puede convertir a la distancia del tiempo apropiado o viceversa.

§ 2. Sobre la simultaneidad de los acontecimientos y la sincronía de los relojes

El advenimiento de la Teoría General de la Relatividad puso fin para siempre a nuestra conceptualización acogedora y familiar del tiempo absoluto para cualquier localización en el espacio-tiempo sin importar el movimiento. La nueva forma de pensar sobre el espacio-tiempo planteada por el físico Albert Einstein eventualmente cambió los esquemas de los físicos sobre el espacio y el tiempo a una noción mucho más compleja y fluida acerca de cómo pasa el tiempo según la curvatura del espacio-tiempo y el efecto espaciotemporal sobre la gravedad en la localidad de la curvatura. La Teoría General de la Relatividad de Albert Einstein se ha llamado la mayor visión científica en la historia humana, pero la interpretación minuciosa del espacio-tiempo y sus interacciones debe ser su logro más significativo, porque esa derivación tendrá nuevamente un efecto indeleble en la historia y la ciencia. (Einstein, 1952)

En términos relativistas, el tiempo apropiado es una función del movimiento, así como una función de las propiedades de la curvatura del espacio-tiempo, porque el espacio-tiempo se curva en presencia de una masa de descanso, o por una masa que se mueve a una velocidad que se acerca a *"c"*, la constante de la velocidad de la luz, medida por un observador en un sistema de coordenadas estacionario o inercial. *La interacción de la masa y el espacio-tiempo es la misma, la presencia de la masa curva la longitud de la onda del espacio-tiempo, y como resultado la longitud de la onda del tiempo se contrae, el tiempo apropiado se dilata, para conservar la energía del espacio-tiempo. Por lo tanto, para cada dimensión del espacio-tiempo, la relación reciproca del vector temporal y su correspondiente vector espacial, preservan el estado físico del espacio vectorial del espacio-tiempo.*

Los tiempos de dos o más acontecimientos pueden ser dados simultáneamente por los relojes sincrónicos y estacionarios, especificados y situados en los lugares de los acontecimientos, para un sistema inmóvil o inercial de coordenadas, para todas las determinaciones del tiempo de cada reloj sincrónico especificado.

Toda significación absoluta de la simultaneidad de un sistema de coordenadas no se puede adjuntar a dos o más eventos, o a sus respectivos relojes sincrónicos, cuando se ve desde un sistema de coordenadas que está en movimiento en relación con ese sistema. Sin embargo, un observador en un sistema estacionario de coordenadas sería capaz de declarar que los relojes de los eventos son sincrónicos, y que dos o más eventos son simultáneos. Por lo tanto, es posible que un observador estacionario en el origen de un sistema estacionario de coordenadas mida el tiempo con relojes sincrónicos, estacionarios y específicos, para dos o más eventos que tienen lugar en el espacio-tiempo del sistema.

2.1. Las condiciones experimentales de la sincronía y la simultaneidad para los eventos temporales

Por lo tanto, con la ayuda de un experimento físico imaginario es posible establecer las condiciones correctas para la sincronía de los relojes y la simultaneidad de los acontecimientos en el espacio-tiempo:

1. En un sistema estacionario de coordenadas Cartesianas *(x, y, z)*, cuatro relojes idénticos, que están en descanso, se sincronizan en el origen del sistema.

2. El reloj A está sincronizado con el reloj B, el reloj B está sincronizado con el reloj C, el reloj C está sincronizado con el reloj D, lo que resulta en un reloj A sincronizado con los relojes C y D y el reloj B sincronizado con el reloj D.

3. Los cuatro relojes ideales son sincrónicos entre sí, guardan el tiempo exactamente al mismo ritmo, y tienen una exactitud ideal entre los tiempos medidos de cada reloj, lo cual no causa ninguna discrepancia entre las mediciones de los relojes durante el tiempo del

experimento para todas las determinaciones del tiempo. Según lo determinado por un observador en el origen de un sistema estacionario de coordenadas cada vez que un acontecimiento temporal de cada reloj coincide u ocurre simultáneamente con el acontecimiento temporal de cada uno de los otros tres relojes.

4. Como cada uno de los cuatro relojes se utiliza para medir la constancia de la velocidad de la luz, *c*, cada reloj concuerda con los otros tres relojes.

Las condiciones que se definen anteriormente mediante la simultaneidad de los eventos y la sincronía de los relojes proporcionan la base para medir el tiempo en un sistema estacionario de coordenadas Cartesianas.

§ 3. Sobre la relatividad del tiempo y los tipos de movimientos espaciales

Dos principios claves que son instrumentales para medir la relatividad del tiempo y la asociación del tiempo y el espacio en cada dirección y sentido del movimiento son la constancia universal de la velocidad de la luz en el espacio-tiempo y el principio de la relatividad. Por lo tanto, se postulan los siguientes principios fundamentales:

1. Cualquier rayo de luz emitido de un objeto en movimiento de masa *"m"*, en un sistema estacionario de coordenadas en el espacio-tiempo, se mueve con la velocidad constante y mensurable de la luz *"c."*

2. Las leyes de la física y los estados físicos de los objetos de masa *"m"* permanecen iguales durante el movimiento de traslación para cualquier tipo de movimiento en el sistema estacionario de coordenadas y a una velocidad menor que la velocidad de la luz *"c."*

3. Cualquier intervalo de tiempo en cualquier ubicación del sistema estacionario de coordenadas puede ser medido por un reloj sincrónico en esa ubicación, o dividiendo la distancia recorrida por un rayo de luz, entre dos puntos en el espacio-tiempo, por la velocidad constante de la luz, *c*.

$$\text{El Tiempo del Intervalo} = \frac{\text{la distancia recorrida por el rayo de luz}}{c} \quad (3.1)$$

4. En presencia del espacio-tiempo homogéneo e isótropo en un sistema estacionario de coordenadas, todos los objetos de masa *"m"* con las dimensiones y los estados físicos idénticos, trasladándose a la misma velocidad relativista, o a la misma aceleración, cerca de la velocidad de la luz, experimentan los efectos relativistas de la dilatación del tiempo, la contracción de la longitud, y la dilatación de la masa en cualquier dirección y sentido del movimiento para cualquier tipo de movimiento.

3.1. Construyendo el esquema y realizando un experimento mental temporal

Así, con la ayuda de un experimento físico imaginario, hay tres esferas idénticas que están hechas de un material claro y uniforme con una superficie lisa que permite la emisión de un rayo de luz desde el centro geométrico del interior de la esfera sin distorsionar o alterar el rayo de luz de cualquier manera o refractar su dirección o trayectoria prevista. Todas las esferas tienen igual masa uniforme *"m"* y las mismas dimensiones y los mismos estados físicos. Supongamos que cada esfera tiene un reloj sincrónico, tal como se define en la sección "§ 2.", que viajará con la esfera y dejará que un observador viaje con la esfera para medir el tiempo en que la esfera ha alcanzado su destino asignado en el sistema estacionario de coordenadas Cartesianas de acuerdo con los principios fundamentales postulados anteriormente. A continuación, dejemos que los instrumentos y los observadores del experimento se sitúen de la siguiente manera:

a. El reloj A esta colocado en el origen (0, 0, 0) del sistema estacionario de coordenadas Cartesianas con el observador A.

b. Las tres esferas estén colocadas en el eje "z" sobre el reloj A y el observador A, a una distancia espacial *"k"* entre sí donde haya suficiente espacio entre ellos de tal manera que ninguna esfera, reloj u observador se invadan unos a otros o interfieran en cualquier manera entre sí, antes o durante el experimento. Supongamos que la masa *"m"* de cada esfera sea lo suficientemente pequeña, la masa de cada observador, la masa de cada reloj, y que la distancia espacial *"k"* sea lo suficientemente grande, de modo que cualquier curvatura del espacio-tiempo que pueda ser producida por una masa sea tan pequeña como para producir un efecto insignificante en el espacio-tiempo de las otras esferas circundantes durante el experimento.

c. La esfera B tiene un reloj B, con el Observador B, situado en el punto espacial (0, 0, z + *k*).

d. La esfera C tiene el reloj C posicionado por encima de la esfera B en el punto espacial (0, 0, z + 2*k*) con el observador C.

e. La esfera D tiene el reloj D posicionado sobre la esfera C en el punto espacial (0, 0, z + 3*k*) con el observador D.

De acuerdo con los principios de la simultaneidad de los acontecimientos y la sincronía de los relojes definidos en la sección "§2", imaginemos la secuencia de los acontecimientos del experimento físico de la siguiente manera:

1. El observador A en el origen (0, 0, 0) del sistema estacionario de coordenadas Cartesianas señala el comienzo a todos los observadores y las esferas simultáneamente. Supongamos que el observador A tiene un dispositivo innovador de detección que pueda detectar instantáneamente rayos de luz que llegan a cualquier nivel o punto de las coordenadas: z + *k*, z + 2*k*, o z + 3*k*, en el eje "z." El dispositivo de detección puede trabajar junto con el reloj A, instantáneamente detectando y midiendo simultáneamente, o en diferentes instantes del tiempo, los instantes de los tiempos de llegada de los rayos de luz.

2. Las esferas B, C y D y sus observadores B, C y D salen de su posición inicial simultáneamente a t_0 con una aceleración y una velocidad igual predeterminada, a menos de la velocidad de la luz, nc, donde 0 < n < 1.

3. La esfera B y el observador B viajan en una trayectoria lineal paralela al eje "x" positivo en el primer cuadrante del sistema estacionario de coordenadas desde (0, 0, z + *k*) a $(x_X, 0, z+k)$ acercándose a la velocidad de la luz, pero alcanzando una velocidad relativista de nc, donde 0 < n < 1. En el momento en que la esfera B llega a $(x_X, 0, z+k)$, emite un rayo de luz desde su centro

geométrico hacia las coordenadas del inicio en el eje "z", (0, 0, z + *k*), del sistema estacionario de coordenadas y simultáneamente el observador B mide el tiempo que se tarda en viajar desde (0 , 0, z + *k*) a $(x_X, 0, z+k)$ como $(t_X - t_0)$ en el reloj B. La distancia recorrida por la esfera B a lo largo de su camino se mide como $(x_X - 0)$. Dejemos que esa distancia sea *"r"*, de modo que

$$r = (x_X - 0) = x_X \tag{3.2}$$

y el intervalo del tiempo medido por el observador B es

$$\Delta t_{XO} = (t_X - t_0) = t_X - t_0 \tag{3.3}$$

4. La esfera C y el observador C viajan en una trayectoria curvilínea siempre a una distancia (z + 2*k*) por encima del plano x-y en el primer cuadrante del sistema estacionario de coordenadas (0, 0, z + 2*k*) a $(x_a, y_a, z+2k)$ acercándose a la velocidad de la luz, pero alcanzando $(x_a, y_a, z+2k)$ a una velocidad relativista de nc, donde 0 < n < 1. En el momento en que la esfera C llega a $(x_a, y_a, z+2k)$, emite un rayo de luz desde su centro geométrico hacia las coordenadas de inicio del eje "z" (0, 0, z + 2*k*) del sistema estacionario de coordenadas y simultáneamente el observador C mide el tiempo que se tarda en viajar desde (0 , 0, z + 2*k*) a $(x_a, y_a, z+2k)$ como $(t_a - t_0)$ en el reloj C. La distancia *"r"* transitada por la esfera C a lo largo de su trayectoria en su trayecto curvilíneo se mide como $r = x_X$, a la misma distancia medida en el paso 3.

Si la trayectoria curvilínea de la esfera C se sigue más allá de $(x_a, y_a, z+2k)$, se fusionaría sin problemas y coincidiría en la trayectoria con un círculo de las ecuaciones $r^2 = x^2 + y^2$ donde el radio del círculo es $r = (x_X - 0)$, igual a *"r"* como se mide en el paso 3. Así, un objeto que viaja la trayectoria curvilínea de la esfera C eventualmente viajaría en un trazado circular con un radio "*r*" sobre la coordenada de inicio del eje "z" (0, 0, z + 2*k*) en un plano paralelo a, y por encima, del plano x-y, por una distancia constante de (z + 2*k*) en el sistema estacionario de coordenadas. Por lo tanto, la distancia recorrida por la esfera C a lo largo de su camino se mide como

$$r = x_X \tag{3.4}$$

y el intervalo del tiempo medido por el observador C es

$$\Delta t_{ao} = (t_a - t_o) = t_a - t_o \tag{3.5}$$

5. La esfera D y el observador D viajan en una trayectoria helicoidal en el primer cuadrante del sistema de coordenadas estacionario desde (0, 0, z + 3*k*) hasta $(x_e, y_e, z+3k+z_e)$ aproximándose a la velocidad de la luz, pero alcanzando $(x_e, y_e, z+3k+z_e)$ a una velocidad relativista de nc, donde 0 < n < 1. En el momento en que la esfera D llega a $(x_e, y_e, z+3k+z_e)$, emite un rayo de luz desde su centro geométrico hacia las coordenadas del eje "z" (0, 0, z + 3*k*) del sistema estacionario de coordenadas y simultáneamente el observador D mide el tiempo que se tarda en viajar desde (0, 0 , z + 3*k*) a $(x_e, y_e, z+3k+z_e)$ como $(t_e - t_o)$ en el reloj D. La distancia *"r"* transitada por la esfera D a lo largo de su trayectoria en su trayecto helicoidal se mide como $r = x_X$, la misma distancia medida en el paso 3 o 4.

   Si la trayectoria helicoidal de la esfera D se sigue más allá de $(x_e, y_e, z+3k+z_e)$, coincidiría con la trayectoria de una hélice espacial o un espiral cilíndrico con un radio *"r"* sobre el eje "z", dónde $r = x_X$, y $x_e = \cos(\tau), y_e = \sin(\tau)$, and $z_e = \tau + z + 3k$, dónde $0 \leq \tau \leq 2\pi$. Así, un objeto que viaja la trayectoria helicoidal de la esfera D eventualmente viajaría en la trayectoria de una espiral cilíndrica o una hélice con un radio *"r"*, donde $r = x_X$, como en el paso 3, sobre el eje "z" a partir de una distancia constante de (z + 3*k*), por encima del plano x-y, en el sistema estacionario de coordenadas. Así, la distancia recorrida por la esfera D a lo largo de su camino se mide como

$$r = x_x \tag{3.6}$$

y el intervalo del tiempo medido por el observador D es

$$\Delta t_{eo} = (t_e - t_o) = t_e - t_o \tag{3.7}$$

De acuerdo con los principios de la simultaneidad de los relojes y la constancia universal de la velocidad de la luz:

a. En el origen (0, 0, 0) del sistema inmóvil de coordenadas, el observador A mide el intervalo temporal entre la salida de cada esfera desde las coordenadas iniciales en el eje “z” y el instante del tiempo en las coordenadas espaciotemporales donde cada esfera emite un rayo de luz hacia las coordenadas en el eje “z”. Por lo tanto, vamos a llamar a este intervalo de tiempo "el intervalo del tiempo de la esfera." Entonces, los intervalos del tiempo de las esferas B, C, y D, son medidos iguales por el observador A. Además, los relojes B, C, y D son determinados por el observador A como que son sincrónicos durante el experimento. A continuación, el observador A mide el intervalo del tiempo para cada rayo de luz, desde el instante temporal de la emisión en las coordenadas espaciotemporales al instante temporal de llegada a las coordenadas del eje “z”. El observador A encuentra que los intervalos temporales difieren en la magnitud debido a la diferencia en la distancia espacial entre las trayectorias *XO*, *XYO*, y *XYZO*, cuando está dividida por la constancia de la velocidad de la luz en el espacio-tiempo. Así, los intervalos espaciales de los rayos de la luz medidos por el observador A son

$$\frac{\textit{La trayectoria XO}}{c} > \frac{\textit{La trayectoria XYO}}{c} > \frac{\textit{La trayectoria XYZO}}{c} \tag{3.8}$$

y los intervalos del tiempo de las esferas según lo medido por el observador A son

$$(t_{xo} - t_{oo}) = (t_{ao} - t_{oo}) = (t_{eo} - t_{oo}) \tag{3.9}$$

b. Para la esfera B, el intervalo temporal medido por el observador B en el reloj B no está de acuerdo con el intervalo de tiempo medido por el observador A en el reloj A en el origen, por el tiempo de la esfera B para recorrer una distancia *“l”* desde su punto de origen

(0 , 0, z + k) en el eje “z” a las coordenadas $(x_X, 0, z+k)$ del sistema estacionario de coordenadas. Supongamos que el intervalo temporal de la esfera B es

$$Time\ Interval\ =\ \Delta t_{XO} = t_X - t_O \tag{3.10}$$

$$nc = \frac{l}{(t_x - t_o)} \quad \text{donde} \quad 0 < \text{n} < 1 \tag{3.11}$$

c. Para la esfera C, el intervalo temporal medido por el observador C en el reloj C no está de acuerdo con el intervalo temporal medido por el observador A en el reloj A en el origen, por el tiempo de la esfera C para recorrer una distancia *“l”* desde su punto de origen (0 , 0, z + 2k) en el eje “z” a las coordenadas $(x_a, y_a, z+2k)$ del sistema estacionario de coordenadas. Supongamos que el intervalo temporal de la esfera C es

$$Time\ Interval\ =\ \Delta t_{ao} = t_a - t_o \tag{3.12}$$

$$nc = \frac{l}{(t_a - t_o)} \quad \text{donde} \quad 0 < \text{n} < 1 \tag{3.13}$$

d. Para la esfera D, el intervalo temporal medido por el observador D en el reloj D no está de acuerdo con el intervalo temporal medido por el observador A en el reloj A en el origen, por el tiempo de la esfera D para recorrer una distancia *“l”* desde su punto de origen (0, 0, z + 3k) en el eje “z” a las coordenadas $(x_e, y_e, z+3k+z_e)$ del sistema estacionario de coordenadas. Supongamos que el intervalo temporal de la esfera D es

$$Time\ Interval\ =\ \Delta t_{eo} = t_e - t_o \tag{3.14}$$

$$nc = \frac{l}{(t_e - t_o)} \quad \text{donde} \quad 0 < \text{n} < 1 \tag{3.15}$$

3.2. La realización de un segundo experimento mental temporal

Pensemos en un segundo experimento físico realizado por los mismos observadores con la misma instrumentación y las mismas condiciones especificadas, pero ahora supongamos que las esferas B, C y D dejen sus coordenadas iniciales en el eje "z" simultáneamente y viajen paralelamente en cada uno de los tres ejes espaciales mientras se mueven a la misma velocidad y aceleración relativista a menos de la velocidad de la luz por una distancia *"l"* en el espacio-tiempo homogéneo e isótropo. La esfera B viaja paralelo al eje "x" una distancia *"l"*, la esfera C viaja paralelo al eje "y" una distancia *"l"*, y la esfera D viaja paralelo al eje "z" una distancia *"l"*. En el instante temporal en que cada esfera B, C, y D llega a las coordenadas finales, cada esfera emite un rayo de luz desde su centro geométrico hacia las coordenadas iniciales del eje "z" del sistema estacionario de coordenadas Cartesianas y simultáneamente el observador de cada esfera mide el tiempo que se tarda en viajar desde el principio al fin en cada reloj B, C, y D.

Los observadores encuentran que los relojes B, C, y D experimentan la misma dilatación temporal, aunque cada reloj se mueve sobre una dimensión espacial diferente. Los relojes B, C, y D, no están de acuerdo con el reloj A, medido por el observador A en el origen del sistema estacionario de coordenadas, en el intervalo temporal de cada esfera desde el principio al fin. El observador A mide que cada esfera ha viajado la misma distancia *"l"* durante un intervalo temporal igual.

3.3. Las conclusiones sobre los experimentos mentales temporales

Similarmente, cada una de las tres esferas podría viajar en una dimensión diferente porque el espacio es tridimensional. De lo contrario, algunas de las esferas pudiesen haber terminado en la misma ubicación, o si el espacio era unidimensional todas las esferas terminarían en las mismas coordenadas finales. Así es que, si consideramos que el tiempo es unidimensional, entonces sólo el reloj de una esfera habría medido el paso del tiempo y su dilatación. Cada dimensión espacial se conoce que está a noventa grados de las otras dos dimensiones espaciales, y cada dimensión temporal estaría a noventa grados de las otras dos dimensiones temporales. En un sistema de coordenadas Cartesianas para el espacio o el tiempo, el resultante de los ejes temporales y el resultante de los ejes espaciales coinciden en una línea que está a cuarenta y cinco grados de cada eje espacial o temporal a lo largo del eje de propagación del espacio-tiempo. *La estructura subyacente del espacio-tiempo forma una correspondencia dimensional resultante entre el espacio y el tiempo a lo largo del eje de propagación*. Así, estas propiedades dimensionales y sus relaciones son posibles debido a las propiedades tridimensionales del espacio y el tiempo.

La medida del tiempo actual, o la práctica de la determinación, afirma que el intervalo temporal para un objeto en movimiento o una partícula que viaja con un reloj durante un intervalo τ, donde $\tau > t_p$ (el tiempo de Planck es un tiempo de coordenada), a lo largo de una trayectoria l_p (la longitud de Planck), a una velocidad relativista, es el mismo para cualquier trayectoria en cualquier tipo de movimiento de traslación. Si el tiempo se considera un eje temporal unidimensional en la dirección del resultante espacial a lo largo del eje de propagación del espacio-tiempo en un sistema de coordenadas Cartesianas en el espacio-tiempo homogéneo e isótropo, entonces, un objeto que viaja de manera relativista en una velocidad y aceleración específica a lo largo del eje de propagación por una distancia tendrían una cierta correspondencia $(ic\tau)$ en el espacio-tiempo, donde τ es el tiempo apropiado. Tres objetos idénticos B, C, y D, que viajan a la misma velocidad y aceleración relativista que el objeto A, y con sus relojes sincronizados con el reloj del objeto A, en el mismo espacio-tiempo, homogéneo e isótropo, a lo largo de los ejes "x", "y", y "z", por una distancia $l_p / \sqrt[2]{3}$, experimentaría un paso del tiempo apropiado de solamente $\tau/\sqrt[2]{3}$ debido a la correspondencia entre cada dimensión espacial a lo largo de los ejes "x", "y" y "z", y del eje temporal resultante de la propagación del objeto A. Así, el tiempo se compone como una propiedad tridimensional del espacio-tiempo. (Coan et al, 2005)

Durante el 1916 hasta el 1917, el eminente matemático alemán David Hilbert impartió una conferencia sobre los fundamentos de la física, en la que delineó un extraordinario efecto secundario de la Teoría General de la Relatividad de Einstein. Hilbert estudiaba la interacción entre una partícula relativista que se movía en una trayectoria circular sobre un plano hacia o alejándose de una masa estacionaria. Hilbert observó que, si la partícula relativista tuviera una velocidad mayor a $c/\sqrt[2]{3}$ donde *"c"* es la velocidad de la luz, una masa estacionaria la repelería, si la velocidad fuera menor que $c/\sqrt[2]{3}$, la atraería. Al menos, así es como le parecería a un observador inercial lejano. (Sauer, 2009)

El efecto secundario de Hilbert se debe a la tridimensionalidad del espacio y el tiempo. La partícula viaja en un plano bidimensional donde el espacio-tiempo se expande a la velocidad de la luz *"c"* a través de su eje resultante *"r"*, pero a " $c/\sqrt[2]{3}$ " a través de sus ejes de coordenadas (x, y, z). Mientras que la partícula viaja alrededor en su trayectoria circular, llega a su punto arbitrario de salida antes que el espacio-tiempo que se extiende en una dirección radial desde la masa estacionaria. Cuando la onda espaciotemporal alcanza la partícula móvil la desplaza en la dirección de la curvatura de la onda. Cada punto espaciotemporal se amplía uniformemente en el espacio-tiempo, isótropo y homogéneo, así que la partícula móvil se afecta menos por interferencia destructiva de las ondas mientras que se mueve más rápidamente que las ondas espaciotemporales en la dirección de los tiempos de coordenadas. Así, el desplazamiento observado en el modelo de Hilbert se debe a la curvatura del espacio-tiempo a medida que se expande sin interferencias de las ondas destructivas (el principio de Huygens).

De esta manera, el efecto secundario de Hilbert mostró que la solución Schwarzschild a las ecuaciones de campo de Einstein permite a una partícula, que se mueve en un movimiento circular en un plano alrededor de una masa a una velocidad mayor que $c/\sqrt[2]{3}$ *"0.577 c"*, experimentar un desplazamiento espaciotemporal que confirma la tridimensionalidad espacial y temporal. Además, el efecto secundario de Hilbert es la manifestación del principio de Mach de Einstein. La inercia de un cuerpo, o de una masa aislada, en el espacio-tiempo isótropo y homogéneo, es determinada por la interacción de la aceleración y la presión de la onda espaciotemporal, con el estado físico del cuerpo de la masa en la localidad del cuerpo o de la masa aislada, sin importar la inercia de todas las demás masas o cuerpos externos. El principio de Mach se manifiesta universalmente, a través del principio de la equivalencia, y sostiene la constancia de la velocidad de la luz.

De acuerdo con los principios de la Teoría General de la Relatividad que implican la contracción de la longitud y la dilatación del tiempo, para una longitud igual de la trayectoria *"l"* que viajaron todas las esferas en los experimentos físicos e imaginarios anteriores, todos los intervalos temporales medidos por los observadores B, C, y D, son los mismos para los relojes B, C, y D, durante el experimento. Así, los tres relojes son sincrónicos. Por lo tanto, hay simetrías temporales y espaciales para los tres tipos de movimiento: el lineal, el curvilíneo, y el helicoidal. La simetría se mantiene para cualquiera de los tres tipos de movimientos, o las tres dimensiones espaciales anteriores, por la igualdad y la existencia de la tridimensionalidad de las dimensiones temporales y las espaciales a lo largo de los ejes del sistema de coordenadas durante el movimiento a través del espacio-tiempo homogéneo e isótropo.

Como resultado, es esencial ver que la simetría de los efectos relativistas se debe a la tridimensionalidad del espacio, así como a la tridimensionalidad del tiempo. De lo contrario, los tres relojes sincrónicos en movimiento, en los experimentos físicos e imaginarios anteriores, no serían capaces de acordar ningún tipo de movimiento en el espacio-tiempo, de acuerdo con los principios de la Teoría General de la Relatividad y la constancia de la velocidad de la luz.

Así, la constancia universal de la velocidad de la luz se sostiene para todas las esferas móviles y los observadores de tal manera que

$$\frac{l}{(t_x - t_o)} = \frac{l}{(t_a - t_o)} = \frac{l}{(t_e - t_o)} \tag{3.16}$$

y los tres efectos dimensionalmente simétricos y relativistas afirman que

$$(t_x - t_o) = (t_a - t_o) = (t_e - t_o) \tag{3.17}$$

Por otra parte, las magnitudes de las distancias espaciales desde el punto de origen sobre el eje “z” hasta las coordenadas finales de la trayectoria durante el experimento en el sistema estacionario de coordenadas pueden calcularse para cada esfera si restamos *k, 2k,* y *3k*, de las coordenadas “z” de las trayectorias lineales, las curvilíneas, y las helicoidales, para nivelar la determinación espacial tal que

$$\{(x_x)^2\} > \{(x_a)^2 + (y_a)^2\} > \{(x_e)^2 + (y_e)^2 + (z_e)^2\} \tag{3.18}$$

y para los intervalos tridimensionales, relativistas y temporales, de las esferas, tenemos

$$\{(t_x)^2\} > \{(t_{x_a})^2 + (t_{y_a})^2\} > \{(t_{x_e})^2 + (t_{y_e})^2 + (t_{z_e})^2\} \tag{3.19}$$

Por lo tanto, vemos que no podemos adjuntar ninguna significación lineal absoluta al concepto del tiempo, sino que dos o más eventos simultáneos en el espacio-tiempo seis-dimensional, vistos desde un sistema estacionario de coordenadas, pueden ser medidos como eventos simultáneos e independientes de la trayectoria, o la dirección y el sentido del movimiento, cuando se consideran como eventos de los objetos móviles o de las partículas en ese sistema de coordenadas. *Además, el tiempo depende del espacio, y el espacio depende del tiempo, pero no dependen del tipo de movimiento*. La trayectoria de un objeto en movimiento, independiente de su trayectoria a una velocidad relativista, dilata el tiempo apropiado y contrae el espacio, en el espacio-tiempo homogéneo e isótropo, en todas las direcciones y los sentidos del movimiento. *Así, el tiempo, se dilata o se contrae en una manera tridimensional, proporcional y continua, sin importar la dirección o el sentido del movimiento, de modo que la trayectoria escogida resulte en la misma dilatación apropiada del tiempo, con todas las otras variables físicas que son iguales.*

§ 4. Sobre el espacio-tiempo seis-dimensional y los efectos relativistas sobre los cuerpos en movimiento

En consecuencia, el tiempo es tridimensional, de manera similar al espacio tridimensional, y el paso del tiempo en cada dirección y sentido del movimiento puede ser diferente al igual que la traslación espacial de un objeto en movimiento en un sistema de coordenadas puede diferir en cualquier dirección del espacio en función de la trayectoria.
Por consiguiente, para un objeto o una partícula que viaja en el espacio-tiempo un intervalo de tiempo apropiado entre los eventos del objeto como se ve desde un sistema inercial de coordenadas dependerá de la velocidad del objeto con respecto a la velocidad de la luz. Si un reloj estacionario es comparado a un reloj que viaja a una velocidad relativista, la diferencia temporal del intervalo entre los dos relojes aumentaría en función de la longitud de la trayectoria y de la velocidad del reloj móvil con respecto a la velocidad de la luz. (Taylor et al, 1966)

En el espacio-tiempo, homogéneo e isótropo, de un sistema estacionario de coordenadas temporales Cartesianas, tenemos

$$(\Delta t)^2 = (t_{x_2} - t_{x_1})^2 + (t_{y_2} - t_{y_1})^2 + (t_{z_2} - t_{z_1})^2 \qquad (4.1)$$

Donde Δt es la distancia de la coordenada temporal tridimensional, o un intervalo temporal de dos acontecimientos, entre las coordenadas temporales $\left(t_{X_1}, t_{Y_1}, t_{Z_1}\right)$ y $\left(t_{X_2}, t_{Y_2}, t_{Z_2}\right)$, en el espacio-tiempo seis-dimensional.

Las coordenadas temporales se pueden describir como la frecuencia o el período lineal (f_T) para $\left(t_{x_2} - t_{x_1}\right)$, la frecuencia angular (la rotación o el espín) $\left(\omega_t\right)$ para $\left(t_{y_2} - t_{y_1}\right)$ y la amplitud $\left(A_t\right)$ para $\left(t_{z_2} - t_{z_1}\right)$. Los ejes tridimensionales del tiempo representan los aspectos y los atributos de la onda temporal cuando emerge. Imaginemos un reloj mecánico redondo que se mueve a una velocidad relativista con un eje de propagación perpendicular a la cara o al dial del reloj. El eje de propagación representaría el eje de la frecuencia lineal, el radio del dial representaría el eje de la amplitud, y las manecillas giratorias del reloj representarían el eje de la frecuencia angular.

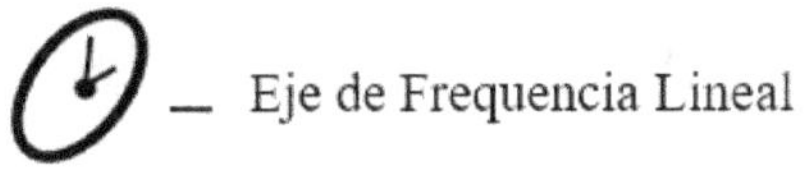

Figura 3.

A medida que la onda temporal emerge y se expande, puede ser obstruida en su trayectoria por los nodos de la masa o la energía en el espacio-tiempo, y su período (o su longitud de onda) se contraería aumentando la frecuencia lineal, su amplitud aumentaría, y el paso del tiempo se ralentizaría. Usando la analogía del reloj móvil, la distancia temporal del período se contraería aumentando la frecuencia (frecuencia lineal) en la dirección de propagación del reloj, el radio se extendería (la amplitud) agrandando todos los aspectos del dial del reloj, donde la distancia del radián (el minuto de arco) entre las marcas de los minutos se extendería, y el paso del tiempo se ralentizaría (la frecuencia angular), cuando la punta de la manecilla del minuto viaja una longitud de arco mayor entre las marcas del minuto. La onda temporal del espacio-tiempo tiene amplitud, frecuencia lineal, y frecuencia angular, que son las características inherentes del tiempo tridimensional. Las partículas y los campos físicos comparten los atributos del medio de la onda.

El espacio tridimensional se representa a menudo por un sistema de coordenadas tal como el sistema de coordenadas Cartesianas ampliamente utilizado donde la distancia resultante de las unidades de los ejes de *"x"*, *"y"*, y *"z"*, se representa como un segmento o un rayo de la línea que se extiende desde el origen a un punto en el espacio. Si se utiliza el primer cuadrante del sistema de coordenadas donde los ejes *"x"*, *"y"* y *"z"* son todos positivos, el rayo que se extiende desde el origen hasta un punto en el espacio sería de cuarenta y cinco grados a cada uno de los ejes de coordenadas. Si el tiempo se representa análogo al espacio usando un sistema de coordenadas Cartesianas, el rayo resultante del tiempo desde el origen a un punto en el tiempo sería de cuarenta y cinco grados a cada uno de los ejes de tiempo t_X, t_Y, y t_Z. En tal representación del espacio-tiempo, el espacio y el tiempo tendrían rayos o segmentos opuestos de línea en la misma línea, para las unidades de medición de sus respectivas coordenadas, en el espacio-tiempo seis-dimensional, homogéneo e isótropo.

Consideremos las ecuaciones para las magnitudes de los intervalos del tiempo y las velocidades relativistas en las direcciones de *"x"*, *"y"* y *"z"* de un sistema de coordenadas Cartesianas para un reloj que viaja en el espacio-tiempo tridimensional tal que

$$t'_x = \frac{t_x}{\sqrt[2]{1 - \frac{v_x^2}{c^2}}} \tag{4.2}$$

$$t'_y = \frac{t_y}{\sqrt[2]{1 - \frac{v_y^2}{c^2}}} \tag{4.3}$$

$$t'_z = \frac{t_z}{\sqrt[2]{1 - \frac{v_z^2}{c^2}}} \tag{4.4}$$

Con la ayuda de estas ecuaciones, podemos visualizar que, si el tiempo va a ser considerado lineal, imaginemos así en la dirección del eje "x", la dilatación del tiempo sólo ocurriría en la dirección del eje "x". Así, para un movimiento relativista curvilíneo o un movimiento relativista helicoidal, o sea, un movimiento bidimensional o un movimiento tridimensional, sólo la velocidad $\vec{v}_x$ tendría un efecto relativista sobre el intervalo temporal de la trayectoria. La velocidad $\vec{v}_x$ tiene magnitud (rapidez v_x) y una dirección de movimiento a lo largo del eje "x". Entonces, en nuestro experimento físico imaginario de la sección "§ 3", el movimiento relativista lineal habría tenido la dilatación mayor del tiempo atribuible a $\vec{v}_x$, seguida por el movimiento relativista curvilíneo con la dilatación del tiempo atribuido a $\vec{v}_x$, pero no a la velocidad $\vec{v}_y$, y, por último, el movimiento relativista helicoidal habría tenido la dilatación más pequeña del tiempo, atribuible otra vez a $\vec{v}_x$, pero no a las velocidades $\vec{v}_y$ o $\vec{v}_z$. Las velocidades $\vec{v}_y$ y $\vec{v}_z$, tienen magnitudes (las rapideces v_y y v_z) y las direcciones a lo largo del eje *"y"*, y a lo largo del eje *"z"*, respectivamente.

Por consiguiente, los relojes B, C, y D, no habrían acordado sobre el intervalo temporal del recorrido ya que cada tipo de movimiento relativista implicaba una magnitud diferente de la velocidad $\vec{v}_x$ para alcanzar la distancia *"l"* a la misma velocidad y aceleración.

Por lo tanto, concluimos que, si la dilatación del tiempo es un efecto relativista sin importar el tipo de movimiento relativista, entonces es esencial reconocer que todas las velocidades $\vec{v}_x$, $\vec{v}_y$ y $\vec{v}_z$, participan en un movimiento relativista helicoidal, y las velocidades $\vec{v}_x$ and $\vec{v}_y$ participan en un movimiento relativista curvilíneo. Como resultado, podemos concluir reiterativamente que los efectos relativistas están actuando en cada dimensión del espacio-tiempo seis-dimensional y el tiempo conjugado y su espacio son inequívocamente tridimensional.

4.1. La velocidad del reloj: ¿qué rapidez de hora es?

Tal vez nos resulte útil reiterar que los relojes son contadores de ciclos o tacómetros. *Por lo tanto, un reloj sincrónico no mide una dimensión del tiempo. Un reloj sincrónico es un tacómetro que mide los ciclos del tiempo en el espacio-tiempo entre los eventos seis-dimensionales.*

Así es que, podemos derivar las ecuaciones siguientes para las velocidades temporales relativistas en las direcciones de t_x, t_y, y t_z, en un sistema de coordenadas temporales Cartesianas para que un reloj móvil.

$$v'_{t_x}{}^2 = \frac{c^2 v_{t_x}{}^2}{c^2 - v_x{}^2} \tag{4.5}$$

$$v'_{t_y}{}^2 = \frac{c^2 v_{t_y}{}^2}{c^2 - v_y{}^2} \tag{4.6}$$

$$v'_{t_z}{}^2 = \frac{c^2 v_{t_z}{}^2}{c^2 - v_z{}^2} \tag{4.7}$$

$$v'_t = \sqrt[2]{v'_{t_x}{}^2 + v'_{t_y}{}^2 + v'_{t_z}{}^2} \tag{4.8}$$

Las velocidades de los relojes v'_{t_x}, v'_{t_y}, y v'_{t_z}, son relativistas para un reloj sincrónico de movimiento rápido con respecto a la velocidad de la luz. Las velocidades de los relojes, v_{t_x}, v_{t_y}, y v_{t_z}, son las velocidades de un reloj sincrónico de movimiento muy lento.

Semejantemente, podemos derivar las velocidades relativistas espaciales en las direcciones "x, "y", y "z", de un sistema de coordenadas

Cartesianas de un reloj móvil y sincrónico con una masa *"m"*.

$$v_x{}^2 = \frac{c^2\left(v'_{t_x}{}^2 - v_{t_x}{}^2\right)}{v'_{t_x}{}^2} \tag{4.9}$$

$$v_y{}^2 = \frac{c^2\left(v'_{t_y}{}^2 - v_{t_y}{}^2\right)}{v'_{t_y}{}^2} \tag{4.10}$$

$$v_z^{\ 2} = \frac{c^2\left(v_{t_z}'^{\ 2} - v_{t_z}^{\ 2}\right)}{v_{t_z}'^{\ 2}} \tag{4.11}$$

$$v_r = \sqrt[2]{v_x^{\ 2} + v_y^{\ 2} + v_z^{\ 2}} \tag{4.12}$$

4.2. La velocidad del espacio-tiempo

Reconsideremos la métrica de Friedman-Lemaitre-Robertson-Walker del espacio-tiempo, homogéneo e isótropo, de una curvatura uniforme, para el espacio elíptico, tal que

$$-c^2 d\tau^2 = -c^2 dt^2 + a(t)^2 d\Sigma^2 \tag{4.13}$$

donde el valor actual del factor escalar es igual a uno, $l_{apropiada} a(t) = l_{apropiada} / l_{t_0} = 1$, donde $a(t)$ es una función que relaciona la distancia apropiada, $l_{apropiada}$, entre un par de objetos, a la distancia, l_{t_0}, en algún momento de referencia, de tal forma que tenemos

$$d\Sigma^2 = c^2 dt^2 - c^2 d\tau^2 \tag{4.14}$$

$$\frac{d\Sigma^2}{dt^2} = c^2 - c^2 \frac{d\tau^2}{dt^2} \tag{4.15}$$

Por lo tanto, encontramos que la velocidad del espacio es

$$v_s^{\ 2} = v_t^{\ 2} - c^2 v_\tau^{\ 2} \tag{4.16}$$

Fundamentalmente, el tiempo existe para sí mismo y para los propósitos del espacio-tiempo. No necesita ni pide nuestro reconocimiento, observación, medición, o interacción. El tiempo fluye en medio de las masas de los objetos o de los cambios que se llevan a cabo entre los objetos o las partículas. Es notable, siempre atento, y dependiente de su relación con el espacio. El tiempo y el espacio son las dos caras de la misma moneda, y el espacio-tiempo es la ceca.

4.3. Las longitudes de las ondas del espacio-tiempo

Si la luz viaja tan rápido como el tiempo, su longitud de onda λ_c equivale a la longitud de onda del tiempo λ_t , en el espacio-tiempo homogéneo e isótropo. La energía de la luz, su amplitud y frecuencia, estarán en su máximo, y su medida de la velocidad sería *"c"*. Para cualquier rapidez lumínica del espacio-tiempo, la luz emparejará la rapidez del tiempo y su rapidez siempre será medida como *"c"* por cualquier observador. Llamemos a esta limitación de la rapidez de la luz *"la barrera de la luz"*. A medida que el tiempo viaja más rápido y se acelera, entonces un reloj lento corre más rápido, y hace el tic más despacio que el tac, ya que el espacio-tiempo se expande.

Si la onda del espacio-tiempo se propaga con una aceleración variable en el espacio-tiempo, a medida que el tiempo se expande, las cualidades del espacio-tiempo imparten que las velocidades espaciales y temporales sean:

$$v_s = \left(\frac{\lambda_s}{T_s}\right) \tag{4.17}$$

$$v_t = -\left(\frac{c\lambda_t}{T_t}\right) \tag{4.18}$$

donde λ_s es la longitud de la onda espacial y T_s es su periodo espacial.

Semejantemente, λ_t es la longitud de la onda temporal de coordenada y T_t es su período temporal de coordenada. Así, derivamos la velocidad del espacio como sigue

$$v_s^{\ 2} = v_t^{\ 2} - c^2 v_\tau^{\ 2} \tag{4.19}$$

Por consiguiente, para las longitudes al cuadrado de la onda del espacio encontramos

$$\frac{\lambda_s^{\ 2}}{T_s^2} = \frac{c^2\lambda_t^{\ 2}}{T_t^2} - \frac{c^2\lambda_\tau^{\ 2}}{T_\tau^2} \tag{4.20}$$

§ 5. Sobre la relatividad especial y los principios del espacio-tiempo

Imaginemos que el espacio-tiempo se expande indefinidamente y que tenemos la tarea de conjeturar los principios de la relatividad especial para el espacio-tiempo homogéneo e isótropo, y el movimiento relativista en el vacío donde la gravedad no es un factor significativo. Nuestra cuidadosa deliberación nos lleva a conjeturar los siguientes principios:

1. La velocidad de la luz es la misma para todos los observadores, independiente del movimiento relativo uniforme del observador, la velocidad de la luz o la velocidad de la fuente de luz.

2. La velocidad al cuadrado del espacio es igual a la velocidad al cuadrado del tiempo menos el producto de la velocidad al cuadrado de la luz y de la velocidad al cuadrado del tiempo apropiado (la velocidad del espacio-tiempo) concerniente a cualquier observador.

3. En ausencia de la masa y la energía, el espacio-tiempo homogéneo e isótropo se expande en todas las direcciones a una rapidez relativa igual y uniforme.

4. Las leyes de la física son las mismas en cualquier marco del espacio-tiempo independiente del movimiento del marco de referencia.

5. La velocidad de la luz no puede exceder la velocidad del tiempo.

No es de extrañar que cada principio tenga un tono familiar para todas las formas conocidas de la energía y de la masa enmarcadas en el tejido del espacio-tiempo. Incluso la luz viaja en el medio espaciotemporal y está limitada por las propiedades espaciotemporales. De hecho, *la velocidad espaciotemporal es la cosa más rápida del universo.*

El primer principio es el principio de la relatividad especial del espacio-tiempo. Cualquier observador que viaje en movimiento relativo uniforme mediría la misma velocidad para la velocidad de la luz como resultado de las características relativistas del espacio-tiempo. Así, los efectos de la contracción de la longitud y de la dilatación del tiempo conducirían a un observador a medir la misma magnitud (rapidez) para la velocidad de la luz sin importar la velocidad relativa uniforme del observador y el marco de referencia. Cuanto más rápido sea la velocidad del observador, con respecto al espacio-tiempo, más corta es la vara de medición y más lento es el intervalo de tiempo del reloj determinante. Así, la velocidad del tiempo apropiado para cualquier observador es dada por

$$v_\tau^{\,2} = \frac{v_t^{\,2} - v_s^{\,2}}{c^2} \qquad (5.1)$$

La medición experimental de la constancia universal de la luz es una prueba de que el principio de la relatividad especial del espacio-tiempo es válido y factual. Sin los efectos relativistas subyacentes de este principio, no sería posible que la velocidad de la luz tuviera una constancia universal. (Rucker, 1977)

El segundo principio indica que la velocidad al cuadrado del espacio-tiempo es igual a la velocidad al cuadrado del tiempo menos la velocidad al cuadrado del espacio relativa a cualquier observador. En ausencia de la masa y la energía, las velocidades del espacio y del tiempo son constantes y determinables. Este principio induce una cualidad del espacio-tiempo muy importante, la relación recíproca del espacio y de su tiempo conjugado en el espacio-tiempo. Esta relación recíproca se refleja en la forma simultánea y contradictoria que el espacio se contrae y la amplitud del tiempo se dilata. Esta relación eficaz mantiene la velocidad del espacio-tiempo de una manera uniforme. Así, la velocidad de la luz permanece constante.

De esta forma, reconocemos que la velocidad espaciotemporal es

$$c^2 v_\tau = v_t^{\,2} - v_s^{\,2} \qquad (5.2)$$

Por lo tanto, esta última afirmación sobre la velocidad constante de la luz desde el segundo principio conduce a la esencia del tercer principio donde, en ausencia de la masa y la energía en el espacio-tiempo homogéneo e isótropo, el espacio-tiempo se expande igualmente en todas las direcciones con una velocidad relativa y uniforme. La velocidad del espacio-tiempo permanece uniforme.

La dualidad del espacio y el tiempo se expresa matemáticamente por el hecho de que el comportamiento de la onda espaciotemporal no depende de la posición independiente de *"x"* ni del tiempo *"t"*, sino más bien de la combinación de posición y tiempo, $x - vt$. Las ondas del espacio-tiempo entre dos puntos coordenados adyacentes interfieren destructivamente en cualquier localización a lo largo del medio donde las dos ondas espaciotemporales que interfieren tienen un desplazamiento en la dirección opuesta. Las ondas del espacio-tiempo entre dos puntos coordenados adyacentes interfieren constructivamente en cualquier lugar a lo largo del medio donde las dos ondas espaciotemporales que interfieren tienen un desplazamiento en la misma dirección. *Por el principio de la superposición del espacio-tiempo, cuando dos ondas espaciotemporales interfieren, el desplazamiento resultante del medio en cualquier localización es la suma algebraica de los desplazamientos de las ondas individuales en el mismo lugar.*

Por consiguiente, denotamos la magnitud del intervalo espaciotemporal relativista entre dos acontecimientos para un observador en movimiento relativo y uniforme como

$$(s')^2 = (\Delta l')^2 + (v_s \Delta t')^2 = \frac{\Delta l^2 \left(c^2 - v^2\right)}{c^2} + \frac{c^2 v_s{}^2 \Delta t^2}{c^2 - v^2} \qquad (5.3)$$

$$\textit{where } \Delta \mathrm{l}^2 = \Delta x^2 + \Delta y^2 + \Delta z^2 \text{ and } \Delta t^2 = \Delta t_x{}^2 + \Delta t_y{}^2 + \Delta t_z{}^2 \qquad (5.4)$$

Por otra parte, para cualquier observador en movimiento, o estacionario, vamos a indicar el intervalo espaciotemporal entre dos eventos como

$$s^2 = \Delta l^2 + v_s{}^2 \Delta t^2 = (s')^2 = (\Delta l')^2 + (v_s \Delta t')^2 \qquad (5.5)$$

El cuarto principio declara que las leyes de la física en cualquier marco observado del espacio-tiempo por un observador hipotético que viaja a una velocidad relativista son las mismas leyes de la física que las observadas por un observador estacionario hipotético. Este principio es el principio universal de la conservación del espacio-tiempo. Este principio, que es fundamentalmente importante, reconoce las leyes de la física que existen para cualquier observador, independiente del movimiento uniforme relativo del observador, o del marco de referencia dondequiera que el observador desee ir en el universo conocido. Hasta ahora, dondequiera que los científicos hayan experimentado, u observado, en el universo conocido, las leyes de la física han sido encontradas como iguales.

El quinto principio dice sucintamente que la luz sólo puede viajar tan rápido como el tiempo viaje. *Así, la velocidad del tiempo es un límite a la velocidad de la luz, la luz no es capaz de viajar más rápido que su medio espaciotemporal en cualquier dirección.* Si la luz viaja a la velocidad del tiempo, entonces la velocidad del tiempo es *"c"*, y la velocidad de la luz es una indicación o una medida válida de la velocidad del tiempo en el espacio-tiempo isótropo y homogéneo.

Los astrofísicos han declarado recientemente que con la ayuda de los últimos telescopios más poderosos han sido capaces de mirar a los objetos más lejanos del universo que se estima que están a unos trece mil millones de años luz de la tierra. En la actualidad, se cree que el universo en general se expande, los espacios dentro de los cuales reside todo en el universo, los espacios entre los objetos se están extendiendo, causando que las galaxias se encuentren más separadas que anterior o inicialmente. Los telescopios poderosos no han podido mirar más allá de unos trece mil millones de años luz donde no se detectan fuentes de luz, sino la oscuridad del espacio-tiempo.

Estas recientes observaciones astronómicas validan el quinto principio de que "la velocidad de la luz no puede exceder la velocidad del tiempo en cualquier dirección", pero lo más importante es que las observaciones de los astrofísicos confirman que el espacio-tiempo se expande. Somos capaces de observar visualmente desde la tierra a través de poderosos telescopios galaxias cercanas o distantes. Es una indicación fáctica de la velocidad espaciotemporal con respecto a la velocidad de la luz, observable y verificable, del universo visible.

§ 6. Sobre los fundamentos de la métrica del espacio-tiempo

En otros tiempos, los Incas consideraban el espacio y el tiempo como un solo concepto. La palabra Pacha en la lengua Quechua, todavía hablada en Sudamérica, significa el mundo, el universo, el espacio, el tiempo, la fecha, o el lugar. La gente de los Andes ha mantenido este entendimiento hasta la actualidad.

Al expandir el espacio-tiempo, la distancia es una cantidad dinámica que cambia con el tiempo. La métrica captura toda la estructura geométrica y causal del espacio-tiempo, siendo utilizada para definir nociones tales como la distancia, el volumen, la curvatura, el ángulo, el futuro, y el pasado. Explícitamente, la métrica se ha expresado en una forma simétrica bilineal en cada espacio tangente de una variedad *"M"* diferenciable del espacio-tiempo que varía en una manera lisa, o diferenciable, de punto a punto. Dados dos vectores tangentes, la métrica también se ha expresado como una generalización del producto escalar, o producto punto, en el espacio Euclidiano ordinario. Sin embargo, esta analogía no es exacta. Desemejante al espacio Euclidiano donde el producto escalar es definido positivo, la métrica da a cada espacio de la tangente la estructura del espacio de Minkowski.

6.1. El tensor de la curvatura de Riemann

El eminente físico Georg Friedrich Bernhard Riemann discutió las posibilidades de la curvatura del universo y sugirió que la geometría del espacio puede estar relacionada con las fuerzas físicas. La conferencia doctoral de Riemann, publicada en 1866 como 'Sobre las hipótesis que se encuentran en la fundación de la geometría', se convirtió en la piedra angular de la geometría diferencial; amplió las ideas del físico Carl Friedrich Gauss de las superficies de dos dimensiones a las superficies dimensionales más altas. Las ideas de Riemann, y Hermann Minkowski, son la base para el espacio-tiempo curvo en cuatro dimensiones en la Teoría General de la Relatividad. El carácter Seudoriemanniano y Lorentziano de las variedades espaciotemporales es el marco de la Teoría General de la Relatividad.

El tensor de la curvatura de Riemann se compone de una parte escalar, una parte de semi-sin rastro, y una parte libre de rastro, o sin rastro (el tensor de Weyl). Así, tenemos

$$R_{abcd} = S_{abcd} + E_{abcd} + C_{abcd} \qquad (6.1)$$

La parte escalar S_{abcd} se origina del tensor de Ricci escalar *"R"*, y representa la información sobre cómo la relación de un volumen esférico *Vol (M)* de la curvatura, tangente en un punto de una variedad Riemanniana, al mismo volumen esférico, tangente en un punto de una variedad Euclidiana $Vol\ (R^n)$, cambia a través de una geodésica, y asigna un número real con respecto a las métricas y al pequeño radio de los volúmenes esféricos. La métrica proporciona un número real asociado a la curvatura en cualquier punto de una variedad *"n"* de Riemann. La curvatura escalar es el promedio del tensor de Ricci, y el tensor de Ricci escalar *"R"* es independiente del sistema de coordenadas.

Las variedades de Riemann tienen la propiedad de que son localmente planas.

$$S_{abcd} = \frac{R}{n(n-1)} H_{abcd} = \frac{R}{n(n-1)} \left(g_{ac} g_{db} - g_{ad} g_{cb} \right) \qquad (6.2)$$

La parte de semi-sin rastro tiene el tensor de Ricci que representa la curvatura local originada por la presencia de la materia y la energía, las ondas gravitacionales de marea, el arrastre del marco gravitacional, y las ondas gravitacionales locales, en una región del espacio-tiempo. Para un cuerpo celeste, la curvatura local producida por la materia y la energía es contrarrestada por la curvatura cosmológica de la materia y la energía en todas partes del universo. El tensor de Ricci describe cómo cambia un elemento del volumen a medida que se desplaza a través de la curvatura del espacio-tiempo.

$$E_{abcd} = \frac{1}{n-2} \left(g_{ac} S_{bd} - g_{ad} S_{bc} + g_{bd} S_{ac} - g_{bc} S_{ad} \right) \qquad (6.3)$$

Donde para cualquier término $S_{\chi\chi}$, encontramos

$$S_{\alpha\beta} = R_{\alpha\beta} - \frac{1}{n} R g_{\alpha\beta} \qquad (6.4)$$

La parte libre de rastro es el tensor Weyl que incluye la curvatura originada por las ondas gravitacionales. Las ondas gravitacionales también están presentes en las regiones del espacio-tiempo sin la materia, las ondas gravitacionales de marea, o los campos que no son gravitacionales. Las ondas gravitacionales cosmológicas, una parte escalar cosmológica, y una parte semi-sin rastro cosmológica, se incluyen en el tensor de Weyl. La curvatura cosmológica representada por el tensor de Weyl contrarresta la curvatura local incluida en el tensor de curvatura local de Riemann, la parte local de semi-sin rastro (el tensor de Ricci) y la parte escalar local. La curvatura cosmológica del espacio-tiempo contrarresta la curvatura local del espacio-tiempo para un cuerpo celeste de masa.

$$C_{abcd} = \bar{R}_{abcd} + \frac{1}{n-2} \left(\bar{R}_{ad} \bar{g}_{bc} - \bar{R}_{ac} \bar{g}_{bd} + \bar{R}_{bc} \bar{g}_{ad} - \bar{R}_{bd} \bar{g}_{ac} \right) + \frac{1}{(n-1)(n-2)} \bar{R} \left(\bar{g}_{ac} \bar{g}_{bd} - \bar{g}_{ad} \bar{g}_{bc} \right) \qquad (6.5)$$

Expresemos la ecuación del tensor de la curvatura de Riemann de la siguiente manera:

$$R_{abcd} - S_{abcd} - E_{abcd} = C_{abcd} \quad (6.6)$$

El lado izquierdo de la ecuación anterior es la curvatura local y el lado derecho es la curvatura cosmológica. El tensor de la tensión-energía-impulso produce la curvatura local para un cuerpo celeste de masa.

$$R_{abcd} - S_{abcd} - E_{abcd} = kT_{abcd} \quad (6.7)$$

Consideremos el caso de la solución del vacío para la ecuación anterior mientras que el tensor de la tensión-energía-impulso se desvanece, $T_{abcd} \to 0$.

$$R_{abcd} - S_{abcd} - E_{abcd} = 0 \quad (6.8)$$

$$R_{abcd} - \frac{R}{n(n-1)}(g_{ac}g_{db} - g_{ad}g_{cb}) - \quad (6.9)$$

$$\frac{1}{n-2}(g_{ac}S_{bd} - g_{ad}S_{bc} + g_{bd}S_{ac} - g_{bc}S_{ad}) = 0$$

Multiplicando por n $(n-1)$ $(n-2)$ encontramos

$$n(n-1)(n-2)R_{abcd} - (n-2)R(g_{ac}g_{db} - g_{ad}g_{cb}) - \quad (6.10)$$

$$n(n-1)(g_{ac}S_{bd} - g_{ad}S_{bc} + g_{bd}S_{ac} - g_{bc}S_{ad}) = 0$$

Sustituyendo por cada término $S_{\chi\chi}$,

$$n(n-1)(n-2)R_{abcd} - (n-2)R(g_{ac}g_{db} - g_{ad}g_{cb}) - \quad (6.11)$$

$$n(n-1)\left[g_{ac}\left(R_{bd} - \frac{1}{n}Rg_{bd}\right) - g_{ad}\left(R_{bc} - \frac{1}{n}Rg_{bc}\right) + g_{bd}\left(R_{ac} - \frac{1}{n}Rg_{ac}\right) - g_{bc}\left(R_{ad} - \frac{1}{n}Rg_{ad}\right)\right] = 0$$

Simplificando el último término de la ecuación anterior,

$$n(n-1)(n-2)R_{abcd} - (n-2)R(g_{ac}g_{db} - g_{ad}g_{cb}) - \quad (6.12)$$

$$n(n-1)\left[g_{ac}R_{bd} - \frac{1}{n}Rg_{ac}g_{bd} - g_{ad}R_{bc} + \frac{1}{n}Rg_{ad}g_{bc} + g_{bd}R_{ac} - \frac{1}{n}Rg_{bd}g_{ac} - g_{bc}R_{ad} + \frac{1}{n}Rg_{bc}g_{ad}\right] = 0$$

$$n(n-1)(n-2)R_{abcd} - (n-2)R(g_{ac}g_{db} - g_{ad}g_{cb}) - \quad (6.13)$$

$$n(n-1)\left[g_{ac}R_{bd} - \frac{2}{n}Rg_{ac}g_{bd} - g_{ad}R_{bc} + \frac{2}{n}Rg_{ad}g_{bc} + g_{bd}R_{ac} - g_{bc}R_{ad}\right] = 0$$

Factorizando términos para obtener una expresión más simple,

$$n(n-1)(n-2)R_{abcd} + \{-(n-2) + 2(n-1)\}Rg_{ac}g_{bd} + \quad (6.14)$$

$$\{(n-2) - 2(n-1)\}Rg_{ad}g_{bc} - n(n-1)\{g_{ac}R_{bd} - g_{ad}R_{bc} + g_{bd}R_{ac} - g_{bc}R_{ad}\} = 0$$

Por las propiedades de la simetría del tensor de Riemann, es posible contraer índices utilizando la primera y tercera relación de la simetría para producir un nuevo tensor de segundo orden que es simétrico como el tensor de Ricci. La contracción de cualquier par de índices produce un tensor simétrico de segundo orden.

Aplicando g^{ac} para contraer índices,

$$n(n-1)(n-2)g^{ac}R_{abcd} + \{-(n-2) + 2(n-1)\}Rg^{ac}g_{ac}g_{bd} + \quad (6.15)$$

$$\{(n-2) - 2(n-1)\}Rg^{ac}g_{ad}g_{bc} - n(n-1)\{g^{ac}g_{ac}R_{bd} - g^{ac}g_{ad}R_{bc} + g^{ac}g_{bd}R_{ac} - g^{ac}g_{bc}R_{ad}\} = 0$$

Contrayendo índices y simplificando los coeficientes,

$$n(n-1)(n-2)R_{bd} + \{-(n-2) + 2(n-1)\}Rg_{bd} + \quad (6.16)$$

$$\{(n-2) - 2(n-1)\}Rg_{bd} - n(n-1)\{R_{bd} - R_{bd} + Rg_{bd} - R_{bd}\} = 0$$

Restando términos iguales encontramos,

$$n(n-1)(n-2)R_{bd} - n(n-1)(-R_{bd} + Rg_{bd}) = 0 \quad (6.17)$$

$$(n-2)R_{bd} + R_{bd} - Rg_{bd} = 0 \quad (6.18)$$

$$(n-1)R_{bd} - Rg_{bd} = 0 \quad (6.19)$$

o en una forma más reconocible, para $n > 1$, tenemos

$$R_{\mu\nu} = \frac{1}{(n-1)} g_{\mu\nu} R \quad (6.20)$$

$$R_{\mu\nu} - \frac{1}{(n-1)} g_{\mu\nu} R = 0 \quad (6.21)$$

Durante la contracción anterior de la ecuación del tensor de la curvatura de Riemann cierta información fue perdida. La parte escalar se cancela con términos iguales y opuestos de la parte de semi-sin rastro (del tensor de Ricci). La parte de semi-sin rastro ya contiene información local sobre la curvatura escalar, las ondas gravitacionales locales y el potencial de campo gravitacional relacionado, que contrarrestan o cancelan la información tanto en la parte escalar como en el tensor de Weyl. La curvatura restante del tensor simétrico de segundo orden, o el tensor de Ricci, es igual a cero para representar una solución de vacío para el tensor resultante de segundo orden.

El lado derecho de la ecuación del tensor de Riemann es la curvatura cosmológica. El tensor cosmológico de tensión-energía-impulso puede producir curvatura cosmológica en una región del espacio-tiempo con o sin curvatura local.

$$C_{abcd} = -k\Lambda_{abcd} \quad (6.22)$$

Consideremos el caso de la solución de vacío para la ecuación anterior mientras que el tensor cosmológico de tensión-energía-impulso se desvanece, $\Lambda_{abcd} \rightarrow 0$.

$$C_{abcd} = 0 \quad (6.23)$$

$$\overline{R}_{abcd} + \frac{1}{n-2}\left(\overline{R}_{ad}\overline{g}_{bc} - \overline{R}_{ac}\overline{g}_{bd} + \overline{R}_{bc}\overline{g}_{ad} - \overline{R}_{bd}\overline{g}_{ac}\right) + \frac{1}{(n-1)(n-2)}\overline{R}\left(\overline{g}_{ac}\overline{g}_{bd} - \overline{g}_{ad}\overline{g}_{bc}\right) = 0 \quad (6.24)$$

Multiplicando por (n − 1) (n − 2) encontramos

$$(n-1)(n-2)\overline{R}_{abcd}+(n-1)(\overline{R}_{ad}\overline{g}_{bc}-\overline{R}_{ac}\overline{g}_{bd}+\overline{R}_{bc}\overline{g}_{ad}-\overline{R}_{bd}\overline{g}_{ac})+\overline{R}(\overline{g}_{ac}\overline{g}_{bd}-\overline{g}_{ad}\overline{g}_{bc})=0 \quad (6.25)$$

Aplicando $\overline{g}^{ac}$ para contraer índices,

$$(n-1)(n-2)\overline{g}^{ac}\overline{R}_{abcd}+(n-1)(\overline{g}^{ac}\overline{g}_{bc}\overline{R}_{ad}-\overline{g}^{ac}\overline{R}_{ac}\overline{g}_{bd}+\overline{g}^{ac}\overline{g}_{ad}\overline{R}_{bc}-\overline{R}_{bd}\overline{g}^{ac}\overline{g}_{ac})+ \quad (6.26)$$

$$\overline{R}(\overline{g}^{ac}\overline{g}_{ac}\overline{g}_{bd}-\overline{g}^{ac}\overline{g}_{ad}\overline{g}_{bc})=0$$

$$(n-1)(n-2)\overline{R}_{bd}+(n-1)(\overline{R}_{bd}-\overline{R}\overline{g}_{bd}+\overline{R}_{bd}-\overline{R}_{bd})+\overline{R}(\overline{g}_{bd}-\overline{g}_{bd})=0 \quad (6.27)$$

$$(n-1)(n-2)\overline{R}_{bd}+(n-1)(\overline{R}_{bd}-\overline{R}\overline{g}_{bd})=0 \quad (6.28)$$

$$(n-2)\overline{R}_{bd}+(\overline{R}_{bd}-\overline{R}\overline{g}_{bd})=0 \quad (6.29)$$

$$n\overline{R}_{bd}-2\overline{R}_{bd}+\overline{R}_{bd}-\overline{R}\overline{g}_{bd}=0 \quad (6.30)$$

$$(n-1)\overline{R}_{bd}-\overline{R}\overline{g}_{bd}=0 \quad (6.31)$$

$$\overline{R}_{bd}-\frac{1}{(n-1)}\overline{R}\overline{g}_{bd}=0 \quad (6.32)$$

El resultado anterior está de acuerdo con nuestro resultado previo para la ecuación del tensor de la curvatura local de Riemann, y valida la

ecuación del tensor de curvatura de Riemann.

La curvatura de Riemann en un punto *"P"* del espacio-tiempo es la diferencia entre las dos curvaturas de Riemann.

$$R_{abcd}-S_{abcd}-E_{abcd}\leq or \geq C_{abcd} \quad (6.33)$$

Si la curvatura local de Riemann y la curvatura cosmológica de Riemann son iguales, la curvatura de Riemann resultante es plana. Si la curvatura local de Riemann es menor, la curvatura resultante se curva de una forma cosmológica. Si la curvatura cosmológica de Riemann es menor, la curvatura resultante se curva localmente de una forma Ricci.

Por la ecuación de la continuidad, para conservar la energía y el impulso en una forma covariante, tomamos la derivada covariante del tensor de Einstein en *"n"* dimensiones, o del tensor de tensión-energía-impulso, donde obtenemos

$$D_\mu\left(G^{\mu\nu}\right)=0 \qquad \text{and} \qquad D_\mu\left(T^{\mu\nu}\right)=0 \tag{6.34}$$

$$R^{\mu\nu}-\frac{1}{(n-1)}g^{\mu\nu}R=0 \qquad R\neq 0 \ and \ \therefore \ D_\mu R\neq 0 \tag{6.35}$$

$$D_\mu\left(R^{\mu\nu}-\frac{1}{(n-1)}g^{\mu\nu}R\right)=D_\mu R^{\mu\nu}-\frac{1}{(n-1)}g^{\mu\nu}\left(D_\mu R\right) \tag{6.36}$$

Calculando con los símbolos de Christoffel podemos obtener

$$D_\mu R^{\mu\nu}=\frac{1}{(n-1)}g^{\mu\nu}D_\mu R \tag{6.37}$$

$$D_\mu\left(R^{\mu\nu}-\frac{1}{(n-1)}g^{\mu\nu}R\right)=\frac{1}{(n-1)}g^{\mu\nu}D_\mu R-\frac{1}{(n-1)}g^{\mu\nu}\left(D_\mu R\right)=0 \tag{6.38}$$

$$D_\mu\left(R^{\mu\nu}-\frac{1}{(n-1)}g^{\mu\nu}R\right)=0 \tag{6.39}$$

Así, la energía y el impulso se conservan en forma covariante,

$$D_\mu\left(R^{\mu\nu}-\frac{1}{(n-1)}g^{\mu\nu}R\right)=0 \tag{6.40}$$

$$D_\mu\left(G^{\mu\nu}\right)=0 \tag{6.41}$$

Para $n = 3$, con tres dimensiones espaciales, las ecuaciones de campo de Einstein son

$$R_{\mu\nu} - \frac{1}{2} g_{\mu\nu} R = \frac{8\pi G}{c^4} \left(T_{\mu\nu} - \Lambda_{\mu\nu} \right) \tag{6.42}$$

Para $n = 4$, con tres dimensiones espaciales y una dimensión temporal, tenemos

$$R_{\mu\nu} - \frac{1}{3} g_{\mu\nu} R = \frac{8\pi G}{c^4} \left(T_{\mu\nu} - \Lambda_{\mu\nu} \right) \tag{6.43}$$

Para $n = 6$, con tres dimensiones espaciales y tres dimensiones temporales, tenemos

$$R_{\mu\nu} - \frac{1}{5} g_{\mu\nu} R = \frac{8\pi G}{c^4} \left(T_{\mu\nu} - \Lambda_{\mu\nu} \right) \tag{6.44}$$

Dado que las ecuaciones de campo originales de Einstein son de cuatro dimensiones, y pueden predecir la gravedad de Newton para las ecuaciones de los cuerpos de masa con un campo gravitacional débil, independientes del tiempo, y con movimientos lentos, reconsideremos la parte de semi-sin rastro (del tensor de Ricci) que representa la curvatura local que se origina por la presencia de la materia y la energía, las ondas gravitacionales de marea, el arrastre del marco gravitacional, y las ondas gravitacionales locales, en una región del espacio-tiempo.

$$E_{abcd} = \frac{1}{n-2} \left(g_{ac} S_{bd} - g_{ad} S_{bc} + g_{bd} S_{ac} - g_{bc} S_{ad} \right) \tag{6.45}$$

$$E_{abcd} = \frac{1}{(n-2)} \left[g_{ac} E_{bd} - \frac{2}{n} E g_{ac} g_{bd} - g_{ad} E_{bc} + \frac{2}{n} E g_{ad} g_{bc} + g_{bd} E_{ac} - g_{bc} E_{ad} \right] \tag{6.46}$$

Aplicando g^{ac} para contraer índices,

$$E_{bd} = \frac{1}{(n-2)} \left\{ g^{ac} g_{ac} E_{bd} - \frac{2}{n} E g^{ac} g_{ac} g_{bd} - g^{ac} g_{ad} E_{bc} + \frac{2}{n} E g^{ac} g_{ad} g_{bc} + g^{ac} g_{bd} E_{ac} - g^{ac} g_{bc} E_{ad} \right\} \tag{6.47}$$

$$E_{bd} = \frac{1}{(n-2)} \left(E_{bd} - E_{bd} + g_{bd} E - E_{bd} \right) = \frac{1}{(n-2)} \left(- E_{bd} + g_{bd} E \right) \tag{6.48}$$

$$E_{bd} + \frac{1}{(n-2)} E_{bd} = \frac{1}{(n-2)} g_{bd} E \tag{6.49}$$

$$\frac{(n-1)}{(n-2)} E_{bd} = \frac{1}{(n-2)} g_{bd} E \tag{6.50}$$

$$E_{bd} = \frac{1}{(n-1)} g_{bd} E \tag{6.51}$$

$$E_{bd} - \frac{1}{(n-1)} g_{bd} E = 0 \tag{6.52}$$

o en una forma más reconocible, para $n > 1$, tenemos

$$R_{\mu\nu} - \frac{1}{(n-1)} g_{\mu\nu} R = 0 \tag{6.53}$$

Si $n = 4$, obtenemos el mismo lado izquierdo de la ecuación del campo tridimensional con tres dimensiones espaciales y una dimensión temporal resultante.

$$R_{\mu\nu} - \frac{1}{3} g_{\mu\nu} R = 0 \tag{6.54}$$

Así, las ECE de cuatro dimensiones, solamente para la curvatura local, se convierte en

$$R_{\mu\nu} - \frac{1}{3} g_{\mu\nu} R = kT_{\mu\nu} \tag{6.55}$$

Mediante la contracción de la parte de semi-sin rastro (del tensor de Ricci) sólo para la curvatura local, hemos comprobado que el lado de Ricci de las ecuaciones de campo de Einstein de cuatro dimensiones se estructura para incluir una fracción de ⅓ para representar la curvatura de las tres dimensiones espaciales y una dimensión temporal resultante del espacio-tiempo. Si las ecuaciones de campo incluyen una fracción de ½ en el lado de Ricci, las ecuaciones están estructuradas para representar la curvatura de las variedades temporales estratificadas sobre variedades espaciales para tres dimensiones espaciotemporales, por lo que las ecuaciones no están estructuradas para que el espacio y el tiempo sean dimensiones independientes.

Volvamos a considerar la ecuación de campo de cuatro dimensiones,

$$G_{\mu\nu} = \frac{8\pi G}{c^4}\left(T_{\mu\nu} - \Lambda_{\mu\nu}\right) \tag{6.56}$$

$$R_{\mu\nu} - \frac{1}{3} g_{\mu\nu} R = \frac{8\pi G}{c^4}\left(T_{\mu\nu} - \Lambda_{\mu\nu}\right) \tag{6.57}$$

A medida que el tensor de la tensión-energía-impulso se desvanece, una región del espacio-tiempo puede tener radiación gravitacional sin tener una singularidad, siendo plana de Ricci, pero no plana de Riemann. El tensor de Ricci es suficiente para describir la curvatura, pero el espacio es inherentemente Riemann.

Sustituyendo la solución de vacío del tensor de Ricci cuando el tensor de la tensión-energía-impulso es cero, $T_{\mu\nu} = 0$, en la región del espacio-tiempo bajo consideración, con la materia o la energía cosmológica que no son cero, y con las ondas gravitacionales cosmológicas, obtenemos

$$R_{\mu\nu} - \frac{1}{3} g_{\mu\nu} R = -\frac{8\pi G}{c^4}\left(\Lambda_{\mu\nu}\right) \tag{6.58}$$

El tensor métrico, $g_{\mu\nu}$, se puede obtener de la curvatura de la materia y la energía cosmológicas, y de las ondas gravitacionales cosmológicas del campo gravitacional presente a través de una región del vacío en el espacio-tiempo cuyo límite es el potencial de Newton.

En una variedad Riemanniana local y casi plana de seis dimensiones, tenemos

$$g^{\mu\nu} g_{\mu\nu} = g = 6 \tag{6.59}$$

Usando la ecuación de cuatro dimensiones con el tiempo tridimensional plegado, obtenemos

$$-R = -\frac{8\pi G}{c^4}(\Lambda) \quad (6.60)$$

$$R = \frac{6}{a^2c^2}\left(a\ddot{a} + \dot{a}^2 + kc^2\right) \quad (6.61)$$

$$R = \frac{6}{a^2c^2}\left(a\ddot{a} + \dot{a}^2 + kc^2\right) = \frac{8\pi G}{c^4}(\Lambda) \quad (6.62)$$

$$\frac{\ddot{a}}{ac^2} + \frac{\dot{a}^2}{a^2c^2} + \frac{k}{a^2} = \frac{8\pi G}{6c^4}(\Lambda) = \frac{8\pi G}{6c^4}(-3\rho + 3p) \quad (6.63)$$

Las densidades de la energía ρ y de la presión p antedichas son las densidades de la energía y de la presión de la materia y la energía cosmológica. Simplificando la ecuación anterior, obtenemos

$$\frac{\ddot{a}}{a} + \frac{\dot{a}^2}{a^2} + \frac{kc^2}{a^2} = \frac{4\pi G}{c^2}(p - \rho) = \mathcal{H}(p - \rho) \quad (6.64)$$

Esta ecuación constituye la base de la curvatura en una región del espacio-tiempo de nuestro universo sin las fuentes de masa o sin los campos gravitacionales, y contiene información sobre los tiempos de referencia. Estas ecuaciones gravitacionales son de campo débil (del campo lejano) mientras que las ecuaciones de campo de Einstein con el tensor de la tensión-energía-impulso pueden ser de campo débil (del campo cercano).

¿Dónde está la materia bariónica que falta en el universo observable?

La constante cosmológica se ha añadido a la métrica estándar de FLRW de la cosmología para producir el modelo lambda-MDL, también conocido como el modelo estándar de la cosmología, porque el modelo está de acuerdo precisamente con las observaciones. Las mediciones actuales indican que el universo actual tiene 68,3% de un tipo de energía que no se ha encontrado, 26,8% de un tipo de materia que no se ha encontrado, y el 4,9% de la materia ordinaria, con los neutrinos y los fotones en unas cantidades muy pequeñas. El modelo estándar de cosmología asume que la Teoría General de la Relatividad es la teoría correcta de la gravedad en las escalas cosmológicas.

La combinación de la materia y la energía en el volumen del universo puede expresarse como la densidad de la energía o de la presión. La mayoría de los modelos inflacionarios predicen que la materia y la energía totales del universo deben ser muy cercanas al 100% de la densidad crítica. Según se mide desde el espectro del fondo cósmico de las microondas, el tipo de materia que no se ha encontrado y la materia ordinaria representan sólo alrededor del 30% de la densidad crítica, mientras que se infiere que un tipo de energía que no ha sido encontrada representa el restante 70% de la densidad crítica.

La cantidad observada de la materia bariónica no coincide con las predicciones teóricas. Se observó en las investigaciones previas que la materia observable del universo (la materia ordinaria o bariónica) se estima que es aproximadamente de 10^{53} Kg, aunque, si comparamos la medida de la constante gravitacional universal desde la tierra que ha sido validada en numerosas ocasiones, la materia ordinaria del universo observable tendría que ser de aproximadamente 1,5 x 10^{53} Kg, o aproximadamente un cincuenta por ciento más que nuestro cálculo anterior, ceteris paribus, si la constante gravitacional universal fuera la misma en cualquier punto del universo observable.

Derivemos las ECE de cuatro dimensiones y las ECE de seis dimensiones de las ECE multidimensionales,

$$R_{\mu\nu} - \frac{1}{(n-1)} g_{\mu\nu} R = \frac{8\pi G}{c^4}\left(T_{\mu\nu} - \Lambda_{\mu\nu}\right) \tag{6.65}$$

Donde *"n"* es el número de las dimensiones espaciotemporales.

Si $n = 4$ dimensiones, tenemos

$$R_{\mu\nu} - \frac{1}{3} g_{\mu\nu} R = \frac{8\pi G}{c^4}\left(T_{\mu\nu} - \Lambda_{\mu\nu}\right) \tag{6.66}$$

De las ECE de cuatro dimensiones, obtenemos

$$-6\left(\frac{\ddot{a}}{ac^2}+\frac{\dot{a}^2}{a^2c^2}+\frac{k}{a^2}\right)=\frac{8\pi G}{c^4}(-3\rho+3p) \tag{6.67}$$

$$-\left(\frac{\ddot{a}}{ac^2}+\frac{\dot{a}^2}{a^2c^2}+\frac{k}{a^2}\right)=\frac{4\pi G}{c^4}(-\rho+p) \tag{6.68}$$

Puesto que la materia ordinaria total del universo observable ha sido validada de acuerdo con el tensor de tensión-energía-impulso de las ECE de cuatro dimensiones, ¿qué pasa si el valor pronosticado de la materia ordinaria es menor que el valor real?

Si sustituimos Γ (gamma) por la curvatura de las ECE en cuatro dimensiones e incrementamos la densidad de la materia y la presión en un 50% según el valor actual de la constante gravitacional universal medida en la tierra, tenemos la siguiente revisión a las ECE de cuatro dimensiones. El fondo cósmico de las microondas nos dice que debe

haber alrededor de un 50% más de materia ordinaria.

$$-\Gamma=\frac{4\pi G}{c^4}(-1.5\rho+1.5p)=\frac{6\pi G}{c^4}(-\rho+p) \tag{6.69}$$

Si $n = 6$ dimensiones, tenemos

$$R_{\mu\nu}-\frac{1}{5}g_{\mu\nu}R=\frac{8\pi G}{c^4}\left(T_{\mu\nu}-\Lambda_{\mu\nu}\right) \tag{6.70}$$

De las ECE de seis dimensiones, obtenemos

$$-6\left(\frac{\ddot{a}}{ac^2}+\frac{\dot{a}^2}{a^2c^2}+\frac{k}{a^2}\right)=\frac{40\pi G}{c^4}(-3\rho+3p) \tag{6.71}$$

$$-\left(\frac{\ddot{a}}{ac^2}+\frac{\dot{a}^2}{a^2c^2}+\frac{k}{a^2}\right)=\frac{20\pi G}{c^4}(-\rho+p) \tag{6.72}$$

Semejantemente, si substituimos Γ (gamma) para la curvatura, e incrementamos la densidad de la materia y de la presión por un 50%, según el valor actual medido desde la tierra, de la constante gravitacional universal, tenemos

$$-\Gamma = \frac{20\pi G}{c^4}(-1.5\rho + 1.5p) = \frac{30\pi G}{c^4}(-\rho + p) \qquad (6.73)$$

Por lo tanto, la constante de Einstein en las ECE de seis dimensiones es aproximadamente 5 veces mayor que la constante de Einstein en las ECE de cuatro dimensiones. Además, $30\pi - 4\pi = 26\pi$, por lo que es posible dar cuenta del 4% de la materia ordinaria, o del 26% de algún otro tipo de materia que no se ha encontrado, o pedir el paradero del restante 70% de algún otro tipo de energía que no ha sido encontrada. Es un gran mérito para la investigación cuando se postula que hay algo que falta. Sin embargo, la naturaleza siempre decide la veracidad de cada salto de lógica irrefutable que puede provenir de cualquier teórico.

Dividamos el lado derecho de las ECE revisada de cuatro dimensiones por el lado derecho de las ECE de seis dimensiones,

$$\frac{\frac{6\pi G}{c^4}}{\frac{20\pi G}{c^4}} = \frac{6}{20} = 0.30 = 30\% \qquad (6.74)$$

Por consiguiente, la materia representada por las ECE de cuatro dimensiones es sólo el 30% de la materia representada por las ECE de seis dimensiones, según la constante gravitacional universal estimada para el universo. Entonces, es comprensible preguntar, ¿Dónde está el otro 70% de la energía en el universo observable? El otro 70% de la energía está en el resto del 20π que es 14π ya que $14\pi/20\pi = 70\%$; así que, para juzgar hay que probar. Además, estos resultados apoyan la hipótesis de que toda la materia ordinaria y la energía en el universo, la densidad crítica, ya está ahí para ser observada o calculada. Si asumimos que el tiempo es tridimensional, el lado derecho de las actuales ECE de cuatro dimensiones representa tres dimensiones espaciales y una dimensión temporal, los términos de curvatura serían cuatro de un posible seis, 4/6, que puede ser reducido a 2/3 de la curvatura total de seis dimensiones.

Reconsiderando las ECE de cuatro dimensiones, obtenemos

$$-\frac{4\cdot 6}{6}\left(\frac{\ddot{a}}{ac^2}+\frac{\dot{a}^2}{a^2c^2}+\frac{k}{a^2}\right)=\frac{8\pi G}{c^4}\left(-3\rho+3p\right) \tag{6.75}$$

$$-\left(\frac{\ddot{a}}{ac^2}+\frac{\dot{a}^2}{a^2c^2}+\frac{k}{a^2}\right)=\frac{8\pi G}{4c^4}\left(-3\rho+3p\right)=\frac{2\pi G}{c^4}\left(-3\rho+3p\right)=\frac{6\pi G}{c^4}\left(-\rho+p\right) \tag{6.76}$$

Es interesante notar que los astrónomos miden la masa de un clúster, o una agrupación, midiendo cómo las galaxias del fondo son distorsionadas por un clúster de primer plano a través de los lentes gravitacionales. La masa en un clúster es 5 veces mayor que la masa inferida en las estrellas, las nubes de gas y la polvareda observables. Hay otros métodos que infieren que la masa no observada compensa lo visible por aproximadamente una proporción de 5 a 1. Por ejemplo, la dispersión en las velocidades radiales de las galaxias dentro de los clústeres, y de los rayos *"x"* emitidos por el gas caliente en los clústeres. La temperatura y la densidad del gas se pueden estimar para rendir la presión, puesto que el perfil total del clúster es determinado por el equilibrio de la presión y de la gravedad.

Estos resultados apoyan la seis-dimensionalidad del espacio-tiempo y examinan la materia ordinaria total en el universo observable mientras que existe como el espacio, el tiempo, y la energía. Las ecuaciones de campo de la Teoría General de la Relatividad describen la curvatura espaciotemporal y la distribución de la materia en todo el universo. El efecto de la interferencia de las ondas espaciotemporales alrededor de la materia, o de la masa, da como resultado una curvatura espaciotemporal que produce un campo gravitacional mensurable. El conjunto de las ecuaciones de campo define la relación gravitacional entre la materia, la energía y el espacio-tiempo. La relación gravitacional entre la materia, la energía y el espacio-tiempo, demuestra que la tensión en el espacio-tiempo es proporcional a la tensión de la masa y de la energía que afecta ese espacio-tiempo.

6.2. La curvatura y la torsión intrínseca

Cuando dos o más dimensiones se tuercen simultáneamente en otra dimensión, el área de la superficie definida por estas dos o más dimensiones cambia, y el área nuevo de la superficie ya no se mapea sobre la superficie original de un espacio plano. El área nuevo de la superficie se denomina una curvatura intrínseca y no se transforma en un espacio plano.

La torsión externa y la interna están estrechamente relacionada con la curvatura intrínseca externa o la interna. Pensemos en el transporte paralelo de un tensor de primer orden (un vector) alrededor de la superficie curva en el exterior de una esfera como se muestra a continuación.

La superficie convexa tiene una curvatura positiva o una curvatura intrínseca externa. Comencemos el transporte paralelo de nuestro tensor de primer orden desde la esquina izquierda hacia la derecha en el sentido antihorario alrededor del perímetro exterior, para terminar en el punto de partida, midiendo la curvatura confinada por la trayectoria del transporte paralelo, y la reorientación del tensor, dado por un ángulo de torsión. La curvatura se manifiesta en la reorientación del tensor de primer orden, no en los cambios de la magnitud del tensor.

La torsión se manifiesta en el grado angular de la reorientación. El ángulo de la torsión es proporcional al área de la superficie dentro del bucle de la trayectoria. Así, la torsión y la curvatura son proporcionales y complementarias durante el transporte paralelo.

Por consiguiente, cuando una partícula se acerca a una curvatura intrínseca externa, como la curvatura de un cuerpo celeste, la partícula experimentaría los efectos de la curvatura externa intrínseca y la torsión.

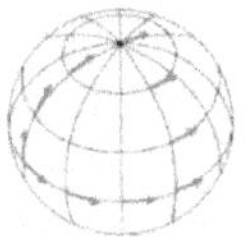

Figura 4.

Por ejemplo, un vector transportado en paralelo alrededor del perímetro de una zona curva, que es una octava parte de la superficie de una esfera con radio *R*, tiene un ángulo de rotación de 90 grados a medida que circunvala el área. La curvatura del área es dada por

$$La\ Curvatura = \frac{El\ Angulo\ de\ la\ Rotación}{El\ Area\ Circunvalada} = \frac{\frac{\pi}{2}}{\frac{1}{8}\left(4\pi R^2\right)} = \frac{1}{R^2} \quad (6.77)$$

$$La\ Curvatura \equiv \frac{\partial \theta}{\partial S} \equiv \frac{1}{d^2} \quad (6.78)$$

Por lo tanto, la curvatura de una variedad Riemanniana se puede obtener del transporte paralelo de un vector a lo largo de una curva. La curvatura depende de la trayectoria, la curva, y el ángulo de rotación del vector inicial, donde d^2 es el área de las dimensiones de la curvatura, y θ representa los radianes de la rotación del vector transportado en paralelo. (Ciufolini, 1995)

Pensemos en la superficie cóncava con una curvatura negativa, o una curvatura intrínseca interna, de la misma variedad desde la perspectiva del centro de la esfera frente a la superficie interior. Iniciamos el transporte paralelo en el mismo punto de partida con el mismo tensor de primer orden, siguiendo la misma trayectoria, y terminando en el punto de partida. Podemos observar que ambos tensores terminan en el mismo ángulo de torsión. Sin embargo, el tensor externo ha girado en sentido antihorario mientras que el tensor interno ha girado en sentido horario. Así, los tensores externos de la curvatura intrínseca y los internos de primer orden son iguales en términos del ángulo de la torsión, pero opuestos en el giro angular o en el signo.

A medida que una partícula se acerca a una curvatura intrínseca interna, la partícula experimentaría tanto los efectos de la curvatura intrínseca interna como la torsión. Sin embargo, la torsión interna y la torsión externa son iguales en el giro angular y opuestas en el giro angular o en el signo, aunque ambas existen en la misma variedad. La curvatura externa intrínseca y la torsión externa son suplementarias a la curvatura externa de Ricci desde una perspectiva externa, como la perspectiva de una partícula externa incidente o un cuerpo externo de masa, mientras que la curvatura intrínseca interna y la torsión interna es suplementaria a la curvatura interna de Ricci desde una perspectiva interna como la perspectiva del cuerpo interno de masa o una partícula interna incidente.

Tanto la curvatura como la torsión son cruciales para la Teoría General de la Relatividad, y ambos ejercen efectos en el espacio-tiempo sobre un cuerpo celeste. La curvatura y la torsión son componentes del espacio en el campo gravitacional de un cuerpo celeste de masa.

Expresemos las ecuaciones de campo de Einstein con la curvatura y la torsión intrínsecas externas y las internas.

$$G_{\mu\nu} + \nabla_{\omega}\theta^{\omega}{}_{\mu\nu} = \kappa T_{\mu\nu} + \nabla_{\omega}\theta^{\omega}{}_{\mu\nu} \qquad (6.79)$$

La torsión externa y la torsión interna son iguales en el grado angular pero opuestas en el signo desde la perspectiva del tensor de Einstein y del tensor de la tensión-energía-impulso de las ECE de campo cercano, tal como las ECE de un cuerpo celeste o de un sistema solar local. Para el campo lejano las ECE de las galaxias distantes pueden tener una torsión Riemanniana remanente.

$$\theta^{\omega}{}_{\mu\nu} = \Gamma^{\omega}{}_{\mu\nu} - \Gamma^{\omega}{}_{\nu\mu} \qquad (6.80)$$

donde "ν" y "μ" no son necesariamente iguales, y gamma, Γ, es una conexión de la variedad Riemanniana.

La conexión de Levi-Civita de la métrica dada en cualquier variedad seudo-Riemanniana, según lo utilizado en la Teoría General de la Relatividad, o en cualquier variedad Riemanniana, preserva el tensor métrico en una conexión métrica única y libre de torsión, según lo indicado en el Teorema Fundamental de la Geometría Riemanniana. Esto implica que el tensor métrico es preservado por el transporte paralelo, mientras que el tensor resultante de la torsión es cero.

Además, la torsión del campo electromagnético se puede producir por el campo electromagnético resultante de los campos electromagnéticos locales y los cosmológicos. En tal caso, un tensor electromagnético resultante de la densidad de la masa-energía de la torsión, $\Psi_{\varepsilon\beta}$, puede aparecer en el lado derecho de las ECE además del tensor de la tensión-energía-impulso, $T_{\mu\nu}$, que produce un tensor resultante de la torsión, $\nabla_{\omega}\left(L^{\omega}{}_{\varepsilon\beta} - \Lambda^{\omega}{}_{\varepsilon\beta}\right)$, en el lado izquierdo de las ECE además del tensor de la curvatura de Einstein.

6.3. Sobre la Teoría General de la Relatividad con torsión

Una región del espacio-tiempo puede tener torsión, lo que implicaría que los vectores giran sobre sus trayectorias durante el transporte paralelo bajo la Teoría General de la Relatividad, así como en la Teoría de las Cuerdas. Los vectores son tensores de primer orden (Rango-1). Los tensores de Rango-2 pueden ser simétricos (p.ej. el tensor de la curvatura de Ricci) o antisimétricos (p.ej. el tensor electromagnético).

Si un tensor alterna su signo (+/−) cuando se intercambian dos de sus índices, entonces ese tensor es antisimétrico. Generalmente, el subconjunto de los índices de tal tensor antisimétrico debe ser todo covariante o todo contravariante. Si el intercambio de cualquier par de índices de un tensor, o cualquier par de índices de una matriz cuadrada de un tensor a cada lado de la diagonal, hace que el signo del tensor alterne, entonces el tensor es totalmente antisimétrico.

Un conjunto de bases de un vector, o de un tensor, puede conceptualizarse como un conjunto de los ejes de referencia. En el espacio-tiempo curvo, un conjunto de los vectores de base cambia la orientación de punto a punto, pero en un espacio-tiempo plano, un conjunto de los vectores de base sería constante de punto a punto. Si hay cambios en la escala de la base, un vector o un tensor que exhibe un comportamiento de cambiar la escala inversamente a los cambios en la escala de la base es contravariante, p.ej. la velocidad, la aceleración, y el tirón. Un vector o un tensor que exhibe un comportamiento del cambio de la escala de la misma manera que la escala de la base es covariante, por ejemplo, el gradiente de una función. Los tensores pueden exhibir los cambios covariantes y/o los contravariante de la escala en sus componentes, y en la posición de sus índices. Los índices superiores del tensor son contravariante y los índices inferiores son covariantes. Un tensor es una generalización multidimensional versátil del concepto de un vector.

La torsión puede describirse como un tensor que proporciona una representación intrínseca de cómo los espacios tangentes se tuercen sobre una curva cuando son transportados paralelamente. Por otro lado, la curvatura describe cómo los espacios tangentes ruedan a lo largo de la curva. Así, la torsión puede ser tratada como un campo de un tensor independiente o como parte de la geometría, el enfoque geométrico puede proporcionar una mayor visión de la teoría. (Wald, 1984)

Usando la ecuación de campo de seis dimensiones para un cuerpo de masa con carga,

$$G_{\mu\nu} + \overline{G}_{\varepsilon\beta} = \frac{8\pi G}{c^4}\left(T_{\mu\nu} - \Lambda_{\mu\nu} + \Phi_{\varepsilon\beta}\right) \tag{6.81}$$

En un espacio con torsión, el tensor de Ricci no tiene que ser simétrico para que un tensor de la torsión que es asimétrico pueda aparecer en el lado derecho de la ecuación de campo de Einstein. Un espacio que es Riemanniano-Cartaniano es un espacio métrico-afín con una conexión que es métrica, $D_\mu g^{\mu\nu} = 0$. En un espacio que es Riemanniano-Cartaniano, la conexión es determinada por su torsión y por su tensor métrico. (Cartan, 1922, 1923)

Vale la pena mencionar que las teorías gravitacionales de la relatividad descansan sobre las leyes de la conservación que proceden de las identidades de Bianchi; por lo tanto, si el espacio tiene torsión, la divergencia del tensor de la tensión-energía-impulso no tiene que desvanecerse.

Expresemos nuestra métrica como $g_{\mu\nu}$, y una torsión como $L^{\omega}{}_{\mu\nu}$, de modo que existe un operador único ∇_μ con torsión $L^{\omega}{}_{\mu\nu}$, que satisface $\nabla_\mu g_{\nu\omega} = 0$. (Wald, 1984)

El tensor electromagnético de la torsión de la densidad de la masa-energía se define como la diferencia entre el tensor local y los tensores electromagnéticos que no son locales de la densidad de la masa-energía de la torsión. El tensor local de la torsión de la densidad de la masa-energía emerge del campo electromagnético local y el tensor de la torsión, que no es local o que es cosmológica, de la densidad de la masa-energía, si está presente, que proviene del campo electromagnético cosmológico. El tensor local de la torsión de la densidad de la masa-energía, $\Psi(L)_{\varepsilon\beta}$, se relaciona con el tensor local de la curvatura de Riemann y el tensor electrogravítico resultante a través de la densidad de la masa-energía del campo electromagnético local a través del espacio-tiempo y es parte de la gravedad del campo local. El tensor de la torsión de la densidad de la masa electromagnética cosmológica, $\Psi(\Lambda)_{\varepsilon\beta}$, contrarresta el tensor de la densidad de energía de la masa electromagnética local.

$$\Psi_{\varepsilon\beta} = \Psi(L)_{\varepsilon\beta} - \Psi(\Lambda)_{\varepsilon\beta} \tag{6.82}$$

En términos de la torsión ejercida por los tensores de la densidad de la masa-energía, la densidad de la masa electromagnética local y la cosmológica, obtenemos

$$\nabla_{\omega}\left(L^{\omega}{}_{\varepsilon\beta} - \Lambda^{\omega}{}_{\varepsilon\beta}\right) = \frac{8\pi G}{c^4}\Psi_{\varepsilon\beta} \tag{6.83}$$

El tensor de la torsión resultante de la densidad de la masa-energía electromagnética, $\Psi_{\varepsilon\beta}$, puede aumentar o contrarrestar el efecto de la torsión sobre la curvatura local de Riemann dependiendo de la fuerza del tensor de la torsión local electromagnética o del tensor de la torsión cosmológica. El tensor de la torsión local aumenta el efecto de la torsión local.

Con un tensor de la torsión de la densidad de la masa-energía electromagnética, $\Psi_{\varepsilon\beta}$, que es totalmente antisimétrico, tenemos

$$\tilde{G}_{\mu\nu\varepsilon\beta} = G_{\mu\nu} + \overline{G}_{\varepsilon\beta} + \nabla_{\omega}\left(L^{\omega}{}_{\varepsilon\beta} - \Lambda^{\omega}{}_{\varepsilon\beta}\right) = \frac{8\pi G}{c^4}\left\{T_{\mu\nu} - \Lambda_{\mu\nu} + \Phi_{\varepsilon\beta} + \Psi_{\varepsilon\beta}\right\} = \frac{8\pi G}{c^4}\tilde{T}_{\mu\nu\varepsilon\beta} \tag{6.84}$$

$$R_{\nu\mu} + \overline{R}_{\beta\varepsilon} - \frac{1}{(n-1)}\left(g_{\nu\mu}R + g_{\beta\varepsilon}\overline{R}\right) + \nabla_{\omega}\left(L^{\omega}{}_{\varepsilon\beta} - \Lambda^{\omega}{}_{\varepsilon\beta}\right) = \frac{8\pi G}{c^4}\left(T_{\mu\nu} - \Lambda_{\mu\nu} + \Phi_{\varepsilon\beta} + \Psi_{\varepsilon\beta}\right) \tag{6.85}$$

Si el tensor de la torsión de la densidad de la masa-energía electromagnética resultante, es parcialmente antisimétrico,

$$R_{\nu\mu} + \overline{R}_{\beta\varepsilon} - \frac{1}{(n-1)}\left(g_{\nu\mu}R + g_{\beta\varepsilon}\overline{R}\right) - 3\nabla_{[\varepsilon} L^{\omega}_{\omega\beta]} + L^{\omega}{}_{\omega\lambda}L^{\lambda}{}_{\varepsilon\beta} - 3\nabla_{[\mu} \Lambda^{\omega}_{\omega\nu]} + \Lambda^{\omega}{}_{\omega\lambda}\Lambda^{\lambda}{}_{\mu\nu} \tag{6.86}$$

$$= \frac{8\pi G}{c^4}\left(T_{\mu\nu} - \Lambda_{\mu\nu} + \Phi_{\varepsilon\beta} + \Psi_{\varepsilon\beta}\right)$$

Si el tensor de la tensión-energía-impulso y el tensor electrogravítico fueran a desvanecerse inmediatamente, $T_{\mu\nu} = 0$ y $\Phi_{\varepsilon\beta} = 0$, obtendríamos la siguiente ecuación de la torsión totalmente-antisimétrica y cosmológica,

$$-\left\{\overline{R}_{\nu\mu} - \frac{1}{(n-1)}\overline{g}_{\nu\mu}\overline{R}\right\} + \nabla_{\omega}\left(L^{\omega}{}_{\varepsilon\beta} - \Lambda^{\omega}{}_{\mu\nu}\right) = \frac{8\pi G}{c^4}\left(\Psi_{\varepsilon\beta} - \Lambda_{\mu\nu}\right) \qquad (6.87)$$

La torsión puede estar presente en las tres partes del tensor de la curvatura de Riemann ya que cada parte tiene y está asociada a un tensor de la curvatura de Ricci de segundo orden, y cada parte se puede someter a la antisimetría.

Si aplicamos g^{ac} para contraer el tensor de la curvatura de Riemann, R_{abcd}, podemos obtener una solución de vacío sin torsión,

$$R_{bd} - \frac{1}{(n-1)} g_{bd} R = 0 \qquad (6.88)$$

En ausencia de la torsión en el tensor de la curvatura de Riemann, tenemos la Simetría del Intercambio,

$$R_{abcd} = \frac{1}{2}\left\{R_{cdab} - R_{dacb} - R_{acdb}\right\} = R_{cdab} \qquad (6.89)$$

El tensor de la curvatura de Riemann, R_{abcd}, ya no es simétrico bajo el intercambio del primer par de índices con el segundo par de índices, R_{cdab}, cuando la torsión está presente. Si existe un tensor de la densidad de la masa-energía electromagnética totalmente antisimétrico en la curvatura del tensor electrogravítico con la curvatura o la torsión cosmológica insignificante, podemos expresar la ecuación de la torsión como

$$\overline{R}_{\beta\varepsilon} - \frac{1}{(n-1)} g_{\beta\varepsilon}\overline{R} + \nabla_{\omega} L^{\omega}{}_{\varepsilon\beta} = \frac{8\pi G}{c^4}\left(\Phi_{\varepsilon\beta} + \Psi_{\varepsilon\beta}\right) \qquad (6.90)$$

Podemos escribir el tensor de la curvatura de Riemann sin la torsión como

$$R_{abcd} = S_{abcd} + E_{abcd} + C_{abcd} \tag{6.91}$$

y con un tensor de torsión de la curvatura de Riemann totalmente antisimétrico como

$$R_{abcd} = S_{cdab} + E_{cdab} + C_{cdab} - \nabla_{[a}\, \theta_{b]cd} + \nabla_{[c}\, \theta_{d]ab} \tag{6.92}$$

$$R_{abcd} + \nabla_{[a}\, \theta_{b]cd} = R_{cdab} + \nabla_{[c}\, \theta_{d]ab} \tag{6.93}$$

La densidad de la presión, o de la energía, de la materia cargada, se excluye de la densidad neutra, o la densidad local o cosmológica que no está cargada, de la energía.

La densidad de la energía, $\rho_{\chi\chi}$, de los componentes de tiempo-tiempo, (Kg/m^3), del tensor de la torsión de la densidad de la masa-energía electromagnética definido como el valor del vector Poynting dividido por c^3 , donde *"c"* es la velocidad de la luz. Los componentes de tiempo-tiempo se convierten, $c^2\rho_{\chi\chi}$, que es igual a $\vec{S}_{\chi\chi}/c$ en (J/m^3). El vector Poynting se propaga en todos los sentidos de la dirección del tiempo tridimensional.

$$\rho_{\chi\chi} = \frac{\vec{S}_{\chi\chi}}{c^3} = \frac{1}{\mu_0 c^3}\left(\vec{E}_{\chi\chi} \times \vec{B}_{\chi\chi}\right) \tag{6.94}$$

La presión de los componentes de espacio-espacio, $(N/m^2$ or $J/m^3)$, se define como el producto exterior del campo eléctrico y la densidad del flujo magnético dividido por el producto de la velocidad de la luz *"c"* con la permeabilidad del medio. El producto exterior se toma en cada sentido de la dirección del espacio tridimensional.

$$p_{\chi\chi} = \frac{1}{\mu_0 c}\left(\vec{E}_{\chi\chi} \wedge \vec{B}_{\chi\chi}\right) \tag{6.95}$$

Tanto el vector Poynting como el producto exterior de $\vec{E}_{\chi\chi}$ y $\vec{B}_{\chi\chi}$

son tensores antisimétricos. Para una región del espacio-tiempo sobre un cuerpo celeste de masa con carga, el tensor de la torsión de la densidad de la masa-energía electromagnética de seis dimensiones se puede expresar como

$$\Psi_{\varepsilon\beta} = \begin{vmatrix} \left\{\frac{\vec{S}_{t_x t_x}}{c}\right\} & \left\{\frac{\vec{S}_{t_x t_y}}{c}\right\} & \left\{\frac{\vec{S}_{t_x t_z}}{c}\right\} & \frac{\vec{S}_{t_x x}}{c^2} & \frac{\vec{S}_{t_x y}}{c^2} & \frac{\vec{S}_{t_x z}}{c^2} \\ \left\{\frac{\vec{S}_{t_y t_x}}{c}\right\} & \left\{\frac{\vec{S}_{t_y t_y}}{c}\right\} & \left\{\frac{\vec{S}_{t_y t_z}}{c}\right\} & \frac{\vec{S}_{t_y x}}{c^2} & \frac{\vec{S}_{t_y y}}{c^2} & \frac{\vec{S}_{t_y z}}{c^2} \\ \left\{\frac{\vec{S}_{t_z t_x}}{c}\right\} & \left\{\frac{\vec{S}_{t_z t_y}}{c}\right\} & \left\{\frac{\vec{S}_{t_z t_z}}{c}\right\} & \frac{\vec{S}_{t_z x}}{c^2} & \frac{\vec{S}_{t_z y}}{c^2} & \frac{\vec{S}_{t_z z}}{c^2} \\ \frac{\vec{S}_{x t_x}}{c^2} & \frac{\vec{S}_{x t_y}}{c^2} & \frac{\vec{S}_{x t_z}}{c^2} & \left(\frac{\vec{E}_{xx} \wedge \vec{B}_{xx}}{\mu_0 c}\right) & \left(\frac{\vec{E}_{xy} \wedge \vec{B}_{xy}}{\mu_0 c}\right) & \left(\frac{\vec{E}_{xz} \wedge \vec{B}_{xz}}{\mu_0 c}\right) \\ \frac{\vec{S}_{y t_x}}{c^2} & \frac{\vec{S}_{y t_y}}{c^2} & \frac{\vec{S}_{y t_z}}{c^2} & \left(\frac{\vec{E}_{yx} \wedge \vec{B}_{yx}}{\mu_0 c}\right) & \left(\frac{\vec{E}_{yy} \wedge \vec{B}_{yy}}{\mu_0 c}\right) & \left(\frac{\vec{E}_{yz} \wedge \vec{B}_{yz}}{\mu_0 c}\right) \\ \frac{\vec{S}_{z t_x}}{c^2} & \frac{\vec{S}_{z t_y}}{c^2} & \frac{\vec{S}_{z t_z}}{c^2} & \left(\frac{\vec{E}_{zx} \wedge \vec{B}_{zx}}{\mu_0 c}\right) & \left(\frac{\vec{E}_{zy} \wedge \vec{B}_{zy}}{\mu_0 c}\right) & \left(\frac{\vec{E}_{zz} \wedge \vec{B}_{zz}}{\mu_0 c}\right) \end{vmatrix} \quad (6.96)$$

Así, los componentes de tiempo-espacio (la densidad del impulso), o los componentes espaciotemporales (la densidad del impulso) se definen como el valor del vector Poynting dividido por c^2, dado por $\Psi_{ij} = \vec{S}_{\chi\chi}/c^2$ or $\Psi_{ji} = \vec{S}_{\chi\chi}/c^2$ cuando $i \neq j$, los componentes de tiempo-tiempo se restringen a

$$\Psi_{\varepsilon\beta}(\vec{e}_i)^{\varepsilon}(\vec{e}_j)^{\beta} = \left(\frac{\vec{S}_{\chi\chi}}{c^3}\right)\partial_{ij} \quad (6.97)$$

y los componentes de espacio-espacio están limitados a

$$\Psi_{\varepsilon\beta}(\vec{e}_i)^{\varepsilon}(\vec{e}_j)^{\beta} = \left(\frac{\vec{E}_{\chi\chi} \wedge \vec{B}_{\chi\chi}}{\mu_0 c}\right)\partial_{ij} \quad (6.98)$$

El componente $\vec{S}_{\chi\chi}$ del tiempo-espacio, o del espacio-tiempo, es el valor del vector Poynting.

$$\vec{S}_{\chi\chi} = \varepsilon_0 c^2 \left(\vec{E}_{\chi\chi} \times \vec{B}_{\chi\chi} \right) \tag{6.99}$$

Donde $\vec{E}_{\chi\chi}$ es el campo eléctrico, $\vec{B}_{\chi\chi}$ es la densidad del flujo magnético, ε_0 es la permitividad del medio, y *"c"* es la velocidad de la luz.

Pensemos en una descomposición foliada de las hipersuperficies del espacio-tiempo, para que los espacios tangentes puedan dividirse en los componentes espaciales y temporales, donde los espacios tangentes espaciales ortogonales a un campo vectorial de unidad y tangente, $\vec{n}$, los espacios tangentes temporales paralelos a un campo vectorial unitario y tangente, $\vec{n}$, de modo que un campo vectorial de unidad, temporal y externo, n^μ, es perpendicular a las geodésicas de una hipersuperficie espacial, Σ , de $(n - 1)$ dimensiones, en una variedad M de (n) dimensiones, tal que, $n^\mu n_\mu = -1$, induce la defoliación.

La métrica, $g_{\mu\nu}$, es la primera forma fundamental con una derivada compatible igual a ∇_μ , que induce una métrica Riemanniana tridimensional, $h_{\mu\nu}$, en la hipersuperficie espacial, Σ , como un objeto que habita en el espacio-tiempo. (Baumgarte, 2010)

$$g_{\mu\nu} = h_{\mu\nu} - n_\mu n_\nu \tag{6.100}$$

La métrica espacial, $h_{\mu\nu}$, se induce en la hipersuperficie espacial con una derivada compatible igual a D_μ , es decir, $h_{\mu\nu}$ es puramente espacial, no tiene ningún componente a lo largo n^μ. Contrayendo con lo perpendicular,

$$n^\mu h_{\mu\nu} = n^\mu g_{\mu\nu} + n_\mu n^\mu n_\nu = n_\nu - n_\nu = 0 \tag{6.101}$$

La métrica espacial se puede utilizar para proyectar todos los objetos geométricos a lo largo de la dirección dada por n^μ. La métrica espacial descompone con eficacia los tensores en una pieza puramente espacial de la curvatura que descansa en la hipersuperficie Σ , y una pieza temporal de la curvatura perpendicular a la hipersuperficie. Por ejemplo, si el tensor $R_{\mu\nu}$ es una parte de curvatura espacial, cada índice libre tiene que contraerse con un operador de proyección, denotado $\perp$, entonces sigue que,

$$\perp R_{\mu\nu} \equiv h_{\mu}{}^{\varepsilon} h_{\nu}{}^{\beta} R_{\varepsilon\beta} \tag{6.102}$$

Donde $R_{\varepsilon\beta}$ es una parte de la curvatura temporal.

Así, dada una hipersuperficie espacial Σ de dimensión $(n - 1)$, en una variedad M de dimensión *"n"*, su curvatura extrínseca, $K_{\mu\nu}$, es la tasa de cambio del vector unitario temporal, n^{μ}, perpendicular a la hipersuperficie Σ .

La curvatura extrínseca es la segunda forma fundamental y se puede expresar como

$$K_{\mu\nu} = \vec{e}_{\nu} \cdot \nabla_{\mu} \vec{n} \tag{6.103}$$

La derivada de Lie, L_n , puede también ser utilizada para evaluar el cambio de un tensor de campo vectorial unitario y tangente, para la curvatura extrínseca, $K_{\mu\nu} = -(1/2) L_n h_{\mu\nu}$, a lo largo del flujo de otro campo vectorial, $\vec{e}_{\nu}$. Este cambio es invariante de coordenada y por lo tanto la derivada de Lie se define en cualquier variedad diferenciable. El tensor de la curvatura extrínseca, $K_{\mu\nu}$, tiene información sobre la métrica que es intrínseca a la superficie, así como sobre la curvatura debido a la incrustación de la superficie. La curvatura extrínseca es como la aceleración de una superficie. La derivada de la covariante del campo vectorial unitario y perpendicular con respecto a un vector tangente a la hipersuperficie es en sí misma tangente a la hipersuperficie. Así, la conexión es compatible con la métrica. Definamos el tensor de Riemann dual e izquierdo, y el escalar invariante de Chern-Pontryagin, P, para una variedad Lorentziana de seis dimensiones,

$$^{*}R^{\mu\nu}{}_{\varepsilon\beta} \equiv \frac{1}{2} \in^{\mu\nu\lambda\rho} R_{\lambda\rho\varepsilon\beta} \tag{6.104}$$

$$P \equiv {}^{*}R_{\mu\nu\varepsilon\beta} R^{\mu\nu\varepsilon\beta} \tag{6.105}$$

También vamos a definir un tensor electrogravítico de Riemann de dimensión *"n"*, que es dual y complejo, donde la parte real es el tensor de Riemann y la parte imaginaria es el dual del tensor de Riemann,

$$\widetilde{R}_{\mu\nu\varepsilon\beta} \equiv R_{\mu\nu\varepsilon\beta} + i\, {}^{*}R_{\mu\nu\varepsilon\beta} \tag{6.106}$$

Se deduce que el tensor electrogravítico de Riemann de una dimensión *"n"*, que es complejo, puede descomponerse en sus partes eléctricas y magnéticas, como dos tensores de segundo orden.

La parte eléctrica del tensor electrogravítico de Riemann, que es complejo, se define por

$$E_{\varepsilon\beta} \equiv R_{\mu\nu\varepsilon\beta}\, n^{\mu} n^{\nu} \tag{6.107}$$

La parte magnética del tensor electrogravítico de Riemann, que es complejo, se define por

$$B_{\varepsilon\beta} \equiv {}^{*}R_{\mu\nu\varepsilon\beta}\, n^{\mu} n^{\nu} \tag{6.108}$$

Por consiguiente, de las dos definiciones anteriores tenemos

$$\widetilde{R}_{\mu\nu\varepsilon\beta}\, n^{\mu} n^{\nu} = E_{\varepsilon\beta} + iB_{\varepsilon\beta} \tag{6.109}$$

Los tensores electromagnéticos de segundo orden en forma electrogravítica y compleja pueden expresarse como

$$\widetilde{R}_{\varepsilon\beta} = \sqrt[2]{E_{\varepsilon\beta}{}^{2} + B_{\varepsilon\beta}{}^{2}} \angle Tan^{-1}\left(\frac{B_{\varepsilon\beta}}{E_{\varepsilon\beta}} \right) = \widetilde{R} \angle \theta_{\varepsilon\beta} \tag{6.110}$$

$$\widetilde{R}\angle\theta_{\varepsilon\beta} = \widetilde{R}Cos\,\theta_{\varepsilon\beta} + i\widetilde{R}Sin\,\theta_{\varepsilon\beta} = \widetilde{\mathrm{R}}\mathrm{e}^{i\theta_{\varepsilon\beta}} \qquad (6.111)$$

La magnitud de los tensores electromagnéticos combinados equivale al escalar complejo y electrogravítico de Riemann, $\widetilde{R}$, que representa la curvatura de la hipersuperficie, Σ, en la variedad *M*.

Así, representemos esta curvatura por el tensor electrogravítico de la curvatura de seis dimensiones, $\widetilde{R}_{\varepsilon\beta}$, que equivale al tensor de dimensión "*n*" de Hilbert $\overline{G}_{\varepsilon\beta}$.

$$\widetilde{R}_{\varepsilon\beta} = \overline{R}_{\varepsilon\beta} - \frac{1}{(n-1)} g_{\varepsilon\beta}\overline{R} \qquad (6.112)$$

Además, las partes eléctricas y las magnéticas del tensor electrogravítico de Riemann, que es complejo, en la Teoría General de la Relatividad, son análogas a las que se producen en la Teoría del Electromagnetismo.

El análisis del tensor electrogravítico de Riemann, que es complejo, es útil en la comprensión del campo gravitacional.

Por consiguiente, ¿cómo calculamos $E_{\varepsilon\beta}$ y $B_{\varepsilon\beta}$?

En primer lugar, la ecuación Gauss-Codazzi relaciona la descomposición ortogonal de la curvatura temporal con la curvatura intrínseca y la extrínseca de la hipersuperficie espacial, Σ.

La ecuación Gauss-Codazzi relaciona la proyección enteramente espacial del tensor de la curvatura espaciotemporal a la curvatura tridimensional.

$$h_{\mu}{}^{\alpha} h_{\nu}{}^{\rho} h_{\varepsilon}{}^{\sigma} h_{\beta}{}^{\omega\,(6)}R_{\alpha\rho\sigma\omega} = {}^{(3)}R_{\mu\nu\varepsilon\beta} + K_{\mu\varepsilon}K_{\nu\beta} - K_{\mu\beta}K_{\varepsilon\nu} \qquad (6.113)$$

Por medio de la Simetría del Intercambio, $R_{\mu\nu\varepsilon\beta} = R_{\varepsilon\beta\mu\nu}$, apliquemos la métrica $g^{\mu\nu}$ en la ecuación anterior para rastrear sobre índices μ y ν, y substituir ${}^{(6)}R_{\alpha\rho\sigma\omega}$ con su desunión, y la desunión eléctrica y la magnética, para obtener la parte eléctrica. (García-Parrado, 2007)

La parte eléctrica está dada por,

$$E_{\varepsilon\beta} = K_{\varepsilon\beta}K^{\mu}{}_{\mu} - K_{\varepsilon}{}^{\mu}K_{\beta\mu} + {}^{(3)}R_{\varepsilon\beta} - \frac{1}{2}h_{\varepsilon}{}^{\mu}h_{\beta}{}^{\nu(6)}R_{\mu\nu} - \frac{1}{2}h_{\varepsilon\beta}h^{\mu\nu(6)}R_{\mu\nu} + \frac{1}{3}h_{\varepsilon\beta}{}^{(6)}R \qquad (6.114)$$

Los tres últimos términos de la ecuación anterior se desvanecen en una hipersuperficie plana de Ricci de seis dimensiones, $R_{\mu\nu} \to 0$.

La ecuación de Codazzi-Mainardi implica una desunión del tensor de Riemann de seis dimensiones cuando un índice se contrae en la ecuación de Gauss con n^{β} y los tres índices restantes se proyectan sobre direcciones espaciales.

$$h_{\mu}{}^{\alpha}h_{\nu}{}^{\rho}h_{\varepsilon}{}^{\sigma}n^{\omega(6)}R_{\alpha\rho\sigma\omega} = \mathrm{D}_{\nu}K_{\mu\varepsilon} - D_{\mu}K_{\nu\varepsilon} \qquad (6.115)$$

La parte magnética es dada por

$$B_{\varepsilon\beta} = \in_{\mu\nu(\varepsilon}D^{\mu}K_{\beta)}{}^{\nu} \qquad (6.116)$$

Para una región casi plana del espacio-tiempo sobre un cuerpo celeste de masa con carga, describimos el tensor de la torsión de la densidad de la masa-energía electromagnética, $\Psi_{\varepsilon\beta}$, de la siguiente forma,

$$\Psi_{\varepsilon\beta} = \begin{vmatrix} \left\{\frac{\vec{S}_{t_x t_x}}{c}\right\} & 0 & 0 & 0 & 0 & 0 \\ 0 & \left\{\frac{\vec{S}_{t_y t_y}}{c}\right\} & 0 & 0 & 0 & 0 \\ 0 & 0 & \left\{\frac{\vec{S}_{t_z t_z}}{c}\right\} & 0 & 0 & 0 \\ 0 & 0 & 0 & \left(\frac{\vec{E}_{xx} \wedge \vec{B}_{xx}}{\mu_0 c}\right) & 0 & 0 \\ 0 & 0 & 0 & 0 & \left(\frac{\vec{E}_{yy} \wedge \vec{B}_{yy}}{\mu_0 c}\right) & 0 \\ 0 & 0 & 0 & 0 & 0 & \left(\frac{\vec{E}_{zz} \wedge \vec{B}_{zz}}{\mu_0 c}\right) \end{vmatrix} \qquad (6.117)$$

El espacio-tiempo, o los componentes del tiempo-espacio son $\Psi_{ij} = \Psi_{ji} = 0$, cuando $i \neq j$. Así, con los términos iguales para las densidades y las presiones de la energía, el rastro del tensor de la torsión de la densidad de la masa-energía electromagnética es

$$\Psi = g^{\varepsilon\beta}\Psi_{\varepsilon\beta} = -3\left\{\frac{\vec{S}_{\chi\chi}}{c}\right\} + 3\left(\frac{\vec{E}_{\chi\chi} \wedge \vec{B}_{\chi\chi}}{\mu_0 c}\right) \qquad (6.118)$$

El componente de la torsión de la densidad de la masa-energía representa el cociente del área alternada, en una región del espacio-tiempo, del paralelogramo formado por el producto vectorial del vector del campo eléctrico con el vector de la densidad del flujo magnético al producto de la velocidad de la luz con la permeabilidad del medio (la inductancia por segundo). El componente de la torsión de la presión representa un tensor antisimétrico de segundo-orden y contravariante, que alterna a la frecuencia angular del campo electromagnético, a través de la región del espacio-tiempo bajo consideración. Además, la torsión (o la torsión fantasma) puede existir además de la curvatura en la solución del vacío electrogravítico si el tensor electrogravítico resultante, y el tensor resultante de la tensión-energía-impulso, se desvanecieran inmediatamente, mientras que el campo resultante electromagnético perdure en la región espaciotemporal bajo consideración. Inversamente, la curvatura electrogravítica puede existir en la curvatura sin torsión electromagnética.

6.4. Construyendo la métrica de seis dimensiones del espacio-tiempo

La extensión métrica del espacio-tiempo es una característica de las soluciones a las ecuaciones de campo de Einstein de la relatividad general. La métrica del espacio-tiempo se ha definido entre los puntos con las coordenadas que crecen con el tiempo, en lugar de permanecer constantes. Se ha propuesto como una explicación a la ley de Hubble que las galaxias que están más distantes de la tierra están alejándose más rápido que las galaxias más cercanas. El efecto que es visible localmente de una expansión acelerada es la desaparición de las galaxias lejanas, por el huyente desplazo al rojo.

La métrica actúa como un intervalo infinitesimal del espacio-tiempo, o un elemento de línea, al cuadrado. Por esta razón, uno ve a menudo la notación ds^2 para la métrica. El intervalo espaciotemporal, o el elemento de línea ds^2, transmite la información sobre la estructura causal del espacio-tiempo. Cuando $ds^2 < 0$, el intervalo es temporal, $i^2 ds^2$, y la raíz cuadrada del valor absoluto de ds^2 es un incremento del tiempo apropiado, ids. Sólo los intervalos temporales pueden ser atravesados físicamente por un objeto de masa. Cuando $ds^2 = 0$, el intervalo es lumínico, y se puede atravesar solamente por la luz. Cuando $ds^2 > 0$, el intervalo es espacial y la raíz cuadrada de ds^2 actúa como un incremento de longitud apropiada.

Los intervalos espaciales no se pueden atravesar, puesto que conectan los acontecimientos que están fuera del cono de la luz del otro. Los acontecimientos pueden relacionarse causalmente sólo si cada uno está dentro del cono de la luz del otro. Además, el intervalo métrico entre los acontecimientos de la geometría de Lorentz del espacio-tiempo es una invariante para cualquier observador, así que denotemos para el espacio-tiempo seis-dimensional, homogéneo e isótropo, o el espacio-tiempo Einsteiniano, los intervalos espaciotemporales de seis dimensiones para un observador que viaja cerca de la velocidad del espacio-tiempo, en un movimiento relativo y uniforme, de la siguiente manera:

a. Intervalo Temporal

$$v_s^2(\Delta t_x^2 + \Delta t_y^2 + \Delta t_z^2) > (\Delta x^2 + \Delta y^2 + \Delta z^2) \quad (6.119)$$

Por consiguiente $s^2 > 0$

$$\Delta\tau = \sqrt[2]{\left(\Delta t_x^2 + \Delta t_y^2 + \Delta t_z^2\right) - \left(\frac{\Delta x^2 + \Delta y^2 + \Delta z^2}{v_s^2}\right)} \quad (6.120)$$

donde $\Delta\tau$ es igual al tiempo apropiado

El intervalo temporal apropiado sería medido por un observador con un reloj que viaja entre dos eventos, cuando la ruta del observador cruza cada evento a medida que ocurre ese evento. El tiempo apropiado de un intervalo temporal es el valor de un número real.

b. Intervalo Lumínico

$$v_s^{\,2}(\Delta t_x^{\,2} + \Delta t_y^{\,2} + \Delta t_z^{\,2}) = (\Delta x^2 + \Delta y^2 + \Delta z^2) \qquad (6.121)$$

Por consiguiente $s^2 = 0$

En un intervalo lumínico, la distancia espacial entre dos eventos es exactamente balanceada por el tiempo entre los dos eventos. Los eventos definen un intervalo espaciotemporal al cuadrado igual a cero.

c. Intervalo Espacial

$$(\Delta x^2 + \Delta y^2 + \Delta z^2) > v_s^{\,2}(\Delta t_x^{\,2} + \Delta t_y^{\,2} + \Delta t_z^{\,2}) \qquad (6.122)$$

Por consiguiente $s^2 > 0$

$$\Delta\sigma = \sqrt[2]{\left(\Delta x^2 + \Delta y^2 + \Delta z^2\right) - v_s^{\,2}\left(\Delta t_x^{\,2} + \Delta t_y^{\,2} + \Delta t_z^{\,2}\right)} \qquad (6.123)$$

donde $\Delta\sigma$ es igual al espacio apropiado

Para estos pares de eventos espaciales con un intervalo espaciotemporal positivo al cuadrado, la medición de la separación espacial es la distancia apropiada. Como el tiempo apropiado de un intervalo temporal, la distancia apropiada, $\Delta\sigma$, de un intervalo espacial, es el valor de un número real.

Cuando un intervalo espacial separa dos eventos, no hay suficiente tiempo pasando entre sus ocurrencias para que exista una relación causal que cruce la distancia espacial entre los dos eventos a la velocidad de la luz o más lento. Generalmente, los acontecimientos se consideran que no ocurren en el futuro o el pasado de cada uno. Existe un marco de referencia de tal manera que los dos eventos se observan que ocurren al mismo tiempo, pero no hay ningún marco de referencia en el que los dos eventos pueden ocurrir en la misma ubicación espacial.

Consideremos el ejemplo más simple para la métrica del espacio-tiempo Minkowski, homogéneo e isótropo, o un espacio-tiempo plano, con coordenadas seis-dimensionales (t_x, t_y, t_z, x, y, z) que es dado por

$$ds^2 = -c^2 dt_x{}^2 - c^2 dt_y{}^2 - c^2 dt_z{}^2 + dx^2 + dy^2 + dz^2 \tag{6.124}$$

$$ds^2 = \eta_{\mu\nu} dt^{\mu} dr^{\nu} \tag{6.125}$$

Denotamos para el espacio-tiempo, homogéneo e isótropo, de seis dimensiones, el tensor métrico Einsteiniano para la Relatividad Especial que se puede representar por el símbolo, $\eta_{\mu\nu}$, en un espacio-tiempo plano de seis-dimensiones. (Naber, 1992)

$$\eta_{\mu\nu} = \begin{vmatrix} -c^2 & 0 & 0 & 0 & 0 & 0 \\ 0 & -c^2 & 0 & 0 & 0 & 0 \\ 0 & 0 & -c^2 & 0 & 0 & 0 \\ 0 & 0 & 0 & 1 & 0 & 0 \\ 0 & 0 & 0 & 0 & 1 & 0 \\ 0 & 0 & 0 & 0 & 0 & 1 \end{vmatrix} \tag{6.126}$$

Reconsideremos la métrica de Friedman-Lemaitre-Robertson-Walker para el espacio-tiempo homogéneo e isótropo, en términos del tiempo apropiado, con el factor escalar dependiente del tiempo, $c = 1$, para el espacio-tiempo casi plano que se expande, de tal manera que

$$-c^2 d\tau^2 = -c^2 dt^2 + a(t)^2 d\Sigma^2 \tag{6.127}$$

$$-d\tau^2 = -dt^2 + a(t)^2 d\Sigma^2 \tag{6.128}$$

$$-d\tau^2 = -dt_x{}^2 - dt_y{}^2 - dt_z{}^2 + a(t)^2 (dx^2 + dy^2 + dz^2) \tag{6.129}$$

$$-d\tau^2 = g_{\mu\nu} dt^{\mu} dr^{\nu} \tag{6.130}$$

donde el radio de curvatura espacial *a(t)* es a menudo elegido con un valor de 1 en la era cosmológica actual.

Así, encontramos el tensor métrico de las coordenadas Cartesianas y su tensor métrico inverso para el espacio-tiempo de la expansión que es casi plano, con $c = 1$, que es dado por

$$g_{\mu\nu} = \begin{vmatrix} -c^2 & 0 & 0 & 0 & 0 & 0 \\ 0 & -c^2 & 0 & 0 & 0 & 0 \\ 0 & 0 & -c^2 & 0 & 0 & 0 \\ 0 & 0 & 0 & 1 & 0 & 0 \\ 0 & 0 & 0 & 0 & 1 & 0 \\ 0 & 0 & 0 & 0 & 0 & 1 \end{vmatrix} \quad (6.131)$$

$$g_{\mu\nu} = \begin{vmatrix} -1 & 0 & 0 & 0 & 0 & 0 \\ 0 & -1 & 0 & 0 & 0 & 0 \\ 0 & 0 & -1 & 0 & 0 & 0 \\ 0 & 0 & 0 & 1 & 0 & 0 \\ 0 & 0 & 0 & 0 & 1 & 0 \\ 0 & 0 & 0 & 0 & 0 & 1 \end{vmatrix} \quad (6.132)$$

El tensor métrico, $g_{\mu\nu}$, es una transformación para un cierto espacio-tiempo curvo hacia un espacio-tiempo plano.

El tensor métrico de la transformación preserva la distancia entre los puntos y los ángulos entre las líneas. Si el tensor métrico variara, no conservaría la distancia entre los puntos, ni los ángulos entre las líneas. El tensor métrico no varía de punto a punto cuando el espacio-tiempo es plano.

$$g^{\mu\nu} = \begin{vmatrix} -\frac{1}{c^2} & 0 & 0 & 0 & 0 & 0 \\ 0 & -\frac{1}{c^2} & 0 & 0 & 0 & 0 \\ 0 & 0 & -\frac{1}{c^2} & 0 & 0 & 0 \\ 0 & 0 & 0 & 1 & 0 & 0 \\ 0 & 0 & 0 & 0 & 1 & 0 \\ 0 & 0 & 0 & 0 & 0 & 1 \end{vmatrix} \quad (6.133)$$

$$g^{\mu\nu} = \begin{vmatrix} -1 & 0 & 0 & 0 & 0 & 0 \\ 0 & -1 & 0 & 0 & 0 & 0 \\ 0 & 0 & -1 & 0 & 0 & 0 \\ 0 & 0 & 0 & 1 & 0 & 0 \\ 0 & 0 & 0 & 0 & 1 & 0 \\ 0 & 0 & 0 & 0 & 0 & 1 \end{vmatrix} \tag{6.134}$$

6.5. Las ecuaciones de los campos Einsteinianos en un espacio-tiempo curvo de seis dimensiones

Consideremos ahora las ecuaciones de campo de Einstein para el espacio-tiempo de seis dimensiones en la Relatividad General, es decir, tres dimensiones espaciales y tres dimensiones temporales, sobre un objeto esférico con una masa *"m"*, un volumen *"V"*, y un radio de *"r"*, tal que encontremos que las ECE sobre la masa es dada por

$$R_{\mu\nu} - g_{\mu\nu}\left(\frac{1}{(n-1)}R - \Lambda\right) = \left(\frac{\frac{\partial^2 V}{\partial t^2}}{mc^4}\right)T_{\mu\nu} \tag{6.135}$$

$$\rho_{vac} = \frac{\Lambda c^2}{8\pi G} \tag{6.136}$$

$$\Lambda = \frac{8\pi G(\rho_{vac})}{c^2} \tag{6.137}$$

$$\Lambda = \frac{\ddot{a}\rho_{vac}}{mc^2} \tag{6.138}$$

$$\Lambda = \frac{\ddot{a}}{ac^2} = \frac{\nabla \cdot \vec{g}}{c^2} \tag{6.139}$$

donde $\ddot{a}$ es la aceleración del espacio-tiempo curvo, ρ_{vac} es la densidad de la energía espaciotemporal (vacío) (J/m^3), $\nabla \cdot \vec{g}/c^2$ es la curvatura cosmológica $(1/m^2)$, y Λ es la constante cosmológica

$(1/m^2)$. El vector gravitacional del campo de la curvatura espaciotemporal es $-\nabla^2\ddot{a} = -\vec{g}$ en (m/s^2), la cuál es la divergencia del gradiente de $\ddot{a}$. La divergencia del campo gravitacional es $\nabla \cdot \vec{g}$.

Una densidad de energía espaciotemporal positiva ρ_{vac} resultante de $\Lambda c^2/8\pi G$ implica una presión espaciotemporal negativa, $-p_{vac}$, resultante de $-\Lambda c^4/8\pi G$, $\left(en\ N/m^2\ o\ J/m^3\right)$, y viceversa. La presión espaciotemporal negativa conducirá una expansión acelerada del universo.

6.6. La obtención de los tensores métricos de seis dimensiones, de Ricci y de Einstein, para el espacio-tiempo curvo

Primero, consideremos la métrica de Friedman-Lemaitre-Robertson-Walker en coordenadas polares esféricas para el espacio-tiempo curvo, con una curvatura espacial de k_s, una curvatura temporal de k_t, y un factor escalar $a(t)^2 = 1$ dependiente del tiempo, para expandir el espacio-tiempo, de tal manera que

$$-c^2 d\tau^2 = -c^2\left(1-k_t t^2\right)dt^2 - c^2t^2 d\theta_t^2 - c^2 t^2 \operatorname{Sin}^2\theta_t d\phi_t^2 + \quad (6.140)$$

$$a(t)^2\left(\frac{dr^2}{1-k_s r^2} + r^2 d\theta_s^2 + r^2 \operatorname{Sin}^2\theta_s d\phi_s^2\right)$$

Encontramos el tensor de curvatura del espacio-tiempo en coordenadas esféricas,

$$\Omega_{\mu\nu} = \begin{vmatrix} -(1-k_t t^2) & 0 & 0 & 0 & 0 & 0 \\ 0 & -t^2 & 0 & 0 & 0 & 0 \\ 0 & 0 & -t^2 Sin^2\theta_t & 0 & 0 & 0 \\ 0 & 0 & 0 & 1/(1-k_s r^2) & 0 & 0 \\ 0 & 0 & 0 & 0 & r^2 & 0 \\ 0 & 0 & 0 & 0 & 0 & r^2 Sin^2\theta_s \end{vmatrix} \quad (6.141)$$

En segundo lugar, describiendo el tensor de Ricci de seis dimensiones, obtenemos

$$R_{\mu\nu} = \begin{vmatrix} R_{t_x t_x} & R_{t_x t_y} & R_{t_x t_z} & R_{t_x x} & R_{t_x y} & R_{t_x z} \\ R_{t_y t_x} & R_{t_y t_y} & R_{t_y t_z} & R_{t_y x} & R_{t_y y} & R_{t_y z} \\ R_{t_z t_x} & R_{t_z t_y} & R_{t_z t_z} & R_{t_z x} & R_{t_z y} & R_{t_z z} \\ R_{x t_x} & R_{x t_y} & R_{x t_z} & R_{xx} & R_{xy} & R_{xz} \\ R_{y t_x} & R_{y t_y} & R_{y t_z} & R_{yx} & R_{yy} & R_{yz} \\ R_{z t_x} & R_{z t_y} & R_{z t_z} & R_{zx} & R_{zy} & R_{zz} \end{vmatrix} \tag{6.142}$$

El tensor de la curvatura de Ricci de las ECE, $R_{\mu\nu}$, es un tensor de Rango 2. Los tensores de Rango 2 son simétricos en el espacio-tiempo de cuatro dimensiones o de seis dimensiones. Por ejemplo, si un piloto vuela alrededor de la curvatura de la tierra entre los puntos de la superficie A y B, ¿cambia la curvatura de la tierra si el mismo piloto volara en la dirección opuesta entre los puntos de la superficie B y A? Claro, que no. Entonces, los índices de los tensores de Rango 2 utilizados para representar la curvatura deben ser simétricos.

Un tensor es simétrico en un par de índices cuando el elemento indicado por esos índices en la matriz de ese tensor es el mismo que el elemento indicado por la transposición de esos índices, $R_{\mu\nu} = R_{\nu\mu}$. Todos los tensores métricos en cuatro dimensiones (con el tiempo plegado, 3 + 1) o con el espacio-tiempo en seis dimensiones (3 + 3) son simétricos en sus índices. Después de transponer índices de un tensor simétrico en un término, no habría cambios en el signo del término que incluye el tensor simétrico con los índices transpuestos. Si el tensor es antisimétrico y los índices del tensor se transponen, habría una inversión en la dirección del transporte paralelo, y un cambio de signo en el término que incluye el tensor antisimétrico.

El tensor de Ricci se puede expresar usando símbolos Christoffel. El símbolo Christoffel, de la primera clase o la segunda clase, describe la curvatura en un cierto espacio-tiempo definido por el tensor métrico, $g_{\mu\nu}$.

Así, obtenemos los componentes de tiempo-tiempo y de espacio-espacio del tensor de Ricci

$$R_{\tau\tau} = \Gamma^{\lambda}{}_{\tau\tau,\lambda} - \Gamma^{\lambda}{}_{\tau\lambda,\tau} + \Gamma^{\lambda}{}_{\tau\tau}\Gamma^{\sigma}{}_{\lambda\sigma} - \Gamma^{\sigma}{}_{\tau\lambda}\Gamma^{\lambda}{}_{\tau\sigma} \quad (6.143)$$

Por isotropía, los componentes de tiempo-tiempo, de espacio-tiempo, o de tiempo-espacio, del tensor de Ricci son $R_{ij} = R_{ji} = 0$ cuando $i \neq j$, y los componentes de espacio-espacio están limitados a $R_{\mu\nu}(\vec{e}_i)^{\mu}(\vec{e}_j)^{\nu} = (R_{ss})\delta_{ij}$, de manera que para los componentes de tiempo-tiempo cuando $i = j$, usando la notación de la suma de Einstein, encontramos

$$R_{\tau\tau} = -\Gamma^{\lambda}{}_{\tau\lambda,\tau} - \Gamma^{\sigma}{}_{\tau\lambda}\Gamma^{\lambda}{}_{\tau\sigma} \quad (6.144)$$

$$\Gamma^{\lambda}{}_{\tau\lambda} = \frac{1}{2} g^{\lambda\sigma}(g_{\sigma\tau,\lambda} + g_{\sigma\lambda,\tau} - g_{\tau\lambda,\sigma}) \quad (6.145)$$

$$\Gamma^{\lambda}{}_{\tau\lambda} = \frac{1}{2} g^{\lambda\sigma}(g_{\sigma\lambda,\tau}) = \frac{1}{2} g^{\lambda\sigma}\partial_{\tau}(g_{\sigma\lambda}) \quad (6.146)$$

Si $g_{\sigma\lambda} = a^2 \tilde{g}_{\sigma\lambda}$ y $g^{\lambda\sigma} = \dfrac{\tilde{g}^{\lambda\sigma}}{a^2}$ entonces

$$\Gamma^{\lambda}{}_{\tau\lambda} = \frac{1}{2}\left(\frac{\tilde{g}^{\lambda\sigma}}{a^2}\right)\frac{1}{c}\partial_t(a^2\tilde{g}_{\sigma\lambda}) \quad (6.147)$$

$$\Gamma^{\lambda}{}_{\tau\lambda} = \frac{1}{2c}\left(\frac{\tilde{g}^{\lambda\sigma}}{a^2}\right)(\tilde{g}_{\sigma\lambda}2a\dot{a}) = \frac{1}{c}\left(\frac{\dot{a}}{a}\right)\tilde{g}^{\lambda\sigma}\tilde{g}_{\sigma\lambda} \quad (6.148)$$

$$\Gamma^{\lambda}{}_{\tau\lambda} = \frac{1}{c}\left(\frac{\dot{a}}{a}\right) \quad (6.149)$$

$$\Gamma^{\lambda}{}_{\tau\lambda,\tau} = \partial_{\tau}\Gamma^{\lambda}{}_{\tau\lambda} = \frac{1}{c^2}\partial_t\left(\frac{\dot{a}}{a}\right) = \frac{1}{c^2}\left(\frac{a\ddot{a} - \dot{a}^2}{a^2}\right) \quad (6.150)$$

$$\Gamma^{\lambda}{}_{\tau\lambda,\tau} = \frac{1}{c^2}\left(\frac{\ddot{a}}{a} - \frac{\dot{a}^2}{a^2}\right) \tag{6.151}$$

Cuando $\sigma = \lambda$, tenemos

$$\Gamma^{\sigma}{}_{\tau\lambda} = \Gamma^{\lambda}{}_{\tau\sigma} = \frac{1}{c}\left(\frac{\dot{a}}{a}\right) \tag{6.152}$$

$$R_{\tau\tau} = -\Gamma^{\lambda}{}_{\tau\lambda,\tau} - \Gamma^{\sigma}{}_{\tau\lambda}\Gamma^{\lambda}{}_{\tau\sigma} \tag{6.153}$$

$$R_{\tau\tau} = \frac{1}{c^2}\left(-\frac{\ddot{a}}{a} + \frac{\dot{a}^2}{a^2} - \frac{\dot{a}^2}{a^2}\right) = -\frac{1}{c^2}\left(\frac{\ddot{a}}{a}\right)$$

(6.154)

De esta manera, encontramos que

$$R_{t_x t_x} = R_{t_y t_y} = R_{t_z t_z} = -\frac{1}{c^2}\left(\frac{\ddot{a}}{a}\right) = -\frac{\ddot{a}}{ac^2} \tag{6.155}$$

Para obtener los componentes de espacio-espacio R_{ss} del tensor de Ricci, tenemos

$$R_{ij} = \Gamma^{\lambda}{}_{ij,\lambda} - \Gamma^{\lambda}{}_{i\lambda,j} + \Gamma^{\lambda}{}_{ij}\Gamma^{\sigma}{}_{\lambda\sigma} - \Gamma^{\sigma}{}_{i\lambda}\Gamma^{\lambda}{}_{j\sigma} \tag{6.156}$$

$$R_{ij} = \widetilde{R}_{ij} + \partial_{\lambda}\Gamma^{\lambda}{}_{ij} + \Gamma^{\lambda}{}_{ij}\Gamma^{\sigma}{}_{\lambda\sigma} \tag{6.157}$$

$$\widetilde{R}_{ij} = 2k\widetilde{g}_{ij} = \frac{2kg_{ij}}{a^2} \tag{6.158}$$

Donde *"k"* es la curvatura intrínseca del universo. (Ludvigsen, 1999)

Cuando $\lambda = \sigma$ **and** $\sigma = i$ **or** j, y los componentes métricos de espacio-espacio, y $g^{\lambda\lambda} = g^{\sigma\sigma} = 1$, $g_{ij} = a^2\widetilde{g}_{ij}$, and $g^{ji} = \frac{\widetilde{g}^{ji}}{a^2}$

$$\Gamma^{\lambda}{}_{ij} = \frac{1}{2} g^{\lambda\sigma} (g_{\sigma i,j} + g_{\sigma j,i} - g_{ij,\sigma}) \qquad (6.159)$$

$$\Gamma^{\lambda}{}_{ij} = \frac{1}{2} g^{\lambda\sigma} (g_{\sigma j,i}) = \frac{1}{2} (1)(g_{\sigma j,i}) = \frac{1}{2} (1) \partial_i (g_{ij}) = \frac{1}{2} \left(\frac{1}{c} \right) \partial_t (a^2 \widetilde{g}_{ij}) \qquad (6.160)$$

$$\Gamma^{\lambda}{}_{ij} = \frac{1}{2c} (\widetilde{g}_{ij} 2a\dot{a}) \qquad (6.161)$$

$$\Gamma^{\lambda}{}_{ij} = \frac{1}{c} \widetilde{g}_{ij} (a\dot{a}) = \frac{1}{c} \frac{g_{ij}}{a^2} (a\dot{a}) = \frac{g_{ij}}{c} \left(\frac{\dot{a}}{a} \right) \qquad (6.162)$$

$$\partial_{\lambda} \Gamma^{\lambda}{}_{ij} = \frac{1}{c} \widetilde{g}_{ij} \partial_{\lambda} (a\dot{a}) = \frac{1}{c^2} \widetilde{g}_{ij} \partial_t (a\dot{a}) = \frac{1}{c^2} \left(\frac{g_{ij}}{a^2} \right) (a\ddot{a} + \dot{a}^2) \qquad (6.163)$$

$$\partial_{\lambda} \Gamma^{\lambda}{}_{ij} = \frac{g_{ij}}{c^2} \left(\frac{\ddot{a}}{a} + \frac{\dot{a}^2}{a^2} \right) \qquad (6.164)$$

Tal como $\sigma = j$ o i, tenemos

$$\Gamma^{\sigma}{}_{\lambda\sigma} = \Gamma^{i}{}_{\lambda j} = \frac{1}{2} g^{i\sigma} (g_{\sigma\lambda,j} + g_{\sigma j,\lambda} - g_{\lambda j,\sigma}) \qquad (6.165)$$

$$\Gamma^{\sigma}{}_{\lambda\sigma} = \Gamma^{i}{}_{\lambda j} = \frac{1}{2} g^{ii} (g_{i\lambda,j} + g_{ij,\lambda} - g_{\lambda j,i}) \qquad (6.166)$$

$$\Gamma^{\sigma}{}_{\lambda\sigma} = \Gamma^{i}{}_{\lambda j} = \frac{1}{2} g^{ij} (g_{ij,\lambda}) = \frac{1}{2} \left(\frac{\widetilde{g}^{ij}}{a^2} \right) \partial_{\lambda} (a^2 \widetilde{g}_{ij}) \qquad (6.167)$$

$$\Gamma^{\sigma}{}_{\lambda\sigma} = \Gamma^{i}{}_{\lambda j} = \frac{1}{2c} \left(\frac{\widetilde{g}^{ij}}{a^2} \right) \partial_t (a^2 \widetilde{g}_{ij}) \qquad (6.168)$$

$$\Gamma^{\sigma}{}_{\lambda\sigma} = \Gamma^{i}{}_{\lambda j} = \frac{1}{2c}\left(\frac{\widetilde{g}^{ij}}{a^2}\right)(\widetilde{g}_{ij}2a\dot{a}) = \frac{1}{c}\left(\frac{\dot{a}}{a}\right)\widetilde{g}^{ij}\widetilde{g}_{ij} \qquad (6.169)$$

Sustituimos la expresión anterior con el tensor Kronecker $\delta^{i}{}_{j} = \widetilde{g}^{ij}\widetilde{g}_{ij} = 1$, para obtener

$$\Gamma^{\sigma}{}_{\lambda\sigma} = \Gamma^{i}{}_{\lambda j} = \frac{1}{c}\left(\frac{\dot{a}}{a}\right)\delta^{i}{}_{j} = \frac{1}{c}\left(\frac{\dot{a}}{a}\right) \qquad (6.170)$$

Multiplicando términos, tenemos

$$\Gamma^{\lambda}{}_{ij}\Gamma^{\sigma}{}_{\lambda\sigma} = \Gamma^{\lambda}{}_{ij}\Gamma^{i}{}_{\lambda j} = \left\{\frac{g_{ij}}{c}\left(\frac{\dot{a}}{a}\right)\right\}\frac{1}{c}\left(\frac{\dot{a}}{a}\right) = \frac{g_{ij}}{c^2}\left(\frac{\dot{a}}{a}\right)^2 \qquad (6.171)$$

Sustituyendo los términos para obtener el tensor de Ricci

$$R_{ij} = \widetilde{R}_{ij} + \partial_{\lambda}\Gamma^{\lambda}{}_{ij} + \Gamma^{\lambda}{}_{ij}\Gamma^{\sigma}{}_{\lambda\sigma} \qquad (6.172)$$

$$R_{ij} = \frac{2kg_{ij}}{a^2} + \frac{g_{ij}}{c^2}\left(\frac{\ddot{a}}{a} + \frac{\dot{a}^2}{a^2}\right) + \frac{g_{ij}}{c^2}\left(\frac{\dot{a}}{a}\right)^2 = g_{ij}\left(\frac{\ddot{a}}{ac^2} + \frac{2\dot{a}^2}{a^2c^2} + \frac{2k}{a^2}\right) \qquad (6.173)$$

$$g^{ij}R_{ij} = g^{ij}g_{ij}\left(\frac{\ddot{a}}{ac^2} + \frac{2\dot{a}^2}{a^2c^2} + \frac{2k}{a^2}\right) = \frac{\ddot{a}}{ac^2} + \frac{2\dot{a}^2}{a^2c^2} + \frac{2k}{a^2} \qquad (6.174)$$

Por lo tanto, encontramos los componentes de espacio-espacio R_{ss} para el espacio-tiempo curvo que son

$$R_{xx} = R_{yy} = R_{zz} = R_{ss} = \frac{\ddot{a}}{ac^2} + \frac{2\dot{a}^2}{a^2c^2} + \frac{2k}{a^2} \qquad (6.175)$$

Podemos describir el tensor de Ricci de seis dimensiones de la siguiente manera:

$$R_{\mu\nu} = \begin{vmatrix} -\frac{\ddot{a}}{ac^2} & 0 & 0 & 0 & 0 & 0 \\ 0 & -\frac{\ddot{a}}{ac^2} & 0 & 0 & 0 & 0 \\ 0 & 0 & -\frac{\ddot{a}}{ac^2} & 0 & 0 & 0 \\ 0 & 0 & 0 & R_{ss} & 0 & 0 \\ 0 & 0 & 0 & 0 & R_{ss} & 0 \\ 0 & 0 & 0 & 0 & 0 & R_{ss} \end{vmatrix} \qquad (6.176)$$

Describamos el tensor de la curvatura del espacio-tiempo, inverso y con coordenadas esféricas, como

$$\Omega^{\mu\nu} = \begin{vmatrix} -\frac{1}{(1-k_t t^2)} & 0 & 0 & 0 & 0 & 0 \\ 0 & -\frac{1}{t^2} & 0 & 0 & 0 & 0 \\ 0 & 0 & -\frac{1}{t^2 Sin^2\theta_t} & 0 & 0 & 0 \\ 0 & 0 & 0 & (1-k_s r^2) & 0 & 0 \\ 0 & 0 & 0 & 0 & \frac{1}{r^2} & 0 \\ 0 & 0 & 0 & 0 & 0 & \frac{1}{r^2 Sin^2\theta_s} \end{vmatrix} \qquad (6.177)$$

$$R = \Omega^{\mu\nu} R_{\mu\nu} = \frac{\ddot{a}}{ac^2(1-k_t t^2)} + \frac{\ddot{a}}{ac^2 t^2} + \frac{\ddot{a}}{ac^2 t^2 Sin^2\theta_t} + (1-k_s r^2)(R_{ss}) + \frac{(R_{ss})}{r^2} + \frac{(R_{ss})}{r^2 Sin^2\theta_s} \qquad (6.178)$$

Durante un intervalo espaciotemporal infinitesimal en un espacio-tiempo homogéneo e isótropo, casi-plano, encontramos que el rastro del tensor de Ricci es

$$R = g^{\mu\nu} R_{\mu\nu} = (3)\frac{\ddot{a}}{ac^2} + (3)\left(\frac{\ddot{a}}{ac^2} + \frac{2\dot{a}^2}{a^2c^2} + \frac{2k}{a^2}\right) = (3)\left(\frac{2\ddot{a}}{ac^2} + \frac{2\dot{a}^2}{a^2c^2} + \frac{2k}{a^2}\right) = \frac{6}{a^2c^2}\left(a\ddot{a} + \dot{a}^2 + kc^2\right) \qquad (6.179)$$

Dejando que el componente de la curvatura del espacio Ω_S sea igual a la suma de los coeficientes espaciales y el componente de la curvatura del tiempo Ω_t equivale a la suma de los coeficientes temporales de la métrica de seis dimensiones, tenemos

$$\Omega_S = \left(1 - k_s r^2\right) + \frac{1}{r^2} + \frac{1}{r^2 Sin^2\theta_s} \tag{6.180}$$

$$\Omega_t = \frac{1}{\left(1 - k_t t^2\right)} + \frac{1}{t^2} + \frac{1}{t^2 Sin^2\theta_t} \tag{6.181}$$

$$R = \frac{3\ddot{a}}{ac^2}\Omega_t + \frac{3\ddot{a}}{ac^2}\Omega_S + \frac{6\dot{a}^2}{a^2c^2}\Omega_S + \frac{6k}{a^2}\Omega_S \tag{6.182}$$

Ahora, describamos el tensor de Einstein de seis dimensiones como

$$G_{\mu\nu} = R_{\mu\nu} - \frac{1}{(n-1)} R g_{\mu\nu} \tag{6.183}$$

Obtenemos el siguiente rastro para el tensor de Ricci

$$R = g^{\mu\nu} R_{\mu\nu} \tag{6.184}$$

$$R g_{\mu\nu} = g^{\mu\nu} g_{\mu\nu} R_{\mu\nu} = 6 R_{\mu\nu} \tag{6.185}$$

Para el espacio-tiempo cuatro-dimensional (con el tiempo plegado), y con $n = 4$, un tensor de Ricci seis-dimensional, y un tensor de la tensión-energía-impulso seis-dimensional,

$$G_{\mu\nu} = R_{\mu\nu} - \frac{1}{3}(6) R_{\mu\nu} = R_{\mu\nu} - 2R_{\mu\nu} = -R_{\mu\nu} \tag{6.186}$$

$$G_{\mu\nu} + \Lambda g_{\mu\nu} = \frac{8\pi G}{c^4} T_{\mu\nu} \tag{6.187}$$

Contrayendo el tensor de Einstein y el tensor de Ricci con $g^{\mu\nu}$, encontramos

$$G = -R = -\frac{3\ddot{a}}{ac^2}\Omega_t - \frac{3\ddot{a}}{ac^2}\Omega_S - \frac{6\dot{a}^2}{a^2c^2}\Omega_S - \frac{6k}{a^2}\Omega_S \qquad (6.188)$$

$$G_{\mu\nu} = \begin{vmatrix} G_{11} & 0 & 0 & 0 & 0 & 0 \\ 0 & G_{22} & 0 & 0 & 0 & 0 \\ 0 & 0 & G_{33} & 0 & 0 & 0 \\ 0 & 0 & 0 & G_{44} & 0 & 0 \\ 0 & 0 & 0 & 0 & G_{55} & 0 \\ 0 & 0 & 0 & 0 & 0 & G_{66} \end{vmatrix} \qquad (6.189)$$

Donde los componentes del tensor de Einstein de seis dimensiones, que no son cero, en coordenadas polares esféricas son

$$-\frac{\ddot{a}}{ac^2}\Omega_t = -\frac{\ddot{a}}{ac^2}\left(\frac{1}{(1-k_t t^2)} + \frac{1}{t^2} + \frac{1}{t^2 Sin^2\theta_t}\right) \qquad (6.190)$$

$$\left(-\frac{\ddot{a}}{ac^2} - \frac{2\dot{a}^2}{a^2c^2} - \frac{2k}{a^2}\right)\Omega_S = \left(-\frac{\ddot{a}}{ac^2} - \frac{2\dot{a}^2}{a^2c^2} - \frac{2k}{a^2}\right)\left\{(1-k_s r^2) + \frac{1}{r^2} + \frac{1}{r^2 Sin^2\theta_s}\right\} \qquad (6.191)$$

$$G_{11} = G_{22} = G_{33} = -\frac{\ddot{a}}{ac^2}\Omega_t \qquad (6.192)$$

$$G_{44} = G_{55} = G_{66} = -\frac{\ddot{a}}{ac^2}\Omega_S - \frac{2\dot{a}^2}{a^2c^2}\Omega_S - \frac{2k}{a^2}\Omega_S \qquad (6.193)$$

Si el tensor de la tensión-energía-impulso es isótropo y homogéneo, y la curvatura espaciotemporal de los componentes Ω_t y Ω_s es insignificante, tenemos

$$G_{11} = G_{22} = G_{33} = -\frac{\ddot{a}}{ac^2} \qquad (6.194)$$

$$G_{44} = G_{55} = G_{66} = -\frac{\ddot{a}}{ac^2} - \frac{2\dot{a}^2}{a^2c^2} - \frac{2k}{a^2} \qquad (6.195)$$

Reconsiderando las ECE, en una región muy grande del espacio-tiempo universal, sin masa o energía local significativa o presente como un objeto, o a una gran distancia de una masa puntual: $T_{\mu\nu} = 0$, suponiendo $n > 3$ dimensiones, y con una constante cosmológica que no es cero, uno puede escribir las ECE anteriores en la siguiente forma:

$$R_{\mu\nu} = \Lambda g_{\mu\nu} \tag{6.196}$$

6.7. Las ecuaciones de la continuidad de la presión y la densidad, y el rastro del tensor de la tensión-energía-impulso en la curvatura de un espacio-tiempo seis-dimensional

Omitamos el término cosmológico constante por ahora haciendo el siguiente reemplazo

$$\rho \rightarrow \rho + \frac{\Lambda c^2}{8\pi G} \tag{6.197}$$

$$p \rightarrow p - \frac{\Lambda c^4}{8\pi G} \tag{6.198}$$

Así, para los componentes diagonales de la densidad de la energía, ρ , y la presión *"p"* en la matriz del tensor de la tensión-energía-impulso, usamos el tensor de Ricci, para un intervalo infinitesimal del tiempo, donde tenemos

La ecuación de la densidad de la energía

$$\frac{\dot{a}^2}{a^2c^2} + \frac{k}{a^2} = -\frac{4\pi G}{c^2}(-\rho) + \frac{\Lambda}{4} \tag{6.199}$$

$$\frac{\dot{a}^2}{a^2c^2} + \frac{k}{a^2} = \frac{4\pi G\rho}{c^2} + \frac{\Lambda}{4} \tag{6.200}$$

$$\frac{\dot{a}^2}{a^2} + \frac{kc^2}{a^2} - \frac{\Lambda c^2}{4} = 4\pi G\rho \tag{6.201}$$

La ecuación de la presión

$$\frac{2\ddot{a}}{ac^2}+\frac{\dot{a}^2}{a^2c^2}+\frac{k}{a^2} = -\frac{4\pi Gp}{c^4}+\frac{3\Lambda}{4} \tag{6.202}$$

$$\frac{2\ddot{a}}{ac^2}+\frac{4\pi G\rho}{c^2}+\frac{\Lambda}{4} = -\frac{4\pi Gp}{c^4}+\frac{3\Lambda}{4} \tag{6.203}$$

$$\frac{2\ddot{a}}{ac^2}=-\frac{4\pi G}{c^2}\left(\rho+\frac{p}{c^2}\right)+\frac{\Lambda}{2} \tag{6.204}$$

$$\frac{\ddot{a}}{a}=-2\pi G\left(\rho+\frac{p}{c^2}\right)+\frac{\Lambda c^2}{4} \tag{6.205}$$

Las ECE revelan que, combinando las ecuaciones de la densidad y de la presión, y añadiendo el término cosmológico constante de nuevo, tenemos

$$G_{\mu\nu}+\Lambda g_{\mu\nu}=\frac{8\pi G}{c^4}T_{\mu\nu} \tag{6.206}$$

$$R-\frac{1}{3}(6)R+6\Lambda=\frac{8\pi G}{c^4}T \tag{6.207}$$

$$-R=\frac{8\pi G}{c^4}T-6\Lambda \tag{6.208}$$

$$R=-\frac{8\pi G}{c^4}(-3\rho+3p)+6\Lambda \tag{6.209}$$

$$\frac{3\ddot{a}}{ac^2}\Omega_t+\frac{3\ddot{a}}{ac^2}\Omega_s+\frac{6\dot{a}^2}{a^2c^2}\Omega_s+\frac{6k}{a^2}\Omega_s=\frac{8\pi G(3\rho)}{c^4}-\frac{8\pi G(3p)}{c^4}+6\Lambda \tag{6.210}$$

$$-\frac{\ddot{a}}{ac^2}\Omega_t-\frac{\ddot{a}}{ac^2}\Omega_s-\frac{2\dot{a}^2}{a^2c^2}\Omega_s-\frac{2k}{a^2}\Omega_s=-\frac{8\pi G(\rho-p)}{c^4}-2\Lambda \tag{6.211}$$

Si consideramos la ecuación anterior cuando se supone que el tensor de la tensión-energía-impulso es isótropo y homogéneo, y las curvaturas espaciotemporales Ω_t y Ω_s son insignificantes, obtenemos

$$-\frac{\ddot{a}}{ac^2}-\frac{\ddot{a}}{ac^2}-\frac{2\dot{a}^2}{a^2c^2}-\frac{2k}{a^2}=-\frac{8\pi G(\rho-p)}{c^4}-2\Lambda \qquad (6.212)$$

$$-\frac{2\ddot{a}}{ac^2}-\frac{2\dot{a}^2}{a^2c^2}-\frac{2k}{a^2}=-\frac{8\pi G(\rho-p)}{c^4}-2\Lambda \qquad (6.213)$$

$$\frac{\ddot{a}}{a}+\frac{\dot{a}^2}{a^2}+\frac{kc^2}{a^2}=\frac{4\pi G(\rho-p)}{c^2}+\Lambda c^2 \qquad (6.214)$$

Donde la constante $4\pi G / c^4$ se define aquí como la constante $\mathscr{H}$ de Hilbert. Estas ecuaciones forman la base para extraer el conocimiento del universo. (Wald, 1977) Contienen información sobre el pasado, el presente, y el futuro del universo.

Sustituyendo por *G* en términos de la aceleración espacial sobre la masa en las ECE, con la curvatura espacial o temporal del volumen que no es cero, encontramos

$$|G| = \frac{\frac{\partial^2 V}{\partial t^2}}{8\pi m} = \frac{\ddot{a}}{8\pi m} \qquad (6.215)$$

$$-\frac{6\ddot{a}}{ac^2}-\frac{6\dot{a}^2}{a^2c^2}-\frac{6k}{a^2}+6\Lambda=-\frac{8\pi\ddot{a}(-3\rho+3p)}{8\pi mc^4} \qquad (6.216)$$

$$-\frac{6\ddot{a}}{ac^2}-\frac{6\dot{a}^2}{a^2c^2}-\frac{6k}{a^2}+6\Lambda=\frac{\ddot{a}(-3m+3mc^2)}{amc^4}=-\frac{3\ddot{a}}{ac^2}\left(\frac{c^2-1}{c^2}\right)\approx-\frac{3\ddot{a}}{ac^2} \qquad (6.217)$$

$$-\frac{2\ddot{a}}{ac^2}-\frac{2\dot{a}^2}{a^2c^2}-\frac{2k}{a^2}+2\Lambda\approx-\frac{\ddot{a}}{ac^2} \qquad (6.218)$$

$$-\frac{\ddot{a}}{ac^2}-\frac{2\dot{a}^2}{a^2c^2}-\frac{2k}{a^2}\approx -2\Lambda \qquad (6.219)$$

$$\frac{\ddot{a}}{2ac^2}+\frac{\dot{a}^2}{a^2c^2}+\frac{k}{a^2}\approx \Lambda \qquad (6.220)$$

La ecuación anterior demuestra que la proporción de la aceleración de la curvatura cosmológica $\ddot{a}/2ac^2$ es igual a la proporción de la aceleración de la curvatura de la tensión-energía-impulso $\ddot{a}/2ac^2$ en la variedad alrededor o dentro del sistema de masa.

La proporción de la aceleración de la curvatura de la tensión-energía-impulso no contribuye a la proporción cuadrada de la velocidad espacial o a la relación espacial de la curvatura *"k"*.

Por otra parte, la curvatura negativa espaciotemporal sobre el sistema de masa más la curvatura de la tensión-energía-impulso del sistema de masa es contrarrestada por la constante curvatura positiva y cosmológica.

La proporción de la aceleración de la curvatura de la tensión-energía-impulso es igual a la mitad de la proporción de la aceleración de la curvatura espaciotemporal del tensor de Ricci.

$$\frac{3\ddot{a}}{ac^2}\approx\frac{8\pi G}{c^4}T \qquad (6.221)$$

$$\frac{\ddot{a}}{a}\approx\frac{8\pi G}{c^2}\left(-\rho+p\right) \qquad (6.222)$$

Describamos el tensor cosmológico de la tensión-energía-impulso, o el tensor Zwicky, como

$$\Lambda_{\mu\nu} = \begin{vmatrix} \Lambda_{t_x t_x} & \Lambda_{t_x t_y} & \Lambda_{t_x t_z} & \Lambda_{t_x x} & \Lambda_{t_x y} & \Lambda_{t_x z} \\ \Lambda_{t_y t_x} & \Lambda_{t_y t_y} & \Lambda_{t_y t_z} & \Lambda_{t_y x} & \Lambda_{t_y y} & \Lambda_{t_y z} \\ \Lambda_{t_z t_x} & \Lambda_{t_z t_y} & \Lambda_{t_z t_z} & \Lambda_{t_z x} & \Lambda_{t_z y} & \Lambda_{t_z z} \\ \Lambda_{x t_x} & \Lambda_{x t_y} & \Lambda_{x t_z} & \Lambda_{xx} & \Lambda_{xy} & \Lambda_{xz} \\ \Lambda_{y t_x} & \Lambda_{y t_y} & \Lambda_{y t_z} & \Lambda_{yx} & \Lambda_{yy} & \Lambda_{yz} \\ \Lambda_{z t_x} & \Lambda_{z t_y} & \Lambda_{z t_z} & \Lambda_{zx} & \Lambda_{zy} & \Lambda_{zz} \end{vmatrix} \qquad (6.223)$$

y el tensor cosmológico de la tensión-energía-impulso, o el tensor Zwicky-plano, para el espacio-tiempo casi plano que se expande, puede expresarse como

$$\Lambda_{\mu\nu} = \begin{vmatrix} -c^2\overline{\rho}_{t_x t_x} & 0 & 0 & 0 & 0 & 0 \\ 0 & -c^2\overline{\rho}_{t_y t_y} & 0 & 0 & 0 & 0 \\ 0 & 0 & -c^2\overline{\rho}_{t_z t_z} & 0 & 0 & 0 \\ 0 & 0 & 0 & \overline{p}_{xx} & 0 & 0 \\ 0 & 0 & 0 & 0 & \overline{p}_{yy} & 0 \\ 0 & 0 & 0 & 0 & 0 & \overline{p}_{zz} \end{vmatrix} \qquad (6.224)$$

Los componentes temporales del tensor Zwicky-plano representan la densidad de la masa cosmológica y los componentes espaciales representan la presión cosmológica de la energía.

Los componentes de la masa y los componentes cosmológicos de la energía contribuyen una curvatura positiva espaciotemporal desde la perspectiva del tensor de la curvatura (el lado izquierdo) de las ECE seis-dimensionales. Y la tensión cosmológica inversa del tensor de la tensión-energía-impulso, o el tensor Zwicky-plano inverso, para el espacio-tiempo casi plano que se expande puede expresarse como

$$
\Lambda^{\mu\nu} = \begin{vmatrix}
-\frac{1}{c^2\overline{\rho}_{t_x t_x}} & 0 & 0 & 0 & 0 & 0 \\
0 & -\frac{1}{c^2\overline{\rho}_{t_y t_y}} & 0 & 0 & 0 & 0 \\
0 & 0 & -\frac{1}{c^2\overline{\rho}_{t_z t_z}} & 0 & 0 & 0 \\
0 & 0 & 0 & \frac{1}{\overline{p}_{xx}} & 0 & 0 \\
0 & 0 & 0 & 0 & \frac{1}{\overline{p}_{yy}} & 0 \\
0 & 0 & 0 & 0 & 0 & \frac{1}{\overline{p}_{zz}}
\end{vmatrix} \tag{6.225}
$$

Por lo tanto, podemos describir las ECE de seis dimensiones que incorpora la masa cosmológica, $-c^2\overline{\rho}dv$, y la energía cosmológica, $\overline{p}dv$, de la siguiente manera:

$$
G_{\mu\nu} = \frac{8\pi G}{c^4}\left(T_{\mu\nu} - \Lambda_{\mu\nu}\right) \tag{6.226}
$$

Reconsiderando las anteriores ECE, en una región enorme del espacio-tiempo universal, sin una masa o una energía local significativa que esté presente como un objeto, $T_{\mu\nu} = 0$, asumiendo $n > 3$ dimensiones, uno puede escribir las ECE seis-dimensionales para la masa y la energía cosmológicas en la siguiente forma:

$$
G_{\mu\nu} = -\frac{8\pi G}{c^4}\Lambda_{\mu\nu} \tag{6.227}
$$

Contrayendo los índices,

$$
R = \frac{8\pi G}{c^4}\Lambda \tag{6.228}
$$

Reconsideremos la métrica cosmológica de la tensión-energía-impulso para un sistema homogéneo e isótropo de una masa cosmológica, en términos de la densidad de la masa y la presión cosmológicas, incrustadas en un espacio-tiempo casi plano, de tal manera que

$$d\overline{\lambda}^2 = -c^2 d\overline{\rho}_{t_x t_x}{}^2 - c^2 d\overline{\rho}_{t_y t_y}{}^2 - c^2 d\overline{\rho}_{t_z t_z}{}^2 + d\overline{p}_{xx}{}^2 + d\overline{p}_{yy}{}^2 + d\overline{p}_{zz}{}^2 \quad (6.229)$$

$$d\overline{\lambda}^2 = g_{\mu\nu} d\overline{\rho}^{\mu} d\overline{p}^{\nu} \quad (6.230)$$

El concepto de la presión cosmológica se basa en que el espacio-tiempo es un campo en sí mismo. A medida que el tiempo emerge, las ondas del campo temporal del espacio-tiempo interfieren constructiva o destructivamente para expandir el espacio o para contraerlo. Las acciones del campo temporal en el espacio-tiempo proporcionan una presión cosmológica mensurable en cada punto. La presión cosmológica es la densidad de la energía del campo espaciotemporal. La masa y la energía cosmológicas son propiedades del espacio-tiempo.

El eminente físico Albert Einstein expuso que es posible que surja más espacio, y su constante cosmológica predijo que el espacio vacío posee su propia energía. Por consiguiente, la presión cosmológica es una propiedad del espacio-tiempo en sí mismo que no se difunde a medida que se expande el espacio-tiempo en todas sus direcciones. A medida que el tiempo emerge, se puede crear más espacio y se puede generar más energía cosmológica. Cuanto mayor sea el contenido de la energía cosmológica del espacio-tiempo en nuestro universo, más rápido será la aceleración cósmica. Así, la aceleración cósmica es una consecuencia de la presión cosmológica producida por el campo espaciotemporal.

El diferencial de la presión cosmológica entre las áreas de baja presión y de alta presión cosmológica producirían la curvatura espaciotemporal que se puede observar como un lente gravitacional. Entonces, la curvatura puede ser el resultado de la presencia de un gran sistema de masa, o de un diferencial de presión entre las regiones espaciotemporales.

Una variedad espacial que está cerca y alrededor de la masa de un cuerpo celeste tiene una tasa de paso temporal más baja que una variedad espacial casi plana que está lejos de la masa. El espacio casi plano tiene una tasa de paso temporal cosmológico más rápida que el espacio curvo.

Una tasa de paso temporal cosmológico más rápida puede producir una mayor presión cosmológica. La Teoría General de la Relatividad predice que la curvatura cambia la velocidad cosmológica del paso del espacio-tiempo.

Describamos el tensor de la tensión-energía-impulso de seis dimensiones dado por

$$T_{\mu\nu} = \begin{vmatrix} T_{t_x t_x} & T_{t_x t_y} & T_{t_x t_z} & T_{t_x x} & T_{t_x y} & T_{t_x z} \\ T_{t_y t_x} & T_{t_y t_y} & T_{t_y t_z} & T_{t_y x} & T_{t_y y} & T_{t_y z} \\ T_{t_z t_x} & T_{t_z t_y} & T_{t_z t_z} & T_{t_z x} & T_{t_z y} & T_{t_z z} \\ T_{x t_x} & T_{x t_y} & T_{x t_z} & T_{xx} & T_{xy} & T_{xz} \\ T_{y t_x} & T_{y t_y} & T_{y t_z} & T_{yx} & T_{yy} & T_{yz} \\ T_{z t_x} & T_{z t_y} & T_{z t_z} & T_{zx} & T_{zy} & T_{zz} \end{vmatrix} \tag{6.231}$$

Para un universo FLRW, se supone que el tensor de la tensión-energía-impulso es isótropo y homogéneo con los componentes de la densidad de energía y los componentes de la presión que no son triviales debido a la simetría.

Así, los componentes de tiempo-tiempo, de espacio-tiempo, o de tiempo-espacio, son $T_{ij} = T_{ji} = 0$ cuando $i \neq j$, y los componentes de espacio-espacio están limitados a $T_{\mu\nu}(\vec{e}_i)^{\mu}(\vec{e}_j)^{\nu} = p\partial_{ij}$ tal que

$$T_{\mu\nu} = \begin{vmatrix} c^2\rho_{t_x t_x} & 0 & 0 & 0 & 0 & 0 \\ 0 & c^2\rho_{t_y t_y} & 0 & 0 & 0 & 0 \\ 0 & 0 & c^2\rho_{t_z t_z} & 0 & 0 & 0 \\ 0 & 0 & 0 & p_{xx} & 0 & 0 \\ 0 & 0 & 0 & 0 & p_{yy} & 0 \\ 0 & 0 & 0 & 0 & 0 & p_{zz} \end{vmatrix} \tag{6.232}$$

Así, si el tensor de la tensión-energía-impulso tiene las densidades y las presiones iguales, y el rastro del tensor de la tensión-energía-impulso es $T = g^{\mu\nu}T_{\mu\nu} = -3\rho + 3p$. La ecuación de la continuidad relaciona las funciones de la presión y de la densidad, y es representada generalmente por la derivada de la covariante cuatro-dimensional del tensor de la tensión-energía-impulso, $T_{\mu\nu}$, en la dirección del índice μ, $\nabla_{\mu}T^{\mu\nu} = 0$, pero podemos introducir la derivada de la covariante seis-dimensional actuando sobre $T_{\mu\nu}$ como

$$\vec{\Re}_{\mu} T^{\mu\nu} = 0 \qquad (6.233)$$

Esto significa que, la ecuación de la continuidad ya no implica que la energía de impulso y la energía de campo, que no es gravitacional, expresada por el tensor de la tensión-energía-impulso son absolutamente conservadas, es decir, el campo gravitacional puede hacer trabajo sobre la masa y viceversa.

Ahora, derivemos la ecuación de la continuidad para la velocidad de la densidad de la energía como sigue

$$\rho = \frac{\Lambda c^2}{8\pi G} = \frac{m}{a} \qquad (6.234)$$

$$\frac{\partial \rho}{\partial a} = -\frac{m}{a^2} \qquad (6.235)$$

Del rastro de $T_{\mu\nu}$, podemos obtener la suma de los valores absolutos de los componentes de la densidad de masa y los componentes de la presión para un espacio-tiempo casi plano.

$$\frac{m}{a} = \left|-3\rho\right| + \left|3\frac{p}{c^2}\right| = 3\rho + 3\frac{p}{c^2} \qquad (6.236)$$

$$\frac{\partial \rho}{\partial t} = \left(\frac{\partial a}{\partial t}\right)\left(\frac{\partial \rho}{\partial a}\right) = \dot{a}\left(-\frac{m}{a^2}\right) = \left(-\frac{\dot{a}}{a}\right)\left(\frac{m}{a}\right) \qquad (6.237)$$

Así, encontramos que la ecuación de la continuidad es

$$\frac{\partial \rho}{\partial t} = -3\left(\frac{\dot{a}}{a}\right)\left(\rho + \frac{p}{c^2}\right) \qquad (6.238)$$

En el caso cosmológico donde la proporción de la presión sobre la densidad es casi constante, obtenemos

$$\frac{p}{\rho} = \varepsilon \qquad (6.239)$$

$$\frac{\partial \rho}{\partial t} = -3\left(\frac{\dot{a}}{ac^2}\right)\left(c^2 \rho + p\right) \qquad (6.240)$$

$$\frac{\partial \rho}{\partial t} = -3\left(\frac{\dot{a}}{ac^2}\right)\left(c^2 + \varepsilon\right)\rho \qquad (6.241)$$

$$\frac{\frac{\partial \rho}{\partial t}}{\rho} = -3\left(\frac{\dot{a}}{ac^2}\right)\left(c^2 + \varepsilon\right) \qquad (6.242)$$

La solución a esta ecuación de la continuidad se puede expresar en la siguiente manera

$$\rho = \rho_1 \frac{a}{c^2}^{-\left(3c^2 + 3\varepsilon\right)} \qquad (6.243)$$

Donde la densidad es ρ_1 en $a = 1$, y ε es la constante de la presión-sobre-densidad.

6.8. La reformulación de la ecuación seis-dimensional de las Ecuaciones de Campo de Einstein para la masa y el espacio-tiempo curvo y dinámico

Expresemos ahora las ECE de seis dimensiones en forma del rastro inverso como sigue

$$R_{\mu\nu} - \frac{\Lambda}{2} g_{\mu\nu} = \frac{8\pi G}{c^4}\left[T_{\mu\nu} - \frac{1}{4} g_{\mu\nu} T\right] \qquad (6.244)$$

De esta manera, el lado derecho de las ECE ya no es una expresión estática que conduzca a problemas por no tener linealidad y por retro reacción, sino es una expresión dinámica para la energía y la masa. Contrayendo términos en todos los tensores con $g^{\mu\nu}$, tenemos

$$(R-3\Lambda)=\frac{8\pi\ddot{a}}{8\pi mc^4}\left[T-\frac{6}{4}T\right] \tag{6.245}$$

$$(R-3\Lambda)=\frac{\ddot{a}}{mc^4}\left[-\frac{T}{2}\right] \tag{6.246}$$

Así, encontramos que la curvatura escalar es

$$R=\frac{\ddot{a}}{mc^4}\left[-\frac{T}{2}\right]+3\Lambda \tag{6.247}$$

Para una distancia donde *"r"* es muy pequeña en comparación con el radio del universo, tenemos

$$R\approx\frac{-\ddot{a}T}{2mc^4}\approx-\frac{\ddot{a}}{2c^4}\left(\frac{T}{m}\right)\approx-\frac{\ddot{a}}{2c^4}\left(\frac{1}{m}\left[\frac{3m}{a}+\frac{3mc^2}{a}\right]\right) \tag{6.248}$$

$$R\approx-\frac{\ddot{a}}{2c^4}\left(\frac{3}{a}\left[c^2+1\right]\right)\approx-\frac{3\ddot{a}}{2ac^2} \tag{6.249}$$

El escalar anterior de la curvatura de Ricci del rastro inverso es igual a la mitad de la proporción de la aceleración de la curvatura de la tensión-energía-impulso que produce una curvatura espaciotemporal dentro del sistema de masa.

6.9. Sobre la anatomía del tensor de la tensión-energía-impulso

Ilustremos la matriz del tensor de la tensión-energía-impulso para la Relatividad General y sus componentes por las áreas de tensión, la energía, y el impulso, para facilitar el análisis, la diferenciación, y la discusión de las acciones y los atributos. Se proponen dos áreas, el flujo de la energía del impulso por área, y la densidad de la energía de la tensión tangencial, basadas en la isotropía y en las características y las acciones de los componentes de tiempo-tiempo. Según la interpretación actual, el tensor de la tensión-energía-impulso tiene atributos de masa, de energía, y de campos de fuerza que no son gravitacionales. En la ilustración siguiente del tensor, se indican las áreas de la energía, el impulso, la tensión, y la presión.

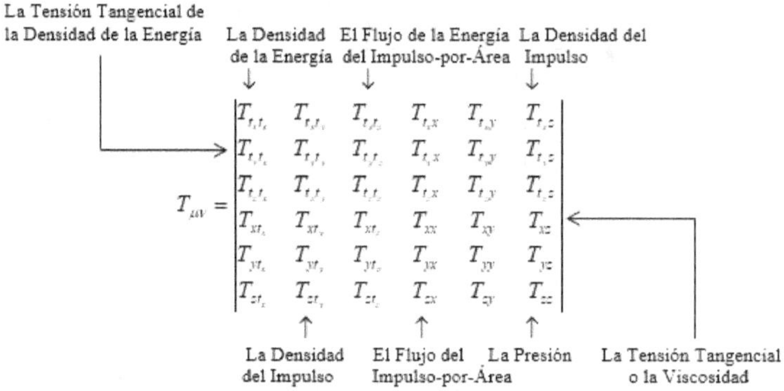

Figure 5. El Tensor de la Tensión-Energía-Impulso

Sin embargo, Analicemos ahora los atributos simétricos del tensor de la tensión-energía-impulso de acuerdo con las propiedades de las diferentes acciones de presión. La energía se refiere a *Joules*, o *Kg*, si *c*, la velocidad de la luz, es igual a uno. La presión *(p)* es la fuerza dividida por el área. Así, si examinamos cada una de las áreas de los tensores, las unidades de los componentes de medición, y las acciones de los componentes en esas áreas en relación con la presión, tenemos lo siguiente:

El Tipo de Tensión-Energía-Impulso	*La Presión, c (la velocidad de la luz)*
La Densidad del Impulso Espaciotemporal	p/c
El Flujo del Impulso-por-Área	p
La Presión	p
La Tensión Tangencial	p
La Densidad del Impulso Espaciotemporal	p/c
El Flujo del Impulso de la Energía-por-Área	p
La Densidad de la Energía	p
La Tensión Tangencial de la Densidad de la Energía	p

Figure 6. Las Presiones del Tensor de la Tensión-Energía-Impulso

Si $c = 1$, como en los términos de la Relatividad General, todas las áreas son áreas de presión, como si el tensor fuera *un tensor dinámico de la presión de la energía-espacio-tiempo*. Ilustremos este concepto.

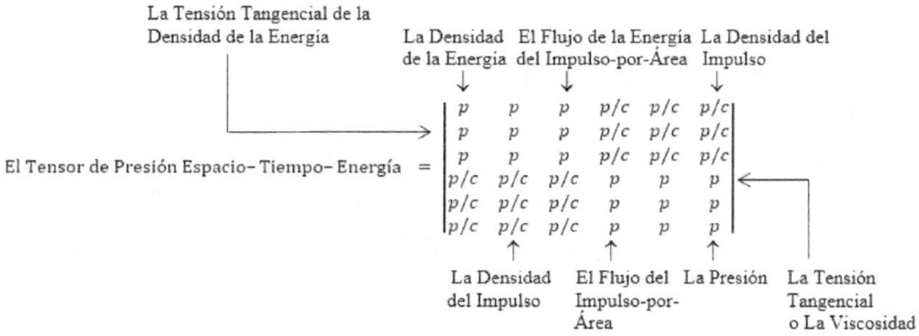

Figura 7. El tensor dinámico de la presión del espacio-tiempo-energía

A partir de esta ilustración los componentes todavía tienen los mismos atributos y acciones, pero las propiedades simétricas del tensor de la tensión-energía-impulso son ahora más aparentes. *Las acciones del tensor de la tensión-energía-impulso son acciones de la presión por cualquier manifestación física de la energía.* Así, estas acciones dan lugar a la densidad del impulso, la energía cinemática, y los campos de fuerza que no son gravitacionales, como resultado de la presión activa de la energía, o de la masa, en el espacio-tiempo, y la presión reactiva del espacio-tiempo en la energía o la masa. Según la Relatividad General, la presión reactiva del espacio-tiempo sobre la energía o la masa está directamente relacionada con el campo gravitacional.

Merece la pena mencionar que para un objeto de masa que es liso y se mueve muy lento con respecto a la velocidad de la luz en el espacio-tiempo isótropo y homogéneo, los componentes de la densidad del impulso van a ser muy pequeños en comparación con los componentes de tiempo-tiempo de la densidad de la energía y los componentes de la presión espacio-espacio del tensor de tensión-energía-impulso del objeto.

§ 7. La ley del cuadrado inverso del espacio-tiempo

El espacio-tiempo se expande, o se contrae, proporcional y directamente al cuadrado del radio de la distancia.

$$\frac{1}{r^2} = \frac{1}{c^2 t^2} = \frac{1}{\left(\frac{1}{c^2}\frac{\partial^2 a}{\partial t^2}\right)^2} = \frac{1}{\left(\frac{\ddot{a}}{c^2}\right)^2} \tag{7.1}$$

Si un volumen del espacio-tiempo, a, se trata como una fuente puntual del medio, con las formas de las onda esféricas de la propagación en el espacio-tiempo homogéneo e isótropo, entonces su área superficial que es la de una esfera de Planck infinitesimal en la continuidad del espacio-tiempo sería $4\pi c^2 t_p^{\ 2}$. La intensidad del espacio-tiempo sería la nueva superficie de la esfera, P, después de la propagación, dividida por el área de la superficie $4\pi c^2 t_p^{\ 2}$, después de que se midió el intervalo de la propagación espacial, de tal manera que

$$I_{st} = \frac{P}{4\pi c^2 t_p^{\ 2}} \tag{7.2}$$

La fuerza gravitacional, la intensidad de la radiación electromagnética, la intensidad de la radiación acústica, y la ley de Coulomb, son todas leyes del cuadrado inverso que derivan esta característica o calidad de la propiedad de la ley del cuadrado inverso del espacio-tiempo para todos los campos que están incrustados en el campo espaciotemporal.

Entonces, es el campo espaciotemporal, como medio para el efecto de la gravedad, la radiación electromagnética, o la emanación acústica, que, en su expansión, o su contracción, ejerce la propiedad de la ley del cuadrado inverso sobre otros campos físicos que atraviesan y que existen en sus dimensiones.

Cada transformación tensorial en la Teoría General de la Relatividad que es una función del espacio-tiempo puede promoverse como un campo. Todos los componentes de los tensores y los vectores son funciones del espacio-tiempo.

El espacio-tiempo es el marco subyacente, o el campo de marco secundario, de cada campo tensorial, campo vectorial, espacio vectorial, o espacio vectorial dual, en una variedad.

Desde que los componentes o los conceptos de la propiedad de la ley del cuadrado inverso fueron planteados en el siglo XVII por Ismael Bullialdus, Giovanni Alfonso Borelli, Robert Hooke, Halley, Isaac Newton, Wren y otros, la intensidad de la propagación de la energía $I = (E/A)/r^2$, la intensidad de la luz sin pérdida debido a la absorción o la dispersión, la intensidad de la radiación sonora o la acústica, o la radiación de una antena isótropa $I = w/4\pi r^2$, se han basado en esta propiedad para exponer cómo la intensidad o la fuerza variaría a una distancia de una fuente puntual. Sin embargo, se desconocía y más tarde se pasaba por alto de que el verdadero efecto o el patrón de la propiedad de la ley del cuadrado inverso está relacionado con las propiedades de la propagación del espacio-tiempo y el hecho de que el espacio-tiempo es un campo en sí mismo, así como un medio que ejerce la propiedad de la ley del cuadrado inverso a otros campos o fenómenos físicos.

Un ejemplo de la característica de la ley del cuadrado inverso en la termodinámica es la ecuación de Bekenstein-Hawking para la entropía, $S_{BH} = k_B A / 4 l_p^{\,2}$, para el horizonte de sucesos, donde *"A"* es el área del horizonte de sucesos. Esta ecuación iguala la proporción de la entropía S_{BH}/k_B , a la proporción de las áreas espaciotemporales $A/4 l_p^{\,2}$, cuyas dimensiones espaciotemporales representan el espacio-tiempo extendido.

Si expresamos la ecuación como $\left(k_B / 4 S_{BH}\right) = l_p^{\,2} / 4\pi R_{BH}^{\,2}$, podemos reconocer cómo las dimensiones espaciotemporales en el lado derecho de la ecuación varían según la ley del cuadrado inverso.

Además, expresemos la ecuación estática de Bekenstein-Hawking para la entropía en función de la expansión dinámica del espacio-tiempo.

$$S_{BH} = \frac{k_B \pi \left[R_{BH}\right]^2}{l_p^{\,2}} = \frac{k_B \pi \left[R_{BH}\right]^2 c^3}{G\hbar} = \frac{k_B \pi c^4 \left[R_{BH}\right]^2}{\left(\dfrac{\ddot{a}}{\sqrt[2]{8\pi}}\right)^2} \tag{7.3}$$

$$S_{BH} = 8\pi^2 k_B \left(\frac{R_{BH}}{\dfrac{\ddot{a}}{c^2}}\right)^2 = 8\pi^2 k_B \left(\frac{\ddot{a}}{8\pi g_{BH}}\right)\left(\frac{c^4}{\ddot{a}^2}\right) = 8\pi^2 k_B \left(\frac{\ddot{a}}{8\pi \nabla^2 \ddot{a}}\right)\left(\frac{c^4}{\ddot{a}^2}\right) \tag{7.4}$$

$$S_{BH}=\frac{\pi k_B}{\left(\frac{\ddot{a}}{c^2}\right)\left(\frac{\nabla^2\ddot{a}}{c^2}\right)}=\frac{\pi m_{BH}\left(\frac{\ddot{a}}{c^2}\right)^2\left(\frac{\dot{a}}{a}\right)^2}{T_{BH}\left(\frac{\ddot{a}}{c^2}\right)\left(\frac{\nabla^2\ddot{a}}{c^2}\right)}=\frac{\pi m_{BH}(\ddot{a})\left(\frac{\dot{a}}{a}\right)^2}{T_{BH}\,\nabla^2\ddot{a}} \quad (7.5)$$

La aceleración del espacio-tiempo es $\ddot{a}=8\pi Gm_p=8\pi gr^2=\hbar c/8\pi m_p$. Además, para el régimen de campo fuerte de un agujero negro sobre el horizonte externo de sucesos, tenemos $\ddot{a}/8\pi\leq R_{BH}c^2$ y $g_{BH}=\nabla^2\ddot{a}$.

Desde la ecuación dinámica anterior de la entropía para el horizonte de sucesos de un agujero negro, se teoriza que la entropía es una función del espacio-tiempo mientras que el espacio-tiempo se extiende o se contrae sobre el volumen de un hipotético agujero negro esférico cuando el radio del agujero negro pudiese variar también.

Así, la entropía del agujero negro es directamente proporcional a la masa y al índice de la tasa de cambio del tiempo en el espacio-tiempo sobre el agujero negro, e inversamente proporcional a la temperatura.

§ 8. Sobre la introducción y la aplicabilidad de los operadores diferenciales para los vectores espaciotemporales de seis dimensiones

Empezamos considerando los operadores diferenciales de los vectores de campo escalar y de campo vectorial, que se definen continuamente en el espacio-tiempo Einsteiniano, homogéneo e isótropo, para las aplicaciones multidimensionales en un sistema de coordenadas Cartesianas, o de coordenadas esféricas polares. Estos operadores son los descendientes del operador diferencial "Del" para vectores, ∇, y del operador diferencial d'Alembert de cuatro dimensiones para vectores, $\Box$, desarrollado por los eminentes físicos, William Rowan Hamilton y Jean le Rond d'Alembert.

8.1. La definición y la formulación de los operadores Einsteinianos

Los operadores Einsteinianos de los vectores están en forma diferencial parcial y son reflexivos de las características del espacio y del tiempo en el espacio-tiempo multidimensional. Para el espacio-tiempo Einsteiniano en un sistema de coordenadas Cartesianas o de coordenadas esféricas polares, los operadores diferenciales multidimensionales son:

El operador Robertoniano $\vec{\mathfrak{R}}$ *o la derivada de la covariante para el espacio-tiempo de seis dimensiones*

$$\vec{\mathfrak{R}} = -\frac{1}{c}\frac{\partial}{\partial t_x}\vec{a}_{t_x} - \frac{1}{c}\frac{\partial}{\partial t_y}\vec{a}_{t_y} - \frac{1}{c}\frac{\partial}{\partial t_z}\vec{a}_{t_z} + \frac{\partial}{\partial x}\vec{a}_x + \frac{\partial}{\partial y}\vec{a}_y + \frac{\partial}{\partial z}\vec{a}_z \qquad (8.1)$$

$$\vec{\mathfrak{R}} = -\frac{1}{c}\frac{\partial}{\partial t}\vec{t} - \left(\frac{1}{ct}\right)\frac{\partial}{\partial \theta}\vec{\theta}_t - \left(\frac{1}{ctSin\theta}\right)\frac{\partial}{\partial \varphi}\vec{\varphi}_t + \frac{\partial}{\partial r}\vec{r} + \left(\frac{1}{r}\right)\frac{\partial}{\partial \theta}\vec{\theta}_r + \left(\frac{1}{rSin\theta}\right)\frac{\partial}{\partial \varphi}\vec{\varphi}_r \qquad (8.2)$$

El operador d'Robertoniano $\Diamond$ *para el espacio-tiempo seis-dimensional*

$$\Diamond = -\frac{1}{c}\frac{\partial}{\partial t_x} - \frac{1}{c}\frac{\partial}{\partial t_y} - \frac{1}{c}\frac{\partial}{\partial t_z} + \frac{\partial}{\partial x} + \frac{\partial}{\partial y} + \frac{\partial}{\partial z} \qquad (8.3)$$

$$\Diamond = -\frac{1}{c}\frac{\partial}{\partial t} - \left(\frac{1}{ct}\right)\frac{\partial}{\partial \theta} - \left(\frac{1}{ctSin\theta}\right)\frac{\partial}{\partial \varphi} + \frac{\partial}{\partial r} + \left(\frac{1}{r}\right)\frac{\partial}{\partial \theta} + \left(\frac{1}{rSin\theta}\right)\frac{\partial}{\partial \varphi} \qquad (8.4)$$

El operador Robertoniano doble $\Diamond^2$ *para el espacio-tiempo seis-dimensional*

$$\Diamond^2 = \vec{\mathfrak{R}}^2 = \vec{\mathfrak{R}}\cdot\vec{\mathfrak{R}} \quad = \quad \frac{1}{c^2}\frac{\partial^2}{\partial t_x{}^2} + \frac{1}{c^2}\frac{\partial^2}{\partial t_y{}^2} + \frac{1}{c^2}\frac{\partial^2}{\partial t_z{}^2} + \frac{\partial^2}{\partial x^2} + \frac{\partial^2}{\partial y^2} + \frac{\partial^2}{\partial z^2} \qquad (8.5)$$

$$\Diamond^2 = \vec{\mathfrak{R}}^2 = \quad \frac{1}{c^2}\frac{\partial^2}{\partial t^2} + \frac{1}{c^2t^2}\frac{\partial^2}{\partial \theta^2} + \frac{1}{c^2t^2Sin^2\theta}\frac{\partial^2}{\partial \varphi^2} + \frac{\partial^2}{\partial r^2} + \frac{1}{r^2}\frac{\partial^2}{\partial \theta^2} + \frac{1}{r^2Sin^2\theta}\frac{\partial^2}{\partial \varphi^2} \qquad (8.6)$$

El operador Tempo, o el operador Tem, para el tiempo tridimensional

$$\odot = \vec{\mathfrak{R}}_\tau = -\frac{1}{c}\frac{\partial}{\partial t_x}\vec{a}_{t_x} - \frac{1}{c}\frac{\partial}{\partial t_y}\vec{a}_{t_y} - \frac{1}{c}\frac{\partial}{\partial t_z}\vec{a}_{t_z} \qquad (8.7)$$

$$\odot = \vec{\mathfrak{R}}_\tau = -\frac{1}{c}\frac{\partial}{\partial t}\vec{t} - \left(\frac{1}{ct}\right)\frac{\partial}{\partial \theta}\vec{\theta} - \left(\frac{1}{ctSin\theta}\right)\frac{\partial}{\partial \varphi}\vec{\varphi} \quad (8.8)$$

El Tem doble para el tiempo tridimensional

$$\odot^2 = \vec{\mathfrak{R}}_\tau^{\ 2} = \vec{\mathfrak{R}}_\tau \cdot \vec{\mathfrak{R}}_\tau = \frac{1}{c^2}\frac{\partial^2}{\partial t_x^{\ 2}} + \frac{1}{c^2}\frac{\partial^2}{\partial t_y^{\ 2}} + \frac{1}{c^2}\frac{\partial^2}{\partial t_z^{\ 2}} \quad (8.9)$$

$$\odot^2 = \frac{1}{c^2}\frac{\partial^2}{\partial t^2} + \frac{1}{c^2 t^2}\frac{\partial^2}{\partial \theta^2} + \frac{1}{c^2 t^2 Sin^2\theta}\frac{\partial^2}{\partial \varphi^2} \quad (8.10)$$

El rizo de un vector temporal tridimensional o el vector espacial $\vec{V}$

$$\odot \times \vec{V} = furl\,\vec{V} = \begin{vmatrix} -\vec{a}_{t_x} & -\vec{a}_{t_y} & -\vec{a}_{t_z} \\ \frac{1}{c}\frac{\partial}{\partial t_x} & \frac{1}{c}\frac{\partial}{\partial t_y} & \frac{1}{c}\frac{\partial}{\partial t_z} \\ V_{t_x} & V_{t_y} & V_{t_z} \end{vmatrix} \quad (8.11)$$

donde $\vec{V} = V_{t_x}\vec{a}_{t_x} + V_{t_y}\vec{a}_{t_y} + V_{t_z}\vec{a}_{t_z}$ or $\vec{V} = V_x\vec{a}_x + V_y\vec{a}_y + V_z\vec{a}_z$

El rizo de un vector tridimensional $\vec{V}$

$$\odot \times \vec{V} = furl\,\vec{V} = \frac{1}{c}\left(\frac{\partial V_y}{\partial t_z} - \frac{\partial V_z}{\partial t_y}\right)a_{t_x} + \frac{1}{c}\left(\frac{\partial V_z}{\partial t_x} - \frac{\partial V_x}{\partial t_z}\right)a_{t_y} + \frac{1}{c}\left(\frac{\partial V_x}{\partial t_y} - \frac{\partial V_y}{\partial t_x}\right)a_{t_z} \quad (8.12)$$

El remolino de un vector temporal tridimensional o un vector espacial $\vec{V}$

$$\wp \times \vec{V} = swirl\ \vec{V} = \begin{vmatrix} -\vec{a}_{t_x} & -\vec{a}_{t_y} & -\vec{a}_{t_z} \\ \frac{1}{c^2}\frac{\partial^2}{\partial t_x^{\ 2}} & \frac{1}{c^2}\frac{\partial^2}{\partial t_y^{\ 2}} & \frac{1}{c^2}\frac{\partial^2}{\partial t_z^{\ 2}} \\ V_{t_x} & V_{t_y} & V_{t_z} \end{vmatrix} \quad (8.13)$$

El remolino de un vector tridimensional $\vec{V}$

$$\odot \times \vec{V} = swirl\ \vec{V} = \frac{1}{c^2}\left(\frac{\partial^2 V_y}{\partial t_z^{\ 2}} - \frac{\partial^2 V_z}{\partial t_y^{\ 2}}\right)a_{t_x} + \frac{1}{c^2}\left(\frac{\partial^2 V_z}{\partial t_x^{\ 2}} - \frac{\partial^2 V_x}{\partial t_z^{\ 2}}\right)a_{t_y} + \frac{1}{c^2}\left(\frac{\partial^2 V_x}{\partial t_y^{\ 2}} - \frac{\partial^2 V_y}{\partial t_x^{\ 2}}\right)a_{t_z} \quad 8.14)$$

La dirección del rizo (o del rotor del tiempo) o del remolino es el eje de la rotación, según lo determinado por la regla de la mano izquierda, y la magnitud del rizo es la magnitud de la rotación. La magnitud del remolino es la aceleración en la rotación del rizo.

Ahora, definamos el operador Tem como un operador Tempo multidimensional

$$\odot = -\sum_{i=1}^{n} \frac{1}{c}\frac{\partial}{\partial t_i}\widehat{e}_{t_i} \quad where\ \left(\widehat{e}_{t_i} : 1 \le i \le n\right) \qquad (8.15)$$

En una forma más compacta usando la notación de la suma de Einstein, el operador Tem se escribe como

$$\odot = -\vec{e}_{t_i}\,\frac{\partial t_i}{c} \qquad (8.16)$$

8.2. La divergencia "n" del espacio-tiempo seis-dimensional

Una característica del campo espaciotemporal es que su divergencia "*n*" fuera de su fuente física, para un campo vectorial que no es rotacional en el espacio-tiempo seis-dimensional, no es cero, $div^n\ \vec{\Psi}_{st} \neq 0$, donde $\vec{\Psi}_{st}$ es un campo vectorial $-\Psi_{t_x}\vec{a}_{t_x} - \Psi_{t_y}\vec{a}_{t_y} - \Psi_{t_z}\vec{a}_{t_z} + \Psi_x\vec{a}_x + \Psi_y\vec{a}_y + \Psi_z\vec{a}_z$ en el espacio-tiempo seis-dimensional, y div^n es la divergencia "*n*".

Esta característica se debe al hecho de que el espacio-tiempo es divergente en "*n*", o que varía en todas las direcciones del espacio y el tiempo. Cuando y donde el espacio-tiempo es, o no es, homogéneo o isótropo, $div^n = \vec{\Psi}_{st} \neq 0$, y su divergencia "*n*" sería positiva si el espacio-tiempo se expande, o negativa si se está contrayendo.

Apliquemos el operador Robertoniano $(\vec{\Re})$ tal que

$$div^n \vec{\Psi}_{st} = \vec{\Re} \cdot \vec{\Psi}_{st} \qquad (8.17)$$

Donde se especifica el operador Robertoniano $(\vec{\Re})$ como

$$\vec{\Re} = -\frac{1}{c}\frac{\partial}{\partial t_x}\vec{a}_{t_x} - \frac{1}{c}\frac{\partial}{\partial t_y}\vec{a}_{t_y} - \frac{1}{c}\frac{\partial}{\partial t_z}\vec{a}_{t_z} + \frac{\partial}{\partial x}\vec{a}_x + \frac{\partial}{\partial y}\vec{a}_y + \frac{\partial}{\partial z}\vec{a}_z \qquad (8.18)$$

Así, encontramos la divergencia *"n"* aplicando el operador Robertoniano para obtener

$$\vec{\Re} \cdot \vec{\Psi}_{st} = \frac{1}{c}\frac{\partial \Psi_{t_x}}{\partial t_x} + \frac{1}{c}\frac{\partial \Psi_{t_y}}{\partial t_y} + \frac{1}{c}\frac{\partial \Psi_{t_z}}{\partial t_z} + \frac{\partial \Psi_x}{\partial x} + \frac{\partial \Psi_y}{\partial y} + \frac{\partial \Psi_z}{\partial z} \qquad (8.19)$$

Imaginemos que durante un intervalo espaciotemporal especificado para un sistema de coordenadas inerciales en el espacio-tiempo Einsteiniano de una superficie cerrada, o para un volumen de un cuerpo, una propiedad física con una distribución uniforme de carga, o de masa, existe en el límite cerrado de la superficie o del cuerpo. La divergencia del campo de la propiedad física no sería cero, si la tasa neta del cambio temporal del espacio-tiempo en la dirección de los ejes del sistema especificado de coordenadas es un número real positivo o negativo. Este resultado o esta condición implica que el espacio-tiempo actúa como el medio de propagación en todas las direcciones y las dimensiones del espacio-tiempo Einsteiniano en el vecindario de la superficie, o del cuerpo, en el sistema especificado de coordenadas.

Así, en esa condición física imaginaria del espacio-tiempo encontramos

$$div^n \vec{\Psi}_{st} = \vec{\Re} \cdot \vec{\Psi}_{st} \neq 0 \qquad (8.20)$$

8.3. La aplicación de los operadores Einsteinianos en los campos escalares y los vectoriales

Los operadores del espacio-tiempo Einsteiniano son útiles para aplicarlos sobre los campos vectoriales espaciotemporales y sobre los campos escalares. Dado cualquier campo escalar del espacio-tiempo Ψ podemos formar un campo vectorial, llamado el gradiente *"n"* de Ψ y escrito como grad-*n* Ψ, simplemente aplicando el operador de Robertoniano $\vec{\Re}$ a Ψ. Dado un campo vectorial en el espacio-tiempo, $\vec{U} = -U_{t_x}\vec{a}_{t_x} - U_{t_y}\vec{a}_{t_y} - U_{t_z}\vec{a}_{t_z} + U_x\vec{a}_x + U_y\vec{a}_y + U_z\vec{a}_z$, podemos aplicar el operador Robertoniano $\vec{\Re}$ de dos maneras diferentes. Una manera es tomar el producto punto de $\vec{\Re}$ *y* $\vec{U}$, rindiendo el campo escalar llamado la divergencia *"n"* de $\vec{U}$ y escrito como *div-n* $\vec{U}$, o $\vec{\Re}\cdot\vec{U}$. La otra manera es tomar el molinete de $\vec{U}$, que puede ser escrito como molinete $\vec{U}$, o ◎$\vec{U}$.

Las operaciones anteriores pueden resumirse como

$$n-grad\,\Psi = \vec{\Re}\Psi \;=\; -\frac{1}{c}\frac{\partial\Psi}{\partial t_x}\vec{a}_{t_x} - \frac{1}{c}\frac{\partial\Psi}{\partial t_y}\vec{a}_{t_y} - \frac{1}{c}\frac{\partial\Psi}{\partial t_z}\vec{a}_{t_z} + \frac{\partial\Psi}{\partial x}\vec{a}_x + \frac{\partial\Psi}{\partial y}\vec{a}_y + \frac{\partial\Psi}{\partial z}\vec{a}_z \quad (8.21)$$

$$\text{n - div}\,\vec{U} = \vec{\Re}\cdot\vec{U} = \frac{1}{c}\frac{\partial Ut_x}{\partial t_x} + \frac{1}{c}\frac{\partial Ut_y}{\partial t_y} + \frac{1}{c}\frac{\partial Ut_z}{\partial t_z} + \frac{\partial U_x}{\partial x} + \frac{\partial U_y}{\partial y} + \frac{\partial U_z}{\partial z} \quad (8.22)$$

Given that $\vec{U} = -U_{t_x}\vec{a}_{t_x} - U_{t_y}\vec{a}_{t_y} - U_{t_z}\vec{a}_{t_z} + U_x\vec{a}_x + U_y\vec{a}_y + U_z\vec{a}_z$ es un campo vectorial en el espacio-tiempo.

El molinete de un vector espaciotemporal de seis dimensiones $\vec{U}$

$$◎\vec{U} = \begin{vmatrix} -\vec{a}_{t_x} & -\vec{a}_{t_y} & -\vec{a}_{t_z} \\ \frac{1}{c}\frac{\partial}{\partial t_x} & \frac{1}{c}\frac{\partial}{\partial t_y} & \frac{1}{c}\frac{\partial}{\partial t_z} \\ U_{t_x} & U_{t_y} & U_{t_z} \end{vmatrix} + \begin{vmatrix} \vec{a}_x & \vec{a}_y & \vec{a}_z \\ \frac{\partial}{\partial x} & \frac{\partial}{\partial y} & \frac{\partial}{\partial z} \\ U_x & U_y & U_z \end{vmatrix} \quad (8.23)$$

$$molinete\;\vec{U} = -\frac{1}{c}\left(\frac{\partial U_{t_z}}{\partial t_y} - \frac{\partial U_{t_y}}{\partial t_z}\right)\vec{a}_{t_x} - \frac{1}{c}\left(\frac{\partial U_{t_x}}{\partial t_z} - \frac{\partial U_{t_z}}{\partial t_x}\right)\vec{a}_{t_y} - \frac{1}{c}\left(\frac{\partial U_{t_y}}{\partial t_x} - \frac{\partial U_{t_x}}{\partial t_y}\right)\vec{a}_{t_z} \quad (8.24)$$
$$+\left(\frac{\partial U_z}{\partial y} - \frac{\partial U_y}{\partial z}\right)\vec{a}_x + \left(\frac{\partial U_x}{\partial z} - \frac{\partial U_z}{\partial x}\right)\vec{a}_y + \left(\frac{\partial U_y}{\partial x} - \frac{\partial U_x}{\partial y}\right)\vec{a}_z$$

El torbellino de un vector espaciotemporal de seis dimensiones $\vec{U}$

$$\circledast \vec{U} = \begin{vmatrix} -\vec{a}_{t_x} & -\vec{a}_{t_y} & -\vec{a}_{t_z} \\ \frac{1}{c^2}\frac{\partial^2}{\partial t_x{}^2} & \frac{1}{c^2}\frac{\partial^2}{\partial t_y{}^2} & \frac{1}{c^2}\frac{\partial^2}{\partial t_z{}^2} \\ U_{t_x} & U_{t_y} & U_{t_z} \end{vmatrix} + \begin{vmatrix} \vec{a}_x & \vec{a}_y & \vec{a}_z \\ \frac{\partial^2}{\partial x^2} & \frac{\partial^2}{\partial y^2} & \frac{\partial^2}{\partial z^2} \\ U_x & U_y & U_z \end{vmatrix} \tag{8.25}$$

$$torbellino\ \vec{U} = -\frac{1}{c^2}\left(\frac{\partial^2 U_{t_z}}{\partial t_y{}^2} - \frac{\partial^2 U_{t_y}}{\partial t_z{}^2}\right)\vec{a}_{t_x} - \frac{1}{c^2}\left(\frac{\partial^2 U_{t_x}}{\partial t_z{}^2} - \frac{\partial^2 U_{t_z}}{\partial t_x{}^2}\right)\vec{a}_{t_y} - \frac{1}{c^2}\left(\frac{\partial^2 U_{t_y}}{\partial t_x{}^2} - \frac{\partial^2 U_{t_x}}{\partial t_y{}^2}\right)\vec{a}_{t_z} \tag{8.26}$$
$$+\left(\frac{\partial^2 U_z}{\partial y^2} - \frac{\partial^2 U_y}{\partial z^2}\right)\vec{a}_x + \left(\frac{\partial^2 U_x}{\partial z^2} - \frac{\partial^2 U_z}{\partial x^2}\right)\vec{a}_y + \left(\frac{\partial^2 U_y}{\partial x^2} - \frac{\partial^2 U_x}{\partial y^2}\right)\vec{a}_z$$

Tengamos en cuenta que el grad-*n* de Ψ, el molinete de $\vec{U}$, y el torbellino de $\vec{U}$, son vectores, mientras que el div-*n* de $\vec{U}$ es un escalar. El molinete y el torbellino representan la velocidad y la aceleración de un campo vectorial de seis dimensiones en el espacio-tiempo.

Por lo tanto, apliquemos los operadores diferenciales vectoriales y Einsteinianos a un campo escalar Ψ, o a un campo vectorial $\vec{U}$ o $\vec{V}$ para obtener el operador Doble Robertoniano $\vec{\mathfrak{R}}^2$ de un campo escalar Ψ, como sigue:

$$\vec{\mathfrak{R}}^2\ \Psi = \frac{1}{c^2}\frac{\partial^2\Psi}{\partial t_x{}^2} + \frac{1}{c^2}\frac{\partial^2\Psi}{\partial t_y{}^2} + \frac{1}{c^2}\frac{\partial^2\Psi}{\partial t_z{}^2} + \frac{\partial^2\Psi}{\partial x^2} + \frac{\partial^2\Psi}{\partial y^2} + \frac{\partial^2\Psi}{\partial z^2} \tag{8.27}$$

El operador Doble Robertoniano $\vec{\mathfrak{R}}^2$ aplicado a un campo vectorial $\vec{U}$ es:

$$\vec{\mathfrak{R}}^2 \cdot \vec{U} = -\frac{1}{c^2}\frac{\partial^2 U_{t_x}}{\partial t_x{}^2}\vec{a}_{t_x} - \frac{1}{c^2}\frac{\partial^2 U_{t_y}}{\partial t_y{}^2}\vec{a}_{t_y} - \frac{1}{c^2}\frac{\partial^2 U_{t_z}}{\partial t_z{}^2}\vec{a}_{t_z} + \frac{\partial^2 U_x}{\partial x^2}\vec{a}_x + \frac{\partial^2 U_y}{\partial y^2}\vec{a}_y + \frac{\partial^2 U_z}{\partial z^2}\vec{a}_z \tag{8.28}$$

donde $\Diamond^2 = \vec{\Re}^2 = \frac{1}{c^2}\frac{\partial^2}{\partial t_x^{\,2}} + \frac{1}{c^2}\frac{\partial^2}{\partial t_y^{\,2}} + \frac{1}{c^2}\frac{\partial^2}{\partial t_z^{\,2}} + \frac{\partial^2}{\partial x^2} + \frac{\partial^2}{\partial y^2} + \frac{\partial^2}{\partial z^2}$

En las coordenadas curvilíneas generales $\left(\zeta^1, \zeta^2, \zeta^3, \zeta^4, \zeta^5, \zeta^6\right)$ de seis dimensiones del espacio-tiempo

$$\Diamond^2\vec{U} = \sum_{m=1}^{6}\Diamond\zeta^m \cdot \sum_{m=1}^{6}\sum_{n=1}^{6}\Diamond\zeta^n \frac{\partial^2\vec{U}}{\partial\zeta^m\partial\zeta^n} + \sum_{m=1}^{6}\Diamond^2\zeta^m \frac{\partial\vec{U}}{\partial\zeta^m} \quad (8.29)$$

Donde la suma de los índices repetidos es implícita por la convención de la suma de Einstein.

$$\Diamond^2\vec{U} = \Diamond\zeta^m \cdot \Diamond\zeta^n \frac{\partial^2\vec{U}}{\partial\zeta^m\partial\zeta^n} + \Diamond^2\zeta^m \frac{\partial\vec{U}}{\partial\zeta^m} \quad (8.30)$$

El operador Tem de un campo escalar Ψ :

$$\vec{\mathfrak{R}}_\tau \Psi = -\frac{1}{c}\frac{\partial\Psi}{\partial t_x}\vec{a}_{t_x} - \frac{1}{c}\frac{\partial\Psi}{\partial t_y}\vec{a}_{t_y} - \frac{1}{c}\frac{\partial\Psi}{\partial t_z}\vec{a}_{t_z} \quad (8.31)$$

El operador del Doble Tem de un campo tridimensional del vector $\vec{V}$ es:

$$\vec{\mathfrak{R}}_\tau^{\,2} \cdot \vec{V} = -\frac{1}{c^2}\frac{\partial^2 V_x}{\partial t_x^{\,2}}\vec{a}_{t_x} - \frac{1}{c^2}\frac{\partial^2 V_y}{\partial t_y^{\,2}}\vec{a}_{t_y} - \frac{1}{c^2}\frac{\partial^2 V_z}{\partial t_z^{\,2}}\vec{a}_{t_z} \quad (8.32)$$

Por último, podemos reformular algunas de las ecuaciones de Heaviside-Maxwell en forma del producto punto utilizando el Operador Tem:

$$\begin{aligned} \nabla x\vec{E} &= \vec{\Re}_\tau x\vec{B} \\ \nabla x\vec{H} &= \vec{J} - \left(\vec{\Re}_\tau x\vec{D}\right) \\ \nabla \cdot \vec{D} &= \rho \\ \nabla \cdot \vec{B} &= 0 \end{aligned} \quad (8.33)$$

§ 9. Epilogo

En conclusión, hemos visto que el tiempo es una propiedad del espacio-tiempo que exhibe una estructura tridimensional similar al espacio, las dos caras de la misma moneda, interactuando juntas para formar el presente, el pasado, y el futuro. El tiempo se mide como una velocidad y es una calidad dependiente de la trayectoria que se siga en el espacio-tiempo. Se espera que algún experimentador, o investigador, con los recursos apropiados pueda tener éxito en la realización de los experimentos físicos que validan los principios y las teorías del espacio-tiempo expresadas en este documento.

Capítulo 8

Sobre las Naturalezas de la Gravedad, la Luz, y el Espacio-Tiempo

§ 1. Introducción: el campo gravitacional

La gravedad ha sido descrita como la fuerza natural de la atracción ejercida por un cuerpo celeste, como la tierra, sobre los objetos en, o cerca de, su superficie, como una tendencia atrayéndolos hacia el centro del cuerpo, o como la fuerza de la atracción que mueve, o tiende a mover otros cuerpos hacia el centro de un cuerpo celeste, como la tierra o la luna.

La gravedad es considerada la fuerza fundamental de la atracción que todos los objetos de masa tienen entre sí. Al igual que la fuerza electromagnética, la gravedad tiene un alcance infinito que obedece a la ley del cuadrado inverso. En el nivel atómico, donde las masas son muy pequeñas, la fuerza de la gravedad es insignificante, pero para los objetos que tienen masas mayores como los planetas, las estrellas, y las galaxias, la gravedad es una fuerza predominante, y juega un papel importante en las teorías de la estructura del universo. Se cree que la gravedad está mediada por el gravitón, aunque el gravitón aún no ha sido aislado, o encontrado, en un experimento. La gravedad es más débil que la fuerza fuerte, la fuerza débil, o la fuerza electromagnética.

Isaac Newton describió la gravedad, con su ley de gravedad universal, como la atracción mutua entre dos cuerpos en el universo. Él desarrolló una ecuación que describe un efecto gravitacional instantáneo entre dos objetos de masa, no importa que lejos estén, o qué pequeños sean, ejercen una atracción entre sí. Estos efectos gravitacionales disminuyen a medida que la distancia entre los objetos se agranda y a medida que las masas de los objetos son menores. Según lo formulado por Newton, esta fuerza natural de la atracción entre dos objetos es directamente proporcional al producto de sus masas e inversamente proporcional al cuadrado de la distancia entre ellos. La teoría de Newton explicó tanto el movimiento de los cuerpos celestes como la trayectoria de la legendaria manzana cayendo, hasta ese momento unos fenómenos naturales que estaban completamente desconectados, utilizando las mismas ecuaciones.

Albert Einstein desarrolló la primera revisión de esas ideas. Einstein necesitó extender su Teoría de la Relatividad Especial para poder entender los casos en los cuales los cuerpos estaban conforme a las fuerzas y a la aceleración, como en el caso de la gravedad. Sin embargo, de acuerdo con la relatividad especial, los efectos gravitacionales instantáneos en la teoría de Newton no serían posible, porque para que la gravedad actúe instantáneamente, tendría que viajar a velocidades infinitas, más rápido que la velocidad de la luz, el límite superior de la velocidad en la Teoría de la Relatividad Especial. Así, Einstein desarrolló la Teoría General de la Relatividad para superar estas inconsistencias, que conectaban la gravedad, la masa, y la aceleración, de una manera nueva. La Teoría General de la Relatividad demuestra que el espacio, el tiempo, y la masa, están conectados, y se relacionan con las dimensiones del espacio-tiempo-masa que constituyen un continuidad coherente existencial. (Einstein, 1952)

Einstein desarrolló el principio de la equivalencia explicando que cuando los objetos de masa, o los objetos sin masa, tales como los fotones, viajan en sus trayectorias a través del espacio-tiempo, sus masas relativistas curvan el espacio-tiempo, creando los efectos de la gravedad. Para Einstein, los efectos de la gravedad que siente un astronauta en un cohete estacionario en la tierra son los mismos efectos de la gravedad que sentiría el mismo astronauta en el mismo cohete, si se acelerara en el espacio exterior, lejos de cualquier campo gravitacional significativo, siendo los efectos gravitacionales indistinguibles. Hasta ahora, las fuerzas gravitacionales de la ley universal de la gravedad de Newton o los efectos de la curvatura del espacio-tiempo de Einstein son los efectos gravitacionales sobre el espacio-tiempo, la masa, o entre las masas de los objetos. Por lo tanto, ¿qué es la gravedad misma? ¿Cómo produce la gravedad tales efectos entre las masas o en el espacio-tiempo? ¿hay una partícula, tal como el gravitón, mediando la gravedad? ¿Dónde está el gravitón? ¿es la gravedad discreta o continua?

Estas son algunas de las preguntas que los físicos se han hecho en la búsqueda de la naturaleza elusiva de la gravedad. Por más elusiva que haya sido la naturaleza de la gravedad, cada descubrimiento o desarrollo nos ha acercado a la comprensión de la gravedad y el campo gravitacional.

§ 2. Sobre la naturaleza de la gravedad

La naturaleza de la gravedad es la naturaleza del espacio-tiempo, porque la masa en sí no es la fuente del campo gravitacional, pero la masa es una de sus causas. La fuerza gravitacional no emana de la masa, sino que se ejerce sobre la superficie de la masa por el espacio-tiempo. Así, el espacio-tiempo entre dos masas es curvo y esa curvatura del espacio-tiempo causa un efecto gravitacional mutuo. Esta es la naturaleza de la fuerza que empuja sobre nuestros cuerpos y sobre los objetos sobre, o cerca de, la tierra, hacia el centro de nuestro planeta. Esa fuerza o esa presión sobre nosotros es la fuerza o la presión del espacio-tiempo. *La gravedad es la contracción del espacio y la desaceleración su tiempo conjugado en el espacio-tiempo, actuando perpendicularmente a la superficie de un objeto con una masa de descanso o una masa relativista.*

A lo largo de este documento, la propiedad de la masa puede ser referida como una masa de descanso o una masa relativista. Por consiguiente, antes de proceder, aclaremos lo que se entiende por estas significaciones sobre la propiedad de la masa. La masa de descanso, m_0, es un sistema de masa, o la masa de un objeto, que no se mueve en relación con el marco inercial de referencia de un observador. La masa relativista, m', es la masa dilatadora de un objeto que viaja a una velocidad relativista en relación con el marco inercial de referencia de un observador. Entonces pudiéramos definir la masa compleja como $\tilde{m} = m_0 \pm im'$, dependiendo de la dirección retrasada, la adelantada, o la nula, del movimiento.

Sin embargo, si consideramos estas significaciones de las propiedades de la masa, vemos que incluso la masa de descanso se traslada a cierta velocidad a través del espacio-tiempo como un sistema de masa, o como parte de un sistema móvil en una escala mucho mayor del universo. Por otra parte, la masa de descanso tiene algunas de sus partículas que viajan o que giran en forma relativista dentro del mismo sistema de la masa. Entonces, ¿no es la masa de descanso también relativista en su naturaleza?

El principio de la masa relativista afirma que las masas de las partículas, o los objetos de masa, en un universo de movimiento dinámico son relativistas en su naturaleza, ej. $\tilde{m} = m'_0 \pm im'$, *o relativistas como resultado de la traslación relativista medida por un observador desde un marco inercial de referencia.*

La naturaleza de la gravedad infiere una calidad muy importante del espacio-tiempo, la relación recíproca entre el espacio y su tiempo conjugado del espacio-tiempo. Esta relación recíproca se refleja en la manera simultánea y compensatoria que el espacio se contrae y el tiempo se dilata. Esta relación eficaz mantiene la velocidad del espacio-tiempo en una proporción estable. Así, la velocidad del espacio-tiempo sigue siendo uniforme.

En la ausencia de todas las manifestaciones físicas de la masa y la energía en el espacio-tiempo isótropo y homogéneo, cada punto en el espacio-tiempo se amplía en todas sus direcciones. En una región de expansión del espacio-tiempo, la magnitud relativa del espacio-tiempo puede aumentar a medida que el espacio-tiempo se expande, preservando las cualidad conjugada del espacio y el tiempo.

2.1. Sobre la función de la onda espaciotemporal

El matemático Walter Craig y el físico Steven Weinstein demostraron en el 2008 que, bajo una restricción que no es local, el problema del valor inicial está bien planteado para los datos iniciales y periódicos dados para una hipersuperficie de codimensión uno.

Por consiguiente, se proponen las siguientes ilustraciones y descripciones para adaptar sus hallazgos y conceptualizaciones significativas a un modelo tridimensional de hipersuperficie temporal en una física de 3T, que se pliega o colapsa en nuestro familiar modelo del tiempo unidimensional en una física de 1T. Se propone que los datos iniciales y periódicos sobre una hipersuperficie mixta (espacial y temporal) que obedece una restricción que no es local, evoluciona de una manera determinista en la dimensión temporal remanente y resultante, *t*.

Ilustremos el espacio-tiempo como una generalización de un campo escalar sin masa, $\Psi = \Psi(x, y, z, t_X, t_Y, t_Z)$, descrito por una función de la onda espaciotemporal e hiperbólica con tres dimensiones espaciales y tres dimensiones temporales como sigue

$$\left(\frac{\partial^2}{\partial x^2} + \frac{\partial^2}{\partial y^2} + \frac{\partial^2}{\partial z^2}\right)\Psi = \left(\frac{\partial^2}{\partial t^2}\right)\Psi \qquad (2.1)$$

$$\left(\frac{\partial^2}{\partial t^2}\right)\Psi = \left(\frac{\partial^2}{\partial {t_X}^2} + \frac{\partial^2}{\partial {t_Y}^2} + \frac{\partial^2}{\partial {t_Z}^2}\right)\Psi \qquad (2.2)$$

$$\left(\frac{\partial^2}{\partial x^2} + \frac{\partial^2}{\partial y^2} + \frac{\partial^2}{\partial z^2}\right)\Psi = \left(\frac{\partial^2}{\partial {t_X}^2} + \frac{\partial^2}{\partial {t_Y}^2} + \frac{\partial^2}{\partial {t_Z}^2}\right)\Psi \qquad (2.3)$$

Las ecuaciones anteriores pueden describir un medio espaciotemporal en cuatro dimensiones o seis dimensiones puesto que el modelo de cuatro dimensiones se conceptualiza como la versión plegada del modelo seis-dimensional. En el modelo tridimensional, el elemento métrico temporal resultante, dt^2, o la magnitud temporal $|t|$ usada en ecuaciones de la física de 1T, representan la intersección de tres planos temporales, o tres hipersuperficies, en la física de 3T, que se conjugan a los tres familiares planos espaciales de un sistema de coordenadas Cartesianas.

Estas ecuaciones pueden describir la propagación de los componentes del campo electromagnético. Si se nos da suficiente información sobre el campo electromagnético en un momento dado del tiempo, $t(t_X, t_Y, t_Z)$, existe una solución estable y única de la ecuación. Ya se conoce bien que el valor inicial de esta ecuación está bien planteado. Por lo tanto, los datos iniciales y periódicos determinan totalmente los datos en el resto del tiempo, de una manera tal que algunos pequeños errores en la especificación de los datos iniciales no conduzcan a errores incontrolables en la solución de la ecuación. Consideremos el caso en el cual los datos iniciales y periódicos reposan en la codimensión uno de la hipersuperficie descrita por las ecuaciones anteriores como en un problema de Cauchy. Una superficie de Cauchy es una superficie espacial completa y conectada, que cruza cada geodésica temporal o geodésica nula, una vez y sólo una vez. Cualquier superficie de constante "t" en el espacio-tiempo de Minkowski es una superficie de Cauchy. Una variedad de dos de Cauchy es un instante temporal, que si las condiciones iniciales son dadas puede determinar el futuro y el pasado en una manera única. Los datos iniciales y periódicos de las ecuaciones anteriores consisten en el campo electromagnético y su primera derivada temporal normal, la cual es perpendicular a la hipersuperficie en cada punto, puesto que las ecuaciones anteriores consisten en solamente las derivadas secundarias.

Los datos iniciales periódicos son los siguientes

$$u(p)=\Psi(p,t)=\Psi(p,0)=\Psi(x,y,z,0,0,0) \quad (2.4)$$

$$v(p)=\frac{\partial\Psi(p,t)}{\partial t}=\frac{\partial\Psi(p,0)}{\partial t}=\frac{\partial(x,y,z,0,0,0)}{\partial t} \quad (2.5)$$

Donde "p" equivale a un punto espacial en (x,y,z) y "t" equivale a un punto temporal en (t_X, t_Y, t_Z).

Un punto espacial "p" puede definirse como la intersección de tres planos espaciales. Del mismo modo, vamos a definir un punto temporal "t" como la intersección de tres planos temporales en la física de 3T. (Born et al, 1999)

En este caso, si las funciones apropiadamente diferenciables *u(p)* y *v(p)*, que representan las propiedades relevantes del campo electromagnético en algún momento "t" se dan, entonces, una solución única y estable existe durante todo el tiempo. Así, con esa condición, el problema de Cauchy para la ecuación anterior de la onda está bien presentado.

Se observa que ha habido preocupaciones sobre los problemas iniciales del valor de la función de una onda con múltiples dimensiones temporales. Por lo tanto, reconozcamos que en el caso de la multidimensionalidad temporal, donde se ha demostrado mediante el uso del teorema del valor promedio de Asgeirsson que para las opciones arbitrarias de los datos iniciales, las soluciones para la ecuación de la onda no existen, también ha sido demostrado, por el Teorema de Unicidad de Holmgren-John, que hay soluciones únicas en todas partes de la hipersuperficie que existen, siempre que esos datos iniciales periódicos sean consistentes con alguna solución. (Courant, 1962)

El Teorema de la Unicidad de Holmgren-John nos dice que los dominios de la dependencia y de la influencia son compactos, de modo que necesitamos solamente saber la solución en una región compacta "R" de la hipersuperficie para determinar la solución del problema de Cauchy en un punto dado "P" sobre la hipersuperficie. Así, los datos en la región compacta "R" determinan los datos en el punto "P" sobre la hipersuperficie. Entonces, cuando una restricción se impone sobre los datos iniciales periódicos, los datos rinden un problema de Cauchy, que está bien planteado, después de todo. (Craig, 2009)

Consideremos ahora una restricción sobre los datos iniciales periódicos de *u(p, t)* y *v(p, t)* de modo que solamente las transformaciones de Fourier de los datos iniciales periódicos que satisfacen la restricción conduzcan a una solución estable.

$$|\theta|^2 \leq |d|^2 \tag{2.6}$$

$$\hat{u}(d_1, d_2, d_3, \theta_1, \theta_2, \theta_3) = F\{u(x, y, z, t_X, t_Y, t_Z)\} \tag{2.7}$$

$$\hat{v}(d_1, d_2, d_3, \theta_1, \theta_2, \theta_3) = F\{v(x, y, z, t_X, t_Y, t_Z)\} \tag{2.8}$$

Donde "d" es equivalente a un punto espacial en (d_1, d_2, d_3), y "θ" equivale a un punto temporal en $(\theta_1, \theta_2, \theta_3)$.

Los conjuntos permisibles de datos iniciales periódicos por la restricción se dan por las transformaciones inversas de Fourier de las funciones $\hat{u}(d_1, d_2, d_3, \theta_1, \theta_2, \theta_3)$ y $\hat{v}(d_1, d_2, d_3, \theta_1, \theta_2, \theta_3)$, como se muestra a continuación.

$$u(x, y, z, t_X, t_Y, t_Z) = F^{-1}\hat{u}(d_1, d_2, d_3, \theta_1, \theta_2, \theta_3) \tag{2.9}$$

$$v(x, y, z, t_X, t_Y, t_Z) = F^{-1}\hat{v}(d_1, d_2, d_3, \theta_1, \theta_2, \theta_3) \tag{2.10}$$

La restricción de los datos iniciales tiene una propiedad que no es local, donde se establece las correlaciones que no son triviales entre los valores de la función de onda del campo en diferentes puntos de la hipersuperficie. La ausencia de la localidad, o 'no localidad', se considera causalmente benigna, puesto que no hay un sentido en el cual los cambios en la región compacta "R" pueden traer cambios instantáneos en una región más grande de la hipersuperficie.

Las características de la física de 1T, en tres dimensiones espaciales y una dimensión temporal, pasa bien al reino de la física de 3T, cuando postulamos el problema del valor inicial como un problema de Cauchy.

Además, existe un Hamiltoniano bien definido, o un funcional de la energía, que se conserva con respecto a la variable temporal elegida.

El efecto de la restricción puede ser visualizado como el aumento infinitesimal en la extensión de las dimensiones temporales en comparación con las dimensiones espaciales de las hipersuperficies de la codimensión a medida que el tiempo emerge y se expande en tres dimensiones sobre las tres dimensiones espaciales existentes. Cada uno de los tres planos de coordenadas Cartesianas se visualizan como una capa de espacio a una capa de tiempo conjugado más delgada. Por lo tanto, la restricción antedicha origina un problema de Cauchy que está bien planteado, donde las soluciones que existen son únicas y cerca de la física de 1T.

Un observador en el sistema de coordenadas Cartesianas anterior puede lograr la orientación temporal de cada coordenada temporal (t_X, t_Y, t_Z) como una extensión de las coordenadas espaciales (x, y, z) en cualquier dirección y sentido del movimiento en el espacio-tiempo. El espacio-tiempo se puede representar con la firma $(-,-,-,+,+,+)$ con el signo negativo para las dimensiones temporales. Si el observador considera un plano espacial finito de coordenadas Cartesianas, la capa temporal puede considerarse que existe a ambos lados de ese plano espacial, así como en todos sus bordes o lados. Por consiguiente, cuando la ecuación de la onda se visualiza en la física de 1T, el colapso de la tridimensionalidad del tiempo a un tiempo unidimensional ocasiona la anisotropía del tiempo y da lugar a la perspectiva temporal y lineal del espacio-tiempo.

Desde nuestra perspectiva actual, el modelo de la física de 3T teorizado según lo antedicho, puede ayudar a explicar los fenómenos con la ausencia de la localidad en la cosmología, tales como, pero no limitado a: las restricciones improvisadas para los estados del universo, los parámetros afinados para abordar la baja entropía y la casi homogeneidad del universo primitivo, o el entrelazo de las propiedades de campo en las diferentes ubicaciones espaciales predichas por la mecánica cuántica. El modelo de la física de 3T no está siendo fomentado para reemplazar la física de 1T, donde y cuando este último esquema es eficaz en sus métodos y predicciones, sino como una posibilidad conceptual para exponer lo que es físicamente posible en el ámbito del espacio-tiempo.

2.2. Sobre los efectos relativistas de los relojes de movimiento rápido

En ausencia de los efectos de la aceleración traslacional, o la rotacional, imaginemos una varilla muy larga con dos relojes atómicos, sincrónicos y simultáneos, de dos observadores, un observador y un reloj en cada extremo de la varilla, entrando en el espacio-tiempo curvo muy cerca de un objeto de masa, como una flecha, la primera punta en una dirección radial al centro del objeto de masa, durante un intervalo de tiempo, $\Delta\tau_{ab}$, donde se observa la deceleración siguiente del tiempo

$$a_{t_{ab}} = -\frac{\left(\omega_{t_a} - \omega_{t_b}\right)}{\Delta\tau_{ab}} \qquad (2.11)$$

Donde $a_{t_{ab}}$ es la deceleración del tiempo durante el intervalo de tiempo $\Delta\tau_{ab}$, ω_{t_a} es la velocidad angular instantánea del reloj delantero (la punta de la flecha temporal), y ω_{t_b} es la velocidad angular instantánea del reloj posterior (el extremo posterior de la flecha) cuando la flecha temporal atraviesa el intervalo de tiempo. Mientras que nuestra larga varilla imaginaria entra en el campo gravitacional del objeto de masa, el efecto de la desaceleración del tiempo entre los relojes atómicos en los extremos revelaría, después de las medidas precisas de los observadores, una desaceleración del tiempo $\left(\omega_{t_a} - \omega_{t_b}\right)$ durante el intervalo temporal relativista $\Delta\tau_{ab}$.

Para el movimiento relativista en el espacio-tiempo de un campo gravitacional, encontramos que la deceleración del tiempo es

$$a_{t_{gk}} = \frac{\omega_{t_{gk1}} - \omega_{t_{gk2}}}{\Delta\tau_g - \Delta\tau_k} \qquad (2.12)$$

Donde $\left(\omega_{t_{gk1}} - \omega_{t_{gk2}}\right)$ es la diferencia de la velocidad temporal angular según lo medido por dos relojes sincrónicos locales entre dos eventos durante el intervalo de tiempo $\left(\Delta_{\tau_g} - \Delta_{\tau_k}\right)$ medido por un reloj en movimiento tal que

$$\Delta\tau_g = \left(\frac{a_g}{c^2}\right)\sum_{i=1}^{k} r \cdot \Delta t_i$$ los efectos temporales gravitacionales (2.13)

$$\Delta\tau_k = \sum_{i=1}^{k}\left[\left(\sqrt[2]{1-\frac{v_i^2}{c^2}}\right)\cdot \Delta t_i\right]$$ los efectos temporales cinemáticos (2.14)

Donde "*c*" es la velocidad de la luz, y "v_i" es la velocidad del reloj en movimiento.

Estos efectos temporales resultan de la desaceleración y la ralentización del tiempo que a su vez afecta la aceleración gravitacional entre dos objetos. La aceleración del tiempo es significativa para un reloj sincrónico que viaja de manera relativista a través del espacio-tiempo, homogéneo e isótropo, en la ausencia de un campo gravitacional. A medida que el reloj viaja a través del espacio-tiempo, experimentará una aceleración o una desaceleración del tiempo en función de su velocidad y su trayectoria, independientemente del tipo de movimiento a lo largo de su trayectoria.

En presencia de un campo gravitacional a baja velocidad, la aceleración o la desaceleración del reloj sincrónico dependerá de cómo se desplaza perpendicularmente a la superficie del objeto de masa, a través del campo gravitacional del objeto. La velocidad del tiempo cambia con respecto a la distancia "*r*" al centro de la masa, y depende de la aceleración gravitacional, a_g, y la velocidad de la luz "*c*". (Taylor et al, 1966)

2.3. La aceleración y la velocidad del espacio-tiempo

Pensemos ahora en la métrica de Friedman-Lemaitre-Robertson-Walker del espacio-tiempo homogéneo e isótropo, para una curvatura uniforme

en un espacio-tiempo elíptico, de tal forma que

$$-c^2 d\tau^2 = -c^2 dt^2 + a(t)^2 \, d\Sigma^2 \tag{2.15}$$

donde el valor actual del factor escalar es igual a uno, $a(t)^2 = (l_p / l_{t_0})^2 = 1$, de tal manera que tenemos

$$d\Sigma^2 = c^2dt^2 - c^2d\tau^2 \tag{2.16}$$

$$\frac{d\Sigma^2}{dt^2} = c^2 - c^2\frac{d\tau^2}{dt^2} \tag{2.17}$$

Así, *la velocidad de la luz determinable es igual a la velocidad del tiempo en el espacio-tiempo homogéneo e isótropo. La velocidad del tiempo es consistente y determinable*. Por consiguiente, la velocidad cuadrada del espacio-tiempo es

$$v_\Sigma{}^2 = c^2 - c^2v_\tau{}^2 \tag{2.18}$$

$$v_\Sigma{}^2 = c^2\left(1 - v_\tau{}^2\right) \tag{2.19}$$

$$v_\Sigma = c\left(\sqrt[2]{1 - v_\tau{}^2}\right) \tag{2.20}$$

Entonces, si la velocidad del tiempo apropiado es cero con respecto al tiempo coordinado, entonces, la velocidad del espacio-tiempo es igual a la velocidad de la luz. O sea, el espacio-tiempo se expande a la velocidad de la luz.

$$v_\Sigma = c \tag{2.21}$$

Por lo tanto, también podemos expresar la velocidad del espacio-tiempo como el producto de la aceleración del espacio-tiempo y la distancia espacial "*r*" tal que

$$a_\Sigma r = c^2 - c^2v_\tau{}^2 \tag{2.22}$$

$$a_\Sigma r = c^2(1 - v_\tau{}^2) \tag{2.23}$$

$$\frac{a_\Sigma r}{c^2} = 1 - v_\tau{}^2 \tag{2.24}$$

$$v_\tau = \sqrt[2]{1 - \frac{a_\Sigma r}{c^2}} = \sqrt[2]{1 - \frac{Gm}{rc^2}} \tag{2.25}$$

2.4. La aceleración y la velocidad del tiempo apropiado

Consideremos el intervalo temporal de un objeto en movimiento a través del espacio-tiempo tal que

$$c^2 d\tau^2 = c^2 dt^2 - dr^2 \tag{2.26}$$

$$c^2 \frac{d\tau^2}{dt^2} = c^2 - \frac{dr^2}{dt^2} \tag{2.27}$$

$$c^2 v_\tau^{\ 2} = c^2 - v_r^{\ 2} \tag{2.28}$$

$$v_\tau^{\ 2} = \frac{c^2 - v_r^{\ 2}}{c^2} \tag{2.29}$$

$$v_\tau = \frac{\sqrt[2]{c^2 - v_r^{\ 2}}}{c} = \sqrt[2]{1 - \frac{v_r^{\ 2}}{c^2}} \tag{2.30}$$

$$c^2 \frac{d\left[v_\tau^{\ 2}\right]}{dt} = -\frac{d\left[v_r^{\ 2}\right]}{dt} \tag{2.31}$$

$$\frac{d\left[v_\tau^{\ 2}\right]}{dt} = -\frac{1}{c^2}\left(\frac{d\left[v_r^{\ 2}\right]}{dt}\right) = -\frac{1}{c^2}\left(\frac{d(a_r \cdot r)}{dt}\right) \tag{2.32}$$

$$\frac{d\left[v_\tau^{\ 2}\right]}{dt} = -\frac{1}{c^2}\left[a_r \frac{dr}{dt} + r\frac{da_r}{dt}\right] \tag{2.33}$$

Así, la velocidad del tiempo apropiado equivale al recíproco del factor de Lorentz, y la aceleración del tiempo apropiado es directamente proporcional a la derivada de la aceleración, o el tirón del objeto de masa en movimiento multiplicado por la distancia "r" más el producto de la velocidad del objeto y la aceleración, e indirectamente proporcional a la velocidad de la luz al cuadrado.

Si tenemos en cuenta la aceleración de un objeto en movimiento en el espacio-tiempo y expresamos la aceleración en términos de las aceleraciones del tiempo apropiado y el tiempo de coordenada, tendríamos

$$v_r^{\,2} = c^2 - c^2 v_\tau^{\,2} \tag{2.34}$$

$$\frac{v_r^{\,2}}{r} = \frac{c^2}{r}\frac{dt^2}{dt^2} - \frac{c^2}{r}\frac{d\tau^2}{dt^2} \tag{2.35}$$

$$\frac{c^2}{r}\left[\frac{v_r^{\,2}}{c^2}\right] = \frac{c^2}{r}\left[\frac{dt^2}{dt^2}\right] - \frac{c^2}{r}\left[\frac{d\tau^2}{dt^2}\right] \tag{2.36}$$

$$\frac{c^2}{r}\left[\frac{1}{c^2}\frac{dr^2}{dt^2}\right] = \frac{c^2}{r}\left[\frac{dt^2}{dt^2}\right] - \frac{c^2}{r}\left[\frac{d\tau^2}{dt^2}\right] \tag{2.37}$$

Entonces, tanto la aceleración del tiempo apropiado como la aceleración de un objeto en movimiento a través del espacio-tiempo pueden expresarse como las fracciones de, y pueden basarse en, la aceleración del espacio-tiempo coordinado, c/r^2, en la localidad del espacio-tiempo donde el objeto se mueve.

2.5. La aceleración y la velocidad luminal de un objeto en el espacio-tiempo

Consideremos el intervalo de luz para un objeto sin masa que se mueve a la velocidad del tiempo

$$c^2 d\tau^2 = c^2 dt^2 - dr^2 = 0 \tag{2.38}$$

$$c^2 dt^2 = dr^2 \tag{2.39}$$

$$c^2 = \frac{dr^2}{dt^2} \quad (2.40)$$

$$v_t^{\ 2} = v_r^{\ 2} \quad (2.41)$$

$$\frac{dv_t}{dt} = \frac{dv_r}{dt} \quad (2.42)$$

$$a_t = a_r \quad (2.43)$$

Así, la aceleración o la velocidad de un objeto sin masa en el espacio-tiempo durante un intervalo lumínico equivale a la aceleración o la velocidad del tiempo, si el tiempo viaja a la velocidad de la luz cuando no se obstruye en el espacio-tiempo homogéneo e isótropo. Por otra parte, para un objeto que no está viajando a través del espacio cuando la velocidad del objeto es cero, $v_r = 0$ y $v_\tau = \sqrt[2]{1-\left(v_r^{\ 2}/c^2\right)} = 1$, de acuerdo con la expectativa de la Teoría General de la Relatividad, ya que el tiempo apropiado equivale al tiempo de coordenada, encontramos que la velocidad del tiempo apropiado es igual a la velocidad de la luz.

$$v_\tau = v_t = c \quad (2.44)$$

2.6. La aceleración gravitacional del espacio-tiempo-masa

Cuando el espacio-tiempo se curva en presencia de una masa relativista, el espacio se desacelera a medida que se contrae y el tiempo se ralentiza a medida que se dilata proporcionalmente, según la magnitud del espacio-tiempo se contrae sobre la geometría de la masa y perpendicular a su superficie, para mantener una aceleración uniforme que es reciproca. La aceleración temporal del espacio-tiempo sobre la masa tiene una orientación, o una dirección, opuesta a la aceleración gravitacional sobre la masa. Así, *la gravedad es proporcional y directamente relacionada con la desaceleración del espacio-tiempo y la ralentización de la velocidad del espacio-tiempo en un campo gravitacional sobre un objeto con masa de descanso o con masa relativista.*

Por el principio de equivalencia de Einstein en los instantes pequeños para una localidad espacio-temporal minúscula y sin la obstrucción de las fuerzas de marea, consideremos ahora los efectos gravitacionales indistinguibles sobre un objeto de masa que no está girando con una aceleración relativista en el espacio exterior, hacia un cuerpo celeste masivo que no está girando, a los efectos gravitacionales sentidos por el mismo objeto de masa que entra a una velocidad relativista en el campo gravitacional del cuerpo celeste masivo que no está girando, lejos de cualquier otro campo gravitacional significativo. Así, cuando consideramos la velocidad del tiempo apropiado para un evento relativista en un campo gravitacional usando una serie de Maclaurin, encontramos

$$\frac{d\tau}{dt} = \sqrt[2]{1 - \frac{{v_r}^2}{c^2}} \approx \frac{(a_g \cdot r)}{c^2} - \frac{{v_r}^2}{2c^2} - \frac{{v_r}^4}{8c^4} - \frac{{v_r}^6}{16c^6} - \frac{{v_r}^8}{128c^8} + \ldots \qquad (2.45)$$

$$\sqrt[2]{1 - \frac{{v_r}^2}{c^2}} \approx \frac{(a_g \cdot r)}{c^2} - \frac{{v_r}^2}{2c^2} \qquad (2.46)$$

$$a_g \approx \frac{{v_r}^2 + 2c\left(\sqrt[2]{c^2 - {v_r}^2}\right)}{2r} \qquad (2.47)$$

Por eso, la aceleración gravitacional entre dos cuerpos de masa que no están girando es una función de la velocidad del tiempo apropiado, v_τ, la distancia espacial "r", y las velocidades de los cuerpos, dentro del campo gravitacional local.

Por consiguiente, *la gravedad es el efecto que el espacio-tiempo tiene en la propiedad de la masa a través de la desaceleración del espacio-tiempo y la ralentización de la velocidad del espacio-tiempo. La gravedad es más fuerte donde el espacio es más contraído y el tiempo está más dilatado*. A medida que el espacio se contrae y el tiempo se dilata, la desaceleración del espacio-tiempo da como resultado una desaceleración, o una aceleración negativa de la gravedad, radialmente hacia el centro de masa o perpendicular a la superficie de la geometría del objeto. Los cambios en el espacio-tiempo dan lugar al efecto gravitacional y a la curvatura del espacio-tiempo según lo descrito por la Teoría General de la Relatividad de Albert Einstein.

§ 3. Sobre los efectos de la dilatación de la masa

Cuando una partícula móvil, o un objeto, se acerca a la velocidad de la luz en el espacio-tiempo homogéneo e isótropo, el espacio se contrae en la dirección del movimiento, creando un campo gravitacional cinemático que se agrega al campo gravitacional de la masa, contrayendo el espacio-tiempo y aumentando la gravedad, mientras que el tiempo y la masa de la partícula o del objeto se dilatan.

Por la tercera ley de Newton, "las fuerzas internas que actúan entre las partículas dentro de una masa se cancelan en pares", la longitud se contrae en la dirección del movimiento relativista, cuando la masa comprime el espacio-tiempo durante su trayectoria en la dirección del movimiento, causando una contracción del espacio-tiempo, y hace que un objeto esférico parezca aplanarse como un panqueque en la dirección de la propagación.

Cuando el espacio-tiempo se contrae, la masa de descanso se dilata y se convierte en una masa relativista, debido al aumento de la energía de la masa según su velocidad o impulso, sin cambio en la estructura interna de la masa del objeto. De hecho, el aumento de la energía de la masa con la velocidad o el impulso se origina de las características geométricas del espacio-tiempo, y no de la masa del objeto. (Feynman, 1988)

La dilatación de la masa se origina a partir de la velocidad del espacio y el tiempo actuando directamente sobre la masa de un objeto. El impulso temporal es dado por

$$p_t = m\left(\frac{dt}{d\tau}\right) = \frac{m}{\sqrt[2]{1-\frac{{v_r}^2}{c^2}}} = \frac{mc}{\sqrt[2]{c^2-{v_r}^2}} \qquad (3.1)$$

donde la velocidad se da como el incremento del tiempo de coordenadas sobre el tiempo apropiado.

Del mismo modo, para el impulso espacial tridimensional cuando $v_r < c$, tenemos

$$p_r \;=\; = m\left(\frac{dr}{d\tau}\right) = m\left(\frac{dr}{d\tau}\right)\left(\frac{dt}{dt}\right) = m\left(\frac{dr}{dt}\right)\left(\frac{dt}{d\tau}\right) = \frac{mv_r}{\sqrt[2]{1-\frac{{v_r}^2}{c^2}}} = \frac{mc}{\sqrt[2]{\frac{c^2}{{v_r}^2}-1}} \tag{3.2}$$

donde la velocidad se da como el incremento del espacio de coordenadas sobre el tiempo apropiado.

Así, la energía del impulso temporal de la masa es menos que la energía del impulso espacial por un factor igual a la velocidad espacial tal que

$$\frac{E_r}{E_\tau} \;=\; v_r \tag{3.3}$$

Del mismo modo, en términos de la acción Lagrange S, y el Hamiltoniano, $\hat{H}$, para el movimiento de la masa relativista en el espacio-tiempo, homogéneo e isótropo, durante un intervalo de tiempo, encontramos

$$S \;= \int_{t_1}^{t_2} L dt = \int_{t_1}^{t_2} - mc^2\left(\frac{d\tau}{dt}\right)dt \;=\; \int_{t_1}^{t_2} - mc^2\left(\sqrt[2]{1-\frac{{v_r}^2}{c^2}}\right)dt \tag{3.4}$$

$$p \;=\; \frac{\partial L}{\partial v_r} \;=\; -\frac{1}{2}\left[\frac{mc^2(-2v_r)}{c^2\sqrt[2]{1-\frac{{v_r}^2}{c^2}}}\right] \;=\; \frac{mv_r}{\sqrt[2]{1-\frac{{v_r}^2}{c^2}}} \;=\; \frac{mv_r}{v_\tau} \tag{3.5}$$

$$\hat{H} \;=\; v_r p - L \;=\; \frac{m{v_r}^2}{\sqrt[2]{1-\frac{{v_r}^2}{c^2}}} - \left[-mc^2\left(\sqrt[2]{1-\frac{{v_r}^2}{c^2}}\right)\right] \;=\; \frac{mc^2}{\sqrt[2]{1-\frac{{v_r}^2}{c^2}}} \;=\; \frac{mc^2}{v_\tau} \tag{3.6}$$

Por lo tanto, encontramos que la masa se dilata como resultado de la velocidad del tiempo que disminuye a medida que el objeto se acelera a través del espacio, y este efecto aumenta el impulso del objeto y su energía cinética, según el objeto viaja contra el campo gravitacional creciente sobre la masa. Cuando la fuerza resultante de la masa relativista aumenta en la dirección del movimiento, las fuerzas internas que actúan entre las partículas atómicas se cancelan en pares, mientras que el espacio interno entre las partículas se contrae. La contracción del espacio interno en la dirección del movimiento permite el equilibrio posicional de las partículas a distancias espaciales más cercanas, manteniendo el equilibrio y la relación de todas las fuerzas cuánticas a niveles atómicos y subatómicos preservando las leyes de la física cuántica. Según el espacio interno de la masa relativista se contrae a su nuevo límite, el sistema de fuerzas de la masa está de nuevo en equilibrio con el espacio-tiempo. Así, la masa se ha dilatado y la longitud se ha contraído proporcionalmente. *Por consiguiente, para el movimiento relativista en el espacio-tiempo homogéneo e isótropo, la masa y el tiempo se dilatan, y el espacio se contrae, para obedecer las leyes de la conservación del impulso espacial.*

§ 4. Sobre la constante gravitacional universal

La constante gravitacional universal, denotada *G*, es una constante física empírica involucrada en el cálculo de la atracción gravitacional entre los objetos con la propiedad de la masa. Apareció por primera vez en la ley de la gravedad universal de Isaac Newton y posteriormente en la Teoría General de la Relatividad de Albert Einstein.

De acuerdo con la ley de la gravedad universal,

$$G = \frac{F \cdot r^2}{m_1 \cdot m_2} \tag{4.1}$$

donde *G* se ha medido en un valor aproximado de $(6.67428 \ \pm 0.00067)E - 11 \quad m^3/(k_g \cdot s^2)$ actualmente.

F es la fuerza atractiva entre dos objetos de masa m_1 y m_2, y "*r*" es la distancia entre ellos. La constante gravitacional universal se midió en 1798, 71 años después de la muerte de Isaac Newton, por Henry Cavendish, con un balance de torsión inventado y construido por John Mitchell, tal como se publicó en las transacciones filosóficas en el año 1798. El objetivo de Cavendish era medir la densidad de la tierra con relación al agua, a través del conocimiento preciso de la interacción gravitacional. Asombrosamente, la exactitud de la medición del valor de

G ha aumentado muy modestamente desde el experimento original de Cavendish.

Más recientemente, los valores publicados de G obtenidos a través de los experimentos de alta precisión han variado ampliamente. El límite superior e inferior, $6.645E-11$ a $6.715E-11$, son resultados recientes para los experimentos de tipo caída libre y de tipo Cavendish. Por consiguiente, G es una cantidad variable en vez de ser un valor constante como originalmente asumido por Newton y posteriormente por Einstein en sus teorías. Por lo tanto, si G no es la constante gravitacional universal, entonces, ¿qué es? ¿Qué la hace variar? ¿por qué varía?

4.1. La naturaleza de G

Empecemos nuestra investigación observando la naturaleza de G. La gravedad de una masa es el resultado de la interacción del espacio-tiempo con la masa. Ni el espacio-tiempo, ni la masa, tiene una propiedad constante, por lo que el campo gravitacional resultante de la curvatura espaciotemporal sobre la masa es un campo dinámico efectuado por las propiedades dinámicas del espacio-tiempo-masa. Tanto la masa como G son una función del movimiento, cualquier cambio en la masa causa un cambio en G. Así, *G es la proporción de la interacción dinámica del espacio-tiempo y las características de la masa del objeto que se somete a un campo gravitacional dinámico*.

Consideremos un volumen curvo del espacio-tiempo desplazado por un cuerpo celeste masivo mientras que el volumen del espacio-tiempo se contrae y se acelera con el tiempo durante la creación de un campo gravitacional. En el caso especial del objeto esférico con una masa de descanso, m_0, consideremos una variación del teorema de Gauss para los flujos de la gravedad de la siguiente manera

$$\int_{v_1}^{v_2} \vec{\nabla} \cdot \vec{g}\, dV = -4\pi \int_{r_1}^{r_2} \vec{v_g} \cdot \vec{v_g}\, dr \qquad (4.2)$$

$$\int_{v_1}^{v_2} \vec{\nabla} \cdot \vec{g}\, dV = -4\pi G\rho V = -4\pi G m_0 \qquad (4.3)$$

$$V = \frac{4}{3}\pi r^3 \tag{4.4}$$

$$\frac{dV}{dr} = 4\pi r^2 \tag{4.5}$$

$$\frac{d^2V}{dr^2} = 8\pi r \tag{4.6}$$

$$\overrightarrow{v_g} \cdot \overrightarrow{v_g} = v_g{}^2 = \frac{dr^2}{dt^2} = gr \tag{4.7}$$

$$-4\pi\int_{r_1}^{r_2}\left(\overrightarrow{v_g} \cdot \overrightarrow{v_g}\right)dr = -4\pi\left(\frac{\frac{d^2V}{dt^2}}{\frac{d^2V}{dr^2}}\right)r = -4\pi\left(\frac{r\frac{d^2V}{dt^2}}{8\pi r}\right) \tag{4.8}$$

$$-4\pi G m_0 = -4\pi\left(\frac{\frac{d^2V}{dt^2}}{8\pi}\right) \tag{4.9}$$

Entonces, encontramos que la aceleración del espacio-tiempo es

$$-\frac{d^2V}{dt^2} = -\ddot{a} = 8\pi G m_0 = 8\pi g r^2 \tag{4.10}$$

Por consiguiente, G es la relación dinámica universal del espacio-tiempo-masa dada por

$$G = -\frac{\frac{d^2V}{dt^2}}{8\pi m_0} \tag{4.11}$$

$$= \frac{g \cdot r^2}{m_0} \qquad (4.12)$$

y la aceleración gravitacional en función del espacio-tiempo se convierte en

$$g = -\left(\frac{1}{8\pi r^2}\right)\frac{d^2V}{dt^2} \qquad (4.13)$$

Podemos expresar el módulo de la convergencia de la expansión espaciotemporal sobre un cuerpo celeste esférico y masivo como

$$\frac{-\frac{d^2V}{dt^2}}{4\pi r^2} = \frac{8\pi G m_0}{4\pi r^2} = \frac{2Gm_0}{r^2} = 2g \qquad (4.14)$$

4.2. ¿Cuáles son la G mayor y la g menor de la tierra?

Vamos a derivar la *G* mayor de un esferoide oblato, con los polos achatados, aproximando a un cuerpo celeste como la tierra, en el régimen de campo débil, $\ddot{a}/8\pi << rc^2$, donde encontramos

$$G = -\frac{g \cdot r_1 \cdot r_3}{m_0} = -\frac{\frac{d^2V}{dt^2}}{8\pi m_0} \qquad (4.15)$$

Donde r_1 es el radio del ecuador, y r_3 es el radio del polo y la aceleración de la gravedad se expresa como

$$g = -\frac{Gm_0}{r_1 \cdot r_3} = -\left(\frac{1}{8\pi r_1 r_3}\right)\frac{d^2V}{dt^2} \qquad (4.16)$$

4.3. La G mayor relativista y la g menor de los objetos en movimiento rápido

Para un objeto esférico que viaja a una velocidad relativista en el espacio-tiempo homogéneo e isótropo, la longitud se contrae y la masa se dilata a lo largo de la trayectoria, donde encontramos que la *G* mayor y la *g* menor son

$$r = r_0 \sqrt[2]{1 - {v_r}^2 / c^2} \tag{4.17}$$

$$-\frac{d^2V}{dt^2} = 8\pi g r^2 = 8\pi r^2 \frac{d^2r}{dt^2} \tag{4.18}$$

$$\frac{d^2r}{dt^2} = g \tag{4.19}$$

$$m = \frac{4}{3}\pi r^3 \rho = \frac{m_0}{\sqrt[2]{1 - {v_r}^2 / c^2}} \tag{4.20}$$

$$\frac{dm}{dr} = 4\pi r^2 \rho \tag{4.21}$$

$$\frac{d^2m}{dr^2} = 8\pi r\rho = \frac{(8\pi r)(3m)}{4\pi r^3} = \frac{6m}{r^2} \tag{4.22}$$

$$G = -\frac{8\pi r^2 \left(\frac{d^2r}{dt^2}\right)}{8\pi m} = -\frac{gr^2}{m} \tag{4.23}$$

$$\left(\frac{d^2r}{dt^2}\right) = g = -\frac{Gm}{r^2} \tag{4.24}$$

$$\left|\frac{g}{G}\right| = \frac{m}{r^2} = \frac{1}{6}\frac{d^2m}{dr^2} \tag{4.25}$$

Cuando la masa relativista se dilata, el espacio se contrae, y el tiempo se dilata, aumentando el campo gravitacional del objeto. La proporción dinámica universal del espacio-tiempo-masa "*G*", mejor conocida como a la constante gravitacional, es susceptible a los cambios oscilatorios, o a las variaciones, de la aceleración del espacio con respecto al tiempo, o de la aceleración de la masa con respecto al espacio, como una proporción dinámica de estas variables que son funciones de la velocidad del objeto o de la masa.

§ 5. La entalpía específica de un sistema gravitacional

La entalpía es una propiedad de una sustancia, como la presión, la temperatura, y el volumen, pero no se puede medir directamente. Normalmente, la entalpía de una sustancia se da con respecto a algún valor de referencia. El cambio en la entalpía específica, Δh , es importante, pero no el valor absoluto, en las aplicaciones de las entalpías específicas.

La entalpía específica "h" se da como, $h = u + Pv$, donde "u" es la energía interna específica $\left(kJ/kg\right)$ del sistema que se está estudiando, "P" es la presión del sistema $\left(N/m^2\right)$, y "v" es el volumen específico del sistema. La entalpia se aplica generalmente en relación con el análisis de un sistema abierto en el campo de la termodinámica.

La cantidad de la energía utilizada para formar un gran sistema de masa, o un objeto, y su campo gravitacional, es directamente proporcional a la cantidad de energía requerida para desplazar y contraer el medio espaciotemporal que será ocupado por el sistema de masa para obedecer la ley de la conservación de la energía durante una formación masiva.

Para la masa de un objeto esférico en expansión según se forma, encontramos

$$\frac{\partial^2 V}{\partial t^2} = 8\pi G m_0 = 8\pi h r_0 \tag{5.1}$$

donde "h" es la energía intrínseca por kilogramo $\left(J/k_g\right)$ que constituye la energía del desplazamiento del espacio-tiempo y la energía de la formación para un sistema extenso con una masa de descanso, m_0, y un radio de r_0.

Así, en términos de la energía potencial y la interna, encontramos

$$h_g = \frac{Gm_0}{r_0} \tag{5.2}$$

$$h = \frac{U_i}{m_0} + \frac{U_g}{m_0} = \frac{U_i}{m_0} + \frac{Gm_0}{r_0} \tag{5.3}$$

$$U_g = kU_i \tag{5.4}$$

$$h_i = \frac{U_g}{km_0} = \frac{Gm_0}{kr_0} \tag{5.5}$$

$$h = \frac{Gm_0}{kr_0} + \frac{Gm_0}{r_0} \tag{5.6}$$

De esta manera, obtenemos

$$h = \left(\frac{Gm_0}{r_0}\right)\left[1 + \frac{1}{k}\right] = h_g\left[1 + \frac{1}{k}\right] \tag{5.7}$$

$$\sqrt[k]{e} = \lim_{k\to\infty} \sqrt[k]{\left(1 + \frac{1}{k}\right)^k} \quad \text{and } k > 0 \tag{5.8}$$

$$h = h_g \sqrt[k]{e} \tag{5.9}$$

La energía intrínseca *"h"* de un sistema de masa, m_0, es proporcional a la energía potencial intrínseca del sistema *"h_g"* por un factor de, $\sqrt[k]{e}$, o $1+(1/k)$, donde *"k"* es la proporción de la energía potencial a la energía interna para un sistema de masa, m_0, y $k>0$.

§ 6. Sobre la dicotomía de la teoría gravitacional

Se necesita una teoría que reconciliará la curvatura espaciotemporal con un campo cuántico para la gravedad. La relatividad general es una teoría clásica que no aborda la gravedad en una escala menor que la de Planck. En términos generales, la discreción de la teoría cuántica no es compatible con la suavidad espaciotemporal de la relatividad general de Einstein. Una teoría más completa que la relatividad general debe explicar el comportamiento de la gravedad en la escala de Planck. Además, el modelo estándar de la teoría cuántica de campos no es independiente del espacio-tiempo, pero la relatividad general es considerada como un fondo espaciotemporal independiente. Se necesita una teoría cuántica de la gravedad que concilie estas diferencias.

6.1. Sobre la teoría cuántica de la gravedad y el espacio-tiempo infinitesimal

Ciertamente, de acuerdo con nuestra investigación anterior, las propiedades del espacio-tiempo, el tiempo y el espacio, afectan al campo gravitacional a cualquier escala. La contracción del espacio-tiempo da lugar al campo gravitacional sobre un objeto, si el objeto es una partícula puntual o un cuerpo celeste. Aunque, se cree que el espacio-tiempo es espumoso cerca de o en algún nivel debajo de la escala de Planck, el espacio-tiempo puede batirse, curvándose de una manera que no es Euclidiana o conmutativa. Si las dimensiones atómicas de las partículas fundamentales son de magnitudes mucho mayores que las dimensiones en, o por debajo del nivel de Planck, una teoría cuántica de la gravedad no necesita excluir la esencia de la relatividad general a nivel de una partícula. (Bohr et al, 1958)

Además, parece que hay un límite en la cantidad de detalles contenidos en un volumen espaciotemporal. La estructura se hace más simple en las distancias menores. Seguramente debe haber una longitud mínima en la que se encuentren los elementos más simples de la estructura natural y probablemente esto significaría que esos elementos del espacio-tiempo sean discretos. Los resultados teóricos recientes de la teoría de las cuerdas y la teoría cuántica de la gravedad de bucles sugieren que el espacio-tiempo tiene algunos aspectos discretos en la escala de Planck. Parece haber buenas razones para suponer que el espacio-tiempo es discreto en algún sentido en la escala de Planck. Las teorías de la gravedad cuántica sugieren que hay un número finito de grados significativos de libertad y hay también una longitud mínima más allá de la cual la medida no puede ser realizada. La longitud de Planck representa un tamaño mínimo más allá del cual el principio de la incertidumbre de Heisenberg impide la medición si se aplica al campo métrico de un campo gravitacional de Einstein. Según se informa, la cosa más cercana que los físicos tienen a un resultado experimental en la gravedad cuántica es la paradoja de la pérdida de información de un agujero negro que se origina de los tratamientos semi-clásicos de la gravedad cuántica. Por lo tanto, un avance tecnológico futuro puede ofrecer la información adicional en la investigación experimental de la gravedad cuántica ya que la energía de Planck se encuentra tan lejos del alcance.

Imaginemos una tecnología que nos permita mirar en el ambiente espumoso del espacio-tiempo, donde el espacio-tiempo tiene su espuma de ondas y el tiempo pudiera estar deslocalizado. En esa escala espaciotemporal, el tiempo se puede fracturar dinámicamente, posiblemente reincorporándose, o mezclándose continuamente, en el espacio-tiempo. El campo gravitacional de las ondas espaciotemporales se mezclaría igualmente con una naturaleza dinámica y oscilante. Entonces, nuestra tecnología ayudaría a investigar más si para las partículas elementales e infinitesimales, o para las manifestaciones de la masa, las ondas espaciotemporales delimitan el espacio-tiempo y la masa, o si el espacio-tiempo y sus dimensiones justifican las manifestaciones de la masa en una escala elemental.

La naturaleza del espacio-tiempo, que es la misma en cualquier localidad de las ondas espaciotemporales, separa las regiones espaciales y las temporales, emergería posiblemente, coexistiría, y se recombinaría. En esencia, el espacio-tiempo puede ser infinitesimalmente áspero, pero a su mayor extensión el espacio-tiempo es liso y continuo donde la mayoría de las interacciones ocurren entre las partículas elementales, los objetos, o los sistemas de masa.

El efecto de estas dinámicas oscilaciones gravitacionales de las ondas espaciotemporales en una partícula elemental dependería grandemente de la escala comparativa entre la partícula y la onda, porque si hay magnitudes muy grandes de escala, la naturaleza del espacio-tiempo alisaría y amortiguaría estas ondas infinitesimales, o la efervescencia, y la suavidad del espacio-tiempo prevalecería.

6.2. El Cronón y el Cronino: una cuantía del tiempo

Una teoría definitiva de la gravedad sirve para teorizar y abarcar un cuántico temporal, tal como el cronón, y su manifestación gravitacional, tal como un gravitón, como objetos que dan existencia al campo gravitacional cuántico. El gravitón mediaría la fuerza de la gravedad en el marco de la teoría cuántica de los campos. La existencia del gravitón estaría conectada a la curvatura espaciotemporal a través de las interacciones de los cronones elementales. *El campo gravitacional combina la estructura espaciotemporal con la materia, la energía, y los campos cuánticos. Puesto que los campos cuánticos consisten en la masa, la energía, y el espacio-tiempo, los campos cuánticos afectan la curvatura del espacio-tiempo, y a su vez, el espacio-tiempo afecta las características de los campos cuánticos*. Ni el cronón ni el gravitón tienen que ser una manifestación directa de la masa, sino de las construcciones incorpóreas infinitesimales del espacio-tiempo y la gravedad cuántica como las manifestaciones de los efectos de campo cuántico del espacio-tiempo-masa. Las interacciones bien definidas entre los cronones y los gravitones deben modelar el comportamiento de los cuánticos de campo y deben conducir a una gravedad renormalizable. La descripción de la teoría cuántica de campos en términos de los cronones y los gravitones debe servir como una teoría efectiva de la baja energía cerca o por encima de la escala de Planck para que los infinitos no surjan debido a los efectos cuánticos.

A diferencia del gravitón o del cronón, el bosón de Higgs que ha sido recientemente confirmado es un objeto de masa, eléctricamente neutro, y sin espín. El campo de Higgs se cree que es el campo por el cual las partículas adquieren masa. Así, a través de la interacción con el campo de Higgs, las partículas adquieren sus masas específicas. Si un gravitón, o un cronón, interactuara con el campo de Higgs, entonces, las ondas gravitacionales serían observadas propagándose más despacio que la velocidad de la luz, lo que implicaría que el gravitón, o el cronón, ha adquirido masa.

Un cronón es una propuesta cuántica de tiempo, o sea, una unidad discreta de tiempo e indivisible como parte de una teoría que propone que el tiempo no es continuo. En el modelo de Piero Caldirola de 1980, un cronón corresponde a unos 6.97×10^{-24} segundos de un electrón. Esto es mucho mayor que el tiempo de Planck, que es sólo unos 5.39×10^{-44} segundos. El tiempo de Planck es una cuantificación temporal y universal, mientras que el valor del cronón es una función del sistema y sus condiciones de límite, ya que el cronón es una evolución cuántica del sistema a lo largo de su línea mundial. (Caldirola, 1980)

Se ha alegado que el cronón permite una respuesta lúcida a la cuestión mecánica cuántica de si una partícula de carga en caída libre emite o no radiación. El modelo del cronón supuestamente impide las dificultades encontradas por los enfoques de Dirac y Abraham-Lorentz a la pregunta, y proporciona una explicación natural de la decoherencia cuántica. En la mecánica cuántica, la decoherencia cuántica es el mecanismo por el cual los sistemas cuánticos interactúan con sus entornos para exhibir comportamientos aditivos probabilísticos.

La decoherencia cuántica da la apariencia de que la función de la onda se colapsa y justifica la intuición y el marco de la física clásica como una aproximación aceptable. La decoherencia es el mecanismo por el cual el límite clásico emerge de un punto de partida cuántico y determina la ubicación del límite cuántico-clásico. Por ejemplo, la decoherencia ocurre cuando un sistema interactúa con su entorno de forma termodinámicamente irreversible.

En una teoría de la gravedad cuántica, el tiempo no debe ser considerado un parámetro de fondo fijo para la conveniencia de la teoría o sus expresiones matemáticas, porque sabemos que el tiempo es fluido y dinámico incluso para el teórico.

En el modelo de Caldirola, el valor para un cronón, θ_0, asociado a una partícula, es dado por

$$\theta_0 = \frac{q^2}{6\pi\varepsilon_0 m_0 c^3} \tag{6.1}$$

Puesto que el valor del cronón depende de la carga "*q*" y la masa asociada con la partícula, "m_0", la naturaleza de la partícula que se está considerando debe ser especificada.

Por consiguiente, la densidad del volumen temporal de Planck de un cronino reducido, ϕ_θ, es especificada como

$$\phi_\theta = \frac{4/3\,\pi c^2 t_p{}^4}{\hbar} \qquad \left(Sec^3/Kg\right) \tag{6.2}$$

$$\frac{\partial \phi_\theta}{\partial t_p} = \frac{16\pi c^2 t_p{}^3}{3\hbar} \qquad \left(Sec^2/Kg\right) \tag{6.3}$$

$$\frac{\partial^2 \phi_\theta}{\partial t_p{}^2} = \frac{16\pi c^2 t_p{}^2}{\hbar} \qquad \left(Sec/Kg\right) \tag{6.4}$$

donde "*c*" es la velocidad de la luz, y así, encontramos la reducción de la masa relativista del cronino dada por

$$m_{\phi_\theta} = \frac{\hbar \nu_{\phi_\theta}}{c^2} \tag{6.5}$$

donde $\hbar$ es la constante de Planck reducida, ν_{ϕ_θ} es la frecuencia del cronino, y "*c*" es la velocidad de la luz.

El valor del volumen temporal del cronino es del mismo orden que el volumen temporal de una esfera, $(4/3)\pi t_p{}^3$, con un radio igual al tiempo de Planck que es la distancia espaciotemporal ct_p que un fotón viajaría a lo largo del radio de la esfera en un espacio-tiempo homogéneo e isótropo. Mientras que el espacio-tiempo se amplía o se contrae, el volumen temporal del cronino, según lo definido aquí, seguiría siendo una cantidad temporal constante en un marco inercial de referencia. Así, si asumimos que el cronino adquiere masa, m_{ϕ_θ}, entonces su impulso bidimensional de expansión, o su contracción, del área circular delimitada por su ecuador, es la constante de Planck reducida, $\hbar$.

6.3. El Gravitino: un cuántico de la aceleración de Planck del espacio-tiempo-masa

La constante gravitacional universal se ha definido recientemente a un valor altamente exacto usando la naturaleza cuántica de la materia. La medida de la atracción gravitacional entre los átomos de rubidio y los cilindros muy pesados de tungsteno tiene una incertidumbre de ciento cincuenta partes por millón, 0,015%. La precisión del método de la medición cuántica, que utiliza los interferómetros atómicos que se aprovechan de la naturaleza ondulada de la materia, es ligeramente mayor que los métodos convencionales más precisos de la medición.

A pesar de un aumento en la precisión de las recientes mediciones convencionales, la discrepancia de los valores medidos en la constante gravitacional universal se ha ensanchado, y la fuente de la discrepancia de los métodos convencionales de la medición sigue sin identificarse. Es improbable que el método de la medición cuántica tenga los mismos errores de los métodos convencionales de la medición. Por lo tanto, estos resultados demuestran la validez de la constante gravitacional universal incluso en el nivel cuántico. Por esta razón, la aplicación cuántica de la constante gravitacional universal en las ECE de la Teoría General de la Relatividad se valida ya que la constante gravitacional universal es aplicable a el espacio-tiempo-masa, independiente de la escala.

Para encontrar el valor de un gravitino, g_0 , especifiquemos G_0 como la relación espacio-tiempo-masa de Planck que es dada por

$$G_0 = \frac{\hbar c}{8\pi m_P{}^2} = \frac{\hbar c}{8\pi\hbar c / 8\pi G} = G = 6.67428 \times 10^{-11} \quad \left(\text{meter}^3 / \text{Kg} \cdot \text{sec}^2\right) \quad (6.6)$$

La masa Planck reducida, m_P , puede expresarse utilizando la normalización alternativa como

$$m_p = \sqrt[2]{\hbar c / 8\pi G} \quad (6.7)$$

Por lo tanto, para una partícula esférica de masa y elemental,

$$\ddot{a} = \frac{\partial^2 V}{\partial t^2} = \frac{\hbar c}{8\pi m_p} \approx 2.897791811 \text{ x } 10^{-19} \text{ meter}^3/\text{sec}^2 \qquad (6.8)$$

$$\dot{a} = \frac{\hbar l_p}{8\pi m_p} \approx 1.562217765 \text{ x } 10^{-62} \text{ meter}^3/\text{sec} \qquad (6.9)$$

Donde $\ddot{a}$ es la aceleración del volumen del espacio-tiempo sobre una masa Planck reducida, y $\dot{a}$ es su velocidad.

Del mismo modo, se puede especificar el valor de la masa reducida de Planck del Gravitino como

$$m_{g_0} = \frac{\hbar \nu_{g_0}}{c^2} \qquad (6.10)$$

Donde "*c*" es la velocidad de la luz y ν_{g_0} es la frecuencia del Gravitino.

Entonces, especifiquemos el gravitino, g_0, el tirón, y el chasquido (snap), dado por

$$g_0 = \frac{G_0 m_{g_0}}{l_p^{\,2}} \quad \left(meter/\text{sec}^2 \right) \qquad (6.11)$$

$$\frac{\partial g_0}{\partial l_p} = -\frac{2G_0 m_{g_0}}{l_p^{\,3}} \quad \left(1/\text{sec}^2 \right) \qquad (6.12)$$

$$\frac{\partial^2 g_0}{\partial l_p^{\,2}} = \frac{6G_0 m_{g_0}}{l_p^{\,4}} \quad \left(1/meter \cdot \text{sec}^2 \right) \qquad (6.13)$$

Por lo tanto, especifiquemos la proporción de la aceleración crono-gravitónica como

$$\Delta_{g_0}^{\phi_\theta} = \frac{\dfrac{\partial^2 \phi_\theta}{\partial t_p^{\,2}}}{\dfrac{\partial^2 g_0}{\partial l_p^{\,2}}} = \frac{8\pi c^2 t_p^{\,2} l_p^{\,4}}{3G_0 \hbar m_{g_0}} = \frac{2\phi_\theta l_p^{\,2}}{g_0 t_p^{\,2}} = \frac{2\phi_\theta c^2}{g_0} \qquad \left(meter \cdot \sec^3 / Kg \right) \qquad (6.14)$$

Donde el gravitino propuesto que es una partícula hipotética elemental sin masa o un bosón, en el grupo del calibre de un bosón, ha sido predicho que tiene un espín de 3/2, y una carga cero por algunas teorías cuánticas de la gravedad, y $\hbar$ es la constante reducida de Planck. La Relatividad General y la Supersimetría Espaciotemporal son combinadas en las teorías de supergravedad, donde el gravitino es el compañero súper-simétrico y el fermión de calibre del gravitón hipotético.

El gravitino se especifica aquí como una partícula fundamental e hipotética con un campo gravitacional cuántico que actúa en el centro de la masa y la energía de una partícula. El gravitino actúa como si toda la masa y la energía de la partícula asociada se concentrara en una estructura esférica espaciotemporal similar a una partícula, en el centro de la masa y la energía de la partícula asociada. Para la pequeña g_λ de una partícula específica en términos de G_0 or $\hbar$, tenemos

$$g_\lambda = \frac{G_0 m_\lambda}{l_p^{\,2}} = \frac{\hbar c m_\lambda}{8\pi m_p^{\,2} l_p^{\,2}} = \frac{\ddot{a}}{\left(\dfrac{m_p}{m_\lambda}\right) l_p^{\,2}} = \frac{\ddot{a}\alpha_\lambda}{l_p^{\,2}} \qquad \left(meter / \sec^2 \right) \qquad (6.15)$$

Donde l_p es la longitud de Planck, m_λ es la masa de una partícula específica, α_λ es la constante de acoplamiento, y $\hbar$ es la constante de Planck reducida. La fuerza gravitacional se considera que tiene un rango ilimitado lo que afecta al gravitino a no tener masa y a tener un espín de 3/2, porque el tensor de la energía y de la tensión, que es un tensor de segundo rango, es la fuente del campo gravitacional en las ecuaciones de campo de Einstein de la Teoría de la Relatividad General, así como la masa es la fuente de tal campo en la gravedad de Newton.

6.3. (a) Los luxones o los tardiones sin masa: los geones y los gravitinos

Se ha sugerido previamente que el concepto de un cuerpo físico de una subpartícula de acuerdo con la Teoría General de la Relatividad puede, en esencia, ser manifestado fuera de la radiación electromagnética o de la radiación gravitacional, o como una mezcla de la radiación electrogravítica que se fusiona a través de su campo gravitacional como un estado físico de un objeto.

Un cúmulo de la energía electrogravítica radiante es un objeto puramente clásico, no una partícula elemental, con una estructura que puede ser tratada como un objeto virtual sin masa que puede interactuar con otros objetos o con los sistemas de masa. Como se propuso originalmente el objeto radiante electrogravitico es una entidad electromagnética gravitacional, o un Geón, cuyo tamaño y estructura son suficientemente grandes para que los efectos cuánticos puedan estar involucrados. El campo gravitacional sería indistinguible de un objeto comparable de masa. Se ha sugerido que el bucle giratorio de la energía electromagnética radiante, o el bucle giratorio de la energía gravitacional radiante, tendría una tendencia, según un Geón se engrandece, a debilitarse y colapsarse en una singularidad, o en un micro agujero negro. (Wheeler, 1955)

Hay soluciones de las ECE para un Geón de tipo Brill-Hartle. Es posible hipotetizar que, si un Geón virtual es estructuralmente complejo en una escala estable, puede que no se descomponga, pues la onda gravitacional y la energía electromagnética se conservan durante la dilatación del tiempo, según los efectos cuánticos actúan sobre el Geón, mientras que, si es de una escala suficiente, menos compleja, con menos dilatación del tiempo, el Geón pudiera descomponerse, colapsarse, y disiparse. Una subpartícula virtual que aparece y desaparece. ¿Pudiera un Geón estable, emerger como un quark para formar un Hadrón con otros quarks, eventualmente produciendo una partícula elemental? El Geón sería, en principio, un modelo clásico viable para las subpartículas, o un bloque de construcción, de las partículas elementales. Puede que no sea una coincidencia que el Geón se asemeja a la estructura virtual del confinamiento gluónico de un quark.

El cúmulo de la energía electrogravítica radiante puede trasladarse, girar, y pulsar, a través del espacio-tiempo, y ser atraído o desviado por los diversos campos de fuerza como cualquier otra partícula u otro sistema de masa. Sin embargo, el cúmulo es, en esencia, un cuerpo sin masa, o una manifestación de la energía sin masa, según la definición convencional de una masa. Por otra parte, si el cúmulo de la energía electrogravítica radiante consistiera exclusivamente de la radiación gravitacional, como en un cúmulo gravitacional, sin ninguna manifestación local de la energía de una masa, todavía habría una manifestación total de la energía. El cúmulo de la energía gravitacional radiante existiría solamente a través de la curvatura espaciotemporal localizada, contraída, y estructurada con la dilatación adecuada del tiempo.

Es interesante proponer que la energía electromagnética radiante dentro del confinamiento de un gravitino puede manifestar los efectos cuánticos como una emergente partícula virtual sin masa. Las características electromagnéticas del gravitino emergente originan de las cualidades electromagnéticas de la curvatura y de la tensión del medio espaciotemporal. Por lo tanto, es posible hipotetizar que un gravitino puede emerger de una variedad de Riemann, ej. la variedad $R_{\varepsilon\beta}$ en el espacio-tiempo, donde el tensor de Riemann, $R_{\mu\nu\varepsilon\beta}$, es la fuente electromagnética de la partícula virtual electrogravítica y emergente. Cuando el estrés espaciotemporal de una variedad de Riemann excede un umbral, puede brotar la energía gluónica y los campos, que conducen a la energía electromagnética radiante, y a los portadores de cargas. Desde esta perspectiva, los quarks pueden evolucionar de los geones, mientras que los geones pueden evolucionar de los gravitinos, aunque, la conceptualización de las subpartículas virtuales solicita la evidencia empírica.

Desde la perspectiva de un marco giratorio de referencia, la aceleración hacia el exterior de la radiación electromagnética es, c^2/r, donde "r" es el radio de la órbita circular que sostiene la radiación, mientras que la aceleración de la gravedad hacia el interior de la energía radiante circular de la masa *M*, como si estuviera situada en el centro del bucle de radiación, es de GM/r^2. Siempre que las dos aceleraciones sean reciprocas, es posible que el estado físico electrogravitico del objeto teórico esté en un estado de equilibrio, o estable, a través de la dilatación del tiempo y la contracción de la longitud. En el caso de que el estado espaciotemporal estable del objeto se desacople del espacio-tiempo circundante, el objeto puede existir como una entidad electrogravítica. Si la fase angular del espín de un objeto era positiva, negativa, o nula, entonces se puede producir la expansión, la contracción, o la estasis, del volumen del objeto.

Las posibles aceleraciones de las fuerzas de Euler, de Coriolis, y centrífugas, se describen para un marco giratorio de referencia de un cuerpo circular de la energía radiante que se traslada.

$$-\frac{v^2}{r}\vec{a}_r = -\frac{d\vec{\omega}}{dt}\times\vec{r} - 2\vec{\omega}\times\left[\frac{d\vec{r}}{dt}\right] - \vec{\omega}\times\left(\vec{\omega}\times\vec{r}\right) \quad (6.16)$$

En el caso de la energía radiante circular, cuando no hay traslación del centro del marco giratorio de referencia, o no hay variación en la velocidad angular de los ejes del marco de referencia, las aceleraciones de Euler y de Coriolis son iguales a cero, aunque, la aceleración centrífuga sería c^2/r.

En un estado de equilibrio, las magnitudes de las aceleraciones son reciprocas,

$$\frac{c^2}{r} = \frac{GM}{r^2} \quad (6.17)$$

$$r = \frac{GM}{c^2} \to \frac{r_s}{2} \quad (6.18)$$

El radio de Schwarzschild, r_s, es el radio del horizonte de sucesos que rodea un agujero negro que no es giratorio. Cualquier objeto de masa con un radio físico más pequeño que su radio de Schwarzschild será un agujero negro. El radio de Schwarzschild para una masa como nuestro sol es de aproximadamente 3 *km*, sin embargo, puesto que nuestro objeto de interés no es de masa, es posible que la propiedad física del radio sea la mitad del radio de Schwarzschild ya que no hay masa en el centro para colapsar él objeto a un agujero negro infinitesimal. El horizonte de sucesos sería un límite poroso. Los agujeros negros infinitesimales son virtuales, aunque algunas simulaciones acústicas de agujeros negros en miniatura se han demostrado empíricamente.

Durante el universo primitivo, ya que alguna materia se expandió muy rápidamente, fue posible que alguna materia que se haya expandido más lentamente pudiera haber sido contraída en agujeros negros infinitesimales. Un agujero negro puede tener una carga y una rotación. La métrica Kerr-Newman es una solución general de las ECE que describe un agujero negro con carga electromagnética e impulso angular.

La energía radiante circular puede ser visualizada como un bucle discreto de los segmentos radiantes infinitesimales o de los paquetes contiguos. Cada segmento, o paquete, tiene un segmento reciproco, o paquete, en el lado opuesto del bucle. Así, es posible considerar un par de segmentos opuestos con carga eléctrica, o con paquetes, y la fuerza de Coulomb que interactúa entre ellos, con cada segmento, o con cada paquete, teniendo una carga eléctrica *Q*. Según lo propuesto en las investigaciones anteriores, la fuerza de Coulomb tiene una naturaleza temporal. Consideremos el ejemplo de un objeto electrogravitico con algunas de las propiedades de un agujero negro Kerr-Newman. Cuando un cuerpo neutro y estático de masa se carga y/o se hace girar eléctricamente, la energía tiene que ser aplicada al cuerpo de masa. La energía aplicada tiene una equivalencia de masa, por lo que *M* es siempre mayor que la masa irreducible, M_{irr}.

La longitud de escala de la carga eléctrica *Q* de la masa de un agujero negro de Kerr-Newman es dada por

$$r_Q^2 = \frac{Q^2 G}{4\pi\varepsilon_0 c^4} \tag{6.19}$$

La equivalencia de la masa total, *M*, que contiene la energía del campo eléctrico, la energía rotatoria, y la masa irreducible, M_{irr}, de un agujero negro de Kerr-Newman, se relacionan por

$$M_{irr} = \frac{\sqrt{2M^2 - r_Q^2 c^4 / G^4 + 2M\sqrt{M^2 - \left(r_Q^2 + a^2\right)c^4 / G^2}}}{2} \tag{6.20}$$

Donde, $a^2 = J^2 / M^2 c^2$ y la equivalencia de la masa, *M*, puede ser expresada como

$$M = \sqrt{\frac{16M_{irr}^4 + 8M_{irr}^2 r_Q^2 c^4 / G^2 + r_Q^4 c^8 / G^4}{16M_{irr}^2 - 4a^2 c^4 / G^2}} \tag{6.21}$$

Si la masa irreducible es cero para un objeto electrogravitico con algunas de las propiedades de un agujero negro de Kerr-Newman, tenemos

$$M^2 = \frac{\frac{r_Q^4 c^8}{G^4}}{\frac{-4a^2 c^4}{G^2}} = i^2 \frac{r_Q^4 c^4}{4a^2 G^2} = i^2 \frac{r_Q^4 M^2 c^6}{4J^2 G^2} \tag{6.22}$$

$$4J^2 G^2 = i^2 r_Q^4 c^6 \tag{6.23}$$

$$J = \sqrt{\frac{i^2 r_Q^4 c^6}{4G^2}} = \frac{i r_Q^2 c^3}{2G} = \frac{iQ^2}{8\pi\varepsilon_0 c} \tag{6.24}$$

El impulso angular complejo del producto de dos cargas eléctricas, Q^2, no es una función de la equivalencia de la masa del objeto. El impulso angular complejo es directamente proporcional al cuadrado de la carga eléctrica, Q, o directamente proporcional al cuadrado de la escala de la longitud.

El impulso angular complejo por la carga electromagnética de Planck se da por

$$\frac{J}{Q_p} = \frac{iQ_p^2}{8\pi\varepsilon_0 c Q_p} = \frac{iQ_p^2 \cdot t_p}{8\pi\varepsilon_0 \cdot l_p \cdot l_p \cdot t_p} = \frac{iQ_p^2}{8\pi\varepsilon_0 {l_p}^2} = \frac{iQ_p^2}{8\pi\varepsilon_0 c^2 {t_p}^2} \tag{6.25}$$

Así, el impulso angular complejo del objeto por la carga electromagnética de Planck es equivalente a la ley de Coulomb para la fuerza que interactúa entre dos cargas estáticas de Planck dentro del volumen espaciotemporal de un esferoide oblato con una permitividad, ε_0, separado por una distancia ct_p.

En el ejemplo anterior, desde una perspectiva cuántica, el movimiento angular del objeto cargado por unidad de carga electromagnética equivale a una fuerza atractiva o repelente.

6.4. Sobre la Teoría General de la Relatividad y sus principios subyacentes

En 1915, el renombrado físico Albert Einstein publicó la Teoría General de la Relatividad como una teoría geométrica de la gravedad. La Teoría General de la Relatividad es la descripción actual de la gravedad en la física moderna. Ha unificado la ley de Isaac Newton de la gravedad universal y la Teoría de la Relatividad Especial, y describe la gravedad como una propiedad geométrica del espacio-tiempo.

La curvatura del espacio-tiempo está directamente relacionada con las propiedades de la masa, la energía, la gravedad, y el impulso espacial de cualquier materia y radiación que estén presentes. Las ecuaciones de campo de Einstein especifican la relación con un sistema de ecuaciones diferenciales parciales.

La Teoría General de la Relatividad es la teoría más simple que es consistente con los datos experimentales. Las predicciones de la relatividad general han sido confirmadas en todas las observaciones y experimentos hasta el momento actual.

Muchas predicciones de la relatividad general difieren significativamente de las predicciones de la física clásica, especialmente las predicciones que implican la propagación de la luz, la geometría del espacio, el paso del tiempo, y el movimiento de los cuerpos en caída libre. La teoría general de la relatividad también ha apuntado hacia la existencia de un universo en expansión, las ondas gravitacionales, los lentes gravitacionales, y los agujeros negros. (Greene, 1999)

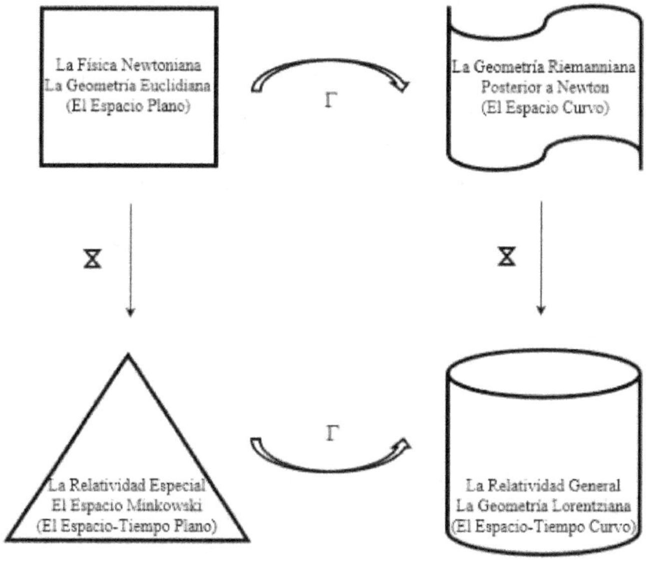

Figura 1.

Puesto que la relatividad general no es la única teoría relativista de la gravedad, una pregunta fundamental es: ¿cómo se puede reconciliar la relatividad general con las leyes de la física cuántica para producir una teoría cuántica completa y auto-consistente de la gravedad? La relatividad general ha evolucionado como un modelo gravitacional y cosmológico altamente exitoso que ha pasado exámenes experimentales rigurosos y precisos. Sin embargo, hay indicios fuertes de que la teoría está incompleta. La cuestión de la realidad de las singularidades espaciotemporales y el problema de la gravedad cuántica permanecen abiertos. Incluso cuando se sugiere que el espacio-tiempo tenga una estructura discreta, deberíamos hacer la pregunta retórica: ¿deben las teorías del espacio-tiempo continuo que han sido tan exitosas ser abandonadas? Una teoría definida de la gravedad que abarque una teoría dual del espacio-tiempo con aspectos discretos y continuos puede resolver la perplejidad actual en la física gravitacional sin el abandono de teorías exitosas.

La gravedad desempeña un papel especial en la relatividad general en la definición del espacio-tiempo en el cual ocurren los eventos. La relatividad general opera en el tiempo continuo. El tiempo es continuo para la percepción humana, pero en la práctica de los asuntos humanos es continuo a un ritmo.

Los seres humanos tienen el tiempo dividido en valores como los segundos, las horas, los minutos, los días, los meses y los años para facilitar las tareas de la medición y los itinerarios del tiempo, ya que la mayoría de las tareas humanas son discretas en el tiempo. La masa ha sido dividida por el volumen para obtener la densidad, así que naturalmente el tiempo también se ha dividido en algunos valores cuantitativos manejables y útiles.

Los efectos relativistas sobre la masa, la longitud, y el tiempo, además de la naturaleza de la luz, son el núcleo de la Teoría General de la Relatividad. La estructura del espacio-tiempo proporciona el marco subyacente para las interacciones de la masa, la energía, y la luz, con el espacio y el tiempo. Una mejor comprensión de la naturaleza de la luz, su dualidad, la constante del acoplamiento para la interacción electromagnética entre las partículas, y la constante del acoplamiento gravitacional, nos llevará a una aplicación más eficaz de la relatividad general y a una mejor comprensión de los fenómenos electromagnéticos y los gravitacionales.

Consideremos la constante de la estructura fina, α, de Sommerfeld, o la constante del acoplamiento, que caracteriza la fuerza de la interacción electromagnética entre las partículas de carga que son o no son elementales.

$$\alpha = k_e \frac{e^2}{\hbar c} \approx \frac{1}{137.036} \tag{6.26}$$

$$\alpha = k_e \frac{e^2}{8\pi m_p \ddot{a}} = \left(\frac{1}{4\pi\varepsilon_0}\right)\left(\frac{e^2}{8\pi m_p \ddot{a}}\right) = \left(\frac{\hbar c}{q_p{}^2}\right)\left(\frac{e^2}{8\pi m_p \ddot{a}}\right) = \left(\frac{8\pi m_p \ddot{a}}{q_p{}^2}\right)\left(\frac{e^2}{8\pi m_p \ddot{a}}\right) = \left(\frac{e}{q_p}\right)^2 \tag{6.27}$$

$$\frac{e^2}{q_p{}^2} = \frac{4\pi\varepsilon\hbar c}{4\pi\varepsilon_0 \hbar c} = \frac{\varepsilon}{\varepsilon_0} = \frac{\varepsilon_0 \varepsilon_r}{\varepsilon_0} = \varepsilon_r \tag{6.28}$$

Por lo tanto, la constante de la estructura fina α representa la permitividad relativa de una partícula elemental según lo dado por

$$\varepsilon_r \approx \frac{1}{137.036} \tag{6.29}$$

Donde ε_r es la permitividad relativa del electrón, ε es la permitividad real, "*e*" es la carga de un electrón, k_e es la constante de Coulomb, $1/4\pi\varepsilon_0$, $\ddot{a}$ es la aceleración del espacio-tiempo, q_p es la carga de Planck$\left(\sqrt{4\pi\varepsilon_0\hbar c}\right)$, m_p es la masa de Planck. Por lo tanto, la constante de Coulomb k_e puede ser denotada como la cantidad de fuerza de Coulomb por unidad de la densidad de carga superficial. La permitividad dieléctrica absoluta del espacio-tiempo libre, ε_0, se puede describir como el atributo del espacio-tiempo que le permite al espacio-tiempo actuar como un condensador, para sostener las cargas por la unidad de longitud, o como la densidad de la carga superficial por unidad de la fuerza de Coulomb para una masa esférica cargada. Así, la permitividad relativa de una partícula elemental representa cómo la partícula lleva a cabo la carga por unidad de longitud con respecto a cómo el espacio-tiempo lleva a cabo la carga por unidad de longitud.

La constante del acoplamiento puede ser definida alternativamente por la carga de una partícula que no es elemental, como un protón; sin embargo, el cuadrado del cociente de la carga, "*e*" o "*p*", a q_p, ilustra que la polaridad de la carga, "*e*" o "*p*", puede ser inconsecuente a la definición del artefacto de la constante del acoplamiento.
La constante de la estructura fina, α, se puede describir como el cociente del cuadrado de la carga de una partícula esférica (electrón) dividida por el producto de la masa de Planck esférica y la aceleración del espacio-tiempo, multiplicado por la proporción del producto de la masa de Planck esférica y la aceleración de espacio-tiempo dividido por el cuadrado de la carga esférica de Planck. Así, la fuerza de Coulomb entre las cargas, los volúmenes de las partículas de masa, la distribución uniforme de las cargas eléctricas en la superficie de los volúmenes de las partículas de masa, y la aceleración del espacio-tiempo, proporcionan el marco subyacente para la constante del acoplamiento.

Quizás ahora podamos hacer algunas preguntas retóricas acerca de la constante de la estructura fina: ¿Cómo fue la aceleración del espacio-tiempo en la historia del universo? ¿era menor la constante del acoplamiento durante la edad temprana del universo? ¿Variaría la constante del acoplamiento con el tiempo a través del espacio con una aceleración cambiante del espacio-tiempo, desde las primeras etapas del universo hasta la época actual? ¿hay una dirección a través del espacio-tiempo del universo hacia el valor anterior de la constante del acoplamiento o hacia su valor futuro, basado en cómo y de dónde se amplía el espacio-tiempo, o cómo el volumen de la masa de las partículas cambia con el paso del tiempo? Las respuestas a estas preguntas yacen en la inmensidad del cosmos.

Los investigadores son capaces de examinar las ondas electromagnéticas de las galaxias lejanas, para descubrir el valor de la constante del acoplamiento de la frecuencia de desplazamiento de los electrones en los átomos, a medida que los átomos absorben o emiten las ondas electromagnéticas y el universo se expande en el tiempo.

De las ecuaciones anteriores, es posible que un cambio en la aceleración del espacio-tiempo con respecto al tiempo, así como un cambio en la aceleración de la masa de una partícula con respecto a su radio, puede explicar la variación en la constante del acoplamiento a partir de la edad temprana del universo hasta el presente, en la dirección de la expansión y la aceleración del espacio-tiempo.

De la misma manera, consideremos la constante del acoplamiento gravitacional, α_G, que caracteriza la atracción gravitacional entre las partículas elementales y esféricas de masa.

$$\alpha_G^{\,*} = \frac{Gm_e^{\,2}}{\hbar c} = \frac{Gm_e^{\,2}}{8\pi Gm_p^{\,2}} = \frac{m_e^{\,2}}{8\pi m_p^{\,2}} = \frac{1}{8\pi}\left(\frac{m_e}{m_p}\right)^2 \approx \frac{1.751751119 \ \text{x} \ 10^{-45}}{8\pi} \qquad (6.30)$$

Luego, usando la normalización alternativa para la constante del acoplamiento gravitacional $\alpha_G^{\,*}$, tenemos

$$\alpha_G^{\,*} \approx 6.969996241 \ \ \text{x} \ \ 10^{-47} \qquad (6.31)$$

Comparemos la proporción de las fuerzas de la interacción electromagnética con la atracción gravitacional entre las partículas elementales de carga y de masa, como los electrones, para obtener

$$\frac{\alpha}{\alpha_G^{*}} = \frac{\left(\frac{e}{q_p}\right)^2}{\frac{1}{8\pi}\left(\frac{m_e}{m_p}\right)^2} \approx 8\pi \cdot \left(4.165747315 \times 10^{42}\right) \approx 1.0469665 \times 10^{44} \quad (6.32)$$

El cociente anterior ilustra claramente que el cuadrado de la magnitud de la carga de un electrón a la carga de Planck es órdenes de magnitud mayor que el cuadrado del cociente de la masa de un electrón a la masa de Planck. Por otra parte, la aceleración del espacio-tiempo juega un papel equivalente sobre la masa de un electrón y la masa de Planck, que se factoriza de la proporción. El electromagnetismo domina el reino de los objetos cuánticos que están altamente cargados y polarizados, mientras que la gravedad domina el reino macroscópico de los objetos que son electrostáticamente neutros a un grado muy alto, y son muy masivos en comparación con la masa de Planck. Además, la constante gravitacional, *G*, es una función de, y directamente proporcional a, la aceleración espaciotemporal, donde la aceleración espaciotemporal tiene, en órdenes de magnitud, una menor área superficial sobre el volumen de una partícula cuántica done pudiera actuar, que tendría en un objeto macroscópico, o un cuerpo celeste, con respecto al volumen de Planck.

Los relativistas en la física buscan entender las constantes físicas fundamentales, las propiedades de las ecuaciones de campo de Einstein, y la naturaleza de las singularidades. La detección directa de las ondas gravitacionales valida la Teoría General de la Relatividad para los campos gravitacionales muy fuertes. La Teoría General de la Relatividad tiene más de cien años de edad, pero se niega a ceder de ser un área de investigación muy activa en la física actual.

§ 7. Sobre la naturaleza de la luz

La flecha del espacio-tiempo dirige la causalidad de los acontecimientos, señalando de la causa al efecto. La luz irradia de su fuente en vez de converger debido a la extensión del espacio alrededor de la fuente de la luz y de su geometría. A medida que el espacio se expande, la radiación electromagnética de la luz, en las ondas y los cuánticos, se expande para llenar el espacio disponible en todas las direcciones posibles a la rapidez de la luz. A medida que el espacio-tiempo se expande, la información transmitida por un rayo de luz puede entrar, o salir, de un sistema cerrado que se mantendrá si se permite que la información futura sea internalizada por el sistema. Así, el espacio-tiempo es también un impulsor clave detrás de la ley del conocimiento, por lo que el nivel de información dentro de un sistema cerrado puede aumentar o disminuir con el tiempo.

7.1. Sobre la dualidad de la luz

Se dice que un fotón es una partícula sin masa que viaja a la velocidad de la luz "*c*" en el vacío. Para el fotón, el intervalo de tiempo entre los eventos siempre se mide con la luz. Sin embargo, un fotón tiene impulso y como resultado tiene una masa relativista, m_p . De las obras de Max Planck y de Albert Einstein aprendimos, entre otras cosas, que la energía del fotón en el espacio-tiempo libre era igual a la constante de Planck "*h*", multiplicada por la frecuencia del fotón υ, tal que

$$E = h\upsilon \tag{7.1}$$

Un fotón se especifica aquí como un paquete, o un cuántico, de la energía electromagnética condensada en un volumen infinitesimal del espacio-tiempo. El fotón actúa como una partícula puntual, o una condensación de la energía electromagnética que invoca un campo eléctrico y un campo magnético simultáneamente, ya que se traslada en el movimiento de una onda en un plano de trayectoria que pasa a través del eje del campo eléctrico inducido y las ondas del campo magnético, o a través del eje del vector Poynting. La forma de la onda fotónica en su plano de la trayectoria es equidistante al plano de la forma de la onda eléctrica inducida y al plano de la forma de la onda del campo magnético. Por otra parte, un fotón puede no estar polarizado, con todos los planos de la propagación siendo igualmente probables como en la luz natural, o puede ser polarizado en una forma lineal, circular, o elíptica, dependiendo de la orientación de su plano orbital en el espacio-tiempo.

Si el fotón se polariza en una forma lineal en su plano fotónico de la propagación, su polarización lineal determina su amplitud que es ortogonal a la dirección de la propagación del vector Poynting. Del mismo modo, si el fotón se polariza en forma lineal a lo largo del eje de la propagación, su polarización lineal determina su longitud de onda que es paralela a la dirección del vector Poynting. Los ciclos fotónicos de la oscilación temporal determinan la frecuencia fotónica. La linealidad de la polarización de la forma de onda fotónica resulta cuando el fotón se propaga en su plano fotónico en la dirección de su vector Poynting. A la velocidad relativista, cuando la longitud se contrae y la amplitud se dilata en la dirección de la propagación de la fuente, la órbita del fotón se vuelve más elíptica, con su eje principal en la dirección de la amplitud.

Se teoriza aquí que la naturaleza de un fotón se puede ilustrar como un bucle cuántico mínimo de la energía electromagnética que gira con un impulso angular y se traslada en una órbita, en el plano antedicho de la trayectoria, según oscila en el espacio-tiempo a lo largo de un eje principal igual a la longitud de pico-a-pico de la forma de su onda proyectada. La magnitud de su espín es $\left(\sqrt[2]{2}\right)\hbar$ y el componente medido a lo largo de su dirección de movimiento, su helicidad es $\pm\hbar$. Estas dos helicidades posibles, llamadas la helicidad derecha y la zurda, corresponden a los dos estados circulares posibles de la polarización del fotón. El ancho de la órbita fotónica o su eje menor, o su proyección a lo largo del eje del vector Poynting, determina la longitud de la onda de la forma de la onda fotónica. Sin importar la forma ilustrada del oscilador cuántico de la luz, si la velocidad de la oscilación es relativista, entonces el fotón manifestaría una masa relativista oscilatoria además de la masa relativista traslacional efectuada por la traslación a través del espacio-tiempo en un movimiento ondular. Los efectos relativistas de la masa serían aditivos.

A medida que el espacio-tiempo se expande, se propone aquí que el camino del fotón se convierte en una trayectoria de la onda a lo largo del eje del campo electromagnético, o el vector Poynting resultante, invocado por el movimiento del fotón y su campo electromagnético en cada punto a lo largo de su trayectoria. Estos efectos son explicables por la teoría electromagnética actual en las ecuaciones de Maxwell. La onda fotónica es el resultado de una alteración periódica o una deformación del medio espaciotemporal en el que se encuentra la onda. *La misma existencia de las ondas fotónicas, o las ondas electromagnéticas, es consecuencia de la expansión, o de la contracción, del medio espaciotemporal, a medida que se propaga, en todas sus dimensiones y direcciones.* Esto es observable cuando la luz sigue la curvatura del espacio-tiempo a medida que viaja a través de un campo gravitacional, o por qué hemos sido capaces de observar los lentes gravitacionales de los lejanos objetos celestes en el campo de la cosmología. *Así, se propone aquí que la dualidad de la luz es un resultado directo de la naturaleza oscilatoria del fotón en su estado electromagnético y su movimiento a través del espacio-tiempo debido a la propagación del espacio-tiempo.*

A medida que el fotón viaja por su trayectoria, tiene una masa relativista, sin carga, y observa la conservación del principio de la energía en cada punto del espacio-tiempo. La conservación de la energía requiere que el medio espaciotemporal mueva la energía a otro lugar mientras se propaga o viene a descansar, pues la energía cinética del fotón y su relacionado campo electromagnético se conservan en la dirección del movimiento. (Jackson, 1999)

Cuando el fotón asume la masa relativista, podrá, a diferencia de cualquier otro objeto con masa, viajar tan rápido como el espacio-tiempo se propague. *Así, los fotones y sus ondas electromagnéticas, como la luz, viajan, en el espacio-tiempo isótropo y homogéneo, a la velocidad que el espacio-tiempo se propaga para obedecer el principio de conservación del impulso espaciotemporal del fotón*. Lo más rápido en el universo es el espacio-tiempo en sí mismo. La luz es la cosa más rápida que nuestros sentidos humanos pueden percibir, a pesar de que su velocidad es instantánea para nuestros sentidos.

7.2. Las longitudes de las ondas espaciotemporales y la luz

Por lo tanto, para un fotón que oscila a la velocidad relativista, la longitud de la onda del espacio, λ_s, disminuye proporcionalmente y la longitud de la onda del tiempo, λ_t, se dilata, según la longitud de onda se contrae en la dirección del movimiento del fotón. A gran escala, la longitud de la onda espaciotemporal permanece invariante en el espacio-tiempo homogéneo e isótropo dado por

$$\lambda_{st} \to \mp\lambda_t \pm \lambda_s \qquad (7.2)$$

A medida que el fotón adquiere su masa relativista, la longitud se contrae en la dirección del movimiento, la longitud de la onda del fotón, λ_C, disminuye, su período, T_C, se dilata, y la velocidad de la luz permanece constante para cualquier observador independientemente del movimiento de la fuente de luz o del marco inercial de referencia del observador.

Sin embargo, la longitud de la onda temporal del fotón es la longitud de la onda del tiempo, λ_t , la longitud de la onda espacial del fotón es la longitud de la onda del espacio, λ_s , porque la longitud de la onda espaciotemporal de un fotón es la suma de las longitudes de las ondas del espacio y del tiempo. Por lo tanto, encontramos que la longitud de la onda del fotón es

$$\lambda_p \rightarrow \lambda_{st} \tag{7.3}$$

A medida que el tiempo se propaga a la velocidad de la luz, su longitud de onda temporal, λ_t , equivale a la longitud de la onda temporal de la luz, en el espacio-tiempo homogéneo e isótropo. Una onda electromagnética, por ejemplo, como la luz, viajará a *"c"*, debido al principio de la conservación de la energía. La velocidad de la luz siempre estará en su valor máximo "*c*" medido por cualquier observador en un marco inercial de referencia. Llamemos a este fenómeno de la luz *el principio de la barrera de la luz.*

7.2. (a) El desplazamiento de la onda cosmológica

Hay varios tipos de desplazamientos al rojo tales como: el gravitacional, el Doppler, y el cosmológico. Cuando una señal electromagnética, o un rayo de luz visible, escapa el pozo de gravedad de un cuerpo celeste en el espacio-tiempo, hay un enrojecimiento de la luz, o un desplazamiento gravitacional al rojo en el espectro electromagnético. Si una nave espacial tiene un faro delantero y una luz posterior, la longitud de onda de la luz que viene del faro, o de la luz posterior, cambiaría, o tendría un efecto Doppler, debido a la dirección del movimiento relativo de la nave espacial, desde la perspectiva de un observador en un marco inercial de referencia. El cambio sería un desplazamiento al azul, si la nave espacial se está moviendo hacia el observador, o un desplazamiento al rojo, si la nave espacial se está alejando del observador. El desplazamiento cosmológico al rojo es una consecuencia de la distancia espaciotemporal. El desplazamiento cosmológico al rojo de otras galaxias es observable desde la tierra. Una estrella tiene un desplazamiento cosmológico al rojo que es pequeño pero detectable. Si la estrella se mueve, también tiene un desplazamiento Doppler.

Un campo gravitacional extiende las ondas electromagnéticas de cualquier frecuencia lejos del centro de la masa de un cuerpo celeste, produciendo un desplazamiento gravitacional al rojo similar al efecto Doppler sobre las ondas sonoras incidentes que viajan a través del aire.

Hubo un experimento realizado por Robert Pound y Glen Rebka en 1959 en la Universidad de Harvard, donde unos rayos gamma de hierro radiactivo 57 a una tensión de 14 keV fueron enviados entre un emisor y un receptor en la torre izquierda del laboratorio de Jefferson, que encontró una diferencia de minutos en la frecuencia natural de los rayos gamma debido a la distorsión local del campo gravitacional. El experimento se realizó con el emisor en la parte inferior y el receptor en la parte superior de la torre, luego con el emisor en la parte superior y el receptor en la parte inferior de la torre, y los resultados demostraron que el cambio de frecuencia tenía la misma magnitud, pero cambiaba el signo. (Pound, 1959)

Las ondas espaciotemporales viajan en ambas direcciones entre el emisor y el receptor, ya que cada punto en el espacio-tiempo puede expandirse o contraerse. Las ondas temporales están más expandidas cerca de la superficie de la masa, o la materia, de un cuerpo celeste, se contraen lejos de la superficie, mientras que las ondas espaciales están más contraídas y se expanden lejos de la superficie. A la inversa, las ondas temporales están más contraídas, se expanden hacia la superficie, o hacia el centro de la masa de un cuerpo celeste, mientras que las ondas espaciales están más expandidas y se contraen hacia la superficie, o hacia el centro de la masa. Por lo tanto, la diferencia en la longitud de onda y la frecuencia de la onda espaciotemporal entre dos puntos distantes, en cualquiera de las dos direcciones del campo gravitacional a lo largo de la misma trayectoria, tendría la misma magnitud, ceteris paribus, pero un signo opuesto.

Los resultados del experimento de Pound y Rebka hicieron más que confirmar la Teoría General de la Relatividad, el experimento también confirmó que la longitud de la onda de una señal electromagnética se expande a medida que una onda espaciotemporal se expande desde un pozo de gravedad. Mientras que los rayos gamma se emiten hacia arriba, hacia un receptor superior en la torre izquierda, son desplazados al rojo. A medida que los rayos gamma se emiten hacia abajo, hacia un receptor inferior en la misma torre, son desplazados al azul. Así, la frecuencia de un rayo gamma disminuye a medida que la onda espaciotemporal se expande, a medida que los rayos gamma se emiten hacia arriba.

La onda espaciotemporal es el portador de una señal electromagnética, o una señal gravitacional. La onda espaciotemporal consiste en una onda temporal y una onda espacial. La relación proporcional que no es lineal entre las ondas espaciales y temporales mantiene la velocidad de la luz, "*c*", constante.

Por lo tanto, es posible proponer que los desplazamientos gravitacionales al rojo, los Doppler al rojo, y los cosmológicos al rojo, son todos desplazamientos espaciotemporales al rojo. Los desplazamientos al rojo, o al azul, son espaciotemporales en su naturaleza.

A medida que la onda espaciotemporal se expande desde un pozo de gravedad, su longitud de onda se extiende y se desplaza al rojo. Cuando una nave espacial con una luz posterior viaja lejos de un observador en un marco inercial de referencia, el movimiento que retrocede de la nave espacial a través del espacio amplía su longitud de onda espaciotemporal de su localización al observador, y se desplaza al rojo. Cuando una distancia espaciotemporal entre un observador y un punto distante arbitrario en el universo del observador se amplía, se desplaza al rojo. *Este es el principio del desplazamiento espaciotemporal al rojo o al azul, o el principio del desplazamiento de la onda cosmológica.*

La relación entre la longitud de la onda temporal, el período, o la frecuencia, y la longitud de la onda espacial, el período, o la frecuencia, de la onda espaciotemporal es matemáticamente recíproco.

$$\lambda_s = \frac{1}{\lambda_t} \tag{7.4}$$

$$T_s = \frac{1}{T_t} \tag{7.5}$$

$$f_s = \frac{1}{f_t} \tag{7.6}$$

Donde la magnitud de la longitud de la onda, el período y la frecuencia de la luz se normaliza a "1".

El efecto observable del desplazamiento al rojo de las frecuencias emisoras y las receptoras entre el emisor y el receptor se da por

$$f_r = \sqrt{\frac{1 - v/c}{1 + v/c}} = f_e \tag{7.7}$$

$$v \approx \frac{gh}{c} \tag{7.8}$$

donde "v" es la velocidad de la onda relativa entre el emisor y el receptor, "h" es la distancia vertical entre el emisor y el receptor, "g" es la aceleración de la gravedad, y "c" es la velocidad de la luz.

7.3. Sobre el efecto electrofonónico

Un fonón es un paquete de la energía elemental del movimiento vibratorio cuántico-mecánico en el cual una red de las moléculas o los átomos oscila uniformemente a una frecuencia específica. El efecto electrofonónico se relaciona y subraya la frecuencia y la intensidad de un oscilador cuántico mecánico a su energía cuántica cuando un paquete exacto de energía, $\hbar\omega$, se suministra a la red del oscilador armónico para elevarlo al siguiente nivel de la energía.

El cuántico del movimiento vibratorio incluye el fonón y sus ondas relacionadas del campo electromagnético de cierta frecuencia, amplitud, e intensidad; su energía cuántica depende de la frecuencia del fonón como un paquete de onda. Este concepto une la teoría de la onda y la teoría de la partícula como si fueran una misma teoría, porque explica la naturaleza dual de la onda-partícula del fonón. En términos de la emisión de la energía del movimiento vibratorio, o el cuántico fonónico, es un concepto semejante al efecto fotoeléctrico expuesto por Albert Einstein.

El efecto fotoeléctrico expuesto por Albert Einstein en 1905 ejemplifica la emisión de un electrón por un elemento metálico. La frecuencia de la radiación fotónica es crucial, no la intensidad, cuando los fotones incidentes causan que los electrones sean expulsados de una superficie metálica. Inversamente, la intensidad de una corriente continua y su relacionado potencial de tensión contante, no la frecuencia, es crucial cuando un potencial electrónico de la corriente continua y de la tensión constante causa la oscilación de fonones en un filamento incandescente. El efecto electrofonónico fue ejemplificado por las exitosas bombillas incandescentes de Thomas Edison usando la corriente y la tensión constantes de la frecuencia cero como la fuente de la energía. (Einstein, 1952)

Así, sin asumir alguna conducción del calor o alguna convección, la energía transferida en los paquetes, o los cuánticos, de los fonones de una fuente constante de la energía a la red del oscilador armónico de un filamento que es un superconductor, elevaría la red al siguiente nivel de la energía, obteniendo un efecto electrofonónico, o un efecto de Tesla y Edison, que puede expresarse como

$$E = \sqrt[2]{\hbar VI} \tag{7.9}$$

Donde $\hbar$ es la constante reducida de Planck, *"V"* es el potencial de la tensión constante de la fuente, e *"I"* es la intensidad del fluido electrónico de los pares de Cooper sin transferencia de calor, $\partial Q_h / \partial t = IR^2 = 0$, de la fuente emisora debido a que no hay resistencia en el superconductor. Así, la frecuencia angular de la transferencia de la energía en los "*n*" paquetes de fonones por la fuente constante de la energía, se puede expresar como

$$\omega = \sqrt[2]{\frac{VI}{\hbar n^2}} \tag{7.10}$$

De lo contrario, el traspaso térmico a través de la radiación electromagnética u otros medios tendría que ser restado de la energía, *E*.

$$E = \sqrt[2]{\hbar VI - \left(\partial_t Q_h\right)^2} \tag{7.11}$$

La transferencia de la energía de la fuente de corriente continua para un solo fonón es dada por

$$\hbar\omega = \sqrt[2]{\hbar\partial V \partial I} = \sqrt[2]{\hbar\frac{\partial(\hbar\omega)}{\partial t}} = \hbar\sqrt[2]{\dot{\omega}} \qquad (7.12)$$

y la frecuencia angular de la transferencia de la energía para un solo fonón se puede expresar como

$$\omega = \sqrt[2]{\dot{\omega}} \qquad (7.13)$$

Así, la frecuencia angular, o la velocidad de la frecuencia angular, de la transferencia de la energía para un solo fonón, es multimodo.

7.4. Sobre la energía, la masa, y las características de una onda fotónica

Además, como la energía cuántica de la luz depende de su intensidad y frecuencia, la energía del vector Poynting está directamente relacionada con la amplitud de la onda electromagnética o la fotónica para la energía de la intensidad de la luz, y representa la tasa de la transferencia de la energía por la unidad del área del campo electromagnético del cuántico de la luz en el espacio-tiempo libre. La amplitud de la onda fotónica es la distancia entre el punto más lejano en la trayectoria del fotón y el eje direccional de su propagación. La energía y el impulso de un fotón dependen sólo de su frecuencia, $h^2\upsilon^2 = E_p{}^2 + p^2c^2$. La energía de una onda fotónica es proporcional a su amplitud cuadrada, A^2, y su intensidad es la energía que entrega por la unidad del área de su trayectoria de onda orbital.

La trayectoria orbital de la onda es la superficie circundada que el fotón crearía en una revolución sobre su centro del movimiento en el eje direccional de la propagación. Así, cuando la amplitud de una onda fotónica se duplica, $(2A)^2 = 4A^2$, su energía se cuadruplica. Semejantemente, el área de una trayectoria circular de la onda es πr^2, si el radio se dobla, $\pi(2r)^2 = 4\pi r^2$, el área se cuadruplica. Así, la energía de una onda fotónica está directamente relacionada con el área superficial de la trayectoria de onda orbital del fotón. Los niveles de la energía de los electrones en los átomos son discretos; cada elemento emite o absorbe sus propias frecuencias características.

La frecuencia de la luz resulta de la velocidad angular del fotón, $\upsilon = \omega/2\pi$, y su período es $T = 1/\upsilon$. Así, la frecuencia y la longitud de la onda de la luz cuántica es la del fotón. El pico de la onda varía proporcional a la fuerza del campo electromagnético o a la energía cinética de la órbita del fotón. Por lo tanto, encontramos la energía de la luz cuántica, E_q, ya que se propaga a ser

$$E_q^{\,2} = h^2\upsilon^2 - \frac{l_p^{\,4} t_p^{\,2} E_m^{\,2} B_m^{\,2}}{\mu_0^{\,2}} = h^2\upsilon^2 - \frac{\left(l_p^{\,2}\right)^2 E_m^{\,2} B_m^{\,2}}{\dot{\mu}_0^{\,2}} \qquad (7.14)$$

y encontramos que el impulso de la luz cuántica es

$$p_q = \frac{E_q}{c} = m_q c \qquad (7.15)$$

donde m_q es la masa relativista de la luz cuántica, *"c"* es la velocidad de la luz; E_m y B_m son las amplitudes máximas. $E(t,x) = E_m Cos(\omega t - kx)$ representa el campo eléctrico y $B(t,x) = B_m Cos(\omega t - kx)$ representa el campo magnético.

La aceleración centrípeta del fotón en su órbita lo mantiene en la trayectoria sobre su centro del movimiento en el eje direccional de la propagación mientras que la velocidad traslacional de la propagación del espacio-tiempo mantiene el fotón que se mueve hacia delante en su trayectoria.

Imaginemos una onda fotónica estacionaria que puede ser ilustrada como una onda fotónica que no se traslada en el espacio-tiempo. Dejemos que un fotón oscile en su lugar sobre su centro de movimiento con sus relacionados campos electromagnéticos inducidos en el medio del espacio-tiempo que está oscilando, pero no se propaga. En el caso de la onda estacionaria, los campos electromagnéticos aumentarán y disminuirán en una mitad de la órbita, después aumentarán y disminuirán en el lado opuesto del eje que pasa a través del centro del movimiento en el plano circundado de la superficie orbital durante la otra mitad de la órbita.

Si un fotón está oscilando de manera relativista, hay un desequilibrio entre la energía y el impulso del fotón, donde ese desequilibrio es la masa relativista del fotón.

$$\Delta E_i^{\,2} = h^2\upsilon^2 - \left\{E_p^{\,2} + \left(p^2c^2 - \Delta p^2c^2\right)\right\} = \Delta p^2c^2 = m_q^{\,2}v_q^{\,2}v_t^{\,2} \qquad (7.16)$$

$$m_q = \sqrt[2]{\frac{\Delta E_i^{\,2}}{v_q^{\,2}v_t^{\,2}}} = \frac{\Delta E_i}{v_q v_t} \qquad (7.17)$$

Así, la velocidad del fotón es igual a

$$v_q = v_t = c \qquad (7.18)$$

Entonces, encontramos la masa relativista del fotón es

$$m_q = \frac{\Delta E_i}{c^2} \qquad (7.19)$$

Por consiguiente, expresamos la velocidad de la luz como

$$c^2 = \frac{\Delta E_i}{m_q} \qquad (7.20)$$

Donde podemos ver cómo *la velocidad de la luz "c" depende del desequilibrio entre la energía y el impulso del fotón, en la masa relativista del fotón, y en la longitud de la onda y la frecuencia del espacio-tiempo.*

El desequilibrio entre la energía y el impulso de un fotón deriva de la diferencia en los estados de la energía del fotón mientras que viaja en forma relativista por el espacio-tiempo homogéneo e isótropo. Cuando un fotón oscila en forma relativista en las direcciones y las dimensiones que son perpendiculares a la dirección de su propagación (la dilatación de la amplitud) de la forma de la onda fotónica, se conserva la energía de la frecuencia angular. La anchura de la órbita del fotón (el período) se contrae en la dirección de la propagación, pero la energía oscilatoria se conserva. En la dirección del movimiento, la energía cinética es relativista, la longitud de la onda y el período se contraen para mantener la velocidad de la luz, que a su vez disminuye el impulso del fotón. La energía de la frecuencia, o la energía oscilatoria, perpendicular a la dirección del movimiento, se conserva. Por consiguiente, hay un desequilibrio entre la energía y el impulso del fotón, y el fotón gana su masa relativista.

7.5. El experimento de doble rendija para la luz

El experimento de doble rendija se remonta a 1801 cuando Thomas Young realizó el primer experimento para probar su teoría de que la luz consistía en las ondas en lugar de las partículas. La luz se propaga en las ondas esféricas desde su fuente de acuerdo con el principio de Huygens. Los patrones de la interferencia de la luz fueron aceptados como la evidencia de la teoría de la onda de la luz. No fue sino hasta el siglo XX que los experimentos modificados de doble rendija revalidaron la teoría de la partícula de la luz. El experimento de Young de 1803 usó el borde de una tarjeta delgada para dividir un haz de luz solar que dio como resultado un efecto de doble rendija.

El experimento de doble rendija utiliza una fuente de luz coherente para iluminar una placa delgada, con dos rendijas paralelas cortadas en ella, y la luz que pasa a través de las rendijas golpea la pantalla detrás de las rendijas. La naturaleza ondulada de la luz hace que las ondas de luz atraviesen ambas rendijas para interferir entre sí. En la pantalla se observa un patrón de interferencia de las bandas luminosas y las oscuras. Sin embargo, la luz se absorbe en la pantalla, como si la luz estuviera hecha de las partículas discretas o los fotones. (Jönsson, 1961)

Según la física clásica de la partícula, si la luz viaja de la fuente a la pantalla como las partículas, el brillo en cualquier punto de la pantalla debe ser la suma de la distribución del brillo cuando la rendija derecha se bloquea y la distribución del brillo cuando la rendija izquierda está bloqueada. Sin embargo, cuando ambas rendijas están desbloqueadas, algunos puntos o bandas en la pantalla son más brillantes y otros puntos o bandas son más oscuros. Esto es explicado por la naturaleza de la onda de la luz y la interferencia aditiva y la sustractiva entre las ondas, no por la naturaleza exclusivamente aditiva de las partículas tales como los fotones. Las regiones brillantes muestran interferencia constructiva donde una cresta de una onda se encuentra con una cresta de otra onda. Las regiones oscuras muestran interferencia destructiva donde una cresta de una onda se encuentra con un valle de otra onda. Por lo tanto, la luz debe tener la dualidad de una onda y una partícula. El experimento de doble rendija se ha realizado con fotones, con electrones, y con átomos, y cada vez se encuentra el mismo resultado. En el proceso de medir la información sobre cual trayectoria tomo el fotón en el experimento de la rendija doble, cualquier cambio que se haga al aparato o a cualquier dispositivo que se entremete en cualquier trayectoria del fotón, o en ambas trayectorias simultáneamente, por ejemplo, un detector de fotón usado para recopilar información sobre la rendija por la que atraviesa un fotón resulta en la destrucción del patrón de la interferencia de las ondas de luz. Sin embargo, un experimento realizado en 1987 produjo resultados que demostraron que la información sobre cuál trayectoria podría ser obtenida sin la destrucción de la posibilidad de la interferencia. Estos resultados demostraron que puede haber formas tecnológicas de medir la información de la trayectoria en una manera que no sea tan intrusiva para el fotón, el aparato, o el medio experimental, que permite tanto la detección de la información de la trayectoria del acceso como la existencia del patrón de la interferencia de la luz. (Mittelstaedt et al, 1987)

Por lo tanto, el principio de la complementariedad de la luz, que indica que durante un experimento la luz puede demostrar características de una partícula y de una onda, pero no ambas características al mismo tiempo, necesita ser reexaminado. De acuerdo con el teorema probado de Phillippe Eberhard, si las ecuaciones aceptadas de la teoría cuántica son correctas, nunca debería ser posible violar experimentalmente la causalidad usando los efectos cuánticos. (Eberhard et al, 1989)

Según los experimentos del borrador cuántico, el experimentador prepara el detector para detectar la información de cuál trayectoria, un divisor de haz se utiliza para proporcionar dos trayectorias para el fotón, y entonces la información de cuál trayectoria se borra después del hecho. Sin embargo, la eliminación de la información después del hecho significa que otro divisor de haz se utiliza para dirigir la luz hacia la pantalla, quitando la separación entre las trayectorias o la información de cual trayectoria. Sólo entonces se restablece la interferencia de la luz. Las diferencias totales de fase se introducen a lo largo de las trayectorias en estos experimentos debido a los efectos superficiales reflexivos y los efectos de pasar a través de los medios de los divisores de haz. Cuando cada trayectoria tiene su salida separada, existe un efecto de interferencia de la onda constructiva o la destructiva para la salida de la onda de cada trayectoria separada. Además, un experimento del borrador cuántico hecho en el año 2000, con un retardo para el borrador hasta después de que el fotón haya golpeado la pantalla del detector, mostró que un patrón de interferencia puede ser recuperado. (Scully et al, 2000)

7.6. Un experimento mental de doble rendija para la onda espaciotemporal

Imaginemos un experimento de doble rendija para las ondas espaciotemporales, los fotones y sus relacionadas ondas electromagnéticas, también llamados los cuánticos de luz, que se emiten desde una fuente coherente de luz monocromática en una región del espacio-tiempo que es homogénea e isótropa. Configuremos el aparato de nuestro experimento de tal manera que nuestra fuente de luz emita sus fotones uno a uno hacia una placa delgada con dos rendijas paralelas a una distancia especifica muy pequeña, y una pantalla a una distancia especifica detrás de las rendijas para que el fotón la impacte. Dos detectores de fotones estarán disponibles para ser instalados cerca de cualquiera de las dos rendijas, uno a la vez, o en ambas rendijas simultáneamente si es necesario. Estos detectores serán capaces de detectar un fotón que pasa a través de las rendijas que estamos monitoreando para que podamos registrar la información de cual trayectoria. La pantalla será una pantalla detectora que detectará el impacto de cada fotón y transmitirá esa información a un ordenador o una computadora y a un monitor que mostrará una representación visual de los puntos luminosos de la luz en la pantalla, ya que forman las regiones brillantes a lo largo de la anchura y la altura de la pantalla del detector.

Una vez que el equipo está configurado con un detector solamente por la rendija derecha, las ondas del espacio-tiempo ya se propagan a lo largo de la dirección del desplazamiento de la luz cuántica, incluso antes de que la fuente de luz se encienda. Pensemos en lo que está sucediendo a lo largo del medio espaciotemporal del aparato entre el emisor y la pantalla final. Cuando una onda espaciotemporal se propaga a través del medio del espacio-tiempo en la dirección de las rendijas y la pantalla, la onda es coherente y sin obstrucción. Tan pronto como la onda espaciotemporal se acerca a las rendijas, en el lado de la rendija derecha, vamos a llamarlo la rendija *B*, la presencia física y la interacción del detector con la onda espaciotemporal crea un disturbio o una obstrucción y la forma de la onda pierde su coherencia a la derecha mientras que intenta pasar a través de la rendija B de la placa delgada. Todos los posibles estados consistentes del sistema que se ha medido y del detector de la medición, incluido el observador, están presentes en una superposición cuántica real, no sólo formalmente matemática. Tal superposición de las combinaciones de los estados consistentes de los diversos sistemas se convierte en un estado entrelazado.

Mientras tanto, en la rendija izquierda, la rendija A, no hay ningún detector instalado y la onda espaciotemporal se propaga a través de la rendija sin obstrucción o interrupción. En el lado izquierdo de la pantalla, la onda A que se propaga de la rendija A alcanza la pantalla primero, entonces la onda B que se propaga desde la rendija B se reconstituye como una onda sin coherencia, con los cambios potenciales a su fase, frecuencia, o polarización, mientras que impacta la pantalla. Como resultado de la decoherencia cuántica, la onda A y la onda B no interfieren entre sí. La onda A que paso a través de la rendija A ha seguido una trayectoria crítica desde el emisor hasta la pantalla final. *La trayectoria crítica de una onda espaciotemporal sería la trayectoria de la menor acción, o la trayectoria de la mayor conservación de la energía con la menor perturbación posible en la onda, a lo largo de su trayectoria.*

La acción seis-dimensional de Einstein-Hilbert es una funcional del tensor métrico seis-dimensional de la Teoría General de la Relatividad, que rinde las ECE a través del principio de la menor acción en una dimensión de la coordenada temporal del espacio-tiempo liso, que se expresa como

$$S = \int \left(\frac{c^4}{16\pi G t_p^{\ 2}} R + \frac{L_M}{t_p^{\ 2}} \right) \sqrt{-g}\, d^6 x \qquad (7.21)$$

$$S = \int \left(\frac{1}{2} \frac{mc^4 R}{\ddot{a} t_p^{\ 2}} + \frac{L_M}{t_p^{\ 2}} \right) \sqrt{-g}\, d^6 x \qquad (7.22)$$

El determinante de la métrica $\det(g_{\mu\nu})$ es útil como un factor de escala, rotación, expansión, contracción, tensión tangencial, o reflejo, para la longitud, el área, o el volumen, en una variedad de seis dimensiones. Para una región casi plana del espacio-tiempo de seis dimensiones,

$\det(g_{\mu\nu})$ es "– 1" y la raíz cuadrada de "– g" es un escalar positivo que corresponde a las características de la curvatura del intervalo.
Donde L_M es un término de la densidad Lagrange de la energía cinética (J/m^3) que describe cualquier campo de la materia que aparece en la teoría seis-dimensional, "R" es el rastro del tensor seis-dimensional de Ricci, "g" es el determinante del tensor métrico seis-dimensional, y "$\ddot{a}$" es la aceleración de espacio-tiempo cuando se extiende o se contrae.

En el espacio-tiempo cuatro-dimensional (con el tiempo plegado), tenemos

$$d^{\tau}x = \sqrt[2]{(dx^4)^2 + (dx^5)^2 + (dx^6)^2} \qquad (7.23)$$

$$d^4x = d^3x \cdot d^{\tau}x \qquad (7.24)$$

$$S = \int \left(\frac{c^4}{16\pi G} R + L_M \right) \sqrt{-g}\, d^4x \qquad (7.25)$$

La acción Einstein-Hilbert $(J \cdot s)$ es un funcional matemático para la Teoría General de la Relatividad que toma la trayectoria del sistema como un argumento para representar un resultado que es un número real. Las ecuaciones del movimiento de un sistema, o las ECE, pueden derivarse de la acción como un atributo físico de la dinámica del sistema. El desarrollo y la propuesta de la acción en cuatro dimensiones espaciotemporales en 1915 fue una contribución significativa a la Teoría General de la Relatividad por el eminente matemático David Hilbert.

A continuación, consideremos lo que sucede cuando el experimentador enciende el interruptor de la fuente de luz y se emite un solo cuántico de luz, o un fotón, hacia las rendijas y la pantalla. Sigamos el primer cuántico de luz a lo largo de su trayectoria. Mientras que el cuántico de luz indeterminado se emite, tiene su propia posición e impulso característico en el espacio-tiempo, el cuántico de luz viaja en la dirección de la propagación de la onda espaciotemporal hacia las rendijas y la pantalla. Mientras que el cuántico de luz se acerca a las rendijas, el espacio-tiempo se disturba hacia la rendija derecha, o rendija *B*, y el espacio-tiempo hacia la rendija *A* esta inalterado, más homogéneo e isótropo, conduciendo el cuántico de luz, o el fotón, a la trayectoria crítica a través de la rendija *A* hacia la pantalla del detector. El fotón sigue la trayectoria critica de la mayor conservación de la energía a través de la rendija *A* e impacta la pantalla del detector. Dependiendo de las dimensiones físicas de las rendijas, de la distancia de separación de las rendijas, de la distancia de las rendijas al centro de la pantalla, y de la longitud de onda del cuántico de luz, la onda fotónica del cuántico de luz puede viajar a través de ambas rendijas, pero cuando lo hace, la onda fotónica *B* a través de la rendija derecha pierde su coherencia a medida que sigue la onda espaciotemporal a través de la rendija *B* hacia la pantalla del detector. Sin embargo, la onda fotónica *B* no interferiría con la onda fotónica *A* debido a su falta de coherencia cuántica y a la diferencia potencial en su fase, frecuencia, o polarización. Así, con el tiempo, el experimentador sólo vería en la pantalla del ordenador o la computadora, la creciente representación visual de una onda luminosa sin interferencias. Si el experimentador intenta el mismo experimento cambiando sólo la posición del detector de fotones de la rendija *B* a la rendija *A*, se mostraría el mismo resultado, pero se desplazaría hacia el centro de la rendija *A*. (Tonomura et al, 1989)

Si el experimentador intenta el experimento con un detector instalado cerca de la rendija *A* y otro cerca de la rendija *B*, con todas las demás variables siendo iguales, las ondas espaciotemporales que se propagan a cada rendija pierden su coherencia y no interfieren entre sí a medida que se propagan fuera de las rendijas hacia la pantalla final. A medida que la luz cuántica se acerca a las rendijas, el fotón seguirá la trayectoria crítica a través de una rendija de acuerdo con su posición y su impulso, e impactará la pantalla del detector. Por el principio de la incertidumbre, no sería posible medir la localización de una partícula en el espacio-tiempo y su impulso al mismo tiempo. En otras palabras, la posición y el impulso son complementarios. Así, la trayectoria del fotón a través de una rendija es indeterminada. Por lo tanto, los fotones no llegan a la pantalla en ningún orden predecible. Así, sabiendo donde aparecieron todos los fotones anteriores en el monitor del ordenador o la computadora del experimentador, o donde los fotones impactaron la pantalla del detector, y en qué orden aparecieron no nos diría nada sobre donde el fotón siguiente pudiera impactar, a pesar de que podría ser posible estimar una probabilidad aproximada de donde el siguiente fotón pudiera impactar la pantalla del detector.

A medida que el experimentador intenta el experimento de doble rendija sin detectores, si todas las demás variables son iguales, el patrón de interferencia aparece en el monitor del ordenador o la computadora del experimentador. A medida que las ondas espaciotemporales atraviesan las rendijas, ambas ondas son coherentes e interfieren según se propagan hacia la pantalla final. A medida que la luz cuántica viaja cerca de las rendijas, el fotón sigue la trayectoria crítica de una manera indeterminada a través de la rendija para impactar la pantalla del detector. Dependiendo de las dimensiones físicas de las rendijas, de la distancia de separación de las rendijas, de la distancia de las rendijas al centro de la pantalla y de la longitud de onda del cuántico de luz, la onda fotónica del cuántico de luz puede viajar a través de ambas rendijas. Por lo tanto, la onda fotónica pasa a través de ambas rendijas, la onda *A* y la onda *B* interfieren entre sí en su trayectoria hacia la pantalla del detector, y con el tiempo, el experimentador observa el patrón de interferencia de las ondas de luz del experimento en el monitor de la computadora.

El principio de complementariedad del espacio-tiempo y de las partículas en la mecánica cuántica afirma que las manifestaciones físicas de la energía y la masa como ondas y partículas, o la dualidad de la onda y la partícula, son complementarias debido al comportamiento y las propiedades de las ondas espaciotemporales a medida que se propagan y sirven como el medio para las ondas y las partículas de la energía, con o sin masa. Las funciones de la ondas espaciotemporales son la estructura subyacente y el principio de la propagación para todas las otras funciones de la energía, de la masa, o de los campos físicos.

7.7. La función de la onda espaciotemporal de la probabilidad

Imaginemos dos funciones emergentes de la onda espaciotemporal, en un espacio-tiempo homogéneo e isótropo, de un paquete de onda de la

energía que pasa a través de las rendijas *A* y *B* como

$$\Psi_a(y) + \Psi_b(y) = \frac{e^{i\left(\frac{p}{\hbar}\right)y}}{\sqrt[2]{2\pi r}} + \frac{e^{i\left(\frac{m}{\hbar}\right)y}}{\sqrt[2]{2\pi r}} \tag{7.26}$$

donde "*p*" y "*m*" son el impulso de las trayectorias alternativas del paquete de onda de la energía que viaja con la onda espaciotemporal a través de la rendija *A,* o a través de la rendija *B*, "*y*" es la variable de un punto vertical en la pantalla, la longitud de la trayectoria es $2\pi r$, y

"$e^{i(p/\hbar)y}$" y "$e^{i(m/\hbar)y}$" son las ondas oscilantes.

Tomando los conjugados complejos de la suma $\Psi_a(y)+\Psi_b(y)$ e integrando desde 0 hasta $2\pi r$ encontramos

$$P_{ab}(y) = \frac{2}{\sqrt[2]{2\pi r}} \int_0^{2\pi r} \left\{1 + Cos\left[\frac{y(p-m)}{\hbar}\right]\right\} dy \qquad (7.27)$$

Por consiguiente, observamos en la función anterior de la onda de la probabilidad que hay lugares en el eje horizontal, o el eje *"x"*, donde la onda del espacio-tiempo tiene valores probabilísticos de cero. Así, la probabilidad es uniforme y constante para cualquier experimento con una sola rendija, pero cuando el experimento se hace con dos rendijas sin perturbación, hay lugares donde la probabilidad es cero. Esto es lo que sucede en un experimento de doble rendija sin detectores cuando el patrón de interferencia resulta en la pantalla.

En un experimento de una sola rendija, sólo habría un impulso a considerar. Por lo tanto, vamos a especificar la función de la onda como

$$\Psi_s(y) = \frac{e^{i(p/\hbar)y}}{\sqrt[2]{2\pi r}} \qquad (7.28)$$

Tomando el conjugado complejo de $\Psi_s(y)$ e integrando de 0 a $2\pi r$, encontramos

$$P_s(y) = \frac{1}{2\pi r} \int_0^{2\pi r} e^{i(p/\hbar)y} e^{-i(p/\hbar)y} dy = 1 \qquad (7.29)$$

Entonces, la función de la onda espaciotemporal del experimento de una sola rendija tiene una probabilidad uniforme y constante del 100% en encontrar el paquete de la onda de la energía en un valor de *"y"*.

7.8. Las características de la interferencia de las ondas espaciotemporales

Para el patrón de la interferencia de las ondas espaciotemporales en el experimento de rendija doble, la diferencia del ángulo de fase ϕ_s entre las ondas se expresa como

$$\phi_s = w\sigma \, Sin\, \theta_s \tag{7.30}$$

donde $\phi_s = \phi_A - \phi_B$, "w" es el número de la onda, σ es la distancia entre las rendijas, y θ_s es el ángulo que una línea que cruza ambas ondas *A* y *B*, a través del origen al inicio de cada ciclo de onda, hace con una línea perpendicular al eje de la propagación de las ondas.

Durante la interferencia destructiva encontramos

$$\theta_s = ArcSin\left(\frac{2k\pi + \pi}{w\sigma}\right) \qquad for\, k \geq 0 \tag{7.31}$$

Durante la interferencia constructiva encontramos

$$\theta_s = ArcSin\left(\frac{2k\pi}{w\sigma}\right) \qquad for\, k \geq 0 \tag{7.32}$$

y la proporción de la rendija se especifica como

$$Sin\, \theta_s = \frac{\delta}{\rho} \tag{7.33}$$

Donde δ es la distancia entre las líneas centrales de las rendijas, y ρ es la distancia desde cualquier línea central de una rendija hasta el punto central de la pantalla.

Así, durante el patrón de interferencia del espacio-tiempo de la onda del experimento de doble rendija, las franjas altas ocurren en las posiciones denotadas por β_{hf} y que son dadas por

$$\beta_{hf} = \frac{2\pi k\rho}{w\sigma} \tag{7.34}$$

y la distancia entre dos franjas altas sucesivas en el patrón de interferencia de la onda espaciotemporal se denota como

$$\Lambda_{hf} = \frac{2\pi\rho}{w\sigma} \qquad (7.35)$$

donde Λ_{hf} y β_{hf} son inversamente proporcional a δ .

En el patrón de la interferencia del espacio-tiempo de la onda del experimento de doble rendija donde se aplica el principio de la superposición, las bandas altas de las ondas espaciotemporales, o las franjas altas, demuestran interferencia constructiva donde una cresta de la onda *A* se encuentra con una cresta de la onda *B*. Las bandas bajas muestran interferencia destructiva donde una cresta de la onda *A* se encuentra con un valle de la onda *B*, o viceversa.

7.9. La trayectoria crítica de un fotón o de una partícula

En el experimento fotónico de doble rendija, la detección de un fotón implica una interacción física entre el fotón y el detector que es una clase de detector que cambia físicamente el medio espaciotemporal del fotón y el resultado del experimento. El tiempo de interacción entre el fotón y el detector puede no ser exactamente el mismo para cada ensayo a través de la misma rendija o entre rendijas durante el mismo ensayo. En un experimento de doble rendija, si una trayectoria de un fotón es perturbada por la presencia de un detector, el tiempo requerido para la interacción entre el fotón y el detector haría que el fotón pierda su coherencia en su trayectoria crítica de onda espaciotemporal sin perturbación. *La trayectoria crítica de un fotón o una partícula sería el camino de menor acción con el menor gasto de la energía, o la trayectoria de la mayor conservación de la energía con la menor perturbación posible al fotón, o a la partícula, a lo largo de su trayectoria.*

La probabilidad de llegada de un solo fotón a varios puntos de la pantalla de detección es una función de la longitud de la onda del fotón, λ_c , y de la distancia, δ , entre las líneas centrales de las rendijas. Para una onda espaciotemporal, o una onda electromagnética, la longitud de la onda y la frecuencia son inversamente proporcionales entre sí, y la longitud de la onda y el impulso son inversamente proporcionales entre sí, pues la onda sigue la trayectoria crítica según el principio de la conservación de la energía. (de Broglie, 1953)

La longitud de la onda de Broglie y la frecuencia son dadas por

$$\lambda = \frac{h}{p} \tag{7.36}$$

$$\upsilon = \frac{E}{h} \tag{7.37}$$

Lo que nos lleva a *la conservación de la ecuación de la energía del impulso del espacio-tiempo* para cualquier función de onda cuántica

$$E_Q = \lambda p \upsilon \tag{7.38}$$

De manera concluyente, los valores probabilísticos de una onda de probabilidad pasan a través del espacio-tiempo y son una función del espacio-tiempo. Se propone aquí que las ondas espaciotemporales se manifiestan como las ondas de la probabilidad de la propagación que lideran la trayectoria para las partículas, cuando las partículas viajan a través del espacio-tiempo.

Las ondas espaciotemporales son las ondas anticipatorias para las ondas electromagnéticas y otros tipos de ondas. Viajan a la velocidad de la luz y exhiben todas las características de las ondas, tales como la interferencia constructiva y la destructiva de las ondas. El espacio-tiempo puede expandirse o contraerse, por el principio Huygens-Fresnel, ya que las ondas espaciotemporales emergen e interfieren.

La expansión y la aceleración pueden ocurrir a medida que el efecto de la onda espaciotemporal sin obstrucción es más fuerte al largo alcance, y más débil a corto alcance, entre los nodos gravitacionales de la masa o la energía, cuando las ondas espaciotemporales emergen y evolucionan con el paso del tiempo tridimensional. El efecto de la extensión y de la aceleración del espacio-tiempo debido a la interferencia de la onda espaciotemporal se puede ver como una gravedad repulsiva.

§ 8. Epilogo

La naturaleza de la gravedad es la naturaleza del espacio-tiempo en sí mismo. A medida que el espacio-tiempo ejerce presión sobre un objeto de masa, el espacio-tiempo se desacelera y se ralentiza, ejerciendo un campo gravitacional perpendicular a la superficie del objeto.

Históricamente, los objetos se consideraban atraídos por la gravedad de la tierra, pero ahora es muy claro que los objetos siempre han sido empujados hacia la tierra por la curvatura espaciotemporal. La gravedad es más fuerte donde el espacio es más curvo y cuando el tiempo es más dilatado. La gravedad le dice al tiempo cómo ir, el tiempo le dice a la gravedad cómo tirar.

Durante el movimiento relativista en el espacio-tiempo homogéneo e isótropo, la masa y el tiempo se dilatan, y la longitud espacial se contrae, para obedecer la ley de la conservación del impulso espaciotemporal. La relación dinámica entre la masa y el espacio-tiempo está intrínsecamente contenida en el concepto de la constante universal de la gravedad. El espacio-tiempo necesita ser examinado como un campo de la onda de la propagación anticipatoria a los campos físicos, dinámico y eventual, no como un fondo estático a los fenómenos físicos.

PARTE IV

LAS ONDAS DE LOS CAMPOS DE FUERZA

Capítulo 9

Sobre los Campos Electromagnéticos y Electrograviticos de las Masas y las Cargas en el Espacio-Tiempo

§ 1. Introducción: El Campo Electromagnético

Un objeto móvil con carga eléctrica produce un campo físico que se llama un campo electromagnético. Este campo físico afecta a otros objetos cargados que están cerca del campo. La interacción electromagnética entre dos objetos es posible porque un campo electromagnético puede extenderse ilimitadamente en el espacio-tiempo libre. El campo electromagnético es una de las cuatro fuerzas de los campos fundamentales conocidos de la naturaleza, tales como la fuerza gravitacional, la interacción fuerte y la interacción débil.

El campo electromagnético de una corriente de cargas consiste en el campo eléctrico y el campo magnético. Actualmente, se piensa que el campo magnético es producido por las cargas móviles mientras que el campo eléctrico es producido por las cargas inmóviles y su efecto combinado se considera como la fuente del campo electromagnético. La ley de la fuerza de Lorentz y las ecuaciones de Maxwell describen las interacciones de los campos electromagnéticos. (Feynman, 1988)

El campo electromagnético se propaga suavemente como una onda, pero también es cuantificado de las partículas individuales llamadas fotones. Todos los campos electromagnéticos son campos de fuerza, los portadores de la energía, y capaces de producir una acción a una distancia. Estos campos tienen las características de las ondas y de las partículas. Dos características principales que definen un campo electromagnético son su frecuencia y su longitud de onda correspondiente.

La frecuencia describe simplemente el número de oscilaciones o de ciclos por segundo, mientras que la longitud de onda describe la distancia entre una onda y la siguiente. Así, la frecuencia y la longitud de onda se interrelacionan, cuanto más larga es la longitud de onda más corta la frecuencia de la onda. Las ondas electromagnéticas viajan a la velocidad de la luz. (Born et al, 1999)

1.1. Los Campos Eléctricos

Los campos eléctricos existen en la presencia de las partículas cargadas eléctricamente, ejerciendo las fuerzas sobre otras partículas dentro de la influencia del campo eléctrico. La fuerza del campo eléctrico se mide en voltios por metro (*V/m*). Cualquier conductor de electricidad que lleve una carga producirá un campo eléctrico incluso si no hay corriente que fluye a través de él. El campo eléctrico producido por un conductor es proporcional al potencial de voltaje del conductor con respecto a un punto de referencia, cuanto mayor es el potencial de voltaje, más fuerte es el campo eléctrico producido a una distancia del conductor.

1.2. Los Campos Magnéticos

Los campos magnéticos se conceptualizan por el movimiento de las cargas eléctricas a través de un medio conductor. La fuerza del campo magnético se mide en amperios por metro (*A/m*). Cualquier corriente de cargas que fluya a través de un conductor efectuará un campo magnético sobre el conductor. El campo magnético efectuado por un flujo de cargas es directamente proporcional al flujo de corriente a través del conductor, cuanto más alta es la corriente mayor es la fuerza del campo magnético. Sin embargo, la fuerza del campo magnético disminuirá a medida que la distancia de la fuente aumenta. La densidad del flujo de un campo magnético se mide en *Teslas*. Los campos magnéticos no son atenuados tan fácilmente como los campos eléctricos por los diversos tipos de materia. Los dominios magnéticos son las regiones magnéticas microscópicas compuestas de los átomos cuyos campos magnéticos están alineados en una dirección común. La mayoría de las sustancias o los medios conductores no son imanes. Un electrón giratorio es una carga móvil que produce un campo magnético. Los electrones se emparejan con sus espines opuestos, por lo que sus campos se anulan mutuamente. En materiales ferromagnéticos, como el hierro, el cobalto y el níquel, los campos magnéticos producidos por los espines de los electrones no se cancelan completamente. El acoplamiento fuerte entre los átomos cercanos forma los dominios magnéticos mayores de los átomos cuyos espines netos están alineados.

Los campos magnéticos sobre un conductor con corriente son el producto directo del campo electromagnético de la fuente y de los dominios magnéticos (los dipolos) en el material que conduce. Los dominios magnéticos se alinean con el campo electromagnético de la fuente del potencial de tensión, y el campo eléctrico produce la corriente de las cargas a través del medio conductor. Cuanto mayor sea el campo magnético de la fuente, mayor será el número de los dominios magnéticos alineados con la polaridad de la fuente. El campo eléctrico de los dominios magnéticos actuaría como un campo de contra-movilidad eléctrica, o back emf, al campo eléctrico de la fuente, extendiéndose del positivo al negativo. Si el campo eléctrico de la fuente, del positivo al negativo, se asume que tiene una rotación en sentido horario, entonces los dominios magnéticos están girando en sentido antihorario, del positivo al negativo, del campo de contra-movilidad eléctrica.

1.3. Los Campos Electromagnéticos: ¿Son Discretos o Continuos?

La conjetura actual sobre la estructura del campo electromagnético parece incongruente puesto que el campo electromagnético se puede considerar como teniendo una estructura continua y discreta. Estas distintas formas de ver el campo electromagnético son un legado de la evolución de la teoría de las partículas y las ondas. La estructura continua y suave de las ondas electromagnéticas de la propagación proviene de las oscilaciones de las cargas eléctricas. La energía se transmite en forma continua y suave a través del campo electromagnético de un lugar a otro. Esta visión estructural es muy exitosa para las fuentes de radiación de baja frecuencia.

La estructura discreta del campo electromagnético proporciona una visión más áspera de la composición del campo de fuerza. La estructura discreta del campo electromagnético de la propagación proviene de los paquetes, o de los cuánticos, de la energía electromagnética en su composición. La energía se transfiere en los paquetes, o los cuánticos, de fotones con una frecuencia característica tal que

$$E = h\nu \qquad (1.1)$$

Donde "*h*" es la constante de Planck y "*v*" es la frecuencia del fotón. (Einstein, 1952)

La visión discreta del campo electromagnético ha sido exitosa en producir la teoría cuántica actual de campo de la electrodinámica que proporciona una descripción de la interacción de las cargas móviles y los campos electromagnéticos. (Jackson, 1999)

§ 2. Sobre las características dinámicas del campo electromagnético

Mientras que la teoría electromagnética evolucionó, se pensó que las cargas eléctricas producían un campo eléctrico cuando estaban inmóvil y un campo magnético al moverse a través de un conductor. Esa visión cambió con el tiempo a una visión unificada en la que se consideró que el campo electromagnético estaba compuesto tanto por el campo eléctrico como por el campo magnético. Una distribución de cargas produce un campo magnético mientras que otras distribuciones de carga dentro del campo experimentan una fuerza. El campo electromagnético neto producido es el efecto acumulativo de todos los campos presentes. Así, el campo electromagnético es dinámico e interactivo entre las distribuciones de cargas.

El campo electromagnético se resuelve en cuatro características principales. Primero, el campo eléctrico y el campo magnético, de un campo electromagnético neto en una región del espacio-tiempo, sólo interactúan entre sí. En segundo lugar, el campo eléctrico y el campo magnético de una distribución de cargas ejercen fuerzas en otras distribuciones de cargas que están dentro de la influencia de esos campos. Tercero, las distribuciones de cargas pueden moverse a través del espacio-tiempo. Cuarto, todas las distribuciones de cargas pueden producir sus campos electromagnéticos.

Una distribución de cargas produce la cuántica electromagnética como los paquetes de la energía por separado de las mismas cargas. El cuántico del campo electromagnético es un paquete de la energía que se traslada a través del espacio-tiempo a una velocidad relativista con respecto a un observador inercial, mientras que las cargas que producen un campo electromagnético pueden trasladarse a una menor velocidad, como en el caso del campo electromagnético de una corriente eléctrica, producida por un grupo electrógeno, a través de un conductor. Sin embargo, una partícula cargada que produce un campo puede trasladarse, acercándose a la velocidad de la luz, a través del espacio-tiempo con respecto a un observador inercial, con la ayuda de una enorme cantidad de energía. (Taylor et al, 1966)

2.1. El campo magnético resultante

Las cargas que viajan a lo largo de un conductor se orientan en la dirección del campo eléctrico según la polaridad de la carga. Las cargas negativas viajarán a lo largo del conductor en la dirección de la distribución positiva de la carga, o de la fuente que produce el campo eléctrico, a través del medio conductor. Una carga positiva se alejará de la distribución de carga positiva que produce el campo. En presencia de un campo eléctrico fuerte, algunos dipolos atómicos se alinean con el polo sur magnético hacia la distribución de cargas positivas que produce el campo. Cuando las cargas y los dipolos atómicos se alinean con el campo eléctrico de la fuente que fluye a través de un conductor, las cargas se mueven a través del conductor, y la corriente fluye. A medida que el campo eléctrico de la fuente se propaga, los campos eléctricos de las distribuciones de carga, y los dipolos atómicos, se manifiestan como una densidad del flujo magnético, $\vec{B}$, sobre el conductor. *Así, un campo magnético surge del rotacional de un campo magnético resultante que es perpendicular a la dirección de la propagación del campo eléctrico de la fuente dentro del medio conductor de la corriente.*

Los bucles o lazos magnéticos sobre un conductor, cuando la corriente fluye a través del conductor, son regiones externas de igual potencial de campo magnético resultante. El campo magnético resultante y externo es perpendicular en un punto de un bucle B, a las líneas del campo eléctrico interno de la fuente en la dirección de la propagación. Dentro del conductor, los componentes del campo magnético resultantes pueden agregarse, o restarse, con los componentes del campo electromagnético de la fuente. Sin embargo, en la ausencia de la interferencia de otros campos electromagnéticos en el espacio exterior sobre el conductor, los componentes del campo magnético resultantes no tienen oposición y se manifiestan en lo que se ha llamado la densidad del flujo magnético, $\vec{B}$. Estas líneas externas del campo magnético no son nada más que líneas resultantes del campo magnético, o la remanencia del campo magnético resultante, que eran perpendiculares a las líneas del campo eléctrico, variables en el tiempo, de la fuente interna en la dirección de la propagación, y podían viajar fuera del conductor sin interferencias, en la ausencia de cualquier otro campo.

Por lo tanto, los campos eléctricos y los campos magnéticos, relacionados con un medio conductor, son una manifestación del mismo fenómeno físico de un campo electromagnético. En el caso de un medio conductor, la dirección del campo de la densidad del flujo magnético alrededor del conductor es perpendicular a la dirección de la propagación de su campo eléctrico complementario dentro del conductor y viceversa. Las líneas del campo eléctrico de la fuente siguen la trayectoria de regreso a la fuente dentro de los límites físicos del medio que conduce. En la ausencia de la interferencia de otros campos, la acción del rotacional del campo magnético resultante fuera del conductor es ilimitada, y el rotacional del campo magnético resultante puede penetrar la materia fácilmente debido al hecho de que no tiene oposición a menos que la materia esté debidamente blindada. Este principio fue instrumental en el diseño y la aplicación de las antenas.

La causalidad de los campos eléctricos y los campos magnéticos, bajo el paradigma actual, ha planteado el tema de cualquier campo causando que el otro cambie en el tiempo, propagando la onda electromagnética a través de su medio. Ni las ecuaciones de Maxwell, ni sus soluciones, proporcionan un vínculo causal entre el campo magnético y su campo eléctrico conjugado, sino una manifestación simultánea por los campos electromagnéticos variables en el tiempo de cargas y corrientes eléctricas. Sin embargo, los campos se mueven a la velocidad de la luz y las corrientes pueden moverse más despacio que la velocidad de la luz. Por lo tanto, a medida que los campos se propagan a la velocidad de la luz, la hipótesis de la simultaneidad se vuelve contraintuitiva, porque los campos son más rápidos que las cargas.

A medida que un electrón llega a la existencia, el electrón intenta moverse a la velocidad de la luz ya que no tiene una masa fundamental. El omnipresente campo de Higgs de las partículas virtuales de Higgs, que aparecen y desaparecen de una forma breve y continua, obstruyen y desvían la trayectoria electrónica. Así, el electrón se mueve en zigzagues más bien que en una trayectoria lineal, moviéndose más despacio que la velocidad de la luz, a través del campo de Higgs, con un desequilibrio de la energía y el impulso, ganando su masa.

Por lo tanto, hay un vínculo causal, un retraso del tiempo, bajo el paradigma actual, entre la manifestación del campo de bucle magnético sobre un conductor, y el flujo de la corriente y la acción de los campos eléctricos de las cargas negativas. Sin embargo, bajo el concepto de un campo magnético resultante, es intuitivo considerar que el campo eléctrico incidente, $\overrightarrow{E}$, y el campo magnético resultante, $\overrightarrow{B_{RE}}$, sean simultáneos y vinculados a la causalidad, con las acciones de los campos electromagnéticos a la velocidad de la luz. Bajo esta conceptualización, las ecuaciones de Maxwell en la forma de un campo magnético resultante serían vinculadas a la causalidad y simultáneas.

§ 3. Sobre el campo electromagnético del fotón

En el caso del campo electromagnético de un fotón, el campo eléctrico y el campo magnético se ven como dos campos separados en cuadratura, o sea, a 90 grados entre sí. Un fotón se especifica aquí como un paquete, o un cuántico, de la energía electromagnética condensada en un volumen infinitesimal del espacio-tiempo. El fotón actúa como una partícula puntual, o una partícula con una condensación de la energía electromagnética, que invoca un campo eléctrico y un campo magnético simultáneamente, ya que se traslada en forma de onda en un plano de la trayectoria que pasa a través del eje del campo eléctrico inducido y de la onda del campo magnético, o a través del eje del vector Poynting. Así que, se puede proponer que el campo eléctrico y el campo magnético de un fotón puedan ser dos componentes ortogonales del campo electromagnético de un campo singular electromagnético y fotónico.

3.1. El campo y la fuerza electromagnética-fotónica

La onda fotónica en su plano de trayectoria es desigual en su forma al plano de la onda del campo eléctrico y al plano de la onda del campo magnético en sus formas. El fotón se propaga en su plano de trayectoria en la dirección de su vector Poynting. Así, el campo eléctrico y el campo magnético de un fotón son los componentes ortogonales del campo electromagnético y fotónico. La fuerza electromagnética-fotónica resulta de la energía cinética del fotón a medida que se propaga a través del espacio-tiempo. El índice de la energía que actúa en una unidad del área es equivalente a la densidad de la potencia (*vatios/área*) del trabajo realizado por la forma de la onda del fotón, por unidad del área por la distancia, según se propaga en el espacio. Mientras que el fotón se propaga de una forma relativista, acrece su masa, y esta masa fotónica realiza el trabajo, mientras que se dilata, y mientras que comprime el espacio-tiempo a lo largo de la dirección del movimiento. Actualmente, nos referimos a la densidad de la potencia como el vector Poynting.

$$\frac{\partial \overrightarrow{F_{EP}}}{\partial t} = r\left(\vec{E} \times \vec{H}\right) \quad (3.1)$$

Buscando la fuerza electromagnética-fotónica, obtenemos

$$\overrightarrow{F_{EP}} = \int_{t_1}^{t_2} r\left(\vec{E} \times \vec{H}\right)\partial t \quad (3.2)$$

Así, el campo electromagnético-fotónico $\overrightarrow{E_{EP}}$ se denota en una expresión que consiste en dos componentes de campos ortogonales, $\vec{E}$ y $\vec{H}$, o $\vec{E}$ y $\vec{B}/\mu_0$, donde "*r*" es la distancia del trabajo realizado por la fuerza en el tiempo a lo largo de la dirección del movimiento, y μ_0 es la permeabilidad del espacio-tiempo libre . De esta manera, encontramos el campo electromagnético-fotónico en presencia de una carga *Q* dado por

$$\overrightarrow{E_{EP}} = \int_{t_1}^{t_2} \left(\frac{r}{Q}\right)\left[\vec{E} \times \vec{H}\right]\partial t \quad (3.3)$$

§ 4. Sobre los campos electromagnéticos de las cargas móviles

Para una unidad de carga *Q*, o un fotón, moviéndose libremente en una velocidad *v*, cuando un campo de la densidad del flujo magnético $\vec{B}$ está siendo generado por un campo eléctrico $\vec{E}$ debido al ángulo de la propagación del fotón mientras que orbita, el espacio-tiempo se amplía propagando al fotón hacia delante en el espacio-tiempo, manifestando un campo electromagnético en las dimensiones del espacio-tiempo isótropo y homogéneo en la ausencia de otros campos electromagnéticos. De ambos lados de la ley de Faraday, y dividiendo a través por una unidad de área *dA*, encontramos la magnitud del campo eléctrico en términos de las magnitudes de la densidad del flujo magnético y de la velocidad de la propagación.

$$\oint \vec{E} \cdot \vec{dl} = -\frac{d}{dt} \iint \vec{B} \cdot \vec{dA} \quad (4.1)$$

$$\frac{\partial E}{\partial x} = -\frac{\partial B}{\partial t} \tag{4.2}$$

$$\partial E = -\frac{\partial x}{\partial t}\partial B \tag{4.3}$$

$$E = -vB \tag{4.4}$$

$$E = -v\mu_0 H \tag{4.5}$$

Entonces, encontramos que la velocidad de una unidad de carga, o un fotón, en un punto de la trayectoria es

$$-v = \frac{E}{B} = \frac{E}{\mu_0 H} \tag{4.6}$$

y la magnitud del campo de la densidad del flujo magnético $\overrightarrow{B}$ es

$$B = -\frac{E}{v} \tag{4.7}$$

Así, la densidad del flujo magnético de un campo electromagnético es equivalente al campo eléctrico dividido por la velocidad del fotón, o la unidad de carga, a través del espacio-tiempo isótropo y homogéneo en la dirección de la propagación. La velocidad del fotón mientras orbita y se propaga a través del espacio-tiempo, en la ausencia de otros campos, es la pendiente de una línea tangente en cualquier punto de su trayectoria, dada por la relación de su campo eléctrico con su densidad del flujo magnético.

Así, la magnitud de la fuerza del campo magnético $\overrightarrow{H}$ se construye como,

$$H = -\frac{E}{\mu_0 v} \tag{4.8}$$

Por lo tanto, un elemento de la distancia $I\,\overrightarrow{\partial l}$ de una corriente a través de un medio conductor que se mueve libremente en una velocidad "v" a través de un campo de densidad del flujo magnético $\overrightarrow{B}$ en el espacio-tiempo antedicho experimenta una fuerza de

$$\partial\overrightarrow{F} = I\overrightarrow{\partial\ell} \times \overrightarrow{\left(-\frac{E}{v}\right)} \tag{4.9}$$

4.1. La derivación del campo eléctrico resultante y de la fuerza de las construcciones actuales

Por lo tanto, somos capaces de derivar el campo eléctrico resultante de manera similar para ser

$$\overrightarrow{E_{RE}} = \frac{\partial\left(\vec{L} \times \vec{B}\right)}{\partial t} \tag{4.10}$$

donde $\overrightarrow{B}$ es el campo resultante de la densidad de flujo magnético, el vector de la distancia $\vec{L}$ es el vector radial de la distancia de la línea central de un conductor redondo, a un punto en el bucle $\overrightarrow{B}$ sobre el conductor, y el rotacional de los componentes de $\overrightarrow{E_{RE}}$ es direccionalmente paralelo, en cualquier punto del bucle $\overrightarrow{B}$, en la dirección de la propagación del campo eléctrico de la fuente a través del conductor.

Por otra parte, $\overrightarrow{E}$ y $\overrightarrow{B}$ son los campos fundamentales en la actual teoría electromagnética, $\overrightarrow{H}$ y $\overrightarrow{D}$ son la fuerza del campo magnético y el campo de desplazamiento eléctrico, son construcciones muy útiles en la solución de los problemas del campo electromagnético.

Así, encontramos *la fuerza de campo eléctrico resultante* para una carga móvil *Q*, en la dirección del vector unitario, $\vec{a}_{RE}$ donde *L* es la distancia radial de la línea central de un conductor cilíndrico a un punto en el bucle de $\overrightarrow{B}$, en la presencia de un campo de densidad del flujo magnético resultante $\overrightarrow{B}$, y una fuente de campo eléctrico $\overrightarrow{E}$, donde obtenemos

$$\overrightarrow{F_{RE}} = \left(-\frac{QE}{B}\right)\overrightarrow{a_{RE}} \times \vec{B} \tag{4.11}$$

y el campo de densidad del flujo magnético resultante es

$$\vec{B} = \int_{t_1}^{t_2}\left(\frac{\overrightarrow{E_{RE}}}{L}\right)\partial t \tag{4.12}$$

4.2. Expresando la fuente y los campos eléctricos resultantes entre si

Así, encontramos el campo eléctrico de la fuente invocando el campo eléctrico resultante que es dado por

$$\vec{E} = -v\int_{t_1}^{t_2}\left(\frac{\overrightarrow{E_{RE}}}{L}\right)\partial t \tag{4.13}$$

Del mismo modo, expresamos el campo eléctrico de la fuente y el campo eléctrico resultante, en términos de los demás, en la notación de los campos vectoriales como

$$\frac{\partial\vec{E}}{\partial t} = \left(-\frac{v}{L}\right)\overrightarrow{E_{RE}} \tag{4.14}$$

$$\overrightarrow{E_{RE}} = \left(-\frac{L}{v}\right)\frac{\partial\vec{E}}{\partial t} \tag{4.15}$$

donde v es la velocidad del campo electromagnético resultante, L es la distancia de la línea central del conductor a un punto en el lazo $\vec{B}$ alrededor del conductor, y es el campo eléctrico $\vec{E}$ de la fuente dentro del conductor.

4.3. La velocidad del campo electromagnético y otras construcciones en términos del campo eléctrico resultante

Por lo tanto, la velocidad del campo electromagnético simultáneo en términos del campo eléctrico resultante $\overrightarrow{E_{RE}}$ y del campo eléctrico de la fuente es igual

$$|v| = \frac{E}{\int_{t_1}^{t_2}\left(\frac{E_{RE}}{L}\right)\partial t} \tag{4.16}$$

Mediante la integración de una ecuación de Maxwell y la sustitución de $\vec{B}$ en términos de $\overrightarrow{E_{RE}}$ que encontramos

$$\vec{\nabla}\times\vec{E} = -\frac{\partial\left\langle\int_{t_1}^{t_2}\left(\frac{\overrightarrow{E_{RE}}}{L}\right)\partial t\right\rangle}{\partial t} \tag{4.17}$$

$$-\left(\vec{\nabla}\times\vec{E}\right) = \frac{\overrightarrow{E_{RE}}}{L} \tag{4.18}$$

$$\overrightarrow{E_{RE}} = -L\left(\vec{\nabla}\times\vec{E}\right) \tag{4.19}$$

De manera similar, otras magnitudes de las construcciones electromagnéticas se expresan como

$$\vec{H} = \left(\frac{1}{\mu_0}\right)\int_{t_1}^{t_2}\left(\frac{\overrightarrow{E_{RE}}}{L}\right)\partial t \tag{4.20}$$

$$\overrightarrow{E_{RE}} = \mu_0 L\frac{\partial\vec{H}}{\partial t} \tag{4.21}$$

$$\overrightarrow{E_{RE}} = \frac{\overrightarrow{D_{RE}}}{\varepsilon_0} \tag{4.22}$$

donde $\overrightarrow{D_{RE}}$ es el campo del desplazamiento eléctrico resultante y ε_0 es la permitividad del espacio-tiempo libre.

4.4. La derivación de la fuerza de Lorentz en una carga móvil

La fuerza de Lorentz $\overrightarrow{F_L}$ en una carga móvil Q equivale a la suma de la fuerza del campo de la fuente eléctrica y la fuerza resultante del campo eléctrico presente en un punto, a una distancia L, de tal manera que

$$\overrightarrow{F_L} = \overrightarrow{F_{SE}} + \overrightarrow{F_{RE}} = Q\vec{E} + \left[\left(-\frac{QE}{B}\right)\overrightarrow{a_{RE}} \times \vec{B}\right] \tag{4.23}$$

$$\overrightarrow{F_L} = Q\left\{\vec{E} + \left[\left(-\frac{E}{B}\right)\overrightarrow{a_{RE}} \times \vec{B}\right]\right\} \tag{4.24}$$

$$\overrightarrow{F_L} = Q\left\langle \vec{E} + \left\{\left[\left(-\frac{E}{\int_{t_1}^{t_2}\left(\frac{E_{RE}}{L}\right)\partial t}\right)\overrightarrow{a_{RE}}\right] \times \int_{t_1}^{t_2}\left(\frac{\overrightarrow{E_{RE}}}{L}\right)\partial t\right\}\right\rangle \tag{4.25}$$

donde $\overrightarrow{a_{RE}}$ es un vector unitario para el campo eléctrico $\vec{E}$ en la dirección del campo eléctrico resultante, y L es la distancia de la línea central del conductor a un punto donde Q intercepta el bucle de $\vec{B}$.

La ley de la fuerza de Lorentz gobierna la interacción del campo electromagnético con la materia cargada. Así, la fuerza de Lorentz se demuestra anteriormente como un resultado de las acciones del campo eléctrico de la fuente y del campo eléctrico resultante de un campo electromagnético en una carga de la unidad Q.

La forma covariante seis-dimensional de la fuerza de Lorentz se puede expresar como

$$\frac{dp^{\varepsilon\beta}}{d\tau^{\varepsilon\beta}} = q_{\chi\chi}F^{\varepsilon\beta}u_{\varepsilon\beta} \tag{4.26}$$

donde $p^{\varepsilon\beta}$ es un impulso-seis, $\tau^{\varepsilon\beta}$ es tiempo apropiado, $q_{\chi\chi}$ es la carga de una partícula, $F^{\varepsilon\beta}$ es la fuerza contravariante seis-dimensional del campo electromagnético, y $u_{\varepsilon\beta}$ es la velocidad-seis covariante de una partícula. Para la firma métrica de (−, −, −, +, +, +), la fuerza seis-dimensional de un campo electromagnético contravariante es

$$F^{\varepsilon\beta} = \begin{vmatrix} 0 & E_{t_x t_y} & -E_{t_x t_z} & \frac{E_{t_x x}}{c} & \frac{E_{t_x y}}{c} & \frac{E_{t_x z}}{c} \\ -E_{t_y t_x} & 0 & E_{t_y t_z} & \frac{E_{t_y x}}{c} & \frac{E_{t_y y}}{c} & \frac{E_{t_y z}}{c} \\ E_{t_z t_x} & -E_{t_z t_y} & 0 & \frac{E_{t_z x}}{c} & \frac{E_{t_z y}}{c} & \frac{E_{t_z z}}{c} \\ -\frac{E_{x t_x}}{c} & -\frac{E_{x t_y}}{c} & -\frac{E_{x t_z}}{c} & 0 & B_{xy} & -B_{xz} \\ -\frac{E_{y t_x}}{c} & -\frac{E_{y t_y}}{c} & -\frac{E_{y t_z}}{c} & -B_{yx} & 0 & B_{yz} \\ -\frac{E_{z t_x}}{c} & -\frac{E_{z t_y}}{c} & -\frac{E_{z t_z}}{c} & B_{zx} & -B_{zy} & 0 \end{vmatrix} \quad (4.27)$$

Expresemos la fuerza de Lorentz como la combinación de la fuerza eléctrica (la fuerza de Coulomb) y la fuerza eléctrica resultante (la fuerza magnética o la fuerza de Laplace) de un campo electromagnético ejerciendo una fuerza sobre una partícula de carga, $q_{\chi\chi}$, cuando la partícula viaja a una velocidad, $u_{\varepsilon\beta}$, en el potencial de un campo seis-dimensional del espacio-tiempo-carga, $\Phi_{\varepsilon\beta}$.

La ecuación del campo electrogravitico seis-dimensional puede expresarse como

$$F^{\varepsilon\beta} u_{\varepsilon\beta} \overline{G}_{\varepsilon\beta} = \frac{8\pi}{q_{\chi\chi}} \Phi_{\varepsilon\beta} \quad (4.28)$$

$$F^{\varepsilon\beta} u_{\varepsilon\beta} \overline{G}_{\varepsilon\beta} = \frac{\ddot{a}}{r q_{\chi\chi}} \Phi_{\varepsilon\beta} \quad (4.29)$$

$$F^{\varepsilon\beta}u_{\varepsilon\beta}\left(\overline{R}_{\varepsilon\beta}-\frac{1}{(n-1)}g_{\varepsilon\beta}\overline{R}\right)=\frac{\ddot{a}}{rq_{\chi\chi}}\Phi_{\varepsilon\beta} \tag{4.30}$$

donde n es el número de las dimensiones y $n > 1$, $\overline{G}_{\varepsilon\beta}$ es el tensor de la curvatura electrogravítica, $\ddot{a}$ es la aceleración del espacio-tiempo, "r" es la magnitud de una distancia espacial, $\Phi_{\varepsilon\beta}$ es el tensor electrogravítico.

La ecuación del campo electrogravitico seis-dimensional puede representar la curvatura electrogravítica de una variedad sobre un agujero negro supermasivo que está cargado y es rotatorio; por ejemplo, un agujero negro supermasivo de Kerr-Newman. Si consideramos matemáticamente un agujero negro supermasivo cargado que gira con un campo electromagnético físicamente significativo, la ecuación del campo electrogravitico seis-dimensional es una ecuación de campo del vacío-eléctrico, para una variedad seis-dimensional fuera de la ergosfera del agujero negro supermasivo, en la ausencia de todos los otros campos externos que no son electrogravíticos.

4.5. Un resumen de las ecuaciones del campo electro-resultante

Resumiendo, las expresiones para el campo eléctrico resultante en términos de otras construcciones electromagnéticas en una notación de campo vectorial, que es dada por

$$\overrightarrow{E_{RE}}=\frac{\partial\left(\vec{L}\times\vec{B}\right)}{\partial t} \tag{4.31}$$

$$\overrightarrow{E_{RE}} = -L\left(\vec{\nabla}\times\vec{E}\right) \tag{4.32}$$

$$\overrightarrow{E_{RE}} = \mu_0 L\frac{\partial\overrightarrow{H}}{\partial t} \tag{4.33}$$

$$\overrightarrow{E_{RE}} = \frac{\overrightarrow{D_{RE}}}{\varepsilon_0} \tag{4.34}$$

4.6. Las ecuaciones de Maxwell en términos del campo eléctrico y en la notación del campo eléctrico resultante

El comportamiento de los campos eléctricos y electro-resultantes en el espacio-tiempo libre, si en los casos de la electrostática, de la magnetostática, o de la electrodinámica, es descrito por las ecuaciones de Maxwell.

Representemos ahora las ecuaciones de Maxwell en una notación combinada, vectorial-integral, en términos del campo eléctrico $\overrightarrow{E}$ y del campo eléctrico resultante $\overrightarrow{E_{RE}}$ como sigue:

$$\vec{\nabla} \cdot \overrightarrow{E_{RE}} = \frac{\rho_{RE}}{\varepsilon} \tag{4.35}$$

$$\vec{\nabla} \cdot \left[\int_{t_1}^{t_2} \left(\frac{\overrightarrow{E_{RE}}}{L} \right) \partial t \right] = 0 \tag{4.36}$$

$$\vec{\nabla} \times \vec{E} = - \frac{\partial \left[\int_{t_1}^{t_2} \left(\frac{\overrightarrow{E_{RE}}}{L} \right) \partial t \right]}{\partial t} \tag{4.37}$$

$$\vec{\nabla} \times \left[\int_{t_1}^{t_2} \left(\frac{\overrightarrow{E_{RE}}}{L} \right) \partial t \right] = \mu \left(\vec{J} + \varepsilon \frac{\partial \vec{E}}{\partial t} \right) \tag{4.38}$$

donde ρ_{RE} es la densidad de la carga resultante, que puede depender del tiempo y de la posición, ε es la permitividad del medio, μ es la permeabilidad del medio, y $\overrightarrow{J}$ es el vector de la densidad actual, también una función del tiempo y la posición.

Dentro de los materiales que poseen respuestas complejas a los campos electromagnéticos, los términos de la permitividad y la permeabilidad pueden estar representados por números complejos o tensores.

§ 5. Sobre la fuerza electrogravítica y la fuerza refractiva del espacio-tiempo-masa

5.1. La equivalencia de la fuerza electrogravítica

La fuerza ejercida sobre una partícula cargada Q, como un protón, por un fuerte campo eléctrico externo $\vec{E}$, en este caso de otro protón, es significativamente mayor que la fuerza de gravedad actuando sobre la masa minúscula de la partícula atómica cargada Q, indicada por el siguiente cociente aproximado de la fuerza.

$$\frac{F_{EXT}}{F_g} \approx 10^{36} \tag{5.1}$$

De lo contrario, la fuerza eléctrica entre dos distribuciones uniformes de cargas en dos masas vista como dos cargas puntuales, es dada por la ley de la fuerza de Coulomb como

$$F_E = \frac{Q_1 Q_2}{4\pi\varepsilon_0 r^2} \tag{5.2}$$

La fuerza gravitacional entre las mismas dos masas es dada por la ecuación de Isaac Newton como

$$F_g = \frac{G m_1 m_2}{r^2} \tag{5.3}$$

Por lo tanto, la magnitud de la relación de la fuerza electrogravítica entre las dos masas cargadas es

$$\frac{F_E}{F_g} = \frac{Q_1 Q_2}{4\pi G m_1 m_2 \varepsilon_0} \tag{5.4}$$

Ahora, en la ausencia de otros campos electromagnéticos o de los campos gravitacionales, en términos de las magnitudes de la fuerza eléctrica y la fuerza gravitacional de dos masas idénticamente cargadas, y más despacio que la rapidez de la luz, $v << c$, tenemos la siguiente equivalencia de Coulomb y Newton

$$F_E = \frac{Q^2 F_g}{4\pi G m^2 \varepsilon_0} \tag{5.5}$$

$$F_g = \frac{4\pi G m^2 \varepsilon_0 F_E}{Q^2} \qquad (5.6)$$

5.2. La aceleración electrogravítica de una masa cargada

Para que una masa esférica que está cargada uniformemente se mueva mucho más despacio que la rapidez de la luz ($v << c$) en un campo gravitacional, la aceleración gravitacional que siente la masa cargada seria

$$\overrightarrow{a_g} = -\frac{4\pi G m_Q \varepsilon_0 \overrightarrow{F_E}}{Q^2} \qquad (5.7)$$

Sustituyendo a G, según una investigación previa, en la ecuación anterior por $\left(G = \ddot{a}/8\pi m_Q \right)$ para $v << c$, donde $\ddot{a}$ es la aceleración del espacio que se siente sobre la masa esférica cargada, tenemos

$$\vec{a}_g = -\frac{\ddot{a}\varepsilon_0 \vec{F}_E}{2Q^2} = -\frac{\ddot{a}\varepsilon_0 \vec{E}}{2Q} \qquad (5.8)$$

Semejantemente, para una masa esférica que está cargada uniformemente y se traslada de manera relativista en el espacio-tiempo ($v \to c$), la aceleración gravitacional sentida por la masa de la carga es

$$\overrightarrow{a_g} = -\frac{4\pi G m_Q \varepsilon_0 \overrightarrow{F_E}}{Q^2 \sqrt[2]{1-\frac{v^2}{c^2}}} \qquad (5.9)$$

$$\overrightarrow{a_g} = -\frac{4\pi G m'_Q \varepsilon_0 \vec{E}}{Q} \qquad (5.10)$$

$$\vec{a}_g = -\frac{\ddot{a}\varepsilon_0 \vec{E}}{2Q \sqrt[2]{1-\frac{v^2}{c^2}}} \qquad (5.11)$$

5.3. La fuerza electrogravítica en términos del campo eléctrico

La relación electrogravítica para una masa esférica que está cargada uniformemente en un campo gravitacional, en términos de la fuerza gravitacional y la fuerza eléctrica, o el campo eléctrico de la masa cargada, es

$$\vec{F}_g = -\left(\frac{\ddot{a}\varepsilon_0 m_Q}{2Q^2}\right)\vec{F}_E = -\left(\frac{\ddot{a}\varepsilon_0 m_Q}{2Q}\right)\vec{E} \qquad (5.12)$$

En ausencia de otros campos electromagnéticos o de los campos gravitacionales, la fuerza de la gravedad sobre una masa esférica que está cargada uniformemente tiene una dirección opuesta a la dirección del campo eléctrico de una masa cargada positivamente.

5.4. La fuerza electromagnética refractiva y la aceleración del espacio-tiempo libre en una carga puntual

Expresemos la magnitud del campo eléctrico $\overrightarrow{E}$ de una carga positiva como

$$E = \frac{Q}{4\pi\varepsilon_0 r^2} \qquad (5.13)$$

Por lo tanto, la magnitud de la fuerza eléctrica refractiva del espacio-tiempo libre, actuando sobre una carga puntual positiva, conceptualizada como una masa virtual, es dada por

$$F_{RE} = \frac{Q^2}{\varepsilon_0 r^2} \qquad (5.14)$$

$$F_E = -\frac{F_{RE}}{4\pi} \qquad (5.15)$$

La resolución de la fuerza eléctrica refractiva del espacio-tiempo libre, $\overrightarrow{F_{RE}}$, en la presencia de un campo eléctrico, puede ser expresada como

$$\overrightarrow{F_{RE}} = -4\pi\overrightarrow{F_E} \qquad (5.16)$$

Así, la fuerza eléctrica refractiva del espacio-tiempo libre, $\overrightarrow{F_{RE}}$, en una masa de carga positiva es cerca de doce órdenes de magnitud mayor que la fuerza del campo eléctrico, $\overrightarrow{F_E}$, de la masa de una carga puntual en el espacio-tiempo isótropo y homogéneo, y la fuerza eléctrica refractiva del espacio-tiempo libre, $\overrightarrow{F_{RE}}$, actúa en la dirección opuesta al campo eléctrico, $\overrightarrow{E}$, de la masa de carga positiva.

Entonces, en términos de la aceleración eléctrica refractiva del espacio libre, $\vec{a}_{RE}$, sobre una masa de carga positiva, y la fuerza eléctrica, $\overrightarrow{F_E}$, ejercida por la masa de carga sobre otras masas de cargas, tenemos

$$\overrightarrow{F_{RE}} = m_Q \overrightarrow{a_{RE}} = -4\pi \overrightarrow{F_E} \tag{5.17}$$

$$m_Q \overrightarrow{a_{RE}} = -4\pi Q \vec{E} \tag{5.18}$$

$$\overrightarrow{a_{RE}} = -\frac{4\pi Q \vec{E}}{m_Q} \tag{5.19}$$

$$|a_{RE}| = \frac{Q^2}{m_Q \varepsilon_0 r^2} \tag{5.20}$$

Así, podemos ver que la aceleración eléctrica refractiva del espacio-tiempo libre actúa en la dirección opuesta al campo eléctrico $\overrightarrow{E}$ de la masa de carga positiva, m_Q. *Por lo tanto, en la ausencia de otros campos, se propone aquí que el campo de la fuerza eléctrica refractiva es una consecuencia de un compañero simétrico virtual y electromagnético, o de una masa de carga virtual equivalente, a cada partícula que existe en el espacio-tiempo homogéneo e isótropo. El límite entre la partícula y el espacio-tiempo actúa como un espejo debido a la distorsión del espacio-tiempo, o como un reflector, manifestando la imagen de un compañero simétrico virtual e igual, pero opuesto a la partícula existente en el espacio-tiempo.*

Las únicas líneas del campo eléctrico de la partícula, que atraviesan el límite entre la partícula y el espacio-tiempo, son ortogonales a la superficie del límite. Esas líneas del campo eléctrico ortogonales se extienden radialmente hacia fuera en el espacio-tiempo, mientras que el resto de las líneas de campo eléctrico que no son ortogonales se reflejan hacia atrás, o hacia la partícula, manifestando una masa virtual de carga, o un compañero simétrico, en el límite del espacio-tiempo. Esto ejerce un campo eléctrico refractivo del espacio-tiempo libre en una carga puntual, Q. Así, la permitividad del espacio-tiempo libre es el efecto de la fuerza eléctrica refractiva de una carga puntual, o de una masa cargada, a una distancia de su centro.

Por consiguiente, expresemos la magnitud del campo magnético $\vec{B}$ de una carga puntual,

$$\vec{B} = \frac{\mu_0}{4\pi} \frac{Q\vec{v} \times \vec{r}}{|\vec{r}|^2} \tag{5.21}$$

donde "v" es la velocidad de la carga puntual Q, y "r" es la distancia desde el centro de la carga puntual a la posición espaciotemporal donde el campo magnético se está midiendo. (Heaviside, 1888)

Propongamos un concepto similar para el campo magnético refractivo que se ejerce del espacio-tiempo libre sobre un dipolo magnético móvil tratado como dos cargas puntuales semiesféricas que están unidas y son simétricas.

$$F_{RM} = \mu_0 I^2 \tag{5.22}$$

donde "I" es la corriente que pasa a través de un bucle de la curva C, y μ_0 es la permeabilidad del espacio-tiempo libre.

En el caso de una carga puntual que se mueve a una velocidad constante, donde $v << c$, la fuerza refractiva es

$$F_{RM} = 4\pi QvB = 4\pi F_m \tag{5.23}$$

$$\vec{F}_{RM} = -4\pi \vec{F}_m \tag{5.24}$$

donde v es la velocidad de una carga puntual Q, B es la densidad del flujo magnético, y F_m es la magnitud de la fuerza ortogonal del campo magnético ejercida por el movimiento del dipolo magnético, o por las cargas simétricas hemisféricas, radialmente hacia fuera, o hacia dentro, desde cada polo a través del espejo del límite en el espacio-tiempo. *Por tanto, la permeabilidad del espacio-tiempo libre es el efecto de la fuerza magnética refractiva de una carga puntual, o de una masa cargada, a una distancia de su centro.*

Como resultado del *Principio de la Refracción Simétrica*, el espacio-tiempo libre exhibe las cualidades de la permitividad y de la permeabilidad sobre cualquier carga puntual, cuerpo de cargas, dipolo magnético, o la energía radiante electromagnética, en el espacio-tiempo.

5.5. El campo magnético refractivo de un dipolo magnético esférico y uniforme en el espacio-tiempo

La magnitud de la fuerza magnética refractiva $\overrightarrow{F_{RM}}$ de un dipolo magnético esférico y simétrico en el espacio-tiempo homogéneo e isótropo, en la ausencia de otros campos, es dada por

$$F_{RM} = \mu_0 I^2 \tag{5.25}$$

La permeabilidad del espacio-tiempo libre, μ_0, se define en este documento como la fuerza del campo magnético refractivo de un dipolo magnético esférico y simétrico dividido por el cuadrado de la corriente "I" en el límite del espacio-tiempo-masa como se muestra a continuación:

$$\mu_0 = \frac{F_{RM}}{I^2} \tag{5.26}$$

donde la fuerza del campo magnético refractivo es

$$\vec{F}_{RM} = \oint_c \vec{B} \cdot I\, \overrightarrow{\partial l} = Q\vec{v} \times \vec{B} \tag{5.27}$$

y "v" es la velocidad de la carga Q, el vector de la distancia interior, $\vec{\partial l}$, es un elemento de línea infinitesimal en el bucle de la curva C. Así, $\vec{\partial l}$, es un vector con una magnitud igual a la longitud de un elemento de una línea infinitesimal, con una dirección tangencial a la curva C, en cada hemisferio del dipolo magnético esférico y simétrico.

Podemos expresar el campo magnético externo, $\overrightarrow{B_{EXT}}$, en términos del campo magnético interno, o de la fuente de un dipolo magnético esférico y simétrico, $\overrightarrow{B_{INT}}$, en el espacio-tiempo libre, y el campo magnético refractivo, $\overrightarrow{B_{RE}}$, para cada hemisferio en el límite del espacio-tiempo, como

$$\overrightarrow{B_{EXT}} = \overrightarrow{B_{INT}} - \overrightarrow{B_{RE}} \tag{5.28}$$

Multiplicando cada campo magnético por el producto de las magnitudes de la carga y la velocidad, Qv_Q, para obtener la fuerza externa por unidad del área capaz de actuar sobre una carga puntual externa y móvil, Q_{EXT}, encontramos que

$$\overrightarrow{F_{EXT}} = \overrightarrow{F_{INT}} - \overrightarrow{F_{RE}} \tag{5.29}$$

Así, la magnitud total de la fuerza electromagnética refractiva del espacio-tiempo libre, homogéneo e isótropo, en la ausencia de otros campos, se puede expresar como

$$F_{TREM} = \frac{Q^2}{\varepsilon_0 r^2} + \mu_0 I^2 \tag{5.30}$$

Así, encontramos que, la magnitud total de la fuerza del campo electromagnético refractivo por unidad de carga en el espacio-tiempo libre, es capaz de actuar sobre una partícula, o una carga puntual, en el espacio-tiempo, homogéneo e isótropo, es dada por

$$\frac{F_{TREM}}{Q} = \frac{Q}{\varepsilon_0 r^2} + \mu_0 a_Q \qquad (5.31)$$

Donde a_Q es la aceleración de la partícula, o la carga puntual. Así, podemos ver que a medida que la distancia espacial "r" se alargue, la fuerza total del campo electromagnético refractivo se vuelve menos eléctrica y más magnética en una carga puntual esférica y simétrica en el espacio-tiempo libre.

5.6. Sobre la unificación de la gravedad y el electromagnetismo

Pensemos en una fuente de campo gravitacional que es también una fuente de campo electromagnético en una región del espacio-tiempo de tal manera que la función primordial de la gravedad electromagnética, o electrogravítica, es la formación y la conservación de la estructura de la materia.

La densidad del producto de la carga y del potencial de la tensión es la densidad de la energía, $\overline{\rho}_{\chi\chi}$. La densidad del flujo electromagnético, $(Webers / m^2)$, se puede definir como el producto del flujo, $(Kg \cdot m^2/s^2 \cdot A)$, con la curvatura, $(1 / m^2)$.

Durante una investigación anterior, la carga fue definida como el producto de la longitud espacial y la distancia temporal, entonces, el flujo electromagnético $(Kg \cdot m \cdot m \cdot s/s^2 \cdot C)$ es equivalente a la fuerza.

Así, la densidad del flujo es equivalente a la presión $(\overline{\phi}_{\chi\chi} = \overline{p}_{\chi\chi})$ para un sistema de masa con carga. La densidad de la presión, o de la energía de una materia con carga, se excluye de la densidad neutra, o sin carga, local o cosmológica, de la presión o de la energía.

Para una región del espacio-tiempo sobre un cuerpo celeste de masa con carga, el tensor electrogravitico seis-dimensional se puede expresar como

$$\Phi_{\varepsilon\beta} = \begin{vmatrix} c^2\overline{\rho}_{q_xq_x} & c^2\overline{\rho}_{q_xq_y} & c^2\overline{\rho}_{q_xq_z} & \frac{\vec{S}_{q_xx}}{c^2} & \frac{\vec{S}_{q_xy}}{c^2} & \frac{\vec{S}_{q_xz}}{c^2} \\ c^2\overline{\rho}_{q_yq_x} & c^2\overline{\rho}_{q_yq_y} & c^2\overline{\rho}_{q_yq_z} & \frac{\vec{S}_{q_yx}}{c^2} & \frac{\vec{S}_{q_yy}}{c^2} & \frac{\vec{S}_{q_yz}}{c^2} \\ c^2\overline{\rho}_{q_zq_x} & c^2\overline{\rho}_{q_zq_y} & c^2\overline{\rho}_{q_zq_z} & \frac{\vec{S}_{q_zx}}{c^2} & \frac{\vec{S}_{q_zy}}{c^2} & \frac{\vec{S}_{q_zz}}{c^2} \\ \frac{\vec{S}_{xq_x}}{c^2} & \frac{\vec{S}_{xq_y}}{c^2} & \frac{\vec{S}_{xq_z}}{c^2} & \overline{\phi}_{xx} & \overline{\phi}_{xy} & \overline{\phi}_{xz} \\ \frac{\vec{S}_{yq_x}}{c^2} & \frac{\vec{S}_{yq_y}}{c^2} & \frac{\vec{S}_{yq_z}}{c^2} & \overline{\phi}_{yx} & \overline{\phi}_{yy} & \overline{\phi}_{yz} \\ \frac{\vec{S}_{zq_x}}{c^2} & \frac{\vec{S}_{zq_y}}{c^2} & \frac{\vec{S}_{zq_z}}{c^2} & \overline{\phi}_{zx} & \overline{\phi}_{zy} & \overline{\phi}_{zz} \end{vmatrix} \tag{5.32}$$

Así, los componentes de carga-espacio (la densidad del impulso de la energía y la carga), o los componentes del espacio-carga (la densidad del impulso de la energía y la carga) son $\Phi_{ij} = \vec{S}_{\chi\chi}/c^2$ o $\Phi_{ji} = \vec{S}_{\chi\chi}/c^2$ cuando $i \neq j$, los componentes de la carga-carga se restringen a

$$\Phi_{\varepsilon\beta}(\vec{e}_i)^{\varepsilon}(\vec{e}_j)^{\beta} = \overline{\rho}\partial_{q_iq_j} \tag{5.33}$$

y los componentes espacio-espacio están limitados a

$$\Phi_{\varepsilon\beta}(\vec{e}_i)^{\varepsilon}(\vec{e}_j)^{\beta} = \overline{\phi}\partial_{ij} \tag{5.34}$$

y los componentes $\vec{S}_{\chi\chi}$ de carga-espacio o espacio-carga son del vector Poynting.

$$\vec{S}_{\chi\chi} = \varepsilon_0 c^2\left(\vec{E}_{\chi\chi} \times \vec{B}_{\chi\chi}\right) \tag{5.35}$$

Donde $\vec{E}_{\chi\chi}$ es el campo eléctrico, $\vec{B}_{\chi\chi}$ es la densidad del flujo magnético, ε_0 es la permitividad del medio, y "c" es la velocidad de la luz.

Para una región casi plana del espacio-tiempo sobre un cuerpo celeste de masa con carga, el tensor electrogravitico seis-dimensional se puede expresar como

$$\Phi_{\varepsilon\beta} = \begin{vmatrix} c^2\overline{\rho}_{q_x q_x} & 0 & 0 & 0 & 0 & 0 \\ 0 & c^2\overline{\rho}_{q_y q_y} & 0 & 0 & 0 & 0 \\ 0 & 0 & c^2\overline{\rho}_{q_z q_z} & 0 & 0 & 0 \\ 0 & 0 & 0 & \overline{\phi}_{xx} & 0 & 0 \\ 0 & 0 & 0 & 0 & \overline{\phi}_{yy} & 0 \\ 0 & 0 & 0 & 0 & 0 & \overline{\phi}_{zz} \end{vmatrix} \tag{5.36}$$

Por lo tanto, los componentes de carga-carga, espacio-espacio, carga-espacio, o espacio- carga, $\Phi_{ij} = \Phi_{ji} = 0$, son cero cuando $i \neq j$.
Así que, si el tensor electrogravitico tiene las densidades iguales de la energía de carga y las presiones, el rastro del tensor electrogravitico es

$$\Phi = g^{\varepsilon\beta}\Phi_{\varepsilon\beta} = -3c^2\overline{\rho}_{q_\chi q_\chi} + 3\overline{\phi}_{\chi\chi} \tag{5.37}$$

El tensor electrogravitico es la diferencia entre los tensores electrograviticos locales y los que no son locales.

El tensor electrogravitico local emerge de la materia de carga local y el tensor electrogravitico que no es local, o que es cosmológico, si está presente, que proviene de la materia de carga cosmológica.

El tensor electrogravitico local $\Phi(L)_{\varepsilon\beta}$ está relacionado con el tensor de la tensión-energía-impulso a través de la densidad de la energía del sistema de masa local, y aumenta la curvatura local del espacio-tiempo y el campo gravitacional local. El tensor cosmológico electrogravitico $\Phi(\Lambda)_{\varepsilon\beta}$ compensa el tensor electrogravitico local.

$$\Phi_{\varepsilon\beta} = \Phi(L)_{\varepsilon\beta} - \Phi(\Lambda)_{\varepsilon\beta} \tag{5.38}$$

En cuanto a la curvatura electrogravítica ejercida por el tensor electrogravitico obtenemos

$$\overline{R}_{\varepsilon\beta} - \frac{1}{(n-1)} g_{\varepsilon\beta} \overline{R} = \frac{8\pi G}{c^4} \Phi_{\varepsilon\beta} \tag{5.39}$$

El tensor electrogravitico $\Phi_{\varepsilon\beta}$ puede aumentar o compensar el efecto de la curvatura del tensor de la tensión-energía-momento dependiendo de la fuerza del tensor electrogravitico local o cosmológico.

La presencia del campo electromagnético resultante dentro del campo gravitacional cerca del cuerpo celeste de masa con carga cambia la curvatura en la región casi plana del espacio-tiempo bajo consideración. El tensor electrogravitico local aumenta la curvatura local.

El tensor electrogravitico seis-dimensional de la curvatura para una región casi plana del espacio-tiempo puede expresarse como

$$\overline{R}_{\varepsilon\beta} = \begin{vmatrix} \overline{R}_{q_x q_x} & 0 & 0 & 0 & 0 & 0 \\ 0 & \overline{R}_{q_y q_y} & 0 & 0 & 0 & 0 \\ 0 & 0 & \overline{R}_{q_z q_z} & 0 & 0 & 0 \\ 0 & 0 & 0 & \overline{R}_{xx} & 0 & 0 \\ 0 & 0 & 0 & 0 & \overline{R}_{yy} & 0 \\ 0 & 0 & 0 & 0 & 0 & \overline{R}_{zz} \end{vmatrix} \tag{5.40}$$

El tensor métrico seis-dimensional y electrogravitico de la curvatura es

$$g_{\varepsilon\beta} = \begin{vmatrix} -c^2 & 0 & 0 & 0 & 0 & 0 \\ 0 & -c^2 & 0 & 0 & 0 & 0 \\ 0 & 0 & -c^2 & 0 & 0 & 0 \\ 0 & 0 & 0 & 1 & 0 & 0 \\ 0 & 0 & 0 & 0 & 1 & 0 \\ 0 & 0 & 0 & 0 & 0 & 1 \end{vmatrix} \tag{5.41}$$

y el inverso del tensor métrico seis-dimensional y electrogravitico de la curvatura es

$$g^{\varepsilon\beta} = \begin{vmatrix} -\frac{1}{c^2} & 0 & 0 & 0 & 0 & 0 \\ 0 & -\frac{1}{c^2} & 0 & 0 & 0 & 0 \\ 0 & 0 & -\frac{1}{c^2} & 0 & 0 & 0 \\ 0 & 0 & 0 & 1 & 0 & 0 \\ 0 & 0 & 0 & 0 & 1 & 0 \\ 0 & 0 & 0 & 0 & 0 & 1 \end{vmatrix} \qquad (5.42)$$

Las ecuaciones n-dimensionales de campo en la presencia de un campo electromagnético son dadas por

$$R_{\mu\nu} - \frac{1}{(n-1)} g_{\mu\nu} R + \overline{R}_{\varepsilon\beta} - \frac{1}{(n-1)} g_{\varepsilon\beta} \overline{R} = \frac{8\pi G}{c^4} \left(T_{\mu\nu} - \Lambda_{\mu\nu} + \Phi_{\varepsilon\beta} \right) \qquad (5.43)$$

$$R_{\mu\nu} - \frac{1}{(n-1)} \left(g_{\mu\nu} R + g_{\varepsilon\beta} \overline{R} \right) + \overline{R}_{\varepsilon\beta} = \frac{8\pi G}{c^4} \left(T_{\mu\nu} - \Lambda_{\mu\nu} + \Phi_{\varepsilon\beta} \right) \qquad (5.44)$$

Donde $\overline{R}$ es el escalar del tensor de la curvatura electrogravítica.

Sustituyendo con el tensor n-dimensional de Einstein $G_{\mu\nu}$ e introduciendo el tensor n-dimensional de Hilbert $\overline{G}_{\varepsilon\beta}$ tenemos

$$G_{\mu\nu} + \overline{G}_{\varepsilon\beta} = \frac{8\pi G}{c^4} \left(T_{\mu\nu} - \Lambda_{\mu\nu} + \Phi_{\varepsilon\beta} \right) \qquad (5.45)$$

$$G_{\mu\nu} + \overline{G}_{\varepsilon\beta} = \frac{8\pi G}{c^4} \left(\Phi_{\mu\nu} + \Phi_{\varepsilon\beta} \right) \qquad (5.46)$$

Donde $\Phi_{\mu\nu}$ es el tensor de la diferencia de la tensión-energía-impulso entre el tensor local de la tensión-energía-impulso y el tensor cosmológico de la tensión-energía-impulso.

Vamos a denotar el tensor n-dimensional electrogravitico Riemann como

$$\widetilde{R}_{\mu\nu\varepsilon\beta} = \frac{1}{n-2}\left(g_{\mu\varepsilon}S_{\nu\beta} - g_{\mu\beta}S_{\nu\varepsilon} + g_{\nu\beta}S_{\mu\varepsilon} - g_{\nu\varepsilon}S_{\mu\beta}\right) \tag{5.47}$$

Donde para cualquier término $S_{\chi\chi}$, encontramos

$$S_{ab} = \overline{R}_{ab} - \frac{1}{n} g_{ab}\overline{R} \tag{5.48}$$

Contratación con $g^{\mu\nu}$ tenemos

$$\widetilde{R}_{\varepsilon\beta} = \overline{R}_{\varepsilon\beta} - \frac{1}{(n-1)} g_{\varepsilon\beta}\overline{R} \tag{5.49}$$

El tensor n-dimensional electrogravitico de Riemann se puede definir como un tensor de cuarto orden, $\widetilde{R}_{\mu\nu\varepsilon\beta}$, para la curvatura del espacio-tiempo-carga y de la masa.

$$\widetilde{R}_{\mu\nu\varepsilon\beta} = \begin{vmatrix}
\overline{R}_{q_xq_x} & \overline{R}_{q_xq_y} & \overline{R}_{q_xq_z} & \overline{R}_{q_xt_x} & \overline{R}_{q_xt_y} & \overline{R}_{q_xt_z} & \overline{R}_{q_xx} & \overline{R}_{q_xy} & \overline{R}_{q_xz} \\
\overline{R}_{q_yq_x} & \overline{R}_{q_yq_y} & \overline{R}_{q_yq_z} & \overline{R}_{q_yt_x} & \overline{R}_{q_yt_y} & \overline{R}_{q_yt_z} & \overline{R}_{q_yx} & \overline{R}_{q_yy} & \overline{R}_{q_zz} \\
\overline{R}_{q_zq_x} & \overline{R}_{q_zq_y} & \overline{R}_{q_zq_z} & \overline{R}_{q_zt_x} & \overline{R}_{q_zt_y} & \overline{R}_{q_zt_z} & \overline{R}_{q_zx} & \overline{R}_{q_zy} & \overline{R}_{q_zz} \\
\overline{R}_{t_xq_x} & \overline{R}_{t_yq_x} & \overline{R}_{t_zq_x} & R_{t_xt_x} & R_{t_xt_y} & R_{t_xt_z} & R_{t_xx} & R_{t_xy} & R_{t_xz} \\
\overline{R}_{t_xq_y} & \overline{R}_{t_yq_y} & \overline{R}_{t_zq_y} & R_{t_yt_x} & R_{t_yt_y} & R_{t_yt_z} & R_{t_yx} & R_{t_yy} & R_{t_yz} \\
\overline{R}_{t_xq_z} & \overline{R}_{t_yq_z} & \overline{R}_{t_zq_z} & R_{t_zt_x} & R_{t_zt_y} & R_{t_zt_z} & R_{t_zx} & R_{t_zy} & R_{t_zz} \\
\overline{R}_{xq_x} & \overline{R}_{yq_x} & \overline{R}_{zq_x} & R_{xt_x} & R_{xt_y} & R_{xt_z} & \overline{R}_{xx} & \overline{R}_{xy} & \overline{R}_{xz} \\
\overline{R}_{xq_y} & \overline{R}_{yq_y} & \overline{R}_{zq_y} & R_{yt_x} & R_{yt_y} & R_{yt_z} & \overline{R}_{yx} & \overline{R}_{yy} & \overline{R}_{yz} \\
\overline{R}_{xq_z} & \overline{R}_{yq_z} & \overline{R}_{zq_z} & R_{zt_x} & R_{zt_y} & R_{zt_z} & \overline{R}_{zx} & \overline{R}_{zy} & \overline{R}_{zz}
\end{vmatrix} \tag{5.50}$$

Semejantemente, el tensor n-dimensional electrogravitico se puede definir como un tensor de cuarto orden, $\widetilde{\Phi}_{\mu\nu\varepsilon\beta}$, para el espacio-tiempo-carga y para la masa.

$$\widetilde{\Phi}_{\mu\nu\varepsilon\beta} = \begin{vmatrix} c^2\overline{\rho}_{q_xq_x} & c^2\overline{\rho}_{q_xq_y} & c^2\overline{\rho}_{q_xq_z} & \overline{T}_{q_xt_x} & \overline{T}_{q_xt_y} & \overline{T}_{q_xt_z} & \overline{T}_{q_xx} & \overline{T}_{q_xy} & \overline{T}_{q_xz} \\ c^2\overline{\rho}_{q_yq_x} & c^2\overline{\rho}_{q_yq_y} & c^2\overline{\rho}_{q_yq_z} & \overline{T}_{q_yt_x} & \overline{T}_{q_yt_y} & \overline{T}_{q_yt_z} & \overline{T}_{q_yx} & \overline{T}_{q_yy} & \overline{T}_{q_yz} \\ c^2\overline{\rho}_{q_zq_x} & c^2\overline{\rho}_{q_zq_y} & c^2\overline{\rho}_{q_zq_z} & \overline{T}_{q_zt_x} & \overline{T}_{q_zt_y} & \overline{T}_{q_zt_z} & \overline{T}_{q_zx} & \overline{T}_{q_zy} & \overline{T}_{q_zz} \\ \overline{T}_{t_xq_x} & \overline{T}_{t_yq_x} & \overline{T}_{t_zq_x} & c^2\rho_{t_xt_x} & c^2\rho_{t_xt_y} & c^2\rho_{t_xt_z} & T_{t_xx} & T_{t_xy} & T_{t_xz} \\ \overline{T}_{t_xq_y} & \overline{T}_{t_yq_y} & \overline{T}_{t_zq_y} & c^2\rho_{t_yt_x} & c^2\rho_{t_yt_y} & c^2\rho_{t_yt_z} & T_{t_yx} & T_{t_yy} & T_{t_yz} \\ \overline{T}_{t_xq_z} & \overline{T}_{t_yq_z} & \overline{T}_{t_zq_z} & c^2\rho_{t_zt_x} & c^2\rho_{t_zt_y} & c^2\rho_{t_zt_z} & T_{t_zx} & T_{t_zy} & T_{t_zz} \\ \overline{T}_{xq_x} & \overline{T}_{yq_x} & \overline{T}_{zq_x} & T_{xt_x} & T_{xt_y} & T_{xt_z} & \overline{\phi}_{xx} & \overline{\phi}_{xy} & \overline{\phi}_{xz} \\ \overline{T}_{xq_y} & \overline{T}_{yq_y} & \overline{T}_{zq_y} & T_{yt_x} & T_{yt_y} & T_{yt_z} & \overline{\phi}_{yx} & \overline{\phi}_{yy} & \overline{\phi}_{yz} \\ \overline{T}_{xq_z} & \overline{T}_{yq_z} & \overline{T}_{zq_z} & T_{zt_x} & T_{zt_y} & T_{zt_z} & \overline{\phi}_{zx} & \overline{\phi}_{zy} & \overline{\phi}_{zz} \end{vmatrix} \quad (5.51)$$

Así, los componentes de tiempo-carga, o de carga-tiempo (la densidad de la carga-impulso-energía) son $\Phi_{ij} = k\left(\vec{S}_{\chi\chi}/c^2\right)$ o $\Phi_{ji} = (1-k)\left(\vec{S}_{\chi\chi}/c^2\right)$ cuando $i \neq j$, donde *k* es una constante, $0 \leq k \leq 1$, los componentes de carga-carga se limitan a

$$\Phi_{\varepsilon\beta}(\vec{e}_i)^{\varepsilon}(\vec{e}_j)^{\beta} = \overline{\rho}\partial_{q_iq_j} \quad (5.52)$$

Durante la reducción de $\widetilde{\Phi}_{\mu\nu\varepsilon\beta}$ con $g^{\mu\nu}$, los componentes de carga-tiempo, carga-espacio, tiempo-carga, y espacio-carga se combinan; por ejemplo, $\overline{T}_{q_xt_x} + \overline{T}_{q_xx} \rightarrow \vec{S}_{t_xx}/c^2$ o $\overline{T}_{xq_x} + \overline{T}_{t_xq_x} \rightarrow \vec{S}_{xt_x}/c^2$. Estos componentes se contraen para formar los componentes del tensor electrogravitico de segundo orden, $\Phi_{\varepsilon\beta}$.

Así, los componentes de carga-espacio, o espacio-carga (la densidad de carga-impulso-energía) son $\Phi_{ij} = (1-k)\left(\vec{S}_{\chi\chi}/c^2\right)$ o $\Phi_{ji} = k\left(\vec{S}_{\chi\chi}/c^2\right)$ cuando $i \neq j$, donde *k* es una constante, $0 \leq k \leq 1$, y los componentes espacio-espacio están limitados a

$$\Phi_{\varepsilon\beta}(\vec{e}_i)^{\varepsilon}(\vec{e}_j)^{\beta} = \overline{\phi}\partial_{ij} \quad (5.53)$$

Así, los componentes tiempo-espacio (la densidad del impulso), o los componentes del espacio-tiempo (la densidad del impulso) son $\Phi_{ij} = \vec{S}_{\chi\chi}/c^2$ o $\Phi_{ji} = \vec{S}_{\chi\chi}/c^2$ cuando $i \neq j$, los componentes de tiempo-tiempo se restringen a

$$\Phi_{\varepsilon\beta}(\vec{e}_i)^{\varepsilon}(\vec{e}_j)^{\beta} = \rho\partial_{ij} \tag{5.54}$$

Para una región casi plana del espacio-tiempo sobre un cuerpo celeste de masa con carga, el tensor

n-dimensional electrogravitico se puede expresar como

$$\widetilde{\Phi}_{\mu\nu\varepsilon\beta} = \begin{vmatrix} c^2\overline{\rho}_{q_xq_x} & 0 & 0 & 0 & 0 & 0 & 0 & 0 & 0 \\ 0 & c^2\overline{\rho}_{q_yq_y} & 0 & 0 & 0 & 0 & 0 & 0 & 0 \\ 0 & 0 & c^2\overline{\rho}_{q_zq_z} & 0 & 0 & 0 & 0 & 0 & 0 \\ 0 & 0 & 0 & c^2\rho_{t_xt_x} & 0 & 0 & 0 & 0 & 0 \\ 0 & 0 & 0 & 0 & c^2\rho_{t_yt_y} & 0 & 0 & 0 & 0 \\ 0 & 0 & 0 & 0 & 0 & c^2\rho_{t_zt_z} & 0 & 0 & 0 \\ 0 & 0 & 0 & 0 & 0 & 0 & \overline{\phi}_{xx} & 0 & 0 \\ 0 & 0 & 0 & 0 & 0 & 0 & 0 & \overline{\phi}_{yy} & 0 \\ 0 & 0 & 0 & 0 & 0 & 0 & 0 & 0 & \overline{\phi}_{zz} \end{vmatrix} \tag{5.55}$$

Por lo tanto, los componentes de tiempo-carga, carga-tiempo, espacio-carga, carga-espacio, espacio-tiempo, tiempo-espacio, carga-carga, tiempo-tiempo, o espacio-espacio son cero, $\Phi_{ij} = \Phi_{ji} = 0$, cuando $i \neq j$.

Así, si el tensor n-dimensional electrogravitico tiene las densidades y las presiones iguales, el rastro del tensor n-dimensional electrogravitico es

$$\widetilde{\Phi} = g^{\mu\nu\varepsilon\beta}\widetilde{\Phi}_{\mu\nu\varepsilon\beta} = -3c^2\overline{\rho}_{q_\chi q_\chi} - 3c^2\rho_{t_\chi t_\chi} + 3\overline{\phi}_{\chi\chi} \tag{5.56}$$

Contrayendo con $g^{\mu\nu}$ una región casi plana del espacio-tiempo, conseguimos

$$
\Phi_{\varepsilon\beta} = \begin{vmatrix} c^2\overline{\rho}_{q_xq_x} & 0 & 0 & 0 & 0 & 0 \\ 0 & c^2\overline{\rho}_{q_yq_y} & 0 & 0 & 0 & 0 \\ 0 & 0 & c^2\overline{\rho}_{q_zq_z} & 0 & 0 & 0 \\ 0 & 0 & 0 & \overline{\phi}_{xx} & 0 & 0 \\ 0 & 0 & 0 & 0 & \overline{\phi}_{yy} & 0 \\ 0 & 0 & 0 & 0 & 0 & \overline{\phi}_{zz} \end{vmatrix} \tag{5.57}
$$

Sustituyendo el tensor *n*-dimensional electrogravitico de Riemann y el tensor *n*-dimensional electrogravitico, obtenemos

$$
\widetilde{R}_{\mu\nu\varepsilon\beta} = \frac{8\pi G}{c^4}\widetilde{\Phi}_{\mu\nu\varepsilon\beta} \tag{5.58}
$$

Donde κ es la constante de Einstein para las ecuaciones *n*-dimensionales de campos electrogravíticos.

$$
\widetilde{R}_{\mu\nu\varepsilon\beta} = \kappa \cdot \widetilde{\Phi}_{\mu\nu\varepsilon\beta} \tag{5.59}
$$

Estas ecuaciones *n*-dimensionales de campos electrogravíticos forman una teoría electromagnética de la materia basada en las ecuaciones fundamentales de la física y la cosmología.

§ 6. Sobre la naturaleza del espacio-tiempo complejo.

El concepto del espacio-tiempo complejo amplía la impresión de las coordenadas espaciales y las temporales de valor real a un medio de onda dinámico y complejo de las coordenadas espaciales y las temporales de valor complejo.

En la mecánica cuántica, las funciones de onda son funciones de valor complejo que describen las partículas en las coordenadas espaciales y las temporales de valor real, y el conjunto de las funciones de onda de un sistema es un espacio Hilbert complejo de dimensiones infinitas. Las funciones de onda y los campos se extienden al espacio-tiempo complejo, y este espacio-tiempo complejo puede ser interpretado como un sistema extendido de coordenadas espaciales y temporales complejas. Así, el espacio-tiempo complejo es el medio de la onda para los campos extendidos de las ondas espaciotemporales complejas.

La noción de la geometría espacial compleja ha sido considerada previamente por investigadores prominentes como Albert Einstein, con un tensor métrico complejo, pero sin espacio-tiempo complejo. Entonces, parece que la noción del espacio-tiempo complejo no ha recibido la misma cantidad de atención.

El tiempo imaginario tiene un significado físico y real, lo que permite que el análisis matemático soporte la extensión analítica de la variable temporal real sobre el plano complejo, lo que hace factibles algunas soluciones. El tiempo es dimensional en su naturaleza, cada dimensión espacial tiene una dimensión temporal conjugada que es ortogonal. Una dimensión temporal tiene una dimensión de uno porque sólo se necesita una coordenada para especificar cualquier punto dentro de la dimensión temporal. La coordenada temporal en la distancia mensurable de una dimensión temporal se puede especificar por un número imaginario. En esta concepción del espacio-tiempo complejo, cada evento puede ser especificado por las coordenadas complejas. Cada coordenada compleja tiene una parte espacial (parte real) y una parte temporal (una parte imaginaria), donde ambas partes están asociadas con un valor aparente o complejo. Un sistema singular de coordenadas complejas se puede aplicar a una superficie espaciotemporal con dos dimensiones existentes del espacio y del tiempo. Las coordenadas complejas pueden especificar la distancia espaciotemporal, el área de una superficie, o el volumen. Un teseracto puede ser representado por un sistema singular de coordenadas complejas donde las esquinas del cubo interno representan un volumen de "ahora" con coordenadas complejas que tienen partes imaginarias igual a cero, y el cubo externo puede representar un volumen de un "futuro ahora" con coordenadas complejas que tienen partes espaciales y temporales que no son cero. En un sistema de coordenadas complejas, la dimensión compleja espaciotemporal del teseracto es de seis, con tres dimensiones espaciales (partes reales) y tres dimensiones temporales (partes imaginarias).

En el ejemplo anterior de un teseracto, si los seis lados del teseracto se consideran adyacentes a otros teseractos idénticos, entonces, la onda espaciotemporal en cada lado, y en cada lado adyacente, del teseracto, interferirían entre sí. Si el espacio-tiempo es homogéneo e isótropo en cada lado, entonces las ondas interfieren en cada lado y se restan. Las partes imaginarias de cada par adyacente de coordenadas espaciotemporales complejas, en cada lado del teseracto, se cancelarían entre sí, y la expansión resultante del espacio sería nula. Si las partes imaginarias de cada par adyacente de coordenadas espaciotemporales complejas en cada lado del teseracto no se cancelan, entonces el espacio se expande a un volumen mayor de un "futuro ahora".

El tiempo es un proceso dimensional. El tiempo es la consecuencia del crecimiento, o la disminución, de cada distancia dimensional del espacio-tiempo. Así, el tiempo, como se relaciona con cada dimensión espacial, es a la vez un proceso y una dimensión. Las propiedades del tiempo incluyen el paso del tiempo a diferentes tasas donde las tasas más lentas en los campos gravitacionales están continuamente conectadas a las tasas más rápidas en función de la distancia del objeto de masa o la fuente gravitacional. El tiempo en todas sus dimensiones es un fenómeno emergente. El tiempo emerge de la expansión del espacio. La expansión del espacio es la causa directa del tiempo. El paso del tiempo es una función de la tasa de expansión del espacio. A su vez, la tasa de expansión del espacio depende de la presión espaciotemporal en cualquier punto del espacio-tiempo lo cual es una función de la masa y la energía. La tasa de expansión del medio de la onda espaciotemporal, o el paso del tiempo, manifiesta un campo gravitacional cerca de un objeto de masa. Las ondas electromagnéticas se propagan a la velocidad de la luz a través del espacio-tiempo complejo, porque esa es la velocidad del espacio en expansión, o la velocidad del paso del tiempo, en cualquier punto o evento en un espacio-tiempo complejo. El tiempo, la característica emergente de la extensión del espacio, dota el movimiento a las partículas y a los campos en cualquier punto del espacio-tiempo complejo. *Toda moción es una función de las dimensiones del espacio-tiempo, y el movimiento existe debido a la extensión, o la contracción, del espacio.*

Cuando un objeto de masa viaja a través del espacio, viajaría menos a través del tiempo porque el objeto tendría que moverse en una menor distancia dentro de la onda temporal, cuando la onda temporal se amplía en el marco local de referencia del objeto móvil. Por lo tanto, *es el espacio-tiempo quien dota el paso del tiempo, el movimiento de los objetos de masa y de los campos, y perpetúa el movimiento a través de su propiedad de la inercia.*

§ 7. La impedancia del espacio-tiempo libre

El espacio-tiempo tiene las características de la impedancia en cada punto de extensión, la impedancia del espacio-tiempo es la característica física que atenúa, amplifica, o cambia la fase de la propagación de una onda plana electromagnética, o el campo electromagnético de una partícula de carga, o un objeto de carga, viajando a través del espacio-tiempo. Una onda electromagnética viaja a 299.792.458,0 metros por segundo. La impedancia espaciotemporal z_0 se describe generalmente como el cociente de las magnitudes de los campos eléctricos y los magnéticos de la radiación electromagnética que viajan a través del espacio libre, la raíz cuadrada del cociente de la permeabilidad a la permitividad del espacio-tiempo libre, el recíproco del producto de la permitividad y de la velocidad de la luz a través del vacío, o como el producto de la permeabilidad del espacio-tiempo libre y de la velocidad de la luz en el vacío.

$$Z_0 = \frac{|E|}{|H|} = \sqrt[2]{\frac{\mu_0}{\varepsilon_0}} = \frac{1}{\varepsilon_0 c_0} = \mu_0 c_0 \approx 376,73031\ldots\ (Ohms) \qquad (7.1)$$

Por consiguiente, la impedancia del espacio-tiempo libre implica la permitividad y la permeabilidad del medio. Estas propiedades físicas son las propiedades de los inductores y los condensadores. *La permitividad describe cómo el espacio-tiempo se comporta como un condensador, y la permeabilidad describe cómo el espacio-tiempo se comporta como un inductor.* El espacio-tiempo es capaz de mantener la carga por unidad del potencial de la tensión para establecer un campo eléctrico, y también es capaz de conducir las cargas de una corriente para establecer un campo magnético.

Ilustremos la impedancia del espacio-tiempo libre como el circuito paralelo de una resistencia, una inductancia, una capacidad, y una conductancia, como una red singular *RLGC* a una frecuencia angular, ω. La impedancia paralela del circuito *RLGC* resuena en su frecuencia angular crítica. La *G* es la conductancia en el circuito que representa la corriente de fuga a través del dieléctrico espaciotemporal de la capacidad, y *R* es la resistencia paralela del circuito. A medida que la frecuencia angular del circuito *RLGC* aumenta por órdenes de magnitud para igualar la frecuencia angular crítica, la resistencia *R* y la conductancia *G* tienden al infinito, a medida que el circuito *LC* comienza a resonar. El circuito se comportaría como una inductancia paralela a una capacidad en su impedancia como un anti-resonador. Así, podemos representar cada punto de expansión, o nodo, del espacio-tiempo, como que consiste en un anti-resonador espaciotemporal como se muestra a continuación.

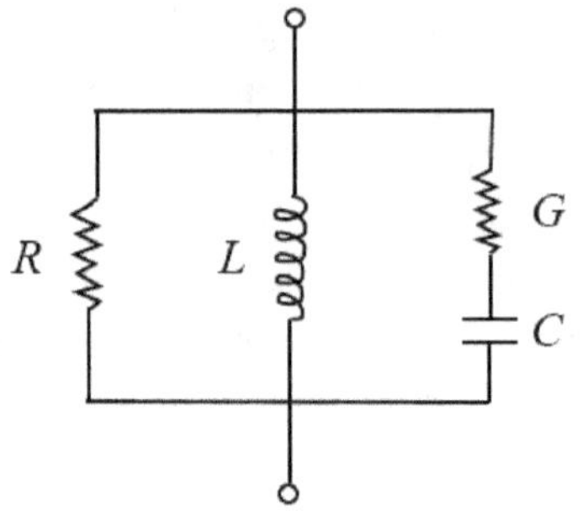

Figura 1.

$$Z(j\omega) = R \,||\, j\omega L \,||\, \frac{1}{j\omega C} \,||\, G = \frac{1}{\frac{1}{R} + \frac{1}{j\omega L} + j\omega C + \frac{1}{G}} \qquad (7.2)$$

$$Z(j\omega_0) \approx \lim_{\omega \to \omega_0} \frac{1}{\frac{1}{|e^{j\omega_0}|R} + \frac{1}{j\omega_0 L} + j\omega_0 C + \frac{1}{|e^{j\omega_0}|G}} \qquad (7.3)$$

where $\omega_0 >> \omega$

$$Z(j\omega_0) = j\omega_0 L \,||\, \frac{1}{j\omega_0 C} = \frac{1}{\frac{1}{j\omega_0 L} + j\omega_0 C} \qquad (7.4)$$

De esta manera, podemos representar el espacio-tiempo como que tiene las características de una red de resistor-inductor-conductor-condensador, o sea una red RLGC, en cada punto de extensión, para una onda electromagnética en la frecuencia angular crítica.

Imaginemos un solo cubo espaciotemporal con ocho nodos, como en la Figura 2. Cada nodo representa una esquina del cubo espaciotemporal singular, y cada línea (o circuito) entre dos nodos del cubo espaciotemporal singular es compartida por cuatro cubos espaciotemporal idénticos. Sin embargo, cada nodo es común o compartido por ocho cubos espaciotemporal idénticos. Así, hay un circuito *RLGC* (un resistor, un inductor, un conductor, y un condensador) en cada sentido de la dirección del espacio. Para cada uno de los seis sentidos de la dirección espacial, asignemos un sexto de la resistencia total, un sexto de la inductancia total, un sexto de la conductancia total, y un sexto de la capacidad total de un solo nodo.

Luego, en cualquiera de los nodos de un solo cubo espaciotemporal, tenemos tres circuitos del anti-resonador ubicados en el cubo espaciotemporal singular y tres circuitos del anti-resonador ubicados en los cubos espaciotemporales adyacentes. Cada circuito del anti-resonador proporciona un sexto del total de *R, L, G,* y *C,* en cada nodo común como se muestra en la figura 3.

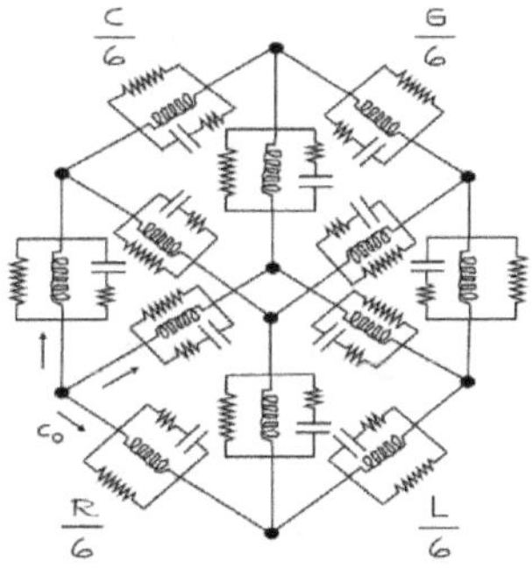

Figura 2.

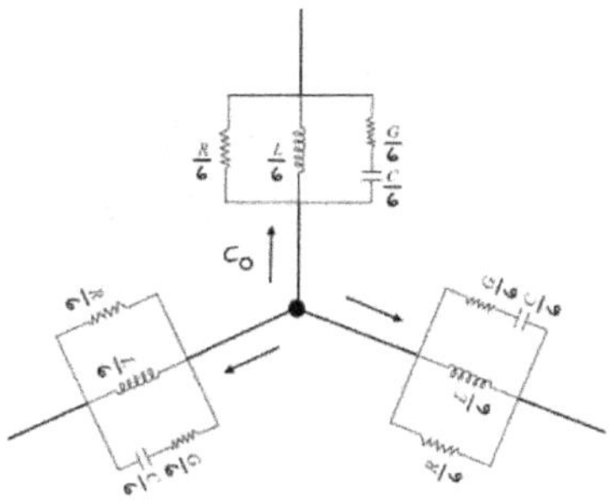

Figura 3.

La luz, como una onda electromagnética, viaja a través de cada nodo espaciotemporal en cada sentido de dirección atenuada, amplificada, cambiada de fase, u obstruida por la impedancia del espacio-tiempo libre, la energía, o la materia. Así, la velocidad de la luz depende de la frecuencia angular crítica que amplifica, atenúa, o cambia de fase, las ondas electromagnéticas que pasan a través de las dimensiones espaciotemporales de la red *RLGC* cuando la reactancia inductiva y la reactancia capacitiva están en una resonancia eléctrica. La frecuencia angular resonante, electromagnética y espaciotemporal, es el recíproco de la raíz cuadrada del producto de la capacidad y la inductancia del espacio-tiempo libre, o el recíproco de la raíz cuadrada del producto de la permitividad, la permeabilidad, y una distancia espacial, ℓ_0 , a través del circuito *LC* entre los nodos del espacio-tiempo libre.

$$\omega_0 = \frac{1}{\sqrt{LC}} = \frac{1}{l_0\sqrt{\varepsilon_0\mu_0}} = \frac{1}{\sqrt{\left(4\pi \text{ x } 10^{-7}\ H\right)\left(8{,}541878176 \text{ x } 10^{-12}F\right)}} \quad (7.5)$$

$$\omega_0 \approx 299792458\ .0\ rads/\sec \quad (7.6)$$

$$f_0 = \frac{\omega_0}{2\pi} \approx 47713451{,}59236942258889 \text{ Hz} \approx 47{,}71 \text{ Hz} \quad (7.7)$$

La magnitud de la frecuencia angular crítica $|\omega_0|$ es igual a la magnitud de la velocidad de la luz en el vacío $|c_0|$ cuando la luz, como una onda electromagnética, viaja a través del medio espaciotemporal.

La frecuencia lineal crítica es una onda de baja frecuencia y energía en el rango de radio VHF del espectro electromagnético, con una longitud de onda larga, λ_0 , de aproximadamente 6,28 metros.

$$\omega_0 = \frac{c_0}{\ell_0} \quad (7.8)$$

$$c_0 = \omega_0 \ell_0 \quad (7.9)$$

Por lo tanto, podemos interpretar la magnitud de la velocidad de la luz en el vacío como la magnitud de la frecuencia angular de la red *RLGC* del espacio-tiempo libre multiplicado por la distancia ℓ_0 asociada a la frecuencia angular espacial, en metros por radián, de nodo a nodo, que la luz viajaría para atravesar el circuito de *RLGC* en el vacío.

La frecuencia angular temporal ω_0 es la frecuencia angular crítica de la red *LC* para los valores reactivos asociados a la permitividad y la permeabilidad del espacio-tiempo libre. Las ondas electromagnéticas atraviesan las distancias espaciales de la red de *RLGC* en las frecuencias angulares temporales por encima del, iguales al, o por debajo del, valor crítico.

Por otra parte, la velocidad de la luz en el vacío se puede expresar en términos de las frecuencias del espacio y del tiempo a través de la red *RLGC*. Mientras que una onda electromagnética atraviesa la red *RLGC* espaciotemporal, su velocidad depende del cociente de su frecuencia angular temporal a su frecuencia angular espacial.

$$c_0 = \frac{\partial r}{\partial t} = \frac{\frac{\partial \theta}{\partial t}}{\frac{\partial \theta}{\partial r}} = \frac{\omega_t}{\omega_s} \tag{7.10}$$

$$c_0 = \frac{\omega_t}{\omega_s} = \frac{\omega_0}{\omega_{\ell_0}} = \frac{1}{\sqrt{\varepsilon_0 \mu_0}} \tag{7.11}$$

$$\omega_{s_0} = \omega_0 \sqrt{\varepsilon_0 \mu_0} = \sqrt{\frac{\varepsilon_0 \mu_0}{LC}} = \sqrt{\frac{LC}{LC}} = 1.00 \ rads/meter \tag{7.12}$$

Por lo tanto, es evidente que la mayor frecuencia angular temporal del medio espaciotemporal, en comparación con la frecuencia angular espacial, está directamente relacionada por órdenes de magnitud a la muy alta velocidad de la luz a través del vacío. Es razonable reconocer que las ondas electromagnéticas, o los fotones, deben su gran velocidad a través del espacio-tiempo a la expansión y a las dimensiones del tiempo. Una fuente de luz en un punto espaciotemporal en expansión irradia los fotones y las ondas electromagnéticas en todos los sentidos de las direcciones, a medida que el tiempo se expande simultáneamente en todos los sentidos de sus direcciones desde ese mismo punto.

En consecuencia, las ondas electromagnéticas en el vacío atraviesan la distancia espacial de la red *RLGC,* de nodo a nodo, hasta cierto punto de la frecuencia angular espacial, a través de la impedancia del circuito *LGC* en paralelo con la impedancia infinita de la resistencia *R,* lo cual equivale aproximadamente a la impedancia del circuito resonante *LC*. La frecuencia espacial crítica de la luz equivale a la frecuencia temporal crítica por el recíproco de la velocidad de la luz que es la raíz cuadrada del producto de la permitividad y la permeabilidad del espacio-tiempo libre.

Expresemos la capacidad, la inductancia, la impedancia, la admitancia, y la velocidad de la luz en el vacío, como el producto de la permeabilidad y la permitividad dentro de una distancia de un metro. La admitancia del espacio-tiempo libre se convierte en Y_0 para cualquier onda electromagnética con una frecuencia lineal resonante igual a f_0 .

$$C = \varepsilon_0 \ell_0 \quad \left(Faradays \;\; or \;\; \frac{s}{\Omega} \right) \tag{7.13}$$

$$L = \mu_0 \ell_0 \quad \left(Henries \;\; or \;\; \frac{N}{m} \right) \tag{7.14}$$

$$|Z_0| = \sqrt{\frac{\mu_0 \ell_0}{\varepsilon_0 \ell_0}} = \sqrt{\frac{\mu_0}{\varepsilon_0}} = \sqrt{\frac{L}{C}} = 376.7303133968621 \approx 120\pi \approx 377 \quad (\text{Ohms}) \tag{7.15}$$

$$Y_0 = \sqrt{\frac{\varepsilon_0}{\mu_0}} = \sqrt{\frac{C}{L}} \tag{7.16}$$

$$c_0 = \frac{1}{\sqrt{LC}} \tag{7.17}$$

Hasta ahora, hemos asumido que las frecuencias angulares temporales y las espaciales del espacio-tiempo libre son independientes de la expansión o de la contracción del espacio-tiempo, y no son relativas al marco de referencia de algún observador, lo cual es contrario a la Teoría General de la Relatividad.

Así, si asumimos el principio de las frecuencias angulares, espaciotemporales y absolutas, la luz puede ser atenuada, amplificada o cambiada de fase por Z_0, a través del medio libre de la onda espaciotemporal, homogéneo e isótropo, en cualquier marco de referencia de su frecuencia angular resonante para mantener la velocidad de la luz en c_0. Esta característica resonante del espacio-tiempo mantiene la constancia de la velocidad de la luz en la frecuencia angular crítica a través de la inmensidad del universo.

En la frecuencia angular crítica, la impedancia paralela de la reactancia inductiva y la reactancia capacitiva del espacio libre homogéneo e isótropo es la impedancia paralela de una red *LC* en cada nodo en expansión del espacio-tiempo como se muestra en la Figura 4.

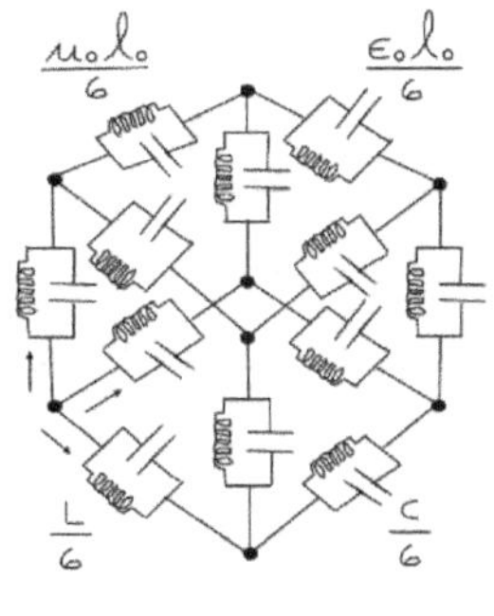

Figura 4.

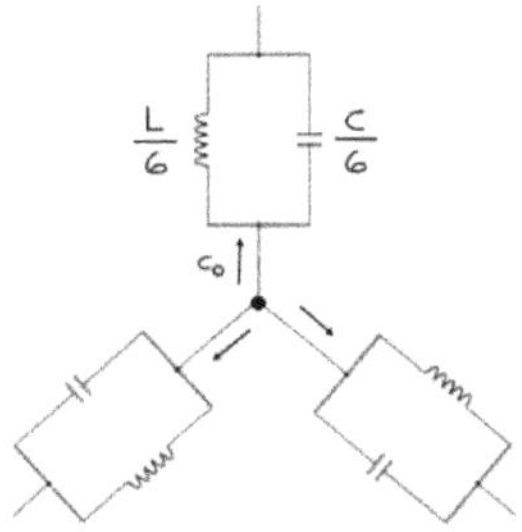

Figura 5.

$$Z_0 = \frac{1}{\frac{1}{j\omega L} + j\omega C} = \frac{1}{j\left(\omega C - \frac{1}{\omega L}\right)} = \frac{\omega L}{j\left(\omega^2 LC - 1\right)} \tag{7.18}$$

$$jZ_0\left(\omega^2 LC - 1\right) = \omega L \tag{7.19}$$

$$jZ_0 = \frac{\omega L}{\frac{\omega^2}{c_0{}^2} - 1} \tag{7.20}$$

$$jZ_0 = \frac{\omega_{z_0} L}{\left(\omega_{p_0}\sqrt{LC} + 1\right)\left(\omega_{p_1}\sqrt{LC} - 1\right)} \tag{7.21}$$

$$jZ_0 = \frac{\sqrt{\frac{L}{C}} s_{z_0}}{\left(s_{p_0} + \frac{1}{\sqrt{LC}}\right)\left(s_{p_1} - \frac{1}{\sqrt{LC}}\right)} = \frac{377 s_{z_0}}{\left(s_{p_0} + c_0\right)\left(s_{p_1} - c_0\right)} \tag{7.22}$$

Consideremos la función de la transferencia de la impedancia del circuito *LC* como la impedancia de salida paralela a través del circuito *LC* con una entrada del valor base de la impedancia de referencia, Z_{base}, de un ohmio.

$$H(s) = \frac{jZ_0}{Z_{base}} = \frac{jZ_0}{1\,\Omega} = jZ_0 = \frac{377 s_{z_0}}{\left(s_{p_0} + c_0\right)\left(s_{p_1} - c_0\right)} = \frac{\left(\frac{377}{c_0{}^2}\right) s_{z_0}}{\left(\frac{s_{p_0}}{c_0} + 1\right)\left(\frac{s_{p_1}}{c_0} - 1\right)} \tag{7.23}$$

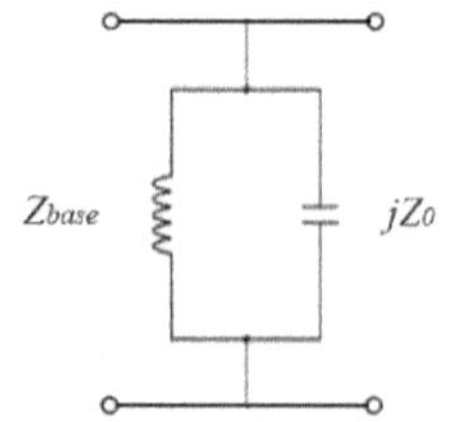

Figura 6.

La función de la transferencia de la red espaciotemporal *LC* tiene una ganancia de $377/c_0^{\ 2}$, un cero en el numerador, y dos polos en el denominador igual a $-c_0$ y c_0. Por lo tanto, la red *LC* es una respuesta del paso de banda de segundo orden que contiene dos polos conjugados y un cero en el origen, donde la respuesta siempre llega a un pico precisamente en la frecuencia temporal crítica. El siguiente diagrama de Bode es una representación gráfica de una función de la transferencia de la red espaciotemporal *LC*, lineal e invariante en el tiempo, con las condiciones iniciales de cero y un equilibrio del punto cero. Cualquier onda electromagnética sinusoidal que pase por el sistema lineal puede cambiar en su magnitud, cuando se amplifica o se atenúa, y puede cambiar en su fase, cuando se avanza o se retrasa. Así, la respuesta de la red *LC* se puede describir para cada frecuencia, sólo por su ganancia y su cambio de fase. El diagrama de Bode traza la ganancia y el desplazamiento de la fase de la red *LC* en un rango de frecuencias. Comencemos el diagrama de Bode de la función de la transferencia calculando la magnitud de CC de la ganancia del sistema de la red *LC*, $Z_0/c_0^{\ 2}$.

$$20\log\frac{Z_0}{c_0^{\ 2}} = 20\log\frac{\mu_0}{c_0} = 20\log\frac{377}{\left(299792458\right)^2} \approx -287{,}55 \text{ dB} \quad (7.24)$$

El cero y los dos polos de la función de la transferencia son:

$$s_{z_0} = 0 \quad (7.25)$$

$$s_{p_0} = -299792458 \quad (7.26)$$

$$s_{p_1} = 299792458 \quad (7.27)$$

Las magnitudes de la impedancia de los elementos individuales del anti-resonador espaciotemporal en la Figura 1 se ilustran en la Figura 7. Las asíntotas para la impedancia paralela total Z_0 son aproximadas simplemente seleccionando la impedancia individual más pequeña del elemento. De modo que la impedancia paralela total está dominada por el inductor a baja frecuencia, por la resistencia a media frecuencia, y por el condensador a alta frecuencia, como se muestra en la Figura 7.

La conductancia es el recíproco de la resistencia, por lo que cuando la resistencia tiende a infinito, la conductancia se aproxima a cero. Si las frecuencias angulares de esquina están bien separadas en valor, las frecuencias de esquina se pueden encontrar comparando las asíntotas como sigue:

$$R = \omega_L L \rightarrow \omega_L = \frac{R}{L} \tag{7.28}$$

$$R = \frac{1}{\omega_C C} \rightarrow \omega_C = \frac{1}{RC} \tag{7.29}$$

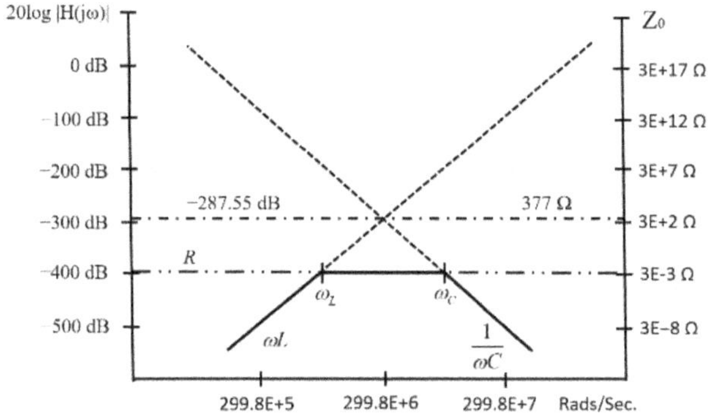

Figura 7.

A medida que el valor de la resistencia "*r*" tiende a infinito en la frecuencia crítica, las asíntotas de la impedancia paralela total de la red *LC* se independizan de "*r*", y cambian directamente de la línea de la reactancia inductiva a la línea de la reactancia capacitiva en la frecuencia angular crítica como se muestra en la Figura 8.

La frecuencia angular crítica es la frecuencia donde las asíntotas del inductor y del condensador tienen igual valor.

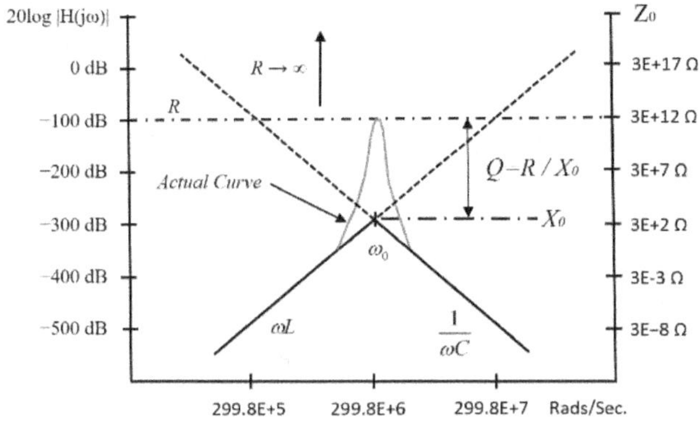

Figura 8.

$$\omega_0 = \frac{1}{\sqrt{LC}} \tag{7.30}$$

En la frecuencia angular crítica, la cuesta de las asíntotas de Z_0 cambian desde +20dB/década a −20dB/década, por lo tanto, hay dos polos y un cero. La curva actual llega a su valor pico a medida que el valor de la resistencia tiende al infinito, y el valor de la impedancia paralela total se convierte en el valor de la resistencia *R* en la frecuencia angular crítica como se muestra en la Figura 8.

Así, en la frecuencia angular crítica del anti-resonador espaciotemporal, la reactancia inductiva y la reactancia capacitiva se cancelan y la impedancia paralela total Z_0 equivale al valor de la resistencia *R*. Por consiguiente, el valor de la resistencia *R* determina el valor de la curva en la frecuencia angular crítica a medida que la resistencia tiende al infinito, pero los valores de la reactancia inductiva y la reactancia capacitiva determinan los valores de las asíntotas, en la frecuencia angular crítica.

La desviación de la curva actual desde las asíntotas en la frecuencia angular crítica es dada por el factor de calidad, *Q*, entre el valor de la reactancia, X_0, cuando la reactancia inductiva y la reactancia capacitiva son iguales, y el valor de la resistencia *R*. El factor de la calidad, *Q*, de la curva es el cociente del valor de la resistencia *R* al valor de la reactancia en X_0. La selectividad actual de la curva depende del factor de la calidad. El factor de la calidad es igual al cociente de 2π multiplicado por la energía máxima almacenada en el condensador y el inductor a 2π multiplicado por la energía total perdida en la resistencia en un período de tiempo. El voltaje *V* es el potencial de la tensión a través de la resistencia *R*.

$$X_0 = \omega_0 L = \frac{1}{\omega_0 C} \tag{7.31}$$

$$Q = \frac{2\pi\left(V^2/\omega_0 R\right)}{2\pi\left(LV^2/R^2\right)} = \frac{R}{\omega_0 L} = \omega_0 RC = R\sqrt{\frac{C}{L}} = \frac{R}{\sqrt{\frac{L}{C}}} = \frac{R}{|Z_0|} \tag{7.32}$$

$$|Q|_{dB} = |R|_{dB} - |X_0|_{dB} \tag{7.33}$$

$$Q = \frac{R}{X_0} \tag{7.34}$$

Ilustrando el diagrama de la fase de la función de la transferencia de la red *LC*, tenemos

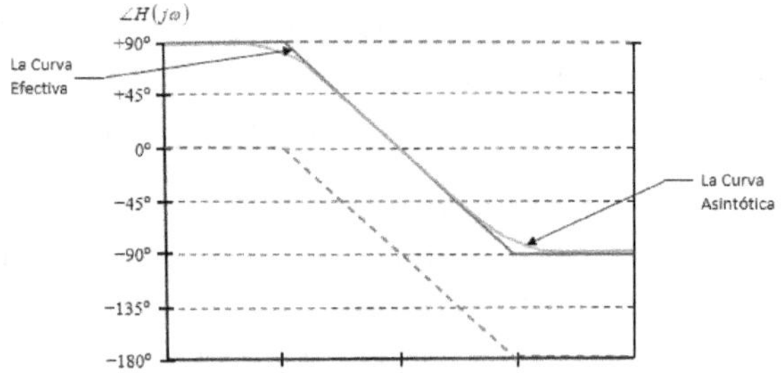

Figura 9.

El cambio de la fase a las frecuencias bajas se aproxima a los +90 grados, un desplazamiento avanzado de la fase. En la frecuencia angular crítica, el cambio de la fase es cero. El cambio de la fase a altas frecuencias se aproxima a los −90 grados, un desplazamiento retrasado de la fase. El cambio de la fase es de +45 grados a ω_L y −45 grados a ω_C como se muestra en las Figuras 7 y 9.

En la frecuencia temporal critica de la luz en el vacío, la luz, una onda electromagnética, puede atravesar las dimensiones del tiempo, en su movimiento hacia delante o hacia atrás, en una dirección que es perpendicular a todas las dimensiones espaciales, a medida que el tiempo se expande o se contrae. Este mecanismo resonante espaciotemporal forma el concepto subyacente para la constancia y la propagación de la luz a través del vacío.

Así, cuando la frecuencia angular temporal de una onda electromagnética, o de la luz, disminuye por debajo del valor crítico de la frecuencia angular, ω_0, una onda electromagnética atraviesa más y más la distancia espacial entre los nodos a través de la red espaciotemporal *RLGC*, y menos de la distancia temporal. La fase de la onda electromagnética aumenta el ángulo de referencia de la red *RLGC*. Inversamente, cuando la frecuencia angular temporal de una onda electromagnética aumenta sobre el valor crítico de la frecuencia angular, la onda electromagnética atraviesa menos la distancia espacial a través de la red *RLGC* espaciotemporal, y más de la distancia temporal. La onda electromagnética retrasa más el ángulo de referencia de la red *RLGC*. En cualquiera de los dos escenarios, la magnitud de la amplitud de una onda electromagnética se atenúa cuando se aleja de la frecuencia angular temporal, pero el ángulo de la fase de una onda electromagnética cambia cuando se retrasa o se avanza, respectivamente, el ángulo de referencia de la red *RLGC*. En la frecuencia crítica temporal, el ángulo de la fase entre la onda electromagnética y el ángulo de referencia de la red *RLGC* es cero. La onda electromagnética y el ángulo de referencia de la red *RLGC* están en fase en la dirección de la propagación.

La magnitud CC tiene una ganancia máxima de μ_0 / c_0 para la red *LC*, que es la permeabilidad del espacio libre dividido por la magnitud de la velocidad de la luz en el vacío. Hay atenuación cuando se aleja de la frecuencia angular crítica. Por eso, cuando la magnitud de la frecuencia angular $|\omega|$ de una onda electromagnética en el espacio-tiempo libre es igual a la magnitud de la velocidad de la luz $|c_0|$ en el espacio libre, la impedancia del espacio libre, z_0, tiene una ganancia de aproximada de –287,55 dB. Las ondas electromagnéticas con una frecuencia angular por debajo, o por encima, de la frecuencia angular resonante de la velocidad de la luz, ω_0, se atenúan más cuando viajan a través de las dimensiones espaciotemporales. El mecanismo anti-resonante espaciotemporal atenúa la amplitud y desplaza la fase de las ondas electromagnéticas entre +90º y –90º, a través de las distancias espaciotemporales.

7.1. La resistencia del espacio-tiempo libre

La reactancia inductiva o capacitiva, o la impedancia en general, se dan generalmente en las unidades de ohmios. Un ohmio puede expresarse en las unidades del kilogramo, el metro, el segundo, y el Coulomb. Así, podemos también expresar un ohmio como una masa de carga multiplicada por su aceleración por la unidad de la carga. Entonces, es razonable asumir que un ohmio es una fuerza por la unidad de carga en Coulomb, sentida por una partícula, o un objeto de carga, mientras que se mueve dentro de un campo eléctrico o de un potencial del campo magnético. Este es el caso del flujo electrónico de la corriente dentro de un conductor que puede tener los campos eléctricos y los magnéticos alrededor de sus dominios atómicos, o el caso de un objeto de masa o de energía que está cargado, y se mueve a través de la estructura espaciotemporal.

$$\Omega \equiv \frac{Kg \cdot m^2}{s \cdot C^2} \qquad (7.35)$$

Según una investigación anterior, una unidad de carga, o sea un Coulomb, se definió como una unidad espacial multiplicada por una unidad temporal. Si sustituimos una cantidad equivalente de un metro multiplicado por un segundo por una unidad de carga en Coulomb en las unidades anteriores para un ohmio, simplificamos las unidades a una fuerza por la unidad de carga.

$$\Omega \equiv \frac{Kg \cdot m^2}{s \cdot C^2} \equiv \frac{Kg \cdot m^2}{s \cdot m \cdot s \cdot C} \equiv \frac{Kg \cdot m}{s^2 \cdot C} \equiv \frac{ma}{C} \equiv \frac{N}{C} \equiv \frac{F}{Q} \qquad (7.36)$$

$$Z_0 = \frac{|E|}{|H|} \equiv \frac{N/C}{A/m} \equiv \frac{N \cdot m \cdot s}{C \cdot C} \equiv \frac{N \cdot m \cdot s}{C \cdot m \cdot s} \equiv \frac{N}{C} \equiv \Omega \qquad (7.37)$$

Por lo tanto, un ohmio es una unidad de fuerza sobre una carga, en Newtones por Coulomb, una impedancia al flujo libre o a la propagación de una partícula cargada, de un objeto, o de un campo físico. Es razonable suponer que la reactancia inductiva y la capacitiva del espacio-tiempo libre son también unas fuerzas por Coulomb de carga que se ejerce sobre los objetos y las partículas cargadas por los potenciales electromagnéticos en la subestructura del espacio-tiempo que exhibe la permitividad y la permeabilidad. Los elementos del condensador y del inductor en el medio espaciotemporal ejercen una fuerza en los campos físicos, en las partículas, o en los objetos cargados, en cada punto o nodo de la extensión o la contracción.

Pensemos también en la luz en el medio espaciotemporal en cuanto a la impedancia y la permeabilidad del espacio-tiempo libre. La unidad de impedancia de un Newton por un Coulomb es útil para derivar la unidad de la luz, o la unidad de una onda electromagnética, que es un metro por segundo.

$$c_0 = \frac{Z_0}{\mu_0} \equiv \frac{N/C}{N/m^2} \equiv \frac{m^2}{C} \equiv \frac{m^2}{m \cdot s} \equiv \frac{m}{s} \qquad (7.38)$$

7.2. La onda electromagnética evanescente

Las ondas electromagnéticas cercanas a la frecuencia temporal crítica son las ondas evanescentes predominantes. En el campo electromagnético cercano de cualquier antena en el medio de la onda espaciotemporal, las ondas evanescentes exhiben una atenuación exponencial, como función de la distancia de la superficie de la formación, muy intensamente dentro de un tercio de una longitud de onda. Parte de la energía del campo es reabsorbida por la antena de la fuente, mientras que el resto se irradia como ondas electromagnéticas.

El efecto capacitivo del anti-resonador espaciotemporal exhibe el acoplamiento entre sus placas espaciotemporales como cargas y las corrientes se inducen en las superficies parcialmente reflexivas en el campo lejano donde los componentes de la onda alcanzan la relación de la impedancia del espacio-tiempo libre y la onda radiante se propaga.

En el campo cercano de cualquier antena, las ondas evanescentes pueden ser predominantes y magnéticas, o inductivas, o predominantes y eléctricas, o capacitivas, dependiendo de la impedancia de la fuente radiante. Si la impedancia de la fuente radiante coincide con la impedancia inductiva o la impedancia capacitiva del anti-resonador espaciotemporal del espacio-tiempo libre, entonces la predominante onda evanescente emergería magnética o eléctrica, respectivamente.

Sobre la frecuencia de la esquina inductiva del anti-resonador espaciotemporal, la impedancia es real y resistiva y la onda lleva energía. Debajo de la frecuencia de la esquina inductiva, la impedancia es inductiva reactiva y la onda es evanescente. De manera similar, la impedancia es real y resistiva por debajo de la frecuencia de la esquina capacitiva. Por encima de la frecuencia de la esquina capacitiva, la impedancia es capacitiva reactiva y la onda es evanescente.

Las ondas evanescentes son soluciones a la ecuación de onda de un campo electromagnético. Las ondas evanescentes ocurren entre dos medios espaciotemporales de ondas con diversas características del movimiento. Las ondas evanescentes son muy útiles para alimentar dispositivos de forma inalámbrica en el campo cercano, o en el acoplamiento de las bobinas Tesla con los dispositivos eléctricos inalámbricos.

7.3. La relación entre la impedancia del espacio-tiempo libre y el factor de Lorentz

Consideremos la relación entre la velocidad de un objeto que viaja a través del espacio-tiempo y las frecuencias espaciotemporales del espacio-tiempo homogéneo e isótropo a través de la red *RLGC*. El producto de la velocidad de la luz y la permeabilidad del espacio-tiempo libre es igual a la impedancia del espacio-tiempo libre.

$$\frac{\omega_0}{\omega_S} = c_0\left(1 - \frac{v^2}{c^2}\right) \tag{7.39}$$

$$\frac{\omega_0}{\omega_S} = \frac{Z_0}{\mu_0}\left(1 - \frac{v^2}{c^2}\right) = \frac{Z_0\sqrt{1 - \frac{v^2}{c^2}}}{\frac{\mu_0}{\sqrt{1 - \frac{v^2}{c^2}}}} \quad (7.40)$$

En consecuencia, expresemos las frecuencias espaciotemporales en cuanto a la impedancia del espacio-tiempo libre y la permeabilidad del espacio-tiempo libre.

$$\omega_0 = Z_0\sqrt{1 - \frac{v^2}{c^2}} \quad (7.41)$$

$$Z_0 = \frac{\omega_0}{\sqrt{1 - \frac{v^2}{c^2}}} \quad (7.42)$$

$$\omega_S = \frac{\mu_0}{\sqrt{1 - \frac{v^2}{c^2}}} \quad (7.43)$$

$$\mu_0 = \omega_S\sqrt{1 - \frac{v^2}{c^2}} \quad (7.44)$$

De la permeabilidad y la impedancia del espacio-tiempo libre podemos derivar la permitividad del espacio-tiempo libre.

$$\varepsilon_0 = \frac{\mu_0}{Z_0^{\ 2}} = \frac{\omega_S\sqrt{1 - \frac{v^2}{c^2}}}{\left(\frac{\omega_0}{\sqrt{1 - v^2/c^2}}\right)^2} \quad (7.45)$$

El factor de Lorentz es el factor por el cual la masa, la longitud espacial, y el tiempo relativista cambian para un objeto que se mueve a través del medio de la onda espaciotemporal.

$$\gamma = \frac{1}{\sqrt{1-\frac{v^2}{c^2}}} = \frac{Z_0}{\omega_0} = \frac{\omega_S}{\mu_0} \tag{7.46}$$

Por consiguiente, el cociente de la impedancia del espacio-tiempo libre a la frecuencia angular temporal, o el cociente de la frecuencia angular espacial a la permeabilidad del espacio-tiempo libre, es equivalente al factor de Lorentz.

A continuación, todos los efectos relativistas ejercidos sobre la longitud, el tiempo, o la masa de un objeto que se desplaza a través de un medio de la onda espaciotemporal, homogéneo e isótropo, se atribuyen a las características de la impedancia del espacio-tiempo y a la frecuencia angular temporal, o a la interacción de la firma electromagnética del objeto y de los elementos de impedancia del anti-resonador espaciotemporal en la trayectoria de la propagación. Así, la impedancia del anti-resonador espaciotemporal es relativa.

La impedancia del espacio-tiempo libre sufre efectos relativistas similares a la dilatación o la contracción del tiempo, o de la masa, mientras que la permeabilidad del espacio-tiempo libre sufre efectos relativistas similares a la dilatación o la contracción de la longitud. Cuando un objeto viaja más a través del espacio y menos a través del tiempo, la permeabilidad, y la permitividad del espacio-tiempo libre disminuyen, pero la impedancia del espacio-tiempo libre aumenta.

Además, contrario a la Teoría General de la Relatividad, las frecuencias angulares temporales y las espaciales del espacio-tiempo libre homogéneo e isótropo son independientes de la expansión o la contracción del espacio-tiempo, o de la masa, y no son relativas al marco inercial de referencia de cualquier observador. Según el principio de las frecuencias angulares espaciotemporales absolutas, una onda electromagnética mantiene la constancia de la velocidad de la luz porque los radianes de la onda en sus frecuencias angulares temporales o espaciales no son relativos. Durante la dilatación o la contracción de la longitud espacial de la onda, o la distancia temporal del período, de una onda electromagnética en el espacio-tiempo libre, homogéneo e isótropo, *contrario a la Teoría General de la Relatividad, las magnitudes proporcionales de los radianes de la onda por unidad de longitud espacial, o de distancia temporal, permanecen constantes.*

§ 8. Sobre el campo eléctrico, la carga, y el impulso angular de un agujero negro de Kerr-Newman que es giratorio y supermasivo

Durante la formación de un agujero negro de Kerr-Newman giratorio y supermasivo mientras que la masa de un cuerpo celeste se colapsa en un anillo, el espacio-tiempo dentro del agujero negro que se forma se contrae hacia dentro, las fuerzas electromagnéticas de la interacción electrodébil unificada de la masa y de las cargas se vuelven más fuertes que el campo gravitacional, ya que las estructuras atómicas, la distribución de la carga, y la energía se colapsan en una masa más densa.

A medida que la masa se condensa, las cargas se condensan creando una distribución de carga cada vez más cohesiva sobre la geometría de la masa que se colapsa, emitiendo campos electromagnéticos fuertes fuera de la masa densa, mientras las cargas enfocan sus líneas de campo electromagnético radialmente hacia fuera. Las fuerzas de campo electromagnético de la interacción electrodébil unificada actúan sobre el área del horizonte externo de sucesos del agujero negro Kerr-Newman preservando su geometría y límite, creando un diferencial espaciotemporal para el tipo de espacio-tiempo dentro y fuera del agujero negro. Los campos electromagnéticos concentrados sostienen el proceso de la masa que se colapsa y establecen un campo gravitacional estable para el agujero negro.

Cuando el agujero negro giratorio de Kerr-Newman se forma, irradia, así que los agujeros negros no son realmente enteramente negros. La radiación puede provenir de los pares de las partículas virtuales, o de la masa y de las cargas repelidas por los campos electromagnéticos externos, cuando una masa externa es acrecentada por el agujero negro. A un observador que estuviera monitoreando la emisión de la radiación a una distancia segura del agujero negro, le parecería que el agujero negro estuviera irradiando partículas o energía. Este proceso puede ocurrir repetidamente, en cuyo caso el observador vería una corriente continua de radiación del agujero negro giratorio de Kerr-Newman. (Melia, 2007 y 2009)

8.1. El campo electromagnético de un agujero negro giratorio y supermasivo

Imaginemos ahora el campo electromagnético del agujero negro de Kerr-Newman giratorio y supermasivo producido por una magnitud contenida de carga, Q_S, dependiendo de la ubicación o del punto en el espacio-tiempo donde determinamos teóricamente la magnitud del campo electromagnético que existe independiente de su origen. Dentro del horizonte externo de sucesos del agujero negro a una distancia ct_{INT} del origen, las magnitudes del campo eléctrico interno $\overrightarrow{E_{INT}}$ y del campo magnético $\overrightarrow{B_{INT}}$ se proponen como

$$E_{INT} = \frac{iQ_S}{4\pi\varepsilon_0 \left(ct_{INT}\right)^2} \tag{8.1}$$

$$B_{INT} = \frac{i\mu_0 Q_S v}{4\pi\varepsilon_0 \left(ct_{INT}\right)^2} \tag{8.2}$$

El campo magnético interno y el campo eléctrico interno se fortalecerían debido a la expansión de la longitud espacial y la contracción temporal, mientras que el campo gravitacional interno se debilitaría, según la distancia ct_{INT} desde el origen aumenta, mientras que la masa del agujero negro de Kerr-Newman giratorio y cargado se colapsa hacia dentro del horizonte externo de sucesos, y la distancia radial se expande hacia fuera.

La fuerza por la unidad de carga del campo magnético interno y el campo eléctrico interno se fortalecerían debido a la dilatación de la longitud espacial y la contracción temporal, según la distancia ct_{INT} aumenta desde el origen de la masa que se colapsa del agujero negro de Kerr-Newman giratorio y cargado hacia el horizonte externo de sucesos, mientras que la distancia radial se extiende hacia fuera. La contracción espaciotemporal indica que el espacio-tiempo fluye a una velocidad mayor que "*c*". Por consiguiente, las ecuaciones electromagnéticas internas representan los campos físicos en la dirección de la onda espaciotemporal avanzada.

Fuera del horizonte externo de sucesos, la ergosfera curva el espacio-tiempo con una velocidad angular alrededor del agujero negro y un campo eléctrico externo sigue el espacio curvado de la ergosfera alrededor del horizonte externo de sucesos. Mientras que el agujero negro de Kerr-Newman absorbe la materia neutra, prevalece el campo eléctrico externo. Así que, si el anillo de la singularidad tiene una carga positiva, hay un campo electromagnético interior entre el anillo y el horizonte externo de sucesos. Sin embargo, la torsión y la contracción del espacio-tiempo dentro del horizonte externo de sucesos hacia el anillo de la singularidad pueden sesgar y refractar las líneas electromagnéticas de campo del anillo debido a la distorsión, o al efecto lente, del espacio-tiempo interno del agujero negro.

Por otra parte, el campo electromagnético alrededor de la ergosfera se puede expresar en términos de la densidad y de la fuerza externa del campo electromagnético sobre el horizonte externo de sucesos, en cuyo caso tenemos las magnitudes de la densidad externa del campo eléctrico, $\overrightarrow{D_{EXT}}$, y la fuerza externa del campo magnético, $\overrightarrow{H_{EXT}}$, expresadas como

$$D_{EXT} = \frac{Q_s}{4\pi(ct_{EXT})^2} = \varepsilon_0 E_{EXT} \tag{8.3}$$

$$H_{EXT} = \frac{Q_S v}{4\pi(ct_{EXT})^2} = vD_{EXT} = \frac{B_{EXT}}{\mu_0} \tag{8.4}$$

Entonces, la magnitud de la densidad externa del flujo magnético se puede expresar como

$$B_{EXT} = \mu_0 v D_{EXT} = vE_{EXT} \tag{8.5}$$

8.2. La relación electrogravítica de un agujero negro giratorio y supermasivo

Así, a una distancia radial ct_{HEI} dentro del horizonte externo de sucesos de un agujero negro de Kerr-Newman giratorio y supermasivo, donde la fuerza del campo electromagnético contrabalancea la fuerza gravitacional para preservar la geometría y el límite del horizonte externo de sucesos, encontramos

$$\frac{Q_S}{4\pi\varepsilon_0\left(ct_{HEI}\right)^2}+\frac{\mu_0 Q_S v^2}{4\pi\left(ct_{HEI}\right)^2}=\frac{F_g}{Q_S} \tag{8.6}$$

$$F_g=\frac{{Q_S}^2}{4\pi\left(ct_{HEI}\right)^2}\left(\frac{1}{\varepsilon_0}+\mu_0 v^2\right)=Mg \tag{8.7}$$

Si la velocidad es igual a la velocidad de la luz dentro del agujero negro supermasivo, tenemos

$${Q_S}^2=2\pi\varepsilon_0 Mg\left(ct_{HEI}\right)^2 \tag{8.8}$$

$$Q_S=ct_{HEI}\ \sqrt[2]{2\pi\varepsilon_0 Mg}=t_{HEI}\ \sqrt[2]{\frac{2\pi Mg}{\mu_0}} \tag{8.9}$$

Por lo tanto, substituyendo la masa, el radio del horizonte electrogravitico interno (HEI), $ct_{HEI}=2GM/c^2$, y la aceleración gravitacional en el horizonte electrogravítico interno de un agujero negro de Kerr-Newman giratorio, $g_{HEI}=GM/\left(2GM/c^2\right)^2=c^4/4GM=c/2t_{HEI}$, en la ecuación anterior para, Q_S , podemos formular y determinar la carga como

$$Q_S\ =\ \sqrt[2]{\frac{4\pi\varepsilon_0 G^2M^3}{c^3t_{HEI}}}=M\ \sqrt[2]{2\pi\varepsilon_0 G} \tag{8.10}$$

Del mismo modo, expresamos la conjetura de la densidad de campo del horizonte electrogravítico interior de la siguiente manera

$$Mg\ =\ Q_S E \tag{8.11}$$

$$\frac{g}{E}=\frac{\rho_S}{\rho_M}=\sqrt[2]{\frac{4\pi\varepsilon_0 G^2M}{c^3t_{HEI}}}=\sqrt[2]{2\pi\varepsilon_0 G} \tag{8.12}$$

Así, *la relación electrogravítica del agujero negro equivale a la proporción de las densidades de la carga y de la masa en el horizonte electrogravítico interior para preservar la geometría física del agujero negro*.

Sustituyendo por G en la ecuación anterior $(G = \ddot{a}/8\pi M)$, tenemos

$$G\sqrt[2]{\frac{4\pi\varepsilon_0 M}{c^3 t_{HEI}}} = \frac{\ddot{a}}{4c}\sqrt[2]{\frac{\varepsilon_0}{\pi M c t_{HEI}}} \tag{8.13}$$

Así, podemos ver que la geometría física del agujero negro supermasivo depende a propósito de la aceleración del espacio, $\ddot{a}$, del paso del tiempo, de la masa M del agujero negro, de la velocidad de la luz, de la constante, π, y de la permitividad, ε_0, del espacio-tiempo libre.

8.3. La determinación de la carga, la masa, y el impulso angular, de un agujero negro supermasivo

¿Pero cómo determinamos la masa, o la carga, de un lejano objeto celeste, como un agujero negro de Kerr-Newman giratorio y supermasivo?

Un agujero negro de Kerr-Newman giratorio con un impulso angular J, una masa M, y una carga Q, tiene la siguiente relación

$$\frac{J^2}{M^2} + Q^2 \leq M^2 \tag{8.14}$$

donde la masa del agujero negro puede tomar cualquier valor positivo.

Se espera que la carga total Q y el impulso angular total J, satisfagan la ecuación anterior para un agujero negro de Kerr-Newman giratorio con una masa M. Los agujeros negros que saturan esta desigualdad se llaman extremos. Un agujero negro extremo es un agujero negro con la masa mínima posible que puede ser compatible con la carga y el impulso angular dado. (Newman et al, 1965)

Por lo tanto, para un agujero negro de Kerr-Newman giratorio que es por lo menos extremo en su naturaleza, proponemos

$$\frac{J^2}{M^2}+\frac{4\pi\varepsilon_0 G^2 M^3}{c^3 t_{HEI}}\leq M^2 \tag{8.15}$$

$$J^2+\frac{4\pi\varepsilon_0 G^2 M^5}{c^3 t_{HEI}}\leq M^4 \tag{8.16}$$

$$J^2\leq M^4-\frac{4\pi\varepsilon_0 G^2 M^5}{c^3 t_{HEI}} \tag{8.17}$$

$$J^2\leq M^4\left(1-\frac{4\pi\varepsilon_0 G^2 M}{c^3 t_{HEI}}\right) \tag{8.18}$$

$$J^2\leq M^2\sqrt[2]{\left(1-\frac{4\pi\varepsilon_0 G^2 M}{c^3 t_{HEI}}\right)} \tag{8.19}$$

$$J\ \leq\ M^2\sqrt[2]{(1-2\pi\varepsilon_0 G)} \tag{8.20}$$

Por consiguiente, como la constante de la masa-impulso es casi unitaria, $(1-2\pi\varepsilon_0 G)\approx 1$, podemos expresar la magnitud del impulso angular *J* de un agujero negro de Kerr-Newman giratorio, un agujero negro que es por lo menos extremo, aproximadamente menor o igual a la magnitud cuadrada de su masa *M*.

$$J\ \leq\ M^2 \tag{8.21}$$

Por el contrario, la magnitud de la masa *M* es aproximadamente mayor o igual a la raíz cuadrada de la magnitud del impulso angular *J* del agujero negro de Kerr-Newman giratorio.

$$M\ \geq\ \sqrt[2]{J} \tag{8.22}$$

En consecuencia, la masa de un agujero negro de Kerr-Newman giratorio se puede aproximar de la observación y la medida de su impulso angular. Así, podemos determinar la magnitud aproximada de la carga, Q_S, de un agujero negro de Kerr-Newman giratorio y supermasivo dada por

$$Q_S = M \sqrt[2]{2\pi\varepsilon_0 G} \qquad (8.23)$$

Sustituyendo por *M* en la penúltima ecuación, tenemos

$$Q_S \geq \sqrt[2]{2\pi\varepsilon_0 GJ} \qquad (8.24)$$

donde *J* es el impulso angular, *G* es la constante gravitacional, y ε_0 es la permitividad del espacio-tiempo libre.

§ 9. Epilogo

El campo electromagnético y el campo electromagnético resultante son los verdaderos campos fundamentales de los fenómenos electromagnéticos, con las construcciones actuales de $\vec{D}$ y $\vec{H}$ que tienen sus aplicaciones útiles en la teoría de la ingeniería eléctrica. Por lo tanto, un campo magnético resultante surge del rotacional del campo eléctrico resultante de los dipolos magnéticos dentro de un conductor perpendicular a la dirección de la propagación del campo eléctrico de la fuente dentro de un conductor con un flujo de corriente. La fuerza gravitacional y la fuerza eléctrica son fenómenos físicos distintos. Sin embargo, podemos expresar la fuerza electrogravítica como una relación entre las fuerzas gravitacionales y las eléctricas. Esta relación electrogravítica se vuelve útil para describir fenómenos físicos como el contrapeso de las fuerzas electrogravíticas en el horizonte electrogravítico interno de un agujero negro supermasivo de Kerr-Newman, cargado y giratorio, y puede tener una función significativa en otros fenómenos físicos donde el campo gravitacional y el campo electromagnético pueden contrarrestarse, contrapesarse, o coincidir, entre sí.

Capítulo 10

Un Nuevo Tratado sobre el Electromagnetismo

§ 1. Las unidades de la carga espaciotemporal

El área alrededor de un objeto, o de una partícula eléctricamente cargada, tiene una característica que se refiere como un campo eléctrico según lo descrito hace más de cien años por el investigador eminente Michael Faraday. El campo eléctrico de una partícula o un objeto tiene la capacidad de ejercer una fuerza sobre otras partículas u objetos a una distancia.

La fuerza de tal campo eléctrico se relaciona con el potencial eléctrico o la presión referida como el potencial, o el voltaje, y la fuerza del campo eléctrico se proyecta a través del espacio-tiempo desde una carga cuántica a otra. Convenientemente, un electrón (*e*) o un gluón (*e*/3) puede ser considerado como una unidad básica de carga elemental derivada de la carga cuántica.

Cuando una carga se mueve en el espacio-tiempo, la carga manifiesta un campo eléctrico y un campo magnético. Los campos eléctricos y magnéticos son campos conjugados como el espacio y el tiempo son conjugados. Son dos manifestaciones diferentes de un campo físico, pero no dos fenómenos naturales separados. Se refieren a menudo como un campo electromagnético combinado para una partícula móvil de carga tanto como el espacio y el tiempo se refieren como el espacio-tiempo para un objeto móvil de masa, no dos fenómenos naturales separados. Sin embargo, un campo magnético y un campo eléctrico, o una dimensión espacial y una dimensión temporal, a menudo puede ser representadas como una dicotomía en los análisis de la física.

La fuerza Coulomb de Planck entre dos cargas de Planck Q_p es dada por

$$F_Q = \frac{\hbar c}{l_p^{\ 2}} = \frac{Q_p^{\ 2}}{4\pi\varepsilon_0 l_p^{\ 2}} \tag{1.1}$$

$$Q_p^{\ 2} = 4\pi\varepsilon_0 \hbar c = 4\pi\varepsilon_0 F_Q l_p^{\ 2} \tag{1.2}$$

Una unidad de carga q_p puede expresarse como una unidad de área espaciotemporal como el área de un plano espaciotemporal con una longitud igual a la longitud espacial de Planck y una anchura temporal igual al tiempo de Planck. La aceleración de la mitad de la unidad del área de la unidad de carga es igual a π.

$$q_p^{\ 2} = t_p^{\ 2} l_p^{\ 2} \qquad (1.3)$$

$$q_p = t_p l_p \approx 8.713036182 \ \text{x} \, 10^{-79} \ m \cdot s \qquad (1.4)$$

Las ilustraciones siguientes ayudaran a visualizar un cuántico de carga Planck y un cuántico de luz.

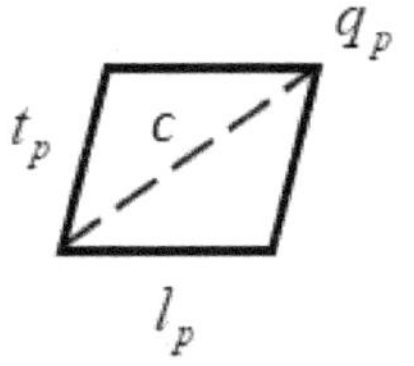

Figura 1.

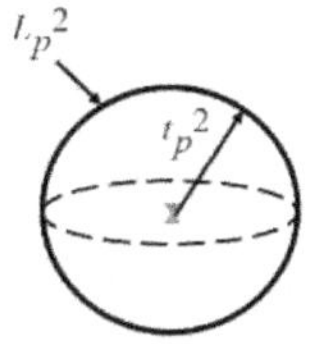

Figura 2.

La fuerza Coulomb de la unidad Planck cerca de un objeto de masa sería normal al punto central de la unidad del área del plano temporal y apuntaría hacia el centro de la aceleración gravitacional de la masa del objeto. Esta es la dirección en la que la onda temporal se expande hacia la masa del objeto. Esta fuerza está relacionada con el campo eléctrico de un tubo de fuerza.

$$F_q = \frac{q_p^{\ 2}}{4\pi\varepsilon_0 l_p^{\ 2}} = \frac{(t_p l_p)^2}{4\pi\varepsilon_0 l_p^{\ 2}} = \frac{t_p^{\ 2}}{4\pi\varepsilon_0} \qquad (1.5)$$

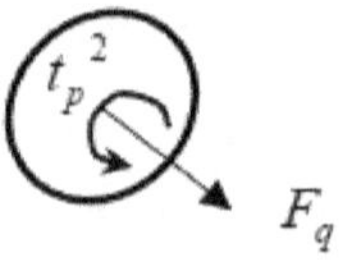

Figura 3.

Así, la permitividad del espacio-tiempo libre se puede expresar como

$$\varepsilon_0 = \frac{1}{4\pi}\frac{t_p^{\ 2}}{F_q} \tag{1.6}$$

Si expresamos la ley Biot-Savart para una carga unitaria de Planck en forma de la magnitud, tenemos

$$\vec{B} = \frac{\mu_0 q_p}{4\pi}\vec{v} \times \frac{\vec{r}'}{|r'|^2} \tag{1.7}$$

$$B = \frac{F_q}{l_p^{\ 2}} = \frac{\mu_0 (t_p l_p)}{4\pi}\left(\frac{l_p}{t_p}\right)\left(\frac{1}{l_p^{\ 2}}\right) = \frac{\mu_0}{4\pi} \tag{1.8}$$

$$F_q = \frac{\mu_0 l_p^{\ 2}}{4\pi} \tag{1.9}$$

La permeabilidad libre del espacio-tiempo es dada por

$$\mu_0 = 4\pi \frac{F_q}{l_p^{\ 2}} \tag{1.10}$$

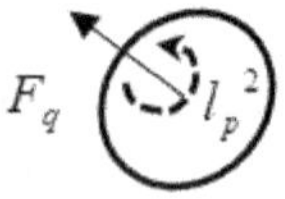

Figura 4.

La fuerza Coulomb de la unidad Planck cerca de un objeto de masa sería normal al punto central de la unidad del área del plano espacial y apuntaría hacia fuera del centro de la aceleración gravitacional de la masa del objeto. Esta es la dirección en la que la onda espacial se expande hacia fuera de la masa del objeto. Esta fuerza está relacionada con el campo magnético de un tubo de fuerza. La velocidad de la luz se puede expresar en términos de la permitividad y de la permeabilidad del espacio-tiempo libre.

$$\varepsilon_0\mu_0 = \left(\frac{1}{4\pi}\frac{t_p^{\;2}}{F_q}\right)\left(4\pi\frac{F_q}{l_p^{\;2}}\right) = \frac{t_p^{\;2}}{l_p^{\;2}} = \frac{1}{c^2} \tag{1.11}$$

El fotón, o el cuántico de luz, puede ser representado como la unidad del área espaciotemporal compleja linealmente polarizada que oscila en un ángulo, por ejemplo, a 45 grados del plano vertical, en la dirección de la propagación del campo electromagnético, con una frecuencia angular alrededor del eje de fuerza, y con un sentido de propagación y velocidad en la dirección de la frecuencia lineal, hacia fuera de la página.

Figura 5.

El sentido de giro de la unidad del área temporal, o del área espacial, de carga, es la misma alrededor de cada fuerza Coulomb de cada unidad del área, que le dan al fotón una carga neutra. Podemos considerar la unidad del área temporal como la proyección futura de su área de la unidad espacial. La onda espaciotemporal linealmente polarizada del fotón se divide en el campo eléctrico y en el campo magnético de Maxwell, con un ángulo recto entre el uno y el otro, y dos cargas iguales y opuestas. La energía de la onda espaciotemporal del fotón es dada por

$$E = h\upsilon \tag{1.12}$$

Donde h es el impulso del área a medida que se expande o se contrae con el tiempo, y υ es la frecuencia de la onda espaciotemporal. La fuerza de Laplace sobre una unidad de carga Planck que se mueve perpendicular a un campo magnético es dada por

$$\vec{F}_p = q_p \vec{v} \times \vec{B} \tag{1.13}$$

Substituyendo a la unidad de la carga Planck en términos de la unidad del área del espacio-tiempo en la ecuación de la fuerza de Laplace para encontrar la magnitud de la fuerza de Planck conseguimos

$$\left|\vec{F}_p\right| = q_p vB = \left(t_p l_p\right)\left(\frac{l_p}{t_p}\right)\left(\frac{F_p}{l_p^{\ 2}}\right) = F_p \tag{1.14}$$

La aceleración volumétrica del espacio-tiempo en la superficie esférica de un objeto de masa Planck puede expresarse en términos de las unidades Planck de la masa, de la longitud, del tiempo, y de la unidad de carga, de la siguiente manera:

$$\hbar c = \frac{q_p^{\ 2}}{4\pi\varepsilon_0} = m_p \ddot{a} \tag{1.15}$$

$$\ddot{a} = \frac{q_p^{\ 2}}{4\pi\varepsilon_0 m_p} = \frac{t_p^{\ 2} l_p^{\ 2}}{4\pi\left(\frac{t_p^{\ 2} l_p^{\ 2}}{F_q l_p^{\ 2}}\right) m_p} = \frac{F_q l_p^{\ 2}}{4\pi m_p} = \frac{m_p\left(\frac{\partial^2 l_p}{\partial t_p^{\ 2}}\right)}{4\pi\left(\frac{\partial^2 m_p}{\partial l_p^{\ 2}}\right)} \tag{1.16}$$

Así, la aceleración del espacio-tiempo sobre una masa esférica de un objeto cargado, con un radio de la longitud de Planck, es directamente proporcional a la fuerza de Planck e indirectamente proporcional a la aceleración radial de la masa con respecto a su radio alrededor de la geometría de la masa del objeto.

§ 2. Los tubos electromagnéticos de la fuerza

La fuerza de la unidad de Planck discutida anteriormente actúa normal a una unidad del área del espacio o del tiempo de un tubo magnético de fuerza o un tubo eléctrico de fuerza. Un tubo de fuerza es la proyección del área de la unidad del espacio o del tiempo en la dirección de la frecuencia lineal de la onda de carga. Mientras que la distancia del centro de la gravedad aumenta, las ondas temporales se contraen y las ondas espaciales se extienden. Los tubos eléctricos de fuerza se contraen ya que se hacen de volumen temporal con una frecuencia angular que determina el tipo de carga, positivo o negativo, del tubo, en la dirección de la frecuencia lineal. Semejantemente, cuando la distancia del centro de la gravedad aumenta, el tubo magnético se extiende mientras que la onda espacial se amplía con una frecuencia angular que determina el tipo de carga, en la dirección de la frecuencia lineal.

Hay presión, la fuerza normal por la unidad del área, en los ángulos rectos a los tubos de fuerza de la mitad del producto de la densidad dieléctrica y diamagnética. La densidad dieléctrica o la diamagnética es equivalente al número de los tubos eléctricos de fuerza o los tubos magnéticos por el área de la unidad de la superficie.

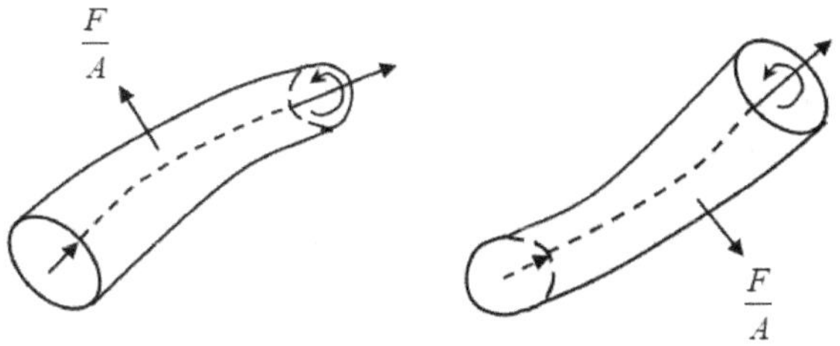

Figura 6.

La presión total, o la fuerza por unidad del área, en ángulos rectos a los tubos de fuerza es dada por

$$\frac{F_{Total}}{A} = \frac{1}{A}\left(F_{\varepsilon_0} + F_{\mu_0}\right) \tag{2.1}$$

Los tubos de fuerza rotando en sentido contrario se atraen y los tubos de fuerza rotando en el mismo sentido se rechazan. Por convención, todos los tubos positivos de fuerza tienen rotación en sentido antihorario y los tubos negativos de fuerza tienen rotación en sentido horario. Los tubos espaciales o los tubos temporales pueden tener una rotación positiva o negativa en la dirección de la frecuencia lineal. Los tubos que viajan en la misma dirección y con la misma rotación se rechazan. Los tubos de fuerza, espaciales o magnéticos, y paralelos, que viajan en direcciones opuestas con una rotación opuesta tienden a unirse y forman un solo tubo que viaja en una dirección determinada por los polos magnéticos que crearon los tubos de fuerza.

§ 3. El fotón o el cuántico de luz

Los fotones que consisten en la unidad del área espacial o el área temporal del espacio-tiempo son virtuales, la diferencia entre su energía y su impulso es equivalente a la masa de descanso cero, $E = pc$. Si hay una diferencia en la energía y el impulso del fotón, cuando se conserva la frecuencia angular y la frecuencia lineal aumenta durante la compresión de su longitud de onda, el fotón ganaría la masa relativista o la masa virtual.

$$m_{rel}^{2}c^{4} = E^{2} - p^{2}c^{2} \tag{3.1}$$

Cuando un fotón virtual, o una partícula elemental, obtiene su masa relativista, la curvatura espaciotemporal sobre el fotón, o la partícula, aumenta. Los fotones, o las partículas, consisten en los gluones, o comparativamente, en términos muy simples, en unos puntos de energía suspendidos en el espacio-tiempo. Así, la energía de la masa relativista, E_{rel}, puede ser mucho mayor que la energía de la masa de descanso, o del punto de reposo de la energía, ∂E. La masa relativista se puede expresar como el producto de la masa de descanso con el cociente de la curvatura relativista, R_{rel}, producido por el movimiento, a la curvatura de descanso, R.

$$m_{rel} = \frac{\partial E}{c^{2}} \cdot \frac{R_{rel}}{R} \tag{3.2}$$

$$E_{rel} = m_{rel} \cdot c^{2} = \partial E \cdot \frac{R_{rel}}{R} \tag{3.3}$$

$$\frac{E_{rel}}{\partial E} = \frac{R_{rel}}{R} \tag{3.4}$$

Los fotones virtuales son constantemente emitidos y reabsorbidos por su fuente. Un objeto de masa cargado, con un campo eléctrico y un campo magnético, está rodeado de los fotones, constantemente emitidos y reabsorbidos por su fuente.

Los fotones, reales y virtuales, son emitidos y absorbidos por las partículas cargadas, aunque los fotones son neutros. Los fotones son los portadores del espacio-tiempo, o del campo electromagnético, que solamente interactúan electromagnéticamente con las partículas o los objetos cargados, no con otros fotones. Los fotones no interactúan con los campos magnéticos. Los fotones que componen los campos eléctricos o los magnéticos no están cargados así que otros fotones no interactúan con ellos. La neutralidad de un fotón se teoriza en esta escala como el resultado de la fuerza resultante cero de la superficie compleja espaciotemporal.

Un fotón libre y ordinario tiene dos estados de la polarización que corresponden a la orientación positiva o la negativa de una carga en el espacio-tiempo como puede ser demostrado fácilmente por un experimento. Un electrón puede interactuar con un fotón libre, independientemente de su fuente. El electrón se dispersaría. Si el fotón es virtual, como cuando dos electrones cercanos experimentan fuerzas similares a la fuerza Coulomb, el fotón tiene un estado longitudinal adicional de polarización en la dirección de la frecuencia lineal relacionada con el signo de la carga de su fuente. Así, un electrón que interactúa y recibe un fotón puede atraer o repeler la partícula, o el objeto cargado, que se acerca y tiene información avanzada para advertir que una partícula o un objeto incidente tiene una carga opuesta.

La fuerza espaciotemporal de un fotón puede expresarse como

$$\left|\vec{F}_{ST}\right| = \left|t_p l_p \left(\vec{E} + \vec{v} \times \vec{B}\right)\right| = \left|t_p l_p \left[\frac{F_q}{t_p l_p} + \left(\frac{l_p}{t_p} \times \frac{F_q}{l_p^{\,2}}\right)\right]\right| = 2\left|F_q\right| \tag{3.5}$$

Hay dos fuerzas iguales y opuestas relacionadas con el estado de un fotón libre en el espacio-tiempo. Un objeto de masa cargado e inmóvil experimenta una fuerza temporal pero un objeto de masa móvil experimenta una fuerza temporal y una espacial del campo espaciotemporal (o electromagnético). Los disturbios en el medio de la onda pueden desequilibrar el equilibrio de la unidad del área espaciotemporal que da lugar a la producción de los pares de cargas libres y de la energía potencial.

§ 4. El potencial del campo unificado: los campos escalares, los eléctricos, los magnéticos, y los gravitacionales

La onda espaciotemporal subyace al campo electromagnético y al campo gravitacional como la infraestructura del medio de onda del espacio-tiempo isótropo y homogéneo. La onda espaciotemporal en su forma pura es una onda escalar carente de las ondas electromagnéticas. Todos los demás potenciales de campo o los campos de fuerza, los eléctricos, los magnéticos y los gravitacionales, se originan a partir de las perturbaciones (como la curvatura) del estado de la onda espaciotemporal, que emergen en el espacio-tiempo isótropo y homogéneo.

El medio de onda escalar es el medio de la onda espaciotemporal de todos los campos de fuerza y de los potenciales de campo. El medio de la onda puramente espaciotemporal o de la escalar está asociado con un valor de medición del campo único que representa las condiciones, los atributos, incluyendo, pero no limitados a, la fase y la magnitud del espacio y del tiempo, en cada punto de la medición. El grado, el tipo de perturbación (como la curvatura) del espacio-tiempo isótropo y homogéneo, y la presencia de la materia y las cargas, manifiesta los campos de fuerza, o los potenciales de campo, que emergen en la infraestructura espaciotemporal del medio.

Así, si existe un potencial eléctrico o magnético en el medio de la onda escalar (espaciotemporal), el gradiente de esa perturbación representa el campo de fuerza eléctrico o el campo de fuerza magnético. El gradiente apunta en la dirección donde el campo de fuerza aumenta o disminuye más con el potencial de campo. La energía potencial del campo se puede convertir a la energía cinética cuando un objeto de masa cargado, o una partícula, entra en el potencial de campo y se mueve hacia o lejos de una fuente o de un sumidero.

La energía cinética de la carga es capaz de ejercer una fuerza cuando se mueve a través de una distancia; así, de esta manera, el potencial de campo puede contribuir a una fuerza. Sin embargo, si el potencial de campo diverge o converge de su fuente en función de la distancia, se origina un campo de fuerza como un campo eléctrico, un campo magnético, o un campo gravitacional. El potencial de campo es superpuesto sobre el campo escalar, que diverge o converge, como función de la distancia. *El potencial del campo unificado unifica a todos los campos de fuerza, los campos de potencia, y al medio de la onda espaciotemporal o escalar.*

La Función de Campo	*El Electromagnetismo*	*La Gravedad*	*La Interacción Débil*	*La Interacción Fuerte*	*El Medio de la Onda Escalar*	*El Campo Unificado*
El Campo de Fuerza	$F^{\varepsilon\beta}$	$F^{\mu\nu}$	$W^{\varepsilon\beta}$	$S^{\varepsilon\beta}$	$\Psi^{\mu\nu}$	$F^{\alpha\omega}$
Los Potenciales de Campo	V^{00}	U^{00}	W^{00}	S^{00}	Ψ^{00}	P^{00}

Figura 7.

La fuerza del campo unificado puede expresarse como

$$F^{\alpha\omega} = F^{\varepsilon\beta} + F^{\mu\nu} + W^{\varepsilon\beta} + S^{\varepsilon\beta} + \Psi^{\mu\nu} \tag{4.1}$$

y el potencial del campo unificado es dado por

$$P^{00} = V^{00} + U^{00} + W^{00} + S^{00} + \Psi^{00} \tag{4.2}$$

El campo eléctrico tiene una naturaleza temporal, así que, si hay un disturbio temporal variante y cíclico en el medio escalar de la onda sobre una distribución continua de carga que pudiera ser variante o invariante, después habría también un potencial de campo temporalmente variable, y un campo eléctrico temporalmente variable emergería. El campo eléctrico temporalmente variante de la distribución temporalmente variante de la carga aumentaría o disminuiría más rápidamente en función de la distancia del campo eléctrico de la distribución temporalmente invariante de la carga, pero la dirección de cualquier campo eléctrico temporalmente variante sería la dirección del campo escalar temporalmente variante.

El campo gravitacional y el campo electromagnético comparten una relación de variación temporal similar de divergencia y convergencia con el espacio y el tiempo porque la infraestructura de todos los campos de fuerza es el campo de onda escalar. El campo de onda escalar de un campo gravitacional de un sistema de masa es temporalmente variante porque un cuerpo material, así como una distribución continua de carga, puede variar con el tiempo, con la radiación, la acreción de masa, o el agotamiento de la materia o de la carga.

La dirección del campo eléctrico dependería del signo positivo, o negativo, de la carga. Para una distribución positiva y continua de una carga, la dirección del campo eléctrico está hacia fuera de su fuente, y para una distribución continua de carga negativa, la dirección del campo eléctrico está hacia dentro, hacia su sumidero. La distribución de la carga negativa, o la acreción de los electrones, constituye un aumento en la masa y en el campo gravitacional que viene del conductor, que, a su vez, dilata temporalmente las ondas escalares alrededor del conductor. La dilatación temporal de las ondas escalares desvía el potencial del campo escalar, y el potencial del voltaje, hacia el sumidero, por lo que el campo eléctrico apunta hacia el interior del sumidero. Para una distribución de carga positiva, o con el agotamiento de los electrones, el efecto contrario ocurriría.

La divergencia temporal de las ondas de un campo escalar hacia el sumidero también implica una acumulación de las cargas negativas en el conductor que produciría un potencial de voltaje divergente hacia el sumidero. Mientras que las ondas escalares divergen temporalmente, las ondas escalares espaciales convergen, y la densidad negativa de la distribución de la carga en el conductor converge para consolidar el campo eléctrico.

La ecuación de Maxwell y Faraday indica que un campo eléctrico espacial que no es conservador está acompañado siempre por un campo magnético que varía temporalmente, y viceversa. Podemos expresar esta relación como la relación entre el campo temporal de la onda escalar (el campo eléctrico) que varía sobre el espacio con el campo espacial de la onda escalar (el campo magnético) que varía sobre el tiempo en el medio de la onda escalar.

$$\nabla \times \vec{E} = -\frac{\partial \vec{B}}{\partial t} \tag{4.3}$$

$$\frac{\partial\left(\nabla \times \vec{E}\right)}{\partial t} = -\frac{\partial^2\left(\nabla \times \vec{A}\right)}{\partial t^2} \tag{4.4}$$

Por otra parte, el rotor temporal, o rotacional, del campo temporal de la onda escalar (el campo eléctrico) iguala al rotor desacelerado del vector de potencial espacial de la onda escalar (el vector del potencial magnético). El vector del potencial espacial de la onda escalar es el cambio de fase ejercido por una onda escalar espacial sobre una unidad de carga que se mueve a través del espacio. Por el efecto de Aharonov-Bohm, si una partícula con la carga Q se mueve a lo largo de una trayectoria entre dos puntos, el vector del potencial espacial de la onda escalar causa que la fase de la función mecánica cuántica de su onda se desplace. Por lo tanto, la fase de la función de la onda depende del potencial magnético del vector, y se ha observado experimentalmente que también depende del potencial eléctrico escalar cuando una partícula se mueve a través del tiempo.

Así, la velocidad del rotor temporal que varía en el campo temporal de la onda escalar (el campo eléctrico) iguala la desaceleración del cambio de fase en una unidad de carga que se mueve a través del espacio-tiempo. El potencial temporal de la onda escalar de la carga es el potencial de la energía escalar, y la ecuación de Schrödinger nos dice que la energía de la partícula es la velocidad a la cual su fase evoluciona con el tiempo.

El potencial escalar temporal (el potencial eléctrico escalar) es el cambio de fase temporal ejercido por una onda escalar de una unidad de carga que se mueve a través del tiempo. Así, el potencial espacial del vector de la onda escalar (el potencial magnético del vector) lleva la misma relación al espacio que el potencial escalar temporal (el potencial eléctrico escalar) lleva al tiempo. Para el campo muy cercano a una antena, o a través de la inducción electromagnética, obtenemos:

$$\nabla \times \vec{B} = \mu_0 \varepsilon_0 \frac{\partial \vec{E}}{\partial t} \tag{4.5}$$

$$\nabla \times \vec{E} = \nabla \times v\vec{B} = v\left(\nabla \times \vec{B}\right) = v\left(\mu_0 \varepsilon_0 \frac{\partial \vec{E}}{\partial t}\right) = -\frac{\partial \vec{B}}{\partial t} \tag{4.6}$$

Dado que la velocidad del campo electromagnético en el campo lejano es la velocidad de la luz, obtenemos

$$c\left(\mu_0\varepsilon_0\frac{\partial E}{\partial t}\right)=c\left(\frac{1}{c^2}\frac{\partial E}{\partial t}\right)=\left(\frac{1}{c}\frac{\partial E}{\partial t}\right)=\frac{\partial B}{\partial t} \tag{4.7}$$

$$\frac{\partial E}{\partial t}=\left(\frac{\partial s}{\partial t}\right)\frac{\partial B}{\partial t} \tag{4.8}$$

$$\left(\frac{\partial s}{\partial t}\right)=\frac{\partial E}{\partial B} \tag{4.9}$$

En la ecuación anterior podemos ver claramente la relación de la magnitud en el campo lejano entre el medio de la onda escalar (el medio de la onda espaciotemporal) y el campo electromagnético emergente. A continuación, se muestra la relación del electromagnetismo y el medio de la onda espaciotemporal de seis dimensiones.

$$\frac{\partial \vec{B}}{\partial t}=\frac{\partial \vec{E}}{\partial s} \tag{4.10}$$

$$\frac{\partial \vec{B}_X}{\partial t_X}+\frac{\partial \vec{B}_Y}{\partial t_Y}+\frac{\partial \vec{B}_Z}{\partial t_Z}=\frac{\partial \vec{E}_X}{\partial x}+\frac{\partial \vec{E}_Y}{\partial y}+\frac{\partial \vec{E}_Z}{\partial z} \tag{4.11}$$

En términos de la divergencia temporal y espacial utilizando el operador Tem y el operador Del, podemos expresar la ecuación anterior como

$$\vec{\Re}_\tau \cdot \vec{B}=\nabla\cdot\vec{E} \tag{4.12}$$

Por lo tanto, hay razones para creer, de los fenómenos de la luz, que el espacio-tiempo es el medio de la onda circundante que existe en el pleno de los objetos materiales, capaces de expandirse y ejercer movimiento a la masa y la energía a través del desplazamiento de sus dimensiones espaciotemporales. Así, los atributos de la energía potencial y el campo de fuerza conexo se propagan y ondulan como el medio de la onda espaciotemporal, en cada punto que se expande en todas sus dimensiones, medidos por nuestros instrumentos o evidenciados por nuestros sentidos. El medio de la onda espaciotemporal (escalar) es altamente maleable, ajustable, y subyace a las perturbaciones de los campos de energía potenciales y los campos de fuerza de las distribuciones de carga homogéneas que pueden ser sostenidos o alterados cuando las condiciones electromagnéticas o escalares cambian. (Maxwell, 1865)

Las fuerzas que actúan entre las masas, o entre las distribuciones homogéneas de carga, se pueden considerar directamente relacionadas con el medio de la onda escalar y no tratadas solamente con referencia a las condiciones de los cuerpos, de sus posiciones relativas, y de sus impulsos. En cierto sentido, el medio de la onda escalar ha sido despojado de todas las propiedades mecánicas y cinéticas, pero inequívocamente tiene una participación muy significativa en la determinación de las ocurrencias mecánicas y electromagnéticas, ya que se encuentra en un estado constante de movimiento. Para una fuerza, el tiempo es causa, y el movimiento es efecto. El tiempo es lo primero que sucede y lo último. El medio de la onda espaciotemporal es la subestructura y el motor primario del trabajo que tradicionalmente se ha considerado hecho por la masa o la energía en las dimensiones del medio. El tiempo crea el espacio para permitir que las cosas sucedan en otros lugares. La expansión del espacio-tiempo es lo que hace posible el movimiento.

Si hay dos distribuciones cercanas de cargas opuestas, entonces un dipolo eléctrico emergería.

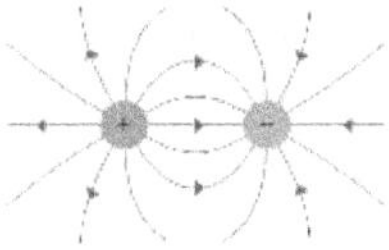

Figura 8.

Si el potencial de onda escalar, y consecuentemente el potencial de campo, es omnipresente, temporalmente invariante o uniforme, entonces en tal potencial de campo, o potencial del voltaje, un campo de fuerza eléctrico no emergería, ceteris paribus. La diferencia del potencial de voltaje sería cero entre dos puntos arbitrarios que se midan en el potencial del campo. El campo magnético tiene una naturaleza espacial, así que, si hay un disturbio giratorio y cíclico, en el medio escalar, entonces habría un rotor en el potencial del campo también, y un rotor magnético resultante emergería. La dirección del rotor magnético seguiría las reglas de Fleming. La intensidad del campo magnético aumentaría en un campo escalar convergente en función de la distancia, y disminuiría en un campo escalar divergente. La masa de un imán permanente tiene un campo gravitacional que diverge como una función de la distancia de la masa. Un imán permanente es un dipolo magnético, con un polo norte y un polo sur, debido al efecto resultante de todos sus dominios magnéticos internos alineados y giratorios, que existe en el pleno de la masa del imán. Estos dominios magnéticos se polarizan con las cuánticas espaciales de la onda escalar.

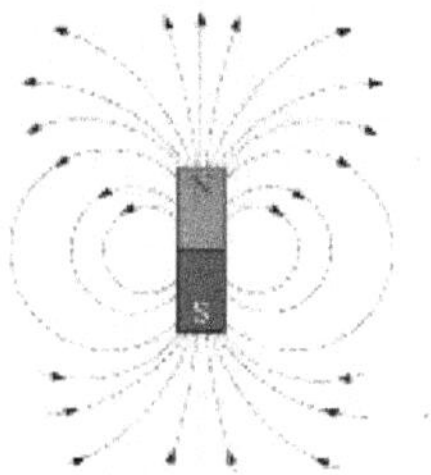

Figura 9.

Un imán permanente tiene un polo norte y un polo sur, los tubos magnéticos de fuerza son de una naturaleza escalar y se mueven desde el polo norte hasta el polo sur del imán. Hay un campo escalar divergente en el polo norte del imán que origina un campo magnético de fuerza divergente, y hay un campo escalar divergente en el polo sur, semejante a un campo escalar convergente, desde la perspectiva de los tubos de fuerza del polo norte. Así, los tubos de fuerza del polo norte y del polo sur del mismo imán permanente tienen giro opuesto y son quirales, desde la perspectiva de cada polo, por lo que son capaces de conectarse en el medio de onda escalar, para completar el circuito magnético.

En el campo gravitacional de un cuerpo celeste, la onda escalar espacial diverge de la masa en función de la distancia, mientras que la onda escalar temporal converge en función de la distancia. Entonces, una onda electromagnética que se propaga radialmente lejos del cuerpo celeste de la masa tendría una intensidad gradualmente mayor de su campo eléctrico debido a la convergencia temporal de la onda escalar como función de la distancia y se disminuiría gradualmente la intensidad del campo magnético en función de la distancia debido a la divergencia espacial de la onda escalar en un campo gravitacional. El impulso total de la onda combinada escalar, y la onda espaciotemporal, se conserva.

En el diagrama que se muestra a continuación, cada círculo representa un valor particular de potencial escalar para el campo escalar espacial (verde) y el campo escalar temporal (azul). Los círculos de diferentes tamaños indican la divergencia o la convergencia desde la superficie de la masa. El gradiente apunta en la dirección donde el campo escalar de fuerza aumenta o disminuye más con el potencial del campo escalar. El diagrama es sólo una ayuda aproximada para la visualización.

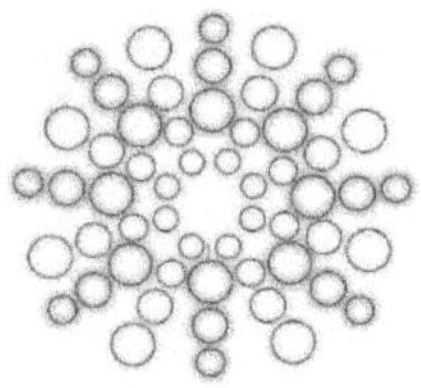

Figura 10.

El gradiente del campo gravitacional es el gradiente del campo escalar temporal cerca de un objeto masivo. El medio de onda escalar (espaciotemporal) se expande en cada punto del espacio-tiempo. El tiempo es una forma de campo comprimido de onda escalar que se expande a través de la compresión y la rarefacción del espacio-tiempo cerca de los cuerpos masivos. El espacio y el tiempo crean un potencial de campo que puede convertir una forma de energía en otra. En ese sentido, el espacio o el tiempo son productores de la energía. La onda escalar combinada del medio de la onda espaciotemporal fija la velocidad de la luz a "*c*" cuando y donde la onda escalar temporal actúa conjugada a la onda escalar espacial. La onda escalar temporal se dilata al acercarse a un objeto masivo que disminuye su frecuencia en función de la distancia espacial. La onda escalar espacial se comprime a medida que se acerca a un objeto masivo aumentando su frecuencia en función del tiempo. Este efecto resulta en un campo gravitacional cerca y sobre el objeto masivo. En otras palabras, este efecto espaciotemporal da como resultado una curvatura. Sin embargo, el espacio y el tiempo existen incluso en ausencia de la masa. Así, *el tiempo es emergente y crea más espacio, lo que a su vez permite la aparición de más tiempo.*

El flujo de cargas, como los electrones, a través de un medio de conducción, un conductor, es más lento que la velocidad de la luz. A veces mucho más lento que la velocidad de la luz debido a la deriva de los electrones, las características físicas del material conductor, y otros atributos y condiciones que pueden estar involucrados. Así, si la onda combinada escalar se mueve a la velocidad de la luz, la velocidad del flujo de la corriente, no necesariamente el flujo de los electrones individuales se retrasaría con respecto a la onda espaciotemporal (escalar). Consecuentemente, el flujo de las cargas acorta la longitud de la onda escalar a menos de la velocidad de la luz, mientras que las cargas masivas pueden moverse en las velocidades relativistas, y en ese sentido, comprimen el espacio-tiempo en la dirección de la propagación. La onda combinada escalar es longitudinal porque ambos componentes (los espaciales y los temporales) son también longitudinales. Esta es también la razón por la que las ondas gravitacionales son longitudinales. Una antena esférica (una antena de Tesla), como en la figura a continuación, es una antena de onda longitudinal que puede transmitir las ondas escalares eléctricas.

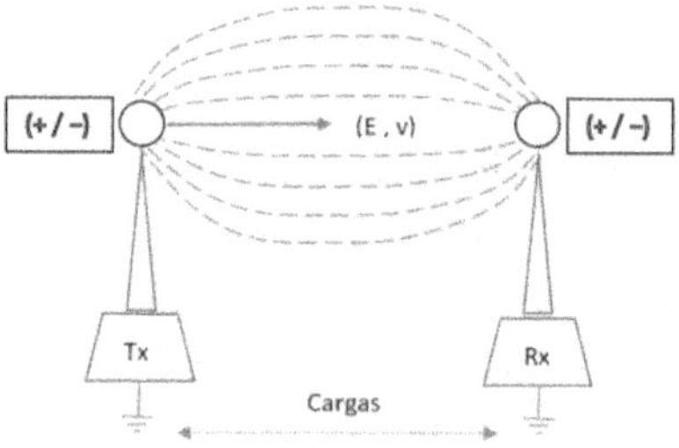

Figura 11.

Una antena esférica transmite ondas escalares longitudinales y oscilantes, ya que oscila el potencial temporal del campo escalar alrededor de la geometría de la antena del transmisor, en resonancia espaciotemporal con el potencial temporal del campo escalar oscilante en la antena del receptor, en la velocidad y la frecuencia crítica de la onda espaciotemporal (escalar). Las cargas circularían a través del medio conductor de la tierra y oscilarían entre las antenas. A distancias mayores, el conductor de la tierra puede funcionar como una vasta reserva de cargas negativas que pueden ser bombeadas o drenadas proporcionalmente por el potencial oscilante de campo escalar (el potencial de voltaje) del sistema, ya que la energía se conserva durante cada ciclo.

Todo el sistema escalar eléctrico puede implicar más de un receptor con un solo transmisor. Dado que los campos escalares son los flujos decelerados o acelerados del espacio y el tiempo, un campo escalar divergente o convergente puede tener dentro de él un componente expansivo o compresivo, eléctrico o magnético. El campo combinado escalar manifiesta una onda electromagnética. La presión espacial escalar influye en la densidad de las distribuciones de carga lo que continúa aumentando la intensidad de un campo de fuerza. El medio de onda escalar interactúa con la materia en el límite y dentro del pleno de la materia. *El espacio y su tiempo conjugado existen como un espacio-tiempo. El espacio existe del tiempo, y el tiempo existe del espacio.* Cuando una onda escalar temporal se dilata a su máximo, una onda escalar espacial se comprime a su mínimo. El horizonte del acontecimiento de un agujero negro supermasivo es un ejemplo ideal de una onda temporal completamente dilatada en el medio de una onda escalar, o en el medio espaciotemporal de la onda.

§ 5. El medio de la onda del espacio-tiempo como un campo de fuerza

Cuando la materia se convierte en la energía pura en el espacio-tiempo libre, la energía de esa materia vuelve a su fuente mientras que se dispersa en el medio de la onda espaciotemporal. La masa y la energía son formas físicas del espacio-tiempo. El espacio-tiempo es la quintaesencia de las formas físicas. Todas las formas de la energía o del impulso en el espacio-tiempo seis-dimensional se pueden representar como fuerzas.

$$\Psi(r,t) = \Psi e^{i\left(\frac{pr}{\hbar}-\frac{Et}{\hbar}\right)} = \Psi e^{i\left(\frac{pr}{\hbar}-\omega t\right)} \quad (5.1)$$

$$\frac{\partial \psi}{\partial t} = -i\omega\Psi \quad (5.2)$$

$$-\frac{1}{i}\frac{\partial \psi}{\partial t} = \omega\Psi \quad (5.3)$$

Si el coeficiente del factor de crecimiento en la ecuación de la función de la onda, que depende del tiempo, es igual a cero, la función de la onda no tiene masa y resulta ser la misma onda espaciotemporal. Además, el cambio en la función de la onda con respecto al tiempo está enteramente en las dimensiones del tiempo, y es igual al producto de la amplitud con la frecuencia angular, en la dirección de la frecuencia lineal de la función de la onda temporal. Expresemos la variable, Ψ , de la función como el volumen temporal, a_t, a medida que se expande o se contrae.

$$i\frac{\partial \Psi}{\partial t} = i\dot{a}_t = \omega\,\Psi \tag{5.4}$$

Así, la función de la onda incorpora la característica tridimensional del tiempo en el medio del espacio-tiempo en la dirección del eje lineal de la frecuencia.

Figura 12.

La extensión o la contracción del espacio-tiempo se puede expresar en una manera tridimensional en el espacio y el tiempo.

$$\frac{\partial^2 \Psi}{\partial t^2} = c^2 \frac{\partial^2 \Psi}{\partial r^2} \tag{5.5}$$

$$\frac{1}{c^2}\left[\frac{\partial^2 \Psi}{\partial {t_x}^2} + \frac{\partial^2 \Psi}{\partial {t_y}^2} + \frac{\partial^2 \Psi}{\partial {t_z}^2}\right] = \frac{\partial^2 \Psi}{\partial x^2} + \frac{\partial^2 \Psi}{\partial y^2} + \frac{\partial^2 \Psi}{\partial z^2} \tag{5.6}$$

$$\ddot{a}_t = \frac{E}{m}\ddot{a}_S \tag{5.7}$$

La aceleración temporal tridimensional es equivalente al producto del cociente de la energía a la masa de un objeto con la aceleración espacial tridimensional alrededor del objeto en el espacio-tiempo. En caso de que un objeto cargado que se mueve en la dirección del campo temporal (eléctrico), el vector de impulso del objeto cargado sigue la dirección de la frecuencia lineal del campo con una magnitud proporcional a la magnitud del campo. El campo espacial (magnético) gira el objeto cargado de masa y su vector de impulso en la dirección de la rotación del eje de la frecuencia angular. Una combinación de una rotación y un empuje de Lorentz en un sistema de coordenadas espaciotemporales es una transformación de Lorentz homogénea y apropiada. Los campos espaciales y temporales se transforman entre sí con el cambio de marco de referencia, ya que la transformación de Lorentz es dependiente del marco de referencia. Un empuje de Lorentz en un marco de referencia puede ser representado como una combinación de una rotación y un empuje de Lorentz en otro marco de referencia.

Un objeto de masa que está cargado experimenta una fuerza en un campo espacial cuando se está moviendo, que es perpendicular al campo espacial y a la velocidad de los tubos de la fuerza, mientras que experimentaría una fuerza en la dirección de un campo temporal incluso cuando es inmóvil. Así, las partículas comóviles que están cargadas o los objetos de masa comóviles que están cargados no experimentarían una fuerza de Lorentz entre ellos debido a su campo espacial (magnético), pero todavía habría presión en ángulos rectos a sus tubos de fuerza.

La curvatura del espacio sobre un objeto de masa es el resultado directo de la expansión de la onda espacial según la onda temporal se contrae, a medida que la distancia aumenta hacia fuera desde el centro de la aceleración gravitacional del objeto de masa. El medio de la onda actúa en la forma física del objeto de masa a través de las acciones espaciales y temporales de la onda. La onda espacial se expande dando al espacio sobre el objeto la curvatura física sobre su forma. La curvatura del espacio no crea la gravedad. La aceleración gravitacional es el resultado de la acción de la onda espaciotemporal sobre la forma del objeto de masa mientras que la onda espaciotemporal se contrae y se desacelera. El espacio-tiempo está en movimiento como un medio isótropo y homogéneo de la onda espaciotemporal que se expande o se contrae, en los cuales la materia, las partículas, las cargas, y los tubos de fuerza, existen.

§ 6. La ecuación de la función de la onda

La función de la onda del espacio-tiempo incorpora las características del movimiento de la onda en el medio espaciotemporal. La ecuación de la función de la onda es una ecuación diferencial muy importante que describe la propagación de una onda a través de su medio a una velocidad igual a, o menos que, la velocidad de la luz. Los físicos eminentes y contemporáneos Jean le Rond d'Alembert y

Leonhard Euler descubrieron las ecuaciones espaciales unidimensionales y tridimensionales de una onda. Basándose en sus conceptos, describimos el papel de la energía en la ecuación de una onda tridimensional, espacial o temporal, que viaja a través de un medio de onda de seis dimensiones.

Imaginemos una partícula que viaja a través del medio de expansión del espacio-tiempo donde la partícula de masa tiene una distribución pronosticada de la probabilidad dada por su posición y tiempo para los resultados de las mediciones, dentro de un espacio-tiempo esférico, homogéneo e isótropo, en la función de la onda, $\Psi(r,t)$, que emerge de la fuente de un punto. La función de la onda incorpora la suma momentánea de la expectativa teórica basada en la distribución de la probabilidad de una partícula en el volumen espaciotemporal.

$$\Psi(r,t) = \Psi e^{i(pr/\hbar - Et/\hbar)} \tag{6.1}$$

Diferenciando la función de la onda espaciotemporal con respecto al tiempo conseguimos

$$\frac{\partial \Psi}{\partial t} = -i\omega \Psi \tag{6.2}$$

$$\frac{\partial^2 \Psi}{\partial t^2} = -i\omega \frac{\partial \Psi}{\partial t} = i^2 \omega^2 \Psi = -\omega^2 \Psi \tag{6.3}$$

Diferenciando la función de la onda espaciotemporal con respecto al espacio conseguimos

$$\frac{\partial \Psi}{\partial r} = i \frac{p}{\hbar} \Psi \tag{6.4}$$

$$\frac{\partial^2 \Psi}{\partial r^2} = i \frac{p}{\hbar} \frac{\partial \Psi}{\partial r} = i^2 \frac{p^2}{\hbar^2} \Psi = -\frac{p^2}{\hbar^2} \Psi \tag{6.5}$$

Supongamos que la energía total de la partícula es igual a la suma de su energía cinética y su energía potencial dada por

$$\hbar\omega = \frac{1}{2}mv^2 + \frac{1}{2}kx^2 = \frac{p^2}{2m} + U(r,t) \qquad (6.6)$$

La energía potencial describe las fuerzas que actúan sobre una partícula móvil. Multiplicando ambos lados de la ecuación de la energía por un volumen espaciotemporal, Ψ , que representa la amplitud de la función de la onda esférica, obtenemos

$$\hbar\omega\Psi = \frac{p^2\Psi}{2m} + U(r,t)\Psi = \frac{\hbar^2}{i^2 2m}\frac{\partial^2\Psi}{\partial r^2} + U(r,t)\Psi \qquad (6.7)$$

$$i\hbar\frac{\partial\Psi}{\partial t} = -\frac{\hbar^2}{2m}\frac{\partial^2\Psi}{\partial r^2} + U(r,t)\Psi \qquad (6.8)$$

$$\frac{\partial^2\Psi}{\partial r^2} = -\frac{8\pi^2 m}{h^2}\left(i\hbar\frac{\partial\Psi}{\partial t} - U(r,t)\Psi\right) = -\frac{8\pi^2 m}{h^2}(E\Psi - U\Psi) \qquad (6.9)$$

Expandiendo, en primer lugar, la aceleración del volumen del espacio-tiempo, en tres dimensiones espaciales, y, en segundo lugar, en tres dimensiones temporales, tenemos

$$\frac{\partial^2\Psi}{\partial x^2} + \frac{\partial^2\Psi}{\partial y^2} + \frac{\partial^2\Psi}{\partial z^2} = \frac{1}{c^2}\left(\frac{\partial^2\Psi}{\partial {t_X}^2} + \frac{\partial^2\Psi}{\partial {t_Y}^2} + \frac{\partial^2\Psi}{\partial {t_Z}^2}\right) = -\frac{8\pi^2 m}{h^2}(E - U)\Psi \qquad (6.10)$$

Observe que la función tridimensional de la onda se puede expresar como una onda espacial o como una onda temporal en el espacio-tiempo de seis dimensiones. La función tridimensional de la onda temporal representa la distribución de la probabilidad que emerge de una partícula móvil de masa en función de la energía.

$$\frac{\partial^2\Psi}{\partial {t_X}^2} + \frac{\partial^2\Psi}{\partial {t_Y}^2} + \frac{\partial^2\Psi}{\partial {t_Z}^2} = -\frac{8\pi^2 mc^2}{h^2}(E - U)\Psi = -\frac{2}{\hbar^2}\left(E^2 - EU\right)\Psi \qquad (6.11)$$

La onda temporal tridimensional es equivalente al producto del cuadrado de la velocidad de la luz y de la onda espacial tridimensional en el espacio-tiempo homogéneo e isótropo.

Colapsando la aceleración del volumen de la onda temporal tridimensional, para simplificar la ecuación de la función de la onda en un tiempo de coordenada resultante, obtenemos

$$\frac{\partial^2 \Psi}{\partial t^2} = -\frac{2}{\hbar^2}\left(E^2 - EU\right)\Psi \tag{6.12}$$

$$-\hbar^2 \omega^2 \Psi = -2\left(E^2 - EU\right)\Psi \tag{6.13}$$

$$-E\Psi = -2\left(E\Psi - U\Psi\right) \tag{6.14}$$

$$\hat{H}\Psi = \left(2U\Psi\right) \tag{6.15}$$

La invariación mecánica cuántica de la fase, mejor conocida como invariación de calibre, es una simetría que subyace todas las teorías cuánticas modernas. Básicamente, es una afirmación de que las acciones Lagrangianas son invariantes con respecto al reemplazo de $e^{i\omega\tau}$.

$$\Psi\left(c\tau\right) \rightarrow e^{i\omega\tau}\Psi\left(c\tau\right) \tag{6.16}$$

$$e^{i\omega\tau}\Psi\left(c\tau\right) \approx \left(1+\omega\tau\right)\Psi\left(c\tau\right) \tag{6.17}$$

Donde $\Psi(c\tau)$ es una función de la onda, $\Psi(\omega t)$ es una función arbitraria del espacio-tiempo, y el coeficiente $i\omega\tau$ es el factor de crecimiento del volumen temporal que representa la onda temporal que emerge del medio espaciotemporal de la expansión. En cualquier instante de tiempo, el volumen emergente de la onda temporal es el reino de la distribución pronosticada de la probabilidad para una partícula de masa, a medida que se mueve en esa región del espacio-tiempo. Colapsando el volumen espaciotemporal $\Psi(r)$ de la onda espacial tridimensional, para simplificar la ecuación de la función de onda en el espacio resultante de coordenadas, obtenemos

$$\frac{\partial^2\Psi}{\partial r^2} = -\frac{2m}{\hbar^2}(E-U)\Psi \qquad (6.18)$$

$$\hat{H}\Psi = (E-U)\Psi \qquad (6.19)$$

6.1. Las ecuaciones electrogravíticas de Dirac en seis dimensiones.

Examinemos la ecuación de la energía relativista, para la energía de los fermios, propuesta por el eminente físico Paul Dirac,

$$E = \left(\sqrt[2]{1-\frac{v^2}{c^2}}\right)m'c^2 + \vec{v}\cdot\vec{p} \qquad (6.20)$$

Donde "E" es la energía del sistema, m' es la masa relativista, "c" es la velocidad de la luz, "v" es la velocidad, y "p" es el impulso.

Expresemos una ecuación similar en el espacio-tiempo de seis dimensiones,

$$E\cdot\vec{\Psi}(r,t) = \left[\left(\sqrt[2]{1-\frac{v^2}{c^2}}\right)m'c^2 + c\hat{p}\right]\vec{\Psi}(r,t) = i\hbar\left(\vec{\Re}\cdot\vec{\Psi}(r,t)\right) \qquad (6.21)$$

$$\left[\beta m'c^2 + c\left(\sum_{n=1}^{3}\alpha_n\hat{p}_n\right)\right]\vec{\Psi}(r,t) = i\hbar\left(\vec{\Re}\cdot\vec{\Psi}(r,t)\right) \qquad (6.22)$$

Donde α_n es un sistema de las matrices espaciales de Dirac y Pauli de seis componentes, β es la matriz temporal de Dirac y de Lorentz de seis componentes, $\hbar$ es la constante reducida de Planck, "i" es $\sqrt[2]{-1}$, $\vec{\Re}$ es el operador Robertoniano de seis dimensiones, y $\vec{\Psi}(r,t)$ es el vector de la función de onda espaciotemporal de seis dimensiones, o el espinor, del sistema. Un espinor describe la rotación en un punto espaciotemporal específico independientemente de la rotación de cualquier otro punto en el espacio-tiempo.

$$\vec{\Psi}(r,t)=\sum_{n=1}^{6}\vec{\Psi}_n(r,t)=\begin{vmatrix}\vec{\Psi}_1(t)\\ \vec{\Psi}_2(r)\\ \vec{\Psi}_3(t)\\ \vec{\Psi}_4(r)\\ \vec{\Psi}_5(t)\\ \vec{\Psi}_6(r)\end{vmatrix} \tag{6.23}$$

$$\vec{\Re}=-\frac{1}{c}\frac{\partial}{\partial t_x}\vec{a}_{t_x}+\frac{\partial}{\partial x}\vec{a}_x-\frac{1}{c}\frac{\partial}{\partial t_y}\vec{a}_{t_y}+\frac{\partial}{\partial y}\vec{a}_y-\frac{1}{c}\frac{\partial}{\partial t_z}\vec{a}_{t_z}+\frac{\partial}{\partial z}\vec{a}_z \tag{6.24}$$

Moviendo todos los términos a un lado de la ecuación, obtenemos

$$\left\{i\hbar\vec{\Re}-c\left(\sum_{n=1}^{3}\alpha_n\hat{p}_n\right)-\beta m'c^2\right\}\vec{\Psi}(r,t)=0 \tag{6.25}$$

Podemos expresar la diferencia de la energía de los dos términos izquierdos anteriores como una sola expresión de la energía, con seis componentes de las matrices del espín temporal de Dirac y Pauli, o las matrices de gamma, γ^{ε} , y una matriz de impulso espacial tridimensional, $\hat{p}_n$, con seis elementos.

$$\gamma^{\varepsilon}=\sum_{\varepsilon=1}^{3}\beta\alpha_{\varepsilon}+\sum_{\varepsilon=4}^{6}\beta \tag{6.26}$$

$$\gamma^1=\begin{vmatrix}0&0&0&0&0&1\\0&0&0&0&1&0\\0&0&0&-1&0&0\\0&0&-1&0&0&0\\0&1&0&0&0&0\\1&0&0&0&0&0\end{vmatrix} \tag{6.27}$$

$$\gamma^2=\begin{vmatrix}0&0&0&0&0&-i\\0&0&0&0&i&0\\0&0&0&i&0&0\\0&0&-i&0&0&0\\0&-i&0&0&0&0\\i&0&0&0&0&0\end{vmatrix} \tag{6.28}$$

$$\gamma^3 = \begin{vmatrix} 0 & 0 & 0 & 0 & 1 & 0 \\ 0 & 0 & 0 & 0 & 0 & -1 \\ 0 & 0 & -1 & 0 & 0 & 0 \\ 0 & 0 & 0 & 1 & 0 & 0 \\ 1 & 0 & 0 & 0 & 0 & 0 \\ 0 & -1 & 0 & 0 & 0 & 0 \end{vmatrix} \tag{6.29}$$

$$\hat{p}_n = \begin{vmatrix} 0 & 0 & 0 & 0 & 0 & \hat{p}_6 \\ 0 & 0 & 0 & 0 & \hat{p}_5 & 0 \\ 0 & 0 & 0 & \hat{p}_4 & 0 & 0 \\ 0 & 0 & \hat{p}_3 & 0 & 0 & 0 \\ 0 & \hat{p}_2 & 0 & 0 & 0 & 0 \\ \hat{p}_1 & 0 & 0 & 0 & 0 & 0 \end{vmatrix} \tag{6.30}$$

Por lo tanto, $\hat{\beta}^2 = \frac{v^2}{c^2}$, $\beta' = \sqrt[2]{1-\hat{\beta}^2}$, donde puede sustituir, $v_n \rightarrow c\alpha_n$, y $\beta' \longrightarrow \beta$. Puesto que las partículas y las antipartículas son los luxones de masa, viajando a una velocidad "*c*", los componentes temporales de β son ± 1. La matriz temporal de Dirac y de Lorentz de seis componentes es dada por

$$\beta = \gamma^4 = \gamma^5 = \gamma^6 = \begin{vmatrix} 1 & 0 & 0 & 0 & 0 & 0 \\ 0 & 1 & 0 & 0 & 0 & 0 \\ 0 & 0 & -1 & 0 & 0 & 0 \\ 0 & 0 & 0 & -1 & 0 & 0 \\ 0 & 0 & 0 & 0 & 1 & 0 \\ 0 & 0 & 0 & 0 & 0 & 1 \end{vmatrix} \tag{6.31}$$

Simplificando la ecuación de la energía relativista, tenemos,

$$i\hbar c\gamma^{\varepsilon}\vec{\Re} = i\hbar\vec{\Re} - c\left(\sum_{n=1}^{3}\alpha_n\hat{p}_n\right) \tag{6.32}$$

$$\left(i\hbar c\gamma^{\varepsilon}\vec{\Re} - \beta m'c^2\right)\vec{\Psi}(r,t) = 0 \tag{6.33}$$

La ecuación relativista de la onda mecánica cuántica de seis dimensiones, incluyendo interacciones electromagnéticas, describe todas las partículas de masa con un espín de ½ para los fermios (todos los quarks y leptones), que son simétricos bajo la paridad, o simétrico si el signo de una coordenada espacial se cambia. Esta ecuación es consistente con la Teoría Especial de la Relatividad y los principios de la mecánica cuántica e incluye la evolución del tiempo tridimensional. La ecuación abarca seis ecuaciones de onda del movimiento para un electrón, un positrón, un neutrino electrón, y sus antipartículas, sumergidas en un campo electromagnético externo en el espacio-tiempo de seis dimensiones.

La ecuación relativista de seis dimensiones tiene seis componentes o estados, o seis grados de libertad, para partículas y antipartículas, donde cada componente es una dirección del espín o el anti-espín. Como lo predijo Dirac, cada partícula, o antipartícula, siempre se mueve a la velocidad de la luz "c" con un movimiento tembloroso, $\langle v \rangle = \pm c$, debido a las fuerzas más débiles de Coulomb cerca de los protones a las distancias de Compton de longitud de onda, lo que hace que el movimiento parezca más lento, a pesar de que el movimiento se atiene a la Teoría Especial de la Relatividad.

La ecuación relativista de seis dimensiones se desarrolla en seis ecuaciones diferenciales parciales de primer orden linealmente acopladas para los seis componentes que componen la función de la onda mecánica cuántica de seis dimensiones. Consideremos la ecuación del flujo de las probabilidades, o la ecuación de la probabilidad actual, una ecuación que describe el flujo de probabilidad en términos de la probabilidad por unidad temporal por cada unidad del área, o la probabilidad lineal por la unidad de carga, o la densidad de la probabilidad por la unidad de carga.

La corriente de la probabilidad es la tasa de flujo lineal de la probabilidad por la unidad de carga. El vector de la corriente de la probabilidad, cuyo componente normal a una superficie, da la probabilidad que una partícula cruzará la unidad del área de una carga en una superficie durante una unidad temporal. El movimiento es probabilístico en la mecánica cuántica.

Por lo tanto, el movimiento es la forma en que la probabilidad de encontrar una partícula se mueve con el tiempo. Por lo tanto, es útil encontrar una corriente de la probabilidad, o la densidad actual, que se refiera a cómo la probabilidad de localizar a un fermión podría estar cambiando con respecto al espacio y al tiempo.

La ecuación de la corriente de la probabilidad de cuatro dimensiones para un fermión cargado es dada por

$$\partial^{\varepsilon} F_{\varepsilon\beta} = J_{\varepsilon} = i\phi\,\overline{\Psi}\gamma_{\varepsilon}\Psi \tag{6.34}$$

Aplicando, ∂_{ε}, a ambos lados de la ecuación anterior,

$$\partial_{\varepsilon}\partial^{\varepsilon} F_{\varepsilon\beta} = \partial_{\varepsilon}\left(i\phi\,\overline{\Psi}\gamma_{\varepsilon}\Psi\right) \tag{6.35}$$

Todas las matrices son componentes de cuatro por cuatro, $\partial_{\varepsilon}\partial^{\varepsilon}$ es el operador de d'Alembert, y Ψ tiene cuatro componentes. Convirtiendo la ecuación anterior de cuatro dimensiones a una ecuación electromagnética de Dirac de seis dimensiones para los fermios, usando elementos redefinidos.

$$\vec{\Re}^{2} F_{\varepsilon\beta} = \vec{\Re}\cdot\left(i\phi\,\vec{\Psi}^{*}\gamma_{\varepsilon}\vec{\Psi}\right) \tag{6.36}$$

Todas las matrices son matrices de seis-por-seis, $\vec{\Re}^{2}$ es el operador Robertoniano doble de seis dimensiones, $F_{\varepsilon\beta}$ es la fuerza de campo electromagnético de seis dimensiones, ϕ es la magnitud relativa del cambio de la fase causada por la transformación del calibre, $\vec{\Psi}$ es el vector de campo del espinor espaciotemporal con seis componentes, $\vec{\Psi}^{*}$ es el vector de campo del espinor conjugado con seis componentes, "i" es $\sqrt[2]{-1}$, y γ^{ε} es la matriz del espín temporal de Dirac y Pauli de seis componentes, o las matrices de gamma.

La fuerza de campo covariante electromagnética de seis dimensiones es

$$F_{\varepsilon\beta} = \begin{vmatrix} 0 & E_{t_y t_x} & -E_{t_z t_x} & -\frac{E_{xt_x}}{c} & -\frac{E_{yt_x}}{c} & -\frac{E_{zt_x}}{c} \\ -E_{t_x t_y} & 0 & E_{t_z t_y} & -\frac{E_{xt_y}}{c} & -\frac{E_{yt_y}}{c} & -\frac{E_{zt_y}}{c} \\ E_{t_x t_z} & -E_{t_y t_z} & 0 & -\frac{E_{xt_z}}{c} & -\frac{E_{yt_z}}{c} & -\frac{E_{zt_z}}{c} \\ \frac{E_{t_x x}}{c} & \frac{E_{t_y x}}{c} & \frac{E_{t_z x}}{c} & 0 & B_{yx} & -B_{zx} \\ \frac{E_{t_x y}}{c} & \frac{E_{t_y y}}{c} & \frac{E_{t_z y}}{c} & -B_{xy} & 0 & B_{zy} \\ \frac{E_{t_x z}}{c} & \frac{E_{t_y z}}{c} & \frac{E_{t_z z}}{c} & B_{xz} & -B_{yz} & 0 \end{vmatrix} \tag{6.37}$$

El tensor electrogravítico de seis dimensiones, $\Phi_{\varepsilon\beta}$, se puede expresar en términos del producto de la fuerza seis-dimensional de Lorentz, que incluye la fuerza electromagnética del campo covariante de seis dimensiones, $F_{\varepsilon\beta}$, y el tensor de la curvatura electrogravítica de seis dimensiones, $\widetilde{R}_{\varepsilon\beta}$.

$$F_{\varepsilon\beta} u_{\varepsilon\beta} q_{\chi\chi} \widetilde{R}_{\varepsilon\beta} = 8\pi\Phi_{\varepsilon\beta} \tag{6.38}$$

$$F_{\varepsilon\beta} u_{\varepsilon\beta} q_{\chi\chi} \left(E_{\varepsilon\beta} + iB_{\varepsilon\beta}\right) = 8\pi\Phi_{\varepsilon\beta} \tag{6.39}$$

Las ecuaciones electrogravíticas de Dirac de seis dimensiones son dadas por

$$\vec{\Re}^2 F_{\varepsilon\beta} u_{\varepsilon\beta} q_{\chi\chi} \widetilde{R}_{\varepsilon\beta} = 8\pi\, \vec{\Re}^2 \Phi_{\varepsilon\beta} \tag{6.40}$$

$$\vec{\Re} \cdot \left(i\phi\, \vec{\Psi}^* \gamma_\varepsilon \vec{\Psi}\right) u_{\varepsilon\beta}\, q_{\chi\chi} \widetilde{R}_{\varepsilon\beta} = 8\pi\, \vec{\Re}^2 \Phi_{\varepsilon\beta} \tag{6.41}$$

$$\vec{\Re} \cdot \left(i\phi\, \vec{\Psi}^* \gamma_\varepsilon \vec{\Psi}\right) u_{\varepsilon\beta} \widetilde{R}_{\varepsilon\beta} = \frac{\ddot{a}\, \vec{\Re}^2 \Phi_{\varepsilon\beta}}{q_{\chi\chi} r} \tag{6.42}$$

Donde $\ddot{a}$ es la aceleración del espacio-tiempo, "r" es una distancia radial, $\widetilde{R}_{\varepsilon\beta}$ es el tensor de la curvatura electrogravítica de seis dimensiones, $E_{\varepsilon\beta}$ y $B_{\varepsilon\beta}$ son la parte eléctrica y la parte magnética del tensor complejo y electrogravítico de Riemann, $\widetilde{R}_{\mu\nu\varepsilon\beta}$, $q_{\chi\chi}$ es la carga de una partícula, y $u_{\varepsilon\beta}$ es una velocidad covariante de seis de una partícula con simetría radial en sus componentes espaciales y temporales.

Pensemos en las ecuaciones de Dirac de seis dimensiones que son coherentes con la Teoría General de la Relatividad y los principios de la mecánica cuántica, que incluye la evolución del tiempo tridimensional. Estas ecuaciones también retendrán la invariación bajo las transformaciones de Lorentz.

Definamos la métrica de seis dimensiones, $g_{\mu\nu}$, en términos del sexteto, $\widetilde{e}_{\mu\nu}^{(a)(b)}$, y la métrica de Minkowski de seis dimensiones, η_{ab}, para satisfacer las ecuaciones de Dirac de seis dimensiones.

$$g_{\mu\nu} = \widetilde{e}_{\mu\nu}^{(a)(b)}\eta_{(a)(b)} \qquad (6.43)$$

En la notación, $\widetilde{e}_{\mu\nu}^{(a)(b)}$, *(a)* y *(b)* denotan qué componentes con respecto a una base ortonormal, mientras que (μ) y (ν) denotan qué componentes de $\widetilde{e}^{(a)(b)}$ con respecto a una base de coordenadas. Un sexteto es un conjunto de bases de seis dimensiones escogidas para el paquete tangente que no es la base de seis dimensiones que surge naturalmente del sistema disponible de coordenadas.

El beneficio de aplicar un campo sexteto en términos de la Teoría General de la Relatividad está en la aplicación de los componentes del tensor métrico de seis dimensiones con respecto a una base ortonormal de seis dimensiones en lugar de aplicar los componentes del mismo tensor métrico de seis dimensiones con respecto a una base de coordenadas de seis dimensiones. Los componentes del tensor métrico de seis dimensiones, $g_{\mu\nu}$, son generalmente con respecto a una base decoordenadas de seis dimensiones, mientras que los componentes de

$g_{\mu\nu}$ con respecto a una base ortonormal de seis dimensiones están en la métrica de Minkowski de seis dimensiones, $\eta_{(a)(b)}$.

Los incentivos para introducir terminología del sexteto comienzan con cómo los observadores naturales medirían o expresarían los valores en cualquier lugar del espacio-tiempo de seis dimensiones. Por otra parte, la aplicación de la física de seis dimensiones mejora en las partículas con un espín de ½ tales como los fermios, las soluciones más simples son posibles en una métrica más restringida de seis dimensiones, las representaciones matemáticas se simplifican en los marcos inerciales de referencia que sean locales, y la inclusión de la curvatura y la aceleración, en el espacio-tiempo de seis dimensiones.

Es interesante notar que un sexteto puede ser reducido a una tétrada. Un tétrada de cuatro dimensiones es un sexteto de seis dimensiones plegado. Aplicando la convención de la suma a un par de índices ficticios, λ, que están atados el uno al otro en la expresión de un sexteto, una operación de la contracción de la base se puede realizar sobre una base que surja del emparejamiento natural de un espacio de la base seis-dimensional y de su dual. Los índices $[\mu, \nu, (a), (b), c, \sigma, \gamma, \delta]$ son seis-dimensionales, de tal manera que cualquier valor de índice, $\in \{1,2,3,4,5,6\}$, o $\in \{-t_x, -t_y, -t_z, x, y, z\}$.

$$e_{\mu}^{\ (a)} = \widetilde{e}_{\mu\lambda}^{\ \ (a)(\lambda)} \quad \text{donde } b = \nu = \lambda \tag{6.44}$$

$$e_{\mu}^{\ (b)} = \widetilde{e}_{\mu\lambda}^{\ \ (\lambda)(b)} \quad \text{donde } a = \nu = \lambda \tag{6.45}$$

Un tensor de la curvatura de segundo orden, $R_{\mu\nu}$, en una variedad Lorentziana de seis dimensiones puede ser proyectada sobre una superficie plana de Minkowski de seis dimensiones, $R_{(a)(b)}$, o viceversa, con las siguientes expresiones,

$$R_{\mu\nu} = \widetilde{e}_{\mu\nu}^{\ \ (a)(b)} R_{(a)(b)} \tag{6.46}$$

$$R_{(a)(b)} = \widetilde{e}_{(a)(b)}{}^{\mu\nu} R_{\mu\nu} \tag{6.47}$$

La proyección está entre dos diversas geometrías espaciotemporales de seis dimensiones.

Una transformación local de Lorentz, $\Lambda^{(a)}{}_{(b)}$, de un espinor espaciotemporal plano de seis dimensiones, Ψ , a un espinor de seis dimensiones que no es plano, $\widetilde{\Psi}$, se puede expresar como

$$\widetilde{\Psi} = \rho(\Lambda)\Psi \tag{6.48}$$

Donde la expresión de un espinor $\rho(\Lambda)$ para Λ es dada por

$$\rho(\Lambda) = 1 + \frac{1}{2} i \varepsilon_{\mu\nu}{}^{(a)(b)} \Sigma^{\mu\nu}{}_{(a)(b)} \tag{6.49}$$

Donde $\Sigma^{\mu\nu}{}_{(a)(b)}$ es la representación de un espinor de seis dimensiones de los generadores de la transformación Lorentziana de seis dimensiones en términos de las matrices, $\gamma_{\sigma}{}^{(c)}$. (Nakahara, 2003)

$$\Sigma^{\mu\nu}{}_{(a)(b)} = \frac{1}{4} i \left[\gamma^{\mu}{}_{(a)}, \gamma^{\nu}{}_{(b)}\right] \tag{6.50}$$

Vamos a definir una derivada de la covariante de seis dimensiones, que es un vector localmente invariante de Lorentz, el cual se transforma en un espinor, con la siguiente restricción de transformación.

$$\nabla_{(a)}\Psi \rightarrow \rho(\Lambda)\left(\Lambda_{(a)}{}^{(b)}\right)\nabla_{(b)}\Psi \tag{6.51}$$

La derivada de la covariante del espinor se puede obtener con la combinación siguiente,

$$\nabla_{(a)}\Psi = e_{(a)}{}^{\mu}\left(\Diamond_{\mu} + \Omega_{\mu}\right)\Psi \tag{6.52}$$

Donde el operador d'Robertonian, $\Diamond$, para el espacio-tiempo seis-dimensional es dado por

$$\Diamond = -\frac{1}{c}\frac{\partial}{\partial t_x} + \frac{\partial}{\partial x} - \frac{1}{c}\frac{\partial}{\partial t_y} + \frac{\partial}{\partial y} - \frac{1}{c}\frac{\partial}{\partial t_z} + \frac{\partial}{\partial z} \quad (6.53)$$

El operador de la transformación Ω_μ satisface

$$\Omega_\mu \to \rho(\Lambda)\Omega_\mu\rho(\Lambda)^{-1} + \Diamond_\mu\rho(\Lambda)\rho(\Lambda)^{-1} \quad (6.54)$$

Pensemos en una transformación de Lorentz local e infinitesimal en un punto p,

$$\Lambda_{(a)}{}^{(b)}(p) = \delta_{(a)}{}^{(b)} + \varepsilon_{(a)}{}^{(b)}(p) \quad (6.55)$$

para encontrar la forma explícita de Ω_μ.

Combinando términos, el espinor se transforma en

$$\Psi \to e^{\left[\frac{1}{2}i\varepsilon^{(a)(b)}\Sigma_{(a)(b)}\right]\Psi} \approx \left(1 + \frac{1}{2}i\varepsilon^{(a)(b)}\Sigma_{(a)(b)}\right)\Psi \quad (6.56)$$

$$i\left(\Sigma_{(a)(b)}, \Sigma_{\gamma\delta}\right) = \eta_{\gamma(b)}\Sigma_{(a)\delta} - \eta_{\gamma(a)}\Sigma_{(b)\delta} + \eta_{\delta(b)}\Sigma_{\gamma(a)} - \eta_{\delta(a)}\Sigma_{\gamma(b)} \quad (6.57)$$

Bajo la misma transformación, el operador se transforma en

$$\Omega_\mu \to \left(1 + \frac{1}{2}i\varepsilon^{(a)(b)}\Sigma_{(a)(b)}\right)\Omega_\mu\left(1 - \frac{1}{2}i\varepsilon^{\gamma\delta}\Sigma_{\gamma\delta}\right) - \frac{1}{2}i\Diamond_\mu\varepsilon^{(a)(b)}\Sigma_{(a)(b)}\left(1 - \frac{1}{2}i\varepsilon^{\gamma\delta}\Sigma_{\gamma\delta}\right) \quad (6.58)$$

$$\Omega_\mu \to \Omega_\mu + \frac{1}{2}i\varepsilon^{(a)(b)}\left[\Sigma_{(a)(b)}, \Omega_\mu\right] - \frac{1}{2}i\Diamond_\mu\varepsilon^{(a)(b)}\Sigma_{(a)(b)} \quad (6.59)$$

o en los componentes, obtenemos

$$\Gamma^{(a)}{}_{\mu(b)} \rightarrow \Gamma^{(a)}{}_{\mu(b)} + \varepsilon^{(a)}{}_{\gamma}\Gamma^{\gamma}{}_{\mu(b)} - \Gamma^{(a)}{}_{\mu\gamma}\varepsilon^{\gamma}{}_{(b)} - \Diamond_{\mu}\varepsilon^{(a)}{}_{(b)} \quad (6.60)$$

Combinando las ecuaciones anteriores,

$$\Omega_{\mu} \equiv \frac{1}{2} i\Gamma^{(a)}{}_{\mu}{}^{(b)}\Sigma_{(a)(b)} \equiv \frac{1}{2} i\Gamma_{(a)\mu(b)}\Sigma^{(a)(b)} = \frac{1}{2} ie^{(a)}{}_{\nu}\nabla_{\mu}e^{(b)\nu}\Sigma_{(a)(b)} \quad (6.61)$$

$$\Gamma_{(a)\mu(b)} = e_{(a)\nu}\left(\Diamond_{\mu}e^{\nu}_{(b)} + \Gamma^{\nu}_{\mu\lambda}e^{\lambda}_{(b)}\right) \quad (6.62)$$

Por lo tanto, el operador de la covariante es dado por la expresión,

$$\nabla_{(c)}\Psi = e^{\mu}{}_{(c)}\left(\Diamond_{\mu} + \frac{1}{2} ie^{(a)}{}_{\nu}\nabla_{\mu}e^{(b)\nu}\Sigma_{(a)(b)}\right)\Psi \quad (6.63)$$

Reconsideremos la ecuación relativista de la onda mecánica cuántica de seis dimensiones para el espacio-tiempo curvo de seis dimensiones,

$$\left(i\hbar c\widetilde{e}^{\mu\nu}{}_{(a)(b)}\,\gamma^{\varepsilon}\left(\Diamond_{\mu} + \Omega_{\mu}\right) - \beta m'c^{2}\right)\vec{\Psi}(r,t) = 0 \quad (6.64)$$

Si una partícula se sumerge en un campo electromagnético, el acoplamiento mínimo, $ieA_{\mu\nu}$, se puede incluir en la ecuación antedicha, donde $A_{\mu\nu}$ es el potencial de seis. El potencial de seis combina un potencial escalar eléctrico y un potencial del vector magnético en un solo vector de seis.

El acoplamiento mínimo proporciona el acoplamiento entre los campos que implica solamente la distribución de la carga y los momentos menores del multipolo de la distribución de la carga. Los multipolos describen como algo se comporta como otro sistema que podemos predecir fácilmente. Es posible prever, basándose en los datos de varios polos, una reacción al campo sin saber cuál es su forma verdadera, y para reunir pistas sobre lo que podría ser esa forma. Por otra parte, por ejemplo, el momento multipolar de un dipolo es algo así como el centro de carga, dándonos una pista sobre la distancia entre el dipolo situado en el origen de un sistema de coordenadas y su centro de carga.

$$\left(i\hbar c\widetilde{e}^{\mu\nu}{}_{(a)(b)}\,\gamma^{\varepsilon}\left(\Diamond_{\mu}+\Omega_{\mu}\right)-\beta m'c^{2}+ieA_{\mu\nu}\right)\vec{\Psi}(r,t)=0 \qquad (6.65)$$

Estas ecuaciones relativistas describen cómo las partículas y las antipartículas son distintas según la Teoría General de la Relatividad, pero las mismas partículas, o las antipartículas*, pueden viajar como tardiones más despacio que "*c*", o hipotéticamente viajar como taquiones más rápido que "*c*", $\langle v\rangle \geq \pm c$, hacia atrás en el tiempo lineal, no-lineal, o tridimensional, para convertirse en las antipartículas distintas, o en las partículas*, desde la perspectiva del tiempo tridimensional avanzado, o de la función retardada de la onda espaciotemporal.

La acción escalar que conduce a la ecuación anterior puede expresarse como

$$S=\int dx^{6}\left(\sqrt{-g}\right)\Psi^{*}\left[i\gamma^{(c)}e^{\mu}{}_{(c)}\times\left(\Diamond_{\mu}+\frac{1}{2}ie_{\nu}{}^{(a)}\nabla_{\mu}e^{(b)\nu}\Sigma_{(a)(b)}+ieA_{\mu\nu}\right)-m\right]\Psi \qquad (6.66)$$

Donde el término, $\gamma^{\varepsilon}=e^{\varepsilon}{}_{(a)}\gamma^{(a)}$, puede ser definido como las matrices de Dirac y Pauli de seis componentes de espín temporal que satisfacen el álgebra de Clifford $\gamma^{\varepsilon}\gamma^{\beta}+\gamma^{\beta}\gamma^{\varepsilon}=\gamma^{\varepsilon\beta}$.

§ 7. El colapso de la función de la onda

La probabilidad de la función de la onda se colapsa a la unidad, o a la certeza, en una posición espacial única del espacio-tiempo, y es nula en cualquier otra posición espacial. La probabilidad no es ni masa ni energía; es sólo información intangible, nada físico. Mientras que la probabilidad de la función de la onda se colapsa, la información abstracta no es refrenada por la velocidad de la luz entre dos posiciones espaciales distantes. Puesto que la probabilidad de la función de la onda espaciotemporal tiene amplitud compleja, consistiendo en una magnitud dimensional y un ángulo de fase, las ondas temporales conjugadas y sus ondas espaciales, pueden interferir fuera de fase y colapsar la superposición de la función de la onda.

Una señal clásica de la información necesita la masa para codificar su mensaje y energía para transmitir su forma de onda a través de una distancia espacial y substancial en el tiempo. El fenómeno físico del entrelazo emerge cuando los resultados al azar de los valores de la expectativa de por lo menos un par de sistemas mecánicos cuánticos que están correlacionados se miden en más de una base de medición.

El entrelazo entre partículas es la transmisión instantánea incorpórea de la información abstracta a través del espacio. Los estados cuánticos entrelazados pueden ser espacialmente distantes mientras pueden o no coexistir temporalmente, lo que permite instantáneamente (posiblemente órdenes de magnitud sobre una rapidez de *c*) la correlación apropiada del estado cuántico. Los estados cuánticos pueden ser dados para el sistema cuántico. Por lo tanto, las partículas entrelazadas existen en los instantes divididos de la función de la onda espacial, pero permanecen conectadas causalmente por un circuito de entrelazo de la función temporal de la onda del sistema cuántico.

Un taquión $i(m)$ se puede considerar como el cuántico del entrelazo, una partícula con una masa imaginaria, $\sqrt[2]{-1}$, del intercambio instantáneo de información cuántica abstracta entre los estados cuánticos entrelazados de un sistema. Así, los estados cuánticos entrelazados de las partículas pueden compartir la información de la fase de la longitud de onda o la información del espín a través del intercambio de los taquiones. Los taquiones son los objetos cuánticos de entrelazo, emitidos por partículas más rápidas que la luz, a través de un medio específico, y con los estados cuánticos de información en un paquete electromagnético de energía sin carga efectiva.

Un fotón que viaja a la velocidad de la luz viaja a la velocidad de la función retardada de la onda espaciotemporal, o a la velocidad de la función avanzada de la onda espaciotemporal. En cierto sentido, el fotón está en un punto de equilibrio en la función de la onda espaciotemporal. A medida que un fotón viaja hacia atrás en el tiempo, en la dirección de la función avanzada de la onda espaciotemporal como un taquión, parece como si el fotón (o el taquión) está viajando a una velocidad más rápida que la luz en la dirección opuesta a la polaridad temporal hacia delante, o positiva. De hecho, el fotón puede todavía estar viajando a la velocidad de la luz, pero en la dirección de la función avanzada de la onda espaciotemporal, o de la polaridad negativa de la onda espaciotemporal, pero desde la perspectiva espaciotemporal positiva parece ser un taquión.

Si el mismo fotón invierte su dirección de movimiento hacia el sentido positivo espaciotemporal, puede parecer que sigue viajando más rápido que la luz del pasado al futuro. En consecuencia, *un fotón puede viajar en la dirección de la flecha del tiempo, pero no más rápido que la velocidad de la luz con respecto a un marco inercial de referencia en la dirección de la función correspondiente de la onda espaciotemporal de su moción relativa.*

Por otra parte, un fotón que viaja en una dirección espaciotemporal se puede absorber y se puede emitir de nuevo por una partícula en su pasado o su futuro, o puede ser dirigido de nuevo por la curvatura espaciotemporal, que puede hacer que el fotón invierta el sentido de su dirección espaciotemporal. Un fotón tiene una masa relativista que se considera positiva en la dirección positiva de la polaridad espaciotemporal, pero la masa de un taquión puede considerarse negativa en la dirección negativa de la polaridad espaciotemporal.

El principio de la reinterpretación afirma que un taquión que viaja hacia el pasado siempre puede ser reinterpretado como un taquión que viaja al futuro porque los observadores no pueden distinguir entre la emisión y la absorción de los taquiones. Las propiedades de los fotones (los taquiones) son inciertas, o difusas, lo que dota a los taquiones la habilidad de poder evitar inconsistencias temporales. (Deutsch, 1991) Los sistemas cuánticos, a diferencia de los sistemas clásicos con estados bien definidos, existen en la superposición y las permutaciones de los estados cuánticos. Estas afirmaciones son apoyadas tanto por la Teoría General de la Relatividad como por el Principio de Incertidumbre. (Ralph, 2014)

Las manifestaciones taquiónicas de los fotones se encuentran en los túneles cuánticos de los fotones a través de las barreras cuánticas, en los medios láser o en las poblaciones atómicas inversas, y en el fenómeno de Einstein, Podolsky y Rosen, en el que dos fotones separados y distantes pueden aparentemente influir sus comportamientos en dos detectores separados y distantes, por ejemplo, a través del entrelazo de un estado cuántico de la energía. Consecuentemente, las soluciones de los tipos de taquiones se derivan de las ecuaciones de Maxwell cuando se acoplan a cualquiera de las condiciones o los ambientes anteriores. (Franson, 1989)

En las leyes de la física, cualquier intercambio de la información que no esté prohibido es posible bajo el principio del intercambio de la información libre. Un apretón de mano es el proceso por el cual dos o más partículas inician el intercambio de sus estados cuánticos a través de los taquiones. El apretón de mano comienza cuando una partícula de envío (la fuente) emite un taquión a una partícula receptora (el sumidero) que indica sus estados cuánticos y establece un canal taquiónico. Las partículas de envío y recepción se intercambian de un lado al otro lo que les permite ponerse de acuerdo sobre un protocolo de los estados cuánticos del entrelazo.

Un taquión puede considerarse como un instante de un fotón avanzado, o un luxón, con la información de un estado cuántico, viajando hacia el pasado a una velocidad mayor que la velocidad de la luz. Un taquión puede viajar hacia el pasado, hacia el futuro, luego al pasado otra vez, como un cuántico del entrelazo entre los tardiones, o los fotones, es decir, entre una fuente y un sumidero de la información del estado cuántico que puede o no coexistir en el mismo instante de tiempo. Cuando un fotón avanzado, $i(m)$, viaja hacia el pasado como un taquión, está viajando más rápido que la velocidad de la luz a través de su medio de onda como una corriente de entrelazo desde la perspectiva de la polaridad temporal positiva. Un entrelazo cuántico entre los tardiones, la producción de un par, por ejemplo, un quark y un antiquark, a través del efecto de Heisenberg y Schwinger en un campo eléctrico muy fuerte, con el par distanciándose a la velocidad de la luz, se puede teorizar como la creación simultánea de un túnel espaciotemporal que conecta el espacio-tiempo entre el quark y su antiquark. El túnel espaciotemporal, como se predijo en la Teoría General de la Relatividad, establece el medio de la onda espaciotemporal, y el circuito del entrelazo, para los taquiones que son los cuánticos del entrelazo.

Durante el entrelazo entre las partículas, el taquión se emitiría hacia el pasado donde las partículas comparten un circuito de entrelazo, a medida que la fuente y el sumidero entre las partículas se separan en sus diferentes trayectorias espaciales, el taquión seguiría el circuito temporal del entrelazo con destino al sumidero donde el taquión informante intercambia la información cuántica, o los apretones de mano, con la partícula receptora. Cualquier partícula entrelazada puede ser una fuente o un sumidero. Esta acción taquiónica ha creado la ilusión de una inquietante acción a distancia. Puesto que la luz y el espacio-tiempo son incorpóreos, quizás un axioma suplementario de la Teoría General de la Relatividad puede ser que los fotones como los taquiones, o el espacio-tiempo como el medio de la onda espaciotemporal, pueden viajar más rápido que la luz.

Una partícula, o un sistema de partículas, se puede teorizar que existe en la intersección de su función avanzada y su función retrasada de su onda espaciotemporal, $\left\langle \Psi^{-} \middle\| \Psi^{+} \right\rangle$, en un punto de equilibrio del espacio-tiempo, de un modelo mecánico cuántico con una simetría temporal. Una partícula incorpora una expresión de sí misma en las funciones avanzadas y retardadas de la onda espaciotemporal de su existencia. La expresión corpórea avanzada es la antimateria y la expresión corpórea retardada es la materia. Bajo la ley de la contingencia causal: la función retardada de la onda espaciotemporal Ψ^{+} sigue la ley de la causalidad avanzada, y la función avanzada de la onda Ψ^{-} sigue la ley de la retrocausalidad. El siguiente diagrama ilustra el principio de la contingencia causal para un taquión $i(m)$.

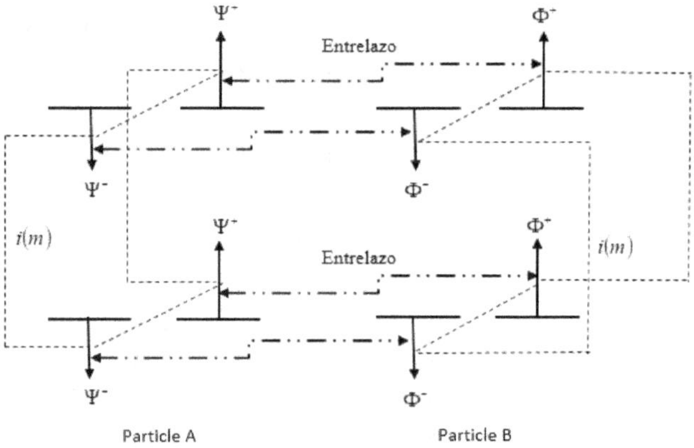

Figura 13.

Por cierto, las soluciones avanzadas de los fotones son un segundo conjunto de soluciones para las ecuaciones electromagnéticas de Maxwell. Los electrones emiten fotones ordinarios cuando se desaceleran en respuesta a una colisión con un taquión, o un fotón avanzado, que ha viajado hacia el pasado. Una vez que se emite el fotón retrasado, éste viaja hacia delante a través del volumen temporal hasta que completa el circuito, golpeando y acelerando el sumidero entrelazado del taquión, o el electrón en el futuro, que a su vez emite un fotón avanzado, o taquión, sin violar la ley de contingencia causal. (Feynman, 1964)

La Teoría General de la Relatividad, la función compleja de la onda espaciotemporal, las ecuaciones del electromagnetismo de Maxwell, y el principio de contingencia causal, afirman la certeza probabilística de los viajes temporales bidireccionales de los fotones como los taquiones.

Un electrón en un estado excitado que viaja más rápido que la velocidad de la luz a través de un medio material se comporta como un luxon que emite radiación electromagnética en forma de un fotón avanzado que viaja más rápido que la luz hacia el pasado como un taquión. A medida que el electrón, o el luxon, emite un fotón avanzado, el electrón disminuye su nivel de energía por una cantidad equivalente. Cuando una población inversa de electrones viaja más rápido que la luz a través de su medio material, se emiten de forma coherente múltiples fotones avanzados, o taquiones.

Un electrón y un fotón son partículas diferentes. Sin embargo, ambos tienen funciones de onda que los hacen interferir en sus respectivos experimentos de doble rendija. Sus funciones de onda obedecen a las mismas leyes que describen su propagación probabilística en el espacio-tiempo. Ya sea un fotón, o un electrón, puede interferir como una dualidad de onda de una partícula en un experimento de doble rendija.

Hay interacción entre las ondas avanzadas y retrasadas de las partículas en el espacio-tiempo en forma de las probabilidades con las cuales las partículas interfieren. En cierto sentido, las ondas son reales y las partículas no lo son, pero hay un mecanismo físico real que hace que las ondas se colapsen en ciertas circunstancias y se comporten como partículas. La existencia o la medición de una partícula cuántica es una función probabilística de su medio.

Expresemos un taquión como una partícula de la información abstracta cuántica en cúbitos y/o cútritos dada por

$$i(m) = -\log_2 \langle p(m) \rangle \tag{7.1}$$

Donde $p(m)$ es la distribución de la probabilidad de que el contenido de la información cuántica abstracta de la masa imaginaria *"i(m)"* de un taquión arbitrario es elegido de todos los posibles taquiones *"i(M)"* disponibles en el fondo espaciotemporal.

La distribución de la probabilidad $p(m)$ se da por

$$p(m) = 2^n \tag{7.2}$$

El taquión cuántico de la información abstracta se simplifica a

$$i(m) = \frac{1}{\log_2\langle p(m)\rangle} = \frac{1}{\log_2\langle 2^n\rangle} = \frac{1}{n} \tag{7.3}$$

Donde el número 2^n es el número de las permutaciones o las maneras en las cuales la cantidad de cúbitos de la información taquiónica puede ser organizada. Una unidad de contenido de la información es un cúbito o un cútrito; el cúbito es la unidad menor de la información cuántica abstracta que es posible. El cúbito es un cuántico del contenido de la información abstracta de dos estados posibles. La polarización de un fotón, o el espín de una partícula, son ejemplos de dos sistemas de estado cuántico que pueden usarse como cúbitos. Los cúbitos pueden entrelazarse. Un cútrito es una unidad del contenido de la información cuántica abstracta que existe como una superposición de tres estados cuánticos ortogonales. Una cuerda de "*n*" cútritos representa 3^n diferentes estados cuánticos simultáneamente. Los cútritos también pueden entrelazarse. Así, es posible que un cúbito y un cútrito se puedan entrelazar. Un cúbito o un cútrito arbitrario no puede ser copiado, borrado, ni destruido. La información cuántica abstracta de un taquión tiene un tamaño finito en cúbitos y/o cútritos.

El contenido de la información abstracta de un taquión *"i(m)"* puede ser cuantificado en términos del número mínimo "*n*" de cúbitos y/o cútritos necesarios para codificar la información abstracta. Tal contenido abstracto de la información se puede codificar con "*n*" cúbitos y con b^2

bits clásicos que describen la organización relativa de los "*n*" cúbitos. Por otra parte, si un taquión arbitrario tiene una distribución de la probabilidad $|\Psi(i)|^N$ de 1, o de certeza, donde *N* es el número de los estados cuánticos, entonces su masa cuadrada imaginaria es "– 1" lo que implica que la función de la onda cuántica del taquión se ha colapsado a la certeza y el intercambio de los estados cuánticos se ha hecho con la partícula receptora. Si se intercambian dos taquiones distintos, o más, entre las partículas cuánticas, la cantidad total de la información abstracta intercambiada es la suma de las medidas de la información cuántica abstracta de todos los distintos taquiones que se intercambien.

Un taquión que transmite información abstracta de certeza, que ya ha sido recibida por la partícula receptora, contiene información abstracta insignificante. Los taquiones recibidos infrecuentemente de la información cuántica abstracta contienen información abstracta más valiosa para la partícula de recepción que los taquiones de la información cuántica abstracta recibidos con más frecuencia. (Shannon, 1948)

La masa imaginaria de un taquión puede expresarse como

$$m^2 = -|\Psi(i)|^{-\mathrm{N}} \tag{7.4}$$

Por lo tanto, si la distribución de la probabilidad de un taquión $|\Psi(i)|^{\mathrm{N}}$ es "1", o "0", su masa imaginaria cuadrada sería respectivamente "– 1", o "0". La incertidumbre de un taquión puede medirse por el número de los arreglos posibles de los estados cuánticos de su partícula o de su fuente. Cuando la incertidumbre del taquión es baja, hay menos arreglos de los estados cuánticos posibles, entonces, la información menos abstracta es entregada por el taquión a la partícula receptora o al sumidero. La energía imaginaria y el impulso de un taquión se dan a continuación. (Feinberg, 1967)

$$E_i = ipc = \frac{i^2 \left\langle \sqrt[2]{|\Psi(i)|^{-N}} \right\rangle vc^2}{\sqrt[2]{v^2 - c^2}} \tag{7.5}$$

$$p_i = \frac{i \left\langle \sqrt[2]{-|\Psi(i)|^{-N}} \right\rangle (vc)}{\sqrt[2]{v^2 - c^2}} \tag{7.6}$$

La velocidad superluminal de un taquión, desde la perspectiva de la polaridad espaciotemporal positiva, se define como el cambio de un diferencial parcial en su energía sobre el cambio de un diferencial parcial en su impulso.

$$v_i = \frac{\partial E}{\partial p} \tag{7.7}$$

El efecto del impulso de un fotón fue descrito por el eminente matemático y astrónomo Johannes Kepler para explicar la observación de que la cola de un cometa apunta siempre lejos del sol. La radiación taquiónica puede ser analizada como las interacciones entre los fotones incidentes o las ondas electromagnéticas sobre la superficie de una partícula o un sistema de partículas. Los fotones o sus ondas tienen la característica del impulso, que permite que un fotón avanzado o su onda sean intercambiados bajo condiciones clásicas. La fuerza ejercida por una onda taquiónica que es absorbida completamente por la superficie de una partícula receptora es dada por

$$F(i) = \frac{\partial p}{\partial t} = \dot{p} \tag{7.8}$$

La dirección del vector de impulso del espacio-tiempo es en la dirección de la flecha del tiempo que indica que el taquión puede viajar hacia delante o hacia atrás en el tiempo. La presión de la radiación de un taquión incidente, cuando la presión se ejerce por completo sobre la superficie receptora de una partícula (como un sumidero) después de viajar a través de una distancia *d*, puede expresarse como

$$P(i) = \frac{1}{d}\frac{\partial^2 m}{\partial t^2} \tag{7.9}$$

Los taquiones se aceleran cuando pierden energía o masa imaginaria para conservar su energía e impulso. A medida que el taquión pierde su energía o su masa imaginaria, su información abstracta sobre la naturaleza cuántica del sistema fluye hacia su partícula receptora, esta salida es compensada por el aumento de su energía cinética o su impulso. Los taquiones fluyen en los circuitos cerrados de entrelazo entre las partículas. Ni el principio de la conservación de la energía ni el principio de la causalidad es violado ya que los sistemas o las partículas entrelazadas forman parte de una estructura de la información encapsulada y heredada para los tipos de información de los estados cuánticos en el mismo tubo mundial de la historia de un evento probabilístico. Así, el intercambio cuántico de la información es probabilístico en la naturaleza para conservar la causalidad de los acontecimientos cuánticos. Desde la perspectiva actual y desde un marco inercial de referencia que es local, parece que el taquión fue absorbido antes de que fuera emitido.

A medida que un taquión se desplaza a su sumidero, puede compartir la información de carga del estado cuántico de su fuente. A medida que el taquión acelera, irradiaría espontáneamente ondas electromagnéticas que disiparían la energía electromagnética de la fuerza en su camino hacia su sumidero, cuanto mayor sea la aceleración, mayor será la emisión de radiación electromagnética. La dirección de la propagación de la radiación de las ondas electromagnéticas es relativa a la trayectoria del taquión y a su velocidad relativa superluminal. Una disminución en la longitud de onda de la radiación electromagnética emitida por un taquión que se aproxima, debido al efecto Doppler, se mostraría como un desplazamiento al azul, que es el desplazamiento de las líneas espectrales a longitudes de onda más cortas de la luz, que proviene de los taquiones distantes que se mueven hacia el observador. Dado que los taquiones se propagan rápidamente hacia el pasado (la polaridad espaciotemporal negativa), no se detectarían mediante un instrumento de medición que detecte las partículas que se propagan hacia el futuro (la polaridad espaciotemporal positiva).

Como primero predijo Oliver Heaviside hace mucho tiempo, y detectado experimentalmente por Cherenkov más tarde, la radiación en el agua que rodea un reactor nuclear del tipo piscina, puede ser un buen ejemplo para un campo de fuerza emitido por las partículas beta (los electrones rápidos de alta energía) lanzado por la desintegración de los productos de la fisión. Las partículas beta irradian a medida que se mueven a través del medio del agua a una velocidad más rápida que la luz, aunque no más rápido que la luz en el espacio-tiempo libre. (Heaviside, 1971)

Por lo tanto, la información abstracta de un taquión puede ser representada como los eventos del estado cuántico originados con las distribuciones específicas de la probabilidad, como las medidas de la incertidumbre, que pueden ser cuantificadas como los cúbitos y/o los cútritos de la información abstracta que puede representar los sub-eventos de los estados cuánticos cuyas distribuciones de la probabilidad son aditivas. Los taquiones de una clase comparten la misma información abstracta.

Si la partícula que es la fuente y la partícula receptora están intercambiando la misma clase de taquiones, puede haber más de un taquión con el mismo contenido cuántico de la información abstracta en el fondo *M.* (Simpson, 1949) ¿cuánto es la diversidad de un taquión en el fondo M?

El índice de la diversidad taquiónica es dado por

$$D(i) = \frac{1}{\sum_{i=m}^{M} p_i^2} \tag{7.10}$$

Donde $D(i)$ es una medida matemática de la incertidumbre que caracteriza a la diversidad en el fondo *M*, cuando el conjunto de data en M es grande y el muestreo se hace con reemplazo. Por lo tanto, p_i es la proporción de una clase de taquión específico $i(\hat{m})$ en relación con el número total de las clases de los taquiones que se encuentran en el fondo *M*. A continuación, se añaden las proporciones cuadradas para todas las clases de taquiones, y se toma el recíproco. El índice de la diversidad estaría en un máximo cuando todas las clases de taquiones en el fondo M son distintas. Si todas las clases de taquiones en el fondo M son igualmente abundantes, entonces $D(i) \geq 1/M$.

¿Qué es una medición en la mecánica cuántica?

Una medida mecánica cuántica puede ser realizada por un objeto de masa o de energía, o un instrumento de medición, en los estados cuánticos de la función de la onda de una partícula, o un sistema de partículas u otro objeto. Una medida es una interacción física entre dos o más objetos físicos, permitiendo que ambos objetos estén más seguros acerca de los estados cuánticos en los que se encuentran mientras sus funciones de onda se colapsan. Los objetos cuánticos pueden medirse unos a otros mientras sus campos físicos interactúan y sus ondas espaciotemporales interfieren. Un solo fotón incidente es una forma de medición cuántica.

Si un árbol cae en un bosque, y nadie está alrededor para verlo u oírlo, ¿se está midiendo? Los objetos clásicos se miden entre sí, por ejemplo, las instrucciones en braille en relieve taladradas en un papel que esta sobre una mesa, incluso en un cuarto oscuro cuando las personas ni observan ni miden con un instrumento, ni las instrucciones de Braille ni la mesa, desaparece en las distribuciones incorpóreas de la probabilidad. Una medida mecánica cuántica intercambia información (los taquiones) entre las partículas o los sistemas de partículas que son los bloques de la construcción de los sistemas macroscópicos. Cualquier interacción que transmita la información es una forma de medición del estado cuántico. La información abstracta de la medición cuántica reduce la incertidumbre, permite la detección del estado cuántico, y disminuye las probabilidades.

Las medidas activas de la función de la onda colapsan su superposición, los dos estados combinados de las ondas temporales y las espaciales, cambiando a un solo estado cuántico de la onda de superposición. El colapso de la superposición de los fotones, que se propagan a través de la función de la onda de la luz, se ha investigado extensamente. La función de la onda cuántica dirige el camino probabilístico del sistema de partículas, a través del medio de la onda espaciotemporal, mientras el sistema evoluciona a lo largo de su ruta determinista hasta que se mida.

Expresemos la función de la onda espaciotemporal como la superposición de la onda temporal conjugada, y su onda espacial, dada por

$$\Psi(r,t) = \Psi e^{i\left(\frac{p}{\hbar} - \omega t\right)} \tag{7.11}$$

Imaginemos que la función de la onda se mida, lo que colapsa su onda de la probabilidad $|\Psi|^2$ a

$$|\Psi| e^{i\frac{p}{\hbar}} |\Psi| e^{-i\omega t} = |\Psi|^2 \frac{e^{i\frac{p}{\hbar}}}{e^{i\omega t}} = |\Psi|^2 e^{i0} = |\Psi|^2 \tag{7.12}$$

El coeficiente en el lado derecho de la función de la onda cuántica es igual a cero. El impulso "p" es el impulso de la onda espacial y ω es la frecuencia angular de la onda temporal de la función de la onda cuántica. Entonces, bajo esas condiciones, la distribución predecible de la probabilidad de la onda espacial es directamente proporcional a la distribución predecible de la probabilidad de la onda temporal de la función de la onda cuántica.

$$|\Psi|^2 e^{i\frac{p}{\hbar}} \equiv |\Psi|^2 e^{i\omega t} \tag{7.13}$$

Si el coeficiente de la onda espacial es igual al coeficiente de la onda temporal, la función de la onda cuántica se colapsa al cuadrado de su amplitud, lo que determina la distribución de la probabilidad para la función de la onda cuántica espacial o temporal del sistema en el espacio-tiempo.

$$i\frac{p}{\hbar} - i\omega t = 0 \tag{7.14}$$

$$\frac{p}{\hbar} = \omega t \tag{7.15}$$

El impulso "*p*" de la función de la onda espacial está asociado con la materia y la energía de las partículas o los sistemas de partículas, mientras que la frecuencia angular "ω" es una característica temporal.

$$p = \hbar\omega t = Et \tag{7.16}$$

El impulso de una partícula de masa que está aislada en su función de la onda cuántica del espacio-tiempo homogéneo e isótropo, ceteris paribus, se puede expresar como el producto de la masa de la partícula por la velocidad del área de la amplitud, que es equivalente al producto de la masa de la partícula, la frecuencia angular de la función temporal de la onda, y la distribución predecible de la probabilidad de la partícula.

$$m\frac{\partial\Psi^2}{\partial t} = mv_A = mc^2 t = m\omega\left|\Psi^2\right| \tag{7.17}$$

$$\frac{\partial\Psi^2}{\partial t} = \omega|\Psi|^2 \tag{7.18}$$

El área de la amplitud tiene un ángulo de fase con respecto a un marco cuántico inercial de referencia a medida que las ondas espaciales y las temporales viajan a través de su medio. Si el ángulo, ϕ_S , de la fase de la función de la onda espacial se desplaza con respecto al ángulo, θ_t , de la fase de la función temporal de la onda, o viceversa, la distribución predecible de la probabilidad comienza a colapsarse mientras que la función de la onda cuántica comienza a colapsarse.

$$\Psi^2 e^{i(\phi_S-\theta_t)} \propto \Psi^2 e^{i\left(\frac{p}{\hbar}-\omega t\right)} \tag{7.19}$$

Mientras que los ángulos de la fases de las ondas espaciales y temporales se desplazan, la decoherencia cuántica de la función de la onda comienza entre los estados espaciotemporales de la superposición de la onda cuántica del espacio-tiempo. A medida que las distribuciones de las probabilidades predecibles de las ondas espaciotemporales se empiezan a sumar constructivamente, o destructivamente, las ondas espaciotemporales se desfasan. Cuando las ondas espaciotemporales pierden coherencia y se desfasan, la distribución predecible de la probabilidad de la función de la onda se divide en una distribución temporal de la probabilidad que no es determinista y en una distribución espacial de la probabilidad que es determinista, que localiza la partícula en el espacio-tiempo. Por tanto, las distribuciones espaciotemporales predecibles de la probabilidad pueden perder coherencia en las distintas funciones de onda del medio espaciotemporal, que se expande por la aceleración trascendental del área superficial, π , de cada onda.

La decoherencia puede ocurrir de una manera termodinámica irreversible cuando un sistema de partículas interactúa con su entorno espaciotemporal. La decoherencia de la función de la onda de un sistema de partículas es indirectamente proporcional a la temperatura absoluta, y directamente proporcional a la carga electromagnética en el volumen de la función de la onda espaciotemporal, ya que la rigidez electromagnética del volumen espaciotemporal, o la bajada de la temperatura absoluta del medio de onda, influye en el movimiento que tiende a desacelerar la expansión de las ondas espaciotemporales. Desde una perspectiva sistémica, el tiempo pasa más lento en el medio de la onda cuántica.

$$\Psi^2 e^{i(\phi_S-\theta_t)} \propto \Psi^2 \frac{e^{iq}}{e^{iT}} \tag{7.20}$$

$$\Psi^2 e^{i(\phi_S - \theta_t)} \propto \Psi^2 e^{i(q-T)} \tag{7.21}$$

La decoherencia no es la causa del efecto real del colapso de la función de la onda. La decoherencia proporciona una medida gradual y observable del colapso de la función de la onda, cuando la información abstracta del sistema de la partícula en la naturaleza cuántica del sistema fluye hacia fuera o hacia dentro del fondo espaciotemporal. Así, los estados conjugados de la función de la onda cuántica se desacoplan de un sistema coherente de partículas, para obtener fases de sus fondos espaciotemporales, a medida que la información del sistema fluye hacia fuera del sistema, y los estados cuánticos de la superposición son distintamente conservados.

Mientras que los estados de la onda cuántica se desacoplan en los estados espaciotemporales distintos, una superposición completa, o sistémica, todavía existe, hasta que cada onda conjugada espaciotemporal resume su extensión determinista, o no determinista, en su respectivo dominio cuántico. El problema de la medición representa la dicotomía de la función de la onda cuántica que puede ser detectada, si no es observable en el presente, por la existencia de los distintos estados de superposición para el sistema en su futuro. Cualquier evolución futura del sistema se basa en el entrelazo de una medición activa con el estado en que se descubrió el sistema cuando se realizó la medición. Después de una medición sin demolición, un estado cuántico que no está entrelazado puede entrelazarse y persistir en su futuro causal, producido por la propia medida pasiva.

A medida que el tiempo pasa libremente, un estado cuántico presente puede ser observado clásicamente, reconocido, y observado en el pasado. Una observación presente del estado cuántico, que no persiste en su futuro causal, no está disponible en el presente para el observador, pero puede ser observable en el pasado. El estado cuántico presente e inconstante es siempre desconocido para nuestra consciencia presente a través de nuestros sentidos, independientemente de nuestro instrumento de medición. La función de la onda cuántica dota a un solo fotón con una distribución de la probabilidad, que, en lugar de determinar los eventos, proporciona la localidad espaciotemporal cuando y donde puede ocurrir un evento. A medida que el tiempo continúa pasando libremente, el colapso de la función de la onda cuántica durante una medición activa de un estado cuántico presente e inconstante, no requiere nuestro reconocimiento presente, ya que cuando nuestra consciencia es consciente de la observación, el evento puede haber terminado. Un acontecimiento que causa la creación de un fotón precede nuestro reconocimiento del efecto como segundo acontecimiento.

La función de la onda temporal puede determinar los estados futuros del sistema cuántico, mientras que un dispositivo de medición puede entrelazarse con la función de la onda espacial determinista del sistema para predecir resultados precisos para las mediciones activas. Una distribución predecible de la probabilidad de un sistema cuántico representa los resultados futuros de la función de la onda temporal que pueden no ser deterministas en el espacio presente, o pueden ser deterministas en el espacio futuro del sistema.

La causalidad proporciona las premisas deterministas para los efectos predecibles en la dirección de la flecha del tiempo. Las interacciones internas, o externas, con el fondo espaciotemporal, no necesariamente el fondo inmediato, de un sistema cuántico, cambian la distribución predecible de la probabilidad del sistema en un resultado presente, bien definido y distinto. Las interacciones antedichas del estado cuántico de un sistema subyacen el principio de la correspondencia entre un sistema cuántico y un sistema clásico en el mismo reino espaciotemporal.

El principio de la correspondencia indica que *las leyes de la física cuántica se acercan asintóticamente a las leyes de la física clásica en el límite de los grandes números cuánticos y las grandes cantidades de partículas*. La mecánica cuántica puede ser usada para describir los grandes sistemas macroscópicos.

Los impulsos y las posiciones de los sistemas macroscópicos, como los instrumentos de medición son inciertos, aunque los sistemas macroscópicos son sistemas clásicos. Además, la incertidumbre de los sistemas macroscópicos no es cero, incluso cuando los sistemas clásicos se reducen y se desvanecen.

Por otro lado, la incertidumbre de una partícula de masa describe su potencial futuro predecible para estar en cualquier lugar en cualquier momento dentro de su función de onda cuántica.

¿Son contradictorias las leyes de la mecánica cuántica?

La mecánica cuántica tiene dos leyes diferentes para describir cómo cambia un sistema a medida que pasa el tiempo. La primera ley actúa la mayor parte del tiempo, y describe cómo las ondas espaciotemporales se expanden, o se contraen, a medida que fluyen suavemente a través del espacio-tiempo.

Regla I:

"Excepto durante una medición de posición o de impulso, la onda espaciotemporal se expande o se contrae suavemente, y de forma determinista."

Por lo tanto, esta ley dota al sistema cuántico de la característica de explorar simultáneamente distintos resultados posibles y las historias de las realidades de los universos alternativos para todos los posibles resultados disponibles del flujo suave de la onda espaciotemporal. Esta es una ley interdimensional para todas las realidades posibles y los resultados de un evento arbitrario en el espacio-tiempo.

La segunda ley implica la circunstancia distintiva de la medición. Durante una medición, un sistema microscópico interactúa con un sistema cuántico, para permitir que se manifieste un resultado único, pero no permitiendo que las probabilidades de los resultados distintivos tomen lugar en un espacio-tiempo distintivo.

Regla II:

"Durante una medición de posición o de impulso, la onda espaciotemporal se derrumba alrededor de la posición, o del impulso, donde se mide, con una probabilidad que es aproximadamente igual al cuadrado de la altura de la onda, o más exactamente con una probabilidad que es igual al área del hemisferio enfrente a la medición para una onda esférica espaciotemporal."

La segunda ley involucra probabilidades que conducen a la contradicción con la primera ley bajo el paradigma actual de la mecánica cuántica. Esta contradicción puede ser sustituida si se considera la primera ley como interdimensional, o multiversal, una superposición de los estados para los resultados distintivos posibles y para las historias de las realidades de los universos alternativos. Cada estado tiene probabilidad uno, ya que el dispositivo de la medición es capaz de observar los resultados distintivos de cada historia.

La segunda ley trata el sistema cuántico como en un resultado definitivo, y el dispositivo de la medición ha observado sólo ese resultado, con cada resultado distintivo teniendo alguna probabilidad definitiva. Por lo tanto, la segunda ley es una ley universal, no una ley interdimensional, o no una ley multiversal, para la interacción de un sistema microscópico con un sistema cuántico, en referencia a un solo universo del posible multiverso. Como en la ley de Max Born. En consecuencia, la mecánica cuántica ha tenido mucho éxito en su predicción y sus aplicaciones. Al cambiar el paradigma de las leyes de la mecánica cuántica, el problema de medición puede resolverse. El resultado de esa realización y su confirmación es que la mecánica cuántica será compatible con el realismo.

§ 8. Un legado afortunado de las nociones y las ideas de predecesores eminentes

Las siguientes nociones se asemejan a las propuestas hechas por, o compartidas por, pero no limitadas a: Faraday, J.J. Thomson, Heaviside, Helmholtz, Hertz, Maxwell, Minkowski, Poincaré, Poynting, y Tesla, hace mucho tiempo, que iluminan el concepto de los tubos espaciotemporales de fuerza, que conducen a la evolución de las ideas novedosas.

- El medio de la onda espaciotemporal llena todo el espacio-tiempo. Los tubos de fuerza existen y se arremolinan en el medio de la onda espaciotemporal.

- Durante mucho tiempo, los estudios de la radiactividad han demostrado que el vacío del espacio-tiempo tiene una estructura espectroscópica similar a la de los sólidos y de los fluidos cuánticos ordinarios. Así, el espacio-tiempo no está vacío, sino es un medio de onda relativo que tiene su propia sustancia física.

- Un elemento de fuerza emerge de una unidad polarizada del área espaciotemporal con el paso del tiempo. La energía puede ser conceptualizada como una capacidad futura del elemento de la fuerza. El impulso temporal es la infraestructura subyacente del medio físico para la energía del trabajo.

- Las hélices infinitesimales, o los remolinos espaciotemporales, manifiestan las ondas electromagnéticas, o las instancias de la masa. La transmutación del medio de la onda espaciotemporal manifiesta la masa o la energía.

- Cuando la fuerza espaciotemporal se desplaza o cesa, las manifestaciones de las ondas, las cargas, o las instancias de la masa revierten al medio de la onda espaciotemporal. El espacio-tiempo es la quintaesencia de la realidad física. Las mediciones y las observaciones de los objetos físicos y de las fuerzas describen las interacciones, las ocurrencias deterministas, y las formas posibles y factibles, de la quintaesencia del medio espaciotemporal.

- Entendemos las paredes en términos de los ladrillos, los ladrillos en términos de los cristales, los cristales en términos de las moléculas, las moléculas en términos de los átomos, y así sucesivamente, porque la materia es discreta, de un nivel al siguiente subnivel. Sin embargo, el grano natural del medio espaciotemporal de la onda que es aplicable en cada nivel de la realidad disminuye por un orden de la amplitud de la función de la onda espaciotemporal cuando cambiamos nuestra atención de un nivel al siguiente subnivel. El límite matemático de tal búsqueda es la fuente puntual de la quintaesencia de la función de la onda espaciotemporal en su medio espaciotemporal.

- El medio de la onda es el espacio-tiempo y el relleno más probable del medio son los portadores de la fuerza.

- La fuerza electrostática es la fuerza espaciotemporal que puede producir un movimiento físico.

- Los tubos de fuerza endurecen el medio de la onda.

- Si la frecuencia y la intensidad de la onda aumentan, el intercambio de las cargas espaciotemporales es más lento, lo que resulta en la compresión del medio de la onda. El impulso espaciotemporal (electromagnético) sería impartido cuando los tubos de fuerza opuestos de muy alta frecuencia e intensidad se retraen y se disuelven en las fuentes de emisión.

- El movimiento físico, o la propulsión, puede resultar si el medio de la onda se adelgaza, por medio de la divergencia o la convergencia más lenta, permitiendo que un objeto de masa viaje a través de tal medio, mientras que el medio de la onda libre detrás del objeto se expande o se contrae sobre el volumen del medio espaciotemporal.

- Los tubos de fuerza crean el movimiento de las partículas cargadas en la dirección de la frecuencia lineal (la dirección de la influencia). Los tubos de fuerza se polarizan.

- El medio de onda es en sí mismo un vehículo de impulso físico para la masa cargada o descargada. El electromagnetismo y la gravedad son instancias físicas relacionadas con el impulso del medio de onda.

- Los tubos de fuerza pueden impactar el impulso en el área del extremo receptor o en ángulo recto con los tubos de fuerza.

- Los tubos de fuerza espaciales o magnéticos se manifiestan por el movimiento y la frecuencia de las cargas temporales o eléctricas a través del medio de onda del espacio-tiempo.

- Los tubos de fuerza pueden existir como bucles cerrados en el espacio-tiempo, o comienzan y terminan como superficies cerradas en los objetos de masa que están cargados.

- Los tubos de fuerza temporales (eléctricos) aumentan su influencia, o su fuerza total, a medida que aumentan en número a través de la misma área espaciotemporal, seccionada transversalmente, en la dirección de la frecuencia lineal.

- Los tubos espaciales (magnéticos) de fuerza pueden moverse a la misma velocidad de la luz en direcciones opuestas.

- Un rayo de luz es una onda espaciotemporal que se mueve diagonalmente a la velocidad de la luz, en el plano espaciotemporal que es ortogonal, en la dirección de la frecuencia lineal de la onda, que puede o no ser polarizada, en la dirección de rotación del eje de la frecuencia angular.

- El impulso puede ser almacenado en una unidad de volumen espaciotemporal por las acciones de los vectores de fuerza espaciales o temporales del campo espaciotemporal (electromagnético).

- El elemento de carga del espacio-tiempo tiene una fuerza resultante de cero cuando las unidades de las áreas de las cargas espaciales y las cargas temporales son conjugadas, iguales, u opuestas, pero pueden impactar el movimiento del medio de la onda espaciotemporal cuando cualquiera de los elementos de carga actúa solo.

§ 9. Epilogo

El medio de la onda espaciotemporal es la quintaesencia de la realidad; la materia, la energía, la carga, el movimiento y los estados físicos de las partículas o de los sistemas de partículas, son manifestaciones del mismo medio espaciotemporal de la onda. El medio espaciotemporal dinámico representa nuestras conceptualizaciones del espacio y el tiempo, así como los estados físicos que percibimos a través de nuestros sentidos.

Nada es lo que parece, pero todo es de la quintaesencia de la realidad, incluso el observador físico, fuera de la creencia del observador de su propia naturaleza metafísica, o de un mayor orden de existencia. La función de la onda de la realidad incorpora la existencia probabilística de los estados físicos, y abarca las duraciones del tiempo para las partículas o los sistemas de partículas. La extensión o la contracción del espacio-tiempo es la realización y la representación de la función de la onda. La función de la onda espaciotemporal se puede expresar en seis dimensiones en nuestra comprensión actual de la función tridimensional de la onda espacial y la función tridimensional de la onda temporal bajo la Teoría General de la Relatividad. Las seis dimensiones de la función de la onda espaciotemporal es el dominio probabilístico para la existencia de todos los resultados predecibles del fondo espaciotemporal de los campos de fuerza de seis dimensiones.

Bibliografía

Adloff, C. et al. (Colaboración H1) (1999). "Las secciones representativas de una partícula cargada en la foto producción y la extracción de la densidad gluónica en el fotón". European Physical Journal C. 10: 363–372.

Alcubierre, Miguel. (1994) La impulsora espaciotemporal: traslado hiper rápido dentro de la relatividad general. Class. Quantum Grav. 11-5, L73-L77.

Arnowitt, R., Deser, S., Misner, C. (1959). La estructura dinámica y la definición de la energía en la relatividad general. Physical Review. 116 (5): 1322–1330.

Atkins, Peter. Las Leyes de la Termodinámica: Una Introducción Muy Corta (2010). Oxford University Press.

Baez, J. (1996). ¿por qué hay ocho gluones y no nueve? (http://math.ucr.edu/home/baez/physics/ParticleAndNuclear/gluons.html)

Baker, Bevan B., and Copson, E.T. (1987). La teoría matemática del principio de Huygens (tercera edición). Chelsea Publishing Company, AMS, New York, NY.

Barbour, Julian, El Final del Tiempo: La Próxima Revolución en la Física, Oxford University Press, 1999.

Baumgarte, Thomas W., Shapiro, Stuart L. (2010). La relatividad numérica, resolviendo las ecuaciones de Einstein en la computadora, Cambridge University Press, 40 West 20th Street, New York, NY 10011.

Bilson-Thompson, S.O., Leinweber, D.B., Williams, A.G. (2003). El tensor altamente mejorado para la fuerza de campo de una red. Annals of Physics. Adelaide, Australia: Elsevier 304 (1): 1-21.

Bohr, Niels (1958). La Física Atómica y El Conocimiento Humano. John Wiley and Sons, 111 River Street, Hoboken, NJ 07030-5774.

Born, M and Wolf, E (1999). Los Principios de la Óptica: La Teoría Electromagnética de la Propagación, La Interferencia y La Difracción de la Luz (7ª edición). Cambridge University Press.

Bottema, O. and Roth, B. La Cinemática Teórica (1990). Dover Publications, Inc.

Brackenridge, J Bruce (1995). La Clave de la Dinámica de Newton, el Problema de Kepler y el Principia, The University of California Press, 2120 Berkeley Way, Berkeley, CA 94704.

Bronnikov, K.A. (1973). La teoría del tensor y la carga escalares. Acta Physica Polonica. B4: 251–266.

Caldirola, P (1980). La introducción del cronón en la teoría del electrón y una fórmula para la masa cargada del leptón. Lett. Nuovo Cim. 27, pp. 225–228.

Carroll S. M., La constante cosmológica, astro-ph/0004075, (2000).

Carroll S. M., La quintaesencia y el resto del mundo, Phys. Rev. Lett. 81 (1998) 3067–3070, arXiv:astro-ph/9806099.

Cartan, Élie (1922). "Sobre una generalización del concepto de la curvatura de Riemann y los espacios torsionales" C. R. Acad. Sci. (Paris) 174 593–595.

Cartan, Élie (1923). "Sobre las variedades con conexión de afinidad y la teoría general de la relatividad Parte I" Ann. Éc. Norm. 40: 325–412 and 41 1–25; Part II: 42 17–88.

Casimir, Hendrik B.G. (1948). Sobre la atracción entre dos placas perfectamente conductivas. Comunicado en la reunión del 29 de Mayo de 1948.

Cengel, Yunus A., and Boles, Michael A. La Termodinámica: Un Enfoque de Ingeniería (2001). Dover Publications, Inc.

Ciufolini, I. and Wheeler, J. A. (1995) La Gravedad y La Inercia, Princeton University Press, Princeton, New Jersey 08540.

Coan, Thomas, Liu, Tiankuan, and Ye, Jingbo (2005). Un aparato compacto para la medición de la vida de un muon y la demostración de la dilatación temporal, American Journal of Physics 74 (2006) 161-164.

Courant, R. (1962). Los Métodos de la Física Matemática, Vol. II: Partial Differential Equations. Interscience, New York.

Craig, W. and Weinstein, S. (2008). Sobre el determinismo y la buena presentación en múltiples dimensiones del tiempo. ArXiv.org: 0812.0210.

de Broglie, Louis (1953). La revolución en la física; una encuesta sobre los cuánticos sin matemática. Translated by Ralph W. Niemeyer. Noonday Press, 19 Union Sq. W, New York, NY 10003, pp. 47, 117, 178–186.

Deutsch, David, La mecánica cuántica cerca de las líneas temporales cerradas. Physical Review D 44, 3197–3217 (1991).

Dicke, R. H. (1957) La gravedad sin el principio de la equivalencia, Rev. Mod. Phys. 29, 363-376.

Dorling, J. American Journal of Physics, Volume 38, Issue 4, pp. 539-540, (1970).

Dugas, Rene. Una Historia de la Mecánica (1988). Dover Publications, Inc.

Dziewonski, Adam M.; Anderson, Don L. (June 1981). La referencia preliminar del modelo de la tierra. Physics of the Earth and Planetary Interiors 25 (4): 297–356.

Eberhard, Phillippe H; Ross, Ronald R (1989). La teoría cuántica no puede proporcionar una comunicación más rápida que la luz. Foundations of Physics Letters 2 (2): pp. 127–149.

Einstein, Albert (1952). La Relatividad, La Especial y La Teoria General, Crown Publishers Inc., One Park Avenue, New York, NY 10016.

Eldemuller, M., Dosch, H.G., Jamin, M. (1999). El correlacionador de la fuerza de campo de las reglas de suma del QCD. Nucl. Phys. Proc. Suppl. 86:421-425, 2000. Heidelberg, Germany.

Ellis, G. F. R. (1971) La Relatividad General y La Cosmología, International School of Physics, Enrico Fermi–Course XLVII, Academic Press, New York.

Ellis, H.G. (1973). El flujo del éter a través del agujero de un sumidero: un modelo de la partícula en la relatividad general. Journal of Mathematical Physics. 14: 104–118. Bibcode:1973JMP...14...104E. doi:10.1063/1.1666161.

Fedosin S.G. Acerca de la constante cosmológica, el campo de la aceleración, el campo de la presión y la energía. Jordan Journal of Physics. Vol. 9 (No. 1), pp. 1-30 (2016).

Feinberg, Gerald, La posibilidad de las partículas más rápidas que la luz, Physical Review 159, Number 5, Pages 1089—1105 (1967).

Feynman, Richard P (1988). Quod Erat Demonstrantum: La Extraña Teoría de La Luz y la Materia. Princeton University Press, 32 Avenue of the Americas, New York, NY 10013.

Feynman, Richard P. (1964), Las Conferencias de Feynman sobre la Física, Volumen II, Addison-Wesley.

Franson, J.D., Las Cartas de Revisión Física (Physical Review Letters), 62, 2205, (1989).

García-Parrado, Alfonso, Valiente Kroon, J.A. (2007). Los conjuntos de datos iniciales para el espacio-tiempo de Schwarzschild. Phys. Rev. D 75, 024027.

Greene, Brian (1999). El universo elegante: las supercuerdas, las dimensiones ocultas, y la búsqueda de la teoría definitiva. W.W. Norton and Company, Inc., 500 Fifth Avenue, New York, NY 10110, pp. 97–109.

Greiner, W., Schafer, G., (1994). "4". La Cromodinámica Cuántica. Springer.

Griffiths, David. (1987). Una introducción a las partículas elementales. John Wiley & Sons. pp. 280–281.

Gross, David J., and Wilczek, Frank, (1973). El comportamiento ultravioleta de las teorías de calibres que no son Abelianas. Physical Review Letters, Vol. 30, No. 26, pages 1343–1346; June 25, 1973.

Hafele, J C (1971). El rendimiento y los resultados de los relojes portátiles en las aeronaves. Washington University, St. Louis, Missouri.

Hawking S.W. and Ellis G. F. R., La estructura en larga escala del espacio-tiempo. Cambridge University Press, Cambridge, England, (1973).

Heaviside, Oliver (1888). Las Ondas Electromagnéticas, la Propagación del Potencial, y los Efectos Electromagnéticos de una Carga Móvil. The Electrician.

Heaviside, Oliver, La Teoría Electromagnética, Volume III. Chelsea Publishing Company, New York, 3rd edition, (1971).

Heisenberg, Werner (1930, repr. 1949). Los principios físicos de la teoría cuántica. Dover Publications Inc., 31 East 2nd Street, Mineola, NY 11501.

Hume, David. (1738). Un Tratado de la Naturaleza Humana. Longmans, Green, and Company, London, England. Edited in 1874.

Jackson, John D (1999). La Electrodinámica Clásica (3ª ed.), John Wiley and Sons, 111 River Street, Hoboken, NJ 07030-5774.

Jammer, Max. Los conceptos de la masa en la física y la filosofía contemporáneas. (Princeton, NJ: Princeton University Press, 2000) pp.162–163.

Jönsson, Claus (1961). Zeitschrift für Physik 161. Reimpreso en Inglés como Difracción de electrones en múltiples rendijas. Am. J. Phys. 42 (1974), pp. 4-11.

Lanczos, Cornelius, El multiplicador Lagrangiano y los espacios Riemannianos, Rev. Mod. Phys., 21 (1949) pp. 497–502.

Larmor, Joseph (1900). El Éter y la Materia, Pg. 174 Lorentz Transformation, Cambridge University Press, 32 Avenue of the Americas, New York, NY 10013.

Lense, J. and Thirring, H. Sobre la Influencia de la Apropiada Rotación de los Cuerpos Centrales sobre los Movimientos de los Planetas y sus Satélites de acuerdo con La Teoría de Gravedad de Einstein. Physikalische Zeitschrift, 1918.

Lorentz, Hendrik Antoon (1909). La teoría de los electrones y sus aplicaciones a los fenómenos de la luz y el calor radiante, (January 2007) Cosimo Classics Publishing Inc., P.O. Box 416, Old Chelsea Station, New York, NY 10011.

Lorentz, Hendrik Antoon (1920). La Teoría de la Relatividad de Einstein: Una Declaración Concisa, (April 2009) Kessinger Publishing, LLC, P.O. Box 1404, Whitefish, MT 59937.

Ludvigsen, Malcolm (1999). La Relatividad General: Un Enfoque Geométrico. Cambridge University Press, 40 West 20th Street, New York, NY 10011.

Maxwell, James Clerk, Una Teoría Dinámica del Campo Electromagnético, Philosophical Transactions, Royal Society London, Published 1 January 1865.

McDonald, Kirk T., La relaciones entre las expresiones de los campos electromagnéticos que son dependientes del tiempo dadas por Jefimenko y por Panofsky y Phillips, American Journal of Physics, 65 (11): 1074–1076, (2016).

Melia, Fulvio (2007). El Agujero Negro Supermasivo Galáctico. Princeton University Press, 41 William Street, Princeton, New Jersey 08540.

Melia, Fulvio (2009). Rompiendo el Código de Einstein: La Relatividad y El Nacimiento de la Física del Agujero Negro. The University of Chicago Press, 1427 E. 60th Street, Chicago, IL 60637.

Mittelstaedt, P; Prieur, A; and Schieder, R (1987). La dualidad desafilada de la onda de una partícula en un experimento fotónico de un haz dividido. Foundations of Physics 17, pp. 891-903.

Naber, Gregory L (1992). La Geometría del Espacio-Tiempo Minkowski. Springer-Verlag New York, Inc. Publishers, New York.

Nakahara, Mikio, La Geometría, La Topología y la Física, IOP Publishing Ltd. Bristol and Philadelphia, (2003).

Newman, E T, Couch, R, Chinnapared, K, Exton, A, Prakash, A, and Torrence, R (1965). La Métrica de una Masa Cargada y Rotativa, J. Math. Phys. 6, pp. 918-919.

Newton, Isaac (1999). El Principia: Los Principios Matemáticos de la Filosofía Natural, The University of California Press, 2120 Berkeley Way, Berkeley, CA 94704.

Partovi, M. Hossein (1994). Las correcciones de la QED a la ley de radiación de Planck y a la termodinámica de los fotones, Phys. Rev. D 50, No. 2, 1118-1124.

Politzer, H. David, (1973). ¿Resultados perturbativos y confiables para las interacciones fuertes? Physical Review Letters, Vol. 30, No. 26, pages 1346–1349; June 25, 1973.

Pound, R. V., and Rebka Jr. G. A. (1959). "El desplazo gravitacional al rojo en la resonancia nuclear." Physical Review Letters. 3 (9): 439–441.

Puthoff, H.E., (2002) Un acercamiento de vacío polarizable (VP) a la relatividad general, Found. Phys. 32, 927-943.

Ralph, Timothy C, et Al, Una Simulación Experimental de los Bucles Temporales Cerrados, Nature Communications 5, Article Number: 4145, Published 19 June 2014.

Rao, Achintya (2 July 2012). "¿por qué me importaría el bosón de Higgs?". CMS Public Website. CERN.

Raychaudhuri, A. K. (1955). La Cosmología Relativista I. Phys. Rev. 98 (4): 1123.

Renker, D. Una avalancha de fotodiodos en el modo de Geiger, la historia, las propiedades y los problemas, Instrumentos Nucleares y Métodos, en Physics Research, Section A, Volume 567, pp. 48-56, (2006).

Reuleaux, Franz. La Cinemática de la Maquinaria: Los Contornos de Una Teoría de Máquinas (2012). Dover Publications, Inc.

Riess et al., Supernova Search Team Collaboration, La evidencia de la observación de las supernovas para un universo acelerado y una constante cosmológica, Astron. J. 116 (1998) 1009–1038, astro-ph/9805201.

Rucker, Rudolf v. B (1977). La Geometría, La Relatividad y La Cuarta Dimensión, Dover Publications, Inc., New York, NY 10014.

Sauer, Tilman, and Majer Ulrich. (2009). Las conferencias de David Hilbert sobre los fundamentos de la Física 1915-1927, Springer, Heidelberg, Germany.

Scully, Marlan O; Yoon-Ho Kim; Yu, R; Kulik, S P; and Shih, Y H (2000). Un borrador cuántico de elección retrasada. Physical Review Letters 84, pp. 1–5.

Shannon, Claude E., Una Teoría Matemática de la Comunicación, Bell System Technical Journal, in July and October of 1948.

Shifman, M., (2012). Los Temas Avanzados en la Teoría Cuántica de Campos: Un Curso de Conferencia. Cambridge University Press.

Simpson, E. H. (1949). La Medición de la Diversidad. Nature 163: 688, 30 April 1949.

Skalsey M., Conti, R.S., Engbrecht, J.J., Gidley, D.W., Vallery, R.S., Zitzewitz, P.W. Una viable hipótesis superluminica: la emisión de un taquión desde un ortopositronio. Space Technology and Applications International Forum (2000). American Institute of Physics 1-56396-9 19-X.

Takeno, Hyoitiro, Sobre el tensor rotativo de Lanczos, Tensor, 15 (1964) pp. 103–119.

Taylor, Edwin F, Wheeler, John Archibald (1966). La Física del Espacio-tiempo, W.H. Freeman and Company, 41 Madison Ave. E 26th, New York, NY 10010.

Tegmark, Max. Sobre la dimensionalidad del espacio-tiempo. Class. Quantum Grav. 14 (1997) L69–L75. IOP Publishing Limited. PII: S0264-9381(97)81824-2.

Tolman, Richard C. La Relatividad, La Termodinámica, y La Cosmología. Oxford: Clarendon Press. 1934. LCCN 340-32023. Reissued (1987) New York: Dover ISBN 0-486-65383-8.

Tonomura, A; Endo, J; Matsuda, T; Kawasaki, T and Ezawa, H (1989). La demostración de la acumulación de un solo electrón de un patrón de interferencia. Am. J. Phys. 57, pp. 117-120.

Wald, Robert M (1977). El Espacio, el Tiempo y la Gravedad, la Teoría del Big Bang y los Agujeros Negros. The University of Chicago Press, Chicago 60637.

Wald, Robert M. (1984). La Relatividad General. The University of Chicago Press, 1427 E. 60th Street, Chicago, IL 60637.

Weinberg, Steven (2003). El descubrimiento de las partículas subatómicas (la edición revisada). Cambridge University Press.

Wheeler, J.A. (1955). Los Geones, Physical Review. 97:511–36.

Wilson, H. A. (1921) Una teoría electromagnética de la gravedad, Phys. Rev. 17, 54-59.

Yagi, K., Hatsuda, T., Miake, Y. (2005). El Plasma de los Quarks y los Gluones: Del Big Bang al Pequeño Bang. Las Monografías de Cambridge sobre la física de las partículas, la física nuclear y la cosmología. 23. Cambridge University Press. Pp. 17-18.

Yang, C.N., and Mills, R.L. (1954) La Conservación del Espín Isotópico y la Invariación del Calibre Isotópico. Physical Review, Volume 96, Number 1, October 1, 1954.

Yang, Chen Ning "Frank", (2006). Una entrevista realizada por Bill Zimmerman (el 18 de Mayo del 2006). Stony Brook Masters Series.

www.ingramcontent.com/pod-product-compliance
Lightning Source LLC
Chambersburg PA
CBHW070334240526
45466CB00026B/2
* 9 7 9 8 5 5 3 2 6 9 0 7 4 *